钢铁行业大气污染控制超低排放新技术

邢奕 王新东 编著

本书数字资源

北 京

冶 金 工 业 出 版 社

2021

内 容 提 要

本书围绕国家推进实施钢铁行业超低排放的总体要求，针对我国钢铁行业现阶段大气污染控制进展、存在的问题及发展趋势，从行业污染物控制技术需求出发，对钢铁生产全流程主要工序污染物排放特征及控制技术进行了深入的探讨，重点介绍了源头与过程减排技术、末端治理控制技术，以及作者研究团队的新成果——多污染物全过程控制耦合关键技术的研究进展，同时针对无组织排放管控与清洁运输污染治理的可行性技术进行了汇总，为钢铁企业实施超低排放改造提供了重要的参考和指导。

本书适合钢铁行业管理部门、科技人员阅读，也可供高等院校相关专业的师生参考使用。

图书在版编目(CIP)数据

钢铁行业大气污染控制超低排放新技术/邢奕，王新东编著．—北京：冶金工业出版社，2021.10
ISBN 978-7-5024-8805-5

Ⅰ.①钢… Ⅱ.①邢… ②王… Ⅲ.①钢铁工业—烟气排放—污染控制—研究 Ⅳ.①X757

中国版本图书馆 CIP 数据核字（2021）第 069891 号

出 版 人　苏长永
地　　址　北京市东城区嵩祝院北巷 39 号　邮编　100009　电话　(010)64027926
网　　址　www.cnmip.com.cn　电子信箱　yjcbs@cnmip.com.cn
责任编辑　于昕蕾　美术编辑　彭子赫　版式设计　孙跃红　郑小利
责任校对　王永欣　责任印制　禹 蕊
ISBN 978-7-5024-8805-5
冶金工业出版社出版发行；各地新华书店经销；北京捷迅佳彩印刷有限公司印刷
2021 年 10 月第 1 版，2021 年 10 月第 1 次印刷
787mm×1092mm　1/16；32.5 印张；790 千字；506 页
166.00 元

冶金工业出版社　投稿电话　(010)64027932　投稿信箱　tougao@cnmip.com.cn
冶金工业出版社营销中心　电话　(010)64044283　传真　(010)64027893
冶金工业出版社天猫旗舰店　yjgycbs.tmall.com
（本书如有印装质量问题，本社营销中心负责退换）

序 言 一

钢铁行业作为我国国民经济的支柱产业，为现代化建设和经济发展做出了巨大贡献。随着我国工业化进程的加快，我国已是世界上最大的钢铁生产国，粗钢产量连续25年居世界第一，但随之而来的，还有行业所产生的环境污染问题。钢铁行业主要污染物排放量现已超过电力行业，成为了高能耗、高物耗、高污染的"集矢之的"。要从根本上改变钢铁行业"三高"的现状，实现钢铁行业绿色可持续发展，必须推动全行业大气污染治理技术的全新变革。2019年4月，生态环境部等五部委联合印发《关于推进实施钢铁行业超低排放的意见》，到2020年底前，重点区域钢铁企业超低排放改造取得明显进展，力争60%左右产能完成改造，有序推进其他地区钢铁企业超低排放改造工作；到2025年底前，重点区域钢铁企业超低排放改造基本完成，全国力争80%以上产能完成改造。推进实施钢铁行业超低排放必将推动行业高质量发展、促进产业转型升级、大幅削减主要大气污染物排放量，减轻环境负荷，促进环境空气质量持续改善、助力打赢蓝天保卫战。

当前，钢铁行业在脱硫、除尘等技术上已较为成熟，经处理后的污染物浓度基本能实现超低排放的指标要求，但烧结和球团工序受烟气波动影响较大，如何将脱硝技术与现有脱硫、除尘设施有机结合是个难点。现阶段脱硝工艺采用活性焦法、SCR法和氧化法等单纯的技术方案，都存在一定程度上的缺陷。如活性焦法涉及制酸废水处理及硫酸副产品处理问题，SCR法涉及氨逃逸、废催化剂处置问题，此外SCR法和氧化法对二噁英、重金属类污染物处理效果也有待验证。钢铁企业无组织排放对环境质量影响巨大，更难管控治理，清洁运输环节基础薄弱，这些都成为钢铁行业在实施超低排放改造中所面临的挑战。

邢奕教授多年来一直从事钢铁行业大气污染控制技术研究领域的相关工作，近年来他带领团队针对钢铁行业烟气污染物全过程治理瓶颈，经过长期理论积累和工程应用实践，研发了"钢铁行业烟气多污染物全过程控制耦合技术"。该技术实现了从高能效多污染源头减量到过程调控，再到末端治理的全过程控制耦合，破解了钢铁行业烟气量大、治理流程长、成本高、低品位余热利用率和固废资源化率低的难题，有力地支撑了钢铁行业全过程超低排放改造的实施，也为实现减污降碳协同效应提供了保障。

《钢铁行业大气污染控制超低排放新技术》一书对我国钢铁行业大气污染超低排放控制技术与应用进行了系统总结。该书围绕国家推进实施钢铁行业超低排放的总体要求，针对我国钢铁行业现阶段大气污染控制进展、存在的问题及发展趋势，从行业污染物控制技术需求出发，对钢铁生产全流程主要工序污染物排放特征及控制技术进行了深入的探讨。

当前我国钢铁行业转型升级的同时，超低排放改造的实施也将为钢铁行业带来巨大的经济利益与环境效益。该书的出版将对"十四五"时期乃至更长一段时间内我国钢铁行业超低排放改造提供重要参考。本书精准围绕钢铁行业大气污染控制排放新技术成果，进行系统化的归纳和总结，通过体系化的指导，将会促进我国钢铁行业超低排放新技术的发展与突破。本书凝聚了作者们长期积累的理论成果和实践经验，希望能为从事钢铁行业大气污染控制的科研和技术人员提供参考和帮助。

2021 年 4 月

序 言 二

钢铁工业是我国国民经济的重要支柱产业之一，也是资金、技术、资源、能源密集型行业。我国是世界上最大的钢铁生产国，粗钢产量已连续25年保持全球第一。2020年粗钢产量达10.65亿吨，占世界粗钢总产量的56.8%。随着近年来我国环境治理力度不断加强，特别是燃煤电厂实施超低排放以来，火电行业污染物排放量大幅度下降。2017年，钢铁行业主要污染物排放量已超过电力行业，成为工业部门最大的污染物排放来源。

钢铁生产具有工艺流程长、产污节点多、污染物排放量大的特点。钢铁工业的产业规模从矿石开采到产品最终加工，需要经过很多生产工序，其中的一些主体工序资源、能源消耗量和污染物排放量都很大。钢铁行业涉及多个工序的组合，环保治理缺乏成熟的技术路线。随着环保技术不断发展，环保指标不断提高，采用传统单一污染物治理技术难以满足要求。

邢奕教授长期致力于钢铁行业烟气治理等方面的研究工作，具有扎实的理论基础和丰富的实践经验，他所带领的团队研发的多项成果与企业展开深度合作并实现产业化。以控制钢铁行业烟气典型污染物为目标，开发了包括密相干塔在内的多污染物协同净化技术和成套装备，构建了多污染物全过程控制与多功能耦合技术体系，为钢铁行业实现超低排放提供有力支撑。

"钢铁行业烟气多污染物全过程控制耦合技术"在传统技术的基础上派生出了一些全新的超低排放技术，如"基于镁法的多污染物协同去除技术""烟气多污染物集并吸附脱除技术""多污染物中低温协同催化净化技术"以及"烧结烟气循环技术"等，上述成果皆集成于本书中。钢铁烟气超低排放多功能耦合关键技术与应用，构建了烟气多污染物源头减量、过程调控、末端治理、深度节能和固废资源化等全过程控制及多功能耦合技术体系，实现了污染物治理与节能减排多功能耦合的有机统一，为实现钢铁行业烟气超低排放和高效深度治理提供了技术支撑。

《钢铁行业大气污染控制超低排放新技术》一书是参与编著团队多年来从

事钢铁行业超低排放新技术与工程化应用所积累的理论知识和研究成果的总结、归纳与提炼。该书围绕国家推进实施钢铁行业超低排放的总体要求，针对我国钢铁行业现阶段大气污染控制进展、存在的问题及发展趋势，从行业污染物控制技术需求出发，对钢铁生产全流程主要工序污染物排放特征及控制技术进行了深入的探讨，为钢铁企业实施超低排放改造提供了重要的参考和指导。作为科研项目的成果之一，本书获得了国家重点研发计划项目（项目号：2017YFC0210300）的资助。该书不仅理论知识系统丰富，而且实践应用性强，并邀请行业中具有代表性的高水平的专家协助审稿，定位于高起点、高水平、高出版质量。鉴于此，我认为本书的出版是一件值得嘉许的事情。

今后一段时间，钢铁行业超低排放改造将在我国大范围落实，所涉及的多污染物全过程控制耦合关键技术是实现钢铁行业全流程工序污染物达到超低排放要求的有效途径。本书可作为高等院校钢铁专业的教学参考书，并可供研究单位的中高级科技人员，以后钢铁生产企业的管理者进修之用。希望广大的钢铁行业工作者能够从这本书中得到启发，创新性地开展钢铁行业大气污染控制超低排放新技术的研发与应用，推动我国钢铁工业高质量绿色发展。

毛新平

2021 年 4 月

前　言

钢铁行业是我国国民经济的支柱型产业，其关联产业范围广，在国民经济发展中具有举足轻重的地位。我国是世界上最大的钢铁生产国，粗钢产量连续25年居世界第一，并已建成全球产业链最完整的钢铁工业体系，有效支撑了下游用钢行业和国民经济的平稳较快发展。2020年中国粗钢产量占全球比重升至56.5%，占全球一半粗钢产量和钢材消费量的中国钢铁工业已屹立在世界钢铁舞台的中央，国际地位大幅提高，深刻改变了国际钢铁格局，具有了举足轻重的影响力。

我国钢铁行业生产90%以上为长工艺流程，包括焦化、烧结（球团）、炼铁、炼钢等工艺在内，产污环节多，污染物排放量大。尽管钢铁行业已经开始进行改革，各企业实施了一系列的节能减排改造项目，但其排放总量仍然居高不下。随着大气污染治理力度不断加强，特别是火电行业实施超低排放以来，钢铁行业主要污染物排放量已超过电力行业，成为工业污染中最大的污染物排放来源。2019年4月，生态环境部等五部委联合印发《关于推进实施钢铁行业超低排放的意见》，按国家部署，2020年底前，重点区域钢铁企业超低排放改造取得明显进展，力争60%左右产能完成改造，有序推进其他地区钢铁企业超低排放改造工作；到2025年底前，重点区域钢铁企业超低排放改造基本完成，全国力争80%以上产能完成改造。推进实施钢铁行业超低排放是推动行业高质量发展、促进产业转型升级、助力打赢蓝天保卫战的重要举措。通过实施钢铁行业超低排放，实现全流程、全过程环境管理，有效提高钢铁行业发展质量和效益，大幅削减主要大气污染物排放量，促进环境空气质量持续改善，可为打赢蓝天保卫战提供有力支撑。

钢铁超低排放将推动全行业大气污染治理技术的全新变革。虽然近年来，在钢铁企业、高校、科研院所的共同努力下，攻克了一个又一个钢铁行业烟气治理的难题，污染治理技术及工程应用取得了重大突破，但钢铁行业涉及多个工序的组合，实施超低排放仍缺乏成熟的技术路线。如当前烟气脱硫主要以湿法和半干法为主，虽然这些技术经过长时间证明在烧结脱硫污染物减排中有不错的效果，但在焦化等其他工序的烟气治理减排中由于工况条件的不同，并不能稳定达到超低排放要求；现在行业中应用的 SCR（选择性催化还原）技术，虽然可以达到超低排放要求，但由此产生的氨逃逸问题也将是未来环保领域面临的难题；另外无组织排放在钢铁行业超低排放中占有很高的比重，其更难管控治理，清洁运输环节基础薄弱，所以钢铁行业在实施超低排放改造中还面临很大的挑战。

　　笔者多年一直从事大气污染成因与控制技术研究领域的相关工作，所带领团队是国内最早开展钢铁行业半干法烧结/球团烟气脱硫技术研究的课题组之一，团队研发具有自主知识产权的"半干法密相干塔"系列烟气脱硫技术，解决了半干法效率、工艺、设备等与冶金复杂烟气工况适配的问题，完善了气液固传质脱硫脱硝理论体系，确立了半干法脱硫技术的主导地位，形成了适用于不同钢铁企业实际的烟气减排排放技术路线。该技术在首钢、河钢、武钢等国内大中型钢铁企业中得到广泛应用，占我国干法/半干法脱硫项目的 40%以上，累计实现 SO_2 减排规模达到 259 万吨。近年来团队针对钢铁行业烟气污染物全过程治理瓶颈，开发"钢铁行业烟气多污染物全过程控制耦合技术"。该技术通过高能效多污染物源头减量、过程调控、末端治理的全过程控制耦合，破解钢铁行业烟气量大、治理流程长、成本高、低品位余热利用率和固废资源化率低的难题，实现关键材料规模化制备、关键技术产业化应用，有力地支撑了钢铁行业全过程的超低排放改造实施。

　　超低排放是钢铁行业打赢污染防治攻坚战的关键，为落实超低排放政策要求，总结行业内污染防治的新技术和相关研究成果，加快超低排放技术的推广和应用，笔者团队策划组织出版《钢铁行业大气污染控制超低排放新技术》一书。本书是在前期科学研究和工程应用的工作基础上，团队及合作团队针对钢铁行业大气污染控制超低排放新技术的系统总结撰写而成的。因此希望本书的出版能够对钢铁行业超低排放改造提供借鉴与帮助。

　　第 1 章　国内外钢铁行业超低排放现状（李新创、刘铮、刘坤坤）；第 2 章　钢铁行业烟气排放特征（邢奕、李新创、苏伟）；第 3 章　源头-过程减排技术（王新东、钱大益、李超、郑亚杰、田京雷、徐文青、李超群）；第 4 章　末端治理控制技术（姚群、邢奕、唐晓龙、钱大益、苏伟）；第5章　多污染物全过程控制耦合关键技术及示范（邢奕、刘应书、李子宜、唐晓龙、徐文青、苏伟、岳涛、李超群）；第6章　无组织排放管控及清洁运输（李新创、刘铮、刘坤坤、吴延鹏、伯鑫、温维、岳涛）；第7章　典型超低钢铁企业大气环境影响模拟评估（伯鑫）。全书由邢奕教授、王新东进行统稿和审订。感谢博士生张文伯、王嘉庆，硕士生张辉、蔡长青、刘萍、马志亮、张晖、郭泽峰、历新燕、张洪硕、张梦然，科研助理崔永康、孙嘉祺等对撰写工作所做的贡献。

　　在本书即将出版之际，笔者衷心感谢国家重点研发计划项目（项目号：2017YFC0210300）对本书涉及的研究工作的资助，同时感谢本书引用文献的各位作者。

　　由于笔者能力和水平有限，若有不当之处，敬请各位读者批评指正。

邢　奕

2021 年 3 月于北京科技大学

目　　录

1 国内外钢铁行业超低排放现状

钢铁行业是我国国民经济的支柱型产业，2020年我国粗钢产量为10.5亿吨，居世界第一位，占全球总产量的56.5%。同时，钢铁行业也是大气污染的重点排放源，经过"十二五"规划和"大气十条"期间对火电行业污染物的深度治理以及近几年对火电行业实行的超低排放和节能改造，非电力行业的污染物减排潜力日益凸显，其中钢铁行业作为非电行业污染物减排的首位而备受关注。2019年4月，生态环境部等五部委联合印发了《关于推进实施钢铁行业超低排放的意见》（环大气〔2019〕35号）[1]，鼓励钢铁企业分阶段分区域完成全厂超低排放改造。超低排放限值比我国钢铁行业现行排放标准加严了80%以上，也大幅严于欧美日韩等发达国家和地区的排放标准。国外钢铁行业虽然并未从国家层面发布、执行超低排放标准，但是部分国家的标准要求以及企业污染物控制水平较高，对我国更好地实施超低排放改造具有借鉴意义。《意见》印发后，钢铁企业积极响应政策要求，实施超低排放改造，目前，已取得一定成果，特别是在烧结、焦化等污染排放量大的工序研发出了多种成熟治理工艺。未来，国家对于钢铁行业超低排放改造的评估验收及监督管理体系将进一步完善，同时，随着技术的进步，目前，没有典型可行技术的治理难点将逐步被攻克，从而助力更多的先进企业陆续实现全流程超低排放。

1.1 国内现状

1.1.1 政策背景

由于我国钢铁行业发展粗放，产能过剩矛盾突出，且能耗、物耗高，污染物排放量大，是影响环境空气质量的重点行业之一。同时，钢铁行业的污染物排放老标准在多方面已不适应新形势下的环境保护要求，不能充分反映污染治理的水平。因此，2012年10月1日，我国出台了钢铁行业一系列标准，包括《钢铁烧结、球团工业大气污染物排放标准》（GB 28662—2012）、《炼焦化学工业污染物排放标准》（GB 16171—2012）、《炼铁工业大气污染物排放标准》（GB 28663—2012）、《炼钢工业大气污染物排放标准》（GB 28664—2012）、《轧钢工业大气污染物排放标准》（GB 28665—2012）[2~6]。分别代替了《炼焦炉大气污染物排放标准》（GB 16171—1996）[7]，以及1996年发布的《工业炉窑大气污染物排放标准》和《大气污染物综合排放标准》[8,9]。新标准覆盖钢铁生产全过程、按工序细化，污染因子设置更加全面，同时污染物排放标准也更加严格。

2013年，全国多地雾霾频发，且有愈演愈烈的趋势，空气质量问题备受关注[10]。为此，国家出台了《大气污染防治行动计划》（即"大气十条"）[11]，到2017年"大气十条"圆满收官，重点区域空气质量改善都超额完成了规定的目标。根据中国工程院的评估结果，火电行业超低排放改造是贡献最大的单项措施，有力支撑了"大气十条"目标的顺利完成。同时，生态环境部《关于执行大气污染物特别排放限值的公告》（公告 2013 年 第 14 号）[12]要求重点控制区，包括京津冀、长三角、珠三角等"三区十群" 19 个省（区、市） 47 个地级及以上城市六大重点行业执行大气污染物特别排放限值。其中现有钢铁企业自 2015 年 1 月 1 日起执行，其排放指标全面、大幅收严，明显严于欧美发达国家排放限值，而在中国钢铁工业协会统计的重点钢铁企业中，据不完全统计有近 4 成钢铁企业在重点防控区内。钢铁行业特别排放限值的执行亦推动了"大气十条"的圆满收官。

2017 年，习近平总书记在十九大报告提出打好防范化解重大风险、精准脱贫、污染防治三大攻坚战，全面建成小康社会。其中打赢蓝天保卫战是污染防治攻坚战的重中之重，为持续推动大气环境质量改善，国家出台了《打赢蓝天保卫战三年行动计划》[13]，当年我国粗钢产量 8.32 亿吨，占全球总产量的 50% 左右，且主要集中在大气污染严重的京津冀、长三角、汾渭平原等重点区域，钢铁行业颗粒物、SO_2、NO_x 排放量分别占工业排放总量的 30.1%、13.7%、15.7%，位于工业首位，因此被作为打赢蓝天保卫战的关键领域之一，明确要求钢铁行业实施超低排放改造，2018 年、2019 年连续两年政府工作报告也提出推动实施钢铁行业超低排放改造。

2019 年 4 月，生态环境部等五部委联合印发了《关于推进实施钢铁行业超低排放的意见》（环大气〔2019〕35 号），鼓励钢铁企业分阶段分区域完成全厂超低排放改造，提出到 2020 年底前，重点区域钢铁企业超低排放改造取得明显进展，力争 60% 左右产能完成改造；到 2025 年底前，重点区域钢铁企业超低排放改造基本完成，全国力争 80% 以上产能完成改造。《意见》力争通过史上最严排放限值要求的提出，从有组织源头减排、工艺过程优化控制、治理设施提标升级、无组织精准管控与交通运输结构调整等多方面同时发力，实现行业环保水平的大幅提升。中国钢铁工业已处在由大到强、绿色转型的历史节点，以超低排放改造为契机，实现企业污染物排放的大幅压减。

为进一步做好钢铁行业超低排放评估监测工作，统一超低认定程序和方法，生态环境部组织编制并发布了《关于做好钢铁行业超低排放评估监测工作的通知》（环办大气函〔2019〕922 号）[14]，夯实《关于推进实施钢铁行业超低排放的意见》（环大气〔2019〕35 号）要求，政策要求市级及以上生态环境部门应加强对企业的指导和服务，利用 CEMS、视频监控、门禁系统、空气微站、卫星遥感等方式，加强对企业超低排放的事中事后监管，开展动态管理，对不能稳定达标企业，视情况取消相关优惠政策，解决地方验收评价标准不一的混乱情况。而《钢铁企业超低排放改造实施指南》（征求意见稿）[15]的发布又为企业实施超低排放改造路径提供了技术方案与案例考察的选择依据，避免重复投资。

此外，随着 2016 年我国排污许可证制度改革、2017 年开始秋冬季重点区域钢铁行业错峰生产推行等政策的实施，对钢铁行业环保提升、污染减排方面提出了更高的要求。2019 年 7 月生态环境部正式发布《关于加强重污染天气应对夯实应急减排措施的指导意见》，提出依据环保绩效将企业分为 A（全面达到超低）、B、C 级，A 级企业少限或不限，C 级企业多限，各级之间减排措施拉开差距，形成良币驱逐劣币的公平竞争环境，再次将钢铁行业环保改造推向了高潮。

1.1.2 超低排放要求

根据《关于推进实施钢铁行业超低排放的意见》（环大气〔2019〕35 号），钢铁行业超低排放主要目标及要求如下。

1.1.2.1 主要目标

全国新建（含搬迁）钢铁项目原则上要达到超低排放水平。推动现有钢铁企业超低排放改造，到 2020 年底前，重点区域钢铁企业超低排放改造取得明显进展，力争 60% 左右产能完成改造，有序推进其他地区钢铁企业超低排放改造工作；到 2025 年底前，重点区域钢铁企业超低排放改造基本完成，全国力争 80% 以上产能完成改造。

1.1.2.2 指标要求

A 有组织排放控制指标

烧结机机头、球团焙烧烟气颗粒物、SO_2、氮氧化物（NO_x）排放浓度小时均值（标准状态）分别不高于 $10mg/m^3$、$35mg/m^3$、$50mg/m^3$；其他主要污染源颗粒物、SO_2、NO_x 排放浓度小时均值（标准状态）原则上分别不高于 $10mg/m^3$、$50mg/m^3$、$200mg/m^3$，具体指标限值见表 1-1。达到超低排放的钢铁企业每月至少 95% 以上时段排放浓度小时均值满足上述要求。

表 1-1 我国钢铁企业超低排放指标限值

生产工序	生产设施	基准含氧量/%	污染物项目标准状态/$mg \cdot m^{-3}$		
			颗粒物	SO_2	NO_x
烧结（球团）	烧结机机头球团竖炉	16	10	35	50
	链箅机、回转窑带式球团焙烧机	18	10	35	50
	烧结机机尾其他生产设备	—	10	—	—
炼焦	焦炉烟囱	8	10	30	150
	装煤、推焦	—	10	—	—
	干法熄焦	—	10	50	—
炼铁	热风炉	—	10	50	200
	高炉出铁场、高炉矿槽	—	10	—	—
炼钢	铁水预处理、转炉（二次烟气）、电炉、石灰窑、白云石窑		10		
轧钢	热处理炉	8	10	50	200
自备电厂	燃气锅炉	3	5	35	50
	燃煤锅炉	6	10	35	50
	燃气轮机组	15	5	35	50
	燃油锅炉	3	10	35	50

由表 1-1 中给出指标可见，全工序有组织排放超低限值较国内现行标准收严 33% ~ 83%，对标欧美国家现行标准，我国超低限值除个别节点颗粒物排放浓度相当外，绝大部分指标均严于国外同类标准。

B 无组织排放控制措施

全面加强物料储存、输送及生产工艺过程无组织排放控制，在保障生产安全的前提下，采取密闭、封闭等有效措施，提高废气收集率，产尘点及车间不得有可见烟粉尘外逸[16]。

（1）物料储存。石灰、除尘灰、脱硫灰、粉煤灰等粉状物料，应采用料仓、储罐等方式密闭储存。铁精矿、煤、焦炭、烧结矿、球团矿、石灰石、白云石、铁合金、钢渣、脱硫石膏等块状或黏湿物料，应采用密闭料仓或封闭料棚等方式储存。其他干渣堆存应采用喷淋（雾）等抑尘措施。

（2）物料输送。石灰、除尘灰、脱硫灰、粉煤灰等粉状物料，应采用管状带式输送机、气力输送设备、罐车等方式密闭输送。铁精矿、煤、焦炭、烧结矿、球团矿、石灰石、白云石、铁合金、高炉渣、钢渣、脱硫石膏等块状或黏湿物料，应采用管状带式输送机等方式密闭输送，或采用皮带通廊等方式封闭输送；确需汽车运输的，应使用封闭车厢或苫盖严密，装卸车时应采取加湿等抑尘措施。物料输送落料点等应配备集气罩和除尘设施，或采取喷雾等抑尘措施。料场出口应设置车轮和车身清洗设施。厂区道路应硬化，并采取清扫、洒水等措施，保持清洁。

（3）生产工艺过程。烧结、球团、炼铁、焦化等工序的物料破碎、筛分、混合等设备应设置密闭罩，并配备除尘设施。烧结机、烧结矿环冷机、球团焙烧设备、高炉炉顶上料、矿槽、高炉出铁场，混铁炉、炼钢铁水预处理、转炉、电炉、精炼炉，石灰窑、白云石窑等产尘点应全面加强集气能力建设，确保无可见烟粉尘外逸。高炉出铁场平台应封闭或半封闭，铁沟、渣沟应加盖封闭；炼钢车间应封闭，设置屋顶罩并配备除尘设施。焦炉机侧炉口应设置集气罩，对废气进行收集处理。高炉炉顶料罐均压放散废气应采取回收或净化措施。废钢[17]切割应在封闭空间内进行，设置集气罩，并配备除尘设施。轧钢涂层机组应封闭，并设置废气收集处理设施。

焦炉应采用干熄焦工艺。炼焦煤气净化系统冷鼓各类贮槽（罐）及其他区域焦油、苯等贮槽（罐）的有机废气应接入压力平衡系统或收集净化处理，酚氰废水预处理设施（调节池、气浮池、隔油池）应加盖并配备废气收集处理设施，开展设备和管线泄漏检测与修复（LDAR）工作。

C　大宗物料产品清洁运输要求

进出钢铁企业的铁精矿、煤炭、焦炭等大宗物料和产品采用铁路、水路、管道或管状带式输送机等清洁方式运输比例不低于80%；达不到的，汽车运输部分应全部采用新能源汽车或达到国六排放标准的汽车（2021年底前可采用国五排放标准的汽车）。

1.1.2.3　评估监测要求

根据《关于做好钢铁企业超低排放评估监测工作的通知》（环办大气函〔2019〕922号）要求[18]，钢铁企业完成超低排放改造并连续稳定运行一个月后，可自行或委托有资质的监测机构和有能力的技术机构对有组织排放、无组织排放和大宗物料产品运输情况开展评估监测。企业或接受委托的机构应编制评估监测报告，给出明确的评估监测结论和建议。经评估监测达到超低排放要求的，企业将评估监测报告报所属地（市）级生态环境部门。

评估监测程序详见图1-1。

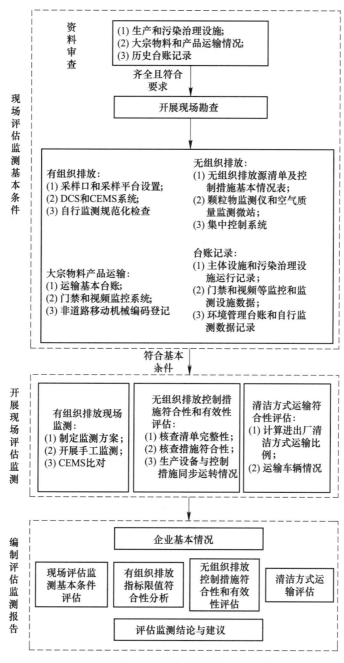

图 1-1 评估监测程序

1.1.2.4 后续监管要求

根据《关于做好钢铁企业超低排放评估监测工作的通知》（环办大气函〔2019〕922号）要求，地方各级生态环境部门将经评估监测认为达到超低排放的企业纳入动态管理名单，实行差别化管理。加强事中事后监管，通过调阅 CEMS、视频监控、门禁系统、空气微站、卫星遥感等数据记录，组织开展超低排放企业"双随机"检查。对不能稳定达到超低排放的企业，及时调整出动态管理名单，取消相应优惠政策；对存在违法排污行为的企业，依法予以处罚；对存在弄虚作假行为的钢铁企业和相关评估监测机构，加大联合惩戒力度。同时，鼓励行业协会发挥桥梁纽带作用，指导企业开展超低排放改造和评估监测工作，在协会网站上公示各企业超低排放改造和评估监测进展情况，推动行业高标准实施超低排放改造。

1.1.3　技术现状

1.1.3.1　超低排放技术

针对《关于推进实施钢铁行业超低排放的意见》（环大气〔2019〕35号）要求，目前，部分钢铁企业已开始全厂超低排放改造，从技术上来说，主要包括以下几方面。

A　从源头洁净化物料把控方面减排

例如：为解决高炉煤气下游用户 SO_2 排放超标的问题，针对高炉煤气精脱硫技术尚不成熟，若采用末端治理技术脱硫，势必会造成投资大、日常运行管理难度大及脱硫副产物难以处理等问题，目前，部分先进企业通过控制高炉入炉喷吹煤和焦炭总S含量，同时配套建设高炉煤气喷碱塔脱硫系统等途径确保了下游用户满足超低排放要求；另外，通过进行低氮燃烧改造，达到煤气用户轧钢加热炉等 NO_x 实现超低排放。

B　采用工艺过程优化进行减排

例如：河北重点地区均要求企业进行烧结机烟气循环，循环率达30%左右，从而减少了烟气排放量，降低了末端治理的投资和运行费用，同时对CO也有明显的减排效果；针对现有高炉料罐煤气放散的问题，先进企业开展了全量回收高炉均压煤气的成套工艺技术研究，实现了高炉料罐均压放散煤气的100%回收，同时减少了粉尘的排放。

C　有组织排放末端治理提标改造[19]

在超低政策发布之前，我国自主研发的高效除尘、分级脱硫、中低温脱硝等关键减排技术已取得重大突破，同时火电行业已经成功实施超低排放改造，为推动钢铁行业超低排放改造提供了有利条件。

在烧结机机头烟气治理方面，早在2010年，太钢450m² 烧结机在国内首次采用了活性焦（炭）吸附工艺，随后日照钢铁、宝钢等国内钢铁企业纷纷实施了烧结机活性焦（炭）改造，颗粒物、 SO_2 已经具备超低排放达标能力，只是由于建设时间较早， NO_x 设计去除效率较低，实际出口浓度在 100mg/m³ 左右。随着工艺的发展及环境要求的日益严格，全行业烧结机头烟气 NO_x 高效脱除技术随着标准的提出已成功积累了多项案例，2017年底投运的邯钢烧结机活性焦（炭）吸附工艺，实际排放浓度稳定达到 50mg/m³。目前，首钢、武钢、新兴铸管等大型国有企业，唐山九江线材、邯郸永洋钢铁、普阳钢铁、烘熔钢铁等民营企业的活性焦（炭）治理设施均正在建设或已经建成。宝钢、裕华钢铁、中天钢铁等以SCR工艺为主与邯郸钢铁、首钢迁钢等以活性炭/焦工艺为主的治理设施均能稳定达到超低排放限值要求。

在颗粒物治理方面，目前，全国钢铁企业基本在各生产和治理污染排放工序中配套建设了完善的除尘系统，例如，在烧结过程中要配置机头烟气除尘、机尾成品除尘等，在焦化过程中配置煤灰除尘、筛焦除尘、干熄焦除尘系统，高炉工序配有出铁场除尘、矿槽除尘等，炼钢工序配有转炉一次、二次除尘、精炼炉除尘及环境除尘等。在目前实施超低排放的企业中，除少数无法应用布袋除尘器的排污节点，大部分除尘器均宜采用对颗粒物截留效果更佳、阻损更小的高效覆膜袋式除尘器，在选择合理的技术运行参数后，除尘效率可达到99%以上，颗粒物排放浓度可控制在10mg/m³以下，具备了达到超低排放的能力。

D 无组织管控治一体化技术改造

近年来，钢铁企业无组织治理水平进展迅速，唐山、邯郸等重点地区基本淘汰了原料系统的防风抑尘网，改为更为先进的封闭料场，大幅减少了无组织的排放。但原料场仅是钢铁企业无组织排放的一部分，钢铁行业无组织排放颗粒物占比超过50%，而且排放源点多、线长、面广，阵发性强，治理难度大，长期以来一直没有受到重视且没有较好的治理、管理措施。

为攻克该难题，行业内大量科研院所、工程技术公司和钢铁企业等相关单位均开展了相关研究和工程应用。目前，已有部分重点区域企业开创了无组织治理的先河，实施了更高水平的无组织管控治一体化智能系统。即通过原料库封闭与煤筒仓技术，受卸料，供给料过程如汽车受料槽、火车翻车机、铲车上料、皮带转运点等易产尘点位采用抽风除尘或抑尘的方式优化作业环境，辅以喷淋或干雾抑尘确保原料系统储运粉尘排放得到有效控制。通过大数据、机器视觉、源解析、扩散模拟、污染源清单、智能反馈等技术，开展全厂无组织尘源点的清单化管理，将治理设施与生产设施、监测数据的联动，对无组织治理设施工作状态和运行效果进行实时跟踪，实现无组织治理向有组织治理转变，提高除尘效率的同时强化了无组织治理的管控力度。

E 清洁物流运输改造及监测监控

物流运输方面，在《国务院关于印发打赢蓝天保卫战三年行动计划的通知》（国发〔2018〕22号）中已经对钢铁行业在内的物流运输提出了深层次的要求，各重点地区也正在积极落实相关要求，例如，唐山市已经与中国铁路北京局集团开展合作以加强唐山地区铁路集疏港运输、改善周边空气质量；邯郸市国有钢铁企业早已建成铁路专线，多家民营企业也正在开展铁路运输专线的建设。

目前，钢铁企业在监测监控方面实施的改造主要集中在CEMS的超低精度改造、视频监控、无组织排放监控等，但对于控制系统DCS的改造尚不成熟，且视频监控、门禁系统等的功能尚不能满足现行环保管理新要求。

1.1.3.2 行业应用现状

对钢铁企业实施"超低排放"技术改造情况进行调研总结，目前，在有组织治理技术方面，脱硫主要包括干法、半干法及湿法工艺[20]，脱硝主要包括催化还原法、活性焦及氧化法工艺，除尘主要包括电除尘、袋式除尘及湿法除尘等；无组织治理方面，原料场主要采取的抑尘措施包括防风抑尘网、全封闭料棚、筒仓等。其他易产尘点位采用抽风除尘或抑尘的方式优化作业环境。而抑尘技术可简单分为传统喷淋抑尘及干雾抑尘、源头控制起尘技术等。其有组织、无组织超低排放治理技术目前的应用情况分别见表1-2和表1-3。

表 1-2　钢铁行业有组织排放治理技术应用现状

类别	工艺类型		应 用 现 状	先进性
脱硫	石灰石/石灰-石膏法	湿法	应用广泛，其中唐山 45.7%，邯郸 67%，安阳 82%以上，石家庄 15%	先进
	镁法脱硫		应用较少，其中唐山无，石家庄 25%	先进
	氨法脱硫		应用较少，其中唐山无	一般
	旋转喷雾干燥法	半干法	应用较多，重点区相对较少	一般
	密相干塔		应用广泛	先进
	循环流化床		应用较多，重点区相对较少，其中石家庄 60%，邯郸 2%	一般
	活性炭	干法	应用较少，其中唐山 11.8%，邯郸 31%，安阳约 10%	国际先进
脱硝（配置率较低）	氧化法	氧化法	应用较少，其中唐山 41.7%，邯郸无	一般
	中高温 SCR	还原法	应用较多，其中唐山 46.5%，邯郸 70.6%	国际先进
	中低温 SCR			先进
	活性炭		应用较少，其中唐山 11.8%，邯郸 31%	国际先进
除尘	传统袋式	过滤式除尘	应用广泛，适用于大部分生产工序	一般
	覆膜滤料袋式		重点区（唐山、邯郸、安阳、临汾）基本已更换为覆膜，适用于大部分生产工序	先进
	滤筒		应用较少，仅部分先进企业，适用于大部分生产工序	国际先进
	塑烧板		应用较少，适用于轧机等含水率较高的烟气	先进
	电袋复合		应用较多，适用于静电除尘器增效改造	先进
	工频电源静电	电除尘	应用广泛	一般
	软稳高频电源静电		应用广泛，适用于烧结机头、竖炉焙烧等烟气	先进
	湿电		应用较少，仅重点区烧结、球团湿法脱硫后使用	国际先进
	转炉一次干法		应用较少，仅部分先进企业	国际先进
	湿法（水浴等）	湿式除尘	应用极少，仅部分烧结混料处使用	一般
	转炉一次湿法		应用广泛	先进

表 1-3　钢铁行业无组织排放治理技术应用情况

类别	工艺类型	先进性	应 用 情 况
料场堆存	防风抑尘网	一般	环保要求相对较低区域的企业采用
	全封闭料场	国际先进	重点区域大部分企业采用
	筒仓	国际先进	先进企业应用较多，如沙钢焦化厂、山西焦化集团等
抑尘	传统喷淋抑尘	一般	国内大部分企业采用
	干雾抑尘	先进	邯郸地区已普遍采用，如新兴铸管、裕华、普阳等
	生物纳膜等	国际先进	

1.1.4　改造进展

《关于推进实施钢铁行业超低排放的意见》印发后，钢铁企业积极响应政策要求，实施超低排放改造，环保水平大幅提升。目前，共有 20 个省级生态环境部门发布了超低改造实施方案，其中河北省和江苏省 2018 年发布，安徽省、湖北省、山西省、广西壮族自治区等 18 个省份 2019 年发布，山东省、辽宁省、河南省、广东省、甘肃省、青海省、内蒙古自治区 7 个省份和新疆生产建设兵团未发布超低改造实施方案。其中，部分重点地区以方案为基础，制定并发布了地方排放标准，河北省于 2018 年 8 月 19 日发布了《钢铁工业大气污染物超低排放标准》（DB 13/2169—2018）[21]，标准中要求全省钢铁企业于 2019 年 1 月 1 日起执行超低排放要求；山东省环境保护厅于 2018 年 9 月编制了地方排放标准《钢铁工业大气污染物排放标准》（征求意见稿）[22]，现已公开征求意见。唐山市钢铁企业根据《唐山市钢铁、焦化超低排放和燃煤电厂深度减排实施方案》（唐气领办〔2018〕38 号）文件的要求[23]，已经于 2018 年 10 月底前提前执行了超低排放标准，绝大多数企业烧结机机头已经实施了脱硝改造，且经权威第三方机构论证，已有部分企业能够全流程满足超低排放要求。

整体来说，唐山、邯郸等钢铁产能集中的城市改造进展较快。2020 年底前，京津冀晋鲁豫陕约 3 亿吨粗钢产能正在开展超低排放改造，持续为全社会节能减排，打赢蓝天保卫战做贡献。重点地区超低排放改造进展具体如下。

1.1.4.1 唐山市

唐山市是钢铁产能最集中的城市，也是实施超低排放改造最早的城市之一，唐山市大气办印发的《唐山市钢铁、焦化超低排放和燃煤电厂深度减排实施方案》要求全市钢铁企业在 2018 年 10 月底前全部达到超低排放水平。

在全流程实现超低排放改造方面，已通过生态环境部、国家监测总站及冶金工业规划研究院评估的目前仅有 1 家，为首钢股份公司迁安钢铁公司。其他企业超低排放改造进展如下：

在源头控制及有组织排放改造方面，截至目前，唐山市钢铁行业 127 台烧结机超低排放改造工程均已完工并通过市环保局的验收，达到超低排放水平。在其他污染源的改造方面，钢铁企业主要在加热炉煤气反吹、除尘器升级等方面开展了工作且已基本完成，但部分企业在高炉煤气控硫、加热炉低氮燃烧改造方面进展较慢。

在无组织排放方面，唐山市钢铁企业对料场均实现了棚化仓化，对皮带通廊实施了封闭，在主要产尘点实施了封闭改造，在厂区内建设了空气监测微站，但尚未建立"无组织排放源清单"及"无组织排放监控体系"，不能准确、及时、全面地反映全厂无组织排放治理情况。

在清洁运输改造方面，目前已有 1~2 家钢铁企业具备清洁运输比例达到 80% 的条件。同时，唐山市也在积极推进其他企业的"公转铁"改造，全市近 20 家钢铁企业已有或正在建设疏港铁路专用线，不具备条件的钢铁企业购置了 LNG 车辆代替了部分柴油车辆。

在监测监控方面，除烧结机机头、球团焙烧等烟气脱硫脱硝外，其他自动监控设施基本尚未安装分布式控制系统（DCS），同时，厂内易产尘点处视频监控及门禁系统尚未实现环保监控。

1.1.4.2 邯郸市

邯郸市也是钢铁大市，超低排放改造工作也处于全国前列。邯郸市大气办印发的《邯郸市 2018 年钢铁、焦化行业超低排放改造和无组织排放治理实施方案》[24]要求全市钢铁企业在 2018 年底前炼铁、炼钢等工序完成超低排放改造，烧结机头在 2019 年 4 月底前完成超低排放改造。

在全流程实现超低排放改造方面，尚无钢铁企业完成。

在重点源烧结机机头烟气超低排放改造方面，现邯郸市 18 家钢铁企业 57 台烧结机（其中 6 台烧结机长期停产），其余 51 台烧结机全部完成超低排放改造（河钢邯郸是全国率先采用逆流法活性焦工艺实现烧结机超低排放的企业，新兴铸管是采用错流法活性焦工艺实现烧结机超低排放的企业，天铁公司由于混改重组导致超低排放改造进展较慢，现已通过采用半干法脱硫+SCR 脱硝的工艺实现烧结机超低排放）。在其他污染源的改造方面，邯郸钢铁企业主要在烧结烟气循环、袋式除尘器滤料更换、调高转炉煤气回收率[25]、高炉煤气放散回收、高炉煤气休风放散回收、加热炉煤气反吹等方面开展减排工作且已基本完成，但部分企业在高炉煤气精脱硫等方面进展较慢。

在无组织排放方面，邯郸市钢铁企业率先建设了无组织排放管控治一体化系统，利用智能环保的技术手段对无组织排放实施提早预防，并有针对性地抑制过程。

在清洁运输改造方面，邯郸市邯钢、新兴铸管和天铁在现有铁路专用线运力的基础上，进一步提高铁运比例；普阳钢铁新建自有铁路专用线并已投入使用，同时逐步加大铁运比例；裕华钢铁利用现有社会货运站，通过改善卸料环境和短倒方式，实现绿色物流；烘熔钢铁正在推进实施公转铁改造项目，计划利用现有社会铁路线；涉及产能置换的太行钢铁、华信特钢均在新建厂区配套建设铁路专用线；其他不具备公转铁改造条件的企业逐步淘汰国四及以下车辆，实现国五以上车辆运输。

在监测监控方面，除烧结机机头、球团焙烧等烟气脱硫脱硝外，其他自动监控设施基本尚未安装分布式控制系统（DCS），同时，门禁系统基本尚未实现环保监控。

1.1.4.3　其他重点地区进展情况

除唐山、邯郸外，其他位于"2+26"城市的钢铁企业超低排放改造工程均已开工，但进度不一。其中，临汾市、安阳市钢铁企业有组织排放改造已接近尾声，无组织排放及清洁运输改造正在推进。

1.1.5　存在问题

1.1.5.1　部分环节技术尚不成熟

近几年来，随着部分钢铁企业开展超低排放改造，钢铁行业各工序主要污染排放源的超低排放技术有了较大的发展，涵盖了烧结、球团、焦炉、高炉等多个工序，为钢铁行业超低排放改造提供了强有力的技术支撑。但是，钢铁行业尚有部分排污环节存在治理难点，没有典型可行技术，阻碍了钢铁企业全面达到超低排放的要求，这其中包括高炉煤气精脱硫、钢渣热闷含湿烟气治理、物料运输等无组织粉尘排放环节。

1.1.5.2　现有超低排放技术路线缺乏引导

部分重点地区改造进度较快，而在改造之时国家尚未制定钢铁行业超低排放改造相关技术指导文件，而地方政府又缺乏对企业的引导，加之成本、改造时间等因素的干扰，导致企业选用了尚不成熟的技术路线，没有达到应有的效果，甚至造成重复投资。例如，从唐山市钢铁企业烧结机采用的超低排放技术路线来看，虽然有超过一半的企业采用了 SCR 工艺或活性炭工艺，但也有 41.7% 的企业采用了各种"独家专利"的工艺路线。与成熟的活性炭和 SCR 工艺相比，这些工艺路线在达标稳定性、二次污染等方面存在不足，大面积采用这些工艺路线，有可能出现类似烧结烟气脱硫初期的无序乱象，不利于规范钢铁行业超低排放。

1.1.5.3 工程质量良莠不齐

在钢铁行业实施超低排放改造之初，由于环保标准规范体系不健全，缺乏完善的技术规范指导，没有统一的技术标准要求，导致环保装备的制备、销售无法可依、无据可依。此外由于监管力度不够，供应商缺乏自我约束，存在低价竞争，极大损害了公平竞争的市场秩序，企业受成本因素的影响而采购低价环保装备导致没有发挥应有的作用。例如，从唐山市各企业超低排放工程投资情况看，仍有部分企业的改造项目存在"低质低价"的隐患，工程投资明显偏低，个别烧结机单位投资还不到 10 万元/m^2，不足正常投资的 1/5。部分钢铁企业选择的工程公司设计、施工能力差，在行业内缺乏业绩支撑，工程质量难以保证长期稳定实现超低排放。

1.1.5.4 在线监测装置升级进度滞后、监测监控不到位

目前，钢铁企业超低排放改造进展较快，但部分钢铁企业在线监测装置还未按照超低排放要求和相关监测技术规范进行升级，在线监测装置的运行维护水平与电厂相比还有较大差距，无法准确反映企业排放状况。

此外，目前钢铁企业在监测监控方面实施的改造主要集中在 CEMS 的超低精度改造、视频监控、无组织排放监控等，但对于控制系统 DCS 的改造尚不成熟，且视频监控、门禁系统等的功能尚不能满足现行环保管理新要求。

1.1.5.5 环境管理软实力不足

环境管理能力建设是钢铁企业实现超低排放改造面临的重大挑战。先进的技术和装备并不代表环保绩效水平同比显著提升，若无先进的管理模式和绩效考核手段作为支撑，单纯的装备硬件投入也往往达不到预期的理想效果。而目前多数钢铁企业没有独立的环保管理部门，未形成完善的环保三级管理体系，专职环保管理人员较少，未能在公司层面体现环保"一票否决"的重要性，影响环保战略和政策的高效贯彻执行。此外环境监测能力薄弱，环境监管主要依靠末端在线监控及环保设施点检，信息化智能化水平较低，个别排污单位存在自动监测弄虚作假的问题。导致环保管理水平无法支撑企业长期稳定达到超低排放。

1.1.6 发展趋势

1.1.6.1 政策发展趋势

生态环境部制定了《关于做好钢铁企业超低排放评估监测工作的通知》（环大气

〔2019〕922号），同时要求中国钢铁工业协会网站进行公示，公示名单接受社会监督，进行动态更新。超低排放改造的推进不仅使得钢铁行业排放标准进一步收严而且治理方向也更加明确，既包括了有组织、无组织的治理，又包括了运输方式的清洁化改造。因此，对企业的环保管理水平也提出了更高的要求。"十四五"期间，既是重点区域钢铁企业超低排放的收尾阶段，又是其他区域钢铁企业推行超低排放改造的重要阶段。同时，行业排放标准也将同步修订，与超低排放衔接，依法管理。

此外，环保督查将逐步走向规范化、常态化和制度化，一是督察的目标更加具体、严格；二是督察更加精准化、规范化，各项政策制定和执行环环相扣，形成协同效应，而大数据、云计算、移动互联网、无人机等信息化手段的运用，也会促使执法手段更加精细化和便捷化。针对钢铁企业超低排放污染治理的关键领域，中央还会进行"点穴式""机动式"专项督察。因此，企业的环保问题将会全面暴露，对企业环保治理工作提出了更高的挑战。

因此，国家对于钢铁行业超低排放改造的评估验收及监督管理体系将进一步完善。

1.1.6.2　行业发展趋势

目前，由于实现"超低排放"改造难度大、评估监测技术要求严格、企业管理水平未同步提升等原因，截至2021年2月，我国已有11家钢铁企业完成了超低排放改造和评估监测工作，并已在中国钢铁工业协会官网上完成了公示。2020年开始，有更多的环保绩效水平处于国际领先水平的企业向A类与B类企业发起冲击，形成行业中力争上游的高质量绿色发展新阶段，体现生态环境部分类分级、差异化科学管控所带来的正向政策激励。

1.1.6.3　技术发展趋势

近几年来，随着部分钢铁企业开展超低排放改造，钢铁行业各工序主要污染排放源的超低排放技术有了较大的发展，开发了"选择性烟气循环技术""半干法脱硫耦合中低温SCR脱硝技术""活性炭法一体化技术""臭氧氧化硫硝协同吸收技术""高炉炉料结构优化的硫硝源头减排技术"等新型技术，涵盖了烧结、球团、焦炉、高炉等多个工序，为钢铁行业超低排放改造提供强有力的技术支撑。

但是，钢铁行业尚有部分排污环节存在治理难点，没有典型可行技术，阻碍了钢铁企业全面达到超低排放的要求，这其中包括前面提到的高炉煤气精脱硫、钢渣热闷含湿烟气治理、物料运输等无组织粉尘排放环节。随着超低排放的持续推进，通过对目前各企业实际发现的难点环节开展专项研究，也将逐步攻克上述技术难点，从而形成覆盖钢铁行业全流程的超低排放技术路线。

1.2　国外现状

国外钢铁行业虽然并未从国家层面发布、执行超低排放标准，但是部分国家其标准要求以及企业污染物控制水平较高，对我国更好地实施超低排放改造具有借鉴意义。

颗粒物控制方面，以德国为代表的欧盟国家对颗粒物提出了较高的控制要求，要求治理设施均必须建立在最佳可行技术（BAT，Best Available Techniques）基础之上，通过采用BAT中覆膜滤袋及折叠式滤筒除尘等高效除尘器，颗粒物满足$10mg/m^3$的要求。

日本对于 SO_2 以及 NO_x 的治理取得了较高的水平，例如，烧结机烟气循环治理在日本具有较高的比例，对于降低污染物排放总量起到了积极的作用，烧结机机头活性焦、加热炉低氮燃烧技术也处于先进水平，虽然日本国家层面排放标准未达到超低要求，但是各治理技术经实际检验具备了达到超低排放的能力，为我国重点治理技术的改造提供了借鉴、指导。

1.2.1 标准制定情况

将国内钢铁行业现行执行标准、超低排放标准与国外标准对比，具体如下。

1.2.1.1 烧结球团

将烧结、球团工序大气污染排放标准现有、新建企业排放限值、特排限值及超低排放限值，同欧美环保先进国家进行对比，可以明显看出：

颗粒物新建及特别排放浓度与美国排放标准基本持平，优于法国，但是距离其他欧洲国家例如德国、奥地利仍有着较为明显的差距，超低排放标准达到了德国和奥地利标准；SO_2 新建及特别排放浓度除了未达到美国现有排放水平外，已优于其他国家的许可排放浓度限值要求，超低排放标准远优于其他国家；NO_x 排放标准方面，我国新建企业及特别排放标准基本等同或优于法国、奥地利等国家，距离德国有一定差距，超低排放标准远优于其他国家。整体来说，新建及特别排放标准设置上与欧美国家对比差距较小，超低排放标准明显优于其他国家排放指标要求，对比情况见表1-4。

表 1-4 国外同类标准与国内标准对比情况　　（标准状态，mg/m^3）

污染因子	德国	美国	法国	奥地利	中国			
					现有 2012年10月1日 至 2014年12月31日	新建 2012年10月1日起 现有 2015年1月1日起	重点区域特别排放限值	超低排放限值
颗粒物	10	60	100	10	80	50	40	10
SO_2	500	90	300	350	600	200	180	35
NO_x	100	—	500	350	500	300	300	50
二噁英 /ngTEQ·m^{-3}	0.4	—	—	0.1	1.0	0.5	0.5	—
氟化物	3（以HF计）	—	—	—	6.0	4.0	4.0	—

1.2.1.2 焦化

A 欧盟国家

欧盟标准规定了焦炉烟囱废气、装煤、湿熄焦、干熄焦废气污染物排放限值，欧盟炼焦化工业管控因子与 GB 16171—2012 新建企业排放限值、特别排放限值及国内超低排放限值对比情况见表1-5。可以明显看出：焦炉烟囱 GB 16171—2012 排放限值及超低排放限值基本严于欧盟标准，装煤、干熄焦颗粒物新建及特别排放限值松于欧盟标准，超低排放标准颗粒限值基本严于欧盟标准。

表 1-5　与欧盟炼焦废气排放标准对比　　　　（标准状态，mg/m³）

工艺	排放	欧盟标准		GB 16171—2012		超低排放限值	对比结果
		排放限值	说明	新建企业排放限值	特别排放限值		
焦炉烟囱废气	SO_x	200~500（同 SO_2）	取决于加热煤气的种类	50	30	30	GB 16171—2012 新建企业排放限值和特别排放限值、超低排放限值均严于欧盟标准
	NO_x	350~500（同 NO_2）	适用于新建焦化厂	500	150	150	GB 16171—2012 新建企业排放限值松于欧盟标准，但特别排放限值、超低排放限值严于欧盟标准
		500~650（同 NO_2）	适用于原有焦化厂，要有基本的 NO_x 处理技术	500	150	150	GB 16171—2012 新建企业排放限值、特别排放限值及超低排放限值均严于欧盟标准
焦炉煤气脱硫	H_2S	300~1000	应用吸收工艺	—	—	—	—
		10	用于湿式氧化工艺	—	—	—	—
装煤	颗粒物	25（德国装煤10，德国出焦5）		50	30	10	GB 16171—2012 新建企业排放限值和特别排放限值均松于欧盟标准，超低排放标准严于欧盟标准
湿熄焦	颗粒物	20		—	—	—	—
干熄焦	颗粒物	20		50	30	10	GB 16171—2012 新建企业排放限值和特别排放限值均松于欧盟标准，超低排放标准严于欧盟标准
	SO_2	—		100	80	50	

B　亚洲国家

日本标准规定了精煤破碎、焦炭破碎、筛分、转运废气颗粒物，焦炉烟囱废气 NO_x，冷鼓、库区焦油各类贮槽废气挥发性有机物，苯贮槽废气苯及挥发性有机物排放限值；印度标准规定了精煤破碎、焦炭破碎、筛分转运废气颗粒物，装煤废气颗粒物、苯并 [a] 芘，焦炉烟囱废气颗粒物、SO_2、NO_x，干法熄焦废气颗粒物，冷鼓、库区焦油各类贮槽废气苯并 [a] 芘排放限值。日本、印度标准中焦化行业管控的废气污染因子总体少于 GB 16171—2012，如干熄焦废气 SO_2、装煤和推焦废气 SO_2 等。日本、印度标准与 GB 16171—2012 新建企业排放限值、特别排放限值及超低排放限值对比情况见表 1-6。可以明显看出：焦炉烟囱 GB 16171—2012 排放限值及超低排放限值基本严于日本、印度标准，装煤颗粒物新建及特别排放限值松于印度标准，超低排放限值严于印度标准，干熄焦颗粒物新建企业排放限值与印度标准一致，特别排放限值、超低排放限值严于印度标准。

表1-6 日本、印度炼焦废气排放标准对比 （标准状态，mg/m³）

污染物排放环节	污染物名称	日本	印度	GB 16171—2012 新建企业排放限值	GB 16171—2012 特别排放限值	超低排放限值	对比结果
精煤破碎、焦炭破碎、筛分转运	颗粒物	30~200（特别排放）	50	30	15	—	GB 16171—2012 新建企业排放限值和特别排放限值均严于日本、印度标准
装煤过程	颗粒物	—	25	50	30	10	GB 16171—2012 新建企业排放限值和特别排放限值均松于印度标准，超低排放限值严于印度标准
	SO₂	—	—	100	70	—	—
	苯并［a］芘/μg·m⁻³	—	2.0	0.3	0.3	—	GB 16171—2012 新建企业排放限值和特别排放限值均严于印度标准
推焦过程	颗粒物	—	—	50	30	10	—
	SO₂	—	—	50	30	—	—
焦炉烟囱废气	颗粒物	—	50	30	15	10	GB 16171—2012 新建企业排放限值、特别排放及超低排放限值均严于印度标准
	SO₂	—	800	50	30	30	GB 16171—2012 新建企业排放限值、特别排放及超低排放限值均严于印度标准
	NOₓ	123~820（新建企业）	500	500	150	150	GB 16171—2012 新建企业排放限值（机焦、半焦（兰炭）炉）与印度标准一致，特别排放值、超低排放值严于印度标准。GB 16171—2012 特别排放限值、超低排放限值整体严于日本标准
干法熄焦	颗粒物	—	50	50	30	10	GB 16171—2012 新建企业排放限值与印度标准一致，特别排放限值、超低排放限值严于印度标准
	SO₂	—	—	100	80	50	—
粗苯管式炉、半焦（兰炭）烘干和氨分解炉等燃用焦炉煤气的设施	颗粒物	—	—	30	15	—	—
	SO₂	—	—	50	30	—	—
	NOₓ	—	—	200	150	—	—
冷鼓、库区焦油各类贮槽	苯并［a］芘/μg·m⁻³	—	2.0	0.3	0.3	—	GB 16171—2012 新建企业排放限值和特别排放限值均严于印度标准
	酚类	—	—	80	50	—	—
	HCN	—	—	1.0	1.0	—	—
	非甲烷总烃	214~32143（VOCs）	—	80	50	—	—
	NH₃	—	—	30	10	—	—
	H₂S	—	—	3.0	1.0	—	—

| 污染物
排放环节 | 污染物
名称 | 日本 | 印度 | GB 16171—2012 | | 超低
排放
限值 | 对比结果 |
				新建企业 排放限值	特别排放 限值		
苯贮槽	苯	100~1500	—	6	6	—	GB 16171—2012 新建企业排放限值 和特别排放限值均严于日本标准
	非甲烷总烃	214~32143 （VOCs）	—	80	50	—	
硫铵 结晶干燥	颗粒物	—	—	80	50	—	—
	NH_3	—	—	30	10	—	—
脱硫 再生塔	NH_3	—	—	30	10	—	—
	H_2S	—	—	3	1	—	—

1.2.1.3　炼铁

A　烟（粉）尘排放标准比较

将炼铁工序大气污染排放标准现有、新建企业颗粒物排放限值、特别排放限值及超低排放限值，同欧美环保先进国家进行对比，可以明显看出：现行标准中特别排放限值较现有或新建企业排放限值加严幅度较大，但未执行特别排放限值要求的区域，与欧洲、美国等国外标准相比还是有一定差距，超低排放标准已基本优于或等同于国外标准，具体数值见表 1-7。

表 1-7　烟（粉）尘标准对比　　　　　　（标准状态，mg/m^3）

生产设施及污染源		2015 年 1 月 1 日前	2015 年 1 月 1 日后	特别排 放限值	超低排 放限值	美国	德国	英国	日本
高炉出 铁场	现有企业	50	25	15	10	22.9	20	20	30（参照锅炉）
	新建企业	25	25	10	10	6.9	20	20	30（参照锅炉）
加热炉	现有企业	50	20	15	10	—	10	10	100（参照加热炉）
	新建企业	20	20	15	10	—	10	10	100（参照加热炉）
原料、煤 粉系统	现有企业	50	25	10	—	18.32	20	20	30（参照锅炉）
	新建企业	25	25	10	—	11.45	20	20	30（参照锅炉）
标准制定年份		2012			2019	1999	2002	1999	2005

B　热风炉 SO_2、NO_x 排放标准比较

将炼铁工序热风炉 SO_2、NO_x 排放标准现有、新建企业颗粒物排放限值、特别排放限值及超低排放限值，同欧美环保先进国家进行对比，可以明显看出：现行标准中 SO_2、NO_x 现有企业、新建企业特别排放限值均相同，其中 SO_2 排放限值远低于欧盟水平，NO_x 排放限值指标接近国际先进水平，但距离日本有一定差距，SO_2 超低排放标准远低于欧盟水平，NO_x 超低排放标准与日本标准接近，具体数值见表 1-8。

表 1-8 热风炉 SO$_2$、NO$_x$ 标准对比 （标准状态，mg/m³）

污染控制项目及污染源		现行标准	超低排放标准	美国	德国	英国	日本
SO$_2$	现有企业、新建企业	100	50	—	—	250	250
NO$_x$	现有企业、新建企业	300	200	—	—	350	100~170
标准制定年份		2012	2019	—	—	1999	2005

1.2.1.4 炼钢

将炼钢工序大气污染排放标准现有、新建企业排放限值、特别排放限值及超低排放限值，同欧美环保先进国家进行对比，可以明显看出：颗粒物新建及特别排放限值较国外标准相对宽松，尚有一定收严的空间，但除一次烟气外的超低排放标准已优于其他国家，二噁英排放限值与国外标准持平，具体数值见表 1-9。

表 1-9 与国外同类标准排放限值对比 （标准状态，mg/m³）

污染物	生产工序或设施	GB 28664—2012		超低排放限值	美国	德国	日本
		新建企业	特别排放限值				
颗粒物	转炉（一次烟气）	50	50	—	22.9	50（现有）20（新建）	—
	转炉（二次烟气）	20	15	10	11.9	20	—
	电炉	20	15	10	11.45	5（新建）	20
二噁英类/ngTEQ·m⁻³	电炉	0.5	0.5	—	0.5（英国）	0.5	0.5

1.2.1.5 轧钢

将轧钢工序大气污染排放标准现有、新建企业排放限值、特别排放限值及超低排放限值，同欧美环保先进国家进行对比，可以明显看出：颗粒物新建及特别排放限值基本与国外排放标准持平；SO$_2$、NO$_x$ 新建及特别排放限值严于国外排放标准，超低排放标准又进一步收严。具体数值见表 1-10。

表 1-10 与国外轧钢废气排放限值对比表 （标准状态，mg/m³）

污染源	污染物	新建企业排放限值	特别排放限值	超低排放限值	国外排放限值	
					德国	日本
轧钢各除尘系统	颗粒物	20	15	—	20	20
轧钢热处理炉	SO$_2$	150	150	50	≤350	—
	NO$_x$	300	300	200	≤350	—

1.2.2　污染治理情况

1.2.2.1　烧结球团

根据文献研究，日本、德国、美国等率先采用烧结。球团污染治理设施的国外企业，与我国现行大气污染防治技术应用种类与市场占比大体相近。其中，湿法脱硫技术主要包括石灰石/石灰-石膏法、氧化镁法、氨-硫铵法等，应用占比达70%以上，可实现烧结机头烟气与球团焙烧烟气SO_2的达标排放；另外，半干法脱硫技术主要包括CFB循环流化床法、SDA旋转喷雾法、MEROS法等，市场份额在20%左右，活性焦（炭）干法脱硫脱硝一体化工艺市场份额在10%左右。除了末端治理技术外，部分国外企业也应用了烧结烟气循环技术，降低烟气中NO_x产生浓度的同时，也从源头减少二噁英的产生。

1.2.2.2　焦化

A　焦炉烟气

美国、欧盟等发达国家和地区的焦化企业，大多在钢铁企业内，采用高焦混合煤气为燃料，并采用废气循环和分段加热等低氮燃烧技术控制焦炉污染物排放。欧盟焦化厂SO_2排放浓度为$111 \sim 157mg/m^3$、NO_x排放浓度为$322 \sim 414mg/m^3$。

据了解，美国、欧盟等发达国家和地区并未对焦炉烟囱废气进行末端治理，20世纪70~90年代，日本千叶焦化厂、冲绳焦化厂和横滨Tsurumi煤气厂曾投产过SCR脱硝装置，后因焦炉停产而停运。

B　熄焦

就熄焦方式在全球的应用情况而言，目前，日本、韩国几乎全部使用干熄焦，日本对干熄焦废气SO_2无控制要求。欧洲协会委员会曾在其利用最好技术的文件中明确指出：在欧盟内干法熄焦装备不能满足经济的运行要求。在德国主要采用稳定熄焦方式（变水量湿熄焦），美国采用湿熄焦。德国TALuft（2002）中规定SO_2排放浓度$350mg/m^3$；世界银行《联合炼钢厂环境、健康与安全指南》（2001）中规定SO_2排放浓度$500mg/m^3$。在国外没有专门的干熄焦脱硫装置。

1.2.2.3　炼铁

根据德国钢铁卸灰对下属炼铁企业的评估[26]，其高炉煤气经过清洗后，气体的含尘量达到年平均小于$20mg/L$，单日测定值小于$50mg/L$，高炉煤气全部被用来加热热风炉和均热炉。由热风炉排出的气体总量为50万立方米/h。烟囱的高度和布局影响废气中NO_x和CO的含量，中等烟囱高度在80m左右。一些热风炉采用了预热煤气和空气，可以减少高发热值气体的加入量。出铁场的主铁沟和渣、铁沟全部用盖板覆盖，防止热量的辐射和烟尘的外冒。在出铁口和铁罐处配有除尘装置，从烟囱排出的气体要经过布袋和静电除尘，净化后气体中灰尘为$1 \sim 15mg/m^3$。高炉原料系统包括原料场、供料系统、筛分装置和返料设备。由抽气管将粉尘吸出后通过除尘器除尘，使工位上气体的含尘量小于$10mg/m^3$。

1.2.2.4 炼钢

目前，国外转炉一次烟气除尘技术主要分为以"LT"为代表的干法除尘系统和以新"OG"为代表的湿法除尘系统。

20世纪60年代初，日本研发了传统的 OG 湿法除尘系统，工艺模式为常说的"两文三脱"，后历经多代改进；1982年，鲁奇（Lurgi）与蒂森（Thyssen）共同研发了 LT 干法除尘系统，核心技术是干式蒸发冷却塔+静电除尘器。

1.2.2.5 轧钢

据相关文献可知，国外轧钢企业主要采用源头控制的方式来减少轧钢热处理炉烟气中污染物的产生和排放。源头控制技术包括采用清洁的燃料和低氮燃烧两种，其中采用清洁的燃料基本以净化后的焦炉煤气、高炉煤气、转炉煤气及天然气为主；低氮燃烧技术包括富氧燃烧技术、稀释氧燃烧技术和蓄热式高温空气燃烧技术等，如美国安塞乐米塔尔北美公司采用稀释燃烧技术后，轧钢加热炉 NO_x 排放量减少了 25%。

参 考 文 献

[1] 生态环境部. 关于推进实施钢铁行业超低排放的意见（环大气〔2019〕35号）.

[2] 鞍钢集团设计研究院，环境保护部环境标准研究所. GB 28662—2012 钢铁烧结、球团工业大气污染物排放标准［S］. 北京：中国环境科学出版社，2012.

[3] 山西省环境保护厅，环境保护部环境标准研究所，山西省环境科学研究院，山西省环境监测中心站和山西省环境监控中心. GB 16171—2012 炼焦化学工业污染物排放标准［S］. 北京：中国环境科学出版社，2012.

[4] 中钢集团天澄环保科技股份有限公司，环境保护部环境标准研究所. GB 28663—2012 炼铁工业大气污染物排放标准［S］. 北京：中国环境科学出版社，2012.

[5] 宝山钢铁股份有限公司，上海宝钢工程技术有限公司，环境保护部环境标准研究所. GB 28664—2012 炼钢工业大气污染物排放标准［S］. 北京：中国环境科学出版社，2012.

[6] 宝山钢铁股份有限公司，环境保护部环境标准研究所. GB 28665—2012 轧钢工业大气污染物排放标准［S］. 北京：中国环境科学出版社，2012.

[7] 国家环境保护局. GB 16171—1996 炼焦炉大气污染物排放标准［S］. 北京：中国环境科学出版社，1996.

[8] 中国环境科学院环境标准所. GB 9078—1996 工业炉窑大气污染物排放标准［S］. 北京：中国环境科学出版社，1996.

[9] 国家环保局. GB 16297—1996 大气污染物综合排放标准［S］. 北京：中国环境科学出版社，1996.

[10] Zhang Hanyu, Xing Yi, Cheng Shuiyuan, et al. Characterization of multiple atmospheric pollution during haze and non-haze episodes in Beijing, China：Concentration, chemical components and transport flux variations［J］. Atmospheric Environment, 2020 (246)：118129.

[11] 国务院. 大气污染防治行动计划（即"大气十条"）（国发〔2013〕37号）.

[12] 生态环境部. 关于执行大气污染物特别排放限值的公告（公告〔2013〕14号）.

[13] 国务院. 国务院关于印发打赢蓝天保卫战三年行动计划的通知（国发〔2018〕22号）.

［14］生态环境部．关于做好钢铁行业超低排放评估监测工作的通知（环办大气函［2019］922号）.

［15］中国环境保护产业协会．关于印发《钢铁企业超低排放改造技术指南》的通知（中环协［2020］4号）.

［16］刘祥龙，杨自华，邢奕，等．钢铁企业安全管理的研究［J］.安全，2006（5）：29-32.

［17］董丽伟，邢奕，刘景洋，等．我国社会废钢回收量预测［J］.环境科学研究，2011，24（11）：1325-1330.

［18］生态环境部．关于做好钢铁行业超低排放评估监测工作的通知（环办大气函［2019］922号）.

［19］邢奕，张文伯，苏伟，等．中国钢铁行业超低排放之路［J］.工程科学学报，2021，43（1）：1-9.

［20］邢奕，宋存义，程贝．我国钢铁企业烧结烟气脱硫技术综述［J］.除尘气体净化，2009（6）：9-13.

［21］河北省众联能源环保科技有限公司，河北环学环保科技有限公司．DB 13/2169—2018钢铁工业大气污染物超低排放标准［S］.河北：河北环境科学出版社，2018.

［22］山东省生态环境规划研究院．DB37/990—2019钢铁工业大气污染物排放标准［S］.山东：山东环境科学出版社，2019.

［23］唐山市生态环境局．唐山市钢铁、焦化超低排放和燃煤电厂深度减排实施方案（唐气领办［2018］38号）.

［24］邯郸市生态环境局．邯郸市2018年钢铁、焦化行业超低排放改造和无组织排放治理实施方案（邯气领办［2018］2号）.

［25］陆钢，徐冰，邢奕，等．转炉除尘水用于烧结烟气脱硫的实验［J］.环境工程，2007，25（4）：41-43.

［26］吴铿，王颖生，杨尚宝，等．国外和首钢炼铁过程环保现状及改进［J］.钢铁，2004（2）：71-77.

2 钢铁行业烟气排放特征

2018 年钢铁行业 SO_2、NO_x 和颗粒物排放量分别为 105 万吨、163 万吨和 273 万吨，约占全国排放总量的 6%、9% 和 19%。明确钢铁行业烟气污染物排放特征，准确识别各个工序污染物类别，对选择合适的污染物控制技术尤为重要。钢铁行业生产工序多、工艺流程长、排放环节多，主要包括原料场、烧结、球团、焦化、炼铁、炼钢、连铸、轧钢、自备电厂等生产工序，排放的污染物具有以下两个方面的典型特征：第一，排放的污染物种类比较多，涵盖了粉尘、SO_2、NO_x、CO、重金属（铅、砷、汞等）、氟化物、二噁英、挥发性有机物（VOCs）等；第二，烟气污染物排放量大、排放位点多，污染物主要产生于铁前工序。按照污染物排放方式可分为有组织排放和无组织排放，其中有组织排放源主要包括烧结（球团）烟气、焦炉烟气、热风炉烟气、出铁厂烟气、转炉/电炉烟气和自备电厂烟气等；而无组织排放来源较多，主要包括物料储存和输送过程，焦化、烧结（球团）、炼铁、炼钢、轧钢等工序物料的破碎、筛分、混合等过程。生态环境部发布的《关于推进实施钢铁行业超低排放的意见》（环大气〔2019〕35 号）指出：钢铁企业无组织排放控制应采用密闭、封闭等有效管理措施，产尘点应按照"应收尽收"的原则配置废气收集设施，强化运行管理，确保收集治理设施与生产工艺设备同步运转。因此，只有明确整个钢铁生产流程的产污位点，才可以精准地进行污染物的控制。

本章主要从有组织排放和无组织排放两个方面介绍了钢铁行业主要生产工序的污染物排放特征，而对有组织排放、无组织排放和大宗物料产品运输，分门别类进行治理和管控，实现钢铁行业全流程、全过程的污染物超低排放。

2.1 有组织排放

2.1.1 焦炉烟气

焦化是钢铁工业最重要的辅助工序，是以煤为原料，在 950~1050℃高温干馏生产焦炭的过程。焦化工序是钢铁行业重要的气体污染物排放环节，主要污染物为粉尘、SO_2、NO_x、H_2S 等。对焦化工序污染物排放的控制可以有效地降低钢铁行业污染物的排放总量。

2.1.1.1 焦化生产工艺流程及产污节点

焦化流程是指煤的高温干馏过程，即煤在无氧条件下加热至 950~1050℃成焦炭的过程。炼焦生产过程一般包括备煤、炼焦、化产回收或利用三部分，其生产工艺以生产焦炭为主，以煤气和煤焦油中回收部分化产产品为辅。焦化过程主要是煤炭的热解过程，煤炭经过 20~1100℃的干馏过程，这个过程分为三个阶段：（1）干燥脱气过程（20~300℃）；（2）解聚与分解反应（胶质体软化熔融过程，300~600℃）；（3）缩聚反应过程（半焦收缩及焦炭成熟过程，600~1100℃）。经过这三个阶段最终生产出焦炭、焦油和煤气[1]。

　　焦化工艺流程是炼焦煤通过煤气在燃烧室燃烧供热进行焦化，焦化过程从与焦炉壁接触的煤层开始逐渐由外向内层层结焦，焦煤经干燥、软化、熔融、黏结、固化、收缩等阶段最终形成多孔状的焦炭。炼制成的赤热焦炭由推焦车推出，经拦焦车导焦栅送入熄焦车中，将熄焦车牵引至干熄焦炉或熄焦塔。熄焦后的焦炭送到晒焦台，继而送筛焦楼破碎筛分处理，炼焦生产工艺流程如图 2-1 所示。

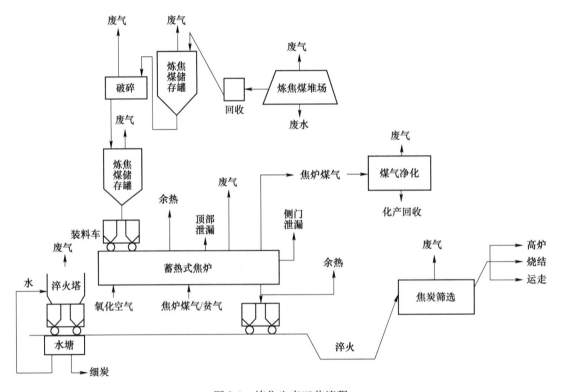

图 2-1　炼焦生产工艺流程

　　焦炉生产设备目前主要有顶装焦炉、捣固焦炉、直立式炭化炉。顶装焦炉按照规模和尺寸又可分为大型顶装焦炉和中小型顶装焦炉两种。捣固焦炉多用于地区煤质不好、弱黏结性或高挥发分煤配比比较多的企业。直立式炭化炉一般用于煤制气或生产特种用途焦。钢铁企业主要采用顶装焦炉和捣固焦炉，而其中以顶装焦炉为多，占所有焦炉数量的 90%以上。大型现代化钢铁企业采用大型焦炉，按一定比例自动配煤，然后经过粉碎调湿形成配合煤，装入焦炉炭化室中，经高温干馏生成焦炭后推出，再经熄焦、筛焦得到粒径不小于 25mm 的冶金焦；焦炉顶部的荒煤气则送往煤气净化系统，脱除煤气中的水分、氨、焦油、硫、氰、苯、萘等杂质，最后产出净煤气[2]。

　　焦化废气主要产生于备煤和炼焦环节，也有部分来自于化产回收过程，少部分产生于粗苯精制车间。废气的排放量与煤质有着直接的关系，也与工艺装备技术与生产管理水平相关。废气污染物中主要含有煤粉、焦粉，其次是 H_2S、HCN、NH_3、SO_2、NO_x 等无机类污染物，另外还有包括苯类、酚类以及多环和杂环芳烃在内的有机类污染物[3]。

结合炼焦生产过程，焦化工序大气污染物主要来自：

（1）炭化室由焦炉煤气或高炉煤气为燃料在燃烧室燃烧间接加热，废气由焦炉烟囱排入大气；

（2）装煤过程中，进入高温炭化室的冷煤骤热喷出煤尘和大量烟尘、硫氧化物、苯并[a]芘等污染物；

（3）炼焦过程中，由于炭化室内压力一般保持在 $100 \sim 150 mmH_2O$❶，产生的荒煤气将从炉门、炉顶、加煤口、上升管及非密封点等泄漏；

（4）推焦过程中，炽热的焦炭从炭化室推出与空气骤然接触激烈燃烧会生成大量的 CO、CO_2、C_mH_n 和粉尘等污染物；

（5）湿法熄焦过程由熄焦塔顶排出含有大量焦粉、H_2S、SO_2、氨及含酚的水蒸气，干法熄焦过程中主要排出焦尘、NO_x、SO_2、CO_2 等污染物。

焦化工艺生产过程中产生的大气污染物主要排放节点见图2-2。

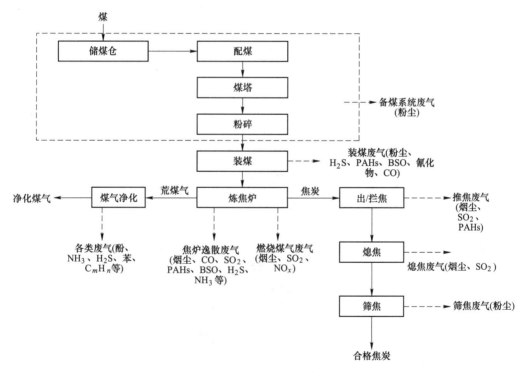

图2-2 焦化工序主要大气污染物排放节点

2.1.1.2 燃用焦炉煤气的焦炉烟气污染物排放特征

焦炉烟气是焦化工序的主要有组织排放源。一般焦炉加热用煤气多为焦炉煤气或高炉煤气，独立焦化企业使用焦炉煤气，而钢铁联合企业可使用高炉煤气。焦炉烟气为焦炉加

---

❶ $1mmH_2O = 9.80665Pa$。

热燃烧废气，是焦炉煤气或高炉煤气或混合煤气在焦炉内燃烧的产物，通过焦炉烟囱排放，焦炉是冶金企业中造成大气污染最严重的设备之一，焦炉烟气排放的污染物成分复杂，主要含有粉尘、NO_x、SO_2 等常规污染物和 CO、CO_2、H_2S、HCN、NH_3、酚以及焦油等非常规污染物。

焦炉烟气排放特点：

（1）焦炉烟气温度一般为 180~300℃，多数为 200~230℃；

（2）焦炉烟气中 SO_2 含量范围为 60~800mg/m³，NO_x 含量为 400~1200mg/m³，含水量为 5%~17.5%；

（3）焦炉烟道气组分随焦炉液压交换机的操作呈周期性波动，烟气中 SO_2、NO_x、氧含量的波峰和波谷差值较大；

（4）影响焦炉烟气组分的因素包括焦炉生产工艺、炉型、加热燃料种类、焦炉操作制度、炼焦原料煤有机硫等组分含量、焦炉窜漏等；

（5）为保证焦炉始终处于正常操作状态，净化后的焦炉烟道气必须送回焦炉烟囱根部，烟气回送温度不应低于 130℃，防止烟气结露腐蚀烟囱内部结构，同时保证烟囱始终处于热备状态。

焦炉煤气贫化有助于降低 NO 含量，焦炉煤气贫化使煤气热值降低，减慢煤气燃烧强度，使火焰拉长，以降低燃烧温度和高温点区域，达到低 NO_x 排放的目的。随着贫煤气掺混比例的增加，NO 含量和温度均呈现下降趋势。在研究区间（0~50%，煤气 H_2 含量由 53.5%降至 33.99%）内，NO 浓度由 1584.47mg/m³ 降至 976.28mg/m³，降低了 38.37%，烟气温度降低了 100℃。

焦炉烟气是焦炉煤气燃烧后生成的废气，焦炉煤气常用的湿法脱硫工艺是将煤气中的 H_2S 脱除到 200mg/m³ 以下，不能有效脱除其中的有机硫，因此焦炉烟气中含有较高的 SO_2，一般在 50~800mg/m³，而煤气高温燃烧过程中生成的 NO_x 浓度为 200~1800mg/m³，除 SO_2 和 NO_x 外，焦炉烟气中还含有大量的 PAHs，《焦化行业"十三五"发展规划纲要》明确要求焦炉烟囱 SO_2、NO_x 及苯并［a］芘排放全面达标。焦炉烟气污染物含量差别较大，受燃料、焦炉炉型、操作制度水平等影响较大，因此在对烟气排放后污染物进行末端控制的同时还需要对生产过程进行有效控制。

（1）烟（粉）尘。炼焦过程中产生的烟（粉）尘以煤尘和焦尘为主，主要来源于焦炉加热、装煤、出焦、熄焦、筛焦过程，大部分以无组织排放为主，污染点多、面广，以焦尘为主的粉尘中附着有大量的多环芳烃（PAHs），其中 15~60μm 的粉尘可被除尘器捕集回收再利用，10μm 以下的粉尘通过烟囱直接排放到环境中，PAHs 主要赋存在粒径较小的粉尘上，对身体及周边环境造成危害。

（2）SO_2。焦炉烟气中 SO_2 来源于焦炉加热用煤中 H_2S 和有机硫的燃烧，以及焦炉炉体窜漏的荒煤气进入燃烧系统后，其中含的全硫化物的燃烧。SO_2 的排放量取决于加热煤气的种类，当使用高炉煤气加热时，因高炉煤气硫含量低，所以废气中 SO_2 含量不高。如果使用焦炉煤气，其中含有一定量的 H_2S 以及有机硫，最后会变成 SO_2 排放。有资料显示，焦炉煤气在脱硫以后，其中 H_2S 的含量仍有 20~800mg/m³。而焦炉荒煤气中有机硫总质量浓度为 500~900mg/m³，其中含硫质量浓度为 300~600mg/m³[4]。在焦炉煤气净化过程中，几乎所有工序都有脱除有机硫化物的作用，且工艺过程条件越适合有机硫化物的脱除，其脱除率也越高。焦炉炉体窜漏导致荒煤气中的硫化物从炭化室经炉墙缝隙窜漏至燃烧室，并燃烧生成 SO₂，使得焦炉烟囱废气中 SO₂ 浓度升高。荒煤气含硫化物（以 H₂S 为主）总质量浓度一般为 6500~10000mg/m³，是净化后煤气中硫含量的 15~25 倍。由于混合煤气中焦炉煤气比例较低，此时的 SO₂，主要来源于炉体窜漏的荒煤气，特别是运行寿命到达中后期的焦炉，炉体窜漏处较多，会导致烟气中 SO₂ 的含量较高[5]。

（3）NO$_x$。燃烧过程中 NO$_x$ 形成机理可分 3 种：一是由大气中的氮在高温下形成的温度热力型 NO$_x$；二是在低温火焰中，由于含碳自由基的存在而生成的瞬时型 NO$_x$；三是燃料中固定氮生成的燃料型 NO$_x$。一般情况下，焦炉主要利用焦炉煤气、高炉煤气或者两者的混合煤气作为热源对煤炭进行干馏。如果单独采用焦炉煤气加热，由于其可燃成分浓度高、燃烧速度快、火焰短而亮、燃烧时火焰局部温度高、提供一定热量所需煤气量少、加热系统阻力小、炼焦耗热量低，产生的热力型 NO$_x$ 比高炉煤气多。同时，由于焦炉煤气中含有未处理干净的焦油、萘，除易堵塞管道外，还会产生燃料型 NO$_x$，这使得只采用焦炉煤气作热源的焦炉所生成的 NO$_x$ 一般都高于 500mg/m³。当焦炉加热立火道温度在 1300~1350℃、温差为±10℃时，NO$_x$ 生成量在±30mg/m³ 波动。燃烧温度对温度热力型 NO$_x$ 生成有决定性作用，当燃烧温度高于 1600℃时，NO$_x$ 生成量按指数规律迅速增加。可见，焦炉烟气中的 NO$_x$ 主要是热力型。炼焦过程排放的 NO$_x$ 的排放因子为 0.37kg/t[6]。

2.1.1.3 燃用贫煤气的焦炉烟气污染物排放特征

一般焦炉加热用煤气多为焦炉煤气或高炉煤气，独立焦化企业使用焦炉煤气，而钢铁联合企业可使用高炉煤气。

所谓焦炉煤气贫化，即在焦炉煤气中掺入部分高炉煤气，使其可燃成分浓度降低。焦炉煤气仅氢含量就在 60% 左右，燃烧速度快、火焰短，在扩散燃烧的条件下，火焰的长短，实际就是煤气燃烧速度的大小。燃烧速度取决于可燃气体成分和氧的扩散速度，而扩散速度与可燃气体成分的相对分子质量的平方根成反比（根据分子运动学说），气体燃料的扩散系数与分子均方根速度 $\sqrt{8RT/(\pi M)}$ 成正比，即 $D \propto \sqrt{8RT/(\pi M)}$（$M$ 为燃料的平均分子量，T 为热力学温度），氢的相对分子质量小，扩散速度快，即燃烧速度快，火焰短。高炉煤气中可燃成分主要是 CO，燃烧速度慢，火焰长，在这一燃烧理论的指导下，在焦炉煤气中掺一部分高炉煤气使其可燃气体浓度梯度和扩散速度降低，燃烧速率减慢，从而拉长火焰。同时因混入高炉煤气后，地下室主管压力增加，煤气在灯头处的出口速度增大，喷射力强，可增加废气循环量，亦可帮助拉长火焰。使用混合煤气加热后，可较明显地改善焦饼高向加热的均匀性，同时随混合比增加，焦饼上下温差减小。

焦炉煤气贫化有助于烟气 NO 含量降低[7]，焦炉煤气贫化使煤气热值降低，减慢煤气燃烧强度，使火焰拉长，以降低燃烧温度和高温点区域，达到低 NO 排放的目的。如图 2-3 所示，随着贫煤气掺混比例的增加，NO 含量和温度均呈现下降趋势。在研究区间（0~50%，煤气 H₂ 含量由 53.50% 降至 33.99%）内，NO 含量由 1183.07×10⁻⁴% 降至

728.96×10^{-4} %，降低了 38.37%，烟气温度降低了 99.87℃。

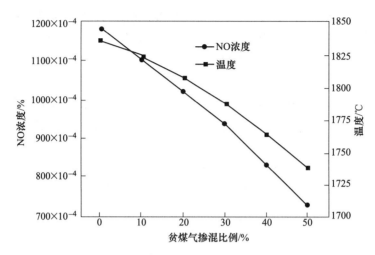

图 2-3　煤气掺烧比例对焦炉烟气 NO 含量和温度的影响

钢铁行业生产过程消耗大量矿石、燃料和其他辅助原料，产生的大气污染物主要包括 SO_2、NO_x、TSP、PM_{10}、$PM_{2.5}$、CO、VOCs 等，结合排放系数手册和相关文献[8]的调研结果，焦化工序大气污染物排放因子如表 2-1 所示。

表 2-1　焦化工序各类污染源大气污染物排放因子

工序	大气污染源	规模分类	排放因子/kg·t⁻¹					
			SO_2	NO_x	$PM_{2.5}$	TSP	VOCs	CO
焦化	焦炉	<5m	0.91②	1.23②	1.2~1.75①	1.45②	2.1~2.4①	6.66②
		>5m	0.58	0.44	0.41	0.59	0.41	

① 排污系数手册；
② Zhao and Ma, 2008[9]。

2.1.2　烧结烟气

烧结是将各种粉状含铁原料配入一定比例的燃料（焦粉、无烟煤）和熔剂（石灰石、生石灰或消石灰），加入适量的水，经混合造球后平铺到烧结台车上进行高温焙烧，部分烧结料熔化成液相黏结物，使散料黏结成块状，冷却后再经破碎、筛分整粒后，形成具有足够强度和适宜粒度的烧结矿作为炼铁的原料。烧结烟气是烧结混合料点火后随台车运行，在高温烧结成型过程中所产生的含尘废气。

2.1.2.1　烧结生产工艺流程及产污节点

烧结工艺过程包括原料准备、配料与混合、烧结和产品处理等工序，大型现代化钢铁企业一般采用抽风式带式烧结机，通常将烧结机的入料端称为机头，出料端称为机尾，烧结机机头是混合料布料和点火的位置，当空台车运行到烧结机头部的布料机下面时，辅底料和烧结混合料依次装在台车上，经过点火器时混合料中的固体燃料被点燃，与此同时，台车下部的真空室开始抽风，使烧结过程自上而下地进行，粉状物料变成块状的烧结矿，当台车从机尾进入弯道时，烧结矿被卸下来，空台车沿下轨道回到烧结机头部，重复工艺环节。

烧结流程错综复杂，在几分钟甚至更短时间内，烧结料就因强烈的热交换从70℃以下被加热到1300~1500℃，与此同时，它还要从固相转为液相又被迅速冷却而凝固。根据烧结过程中温度的分布情况，烧结流程大概可分为如下4个阶段。

（1）低温预烧阶段：此阶段主要发生金属的回复、吸附气体和水分的挥发，压坯内成型剂的分解和排出等；

（2）中温升温烧结阶段：此阶段开始出现再结晶，在颗粒内，变形的晶粒得以恢复，改组为新晶粒，同时表面的氧化物被还原，颗粒界面形成烧结颈；

（3）高温保温完成烧结阶段：此阶段是烧结的主要过程，扩散和流动充分地进行并接近完成，形成大量闭孔，并继续缩小，使孔隙尺寸和孔隙总数有所减少，烧结体密度明显增加；

（4）冷却阶段：实际的烧结过程，都是连续烧结，所以从烧结温度缓慢冷却一段时间后快冷，到出炉量达到室温的过程，也是奥氏体分解和最终组织逐步形成阶段。

图2-4展示了点燃6min后一个烧结层的温度和反应区示意图。

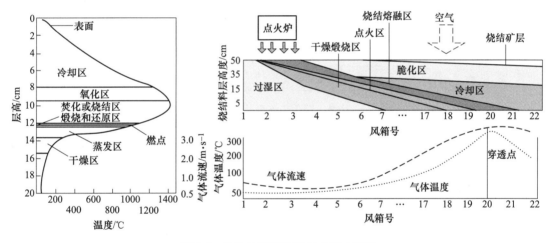

图2-4 烧结过程温度及反应区示意图

烧结工序气态污染物主要来自以下3个方面：

（1）烧结原料在装卸、破碎、筛分和储运过程中产生的含尘废气，混合料系统中产生的水汽-颗粒物共生废气；

（2）烧结过程产生的颗粒物、SO_2和NO_x的高温烟气（烧结烟气），从烧结机机头由主抽风机抽出；

（3）烧结矿在破碎、筛分、冷却、储存和转运的过程中产生的含尘废气等，从烧结机机尾抽出，其中除粉尘来源于以上3个方面外，其他污染物主要来源于烧结烟气，图2-5为烧结主要生产流程及产污节点示意图。

2.1.2.2 烧结烟气排放特点

烧结工序产生的颗粒物、SO_2和NO_x排放量占整个钢铁行业排放总量的30%、60%和

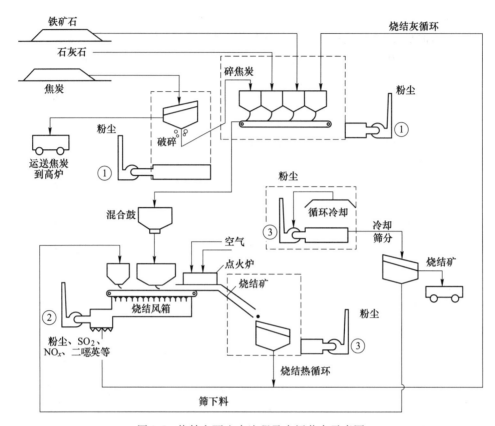

图 2-5　烧结主要生产流程及产污节点示意图

50%左右，非常规污染物二噁英占整个钢铁行业的 90%以上，是钢铁行业大气污染物排放量最大的工序。烧结烟气具有以下特点：

（1）烧结烟气排放量大。烧结工艺是在完全开放及富氧环境下工作，过量的空气通过料层进入风箱，进入废气集气系统经除尘后排放，由于烧结料层中含碳量少、粒度细而且分散，按重量计燃料只占总料重的 3%~5%，按体积计燃料不到总料体积的 10%。为保证燃料的燃烧，烧结料层中空气过剩系数一般较高，常为 1.4~1.5，折算成吨烧结矿消耗空气量约为 2.4t，从而导致烟气排放量大，每生产 1t 烧结矿产生 4000~6000m³ 烟气。

（2）烧结烟气温度较高，且波动较大。随工艺操作状况的变化，烟气温度为 130~180℃，烧结烟气带走烧结过程中大部分能量，此温度窗口相对于中温选择性催化还原（Selective Catalytic Reduction，SCR）脱硝温度较低，相对于臭氧氧化脱硝温度较高，因此增大了脱硝技术选择的难度[10]。

（3）烟气含尘量大且成分较复杂，粉尘主要由金属、金属氧化物或不完全燃烧物质等组成，氧化铁粉占 40%以上，含有重金属、碱金属等。

（4）烟气排放不稳定。烧结工艺状况波动会带动烟气量、烟气温度、SO_2 浓度等发生变化，阵发性强。烧结烟气中污染物的浓度与原料关系较大，SO_2 浓度（标准状态）为 500~2000mg/m³，NO_x 浓度（标准状态）一般低于 400mg/m³。

（5）粉尘粒径细。微米级和亚微米级占 60%以上，一般浓度为 10g/m³。

（6）烟气湿度大。为提高烧结混合料的透气性，混合料在烧结前必须适量加水制成小球，所以含尘烟气的含湿量较大，水分含量在 8%~13%。

（7）烟气含腐蚀性气体，混合料烧结成型过程，均将产生一定量的 SO_2、NO_x、HCl、HF 等，一旦烟气降温会产生强酸性冷凝水，将造成严重的腐蚀问题。

（8）SO_2 排放量较大。烧结过程能够脱除混合料中 80%~90% 的硫，SO_2 初始排放浓度一般在 $1000~3000mg/m^3$，每生产 1t 烧结矿 SO_2 排放量为 6~8kg。

（9）二噁英排放量较大。钢铁烧结工序是二噁英主要的排放源之一。据中华人民共和国履行《关于持久性有机污染物的斯德哥尔摩公约》国家实施计划数据显示，2004 年我国铁矿石烧结二噁英排放量为 2648.8gTEQ，其中大气二噁英排放量 1522.5gTEQ，远高于垃圾焚烧二噁英排放量。

烧结烟气以上特点导致治理难度增大，无法直接移植传统热电行业脱硝技术，开展过程控制和末端治理相互耦合的关键技术，已成为烧结烟气超低排放技术的关键[10~14]。球团烟气与烧结烟气排放特征较为相似，末端治理技术可以互为借鉴。

烧结烟气各成分的浓度沿烧结机长度方向并非均匀分布。图 2-6 是德国学者对烧结机各风箱烟气成分的监测，图 2-7 是沿烧结机长度方向二噁英浓度和温度的变化。由图 2-6 和图 2-7 可知，烟气温度在前端较低，后部急剧上升，有明显峰值，且二噁英浓度变化与温度基本一致；SO_2 浓度变化与温度变化类似，但其峰值比温度靠前；其他成分均呈现不

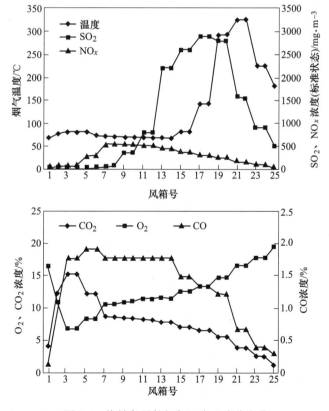

图 2-6 烧结各风箱烟气温度和成分变化

同的变化。针对烧结烟气 SO_2 排放规律，提出了烟气循环烧结富集 SO_2 的技术思路。由此，可对各风箱烟气分别处理，将部分烟气返回烧结循环利用。

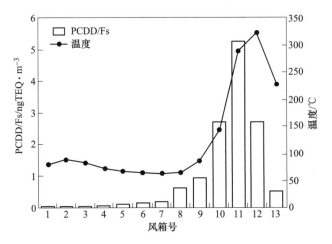

图 2-7　沿烧结机长度方向二噁英浓度和温度变化

2.1.2.3　烧结烟气污染物排放特征

A　粉尘

烧结过程粉尘来源于各个生产过程，主要可分为无序排放污染源和有序排放污染源，无序排放的粉尘主要来源于原燃料运输、筛分及成品堆存料场产生的扬尘，有序排放的粉尘主要来源于生产中必然产生并且排放地点和排放量相对固定的产污节点，如物料混合过程，烧结机料层煅烧过程，以及烧结机尾部卸料及热矿冷却、破碎、筛分和储运过程产生的粉尘及二次扬尘，原料准备系统的尘源多而分散，烧结系统的含尘浓度高（1~5g/m³）、废气量大、温度高。

与原料系统相比较，烧结过程产生的粉尘经固液反应后，在粒径分布及化学组成上均发生了一系列的变化，图 2-8 为国内典型钢铁厂烧结机机头灰粒径及化学成分的分布特征[15]，从图中来看烧结烟气粉尘粒径主要分布在 5μm 以下和 20~40μm 之间，其中小于 5μm 的微细颗粒物占到了总颗粒物的 30% 以上，20~40μm 的粗颗粒物占 40% 以上，分别表明了两种粉尘的形成过程，较粗的颗粒物是烧结机机头给料装置和料底层形成的，其成分主要与混合料的成分有关，可以通过静电除尘器高效去除，而细颗粒物是在混合物的水分完全蒸发后在烧结区产生的，包含了在烧结过程形成的含碱和铅的氯化物，碱的氯化物具有较高的粉尘比电阻（1012~1013Ω·cm），在电极上易形成绝缘层，电除尘的效率仅有 60%。

B　SO_2

烧结过程 SO_2 主要来自烧结原料铁矿石和燃料煤中的硫，其中铁矿石中的硫通常以硫化物和硫酸盐的形式存在，固体燃料中硫以单质或有机硫形式存在，在烧结过程中以单质和硫化物形式存在的硫在干燥预热带发生氧化反应生成 SO_2，以硫酸盐存在的硫在烧结熔

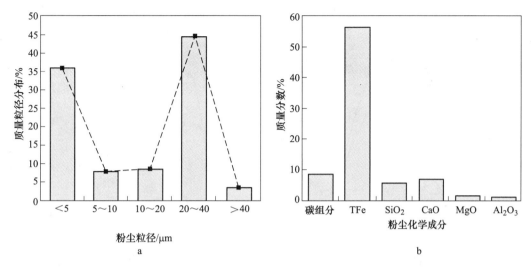

图 2-8　烧结灰粒径（a）及化学成分（b）

融带发生分解反应释放出 SO_2，大部分 SO_2 直接由抽风机经烧结机底部抽出，少部分被液相或固相颗粒包纳或被碱性助剂再吸收成稳定的物质。除铁矿石和固体燃料中硫含量及形态外，烧结过程中 SO_2 的产生还受铁矿石粒度和品位、烧结矿碱度和添加物性质、燃料及返矿量的影响。烧结过程中硫的输入从 0.28kg/t 到 0.81kg/t（烧结矿）不等，每生产 1t 烧结矿产生 SO_2 0.8~2.0kg，烟气中 SO_2 排放浓度（标准状态）一般为 400~6000mg/m³。

SO_2 的浓度随烟气位置的不同而变化，烧结机机头和机尾烟气 SO_2 浓度低，中部烟气 SO_2 浓度高。济钢 400m² 烧结机风箱布置和 SO_2 的浓度变化如图 2-9 所示[16]，头部 1~6 号风箱 SO_2 平均浓度（标准状态）为 254mg/m³，尾部 23 号、24 号风箱 SO_2 平均浓度（标准状态）为 397mg/m³，中部 11~20 号风箱 SO_2 平均浓度（标准状态）高达 1247mg/m³。

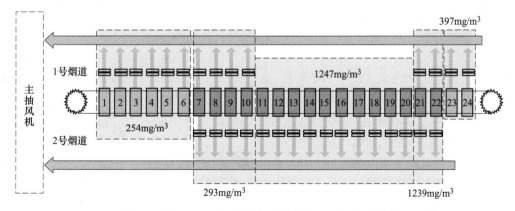

图 2-9　济钢 400m² 烧结机风箱布置和 SO_2 的浓度变化

福建三钢对 180m² 烧结机机头 15 个风箱进行监测，结果如图 2-10 所示，获得了与济钢相同的结论[17]：SO_2 浓度呈现头尾两端低、中间高的特点。1~4 号、14 号及 15 号头尾两端的风箱 SO_2 平均浓度为 346.1mg/m³，风量占总风量的 46%，SO_2 排放量占总排放量的 5.17%；5~13 号中间风箱的 SO_2 平均浓度 5398.2mg/m³，风量占总风量的 54%，SO_2 排放量占总排放量的 94.83%；烧结机烟气排放 SO_2 平均浓度为 3076mg/m³。

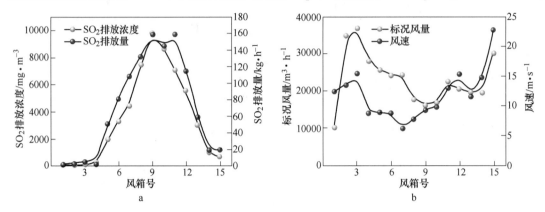

图 2-10　福建三钢 180m² 烧结机烟气参数随风箱位置的变化
a—SO_2 排放浓度和排放量；b—标况风量和风速

SO_2 排放特征与其再吸收和释放密切相关，SO_2 的再吸收与烧结机的湿润带相对应，在烧结初期，由于烧结原料中的碱性溶剂（生石灰 CaO）、弱酸盐（石灰石 $CaCO_3$、白云石 $CaMg(CO_3)_2$、菱镁石 $MgCO_3$）和液态水的存在，大部分 SO_2 被吸收，其排放浓度较低，随着烧结过程的推进，烧结原料的吸收能力和容纳能力逐步降低，同时在湿润带生成的不稳定的亚硫酸盐在通过干燥预热带时会发生分解，再次释放出 SO_2，造成 SO_2 排放浓度较高，在干燥预热带和烧结熔融带，有 90% 以上的硫化物被氧化为 SO_2 而释放，有 85% 左右的硫酸盐发生热分解，在烧结机机尾以烧结矿层为主，SO_2 的排放浓度较低[18]。

根据各风箱 SO_2 排放浓度及排放量的特点，部分企业采用了选择性烟气脱硫工艺，仅将排放浓度较高的风箱中烟气引出脱硫，而排放浓度较低的风箱烟气不经脱硫，只经单独电除尘净化后排入大气。与此不同，全烟气脱硫指所有的烧结烟气全部经过脱硫装置，该工艺不改变烧结机原有的工艺流程，在烧结机主抽风机后加入烟气脱硫装置。

C　NO_x

烧结过程 NO_x 的生成主要有两个阶段：一是烧结点火阶段，二是固体燃料燃烧和高温反应阶段。其中烧结过程产生的 NO_x 有 80%~90% 来源于燃料中的氮，为燃料型 NO_x，热力型和快速型 NO_x 生成量很少，通常情况下，烧结烟气中 NO_x 中 NO 占 90% 以上，NO_2 占 5%~10%，NO_x 生成量受到燃料氮含量、氮的存在形态、燃料粒度、空气过剩系数、烧结混合料中金属氧化物等成分的影响，每生产 1t 烧结矿产生 NO_x 0.4~0.65kg，烧结烟气中 NO_x 的浓度一般在 200~300mg/m³。某钢铁企业测得烧结机烟气中 NO_x 浓度沿烧结方向的变化，如图 2-11 所示。

NO_x 的浓度随烧结机位置的不同而变化，NO_x 的浓度分布整体呈中间高两边低的趋势，最高浓度接近 300mg/m³。点火阶段烧结机头处于煤热解初期，燃料中氮的热分解温度低于煤粉燃烧温度，只有一些相对分子质量较小的挥发分从颗粒中释放出来生成 NO_x，导致此阶段 NO_x 的生成量较少。燃烧中期随着温度的升高，挥发分氮中相对分子质量较大的化合物和残留在焦炭中的氮释放出来，因此 NO_x 的排放浓度高。燃烧中后期，由于挥发

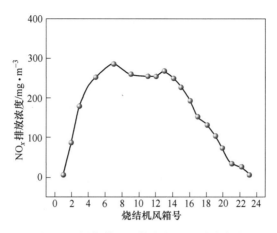

图 2-11 沿烧结机风箱方向 NO_x 浓度变化

分氮释放减少，而焦炭氮生成 NO_x 量相对较少，此时 NO_x 的浓度缓慢下降，燃烧后期燃料燃烧殆尽，料层下部最高温度可以达到 1300℃ 以上，只有少量热力型 NO_x 生成，所以此阶段 NO_x 的排放浓度低。

D 二噁英/多氯联苯

二噁英类有机污染物是多氯代二苯并-对-二噁英（polychlorinated dibenzo p-dioxins, PCDDs）和多氯代二苯并呋喃（polychlorinated dibenzofurans, PCDFs）的统称，简称为 PCDD/Fs，被世界卫生组织的国际癌症研究机构宣布为经确定的对人类致癌物质中的一级致癌物。铁矿石烧结过程是二噁英类有机污染物排放的重要源头之一，烧结过程的二噁英主要来源于烧结原料中碳、氢、氧和氯等元素在烧结干燥煅烧带（250~450℃）的"从头合成"，其中碳源来自烟气中的有机蒸气和碳烟粒，氯源主要来自于一些氯化物（被加热后可生成气态 HCl、Cl_2 和少量的气态金属氯化物）；铁矿石中含有微量的铜，为二噁英的生成提供了催化条件，除尘灰中和返料的氧化铁皮中同时存在催化物质和相对较高的氯化物，对二噁英的生产都会有一定的影响，其中烧结烟气中二噁英类有机污染物以气态和固体吸附态的形式存在，与垃圾焚烧产生的二噁英类同类物分布不同，烧结过程中二噁英同类物的分布规律：在 17 种 2，3，7，8 氯代二噁英中，以 PCDFs 为主，其总浓度比 PCDDs 的总浓度高 10 倍左右，而在 PCDDs 中又以高氯代 PCDDs 为主。

在烧结过程中，烧结机不同位置风箱排放二噁英浓度不同，烧结机各风箱烟气温度和二噁英分布如图 2-12 所示。从图中可见，二噁英排放浓度与风箱烟气温度有极大的相关性。烟气温度在 250~300℃ 之间时，二噁英排放浓度为最大值。

从烧结机风箱中二噁英的排放特征来看，烧结机自机头点火以后，就开始有二噁英生成，这部分二噁英虽然在随气流向下运动的过程中，大部分被未燃烧的烧结料层吸附，少量二噁英随着气流排入排风烟道中。随着烧结料床的移动，燃烧带逐渐下移，由于燃烧带的温度高达 1350~1400℃，因此吸附在烧结料床的二噁英类物质被高温分解，但是在预热层的低温段（200~400℃）又会重新生成，其中大部分仍然会吸附在烧结料层中，剩余部分则会随气流排放到主烟道中去。当接近燃烧终了时，即当预热层基本接近烧结床底部时，新生成的二噁英类还未被吸附就随着气流排出来。因此，风箱中二噁英类的分布表现

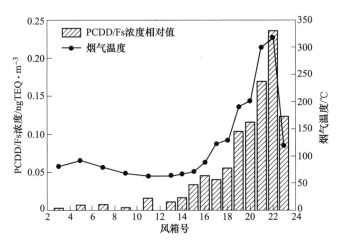

图 2-12　沿烧结机风箱方向 PCDD/Fs 浓度变化

为，烧结床的前 3/4 处都有一定量的二噁英类排放，并且排放水平基本保持稳定，说明二噁英类的生成和吸附在这段距离内处于平衡状态，即生成量和吸附量没有发生大的变化。当温度升高至 250℃ 时，即烧结的预热层已经到达烧结床底部，此时对二噁英类可起到吸附作用的干燥层、过湿层等已经完全消失，二噁英类的排放也达到了极大值，此时二噁英类的生成量接近最大值。随着预热层的逐渐减少，二噁英类的生成量也逐渐减少，烟气中的二噁英类含量出现明显的下降趋势。因此二噁英类主要在烧结机末端排放出来，占总排放量的 60% 以上，而这部分的烟气仅为总烟气排放量的 12%。在没有大量利用含油废弃物、控制较好的烧结厂中，烧结烟气中二噁英排放浓度一般在 0.5~5ngTEQ/m³ 之间，欧盟调研的烧结机烟气中二噁英排放浓度在 0.07~2.86ngTEQ/m³ 之间。

　　E　重金属

　　烧结原料中含有较高的铅、汞、锌等重金属元素，这些物质在烧结过程中发生化学转化，形成化合物或单质挥发到烟气中，其中铅主要以 PbO-PbCl₂ 等形式存在，相对不稳定，易挥发，一般在原烟气中浓度较高（70mg/m³），附着在细颗粒物上的铅较难去除；汞在烧结过程中直接进入气态，其排放量主要取决于烧结矿给料中汞的含量，汞含量较高的铁矿石会造成烧结原烟气中较高浓度的汞排放（15~54μg/m³），现有的除尘脱硫设施一般可以将 80%~95% 的 Hg^{2+} 去除，但对 Hg^0 的去除效果不显著；烧结高温过程会使锌蒸发，反应后一般形成锌的铁酸盐，原烟气中锌的浓度可高达 50mg/m³，随温度降低可固化在烧结矿中，通过静电除尘器除去，但这些重金属的氯化物一般比氧化物、硫酸盐等化学形态具有更高的挥发性[19]，控制难度较大。

　　F　氟化物

　　烧结烟气氟化物的排放主要取决于矿石中的氟及烧结矿进料的碱度。含磷丰富的矿石中含有大量的氟化物（0.19%~0.24%），氟化物的排放很大程度上取决于烧结矿给料的碱度，碱度的提高可使得氟化物的排放有所减少，烧结烟气中的氟主要为氟化氢、四氟化碳等气体，氟化物的排放量为 1.3~3.2g(F)/t(烧结矿) 或 0.6~1.5mg(F)/m³（用 2100m³/t(烧结矿) 换算）。

G 其他污染物

在二噁英生成条件下，烧结烟气中还会有多氯联苯、有机卤素化合物、HCl、HCN、碳氢化合物及多环芳烃等物质生成，这些污染物与原燃料中废弃物的添加及烧结过程的不完全燃烧密切相关，但目前这些污染物的形成过程尚不清楚，国内目前还未引起广泛关注；此外经过静电除尘器后的烧结烟气中还会有大量的细微粉尘，主要是由烧结混合颗粒及亚微米级 KCl 组成的碱金属氯化物，无法有效通过电除尘器去除；烧结废气中还存在有 0.01×10^{-6} 的微量 SO_3，在温度下降时，与烟气中的水蒸气凝结生成 H_2SO_4，形成可视烟雾。

烧结工序，主要涉及湿法、半干法或干法脱硫、烧结矿破碎筛分过程产生的大气污染物，结合排放系数手册和相关文献的调研结果，烧结烟气排放因子如表2-2所示。

表 2-2 烧结工序各类污染源大气污染物排放因子

工序	大气污染源	规模分类	排放因子/kg·t^{-1}				
			SO$_2$	NO$_x$	PM$_{2.5}$	TSP	VOCs
烧结	烧结机头	<100m^2	22.00[2]	2.80[1][3]	0.61[1][3]	0.54[1][3]	1.59[1][3]
		100~200m^2	22.00[2]	2.60[1][3]	0.58[1][3]	0.27[1][3]	0.52[1][3]
		>200m^2	22.00[2]	2.40[1][3]	0.52[1][3]	0.21[1][3]	0.40[1][3]
	烧结机尾	<100m^2	ND	ND	0.18	0.35	ND
		100~200m^2	ND	ND	0.11	0.22	ND
		>200m^2	ND	ND	0.09	0.20	ND

① 排污系数手册；
② Zhao and Ma，2008[20]；
③ Wu et al.，2015[21]。

2.1.3 球团烟气

球团矿生产是将精矿粉、熔剂（有时还有黏结剂和燃料）的混合物，在造球机中滚成直径 9~16mm 的生球，然后干燥、焙烧，固结成型，成为具有良好冶金性质的优良含铁原料，供给钢铁冶炼需要。

2.1.3.1 球团生产工艺流程及产污节点

与烧结工序不同，球团工序要求原料粒度更细，80%以上原料粒级在 200 目（74μm）以下，而烧结要求 20% 的原料在 150 目（106μm）以下，球团矿适合于细磨精矿粉的造块；从固结机理来看，球团主要以固相为主，少量液相为辅，球团主要依靠矿粉颗粒的高温再结晶，但由于球团原料中不可避免地会带入一些 SiO_2，形成 5%~7% 的液相，从球团矿本身来说，原料中 SiO_2 的含量越少越好，球团生产过程中热量主要由焙烧炉内的燃料燃烧提供，混合料中不加燃料，而烧结主要是液相固结，从液相中析出晶体和液相将未熔化的颗粒粘结起来，烧结矿中的液相量一般在 30%~40% 以上，因此混合料中必须有燃料，为烧结过程提供热源；从冶金性能上来看，球团矿比烧结矿的还原性好，球团矿粒度均匀、含铁量高、还原性好、低温强度好，有利于提高强度和还原性，高炉生产实践表明，使用球团矿后一般都可以提高产量，降低焦比，一般球团矿配比为 20%~30%。

由于天然富矿日趋减少，大量贫矿被采用，而铁矿石经细磨、选矿后的精矿粉，品位易于提高，另外，我国目前钢铁生产所需铁矿粉，大部分需要进口，其中巴西矿粉居多，细精矿的比例较高，过细精矿粉用于烧结生产会影响透气性，降低产量和质量，细磨精矿粉易于造球，粒度越细，成球率越高，球团矿强度也越高，国内主要钢铁生产企业为提高炼铁技术经济指标，扩大了球团矿的需求，2001 年我国球团矿产量为 1784 万吨，到 2019 年将达到 1.76 亿吨，增长了近 10 倍。目前球团焙烧工艺主要有竖炉焙烧工艺、带式焙烧机工艺、链箅机—回转窑工艺。由于竖炉焙烧球团工艺投资低、操作简单，国内球团最早采用此工艺，目前实际生产中仍占有一定比例，但是竖炉球团受到工艺限制、焙烧不均匀、产品质量差、生产率低、难以满足大型高炉的生产要求，国外已淘汰了竖炉球团工艺。从技术装备政策和节能减排的要求出发，我国将逐步淘汰落后的小竖炉；由于带式焙烧机受到一些条件（如原料、燃料和设备制造材料）的制约，国内新建的球团项目基本上采用链箅机—回转窑生产工艺。

球团工艺流程主要包括原料准备、配料、混合、造球、干燥和焙烧、冷却、成品等，其中焙烧是提高球团矿强度和热稳定性的重要步骤，按照温度可分为如下 5 个阶段。

（1）干燥阶段：200~400℃，物理水分蒸发，部分结晶水排除；

（2）预热阶段：900~1000℃，磁铁矿氧化成赤铁矿，碳酸盐矿物分解，硫化物分解和氧化，球团强度提高；

（3）高温焙烧阶段：1200~1300℃，铁氧化物的结晶和再结晶，晶体长大，低熔点化合物熔化，形成少量液体，球团矿体积收缩，结构致密化；

（4）均热阶段：1100℃，在此温度下保持一定时间，使球团矿内的晶体发育完善，结构均匀化；

（5）冷却阶段：球团矿冷却到 150℃，使球团矿的结构稳定和便于运输。

带式焙烧机通过一个链条炉排将几个不同区段的移动炉箅串联，球团矿干燥、预热、焙烧、冷却过程都在一个设备上完成，链箅机—回转窑是一种联合机组，包括链箅机、回转窑和环冷机等，生球首先在链箅机上干燥、预热，而后进入回转窑内进行焙烧和均热，最后在环冷机上完成冷却；链箅机系统利用回转窑窑尾高温烟气和环冷机中的中温余热，完成生球干燥和预热，实现余热回收，链箅机—回转窑生产流程见图 2-13。

球团工序气态污染物[22]主要来自以下 3 个方面：（1）精铁粉、煤粉、膨润土等原料在装卸、破碎、筛分和储运的过程中产生的含尘废气；（2）链箅机机头排出的含焙烧及烘干过程产生的含有颗粒物、SO$_2$ 和 NO$_x$ 等污染物的烟气（球团烟气）；（3）球团矿在环冷机落料、卸料和转运的过程中产生的含尘废气等，其中除粉尘均来源于以上 3 个方面外，其他污染物主要来源于球团烟气。图 2-14 给出了球团主要生产流程及产污节点示意图。

2.1.3.2　球团烟气排放特点

球团烟气和烧结烟气主要的相同点如下：

（1）球团和烧结烟气中污染物的来源与成分相近，均来源于矿石和燃料，主要为烟尘、SO$_2$、NO$_x$ 等污染物；

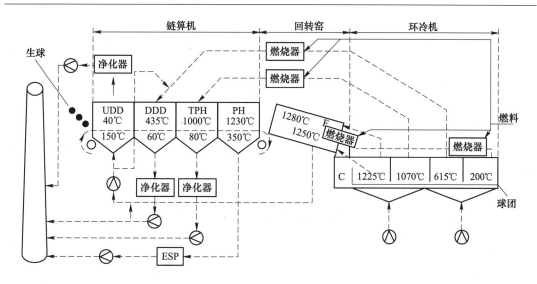

UDD	利用冷却机末端热空气进行上通风干燥
DDD	利用冷却机中部热空气进行下通风干燥
TPH	利用冷却机中部热空气进行回火预热
PH	利用回转窑的废气进行预热
F	利用冷却机前部热空气的燃烧区
C	利用冷(室温)空气的冷却区

图 2-13　链算机—回转窑生产流程及温度分布

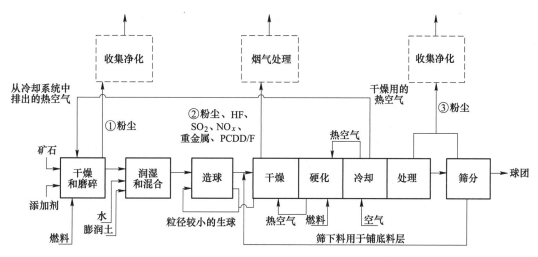

图 2-14　球团生产流程及产污节点

（2）球团和烧结烟气采用的脱硫工艺布置方式均为离线式配置方式，在生产的过程中，脱硫与主系统互不干涉；

（3）球团和烧结主抽风机出口烟气压力基本相同。

但由于生产工艺和原料存在差别，球团烟气（主要指链算机—回转窑产生的烟气）与烧结烟气相比[23]，主要的区别如下：

（1）链箅机—回转窑的烟气量稳定、波动小，易于捕集；烧结机的烟气量波动大，不易于捕集。

（2）一般球团烟气含硫量较低，烧结机的烟气含硫量比较大。

（3）链箅机—回转窑烟气温度比较稳定，一般在120℃左右；烧结机烟气温度波动较大，一般在100～180℃之间。

球团烟气中污染物来自焙烧、预热等过程产生的烟气，主要污染物为 SO_2、NO_x 和烟尘，根据矿粉的成分不同，还会产生 HF 和 HCl，如白云鄂博铁矿石中含有较高的氟，经选矿后铁精矿中的含氟仍较高，一般为 1.7%～2.15%，焙烧过程中转化为 HF，此外球团燃烧过程中环结构的烃类物质在有氯元素存在下会形成二噁英和多环芳烃等污染物。球团单位产品 SO_2、NO_x、$PM_{2.5}$、TSP 的污染物排放因子分别为 2kg/t、0.14kg/t、0.13kg/t、0.44kg/t。球团工序能耗仅为烧结工序能耗的一半左右，先进企业球团工序能耗仅为烧结工序能耗的约 1/3[24,25]。球团矿生产中升温焙烧和冷却过程基本是在密闭装置中进行的，漏风少，废气经多次循环，余热得到了充分利用，能源效率高，与烧结机相比，需处理的废气量和污染物种类少，能耗和运行成本低。

2.1.4　热风炉烟气

热风炉烟气通常以高炉煤气或天然气、重油、煤炭为燃料，送入高炉的空气经过热风炉加热至 1000℃ 以上的烟气。每座热风炉排放的废气量是 100000～500000m³/h，这一过程排放的主要污染物是粉尘、SO_2、NO_x、CO 等。NO_x 的排放量为 10～580g/t 铁，排放浓度为 70～400mg/m³；SO_2 的排放量为 20～250g/t 铁；CO 排放量为 2700g/t 铁，在使用高效燃烧器时，其浓度可从 2500mg/m³ 降低到 50mg/m³[26]。使用清洁燃料，可直接排放。污染物特点是：热态源（高温），高温燃烧，烟气温度达 1000℃。

2.1.4.1　热风炉生产工艺流程与产污特点

一个完整的高炉生产系统由四部分组成，分别是高炉主体、上料装置、除尘设备和热风炉。其生产过程就是在高炉炉顶装入固体炉料，这些固体燃料包括焦炭、铁矿石和溶剂等，炉料自上而下运动，用热风炉将冷风加热到高炉炼铁所需温度的热风，从高炉下部的风口把这些预热的热风灌入。灌入的热风中含有大量的氧气，这些氧和炉料中的焦炭在高炉的风口前发生燃烧反应，使得高炉内的温度迅速上升，并产生大量自下而上的还原性气体，在高温下这些还原性气体将铁矿石中铁还原。由于高温加热使得铁以铁水的形式还原出来，并从高炉的出铁口放出，炉渣从出渣口排出。从高炉的炉顶部分导出了还原过程中产生的煤气，煤气经除尘装置后，为热风炉、转炉、焦炉、加热炉的工作提供了燃料[27]。

在高炉炼铁生产设备中，热风炉是十分重要的组成部分，一般利用高炉煤气和焦炉煤气作为燃料燃烧生成热和空气换热，它的主要作用是将冷风加热到高炉炼铁所需温度。目前，炼铁高炉较多采用蓄热式热风炉，其工作原理是热风炉格子砖在其燃烧过程中贮藏热量备用，在送风阶段将这部分储存的热量用于加热冷风，并用于高炉炼铁；其实质就是以格子砖作为中间介质，把燃烧过程中产生的热量经过格子砖传给冷风口；工作方式是交替周期性循环的，一个工作周期送风阶段和燃烧阶段，如图 2-15 所示。

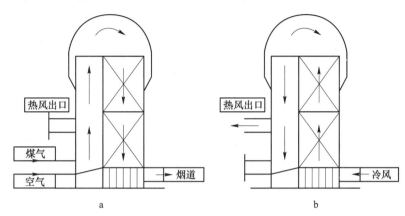

图 2-15 热风炉工艺过程
a—燃烧阶段；b—送风阶段

（1）燃烧阶段。热风炉内的格子砖被烧热，这个阶段有时也被称为烧炉或加热阶段。当热风炉进入燃烧阶段，关闭冷风入口和热风出口，在燃烧器中送入一定比例的煤气和空气，煤气燃烧加热格子砖，直到把热风炉加热到高炉生产所需要的蓄热程度，废气从烟道出口途经烟道，最后从烟囱排出。

（2）送风阶段。将灌入的冷风加热到 1000~1200℃，然后把满足要求的热风送进高炉。送风阶段热风出口和冷风入口的阀门打开，同时关闭烟气出口和燃烧器。用鼓风机将冷风送进热风炉，冷风途经冷风管道，并经过格子砖。燃烧阶段预热的格子砖将经过的冷风加热，加热后的热风途经一些管道从热风出口进入高炉供生产消耗。送风阶段进行一段时间后，由于加热冷风消耗掉热风炉蓄存的热量，无法使冷风加热到高炉炼铁所需的热风要求，于是再次转为燃烧阶段。

由于热风炉使用高炉煤气和焦炉煤气作为燃料，运行过程中会产生粉尘、NO_x 以及 SO_2 等大气污染物，且具有大风量、低 SO_2 浓度的特点[28]。

2.1.4.2 热风炉烟气污染物排放特征

A 粉尘

高炉煤气中含有大量的 CO 和 H_2，是用于热风炉燃料燃烧的宝贵资源，但是粗煤气中常含有大量的烟尘，在热风炉中燃烧时不能将烟尘去除，从而造成热风炉的废气排放中含有大量颗粒物，对环境造成危害。且热风炉的颗粒物排放浓度很大程度上受除尘设备除尘效率的影响。天津荣程联合钢铁集团采用第三代密相干塔技术对热风炉进行了末端治理改造，改造热风炉排放设计值低于国家超低排放标准 $10mg/m^3$，实现了热风炉颗粒物的超低排放。

B SO_2

热风炉产生的 SO_2 主要来自燃料自身所含的硫在热风炉内的燃烧过程，通常热风炉的燃料为高炉煤气，而高炉煤气的主要成分为 CO、N_2、CO_2、H_2、CH_4 以及硫化物，其中可燃成分约占 25%，总硫含量为 $80~100mg/m^{3[29]}$。高炉煤气中所含的硫主要分为有机硫和无机硫两种。有机硫多以羰基硫（COS）、二硫化碳（CS_2）为主，占比约为70%；无机硫以硫化氢（H_2S）为主，占比约为30%。当高炉煤气输送至热风炉时，硫含量不会发生变化，在热风炉中，高炉煤气通过燃烧器与空气混合燃烧，其中的H_2S、COS、CS_2经过与氧气反应，全部变成SO_2，排放到大气中，因此高炉煤气的硫含量直接影响到热风炉废气的硫含量排放水平。

C　NO_x

如图2-16～图2-18所示，生产实践中，实际热风炉NO_x的排放值在100～500mg/m³范围内波动。在热风炉中，空气中的N_2和O_2在高温下氧化生成热力型NO_x，包括NO和NO_2。当温度低于1500K时，生成的NO的浓度很小，当温度高于1500K时，大量的NO_2分解为NO，因此NO_x的生成随着温度的变化而变化。当热风炉的拱顶温度超过1300℃时，有利于氧化氮的形成；NO_x的生成量随着富氧率的提高也会相应地增加；随着压力的提高，NO_x的生成量呈升高趋势，但升高幅度较小[30]。

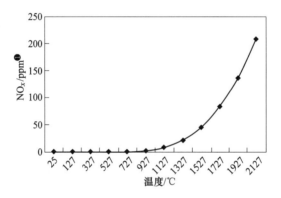

图2-16　NO_x的生成随温度的变化曲线

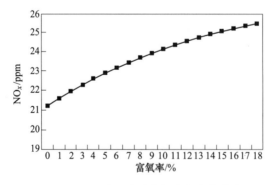

图2-17　NO_x的生成随富氧率的变化曲线

---

❶ ppm与mg/m³的换算关系为

$$C = \frac{C'M}{22.4} \times \frac{273}{273+t} \times \frac{p}{101325}$$

式中，C为以mg/m³表示的气体污染物质量浓度；C'为以ppm表示的气体污染物体积浓度；M为污染物的相对分子质量；22.4为空气在标准状态下（0℃，101.325kPa）的平均摩尔体积；t为大气环境温度,℃；p为大气压力，Pa。

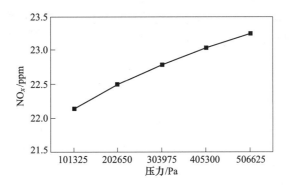

图 2-18　NO_x 的生成随压力的变化曲线

此外，如图 2-19 和图 2-20 所示，热风炉焖炉对 NO_x 的生成量也会产生一定的影响。热风炉通过燃烧期后，进行焖炉操作，半小时内氧化氮含量逐步升高到超过 0.01%。当热风炉充压到工作压力时，则氧化氮含量大大增加。热风炉各个操作期内氧化氮浓度的变化见图 2-19。在送风期拱顶处的氧化氮发生转移而被稀释含量慢慢减少。热风炉在拱顶温度

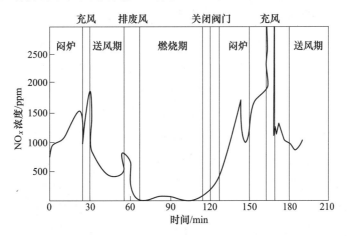

图 2-19　热风炉内不同周期 NO_x 含量

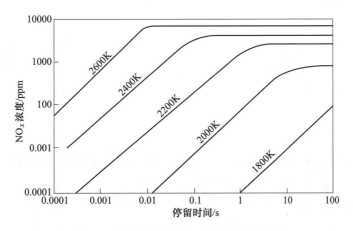

图 2-20　停留时间与 NO_x 浓度的关系曲线

达到最高时，即燃烧结束，闷炉比在送风结束时氧化氮的浓度随时间的增加幅度大。在温度一定时，氧化氮随时间的增加将达到一定的稳定值[31]。

2.1.4.3　热风炉工序大气污染物排放限值

2019 年 4 月 22 日发布《关于推进实施钢铁行业超低排放的意见》中规定了颗粒物、SO_2、NO_x 的排放量，后续部分地方大气污染物排放限值严于此《意见》，如表 2-3 所示。

表 2-3　国内钢铁企业热风炉工序大气污染物排放限值　　　　　（mg/m^3）

标　　准	颗粒物	SO_2	NO_x
《关于推进实施钢铁行业超低排放的意见》	10	50	200
山东《钢铁工业大气污染物排放标准》（DB 37/990—2019）	10	50	200
河北《锅炉大气污染物排放标准》（DB 13/5161—2020）	10	50	150

2.1.4.4　热风炉废气余热利用技术

热风炉烟气作为炼铁工序重要的余热资源，烟气温度通常在 300~400℃，但由于烟气流量大且连续稳定，热风炉烟气的物理显热总量巨大，因此热风炉余热回收在节能减排方面具有重要意义[32]。经测算，首钢京唐炼铁系统热风炉废气余热总量达到 17.2kgce/t，若能实现充分回收，仅热风炉废气一项，工序能耗可降低约 4%[33]。因此，实现这部分余能的"分级回收、梯级利用"，在能源形势日益紧张的背景下，意义尤显重要。热风炉余热利用途径主要包括预热助燃空气和煤气作为喷煤制粉干燥气。

A　预热助燃空气和煤气技术

助燃空气和煤气预热是应用最为广泛的热风炉烟气余热利用技术，通过不同形式的换热器将热风炉烟气余热回收以预热助燃空气、煤气，一般在不增加其他热源的前提下，可将空气从环境温度预热至 100~200℃；可将煤气从 40~60℃ 预热至 100~230℃，进而增加助燃空气和煤气物理热，提高理论燃烧温度，经计算，燃烧单一高炉煤气（热值 3369kJ/m^3），不预热时理论燃烧温度只有 1280℃；而空气、煤气双预热到 170℃ 时，能提高到 1380℃。由此可见，高炉热风炉利用烟气余热进行助燃空气、煤气双预热是提高风温的有效途径。热风炉烟气余热利用技术已成为利用单烧低热值高炉煤气获取高风温的重要手段[34]。

B　喷煤制粉干燥气

热风炉烟气因成分仅有残余氧气、温度适宜，是喷煤制粉过程中的最佳干燥气体。尤其适用于高炉工序与制粉工序布局较近的生产系统。河钢承钢共 3 个制粉站，消耗热风炉烟气量见表 2-4。喷煤制粉用热风炉烟气的节点通常在热风炉换热器之前，经过管道输送到喷煤烟气升温炉前的温度为 200~220℃，制备 1t 煤粉需要消耗热风炉烟气 800~850m^3，喷煤制粉使用的烟气总量占热风炉烟气总量的 10%~12%。对于热风炉废气管线过长或者烟气引风机系统能力较低的工艺系统，煤粉烘干系统还需要辅以煤粉燃烧炉等热源。

表 2-4　河钢承钢制粉系统消耗热风炉废气统计

制粉系统	废气来源	烟气消耗量/m³·h⁻¹	煤粉产量/t·h⁻¹
东区制粉站	3 号高炉	75000	90
西区新系统制粉站	5 号高炉	45000	55
西区老系统制粉站	2 号高炉	38000	45
合　计		158000	190

C　热风炉烟气余热生产热水工艺

从热风炉出来的废烟气，绝大部分被应用于助燃空气和煤气的双预热以及煤粉烘干等，但由于烟气中总量很大，仍有部分烟气自烟囱直排到大气中，造成能源浪费。在空气预热器与烟囱之间加装热水发生器回收利用这部分余热生产热水可降低炼铁工序的综合能耗，其流程如图 2-21 所示。

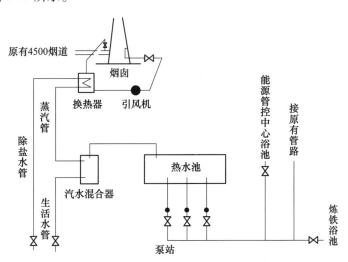

图 2-21　热风炉烟气余热生产热水工艺流程

2.1.5　出铁场烟气

高炉冶炼的铁水最终从铁口放出，剩余炉渣则经渣口排出，故出铁场（castlaouse）是高炉炼铁最终产品铁水与炉渣的排放与收集场所，炉缸内铁水与炉渣向外排放时伴有一定量的烟尘，即出铁场烟尘。

2.1.5.1　出铁场生产工艺流程及产污节点

高炉生产时从炉顶装入铁矿石、焦炭、造渣用熔剂（石灰石），从位于炉子下部沿炉

周的风口吹入经预热的空气。在高温下焦炭（有的
高炉也喷吹煤粉、重油、天然气等辅助燃料）中的
碳同鼓入空气中的氧燃烧生成的 CO 和 H_2，在炉内
上升过程中除去铁矿石中的氧，从而还原得到铁。
炼出的铁水从铁口放出。铁矿石中未还原的杂质和
石灰石等熔剂结合生成炉渣，从渣口排出。产生的
煤气从炉顶排出，经除尘后，作为热风炉、加热
炉、焦炉、锅炉等的燃料。高炉是炼铁车间的最重
要组成部分，结构如图 2-22 所示。通常情况下每个
高炉工艺都会配有 2 个出铁场，3~4 个出铁口，每
天可累计出铁 14 次左右，单次出铁时间达到
100min 以上，出铁工序几乎是全天连续不间断
的[35]。而在出铁期间，平均每吨铁的炼制会产生
2~3kg 的烟尘，大型高炉每天产铁水 1 万吨以上，
产生的烟尘量达 25t 之多[36]。高浓度的粉尘超标排
放，严重危害了操作工人的身体健康，并且大多出
铁场厂房基本都是直接敞开，在外界气流作用下，
对厂区周边环境也会造成污染。

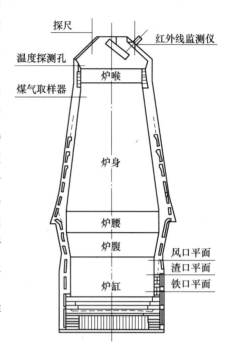

图 2-22　高炉结构

出铁场工艺的气态污染物主要来自高温的铁水在流动过程中，铁水表面与空气发生强烈
的氧化反应，形成的 CO_2 等气体携带铁水表面冷却的 SiO_2、MnO_2、Fe_2O_3 等固体颗粒物质散
溢而出，在出铁口、渣口、撇渣器、铁水沟、下渣沟、摆动流槽（或铁水罐）等部位产生大
量烟尘[37]。同时，出铁场在开关铁口时和出铁快结束时，由于炉内压力的作用，此时的烟
气具有温度较高、含量大、喷射力强等特点，出铁口位置的前方也会产生大量烟尘，主要成
分包括 TFe（生铁）、FeO、Fe_2O_3 等，含尘浓度（标准状态）可高达 3g/m³[38]。

2.1.5.2　出铁场烟尘烟气排放特点

出铁场产生的烟尘可分为"一次烟尘"和"二次烟尘"两种。"一次烟尘"是指正常
出铁时的出铁口等部位排放的烟尘，"二次烟尘"是指在开堵铁口时产生的烟尘。在高炉
出铁场中，平均每生产 1t 铁水就散发大约 2.5kg 的烟尘，其中一次烟尘有 2.15kg，占
86%；二次烟尘有 0.35kg，占 14%[38]。二次烟尘虽然总体产量少，但其粒径在 1μm 以下
的粉尘占到 60%，这类颗粒物捕集难度非常大，不仅可以长期悬浮在空中，影响能见度，
而且可以通过肺泡进入血液，对人体健康造成极大的危害。

出铁场烟尘粒度、烟气含尘量、烟气化学成分如表 2-5~表 2-7 所示。

表 2-5　烟尘粒度分布情况[40]

烟尘粒径/μm	<1	1~3	3~5	5~10	>10
占比/%	16	29	27	23.5	4.5

表2-6 高炉各抽风点烟气含尘情况[41]

项目	测定浓度（标准状态）/mg·m⁻³	平均浓度（标准状态）/mg·m⁻³	产尘量/kg·h⁻¹	百分比/%
铁口	100~1000	840	168.0	23.1
主沟、砂口	70~1200	500	39.5	5.4
摆动流嘴	90~4370	2100	476.2	65.8
渣沟	60~420	230	3.1	0.4
炉顶皮带	900~1700	1210	41.3	5.7

表2-7 出铁口烟气化学组分[42]

组成	Fe	FeO	Fe_2O_3	SiO_2	Al_2O_3	TiO_2	CaO
质量分数/%	7.96	29.83	31.64	5.70	1.30	0.18	1.00
组成	MgO	Na_2O	K_2O	P_2O_5	烧灰	其他	
质量分数/%	0.30	0.20	0.67	0.18	20.22	0.82	

出铁场烟尘的特点主要如下：

（1）污染源众多，烟尘主要通过出铁口、撇渣器、下渣沟、铁水沟及摆动流嘴等部位产生。高炉出铁时，出铁场众多区域都不同程度地散发出烟尘，产生辐射热。

（2）出铁时间长。中小型高炉一般只有一个出铁口，出铁是间歇性的，散发的烟尘是阵发性的，而在大型高炉，通常都会配备出铁口2~4个，一个出铁还未结束，另一个出铁口就已经开始出铁，连续性地出铁导致烟尘的散发也是连续性的。

（3）烟气量大。高炉出铁场每产生1t铁水，平均散发2~3kg烟尘。

（4）烟尘粒度细。高炉出铁场烟尘粒度较细，一般大于100μm的占15%，10~100μm的占18%，2~10μm的占10%，1~2μm的占24%，小于1μm的占32%。对于二次烟尘其粒度更细，小于1μm的占60%[39]。

2.1.6 转炉/电炉烟气

2.1.6.1 转炉烟气

A 转炉生产工艺流程

转炉炼钢是钢铁企业主要的炼钢工艺。转炉炼钢（converter steelmaking）是以铁水及少量废钢为原材料，以石灰（活性石灰）、萤石等为溶剂，依靠铁液本身的物理热及各组分间化学反应产生的热量而完成的炼钢过程。

转炉工艺过程是从铁精矿生产出钢材的全过程，如图2-23所示，转炉炼钢在转炉里进行。转炉的外形就像个梨，内壁有耐火砖，炉侧有许多小孔（风口），压缩空气从这些小孔吹炉内，又叫做侧吹转炉。开始时，转炉处于水平，向内注入1300℃的液态生铁，并加入一定量的生石灰，然后鼓入空气并转动转炉使它直立起来。这时液态生铁表面剧烈的反应，使铁、硅、锰氧化（FeO、SiO_2、MnO）生成炉渣，利用熔化的钢铁和炉渣的对流作用，使反应遍及整个炉内。几分钟后，当钢液中只剩下少量的硅与锰时，碳开始氧化，生成 CO（放热）使钢液剧烈沸腾。炉口由于溢出的 CO 的燃烧而出现巨大的火焰。最后，磷也发生氧化并进一步生成磷酸亚铁。磷酸亚铁再跟生石灰反应生成稳定的磷酸钙和硫化钙，一起成为炉渣。

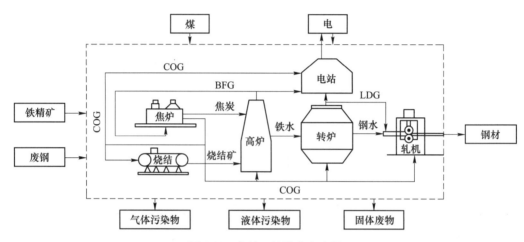

图 2-23　高炉—转炉生产流程

当磷与硫逐渐减少，火焰退落，炉口出现 Fe_3O_4 的褐色蒸汽时，表明钢已炼成。这时应立即停止鼓风，并把转炉转到水平位置，把钢水倾至钢水包里，再加脱氧剂进行脱氧，整个过程约 15min 左右。如果空气是从炉底吹入，那就是低吹转炉。

随着制氧技术的发展，现在已普遍使用氧气顶吹转炉（也有侧吹转炉）。这种转炉吹入的是高压工业纯氧，反应更为剧烈，能进一步提高生产效率和钢的质量。顶吹转炉冶炼一炉钢的操作过程主要由以下六步组成：

（1）上炉出钢、倒渣，检查炉衬和倾动设备等并进行必要的修补和修理。

（2）倾炉，加废钢、兑铁水，摇正炉体（至垂直位置）。

（3）降枪开吹，同时加入第一批渣料（起初炉内噪声较大，从炉口冒出赤色烟雾，随后喷出暗红的火焰；3~5min 后硅锰氧接近结束，碳氧反应逐渐激烈，炉口的火焰变大，亮度随之提高；同时渣料熔化，噪声减弱）。

（4）3~5min 后加入第二批渣料继续吹炼（随吹炼进行钢中碳逐渐降低，约 12min 后火焰微弱，停吹）。

（5）倒炉，测温、取样，并确定补吹时间或出钢。

（6）出钢，同时（将计算好的合金加入钢包中）进行脱氧合金化。

上炉钢出完钢后，倒净炉渣，堵出钢口，兑铁水和加废钢，降枪供氧，开始吹炼。在送氧开吹的同时，加入第一批渣料，加入量相当于全炉总渣量的 2/3，开吹 3~5min 后，第一批渣料化好，再加入第二批渣料。如果炉内化渣不好，则允许加入第三批萤石渣料。

B　转炉烟气排放特征

在转炉工艺生产过程中产生的烟气称为转炉烟气，转炉烟气特征如表2-8所示。在吹氧冶炼时期产生的烟气被称为转炉一次烟气，一次烟气主要包括粉尘、CO等。在高温条件下，铁水中的碳与氧气接触，会迅速氧化成CO，同时也有少量的碳直接与氧气反应生成CO_2，或者生成的CO从铁水中溢出后再与氧气反应生成CO_2。高温熔融状态下，CO、CO_2以及化合物蒸发汽化形成的大量混合烟气从铁水中冒出来，部分物质微粒也被随之带出。离开熔融池后，烟气温度逐渐降低，转而凝结成固体颗粒。由于烟气中富含CO，因此转炉一次烟气也被称为转炉煤气，其中所蕴含的化学能及显热几乎可以占到炼钢过程放出热量的80%，故而转炉煤气可作为良好的二次回用能源。而转炉在兑铁水、加废钢、出钢、出渣等阶段产生的烟气以及加散装料和吹氧冶炼时溢出的烟气统称为转炉二次烟气，二次烟气量约占炼钢过程总量的5%，平均吨钢扬尘量约为1kg，是目前转炉炼钢厂的主要污染源[43]。

表2-8　转炉烟气特征[44]　　　　　　(kg/t)

生产环节	CO_2	SO_2	NO_x	烟尘	工业粉尘
转炉炼钢	5.92	$2.36×10^{-3}$	$1.30×10^{-2}$	$1.30×10^{-4}$	$1.34×10^{-1}$

转炉烟气特点：

（1）烟气中CO浓度高，毒性大，易燃易爆。

（2）烟气中颗粒物的浓度高（$100\sim120g/m^3$），粒径小，对人体危害巨大，对环境污染严重。

（3）转炉单位产品$PM_{2.5}$和VOCs的污染物排放因子分别为0.12～0.14kg/t和0.06kg/t。

（4）烟气温度高（1450～1600℃），组分复杂，增加了治理难度。

（5）烟气有很高的热能，同时粉尘中全铁含量达50%以上，有很好的回用价值。

转炉炼钢是当前钢铁生产中主要能耗环节，消耗能源介质主要包含氧气、煤气、氩气、焦炭、电、水、蒸汽等，电力、水及气体为主要能源消耗，尤其在冷却过程，能耗非常大，产生大量蒸汽，携带大量能量，管控不当很容易发生逸散，造成水和蒸汽资源的浪费。

2.1.6.2　电炉烟气

A　电炉生产工艺流程

钢铁行业的生产工艺大体可以分为两个流程：以铁矿石、焦炭等为原料，采用烧结炉、高炉和转炉等设备生产钢铁的"长流程"；利用废钢为主要原料，采用电炉（电弧炉、中频炉等）设备，进行废钢重熔精炼的"短流程"。其中，电炉炼钢的工作原理是通过炉内的石墨电极端头与炉料之间发出的强烈电弧，产生的电弧热可提供高达4000℃的温度，使废钢重熔。电炉冶炼一般分为熔化期、氧化期和还原期。

（1）熔化期。熔化期的任务就是将固体炉料熔成钢液，在此期间还进行金属夹杂物（碳、硅、锰、磷等）的氧化和钢液吸收氢和氮气。这些夹杂物经氧化后形成一复杂的化合物，即炉渣。为了便于电弧燃着和燃烧，还常常在电极下面的废钢块上覆盖以焦炭块，使得在通电时电极与焦炭形成两个电极。开始熔化时，并不希望电极与大块炉料相接触，因为在此情况下难以燃着电弧和保持电弧稳定燃烧。

（2）氧化期。氧化期的任务是：1）从钢液中除去熔于其中的大量气体（主要是氢气）和非金属夹杂物；2）使钢液的温度和成分均匀；3）将磷除至规定的限度以下；4）把钢液温度均匀加热至高于出钢温度。这些任务的完成主要是通过脱磷反应所造成的钢液沸腾。

（3）还原期。从加入还原剂时开始即进入熔炼的末期——还原期，也称钢液的精炼期。还原期的任务是：1）使钢和炉渣还原；2）除去钢液中的氧和硫，使其含量达到规定的要求；3）调整钢液的化学成分，达到熔炼钢种所要求的成分；4）加热钢液至正常出钢温度。

在熔炼合金钢时，钢液多半是经炉渣来还原的，为此需向炉中加入粉碎的碳还原剂（焦炭、木炭和电极碎块）。炉内具有还原炉渣时，能保证将氧和硫从钢液中引入炉渣内。在白渣或者电石渣下还原完毕，并加入为获得规定化学成分钢种所需的一定数量的合金元素以后，就对钢液进行最后还原（用硅铁合金、铝等来还原），最后倾炉出钢。

B　电炉烟气排放特征

废钢中的碳等可燃物在融化期通过燃烧去除，氧化期则会进一步强化脱碳，这两个时期伴随着加矿、吹氧，会产生大量浓烟，此时从炉口排出的烟气温度将达到 1200 ~ 1600℃，含尘浓度高达 30g/m^3[45]。对于电炉炼钢系统，粉尘仍是最常见的烟气产物。据统计，每生产 1t 钢材就会产生 10~20kg 的粉尘量[46]。电炉粉尘的主要来源是：（1）易挥发的低熔点非铁质金属；（2）附着于烟气气泡或因气泡爆裂而扬起的铁渣；（3）低密度的添加剂。因此，粉尘中除含有较高的 Fe 外，还含有大量的 Zn、Pb、Cr、Cd 等重金属元素及碳、石灰等添加剂。随着我国电炉炼钢工业的迅速发展，电炉粉尘产量日益增长，其中大部分被堆积填埋，回用较少，如表 2-9 所示。电炉烟气排放因子特征见表 2-10。

表 2-9　中国主要企业电炉粉尘组分[47]　　　　　　（%）

生产厂	Fe	Zn	Pb	C	CaO	MgO	SiO$_2$
南钢	44.98	18.89	0.97	—	3.55	0.98	4.51
宝钢	51.7	3.38	<0.05	0.79	7.14	3.55	2.80
莱钢	44.73	2.61	0.447	1.14	2.92	1.38	2.06
广钢	30.39	15.80	3.46	—	5.75	14.99	4.56

表 2-10　电炉烟气排放因子特征[48]

生产环节	规模分类/t	排放因子/kg·t^{-1}					CO
		SO$_2$	NO$_x$	PM$_{2.5}$	TSP	VOCs	
电炉	30~50	0.01	0.04	0.76	0.85	0.06	9.80
	>50	0.01	0.03	0.35	0.39	0.06	

高炉—转炉长流程生产吨钢 CO_2 排放量为 2.2t 左右，电炉生产吨钢 CO_2 排放量为 0.5t 左右[49]，电炉短流程排放的 CO_2 约为长流程的 1/4；高炉—转炉长流程生产吨钢消耗标准煤 15.8kg 左右，电弧炉生产吨钢消耗标准煤为 9.48kg 左右，吨钢消耗标准煤约为长流程的 1/2，电炉炼钢碳排放明显低于转炉炼钢碳排放量，如表 2-11 所示。

表 2-11 高炉与电炉炼钢流程能耗对比

类 别	高炉—转炉长流程	电炉短流程
劳动生产率/t 钢·(a·人)$^{-1}$	600~800	1000~3000
建设周期/a	2	0.6
原料到钢水吨钢能耗（标准煤）/kg	15.8	9.48
吨钢 CO_2 排放/kg	2200	500

较转炉长流程技术，电炉炼钢在能耗、温室气体排放、占地、投资等方面具有优势，但同时电炉炼钢也带来了二噁英产生和排放问题。在电炉炼钢过程中，通常使用到的废钢中都会伴随大量的有机塑料和氯盐，冶炼的高温条件下，有机物已经彻底分解，而且烟气中的 Fe、Pb、Zn 等金属物质对反应也有一定的催化作用，促使二噁英的生成。据统计，2004 年我国钢铁和其他金属冶炼过程中的二噁英排放量约 4.7kg TEQ，约占总量的 46%，而其中电炉炼钢工序二噁英排放为 0.75kg TEQ[48]。目前，电炉炼钢是我国的第四大二噁英类工业污染源，仅次于铁矿石烧结、医疗垃圾焚烧和再生铜生产[50]。

2.1.7 自备电厂烟气

钢铁行业的自备电厂工艺与火电厂相似，一般是利用石油、煤炭和天然气等燃料燃烧时产生的热能加热水，使水变成高温、高压水蒸气，然后再由水蒸气推动发电机来发电。目前钢铁行业自备电厂的燃料主要为煤、高炉煤气以及焦炉煤气。高炉煤气的主要可燃成分为 CO，此外还有大量的 N_2 和 CO_2；焦炉煤气的主要成分为 H_2 和 CH_4，并有少量的 CO、N_2 等。宝钢电厂锅炉运行方式为纯烧煤和煤与高炉煤气混烧工况，节能效果显著[51]；通化钢铁采用高炉煤气与焦炉煤气混烧的发电技术，其热电转换效率可以达到 40% 左右[52]。

2.1.7.1 自备电厂生产工艺流程及产污节点

自备电厂的生产工艺流程包括燃料与燃烧系统、汽水系统及电气系统，如图 2-24 所示。储煤场的煤输送至原煤仓后通过磨煤机研制成煤粉，磨制好的煤粉经旋风分离器分离后进入煤粉仓；煤粉由给粉机送入输粉管，而旋风分离器中的空气则由排粉机抽出；煤粉和空气在输粉管内混合后，由喷燃器喷入炉膛内进行燃烧并产生高温烟气，高温烟气沿着锅炉本体倒 U 形烟道依次流过炉膛、过热器、省煤器和空气预热器，使锅炉内水冷壁管中的水、蒸汽和空气变成饱和蒸汽；饱和蒸汽同水形成的汽水混合物在汽包中分离后再流经过热器时，进一步吸收烟气中的热量变成过热蒸汽，并通过蒸汽管道送到汽轮机中；降温后的烟气流入除尘器进行净化，净化除尘后的烟气则被引风机抽出，经过烟囱排入大气；锅炉产生的新蒸汽进入汽轮机后逐级进行膨胀转变为汽流动能推动叶轮连同整个转子旋转，汽轮机带动发电机发电。

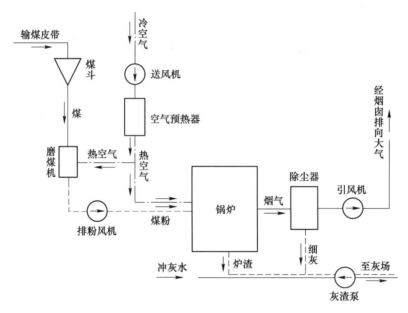

图 2-24　电厂煤粉炉燃烧系统流程

　　钢铁行业自备电厂产污节点主要在燃料与燃烧系统部分：用煤、高炉煤气及焦油煤气等燃料将炉水烧成蒸汽，将化学能转化成热能。主要包括以下 4 个部分。

　　（1）燃料输送部分：燃煤输送主要从储煤场经输煤皮带送到锅炉房的煤斗中，再进入磨煤机制成煤粉，煤粉与来自空气预热器的热风混合后喷入锅炉炉膛燃烧；燃气-蒸汽发电（CCPP）则是将钢铁厂产生的高炉煤气与焦炉煤气在混合器中混合，进入增压机进行压缩后与被压缩过的空气在压力燃烧室内燃烧，高温高压烟气直接在燃气透平内膨胀做功并带动空气压缩机与发电机完成燃机的单循环发电。

　　（2）烟气部分：煤在炉内燃烧后产生的热烟气经过锅炉的各受热面传递热量后，流进除尘器及烟囱排入大气；CCPP 发电流程中燃气透平排出的烟气通过余热锅炉生产中压蒸汽，进入蒸汽轮机发电，温度 120℃左右的尾气通过烟囱排放。

　　（3）通风部分：用送风机供给煤粉燃烧时所需要的空气，用吸粉机吸出煤粉燃烧后的烟气并排入大气。

　　（4）排灰部分：炉底排出的灰渣以及除尘器下部排出的细灰用机械或水利排往储灰场。

　　结合自备电厂生产工艺流程，自备电厂产生的气态污染物主要来自以下 3 个方面：

　　（1）燃煤原料在装卸、破碎、筛分和储运过程中产生的含尘废气；

　　（2）燃料在燃烧过程中产生的烟尘、SO_2、CO_2、NO_x、氟化物和重金属等多种有毒、有害污染物从烟囱中大量排出；

　　（3）炉底排出的灰渣以及除尘器下部排出的细灰在再次收集输送过程中产生部分含尘废气。

2.1.7.2　自备电厂烟气排放特点

　　除烟粉尘之外，自备电厂的主要污染物还包括 SO_2 和 NO_x 等。

钢铁行业自备电厂烟气具有以下自身特点：

（1）烟气排放量大，粉尘排放量大，且为连续排放，烟气中尘粒成分复杂、粒径范围宽。

（2）自备电厂污染物主要是无机物，锅炉燃烧溢出通常高于1200℃，煤中的有机物通常会分解。烟气中的污染物是飞灰，其主要成分是 SiO_2 和 Al_2O_3。

（3）自备电厂烟气量大，污染物排放浓度低，自备电厂硫含量大多在0.5%~2.5%，氮含量大多在0.5%~2.5%，烟气量大，浓度大气态污染物通常很低。

（4）自备电厂烟气具有一定的温度和湿度，烟气温度高、压力低。

（5）自备电厂烟气成分复杂，燃煤烟气中含有粉尘、SO_2、NO_x、CO_2、SO_3、氟化物以及重金属等。

（6）随着经济的发展和技术的进步，采用烟囱的比例大幅增加。由于烟气量大，烟气温度通常高于周围空气的温度，并由高烟囱排出。

由于烟气的以上特点，要求火电厂的超低排放技术必须有较高的脱除率和脱除速度。由于烟气治理系统在极为不利的条件下进行，给操作带来了诸多困难；另外，由于处理规模巨大，副产品数量庞大，必须考虑利用或妥善处理的问题，否则将造成严重的二次污染。

2.1.7.3　自备电厂污染物来源及排放特征

A　大气颗粒物

细颗粒物直接或间接来自锅炉燃料的燃烧过程，一部分是燃煤直接在高温燃烧过程中排放的一次颗粒，主要是燃烧的副产品和未燃尽物；另一部分是大量的气态前体物，在大气中转化形成二次颗粒物。燃煤电厂排放的颗粒物大多以C、Si、Al、Ca、Fe、Mg、Na等元素为主，Ca^{2+}、SO_4^{2-} 是主要的水溶性离子。但因燃料类型、燃烧方式以及各元素比例的不同，燃烧产物也呈现多元化特点。燃煤锅炉产生的颗粒物具有很宽的粒径范围，集中在0.1~0.2μm 和 10~20μm 的粒径范围之间，经除尘设备后小粒径颗粒物的含量大幅增加，多为小于1.0μm 的颗粒粒径，且在细颗粒物表面，尤其是亚微米颗粒，易富集有毒痕量元素和有机污染物[53]，研究发现，煤中灰分含量减少时，锅炉排放烟气中粉尘浓度会有所下降，但当锅炉负荷和石灰石含量增加时，烟尘浓度会增加，当燃烧气氛含氧量增大时，粉尘颗粒粒径会减少，$PM_{1.0}$、$PM_{2.5}$ 和 PM_{10} 总排放量会增大[54]，小粒径煤粉燃烧后排放浓度增加的倍数更大[55]。不同的除尘装置和除尘技术对细颗粒物的排放浓度、排放特征均具有影响。在图2-25中展现了不同除尘技术对 $PM_{2.5}$、$PM_{2.5-10}$ 以及 $PM_{>10}$ 占颗粒物排放总量的比例。

在某电厂，燃煤锅炉机组负荷为660MW，研究发现在不同工况下脱硫塔前烟气出口温度约为120℃，颗粒物数浓度主要为1μm 以下，集中在亚微米态，并随着粒径的增大而减小。且随着烟冷器出口烟气浓度的降低，经除尘装置后，颗粒数浓度和质量浓度均会下降，如图2-26所示。

B　NO_x

燃煤电厂产生的 NO_x 来自矿物燃料的燃烧过程，每燃烧1t煤就会产生5~30kg的

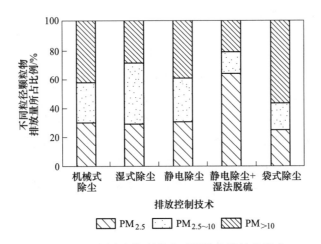

图 2-25　不同除尘控制技术对颗粒物排放的影响

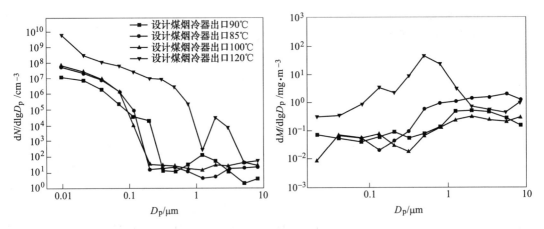

图 2-26　燃用设计煤除尘后 PM_{10} 数浓度和质量浓度粒径谱分布

D_p—粒径

NO_x，主要由 NO 和 NO_2 组成，NO 含量占 NO_x 总排放量的 95%，NO_2 含量占 5% 左右[56]。锅炉 NO_x 的排放浓度主要与煤炭种类、燃烧器的形式、炉膛过剩空气系数以及机组负荷等有关。由于空气中的氮以氮氮三键（N≡N）存在，而燃料中的氮则以碳氮三键（C≡N）和碳氮单键（C—N）的形式存在，且空气中的氮化学键能比燃料中的氮化学键能高，因此在煤的燃烧过程中，会生成热力型 NO_x、燃料型 NO_x 以及快速型 NO_x[57]。热力型 NO_x 是空气中的氮在高温条件下与氧气反应生成的 NO_x，主要以 NO 为主，温度大于 1500K 时，热力型 NO_x 的生成量会以指数的形式增加。热力型 NO_x 的生成与燃烧气氛中含氧量的多少以及烟气在炉膛的停留时间有关。燃料型 NO_x 形成机理较复杂，在燃烧过程中，燃料中的氮被分解为挥发分 N 和焦炭 N，挥发分 N 可通过氧化反应生成 NO_x，焦炭 N 可通过气固反应生成 NO 和 N_2，燃料型 NO_x 是煤炭燃烧过程中产生 NO_x 的主要来源。快速型 NO_x 是在煤炭燃烧过程中空气中的氮与煤炭中的碳氢离子团反应生成的 NO_x。快速型 NO_x 生成量不多，低温下才考虑快速型 NO_x 的生成。NO_x 生成速率较高的区域在燃烧器出口处，

NO$_x$ 浓度较高的区域在近炉膛中心处，在燃烧器出口处局部 NO$_x$ 反应速率较快，因为氧气消耗也较快，故 NO$_x$ 生成速率也在逐渐减缓，虽然 NO$_x$ 生成速率快，但反应时间较短，因此在燃烧器出口处 NO$_x$ 的浓度并不是很高。由于 NO$_x$ 随着烟气向炉膛中心流动，因此炉膛中心处 NO$_x$ 浓度高。锅炉主燃烧区生成的 NO$_x$ 既有燃料型 NO$_x$ 也有热力型 NO$_x$，而燃尽区生成的 NO$_x$ 几乎全部都是燃料型 NO$_x$，主燃区 NO$_x$ 的生成速率大于燃尽区。如图 2-27 所示，氧气浓度越高，燃料中的含氮化合物越容易被氧化成 NO$_x$，燃料型 NO$_x$ 生成速率较快且随着燃烧器层高的增加而降低。但热力型 NO$_x$ 的生成速率随着燃烧器层高的增加并无明显趋势，且热力型 NO$_x$ 对含氧量的敏感程度比燃料型 NO$_x$ 弱[58]，如图 2-27 所示。

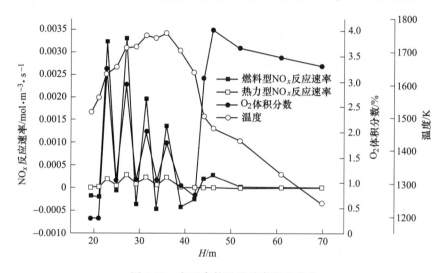

图 2-27　主要参数沿炉膛高度的变化

当在锅炉中同时加入煤粉和高炉煤气时，由于高炉煤气热值降低，从而降低了锅炉的燃烧温度，增大了燃烧烟气量，且高炉煤气中还含有一定量的碳氢化合物，能够降低 NO$_x$ 的生成量。但加入焦炉煤气后，由于焦炉煤气本身含有大量的氢和碳氢化合物，焦炉煤气的加入在一定程度上起到再燃的作用，使 NO$_x$ 还原成 N$_2$[59]，如图 2-28 所示。

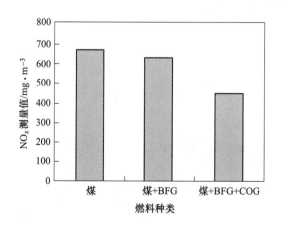

图 2-28　不同试验工况下污染物 NO$_x$ 平均排放浓度

C SO₂

煤中硫有三种形态：有机硫、硫化物硫和硫酸盐硫。煤中以有机硫和黄铁矿硫形式存在的硫在燃烧过程中全部参加反应，氧化为 SO_2，而硫酸盐不参与燃烧。SO_2 的生成量取决于燃料煤中硫的含量，而与锅炉容量、燃烧器类型无关，流化床锅炉除外[60]。影响 SO_2 生成的因素包括：高温区域的停留时间、炉膛的温度、氧浓度、煤中硫分含量及碱性氧化物含量等[61]。如图 2-29 所示，煤中含硫量升高，SO_2 初始排放值相应升高。但是在相同含硫量情况下，煤中 $CaCO_3$ 的含量越高，SO_2 初始排放值越低。在不投炉内脱硫的情况下，SO_2 的排放随过量空气系数的增加而呈现升高的趋势，这是因为氧浓度的增加会导致 S 的反应更加完全。当投入炉内脱硫时，则当过量空气系数增加时，SO_2 排放浓度降低，氧含量的增加导致脱硫反应完全，脱硫效率提高。燃煤锅炉生成 SO_2 浓度通常在 800～10000mg/m³，采用简单炉内喷钙技术可达到 40%～55% 的脱硫率；流化床燃烧脱硫率可达到 85%～90%[62]。

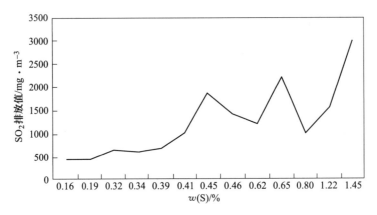

图 2-29 含硫量与 SO₂ 排放曲线

由于 SO_2 的生成主要取决于燃料中的硫含量，而高炉煤气和焦炉煤气中的硫含量很少，因此在加入高炉煤气和焦炉煤气之后，SO_2 的排放浓度会有所降低，掺杂量越大对 SO_2 的排放总量影响也就越大，减低幅度也就越明显，如图 2-30 所示。

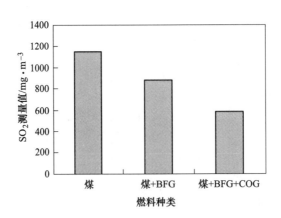

图 2-30 不同试验工况下污染物 SO₂ 平均排放浓度

D　SO₃

燃煤锅炉烟气中的 SO₃ 是造成尾部受热面积腐蚀的关键因素，SO₃ 也会与逃逸氨发生反应，生成的 NH_4HSO_4 是造成空预器堵塞和低温腐蚀的主要原因，此外，SO₃ 还是雾霾的重要前体物[63]。燃煤电厂 SO₃ 的生成主要包括两部分，一部分来自锅炉燃烧过程中生成的 SO₂，其中有 0.5%～1.5% 的 SO₂ 在一系列的催化氧化作用下生成 SO₃，另一部分来自在选择性催化还原脱硝（SCR）过程中，SO₂ 在 SCR 催化剂的作用下转化为 SO₃，其中 V_2O_5 对 SO₂ 具有强烈的催化作用，因此，在脱硝过程中 SO₂ 会不可避免地转化成 SO₃，低负荷下，SO₂ 的氧化率会快速增加[64]。燃烧过程中，SO₂ 向 SO₃ 的转化主要受高温燃烧区氧原子的作用、过量空气系数以及催化剂的影响。炉膛中氧原子的质量浓度越高，烟气停留时间越长或是催化剂的作用都会使 SO₃ 的生成量增加，但当过量空气系数较低时，SO₃ 的生成会相应减少，空气预热器能够在一定程度上降低 SO₃ 的质量浓度[65]。SO₂ 在 SCR 催化剂作用下转化成 SO₃ 的过程中，随着催化剂煅烧温度的增加，SO₂/SO₃ 的转化效率提高，烟气中一定浓度的 NH₃ 能够促进 SO₂/SO₃ 的转化[66]。在某燃煤电厂中，SO₃ 的排放浓度如图 2-31 所示，2015 年，上海市发布地方标准《大气污染综合排放标准》（DB 31/933—2015）中规定硫酸雾的排放限值为 5mg/m³，其中末端环保设备为 WFGD 的达标率为 57.9%，末端环保设备为 WESP 的达标率为 72.3%[67]。

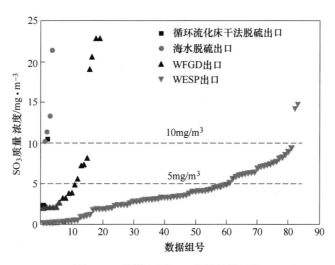

图 2-31　燃煤电厂 SO₃ 排放数据统计

E　氟化物

钢铁行业是气态氟化物排放大户，自备电厂气态氟化物的排放量仅次于烧结工序。自备电厂气态氟化物主要来自煤炭，尤其是采用高氟煤作燃料。我国煤炭中 70% 以上煤种氟含量在 50～300mg/kg 之间，平均含量约为 200mg/kg，在煤炭燃烧过程中，煤中约有 95% 的氟化物在高温下发生化学反应生成气态氟化物，烟气中氟化物的形态和分布主要取决于燃煤组成、锅炉类型、燃烧条件及锅炉负荷等。烟气中相当一部分的气态氟化物被飞灰吸附,形成颗粒态 F。烟气中氟化物除了颗粒态 F 之外,HF 占比最大,为 70%,还有少量的 F_2 和 SiF_4[68]。根据烟气除尘方式的不同,电厂中氟化物的迁移规律也不尽相同,对于电除尘等干式除尘器,颗粒态 F 基本被除去;对于湿式除尘器,尤其是文丘里除尘器,具有良好的除氟能力,使氟化物转移到喷淋水中,并随同灰渣排入灰场[69]。

F Hg

燃煤电厂是汞污染的主要人为排放源,在美国约占全部人为汞污染排放源的 40%。世界范围内的燃煤平均汞含量为 0.13mg/kg,中国燃煤汞含量偏高,平均汞含量为 0.22mg/kg,烟气中的汞含量主要受煤种的影响。赋存在燃煤中的汞经过燃煤电厂的锅炉机组后,开始在炉内高温下,几乎所有的汞会转变为零价汞进入高温的烟气,经过各污染控制设备和其他设施的过程中,由于温度、烟气成分及飞灰等的影响,Hg^0 会发生复杂的物理化学变化而转化为不同的形态,最终表现为三种形态:颗粒态汞(Hg^P)、氧化态汞(Hg^{2+})以及元素态汞(Hg^0)。一般颗粒态汞易于被除尘器收集,Hg^{2+} 易溶于水,易于被 WFGD 脱除;而 Hg^0 挥发性高、不溶于水、不溶于酸,很难被除尘器去除。根据检测,烟气排放中汞的主要形态为 Hg^0,占到了 39.1%,证明最难脱除的汞形态就是 Hg^0。

燃煤电厂烟气中的汞含量及形态与燃煤锅炉燃烧的煤种密切相关。烟煤燃烧产生的烟气中的汞是以氧化态为主的,亚烟煤燃烧后,烟气中的 Hg^{2+} 含量与 Hg^0 含量相当,褐煤燃烧后烟气中以 Hg^0 为主。锅炉燃烧温度也影响汞的形态,在炉膛温度较高时,烟气中 Hg^0 含量较大,大多数的 Hg^{2+} 形成的氧化物不稳定,会发生分解生成 Hg。当烟气温度降低到 750K 时,烟气中汞元素的主要形态是 Hg^{2+}。此外,使用循环流化床的锅炉排放的烟气飞灰中富集的汞含量较高,这可能是因为循环流化床的燃烧温度较低,形成的飞灰含有较高含量的未燃尽碳,吸附了较多的 Hg^0。

钢铁行业的自备电厂主要涉及湿法、半干法或干法脱硫,低氮燃烧技术、SCR 或 SNCR 脱氮以及煤在输送破碎筛分过程中产生的大气污染物。结合排放系数手册和相关文献的调研结果,得到可代表污染源实际排放特征的 SO_2、NO_x、$PM_{2.5}$、PM_{10} 以及 PM 排放因子,自备电厂各类污染源大气污染物排放因子如表 2-12 所示。

表 2-12 自备电厂各类污染源大气污染物排放因子[70]

(a) SO_2

锅炉	煤种	直排	湿法烟气脱硫	干法烟气脱硫
PC 和炉排锅炉	沥青和无烟煤	18.0%(S)	0.9%(S)	3.6%(S)
	褐煤	15.0%(S)	—	N/A
CFBC	—	13.0%(S)	—	N/A

(b) NO_x

锅炉	规模分类/MW	煤种	直排	低氮燃烧	
				切向	壁式
PC 和炉排锅炉	<300	沥青和无烟煤	6.1%	4.7%	5.2%
	≥300	褐煤	9.0%	7.6%	8.6%

锅炉	分类	直排	静电除尘器	湿式除尘器	袋式除尘器
		(c) PM			
PC	$PM_{2.5}$	0.4%（A）	0.032%（A）	0.135%（A）	0.0019%（A）
	PM_{10}	1.5%（A）	0.065%（A）	0.291%（A）	0.0034%（A）
	PM	6.9%（A）	0.094%（A）	0.479%（A）	0.0042%（A）
炉排锅炉	$PM_{2.5}$	0.1%（A）	0.008%（A）	0.032%（A）	N/A
	PM_{10}	0.26%（A）	0.012%（A）	0.054%（A）	N/A
	PM	1.5%（A）	0.019%（A）	0.098%（A）	N/A
CFB	$PM_{2.5}$	0.45%（A）	0.034%（A）	N/A	N/A
	PM_{10}	1.54%（A）	0.067%（A）	N/A	N/A
	PM	4.8%（A）	0.085%（A）	N/A	N/A

注：S—在所有情况下，S 是煤的硫含量，以百分比表示；N/A—由于硫含量低（通常小于 0.2%），FGD 系统一般不安装；A—在所有情况下，A 是煤的灰分，以百分比表示。

2.2 无组织排放

总体来说，钢铁行业无组织排放呈现出以下特点。

（1）无组织排放点多量大，排放的时间和空间都存在不确定性。钢铁生产各工艺流程中炼焦、烧结、球团、炼铁、炼钢等环节都有大量的矿石、辅料以及燃料的投入使用，针对这些散料的装卸、存储、破碎、筛分、转运、投料等操作都会带来大量的粒径不均的无组织粉尘排放。初步估算，目前钢铁企业无组织排放颗粒物甚至超过有组织排放量。表 2-13 为调研统计的 8 家钢铁企业无组织排放点数量。

表 2-13　8 家钢铁企业无组织排放点数量

厂家名称	生产量 /万吨·a^{-1}	厂区面积 /km^2	无组织排放点 数量	每平方公里 排放点数量
A 有限公司	494	1.44	1096	761
B 有限公司	105	0.66	446	676
C 有限公司	207	1.1	704	640
D 有限公司	180	0.7	410	586
E 有限公司	238	1.19	654	550
F 有限公司	467	3.1	1571	507
G 有限公司（国营）	537	1.56	741	475
H 公司（国营）	1008.5	7.26	1976	272

（2）排放形式多样。大型钢铁厂散料堆场大而多，形成大规模的无组织面源扬尘排放；厂内转运距离长，形成错综复杂的无组织线源扬尘排放；装卸、破碎、筛分、投料、

落料作业频繁，形成无规则的无组织点源扬尘排放。无组织粉尘的面源、线源、点源排放形式相互交错，毫无规则。

（3）排放成分复杂。大型钢铁厂无组织排放受其复杂的生产工艺影响，排放物成分复杂。原材料包括有矿石、矿粉、燃煤、石灰石等，进厂卸料过程中会产生大量的大颗粒扬尘，主要成分为 TSP 和 PM_{10}；散料运输线路和堆场料棚内的排放也以 TSP 和 PM_{10} 为主；而一些除尘器的卸灰口排放的扬尘成分则包含有更多的 $PM_{2.5}$；焦化、冷轧等环节都伴生有一定的 VOCs 排放。不同的污染物成分混合在一起，形成了成分复杂的无组织排放污染物。

（4）排放高度低，对厂区及周边环境影响大。钢铁行业无组织排放主要集中在地面和室内，排放后易形成低空污染物聚集区，不易扩散。对厂区正常生产和周边环境造成较大影响。

各工序无组织排放环节及排放特征具体如下。

2.2.1　原料工序

2.2.1.1　运输

钢铁工业是大进大出的资源密集型产业，每生产 1t 钢，各种原辅燃料、产品、副产品等外部运输量将高达 5t。钢铁企业原辅材料及产品的运输主要包括厂内运输和厂外运输两部分，运输过程中产生的主要污染物为扬尘及运输车辆排放的 CO、NO_x、碳氢化合物等。

钢铁企业外部物流方式主要包括铁路运输、公路运输、水路运输和皮带运输等。其中，公路运输由于具有灵活方便的特点，京津冀及周边地区大多数企业，特别是中小企业大都以公路运输为主，但公路运输产生的扬尘，重载货运卡车排放的尾气都会对环境造成污染。以唐山市为例，按唐山市粗钢产量 1.2 亿吨，外部运输量则为 6 亿吨。参照运输扬尘计算公式，重型载货柴油汽车每年会产生道路扬尘 37.4 万吨，产生排放颗粒物 4000t、NO_x 3.2 万吨，以及数量可观的 CO、碳氢化合物等其他污染物。

钢铁企业内部物流的主要方式包括铁路运输、公路运输、皮带运输等，运输过程中污染物产排情况与厂外运输类似。

2.2.1.2　原料场

原料场作为钢铁生产的重要组成部分，承担着烧结、球团、石灰、炼铁等用户生产所需的各类散状原燃料的受卸、贮存、加工和输送任务。各类原燃料在二级以上风力作用下极易干燥，在装卸、输送、露天堆存过程中造成的粉尘已成为生产、运输、贮存过程中无组织排放的主要污染源，具有尘源点多、粉尘浓度高、治理面积大等特点。

原料场根据工艺流程可分为受卸设施、储料场设施、原料处理设施（包括破碎、筛分、混匀等）、原料输送设施。其中受卸设施、原料处理和输送设施扬尘污染现象主要表现在原料转运过程中的集中扬尘，而对于储料场设施中扬尘污染主要由原料在堆、取料作业过程中以及原料在料场堆存期间受风力影响造成。由于风力作用，原料场附近大气含尘量高达 $100mg/m^3$，原料场堆存原料每年损失可达总储量的 0.5%~2%。

料堆扬尘主要分为两大类：一类是料堆场表面的静态起尘；另一类是在堆、取料等过程中的动态起尘。前者主要与物料表面含水率、环境风速等关系密切，后者主要与作业落差、装卸强度等有关。对于储料场内堆、取料作业中，物料受自身物理特性（物料粒度、含水率等）影响依据转运落差以及天气、风速等作用，在冲击地面或料堆时均会造成细小颗粒漂移飞散产生扬尘，特别是 $10\mu m$ 及 $10\mu m$ 以下的颗粒最具危害。通常，原料场扬尘中粒径 $10\mu m$ 以上颗粒约占总质量的96%，约有4%的粒径在 $10\mu m$ 以下。

2.2.2 焦化工序

2.2.2.1 生产工艺流程及产排污节点

焦化车间工艺流程及产排污节点如图2-32所示。

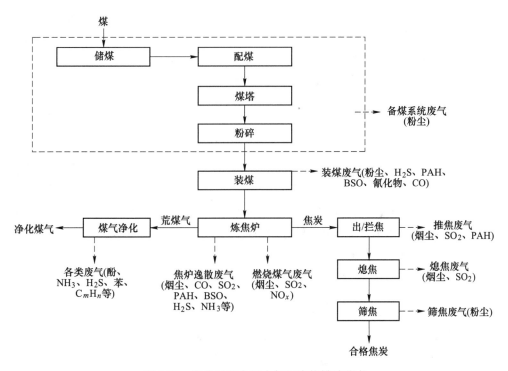

图2-32 焦化工艺主要大气污染物排放节点

2.2.2.2 无组织排放废气来源

焦化工序最主要的产尘点包括：备煤系统、装煤系统、推焦系统、熄焦系统、筛贮焦系统等，其主要产尘点污染源类型及排放特征详见表2-14。

表2-14 焦化工序废气产污环节及污染物种类

工序	产污环节名称	污染物种类	源型	排放特征
备煤	精煤破碎、筛分及转运	颗粒物	有组织、无组织	间歇
	精煤堆存、装卸	颗粒物	无组织	间歇

工序	产污环节名称	污染物种类	源型	排放特征
炼焦	焦炉烟囱（含焦炉烟气尾部脱硫、脱硝设施排放口）	颗粒物、SO_2、NO_x	有组织	连续
	焦炉本体的装煤孔盖、炉门、上升管盖等处泄漏	颗粒物、SO_2、CO、PAH、BSO、H_2S、NH_3 等	无组织	间歇
	装煤（含装煤孔逸散）	颗粒物、H_2S、PAH、BSO、氰化物、CO、BaP、SO_2	有组织、无组织	间歇
	推焦（含推焦车、拦焦车等处逸散）	颗粒物、SO_2、PAH	有组织、无组织	间歇
熄焦	湿法熄焦时，熄焦塔产生的废气	颗粒物、SO_2	无组织	间歇
	干法熄焦顶、排焦口、风机放散管等处产生废气	颗粒物、SO_2	有组织	间歇
筛焦	焦炭破碎、筛分及转运	颗粒物	有组织、无组织	间歇
	焦炭贮存	颗粒物	无组织	间歇
煤气净化	管式加热炉、半焦烘干和氨分解炉等燃用焦炉煤气的设施	颗粒物、SO_2、NO_x	有组织	连续
	冷鼓、库区焦油各类贮槽	BaP、HCN、酚类、非甲烷总烃、氨、硫化氢	有组织、无组织	连续
	苯贮槽	苯、非甲烷总烃	有组织、无组织	连续
	脱硫再生塔	H_2S、NH_3	有组织	连续
	硫铵结晶干燥	颗粒物、NH_3	有组织	间歇

由表 2-14 可以看出，焦化工序废气的无组织排放主要集中在以下 4 个方面，相比其他工序来说，最主要的区别就是涉及 VOCs 的排放。而在焦化工序，除备煤外，其他各生产过程均有 VOCs 废气的排放。

（1）精煤破碎、焦炭破碎、筛分及转运过程。此过程的无组织排放主要为精煤及焦炭堆存、装卸过程中产生的扬尘及破碎、筛分及转运过程未被除尘系统收集而逸散的烟尘。其中，精煤破碎、筛分及转运过程无组织排放烟气特征为常温、含尘量大，湿熄焦焦炭破碎、筛分及转运过程无组织排放烟气为常温、含尘量相对较低，干熄焦焦炭破碎、筛分及转运过程无组织排放烟气特征为含尘量大。

（2）炼焦过程。

装煤烟气的无组织排放，主要为装煤车在装煤时从装煤口逸散的烟气。装煤过程中，煤料进入炭化室排出大量荒煤气，装炉时空气中的氧和入炉的细煤粒不完全燃烧形成含碳黑烟，装炉湿煤与高温炉墙接触、升温，产生大量水汽和荒煤气。据估算，装煤过程烟尘排放量约占焦炉烟尘排放量的 60%[71]。

推焦过程的无组织排放，最主要的是炭化室炉门打开后散发出残余煤气和出焦时焦炭从导焦槽落到熄焦车中产生的大量粉尘[72]；此外，推焦过程无组织逸散还包括推焦时上升管打开与炭化室相通，热浮力带着焦粉逸散，以及拦焦车导焦栅与炉门框结合处，铁对铁的密封不好，推焦过程中热浮力带着焦粉从缝隙中逸散以及焦炭进入熄焦车焦罐中发生的烟气。

焦炉炉体烟气的连续性无组织排放，包括机、焦两侧炉门摘门和对门过程中，炉门砖上的焦油渣高温遇空气燃烧不完全产生烟气，以及炉门刀边变形穿孔密封不严所造成的烟气逸散。

（3）熄焦过程。此过程的无组织排放主要为湿法熄焦过程中，熄焦水喷洒在炽热的焦炭上产生大量的水蒸气，水蒸气中所含的酚、硫化物、氰化物、CO 和几十种有机化合物与熄焦塔两端敞口吸入的大量空气形成混合气流，夹带大量水滴和焦粉从塔顶逸出，从而形成废气无组织排放。由于大多数焦化企业为降低污水处理成本，将焦化污水经过污水处理设施稍加处理后就用于熄焦，因此，污水中的有害有机物随熄焦蒸汽蒸发进入自然环境，增加了熄焦塔有机废气排放浓度。其中，熄焦蒸汽主要污染物有粉尘、SO_2、NO_2、BP、BSO、H_2S、CO、HCN 和挥发酚、氰化物、H_2S 和 NH_3 等。用循环水熄焦企业的熄焦塔通常情况下每吨焦炭在熄焦过程中会产生约 1000g 的焦粉被熄焦蒸汽带走，经过熄焦塔内单层折流板式除尘装置，85% 的焦粉沉积于熄焦塔内，其余焦粉随蒸汽排入自然环境中，有 120~150g 的焦粉被熄焦蒸汽带入环境中。熄焦过程每吨焦炭需要蒸发水量 0.5t，水蒸气中含有害气体分别为：SO_2 151.23g、CO 4264.68g、烟尘 2.31g、CH_4 2.21g、NMHC 0.28g、氨氮 4750g、挥发酚 595g、HCN 482g、苯并芘 75μg，这些化学物质形成了 $PM_{2.5}$ 一次污染物颗粒。根据有关部门监测，每立方米熄焦废气 $PM_{2.5}$ 颗粒含量 0.515mg，占熄焦废气颗粒物排放总量的 63.5%。

（4）煤气净化系统。化产回收和焦油加工是产生 VOCs 最多的工段，尤其是在回收车间更为严重。回收区域涉及范围广，大致分为氨硫、粗苯、鼓风冷凝、洗涤、精脱硫、储备站、油库等工段，其中粗苯、鼓风冷凝、洗涤、油库都有槽体。粗苯段槽体有粗苯储槽、地下放空槽、贫油储槽、回流槽、粗苯中间槽、水封槽、冷凝液槽、油水分离器、控制分离器；冷鼓段槽体有焦油分离器、机械化氨水澄清槽、剩余氨水槽、焦油槽、废液槽、鼓风机水封槽、电捕水封槽、上下段冷凝液槽、初冷器水封槽、循环氨水槽；洗涤段槽体有泡沫槽、再生塔、喷淋液水封槽、水封槽、蒸氨废水槽、低位槽、熔硫釜退液冷却盒、熔硫釜、溶液循环槽、溶液事故槽、喷淋式饱和器满流槽、水封槽、结晶槽、地下放空槽、母液槽；油库槽体有粗苯储槽、焦油储槽、洗油储罐、地下放空槽和洗油卸车槽。槽体间采用管路连通，且密闭性较好，因此，各种槽体的气体排放口成为化产工段 VOCs 废气的主要排放节点[73]。

2.2.2.3 无组织排放特征

焦化工序无组织排放具有如下特征：

（1）阵发性。通常情况下，机械炼焦过程装煤、推焦每间隔 6~12min 1 次，每次作业时间为 1~3min，由于焦炉装煤、推焦过程频次高、时间短、污染物排放量大，因此无组织排放废气具有阵发性的特点。

（2）偶发性。焦炉荒煤气废气排放量大，废气中烟尘和有害物质浓度高，放散具有偶发性特点。

（3）连续性。焦炉炉体的连续性逸散，炉门、装煤孔盖、上升管盖和桥管连结（承插口）等处的泄漏，以及散落在焦炉炉顶的煤受热分解产生的烟气，均呈现连续性逸散的特点。

（4）成分差异大。不同工段无组织排放的组分种类、气体排放量、排放特征均存在差异。

（5）组分复杂。焦化工序无组织排放组分包括芳香烃、氯代烃、烷烃、酚类、含氧类、氢气、氨气、含硫化合物、氰化物、无机气体及水蒸气等。

（6）异味重。氨水、焦油、萘、酚、氰化物和硫化氢具有刺激性气味。

（7）VOCs 价值低。除罐区 VOCs 组分单一、浓度高外，其他 VOCs 废气均浓度低，不具有回收价值。

2.2.3　烧结球团工序

2.2.3.1　生产工艺流程及产排污节点

烧结、球团工序颗粒物和 SO_2、NO_x 排放总量占据整个钢铁冶炼过程的绝大部分比重，也是气体污染物产排污的最主要环节。烧结燃料破碎、原燃料配料、混合整个原料准备阶段，烧结台车上混合料点火焙烧过程中，以及烧结过程结束后，烧结矿冷却、破碎、筛分、转运过程中都会产生大量烟粉尘；同时，由于烧结所使用的铁矿石原料以及煤粉、焦粉等燃料中含硫，因此在高温焙烧时，会产生 SO_2 和 NO_x、二噁英等污染物。球团生产的产排污状况与烧结基本类似，主要包括链算机预热、回转窑焙烧或竖炉焙烧产生大量含尘及 SO_2、NO_x 的废气，配料及成品运输等过程中产生大量含尘废气等。烧结、球团典型工艺流程及排污节点如图 2-33 和图 2-34 所示。

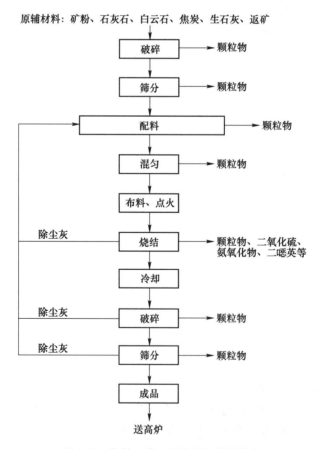

图 2-33　烧结工序工艺流程及排污节点

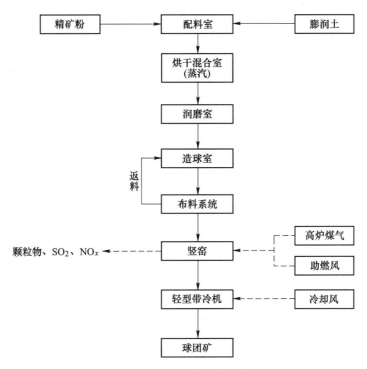

图 2-34 球团工序工艺流程及排污节点

2.2.3.2 无组织排放废气来源

烧结球团工序最主要的产尘点主要包括：原料准备、配料混合、烧结（焙烧）、破碎冷却、成品整粒等，其主要产尘点污染源类型及排放特征详见表2-15。

表 2-15 烧结球团工序废气产污环节及污染物种类

工序	产污环节名称	污染物种类	源型	排放特征
原料准备	原料输送、破碎、筛分、干燥、煤粉制备	颗粒物	有组织、无组织	连续
配料混合	原燃料配料、混合（造球）	颗粒物	有组织、无组织	连续
烧结（焙烧）	烧结（球团）生产设备	颗粒物、SO_2、NO_x、CO、CO_2、Hg、水蒸气、氯化物、氟化物、二噁英、重金属等	有组织	连续
破碎冷却	破碎、冷却	颗粒物	有组织、无组织	连续
成品整粒	破碎、筛分	颗粒物	有组织、无组织	连续

由表 2-15 可以看出，烧结球团工序废气的无组织排放主要集中在以下 3 个方面：

（1）原料准备过程（图 2-35）的无组织排放，主要为原燃料输送、破碎、筛分及干燥等过程未被除尘系统收集而逸散的烟尘。其中，物料经过四辊破碎机破碎，破碎使得物料干燥的内部成为新的表面，导致表面含水率降低，大量起尘；物料流在下落过程中产生诱导气流与冲击气流，产生无组织粉尘，尤其是干燥物料受料点。

a　　　　　　　　　　　　　　　　　b

图 2-35　原料准备过程

a—破碎机；b—皮带转接

（2）配料混合过程（图 2-36）的无组织排放，主要为原燃料混合、配料等过程未被除尘系统收集而逸散的烟尘。其中，混料机做圆周运动，造成混料机内部空气压缩扰动，气流外涌携带大量的粉尘，且混合机前后配料皮带水蒸气携带无组织粉尘散发。

a　　　　　　　　　　　　　　　　　b

图 2-36　配料混合过程

a—移动配料皮带；b—混料机

（3）成品转运过程（图 2-37）的无组织排放，主要为成品破碎、冷却、筛分或烘干、润磨等过程未被除尘系统收集而逸散的烟尘。

a　　　　　　　　　　　　　　　　　b

图 2-37 成品转运过程

a—移动配料皮带；b—混料机；c—润磨机入口；d—润磨机出口

2.2.3.3 无组织排放特征

烧结球团工序无组织排放具有如下特征：

（1）产尘点多、排放量大。烧结、球团工序是钢铁工业的主要排污源。结合 2015 年我国重点钢铁企业各工序主要污染物排放量统计数据来看，烧结、球团排放的颗粒物占总排放量的 47.87%，由于产尘点多，未被收集而逸散的无组织排放量也相对较大。以某企业（粗钢 450 万吨，共 4 个烧结车间）为例，其中一个烧结车间每年产生约 267t 无组织粉尘，无组织粉尘点及产生量具体见表 2-16。

表 2-16 某企业烧结车间无组织粉尘点及产生量

项目	无组织粉尘点	数量	平均浓度（按测量和估算）/mg·m^{-3}	无组织产生量/t·a^{-1}
白灰线	车辆进、出场	1	—	—
	装载车给料	1	24	15.768
	颚破机入口	1	26	2.04984
	1 号转运点	2	37	9.7236
	立轴反击破入/出口	2	83.4	13.150512
	白灰仓进料	3	85	33.507
煤破碎线	装载车给料	1	8	5.256
	1 号转运点	2	6	1.5768
	圆形筛	1	12	0.94608
	筛下落料	2	15	3.942
	破碎机入/出料口	6	6.7	4.225824
	皮带转运点	2	45	11.826
	煤仓进料	3	30	9.4608
铁粉	装载车给料	7	5	22.995
	1 号转运点	8	3	3.1536
	梭车皮带受料	1	4	0.5256
	铁粉仓进料	4	8	3.36384

项目	无组织粉尘点	数量	平均浓度（按测量和估算）/mg·m^{-3}	无组织产生量/t·a^{-1}
热返粉/高炉 返粉	装载车给料	4	132	69.3792
	转运点	4	12	5.04576
杂料	汽运车给料	1	126	16.5564
烧结配料线	配 1 皮带转运点	16	9	18.9216
	配 2 皮带转运点	5	6	3.942
	混 1 皮带转运点	2	6.4	1.68192
	混 2 皮带转运点	4	3.6	1.89216
	混 4 皮带转运点	2	9	2.3652
	混 5 皮带转运点	2	7.2	1.89216
	梭车皮带转运点	2	13	3.4164

（2）部分含湿量大。烧结混料、球团烘干、润磨过程中无组织排放水分含量高、湿度大。

2.2.4　炼铁工序

2.2.4.1　生产工艺流程及产排污节点

炼铁生产工艺流程及排污节点如图 2-38 所示。其中，排污环节主要集中在以下方面：高炉出铁时会在开、堵铁口时，以及出铁口、铁沟、渣沟、撇渣器、摆动流嘴、铁水罐等部位产生烟尘；高炉矿槽的槽上设有胶带卸料机，矿槽下设有给料机、烧结矿筛、焦炭

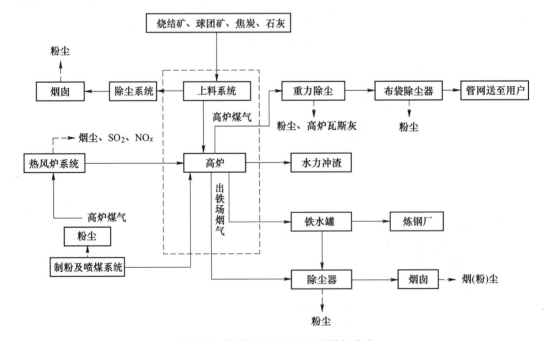

图 2-38　炼铁生产工艺流程及排污节点

筛、称量漏斗和胶带运输机等，各设备生产时在卸料、给料点等处有粉尘；高炉炉料采用胶带机上料方式，生产时炉顶胶带机头卸料时产生粉尘；高炉喷吹煤粉制备系统生产时有含煤粉的废气产生；高炉热风炉以高炉煤气为主要燃料，燃烧废气中含有少量烟尘、SO_2和NO_x；高炉冶炼过程中炉内有大量含尘和CO的高炉煤气产生，高炉煤气在净化后作为钢铁生产重要的燃料使用。

2.2.4.2 无组织排放废气来源

炼铁工序最主要的产尘点主要包括：原料准备、配料混合、烧结（焙烧）、破碎冷却、成品整粒等，其主要产尘点污染源类型及排放特征详见表2-17。

表2-17 炼铁工序废气产污环节及污染物种类

工序	产污环节名称	污染物种类	源型	排放特征
上料	料仓、槽上、槽下的胶带机落料点和振动筛等处	颗粒物	有组织、无组织	间歇
出铁	出铁场	颗粒物	有组织、无组织	间歇
送风	热风炉燃煤气	颗粒物、SO_2、NO_x	有组织	连续
喷煤制粉	高炉煤粉制备	颗粒物	有组织	连续
高炉渣	冲渣	颗粒物	无组织	连续
炉体及各工段	破碎、筛分	颗粒物、CO	有组织、无组织	连续

炼铁工序无组织排放重点为原料系统、煤粉系统及出铁场等环节。

A 物料输送、装卸系统

厂内物料输送、装卸系统如图2-39所示。烧结矿、球团矿、块矿、煤、焦炭等大宗物料的输送过程，焦粉、煤粉等粉料的车辆运输过程，以及汽车、火车、皮带输送机等卸料过程，易产生粉尘无组织排放，除尘灰的卸灰及运输过程也易产生无组织排放。其中，储矿槽槽上和槽下分别具有储存烧结矿、焦炭、杂矿，以及振动给料、胶带转运功能，槽上扬尘主要来自分料皮带机机头和布料车皮带机受料点的扬尘，布料车向贮矿仓卸料时，小车头轮处会因为转运卸料产生大量扬尘，布料车向贮矿仓卸料时，由于落差较大，产生的剧烈扬尘。槽下扬尘主要来自槽下震动给料机在筛料时，称重仓和给料机筛面的扬尘，震动给料机向各个输送皮带落料时产生的扬尘，碎矿返矿皮带输送机机头处的扬尘，成品矿向料坑贮矿仓卸料时的扬尘，以及料坑内向上料小车装料时的扬尘。这部分粉尘具有阵发性、扩散性和瞬间产尘量大的特点，浓度在$3\sim5g/m^3$。

B 出铁场系统

高炉出铁（图2-40）时在出铁口区的主撇渣器、铁水摆动流嘴、渣沟、铁水沟等处均产生大量烟尘。出铁口由于收集系统效果不好可能导致烟尘逸散，另外，出铁场铁沟、渣沟密封不好也会造成一定无组织排放。

C 高炉渣水淬冷

高炉渣采用水淬冷却后（图2-41），高温炉渣使得大量水蒸发，携带粉尘，造成无组织排放。

图 2-39　物料输送、装卸过程
a—皮带受料点；b—皮带落料点；c—牛车上料

图 2-40　高炉出铁过程
a—出铁口；b—铁沟

图 2-41　高炉渣水淬冷却

D　煤气放散

一是煤气均压放散。高炉正常运行过程中，每次进行炉内装料前，炉顶料罐都必须对称量料罐进行充压操作，使料罐内压力和炉顶压力平衡，下密封阀方可开启，然后将物料装入炉内。装料结束后须将称量料罐内高压煤气对空放散，上密封阀方可开启，将料罐内物料装入高炉。放散的煤气如果不经回收会以无组织的形式排放。

二是高炉焖炉后，出于安全的角度，必须要将高炉煤气排净。然而焖炉后高炉煤气由于需要进行休风，因此缺少鼓风，高炉煤气无法经过净化系统治理，而是必须进行放散操作，这样一来，大量未经净化的煤气将会被直接排放到大气，此时高炉煤气的含尘量一般能够达到 $10 \sim 50 g/m^3$。同时这些煤气中含 CO 23% ~ 24%，CO_2 16% ~ 23%，人在含有 CO 浓度 $500 mg/m^3$ 的环境中只要 20min 就有中毒死亡危险，有剧毒的高炉煤气是毒害人类的重武器，这些 CO 排入大气中虽得到稀释但仍危害人类健康，比 CO_2 温室气体危害要严重得多。

2.2.4.3　无组织排放特征

炼铁工序无组织排放具有如下特征：

（1）产尘点多、排放量大。由于产尘点多，未被收集而逸散的无组织排放量也相对较大。以某企业（粗钢 450 万吨，共 6 个高炉车间）为例，其中一个高炉车间每年约产生 358t 无组织粉尘，其无组织粉尘点及产生量具体见表 2-18。

（2）阵发性强。炼铁过程中，整个加料过程基本是连续的，炉况顺行情况下不停地加料，但焦炭、球团、烧结矿等原料是间歇加入的。同时，出铁时间存在自身周期，出铁过程也是间歇的，导致其无组织排放也具有间歇性或阵发性。此外，出铁场烟气的特点是高温喷射而出，瞬间烟气量大。

（3）涉及 CO 排放。煤气均压放散、高炉焖炉等过程均涉及高炉煤气的排放，煤气中 CO 排入大气中虽得到稀释但仍危害人类健康，比 CO_2 温室气体危害要严重得多。

表 2-18　某企业高炉车间无组织粉尘点及产生量

项目	无组织粉尘点	数量	平均浓度/mg·m⁻³	无组织产生量/t·a⁻¹
场内道路		1	—	0
大棚	车辆进、出厂	2	—	0
	焦炭卸车	1	15	39.42
	装载车给料	6	12	47.304
	仓下皮带受料点	8	35	36.792
转运站 1	落料点	1	6	0.7884
	受料点	2	11	2.8908
转运站 2	落料点	4	7	3.6792
	受料点	4	11	5.7816
转运站 3	落料点	12	7	11.0376
	受料点	12	11	17.3448
槽上布料小车	烧结、球团	16	10	42.048
	焦炭	8	30	63.072
槽下落料	振动筛	16	1.2	2.52288
	筛下受料点	32	1	4.2048
	皮带机头落料	16	0.6	1.26144
转运站 4	落料点	4	3	1.5768
	受料点	4	5	2.628
高炉上料	小车装车	2	35	9.198
高炉渣场	—	2	50	65.7

2.2.5 · 炼钢工序

2.2.5.1　生产工艺流程及产排污节点

炼钢车间铁水预处理，生石灰等原辅料输送、转炉兑铁水、加废钢、出钢过程，以及精炼炉冶炼都会产生含尘烟气。采用电炉炼钢工艺的，在加废钢、冶炼、出钢过程也产生含尘烟气。转炉在吹炼时产生大量含 CO、粉尘的高温烟气，其中 CO 含量较高的部分烟气可作为转炉煤气净化后予以回收利用。炼钢生产工艺流程及排污节点如图 2-42 所示。

2.2.5.2　无组织排放废气来源

炼钢工序最主要的产尘点主要包括原料准备、配料混合、烧结（焙烧）、破碎冷却、成品整粒等，其主要产尘点污染源类型及排放特征详见表 2-19。

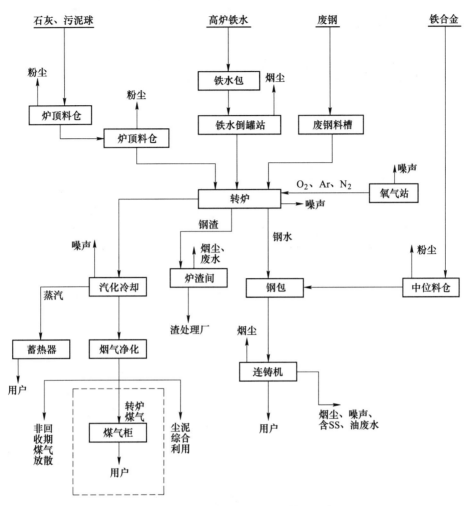

图 2-42 炼钢生产工艺流程及排污节点

表 2-19 炼钢工序废气产污环节及污染物种类

工序	产污环节名称	污染物种类	源型	排放特征
上料	物料输送、上料过程	颗粒物	有组织、无组织	间歇
铁水预处理	铁水倒罐、前扒渣、后扒渣、清罐、预处理过程等	颗粒物	有组织、无组织	间歇
转炉炼钢	吹氧冶炼（一次烟气）	CO、颗粒物、氟化物（主要成分为 CaF_2）	有组织	间歇
	兑铁水、加废钢、加辅料、出渣、出钢等（二次烟气）	颗粒物	有组织、无组织	间歇
电炉炼钢	吹氧冶炼（一次烟气）	颗粒物、CO、NO_x、氟化物（主要成分为 CaF_2）、二噁英、铅、锌等	有组织	间歇
	加废钢、加辅料、兑铁水、出渣、出钢等（二次烟气）		有组织、无组织	间歇

续表 2-19

工序	产污环节名称	污染物种类	源型	排放特征
精炼	钢包精炼炉（LF）、真空循环脱气装置（RH）、真空脱气处理装置（VD）、真空吹氧脱碳装置（VOD）等设施的精炼过程	颗粒物、CO、氟化物（主要成分为 CaF_2）	有组织、无组织	间歇
连铸	中间罐倾翻和修砌、连铸结晶器浇铸及添加保护渣、火焰清理机作业、连铸切割机作业、二冷段铸坯冷却等	颗粒物	有组织、无组织	连续
其他	原辅料输送、地下料仓、上料系统等	颗粒物	有组织、无组织	间歇
	钢包热修、中间罐和钢包烘烤	SO_2、NO_x	无组织	间歇
	钢渣处理	颗粒物	无组织	间歇

炼钢工序无组织排放重点为铁水预处理、炼钢、精炼、连铸系统等环节。

A　原料系统

石灰石、白云石、合金等原辅料的输送、地下料仓、上料系统易产生粉尘无组织排放。另外，石灰窑原料系统筛分、输送、转运过程未被除尘系统收集而导致烟尘逸散，造成无组织排放。

B　铁水预处理

铁水倒罐、前扒渣、后扒渣、清罐、预处理过程一般配有除尘系统，但由于除尘系统设计不合理、收集效果欠佳时往往导致烟尘逸散从而产生无组织排放。其中，混铁炉（倒罐站）烟粉尘主要来自铁水兑入、倒出作业过程中的高温含尘烟气，铁水预处理烟粉尘主要来自铁水脱硫、扒渣等预处理作业中的高温含尘烟气。

C　炼钢

在兑铁水、加废钢、加辅料、出渣、出钢等过程（图 2-43）产生大量烟尘（二次烟气），一般配有除尘系统，但在铁水罐移动过程中，或由于操作节奏不合理等原因会导致烟尘外逸，从而产生无组织排放。

　　　　　　　a　　　　　　　　　　　　　　　　　　b

c d

图 2-43 炼钢过程

a，c—吹炼；b，d—兑铁水

D 精炼、连铸

LF、VD、RH 等精炼炉冶炼过程一般配有除尘系统，但由于除尘系统设计不合理、收集效果欠佳时往往导致烟尘逸散从而产生无组织排放。另外，钢水浇铸过程产生烟气、连铸过程产生少量含湿烟气，多数企业未配套收尘装置导致无组织排放。精炼、大包回转台（浇铸）、连铸火焰切割过程如图 2-44 所示。

E 其他

转炉炼钢车间连铸中间罐倾翻和修砌、连铸结晶器浇注及添加保护渣、火焰清理机作业过程、二冷段铸坯冷却过程，以及中间罐和钢包烘烤过程中会产生烟气，多数企业未配套收尘装置导致无组织排放。钢渣处理多数采用热泼工艺会产生大量含尘水蒸气，不易收

a b

c

图 2-44　精炼炉冶炼过程

a—精炼；b—大包回转台（浇铸）；c—连铸火焰切割

集从而造成无组织排放，在破碎、磁选等过程也会产生少量无组织排放。此外，石灰窑工段成品破碎、装车等过程也易产生粉尘无组织排放。具体工艺过程如图 2-45 所示。

图 2-45　精炼炉冶炼过程

a—钢包热修；b—中间包倾翻；c—钢渣热泼；d—石灰卸料

2.2.5.3　无组织排放特征

炼钢工序无组织排放具有如下特征：

（1）阵发性。由于冶炼具有周期性，因此，其污染的排放也具有阵发性。

（2）源点散，难收集，难处理。炼钢工序除了转炉冶炼、精炼炉冶炼等过程产生的烟气外，尚有许多小的排放源易被忽略，如连铸火焰切割、钢包热修、中间包倾翻、钢包烘烤、钢渣处理等。而这些尘源点收尘装置设计难度大，成为行业的治理难点。例如连铸机大包浇铸涉及回转台360°不间断的旋转交替使用浇钢位，此过程涉及天车频繁上下吊运钢包作业，同时，现场存在高温、钢包交替使用节奏快、现场空间狭小等问题导致治理难度大。

炼钢烟气普遍含尘浓度高、粒度细，同时因含大量 CO，所以毒性大，烟温高也为尾端治理工艺增加了复杂性。

2.2.6　轧钢工序

2.2.6.1　生产工艺流程及产排污节点

轧钢工艺主要包括热轧及冷轧两类工序。

热轧生产工艺流程及排污节点如图 2-46 所示。所产生的废气污染物主要分为两部分：一是加热炉以高炉、焦炉、转炉混合煤气为燃料，燃烧后产生含少量 SO_2、NO_x 等污染物的烟气；二是轧机在轧制过程中产生的粉尘。

典型冷轧（板卷）生产工艺流程及排污节点如图 2-47 所示。主要包括冷轧拉伸矫直、焊接、各机组平整机平整等过程产生粉尘；酸轧机组酸洗槽、废酸再生装置产生酸雾；连续退火机组、热镀锌机组、电镀锌机组等清洗段产生碱雾；冷轧机组轧制产生乳化液油雾；各退火炉燃煤气产生含 SO_2、NO_x 及少量尘的烟气。

2.2.6.2　无组织排放废气来源

轧钢工序最主要的产尘点主要包括热处理炉、轧机、精整等，其主要产尘点污染源类型及排放特征详见表 2-20。

表 2-20　轧钢工序废气产污环节及污染物种类

工序	产污环节名称	污染物种类	源型	排放特征
热轧	热处理炉烟气	颗粒物	有组织	连续
	粗轧、精轧	颗粒物	有组织、无组织	连续
冷轧	拉矫、精整、抛丸、修磨、焊接等	颗粒物	有组织、无组织	连续
	轧机	油雾	有组织	连续
	废酸再生	颗粒物、氯化氢、硝酸雾、氟化物	有组织、无组织	连续
	酸洗	氯化氢、硫酸雾、硝酸雾、氟化物	有组织、无组织	连续
	脱脂	碱雾	有组织、无组织	连续
涂镀	涂镀	铬酸雾	有组织	连续
	彩涂	苯、甲苯、二甲苯、非甲烷总烃	有组织、无组织	连续

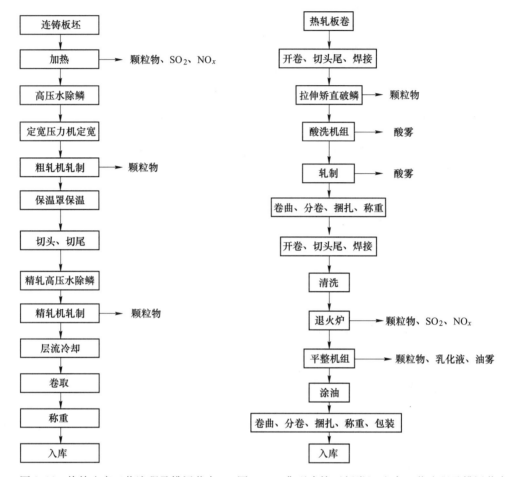

图 2-46　热轧生产工艺流程及排污节点　图 2-47　典型冷轧（板卷）生产工艺流程及排污节点

轧钢工序无组织排放重点为铁水预处理、炼钢、精炼、连铸系统等环节。

A　轧机

轧机在轧制过程中由于轧辊与钢坯挤压、摩擦过程中，钢坯表面的氧化铁粉末随着高温水蒸气向外部扩散的含尘烟气，由于部分轧机未配套污染治理设施，颗粒物以无组织形式排放。

B　精整

拉矫、精整、抛丸、修磨、焊接等过程产生少量含尘烟气，未被除尘系统收集而导致烟尘逸散，造成无组织排放。

C　酸洗、废酸再生

酸洗、废酸再生过程产生硫酸雾、硝酸雾、氟化物等，未被净化设施收集而导致气体逸散，造成无组织排放。

D　彩涂

彩涂钢板生产加工过程会有大量挥发性有机物（VOCs），少量未被净化设施收集而导致气体逸散，造成无组织排放。

2.2.6.3　无组织排放特征

轧钢工序无组织排放量相对较少，其废气特点为高含水量或含油量。

参 考 文 献

[1] 梁宁元. 炼焦［M］. 北京：冶金工业出版社，1982：32.

[2] 李云兰. 焦化生产中废气的来源及危害［J］. 煤炭技术，2004（12）：82-83.

[3] 刘涛，丁敏. 焦化污染科学防治探析［J］. 化工中间体，2015，11（5）：11.

[4] 商铁成，裴贤丰. 焦化污染物排放及治理技术［M］. 北京：中国石化出版社，2016：98.

[5] 李立业，田京雷，黄世平. 焦炉烟气 SO_2 和 NO_x 排放控制［J］. 燃料与化工，2017，48（2）：1-3，8.

[6] 钟英飞. 焦炉加热燃烧时氮氧化物的形成机理及控制［J］. 燃料与化工，2009，40（6）：5-8，12.

[7] 张建社，张合宾. 焦炉复合煤气加热氮氧化物形成模拟研究［J］. 山东化工，2015，44（12）：148-149，152.

[8] Streets D G，Zhang Q，Wang L，et al. Revisiting China's CO Emissions after the Transport and Chemical Evolution over the Pacific（TRACE-P）Mission：Synthesis of Inventories，Atmospheric Modeling，and Observations［J］. Journal of Geophysical Research Atmospheres，2006，111（D14）：306-322.

[9] Zhao B，Ma J Z. Development of an Air Pollutant Emission Inventory for Tianjin［J］. Acta Scientiae Circumstantiae，2008，28（2）：368-375.

[10] 阮志勇. 铁矿烧结烟气氧化氨法协同脱硫脱硝［J］. 中国冶金，2018，28（5）：72.

[11] 刘涛. 推进钢铁烧结氮氧化物科学减排［J］. 中国钢铁业，2014（10）：24.

[12] 纪光辉. 烧结烟气超低排放技术应用及展望［J］. 烧结球团，2018（2）：59.

[13] 史夏逸，董艳苹，崔岩. 烧结烟气脱硝技术分析及比较［J］. 中国冶金，2017，27（8）：56.

[14] 闫武装，谢桂龙，周景伟，等. 低温氧化法用于烧结烟气脱硝的可行性探析［J］. 中国冶金，2018，28（5）：1.

[15] 郭会景. 炼铁厂烧结灰特性对电除尘影响的实验研究［D］. 保定：华北电力大学，2007.

[16] 马秀珍，栾元迪，叶冰. 旋转喷雾半干法烟气脱硫技术的开发和应用［J］. 山东冶金，2012（5）：51-53.

[17] 余志杰，李奇勇，徐海军，等. 三钢 2 号烧结机烟气干法选择性脱硫装置的设计与应用［J］. 烧结球团，2007（6）：15-18.

[18] 朱廷钰，李玉然. 钢铁烧结烟气排放控制技术及工程应用［M］. 北京：冶金工业出版社，2015.

[19] 周英男，闫大海，李丽，等. 烧结机共处置危险废物过程中重金属 Pb、Zn 的挥发特性［J］. 环境科学学报，2015（11）：3769-3774.

[20] Yang X，Zhang L，Jiang D，et al. Exhaust Gas of Iron & Steel Industry and Emission Characteristics of $PM_{2.5}$ and Pollution Control Measures［J］. Journal of Engineering Studies，2013，5（3）：240-251.

[21] Wu X，Zhao L，Zhang Y，et al. Primary Air Pollutant Emissions and Future Prediction of Iron and Steel Industry in China［J］. Aerosol & Air Quality Research，2015，15（4）：1422-1432.

[22] 叶匡吾，冯根生. 我国球团矿的发展及应用——高炉炼铁节能、减排最重要的技术措施［C］// 2010 年全国炼铁生产技术会议暨炼铁学术年会文集（上），2010.

[23] 杜娟，杨晓东，伯鑫. 球团生产及其废气污染控制［J］. 环境工程，2011（5）：80-83.

[24] 杨晓东，张丁辰，刘锟，等．球团替代烧结——铁前节能低碳污染减排的重要途径 [J]．工程研究-跨学科视野中的工程，2017，9 (1)：44-52.

[25] 许满兴，张玉兰．新世纪我国球团矿生产技术现状及发展趋势 [J]．烧结球团，2017 (2)：25～30，37.

[26] 张春霞，齐渊洪，严定鎏，等．中国炼铁系统的节能与环境保护 [J]．钢铁，2006，41 (11)：1-5.

[27] 杨威．高炉热风炉的优化控制 [D]．包头：内蒙古科技大学，2015.

[28] 牛黎涛，李永公．固定床脱硫技术在炼铁高炉热风炉烟气脱硫中的应用研究 [J]．科技经济导刊，2019，27 (29)：101.

[29] 肖俊军．高炉煤气脱硫技术路径与应用研究 [N]．世界金属导报，2020-1-7 (B12) .

[30] 武建龙．大型高炉热风炉工作强度等若干问题的讨论 [C]//中国金属学会、宝钢集团有限公司．第十届中国钢铁年会暨第六届宝钢学术年会论文集Ⅱ．中国金属学会、宝钢集团有限公司，2015：389-394.

[31] 孟凡双．高炉热风炉闷炉的危害性分析 [J]．炼铁技术通讯，2009 (6)：13-14.

[32] 张述明，王立刚，张伟．高炉热风炉烟气余热利用方式研究 [J]．河北冶金，2016 (11)：64-68.

[33] 甄常亮，程翠花，胡金波，等．热风炉余热回收利用技术及装置评述 [J]．冶金能源，2017，36 (3)：47-50.

[34] 康媛．热风炉双预热技术在承钢的应用推广 [C]//河北省冶金学会．2013 年河北省炼铁技术暨学术年会论文集．河北省冶金学会，2013：3.

[35] 梁广，张杰．大型高炉出铁场铁口烟尘捕集方式综述 [J]．钢铁技术，2005 (1)：32-34.

[36] 陈华清．高炉出铁场烟尘治理技术综述 [J]．工业安全与防尘，1995 (1)：17-20.

[37] 胡望明．高炉出铁场除尘技术研究与应用 [J]．重型机械，2001 (6)：22-24.

[38] 朱红兵，倪正，王冠．高炉出铁场除尘系统性能优化技术综述 [J]．风机技术，2016，58 (3)：84-88，98.

[39] 田中伟．高炉出铁场除尘智能控制方案研究 [D]．重庆：重庆大学，2011.

[40] 张汇川．首钢高炉出铁场除尘技术综述 [J]．中国冶金，2005 (2)：12-16，20.

[41] 王旭汗青．高炉出铁场高效集尘罩的数值模拟研究 [D]．武汉：华中科技大学，2014.

[42] 杜成仁．高炉出铁场烟尘捕集方式的探讨 [J]．安徽建筑，2013，20 (1)：162-164.

[43] 孙本中．转炉二次烟气治理 [J]．通风除尘，1996 (3)：34-36.

[44] 安静，薛向欣．高炉-转炉钢铁生产流程环境影响研究 [J]．钢铁，2011，46 (7)：90-94.

[45] 王永忠，宋七棣．电炉炼钢除尘 [M]．北京：冶金工业出版社，2003.

[46] Dutra A J B, Paiva P R P, Tavares L M. Alkaline Leaching of Zinc from Electric Arc Furnace Steel Dust [J]. Minerals Engineering, 2006, 19 (5): 478-485.

[47] 李京社，朱经涛，杨宏博，等．中国电炉炼钢粉尘处理现状 [J]．河南冶金，2011，19 (4)：1-4.

[48] 李建萍，王存政．钢铁行业二噁英减排技术浅析 [J]．四川环境，2014，33 (1)：137-139.

[49] 王国军，朱育德，魏国立．电炉钢与转炉钢成本比较 [J]．甘肃冶金，2019，41 (5)：74-78.

[50] 孙晓宇，唐晓迪，李曼，等．电弧炉炼钢过程的二噁英及抑制措施 [J]．环境与发展，2014，26 (5)：79-82.

[51] 张传秀，倪晓峰．浅淡高炉煤气发电的经济和社会效益 [J]．上海金属，2004 (4)：57-60.

[52] 刘海宁，陆明春．浅谈钢铁公司自备电厂燃气—蒸汽联合循环发电技术 (CCPP) [J]．天津冶金，2007 (5)：56-60.

[53] 徐鸿，骆仲泱，王涛，等．循环流化床电站排放烟尘特性及痕量重金属分析 [J]．环境科学学报，2004 (3)：515-519.

[54] 徐飞，骆仲泱，王鹏，等.440t/h循环流化床锅炉颗粒物排放特性的实验研究[J].中国电机工程学报，2007（29）：7-11.

[55] 刘小伟，徐明厚，于敦喜，等.燃煤过程中氧含量对可吸入颗粒物形成及排放特性影响的研究[J].中国电机工程学报，2006（15）：46-50.

[56] 潘光，李恒庆，卢守舟，等.烟气脱硝技术及在我国的应用[J].中国环境管理干部学院学报，2008（1）：90-93.

[57] 杨延龙.火电厂氮氧化物减排及SCR烟气脱硝技术浅析[J].能源环境保护，2017，31（2）：31-35，39.

[58] 王顶辉.煤粉锅炉燃烧特性及降低氮氧化物生成的技术研究[D].保定：华北电力大学，2014.

[59] 任建兴.350MW电厂锅炉煤-气混烧NO_x、SO_2生成与排放的实验研究[C]//中国动力工程学会.第八届锅炉专业委员会第二次学术交流会议论文集.中国动力工程学会，2005：288-291.

[60] 姚芝茂，邹兰，王宗爽，等.我国中小型燃煤锅炉SO_2排放特征与控制对策[J].中国环境科学，2011，31（S1）：1-5.

[61] 叶江明.燃煤污染物的生成特性研究[J].发电设备，2000（2）：14-17.

[62] 杜玉颖，孙永斌，詹扬，等.燃煤电站超低排放控制技术设计方法与图谱[J].环境工程，2018，36（3）：92-97.

[63] 张知翔，徐党旗，陆军，等.高硫煤机组SO_3迁移规律试验研究[J].热力发电，2020，49（4）：29-32.

[64] 李小龙，周道斌，段玖祥，等.超低排放下燃煤电厂颗粒物排放特征分析研究[J].中国环境监测，2018，34（3）：45-50.

[65] 蒋海涛，蔡兴飞，付玉玲，等.燃煤电厂SO_3形成、危害及控制技术[J].发电设备，2013，27（5）：366-368.

[66] 李高磊.超低排放燃煤电厂SO_3生成及控制的试验研究[C]//中国环境保护产业协会.第十八届中国电除尘学术会议论文集.中国环境保护产业协会，2019：90-99.

[67] 刘含笑，陈招妹，王少权，等.燃煤电厂SO_3排放特征及其脱除技术[J].环境工程学报，2019，13（5）：1128-1138.

[68] 邓双，刘宇，张辰，等.基于实测的燃煤电厂氟排放特征[J].环境科学研究，2014，27（3）：225-231.

[69] 陈世黎，荣鸿敏.燃煤电厂氟污染现状、规律及治理技术[J].电力环境保护，1991（4）：47-51.

[70] Zhao Y，Wang S X，Nielsen C P，et al. Establishment of a Database of Emission Factors for Atmospheric Pollutants from Chinese Coal-fired Power Plants [J]. Atmospheric Environment，2010，44（12）：1515-1523.

[71] 刘驰，李洁，马勇光.机械炼焦过程中废气的无组织排放研究[J].能源与环境，2017（6）：8-9.

[72] 商铁成，裴贤丰.焦化污染物排放及治理技术[M].北京：中国石化出版社，2016：79.

[73] 胡江亮，等.焦化行业VOCs排放特征与控制技术研究进展[J].洁净煤技术，2019，25（6）：24-31.

3 源头-过程减排技术

钢铁行业是以焦化、烧结造块、高炉炼铁、转炉炼钢为主的长流程，从原料准备开始到高炉的炼铁流程担负着60%的能源消耗、70%的吨钢成本、90%的污染物排放总量，每个工序伴随着能源消耗的同时，还伴随着污染物的生成。钢铁行业大气污染物的排放控制主要有三个方向：源头减排、过程控制和末端治理。目前，钢铁行业实现污染物去除最常用也是最实用的手段是末端治理，但随着钢铁行业超低排放标准（PM：$10mg/m^3$，SO_2：$35mg/m^3$，NO_x：$50mg/m^3$）的发布，若钢铁行业污染物单以末端治理为主，会增加污染物治理难度，增大投资和运行成本，而在末端治理中，气体形态污染物变成固液形态，未能有效地资源化利用，大部分处于积存状态，而污染物治理过程中往往会产生新的污染副产物，不能从根本上解决污染的问题，随着治理力度的不断增大，末端治理技术发挥的空间会越来越小，因此仅仅依靠末端治理难以有效、经济地达到超低排放的目的。主要污染物排放种类见表3-1。

表 3-1 钢铁行业主要生产工序的污染物排放种类

生产工序	烧结	球团	热风炉	转炉	精炼炉	电炉
污染物种类	颗粒物、SO_2、NO_x、二噁英	颗粒物、SO_2、NO_x、二噁英	颗粒物、SO_2、NO_x	颗粒物、CO、氟化物	颗粒物	二噁英

面对钢铁行业污染物超低排放标准的不断加严和中国钢铁工业不稳定的市场和经济形势，应该将专注于钢铁行业污染物末端治理的目光转移到全流程治理，从钢铁行业污染物产生的来源和工序入手，在生产制造过程中，减少污染物的生成，把污染物控制在源头生成阶段和过程流通阶段，将"源头治理"和"过程治理"在污染物超低排放治理中的作用发挥到最大，减少大量的环保投资和运行费用，推进钢铁行业绿色制造体系的建成。

目前，国内对于钢铁行业污染物源头-过程减排，主要推进了以下技术的发展和应用：（1）对于焦炉煤气燃烧过程中产生的NO_x，提出了低氮燃烧技术，通过降低最高燃烧温度、缩小高温区、减小燃烧反应区的氧含量、缩短反应产物的停留时间等降低热力型NO_x的生成。（2）对于提高烧结矿产品质量，降低烧结消耗及成本，降低污染物排放，提出了在烧结工序中利用环冷余热锅炉产生的高温蒸汽向料面喷吹后，改善烧结生产工序中各项参数和指标技术。（3）因为高炉炼铁在整个钢铁冶炼流程中是一个关键，针对高炉在正常生产情况下，提出了高炉炉料结构优化技术，降低烧结矿的使用比例，研发高质量球团矿的冶炼集成技术，多使用相对清洁的球团矿和块矿进行高炉冶炼，从而减少污染物的排放。（4）烧结机的烟气排放量占整个钢铁生产的40%，为了进一步减少烧结机废气的排放和污染控制，提出了烧结烟气选择性循环节能减排技术，该技术现已成为烧结机绿色升级改造的主流技术。（5）等离子体技术具有反应速率快、不产生二次污染等特点，在钢铁行业协同脱硫脱硝方面得到了广泛的应用。

3.1 焦炉烟气低氮排放控制技术

焦炭广泛用于高炉炼铁、化铁炉熔铁、铁合金冶炼和有色金属冶炼等，也是生产电石、发生炉煤气及合成化学等领域的原料。炼焦生产中，煤料在焦炉炭化室中隔绝空气加热至 $950 \sim 1050℃$，经过热解、熔融、黏结、固化和收缩等一系列结焦过程制成焦炭，燃气在焦炉燃烧室立火道内燃烧对炭化室干馏过程提供热源，燃烧过程会产生氮氧化物（NO_x），燃烧后的废气经焦炉烟囱排放至大气中，是炼焦行业的 NO_x 的主要释放源。

NO_x 通常多指 NO 和 NO_2 的混合物，大气中的 NO_x 破坏臭氧层，造成酸雨，污染环境。20 世纪 80 代中期，发达国家就视其为有害气体，提出了控制排放标准。目前发达国家控制标准基本上是 NO_x（废气中 O_2 含量折算至 5%时），用焦炉煤气加热的质量浓度（以 NO_x 计）不大于 $500mg/m^3$，用贫煤气（混合煤气）加热的质量浓度不大于 $350mg/m^3$。随着我国经济的快速发展，对焦炉排放 NO_x 的危害也日益重视，2012 年颁布的《炼焦化学工业污染物排放标准》（GB 16171—2012）第一次对炼焦工业提出 NO_x 控制要求。近几年来，随国家政策的实施，各地出台日趋严格的区域法规，个别地区的超低排放甚至要求质量浓度不大于 $100mg/m^3$，就现代炼焦技术的 NO_x 前端控制技术而言，实现的难度超过企业的经济承受能力。

3.1.1 焦炉加热气体燃料特性

供给焦炉加热用的燃料有焦炉煤气、高炉煤气、脱氢焦炉煤气和发生炉煤气等。

3.1.1.1 煤气性质与燃烧

A 煤气组成

煤气组成见表 3-2，热工计算用煤气成分见表 3-3。

表 3-2 几种煤气组成及低发热值

名称		组成（体积分数）/%								低发热值 /kJ·m⁻³
		H_2	CH_4	CO	C_mH_n	CO_2	N_2	O_2	其他	
焦炉煤气		55~60	23~27	5~8	2~4	1.5~3	3~7	0.3~0.8	H_2S，HCN	17000~19000
高炉煤气		1.5~3.0	0.2~0.5	23~27	—	15~19	55~60	0.2~0.4	灰	3200~3800
发生炉煤气	空气煤气	0.5~0.9	—	32~33	—	0.5~1.5	64~66	—	灰	4200~4300
	水煤气	50~55	—	36~38	—	6.0~7.5	1~5	0.2~0.3	H_2S	10300~10500
	混合煤气	14~18	0.6~2.0	25~30	—	4.0~6.5	48~53	0.2~0.3	H_2S，灰	5300~6500

表 3-3　热工计算用煤气组成

名称		组成（体积分数）/%						
		H_2	CH_4	CO	C_mH_n	CO_2	N_2	O_2
焦炉煤气		59.5	25.5	6.0	2.2	2.4	4.0	0.4
高炉煤气	大型	1.5	0.2	26.8		13.9	57.2	0.4
	中型	2.7	0.2	28.0		11.0	57.8	0.3

B　煤气发热值

煤气发热值是指单位体积的煤气完全燃烧所放出的热量（kJ/m³）。发热值有高、低之分。燃烧产物中水蒸气冷凝呈 0℃ 液态水时的发热值称高发热值，燃烧产物中水蒸气呈气态时的发热值称低发热值。在热工设备中，因燃烧后废气温度较高，水蒸气不可能冷凝，所以有实际意义的是低发热值。各种燃料的发热值可用仪器直接测得，煤气的发热值可由组成按加和性计算，即

$$Q_{DW} = 108.4H_2 + 358.4CH_4 + 127.3CO + 711.8C_mH_n \tag{3-1}$$

焦炉煤气可燃组分在标准状态下的热值为：$Q_{\omega(CO)} = 12728kJ/m^3$，$Q_{\omega(H_2)} = 10844kJ/m^3$，$Q_{\omega(CH_4)} = 35840kJ/m^3$，$Q_{\omega(C_mH_n)} = 66000kJ/m^3$。

由此，平均含有 6% 的 CO，58% 的 H_2，25% 的 CH_4 和 2.2% 的 C_mH_n 以及含 2.2% CO_2 和 6.0% N_2 的焦炉煤气热值为 17463kJ/m³。

C　煤气密度

单位体积煤气的质量，称为煤气密度（kg/m³），也可按加和法计算，即标准状态下：

$$\rho_0 = \frac{44CO_2 + 28CO + 16CH_4 + 32O_2 + 32.6C_mH_n + 28N_2 + 2H_2}{22.4 \times 100} \tag{3-2}$$

按表 3-3 中的组成，可计算出焦炉煤气、高炉煤气（大型）、高炉煤气（中型）的密度分别为 0.451kg/m³、1.331kg/m³、1.297kg/m³。

3.1.1.2　煤气的加热特性

A　焦炉煤气

焦炉煤气作为炼焦过程产物，净化脱除其中的焦油、氨、苯和硫化氢后用作焦炉加热，可燃成分浓度大，发热值高，理论燃烧温度达 1800~2000℃，着火温度是 600~650℃。由于 H_2 占 1/2 以上，故燃烧速度快、火焰短，煤气和废气的密度低，分别约为 0.454kg/m³ 和 1.21kg/m³（$\alpha = 1.25$）；因 CH_4 占 1/4 以上，而且含有 C_mH_n，故火焰明亮，辐射能力强。焦炉煤气燃烧时，需要的空间小，而且火焰区在烧嘴附近。在燃烧空间内热量分布不易均匀，温度梯度大。在燃烧火焰区，由于废气温度高，含辐射气体（CO_2 和 H_2O）多，给出的热量很强烈，但随着废气温度的降低，热量迅速减少。此外，用焦炉煤气加热时，加热系统阻力小，炼焦耗热量低，增减煤气流量时，焦炉燃烧室温度变化比较灵敏。焦炉煤气在净化回收后还残存萘、焦油、氨、氰化物、硫化物等成分。

在标准状况下，根据焦炉煤气的组成，其热值波动在 16750~18000kJ/m³。热值可以用热值仪直接测定或者根据煤气组成及各成分的热值进行计算。焦炉煤气的密度波动在 0.4~0.6kg/m³ 之间，未经预热的焦炉煤气在未预热的空气中的量热燃烧温度，当 $n = 1$ 时

为 2109℃，当 $n = 1.2$ 时为 1835℃。

B 高炉煤气

高炉煤气是炼铁过程的副产物，不可燃成分约占 70%，发热值低，理论燃烧温度低，为 1400~1500℃，着火温度大于 700℃。煤气中可燃成分主要是 CO，且不到 30%，故燃烧速度慢、火焰长，高向加热均匀，可适当降低燃烧室温度。用高炉煤气加热时，由于废气和煤气密度较高，约分别为 1.4kg/m³（$\alpha = 1.25$）和 1.3kg/m³，废气量也多，故耗热量高，加热系统阻力大，约为焦炉煤气加热时的 2 倍以上。使用高炉煤气时，必须经蓄热室预热至 1000℃以上，才能满足燃烧室温度的要求，故要求炉体严密，以防煤气在燃烧室以下部位燃烧。由于高炉煤气中含 CO 多，毒性大，故要求管道和设备严密，交换开闭器、小烟道和蓄热室部位在上升气流时也要保持负压。

高炉荒煤气中的含尘量为 25~80g/m³，湿度（标准状态）在 50~80g/m³ 之间。高炉煤气要经多级净化处理，经初步除尘后，含尘量减少至约 6g/m³，在最终除尘后，含尘量降至 0.01~0.02g/m³。高炉煤气的含尘量非常重要，所含灰尘会沉积在焦炉蓄热室内，增大加热系统阻力，另外也会妨碍加热系统（废气开闭器）的正常动作。例如，闸板和盖关闭不严，从而增加爆炸危险，在用含尘量大于 1.5g/m³ 的高炉煤气加热焦炉时，还必须对蓄热室格子砖进行定期吹扫或更换，这样必然会使砌体降温，使砌体状况恶化。

煤气的温度也有重要作用。因为煤气温度越高，煤气中水蒸气含量也越大（这和煤气的蒸汽饱和度成正比），煤气的热值就下降，用于加热焦炉的高炉煤气温度不宜超过 35℃。

由于高炉煤气惰性物质含量高（$CO_2 + N_2 = 63\% \sim 70\%$），所以高炉煤气热值低，在标准状态下只有 3600~4600kJ/m³。高炉煤气的燃烧温度也低（约 1400℃），故在燃烧之前应对空气和煤气进行预热。

高炉煤气燃烧时要求的空气量不大，每 1m³ 高炉煤气只需要不到 1m³ 空气。高炉煤气主要的可燃组分是一氧化碳（CO），它在空气中的着火温度较高（约 650℃），因此，高炉煤气点燃困难，并且火焰远离灯头出口。火焰沿灯头中心线上的温度几乎是不变的。在燃烧空间内，热量分布均匀，温度梯度小。高炉煤气燃烧时的火焰不发光。

在用高炉煤气加热焦炉时，由于废气热损失要大 16%，炼焦的单位热耗比用焦炉煤气加热时高 10%，为了改善用低热值高炉煤气加热焦炉的条件或者在焦炉技术状况不好时，可以往高炉煤气中掺混 5%~10% 的焦炉煤气。

3.1.1.3 煤气燃烧

在工业条件下，燃烧是通过由燃烧区域的煤气热层往较冷层传递热量的途径获得扩展。火焰的扩展速度，即在煤气和空气均匀混合物中的煤气着火速度首先取决于燃烧时的空气富裕量、煤气的预热温度、压力和成分，以及煤气热值和热性能。例如，焦炉煤气各个成分在以理论空气量燃烧时的正常着火速度分别为：CO 为 0.30m/s，H_2 为 1.60m/s，CH_4 为 0.28m/s，C_2H_4 为 0.50m/s，煤气的着火速度决定单位时间内被烧煤气的数量，即燃烧过程的强度以及燃烧炉体积的热负荷。

煤气燃烧过程可以分为预先加热到着火温度的煤气、空气混合和煤气本身燃烧两个阶段。在混合过程中又可以分为能保证所要求煤气整体组成的宏观混合以及能保证煤气可燃成分的分子与氧分子直接接触的分子混合（或称之煤气扩散）。空气过剩系数和废气循环量直接影响扩散过程。

　　真正燃烧本身，即空气中的氧和加热煤气可燃成分分子相结合的化学反应，发生在千分之几秒的时间里。在加热煤气和空气进行预热的情况下，或者甚至仅预热空气时，煤气成分加热到着火温度的时间也非常短暂。因此，决定燃烧过程时间的基本因素是煤气和空气相互混合（扩散）的速度。由于氢气的扩散速度很大，这就使焦炉煤气很容易燃烧。扩散速度越小，煤气的燃烧时间越长。

　　如果说在工业燃烧炉内一般都要通过选择最佳的煤气和空气混合条件来强化燃烧过程的话，那么在焦炉上就有必要对煤气和空气创造一个缓慢的混合条件，也就是要尽量拉长立火道中的火焰长度，以便保证高向加热均匀。

　　A　燃烧方式

　　根据煤气和空气的混合情况，煤气燃烧有两种方式，即动力燃烧和扩散燃烧。动力燃烧是煤气和空气在进入燃烧室前先均匀混合，然后再着火燃烧的方法，其燃烧速度取决于化学动力学因素（化学反应速度），故称动力燃烧，也叫无焰燃烧。扩散燃烧是煤气和空气分别送入燃烧室后，依靠对流扩散和分子扩散作用，边混合、边燃烧的方法，其燃烧速度取决于可燃物分子和空气分子相互接触的物理过程，这种方法也叫有焰燃烧。焦炉立火道内煤气的燃烧属于扩散燃烧。

　　B　燃烧极限

　　可燃气体与空气或氧所组成的混合物，只有可燃气体在一定浓度范围内和在着火温度下才能进行稳定的燃烧，这种极限浓度称为燃烧极限。当低于下限或高于上限浓度时，均不能着火燃烧。可燃气体的燃烧极限随混合物的温度和压力增加而加宽，同时，可燃气体与氧的混合物比与空气的混合物燃烧极限要宽得多。表 3-4 列举了某些可燃气体在常压下的燃烧极限。

表 3-4　空气可燃气混合物在常压下的燃烧极限

可燃气体	H_2	CO	CH_4	C_2H_6	C_6H_6	焦炉煤气	高炉煤气	发生炉煤气
燃烧极限/%	9.5~65.2	15.6~70.9	6.3~11.9	4.0~14.0	1.41~6.75	6.0~30.0	46.0~68.0	20.7~73.7

　　C　着火温度

　　可燃混合气体在适当的温度、压力下靠本身化学反应自发着火的最低温度叫着火温度，它与可燃混合气体的成分、燃烧系统压力、燃烧室结构等有关，可由实验测定。几种可燃气的着火温度见表 3-5（因实验方法不同，各资料所列数据有差异）。

表 3-5　几种可燃气体在标准状态下的着火温度

名称	H_2	CO	CH_4	C_2H_4	C_6H_6	焦炉煤气	高炉煤气	发生炉空气煤气
着火温度/℃	580~590	644~658	650~670	542~547	740	600~650	>700	640~680

　　D　煤气爆炸

　　爆炸就其本质而言，与燃烧基本一致，不同点在于：燃烧是稳定的连锁反应，在必要的浓度极限条件下，主要依靠温度的提高，使反应加速；而爆炸是不稳定的连锁反应，在必要的浓度极限条件下，主要依靠压力的提高，使活性分子浓度急剧提高而加速反应。可燃气体的爆炸极限介于燃烧极限之间。

焦炉煤气、氢气的爆炸下限很低，故管道、管件、设备不严时，漏入空气中，遇到火源，就容易着火爆炸。相反，高炉煤气、发生炉煤气、氢气和一氧化碳爆炸上限较高，当管道、设备不严并出现负压时，容易吸入空气形成爆炸性可燃混合物。此外，当管道内煤气低压或流量过低时，也易产生回火爆炸。对于这些，均应采取适当措施，预防事故发生。

3.1.1.4　燃烧计算

以煤气燃烧时的化学反应为基础，通过物料平衡和热量平衡计算燃烧所需空气量、生成的废气量及燃烧所能达到的温度，为了使燃烧完全，必须有一定的空气过剩量。

A　空气系数

为了保证燃料完全燃烧，实际供给的空气量必须多于理论所需空气量，两者之比叫空气系数 α，计算公式如下：

$$\alpha = \frac{实际空气量(L_{实})}{理论空气量(L_{理})} \tag{3-3}$$

α 的选择对焦炉加热十分重要，α 不足，煤气燃烧不完全，可燃成分随废气排出；α 过大，废气量大，废气带走的热量也增多。故 α 不足和过大均会增加煤气耗量，同时 α 值还对高向加热均匀性也有影响，一般地，烧焦炉煤气时，$\alpha = 1.20 \sim 1.25$；烧高炉煤气时，$\alpha = 1.15 \sim 1.20$。

α 值通过废气分析，可按下式计算：

$$\alpha = 1 + K \times \frac{O_2 - 0.5CO}{CO_2 + CO} \tag{3-4}$$

$$K = V_{CO_2}/O_{2理} \tag{3-5}$$

式中　O_2，CO，CO_2——干废气中各成分体积含量，%；

　　　V_{CO_2}——1m³ 煤气完全燃烧时，按理论计算所生成 CO_2 体积，m³/m³；

　　　$O_{2理}$——燃烧 1m³ 煤气理论上需要的氧气量，m³/m³。

K 值是随煤气组成而改变的，一般焦炉煤气 $K = 0.43$，高炉煤气 $K = 2.5$，如果煤气成分波动较大，应按煤气成分重新计算 K 值。

B　空气需要量和废气生成量的计算

a　空气量的计算

1m³ 干煤气燃烧理论需氧量（O_2 型）按下式计算：

$$O_{2理} = 0.01(0.5H_2 + 0.5CO + 2CH_4 + 3C_2H_4 + 7.5C_6H_6 - O_2) \tag{3-6}$$

式中　H_2，CO，CH_4——煤气中该成分的体积含量，%。

理论空气量 $L_{理}$ 为

$$L_{理} = \frac{100}{21}O_{2理} \tag{3-7}$$

实际干空气量 $L_{实(干)}$ 为

$$L_{实(干)} = \alpha L_{理} \tag{3-8}$$

实际湿空气量 $L_{实(湿)}$ 为

$$L_{实(湿)} = L_{实(干)}\left[1 + (H_2O)_{空}\right] \qquad (3-9)$$

式中 $(H_2O)_{空}$——以干空气为基准计算的含水汽量，m^3/m^3 干空气。

b 废气量和废气组成的计算

$1m^3$ 干煤气完全燃烧时，废气中仅含 CO_2、H_2O、N_2 和过剩空气带入的 O_2，故废气中各成分的体积为

$$V_{CO_2} = 0.01(CO_2 + CO + CH_4 + 2C_2H_4 + 6C_6H_6) \qquad (3-10)$$

$$V_{H_2O} = 0.01\left[H_2 + 2CH_4 + 2C_2H_4 + 3C_6H_6 + (H_2O)_{煤} + L_{实(干)}(H_2O)_{空}\right] \qquad (3-11)$$

$$V_{N_2} = 0.01N_2 + 0.79L_{实(干)} \qquad (3-12)$$

$$V_{O_2} = 0.21L_{实(干)} - O_{2理} \qquad (3-13)$$

式中 $(H_2O)_{煤}$——$1m^3$ 煤气所含水汽量。

故 $1m^3$ 煤气燃烧生成废气量为

$$V = V_{CO_2} + V_{H_2O} + V_{N_2} + V_{O_2} \qquad (3-14)$$

废气中各组分的体积除以废气量，即得废气组成。

C 燃烧物料衡算

根据煤气中各可燃成分与氧的化学反应式可以计算煤气完全燃烧时需要的理论空气量和燃烧产物量，再按空气系数可得到实际空气量和废气组成。上述燃烧物料衡算可列出相应的燃烧计算表（表3-6）。

表 3-6 燃烧计算表（以 $100m^3$ 干煤气为计算基准）

组成	含量（体积分数）/%	反应式	理论耗氧量		V_{CO_2}/m^3	V_{H_2O}/m^3	V_{N_2}/m^3	V_{O_2}/m^3	V/m^3
			m^3/m^3 煤气	m^3					
CO_2	2.40				2.40				
O_2	0.40			−0.40					
CO	6.00	$CO + \frac{1}{2}O_2 = CO_2$	0.5	3.0	6.00				
CH_4	25.50	$CH_4 + 2O_2 = CO_2 + 2H_2O$	2	51	25.50	51.0			
C_mH_n	2.20× 0.8×0.2	$C_2H_4 + 3O_2 = 2CO_2 + 2H_2O$	3	5.28	3.52	3.52			
		$C_6H_6 + 7.5O_2 = 6CO_2 + 3H_2O$	7.5	3.30	2.64	1.32			
H_2	59.50	$H_2 + \frac{1}{2}O_2 = H_2O$	0.5	29.75		59.50			
N_2	4.00						4.0		
H_2O						2.35			
煤气燃烧所需理论氧量和燃烧产物量			91.93		40.06	117.69	4.0		
实际空气量（干）和带入的水汽、氧、氮		$L_{实(干)} = \alpha L_{理} = \alpha O_{理}\dfrac{100}{21}$	1.25× 91.93× $\dfrac{100}{21}=$ 547.3				547.3× 0.0235× 0.6 = 7.72	547.3× 0.79 = 432.37	547.3× 0.21− 91.93= 23.0

组成	含量（体积分数）/%	反应式	理论耗氧量		V_{CO_2}/m^3	V_{H_2O}/m^3	V_{N_2}/m^3	V_{O_2}/m^3	V/m^3
			m^3/m^3 煤气	m^3					
废气中各成分量/m³					40.06	125.41	436.37	23.0	624.84
废气组成（体积分数）/%					6.41	20.06	69.85	3.68	100.0

注：$C_m H_n$ 以 80% C_2H_4 和 20% C_6H_6 计算，煤气饱和温度为 20℃，入炉空气温度为 20℃，相对湿度为 0.6，空气系数 $\alpha = 1.25$。

D 燃烧温度——燃烧的热平衡

燃料燃烧时产生的热量用于加热燃烧产物（废气），使其达到的温度叫燃料的燃烧温度，该温度的高低取决于燃料的组成、空气系数、气体燃料和空气的预热程度及热量向周围介质传递的情况等多种因素。

a 实际燃烧温度

煤气燃烧时产生的热量，除掉废气中 CO_2 和 H_2O 部分离解所吸收的热量和传给周围介质的热量后，存余部分用来使废气升高温度，此时的温度称实际燃烧温度。按 $1 m^3$ 煤气燃烧时的热平衡可得下述计算式：

$$t_{实} = \frac{Q_低 + Q_煤 + Q_空 - Q_效 - Q_损 - Q_{CO} - Q_分}{VC_废} \tag{3-15}$$

式中　$Q_低, Q_煤$——煤气低发热量及物理热（显热），kJ/m^3；

$\quad\quad Q_空$——空气的物理热，kJ/m^3；

$\quad\quad Q_效$——传给炉墙的热量，kJ/m^3；

$\quad\quad Q_损$——通过炉墙散失于周围空气的热量，kJ/m^3；

$\quad\quad Q_{CO}$——煤气不完全燃烧的热损失，kJ/m^3；

$\quad\quad Q_分$——废气中 CO_2、H_2O 部分离解时所消耗的热量，kJ/m^3；

$\quad\quad V$——燃烧 $1 m^3$ 煤气所产生的废气量，m^3；

$\quad\quad C_废$——废气在 $t_废$ 时的比热容，$kJ/(m^3 \cdot ℃)$。

实际燃烧温度为炉内实际废气温度，它不仅与燃料性质有关，还与燃烧条件、炉体结构、材质、煤料性质、结焦过程等因素有关，因此很难从理论上精确计算。

b 理论燃烧温度

为比较燃料在燃烧温度方面的特征，假设：（1）煤气完全燃烧，即 $Q_{CO}=0$；（2）废气不向周围介质传热，即 $Q_效 = Q_损 = 0$，这种条件下煤气燃烧使废气达到的温度叫理论燃烧温度 $t_理$。

$$t_理 = \frac{Q_低 + Q_煤 + Q_空 - Q_分}{VC_废} \tag{3-16}$$

由式（3-16）可知，$t_理$ 仅与燃料性质和燃烧条件有关，因此它是燃料燃烧的重要特征指标之一，可用计算方法求得。

c 热值燃烧温度

若式（3-16）中 $Q_分$ 也为零，即所有的热量全部用于提高废气温度，则此时废气所达到的温度称热值燃烧温度 $t_热$。

$$t_热 = \frac{Q_低 + Q_煤 - Q_分}{VC_废}$$

 (3-17)

$t_理$、$t_热$ 实际上是达不到的。一般 $t_热$ 比 $t_理$ 高 200~300℃，$t_理$ 比 $t_实$ 高 250~400℃。从公式得知，在相当的 $Q_煤$、$Q_空$ 条件下，$Q_低$ 越小，V 越大，燃烧温度就越低，因此，用高炉煤气加热时，若煤气不预热，就难以达到焦炉所需的燃烧温度。

3.1.2 炼焦过程的热工特点

3.1.2.1 焦炉的传热过程

焦炉加热系统结构复杂，传热以如下方式进行：加热煤气在燃烧室火道中燃烧。燃烧废气的热量通过辐射和对流的途径传送给立火道内墙。然后，由立火道内墙面所得到的热量，靠炉墙的导热性能，通过具有导热能力的炉墙传递给炭化室内的煤料。这样，热量由废气传至导热墙，再由导热墙传至煤料。出炭化室炉墙到煤料，热量开始时靠与炉墙接触的煤层的导热性能传递，然后当煤料收缩之后主要通过辐射传递，所以在焦炉中传热是以三种方式即传导、对流和辐射同时进行的。

热传导是通过热的分子与其相邻的较冷的分子直接接触来传递热量实现的，传导可分为稳定热传导（当热流稳定时）和不稳定热传导（当热流不稳定时），当物体每一点上的温度任何时候都不变时，形成稳定热流流动；假如在物体所有各点上或某些点上的温度随时间变化而变化时，这种热流流动称作不稳定流动。

对流最经常发生在运动中的流体分子从固体取得热量再传递到周围自由空间的其他地方。流体流动得越快，对流传热也越剧烈，因为流体流动得越快，流体分子接触热的或者加热体的表面也越快。通过对流所传递的热量多少也和气体或液体流动的通道大小有关。

辐射借助电磁波进行能量（热）传送。这是唯一不用导热体也不用传热体的换热方式。热辐射源可以是固体也可以是气体。在加热煤气（焦炉煤气、高炉煤气）的燃烧产物中，只有 CO_2 和水蒸气，作为三原子气体，具有热辐射的能力。双原子气体 O_2 和 N_2 不能辐射热量，因为它们不能吸收和释放热射线；这些组分的热量只能通过对流进行传递。

碳氢化合物具有较大的辐射能力，碳氢化合物的相对分子质量越大，它的辐射能力也越大。然而，由于碳氢化合物要被燃烧，生成 CO_2 和 H_2O，因此，碳氢化合物在辐射中占的份额是比较少的。含有灼热固体颗粒（例如石墨）的发光火焰，具有很强的辐射能力，某些时候，它的辐射能力要比煤气所含成分的有关辐射计算结果大几倍。

焦炉蓄热室内，在第一周期，热废气将热量传给蓄热室的格子砖；而在第二周期，格子砖将储存的热量传给流过的介质（空气或贫煤气），热交换通过辐射和对流方式进行。

3.1.2.2 煤料加热过程动力学

焦炉上每个燃烧室在炼焦过程的每一时刻都在同时加热相邻的两个炭化室中的煤料。这些炭化室中的煤料处于炼焦过程的不同阶段，需要不同的热量。由于焦炉结构的原因，在现代焦炉中要满足这一条件是不可能的。为此，给燃烧室提供的热量在一定时间内是固定的，而由燃烧室传递给煤料的热量则根据换热的物理定律，一方面在废气流和炉墙之间，另一方面在炉墙与炭化室中的煤料之间进行。

无论是炉墙，还是煤料，都有一定的质量，决定它们的热容和导热性能。正是这些参数决定加热过程的动力学。

炭化室炉墙温度和热容在煤料加热过程中是变化的。给燃烧室提供的热量总是一定的，但传给煤料的热量是不同的，在结焦末期，由于炉墙和焦炭的温度接近，这样，传出的热量减少，因而炉墙储存的热量增加，炉墙平均温度上升。

在炭化室装入新煤之后，炭化室墙面温度迅速下降。下降值的大小取决于入炉煤料性质，首先取决于其水分。

煤的导热性和导温系数要比半焦小一些，特别是要比焦炭小。对于热流而言，从炭化室墙算起，煤层从湿煤、干煤和塑性状态，便构成一种特殊的热屏障。因此，紧靠炭化室墙的煤层温度迅速升高，向塑性状态转变，而后向半焦转变则缓慢地、一层层地进行。这样，焦炭和半焦一方面可以看成是隔热层，另一方面可看作是被加热层。

在煤料转变成塑性状态之前，从煤中分离出来的水蒸气和煤气导向煤料内层，把热量传递给内层，使其加热。这种传热方式可以给煤料的低导热能力予以补充，并且能使煤料中心在炼焦初期的温度保持在100℃左右。从处于塑性状态的煤料以及从半焦和焦炭热解产生的煤气和蒸汽则通向炭化室墙，并在沿炉墙上升的同时被加热。由于煤气和蒸汽的比热容比较大，要从炉墙吸收较多的热量，这样就会使煤料的开始加热期延长1~2h。

在结焦末期，当焦炭裂缝形成且炭化室墙温升高之后，焦饼加热速度因炉墙热辐射的加剧将大大提高。

炼焦时火道内温度的变化，取决于煤气在立火道中燃烧的周期性及推焦顺序，也就是取决于位于该燃烧室左右两侧炭化室里煤料结焦的状况。

炭化室墙面温度及其在炼焦过程中的变化对焦炭、煤气和回收产品的质量具有重要影响。

在火道温度相对稳定的情况下，炭化室墙面温度由传入炭化室的变化着的热量和正在结焦的煤料的导热能力所决定。

炼焦时传入炭化室的热流的变化可以用1h内由炉墙传给不同结焦期的煤料的平均热量比例来说明：

炼焦阶段/h　　0~4　　4~8　　8~12　　12~17
相对热量　　　1.43　　0.96　　0.88　　0.77

这时，传给煤料的平均热流为5152W/m²，传给导热炉墙的平均热流为5812W/m²。

3.1.3 炼焦过程 NO_x 的生成机理

煤气在焦炉燃烧室立火道内燃烧的过程中产生 NO_x。文献研究表明：在燃烧生成的 NO_x 中，NO 占95%，NO_2 为5%左右，在大气中 NO 缓慢转化为 NO_2，故在探讨 NO_x 形成机理时，主要研究 NO 的形成机理。焦炉燃烧过程中，生成 NO_x 的形成机理有3种类型：一是温度热力型 NO；二是碳氢燃料快速型 NO；三是含 N 组分燃料型 NO。也有资料将前两种合称温度型 NO，燃烧过程中 NO_x 的形成路径见图3-1。

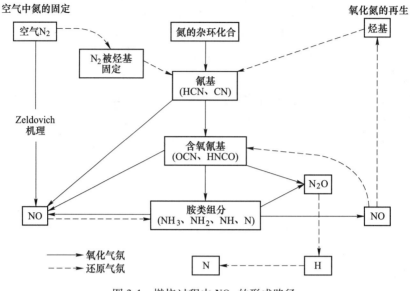

图 3-1　燃烧过程中 NO_x 的形成路径

3.1.3.1　温度热力型 NO 形成机理

A　NO 生成量与温度的关系

燃烧过程中空气带入的氮被氧化为 NO，在高温下产生 NO 和 NO_2 的两个重要反应是

$$N_2 + O_2 \rightleftharpoons 2NO \tag{3-18}$$

$$NO + \frac{1}{2}O_2 \rightleftharpoons NO_2 \tag{3-19}$$

上述反应是可逆的，温度和反应物化学组成影响反应平衡。对于反应（3-18），平衡常数可参考表 3-7 和表 3-8。由表可见，当温度低于 1000K 时，NO 分压很低，即 NO 的平衡常数非常小。在 1000K 以上，将会形成大量的 NO。表 3-8 列出了两种平衡情况下 NO 的理论值。

表 3-7　O_2 和 N_2 生成 NO 的平衡常数

$N_2+O_2 \rightarrow 2NO$	T/K	K_p
	300	10^{-30}
	1000	7.5×10^9
	1200	2.8×10^7
$K_p = \dfrac{(p_{NO})^2}{p_{O_2} p_{N_2}}$	1500	1.1×10^5
	2000	4.0×10^4
	2500	3.5×10^3

表 3-8 温度和 N_2/O_2 初始浓度比对 NO 平衡常数浓度的影响

T/K	NO 平衡浓度	
	$N_2/O_2 = 4$	$N_2/O_2 = 40$
1200	210×10^{-6}	80×10^{-6}
1500	1300×10^{-6}	500×10^{-6}
1800	4400×10^{-6}	1650×10^{-6}
2000	8000×10^{-6}	1950×10^{-6}
2200	13100×10^{-6}	4800×10^{-6}
2400	19800×10^{-6}	7000×10^{-6}

这些数值仅是实际情况的近似值，因为忽略了烟气中的 CO_2 和水蒸气的存在。不同工况下的这些数据表明：平衡时 NO 浓度随温度升高而迅速增加。

B NO 与 NO_2 之间的转化

反应（3-19）的平衡常数 K_p 见表 3-9 和表 3-10。在实际燃烧过程中，反应（3-18）和反应（3-19）同时发生。对于 NO_2 的形成，K_p 随温度升高而减少，因此低温时有利于 NO_2 的形成。在较高温度下 NO_2 分解为 NO，当温度高于 1000K 时，NO_2 生成量比 NO 低得多。

热力学数据表明：

（1）在室温条件下，几乎没有 NO 和 NO_2 生成，并且所有 NO 转化为 NO_2；

（2）在 800K 左右，NO 和 NO_2 生成量很小，但 NO 生成量已超过 NO_2；

（3）在常规燃烧温度（>1500K），有大量 NO 的生成，NO_2 的量微不足道。

表 3-9 NO 氧化为 NO_2 反应的平衡常数

$NO + \frac{1}{2}O_2 \rightarrow NO_2$	T/K	K_p
	300	10^6
	500	1.2×10^2
$K_p = \dfrac{p_{NO_2}}{p_{NO}p_{O_2}}$	1000	1.1×10^{-1}
	1500	1.1×10^{-2}
	2000	3.5×10^{-3}

表 3-10 同步反应 $N_2 + O_2 \rightarrow NO$ 和 $NO + O_2 \rightarrow NO_2$ 在不同温度下 NO 和 NO_2 的平衡组成

T/K	NO	NO_2
300	1.1×10^{-16}	3.3×10^{-11}
800	0.77×10^{-6}	0.11×10^{-6}
1400	250×10^{-6}	0.87×10^{-6}
1873	2000×10^{-6}	1.8×10^{-6}

注：烟气初始组成为 O_2 3.3%，N_2 76%。

C 烟气冷却对 NO 和 NO_2 平衡的影响

所有烟气最终都要被冷却。理论上讲，温度降低将改变 NO 和 NO_2 的平衡组成。烟气冷却过程中若有过剩氧存在，NO 向 NO_2 转化是可能的。根据热力学计算，冷却后烟气中 NO_x 将以 NO_2 形式存在，实际上并非如此，大部分燃烧过程排出的尾气中 $90 \sim 95\%$ 的 NO_x 仍然以 NO 形式存在。

从热力学上讲，烟气温度降低后 NO 是不稳定的，然而 NO 分解为 N_2 和 O_2 的反应，以及 NO 与 O_2 形成 NO_2 的反应，在动力学上都受到限制。当温度降低到 1550K 以下时，这些反应速率非常缓慢，尾气中各种 NO_x 的浓度基本上"冻结"在高温下它们形成时的浓度。因此，高温下形成的 NO_x 将以 NO 形式排入大气环境。NO 转化为 NO_2 的氧化反应将主要发生在大气环境中，所需要的时间由反应动力学支配。由于 NO 分解为 N_2 和 O_2 的反应具有较高反应活化能（约 375kJ/mol），限制了反应速率。因此，高温下形成的 NO 在低温下将氧化为 NO_2，而不是分解。

在燃烧过程中生成 NO 的化学反应过程的认识在 20 世纪 60 年代中期以来已经取得显著进展。现在广泛采用的基本模式源于泽利多维奇及其合作者的工作。

3.1.3.2　碳氢燃料快速型 NO 形成机理及控制

快速型 NO 是碳氢系燃料在 α 为 $0.7 \sim 0.8$，并用于混合燃烧所生成的，其生成区不在火焰下游，而是在火焰内部。快速型 NO 是碳氢类燃料燃烧，且燃料过浓时所特有的现象。快速型 NO 生成机理至今没有得出明确结论。有人认为快速型 NO 生成过程是碳氢燃料，首先与 N_2 反应生成中间产物 N、CH、HCN 等，然后再与 O、OH、O_2 等反应生成 NO。

$$HCN + O \Longrightarrow NCO + H \tag{3-20}$$

$$HCN + OH \Longrightarrow NCO + H_2 \tag{3-21}$$

$$CN + O_2 \Longrightarrow NCO + O \tag{3-22}$$

$$NCO + O \Longrightarrow NO + CO \tag{3-23}$$

HCN 是重要的中间产物，90% 的快速 NO 是经过 HCN 产生的。从前述温度热力型 NO 生成机理可知，要使空气中的氧离解成原子状态，需要很大的活化能，而要在火焰下游燃烧高温区才能实现。因而快速型 NO 生成量在焦炉燃烧过程中不可能大。

在焦炉中，快速型 NO 的产生最有可能是用焦炉煤气加热时，由于焦炉煤气中含有 CH_4 以及 C_mH_n 等，而在它们离解时有可能形成局部燃料过浓，从而形成少量的 NO。

3.1.3.3　含氮组分燃料型 NO 形成机理

燃气中含 NH_3、HCN、吡啶、喹啉等含氮组分时，这些化合物中的氮在燃烧过程中首先在火焰中（而不是像热力型 NO 是在火焰下游）转化为 HCN（所以要特别注意燃料中的含 HCN 量），然后转化为 NH 或 NH_2。NH 和 NH_2 能与氧反应生成 $NO+H_2O$，反应式如下：

$$NH_2 + O_2 \Longrightarrow NO + H_2O \tag{3-24}$$

或者与 NO 反应生成 N_2+H_2O。在火焰中，燃料氮转化为 NO 的比例依赖于 NO/O_2 之比，当 α 小于 0.7 时，几乎没有燃料型 NO 的生成。

试验表明，燃烧过程中，燃料中的氮组分有 $20\% \sim 80\%$ 转化为 NO。如燃烧过程中氧量不足（$\alpha<1$），已形成的 NO 可部分还原成 N_2，使废气中的 NO 含量降低。焦炉加热用的焦炉煤气是经过净化的，净化前的荒煤气中的含氮组分，大体 NH_3 含量为 $7g/m^3$，HCN 含量为 $1.5g/m^3$。此外，还含有喹啉和吡啶等。荒煤气经过净化后，一般含 NH_3 不大于

$0.03g/m^3$、HCN $0.15\sim0.25g/m^3$。以生产 1t 焦炭为例，加热需焦炉煤气 $190m^3$，焦炉煤气中含 NH_3、HCN 分别按 $0.03g/m^3$、$0.20g/m^3$ 计，再考虑少量喹啉、吡啶等含氮化合物，并皆以 HCN 形态，共计为 $0.3g/m^3$，则加热焦炉煤气带入的含氮组分为 $190\times0.3=57g$，HCN 转化为 NO，重量发生变化，则 $57\times(NO/HCN)=57\times1.1=63g$，若转化率按 80%（最大转化率）计，则 NO 生成量为 $63\times0.8=50.4g=50400mg$，而 $190m^2$ 焦炉煤气燃烧生成废气约为 $1000m^3$，则废气中的 NO 浓度为 $50400/1000=50mg/m^3$。即对焦炉来说，用焦炉煤气加热，由含氮组分燃料型生成的 NO 量充其量也只有 $50mg/m^3$ 左右。

当燃烧温度不低于 1850℃时，温度热力型 NO 含量大于 $1300mg/m^3$，而含氮组分燃料型 NO 含量为 $50mg/m^3$，不到 5%。当焦炉老化，荒煤气窜漏较大时，漏入的荒煤气中含有 NH_3 $7g/m^3$、HCN $1.5g/m^3$，还有喹啉和吡啶等，焦炉立火道气流中有 O_2 存在时，会有一部分转化为 NO。这可能是炉龄较长的焦炉，其废气中 NO 较新投产焦炉浓度大的原因之一。

3.1.4 炼焦过程中影响 NO_x 生成的因素

NO_x 值的高低，从理论上说主要取决于：（1）焦炉火道中火焰实际燃烧温度；（2）空气过剩系数 α 值；（3）火焰在高温区（即火焰下游）停留时间。这三个因素中，主要是前两者。从实践的观点来看，各种措施控制燃烧过程中 NO_x 的生成反应均发生在焦炉的立火道内，因此，燃气种类、供气的形式与结构等因素均会影响到最终 NO_x 的生成。

3.1.4.1 燃烧温度、空气过剩系数（α）、高温区停留时间（τ）

现代大型焦炉的火道平均温度基本维持在 (1250 ± 50)℃，这个温度是保证焦饼成熟的一个合理温度区间（气体燃烧温度与火道温度不同）。不同种类煤气由于热值不同，实际反映的立火道温度也不相同。考察焦炉狭长火道内弥散燃烧过程中 NO_x 的生成，还应耦合炭化室、燃烧室和蓄热室全结构，研究复杂结构体系内传热传质、燃烧、流动与煤高温干馏等非稳态过程，以及多室、多过程间的相互耦合及关联机制，这里不再展开，仅对立火道内燃料实际燃烧温度所产生的影响进行探讨。

NO_x 的生成机理中，气体燃料燃烧温度一般在 $1600\sim1850$℃之间，燃烧温度稍有增减，其温度热力型 NO 生成量增减幅度较大（这种关系在有关焦炉废气中 NO_x 浓度与火道温度的关系中也表现明显。中冶焦耐标定的资料表明，火道温度 $1300\sim1350$℃，温度 ±10℃时，则 NO_x 量为 $\pm30mg/m^3$）。燃烧温度对温度热力型 NO 生成有决定性的作用，当燃烧温度低于 1350℃时，几乎没有 NO 生成，燃烧低于 1600℃，NO 量很少，当温度高于1600℃后，NO 量按指数规律迅速增加。

关于燃烧高温区的温度，当 $\alpha=1.1$，空气预热到 1100℃时。焦炉煤气的理论燃烧温度为 2350℃；高炉煤气理论燃烧温度为 2150℃。一般认为，实际燃烧温度要低于此值，实际燃烧温度介于理论燃烧温度和测定的火道砌体温度之间。如测定的火道温度不小于1350℃，则焦炉煤气的实际燃烧温度不小于 1850℃，而贫煤气不小于 1750℃。该书所显示的数据与焦炉燃烧的实际相近。如在没有废气循环和分段加热的条件下，焦炉立火道温度在不小于 1350℃时，用焦炉煤气加热时，其 NO 生成量大于 $800mg/m^3$，以 NO_2 计约 $1300mg/m^3$，相当于实际燃烧温度不小于 1850℃。温度热力型 NO 的生成，除了温度的主要因素外，还有高温烟气在高温区的停留时间和供应燃烧的氧气量两个因素。

在焦炉立火道中，气流流速一般在 0.5m/s 左右，所以在高温区停留时间大体在 2s，要控制 NO 生成量在 270mg/m³ 左右时，则 α 值应不大于 0.8，即供应的空气量应不大于 α＝1.2 时的 70%。可以基本判定：

（1）固定结构的立火道，只对煤气量或煤气空气预热温度进行调整时，其立火道内的燃烧温度与火道温度呈线性关系，见图 3-2。

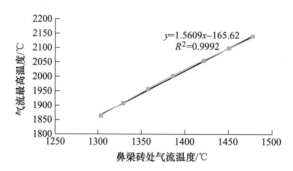

图 3-2　气流最高温度与鼻梁砖处气流温度关系曲线

（2）立火道内 NO_x 的生成，与火道温度呈指数曲线关系，见图 3-3。随着火道温度的不断升高，NO_x 的生成量急剧增加。在实际生产中，通过改变煤气量调整焦炉火道温度，煤气量减少的同时，立火道进口气流温度也随之下降，此时立火道中 NO_x 的减少，不仅是因为燃烧温度的降低，同时受到化学反应平衡的影响，即此时立火道中 NO_x 生成量要比模拟计算结果还要偏低。

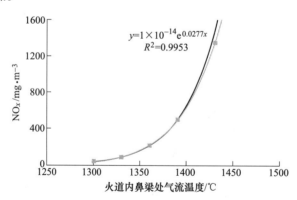

图 3-3　NO_x 与鼻梁砖处气温度关系曲线

（3）NO_x 主要产生于火焰锋面的高温区域，高活化是 NO 生成的关键前提，主产物以 NO 形式存在；控制燃烧火焰温度低于 1700℃，NO 生成缓慢，采用多段低强度燃烧，可降低火焰锋面温度，有利于热量扩散；气体通过高温区时间 0.1～1s、空气过剩系数 0.6～1，为 NO 的生成敏感区间，控制敏感区间的空气过剩系数可降低 NO 生成。

3.1.4.2　火道结构

A　煤气出口结构

燃烧室立火道底部出口结构，包括两气流出口距离和喷射方向对 NO_x 生成会产生不同的影响，表 3-11 列出三种不同立火道结构以及对 NO 产生的模拟结果。

表 3-11 结构尺寸对比

项 目	结构一	结构二	结构三
煤气口与空气口距离/m	40	150	220
两出口方向夹角/(°)	26（相向）	2.5（相反）	19（相反）

此处需要指出，由于是在原始结构基础上的直接调整，未对斜道口的流线型进行详细优化，因此调整后出口方向夹角均为估算值。

立火道底部结构对比见图 3-4，立火道温度等值面分布见图 3-5。

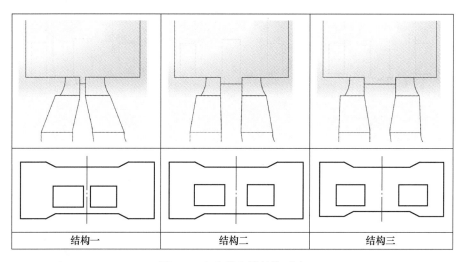

图 3-4 立火道底部结构对比

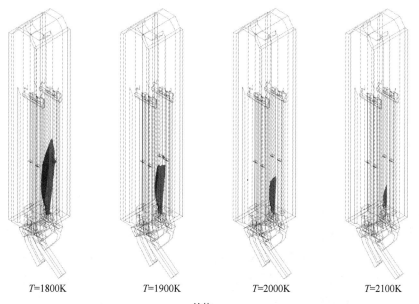

T=1800K T=1900K T=2000K T=2100K

结构一

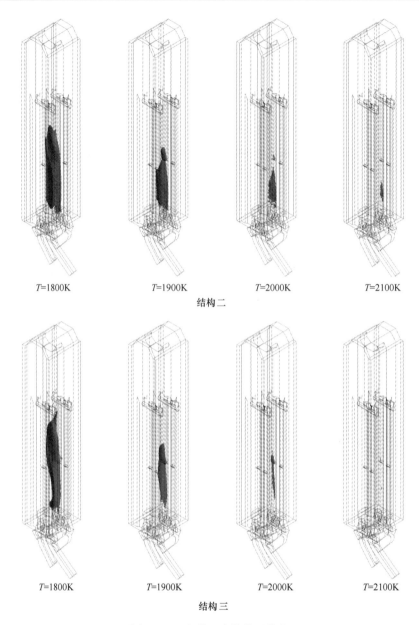

图 3-5 立火道温度等值面分布

从图 3-4 和图 3-5 可知：

（1）结构二、三与结构一相比，煤气与空气从底部进入立火道后，先是平行向上喷出，相遇延迟，掺混位置和着火点明显升高。

（2）结构二、三燃烧强度的下降使得立火道内燃烧温度明显下降，火道内高温区位置明显上移，其面积减小，特别是第二次调整后，最高燃烧温度相比原始结构下降了120℃。

1）底部结构的调整，使得从循环孔进入上升火道的废气，在火道底部与煤气和空气掺混更加完全，在燃烧发生前稀释了可燃气体浓度，进一步降低了燃烧强度，有效降低了燃烧温度，即底部结构的调整，使得废气循环对立火道内燃烧过程的影响更加显著；

2）立火道内燃烧温度的下降，使得底部结构调整后立火道内 NO 的生成量明显降低，特别是第二次结构调整后，出口处 NO 含量相比原始结构降低了约65%，具体数值见图3-6。

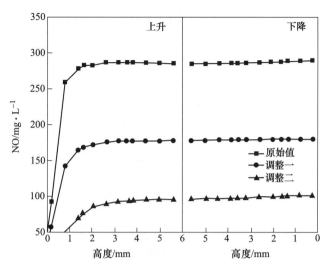

图 3-6　立火道内 NO 含量沿高向分布

3）要实现废气循环与可燃气体的充分掺混，可通过增加鼻梁砖的高度，延迟可燃气体与助燃气体相的方法来实现。

B　立火道结构与形式

当前焦炉主要的立火道结构有 3 种：（1）立火道不分段，采用废气循环技术；（2）采用空气分级供给分段技术；（3）采用空气、煤气均分级供给的燃烧技术。后两者中均配置废气循环。不同结构的立火道燃烧模式，NO_x 产生量存在较大差异。

a　废气循环

采用废气循环技术其作用是：

（1）废气循环可使相当数量下降气流的废气进入上升气流，降低了气流的温度；

（2）废气循环在一定程度上淡化了燃气和空气浓度，而减缓了燃烧强度。

上述两种作用使燃烧温度降低。废气循环技术使实际燃烧温度降低，从而降低 NO 生成量，但降低的幅度，对焦炉煤气加热来说效果大于用贫煤气加热，如废气循环的焦炉，当立火道温度不低于1350℃，用焦炉煤气加热时，其 NO 生成量以 NO_2 计，由 1300mg/m³ 下降至 800mg/m³ 以下。而用贫煤气加热时，其 NO 生成量降幅不如用焦炉煤气加热降幅大，这是由于贫煤气中惰性成分较多，而降低了废气循环的效果。中冶焦耐公司从 2005 年开始陆续对带废气循环的焦炉烟道废气中 NO_x 量进行了检测，其结果见表3-12。

表 3-12　NO_x 浓度与立火道及燃烧室温度的关系

火道温度/℃	燃气实际燃烧温度/℃		NO_x 浓度/mg·m⁻³	
	焦炉煤气加热	贫煤气加热	焦炉煤气加热	贫煤气加热
>1350	≥1800	≥1700	<800	约 500
约 1325	1780~1790	1680~1690	约 650	约 400（≤500）

火道温度/℃	燃气实际燃烧温度/℃		NO_x 浓度/mg·m^{-3}	
	焦炉煤气加热	贫煤气加热	焦炉煤气加热	贫煤气加热
1300	1775	1670~1680	约 600	≤400
1250	≤1750	≤1650	≤500	≤350

从上述关系中可见，控制废气中 NO_x 不大于 $500mg/m^3$ 和不大于 $350mg/m^3$ 的关键在于控制实际燃烧温度。用焦炉煤气加热时，不大于 1750℃；用贫煤气加热时，不大于 1650℃。另外，采用废气循环的焦炉，只有在立火道温度不高于 1250℃ 时，废气中的 NO_x 才能达到目标，这显然会影响焦炉的生产效率。

　　b　分段燃烧实例对比

根据中冶焦耐对现有两种已投产的主流大容积焦炉标定结果，采用混合煤气加热时，A 型某大容积焦炉 NO_x 排放量约为 $200mg/m^3$（实例一：空气分级供给），而 B 型某大容积焦炉 NO_x 排放量约为 $400mg/m^3$（实例二：空气、煤气均分级供给），差异较大，而两者都采用了多段加热燃烧室，只是分段形式和分段结构不同，为了衡量分段形式和结构对 NO_x 生成的影响，分别对实例一和实例二的焦炉立火道进行了数值模拟计算。为保证计算结果的可比性，两炉型立火道计算均采用了实际混合煤气加热的标定数据。计算获得以下结论：

（1）从分段流量分配看，由于立火道分段结构的差异，使得实例一焦炉立火道底部过量空气系数仅为 0.65，且整个上升火道高度内，燃烧过程随着三段空气的进入缓慢进行，实例二焦炉立火道底部过量空气系数为 0.97，燃烧反应主要发生在立火道底部出口到第二段空气出口之间，具体数值见表 3-13。

表 3-13　上升火道不同位置气体分配

项　目			一段	二段	三段	总量
实例二	空气口	质量流率/kg·s^{-1}	0.025	0.0027	0.009	0.0366
		占比/%	68.17	7.32	24.51	100
	煤气口	质量流率/kg·s^{-1}	0.032	0.003	0	0.035
		占比/%	91.57	8.43	0	100
	α		0.968	0.981	1.3	1.3
实例一	空气口	质量流率/kg·s^{-1}	0.0183	0.0101	0.0082	0.0366
		占比/%	50.	27.6	22.4	100
	煤气口	质量流率/kg·s^{-1}	0.035	0	0	0.035
		占比/%	100	0	0	100
	α		0.65	1.008	1.3	1.3

（2）立火道内燃烧过程的差异使得实例一焦炉立火道下部温度显著低于实例二焦炉，而立火道顶部温度则高于实例二焦炉，火道内最高温度相差约 269℃，即实例一焦炉立火道高向加热均匀性明显优于实例二焦炉，具体变化见图 3-7。

（3）实例二焦炉立火道内较高的燃烧温度使得 NO_x 含量沿上升火道持续升高，在立

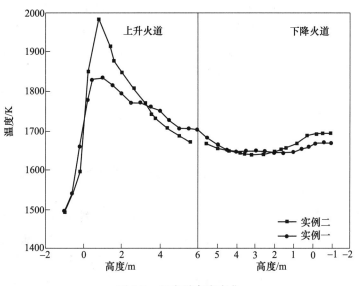

图 3-7 温度随高度变化

火道出口处 NO 含量高达 $300mg/m^3$，而实例一焦炉立火道内 NO_x 的生成主要集中于立火道底部位置，计算结果表明，实例一焦炉立火道出口 NO 含量相比实例二焦炉降低了约 83%。

（4）由图 3-8 可知，从火道加热均匀性和 NO_x 生成来看，实例一焦炉的分段结构要明显优于实例二焦炉，但由于实例一焦炉在第三段空气出口以上仍有燃烧发生，易导致炭化室侧炉顶空间温度过高，焦饼顶部过熟。

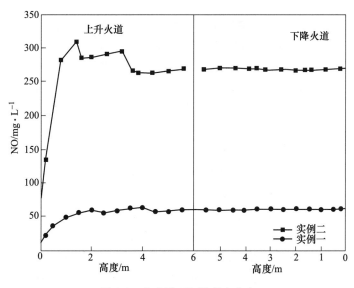

图 3-8 立火道 NO 沿高向分布

（5）关于分段形式，实例一焦炉采用空气分段、混合煤气不分段，且使得第一段空气出口流量控制在较低水平，以保证此处过量空气系数远小于1，实例二焦炉空气和混合煤气均分段，分段流量分配不甚合理，导致其火道内仍有较高的 NO_x 生成。单从分段形式上来讲，单独空气分段在可控性上要优于空气、煤气均分段，因为只要控制好空气量分配即可很好地控制火道内过量空气系数的分布，但其劣势在于，使用焦炉煤气加热时，贫煤气出口和空气出口均进入的是空气，使得火道底部过量空气系数较高，促使了大量 NO_x 的生成，因此需要采用焦炉煤气加热的焦炉，最好还是空气、煤气均分段，通过降低第一段空气出口流量，控制其在采用混合煤气加热时的过量空气系数，以控制其 NO_x 的生成。

3.1.4.3　煤气种类

采用混合煤气（低热值煤气）加热和焦炉煤气（高热值煤气）加热时，焦炉燃烧室对立火道内 NO_x 的生成影响很大。

按前文实例二的立火道分段方式，使得采用焦炉煤气加热时，火道底部的过量空气系数高达 1.04，更大于混合煤气加热情况，导致焦炉煤气在立火道底部基本完全燃烧，使得立火道底部形成较大的高温区，且燃烧温度较高，立火道底部有大量 NO 生成。计算得出，换算到7%氧气含量，采用混合煤气加热时，立火道出口处 NO 含量约为 $300mg/m^3$；采用焦炉煤气加热时，立火道出口处 NO 含量约为 $500mg/m^3$，升高约67%。若要降低焦炉煤气加热时立火道内 NO 生成量，必须对分段燃烧方式进行优化。

虽然采用焦炉煤气加热时，立火道内燃烧温度稍高于混合煤气加热情况，但由于燃料供入量的影响，使得火道内气流整体温度低于混合煤气加热情况。

由图3-9分析发现，与混合煤气加热相比，焦炉煤气加热时，废气中 NO_x 含量较高且很难控制主要包括三个原因：

（1）焦炉煤气的理论燃烧温度高于混合煤气。焦炉煤气中，高热值的 H_2 含量较高，使得气流燃烧温度较高，高温区趋于集中，在此处有大量 NO 生成。若想控制此处 NO 的生成，需对空气分段流量进行优化。

（2）焦炉煤气加热时废气量的影响。同等水平的供热量情况下，采用焦炉煤气加热时，产生的废气量是采用高炉煤气加热时产生废气量的60%，使得在同等 NO 生成水平的情况下，立火道出口处废气中 NO 相对含量更高。

（3）焦炉煤气中含氮化合物的氧化。由于进入立火道燃烧的焦炉煤气中，本身含有一定量的含氮化合物，该部分含氮物质将至少有50%被氧化为 NO，增加了立火道出口

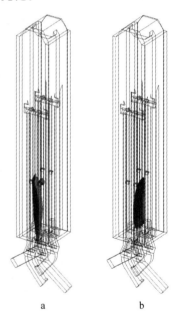

图3-9　温度1900K等值面分布
a—混合煤气；b—焦炉煤气

废气中 NO 的含量。假设煤气中含氮化合物在燃烧过程中全部被氧化为 NO，按照计算采用的煤气供入量，其将使得废气中 NO 含量再增加 $120mg/m^3$。由于立火道内总体为富氧燃烧，很难控制含氮化合物不被氧化，因此要降低此部分 NO 的生成，只能加大焦炉煤气的净化力度。

采用高炉煤气和焦炉煤气进行配比，得到不同热值的混合（贫）煤气，并分别作为可燃气体供入燃烧室立火道，保证供入燃料的总热值相同，取过量空气系数为1.3，考察不

同热值的贫煤气对立火道内 NO 生成情况的影响。采用的混合煤气热值分别为 950kcal/m³、1000kcal/m³、1050kcal/m³。得到以下主要结论：

（1）混合煤气热值越高，立火道内气流最高温度越高，当煤气热值达到 1050kcal/m³ 时，火道内燃烧温度比热值 950kcal/m³ 的煤气高 30K。

（2）混合煤气热值越高，燃烧后生成的 NO 也较多。在立火道出口处，热值为 1050kcal/m³ 的煤气比热值 950kcal/m³ 的煤气燃烧后废气中 NO 含量高出约 28%，因此可以断定，要想降低焦炉内 NO 生成量，可以考虑降低焦炉加热用煤气的热值。

3.1.4.4　不同隔墙材料对 NO 生成的影响

在高炉煤气加热情况下，炭化室隔墙采用不同种类的硅砖，普通硅砖、高导热硅砖、普通硅砖渗碳和高导热硅砖渗碳对立火道内燃烧有不同的影响，得到以下结论：

（1）高导硅砖隔墙，立火道内最高燃烧温度相比普通硅砖下降 27K，出口废气温度下降 36K，渗碳后隔墙，立火道内最高燃烧温度相比普通硅砖下降 26K，出口废气温度下降 39K，高导热硅砖渗碳后，立火道内最高燃烧温度为相比普通硅砖下降 21K，出口废气温度下降 60K，立火道内整体温度分布均低于普通硅砖，具体数值见图 3-10。

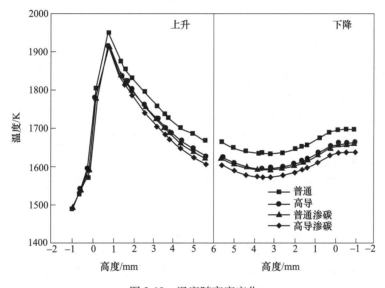

图 3-10　温度随高度变化

（2）立火道内温度的降低，使得高导硅砖隔墙立火道内 NO 生成量相比普通硅砖减少了 25%，渗碳硅砖隔墙立火道内 NO 生成量相比普通硅砖减少了 28%。两者的 NO 生成量在同一水平，但若生产中采用了高导热硅砖，则在其渗碳后，NO 生成量会进一步降低，相比普通硅砖减少了 36%，具体数值见图 3-11。

（3）焦炉投产一定时间后，硅砖发生渗碳，此时的炉墙传热效率已高于投产初期，同时也高于设计时的额定计算值，理论上此时如果要保证与投产初期相同的结焦时间，可减少煤气量的供入，节约生产成本，且此时立火道温度进一步降低，NO 生成量进一步下降；若煤气供入量保持不变，则炭化室的结焦时间会相应缩短，此部分内容应该有进一步深入研究的价值。

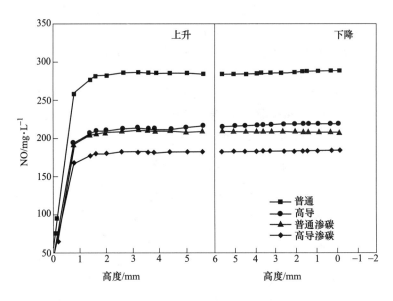

图 3-11　立火道内 NO 分布

3.1.5　低氮燃烧技术

前文对 NO_x 生成机理和炼焦过程中 NO_x 产生的主要影响因素进行了相关探讨，影响燃烧过程中 NO_x 生成的主要因素是燃烧温度、烟气在高温区停留时间以及后燃烧区的冷却程度，空气过剩系数及焦炉立火道的结构形式和分段形式等。在焦炉生产方面，可以实际运用的低 NO_x 燃烧控制技术方面均属于源头控制，即使用各种措施控制燃烧过程中 NO_x 的生成反应，考察范围是焦炉的立火道内。

从可实施的技术角度讲，炼焦过程中的低氮燃烧一般采用以下几种技术形式。

3.1.5.1　分级燃烧

分级燃烧包括两个方面：空气分级供给和燃气空气分级供给。

空气分级燃烧就是把空气分为两级或多级进行燃烧。在燃烧开始阶段，只加部分空气（占燃烧空气总量的 70%~75%），造成一级燃烧区内的富燃料状态，从而降低了燃烧区内的燃烧速度和温度，并且在还原气氛中降低了燃料型 NO_x 的生成速率，抑制了 NO_x 在这一燃烧区中的生成量。二级空气通过"火上风"喷口喷射到一次富燃料区的下游，与一级燃烧产生的烟气混合，由于同时降低了火焰温度和氧浓度，热力型 NO_x 的生成在这一区域受到限制，这样在贫燃条件下完成全部燃烧过程。空气分级燃烧是二次燃烧过程，第一级和第二级空气比例分配非常重要。一级燃烧区内的过量空气系数 α 越低，越有利于抑制 NO_x 的生成，但会造成不完全燃烧，并可能增加二级燃烧区内 NO_x 的生成量。实践证明，α 一般不宜低于 0.7。空气分级燃烧是一种简便有效的 NO_x 排放控制技术，采用空气分级配合废气循环形式的综合分级燃烧技术，NO_x 排放量可降低 40%~50%。

燃气分级燃烧是用燃料作为还原剂来还原燃烧产物中的 NO_x，燃烧过程是：大部分燃气（80%~85%）从立火道低部进入一级燃烧区，在贫燃料（富氧）条件下燃烧并生成 NO_x，其余 15%~20% 的燃料通过燃烧器的上部喷入二级燃烧区，在富燃料（贫氧）状态下形成很强的还原性气氛，使得在一级燃烧区生成的 NO_x 在二级燃烧区内被大量还原成氮分子（N_2），同时在二级燃烧区还抑制了新的 NO_x 生成。与空气分级燃烧相比，燃料分级燃烧需要在二级燃烧区上面布置"火上风"以形成三级燃烧区，保证燃料完全燃烧。一般情况下，应用燃料分级燃烧技术可使 NO_x 的排放浓度降低50%以上。

分段供空气或空气、贫煤气皆分段，形成分散燃烧，而使燃烧强度降低，从而降低燃烧温度。以德国 Prosper 厂 7.1m 高的 1 号和 3 号焦炉为 Carl-still 炉型，分 6 段供空气，2号焦炉为 Otto 型，分 3 段供空气，1 号焦炉的火道温度为 1320℃，2 号焦炉为 1340℃，3号焦炉为 1310℃（未加校正值）。据报道，其 NO_x 实测浓度为 390mg/m³。Dilingern 厂的6.25m 捣固焦炉，分三段供空气和贫煤气。该厂介绍火道温度 1350℃（未加校正值），基本用贫煤气加热，1 周左右短时换 1 次焦炉煤气加热，其 NO_x 月平均为 290~310mg/m³。Prosper 厂和 Dilingern 厂的焦炉皆无废气循环。这些厂的生产实践说明，在无废气循环的条件下，采用分段加热技术，是可以降低燃烧温度，从而降低 NO_x 浓度的。

从实践的角度看，如果在分段加热的基础上，针对 NO_x 生成机理，控制供应空气量，即控制 α 值，使燃烧基本是在远离理论空气比的条件下进行，则对控制 NO_x 生成量将是十分有效的措施。分段供空气对炭化室高 7m 或 7m 以上的焦炉来说，一般可分为三段，第一段在火道底部，在火道适当高度上设第二段和第三段出口。只用空气分段时，在立火道底部的第一段燃烧时，使 α 不大于 0.8（《燃煤氮化物排放控制技术》[7] 一书指出，当 $\alpha=0.8$ 时，生成的 NO 量比 $\alpha=1.2$ 减少 50%，如 $\alpha=1.2$ 时，供应的空气量为 100%，则 $\alpha=0.8$，供应的空气量应小于 70%）。

第二段供空气量不宜大，供入第二段空气后，α 最好小于 1。第二段供气位置应避开上升气流高温区的部位送入（一般认为不分段加热焦炉上升气流火道温度最高部位，为距炭化室底 1000~1500mm 处，故第二段供气出口位置，对炭化室高 7m 或 7m 以上的焦炉，宜不小于 1700mm）。

到第三段时，火道中的 α 值达到 1.2 左右，这样使第一段和第二段都在远离理论空气比的条件下进行，到了第三段虽然 α 达到 1.2，但温度已不高，可燃成分已不多，而且还有第一段和第二段大量废气的冲淡，所以第三段供的空气在很大程度上是保证上升气流燃烧完全。从理论上说，第一段空气系数越小，对 NO_x 控制效果越好，对焦炉来说，第一段空气量过小，会出现焦炉炭化室底部温度低，而上部温度高，故将第一段的 α 值保持在0.8 左右即可。

以上研究针对热力型 NO 产生，但从快速型 NO 形成的机理看，废气循环技术和分段供气技术都对控制快速型 NO 作用不大。最好的措施是不用碳氢燃料，而用以 CO 为可燃成分的贫煤气。

研究得知，燃料氮转化成 NO_x 的量主要取决于空燃比，较少依赖于反应温度。在富燃料燃烧或缺氧状态时，燃料氮与氧结合的机会大大降低，并且 NO_x 会还原成氮分子（N_2），减少了 NO_x 的生成和排放。从上述含氮组分燃料型 NO 生成的情况可以看出，控制此类型 NO 的形成，关键是在燃烧过程中降低含氧量，这样使燃烧过程中燃料的含氮组分转化为 HCN 和 NH、NH_2 后，由于氧的不足降低向 NO 的转化率。所以采用分段供空气控制 α 值技术，使燃烧在远离理论空气比的条件下进行对含氮燃料类也是有效的。

3.1.5.2　烟气循环

烟气循环主要是指燃烧室内的废气循环技术，该技术为焦炉传统使用技术，原为拉长火焰满足焦炉高向均匀性技术，但该技术对 NO_x 的抑制仍有非常明显的作用，故可单独使用或配合煤气、空气分极供给混合使用。

废气循环是在燃烧室立火道的下部设置循环孔，上升气流在热浮力的作用下，会将隔壁下降气流的一部分燃烧后废气带入上升通道，由于温度低的烟气可降低火焰总体温度，并且烟气中的惰性气体可以冲淡氮的浓度，从而降低燃烧强度，实现对 NO_x 的抑制作用。烟气循环降低 NO_x 排放的效果与燃料品种和烟气循环量有关。经验表明，NO_x 的降低率随着烟气循环量的增加而增加，当烟气循环量超过燃烧空气总量的 15%时，降低 NO_x 的作用开始减弱。采用烟气循环法时，烟气循环量的增加是有限的，最大的烟气循环量受限于火焰稳定性。

采用分段加热与废气循环相结合的技术。分段加热和废气循环技术各有所长，德国 Uhde 公司将两者结合起来，对降低焦炉燃烧过程中的 NO_x 浓度有叠加作用，当然，这会使焦炉结构变得复杂。Uhde 公司设计的 7.63m 焦炉，采用分三段供空气，并控制 α 值，废气循环量估计为 40%左右，其保证值用焦炉煤气加热时，NO_x（以 NO_2 计）浓度约为 500mg/m^3，用贫煤气加热时 NO_x 浓度不大于 350mg/m^3。

3.1.5.3　空气贫化

贫化空气可以有降低煤气浓度、降低火道内一级燃烧的强度等作用，对于煤气热值高的燃气，该技术对 NO_x 的抑制有着明显作用。该技术相当于是一种外部的烟气循环技术。

当前，国内采用 COG 加热的独立焦化厂采用在供给空气中掺入烟道废气进行空气贫化来抑制 NO 的生成。取废气量的 10%与进入立火道的空气先掺混，再参与燃烧，考察其对立火道内 NO 生成量的影响。获得以下结果：

（1）采用废气回配前后，两立火道内压力分布趋势基本一致，而由于助燃气体流量差异，导致压力绝对值有所不同，若采用废气回配，可能需要对整个系统的压力制度进行调整。

（2）当废气回配 15%～30%时，立火道出口 NO 含量降低了 30%～50%。从多个算例的统计结果看，NO 生成量的减少与废气回配量并不呈线性关系，当废气回配量达到一定值时，NO 生成量将不再降低。

（3）按照当前的设计结构，将废气回配到空气中比增加立火道在废气循环孔的废气循环倍率对降低立火道中 NO 生成更有效。

（4）该技术仅对 COG 加热的焦炉有效，具体数值见表 3-14。

表 3-14 废气回配对 NO$_x$ 的影响

项 目		废气回配前	回配15%后	回配30%后
混合煤气	出口 NO 含量/mg·m^{-3}	276	171	141
	变化量/%	—	−38	−49
	NO 绝对生成量/mg	18.3	10.4	6.8
	变化量/%	—	−43	−63
焦炉煤气	出口 NO 含量/mg·m^{-3}	450	356	275
	变化量/%	—	−21	−39
	NO 绝对生成量/mg	15.8	11.9	7.4
	变化量/%	—	−25	−53

燃烧在低过量空气下运行，随着烟气中过量氧的减少，在一定程度上控制了 NO$_x$ 的生成。一般来说，这种方法可降低 NO$_x$ 排放 15%~20%，但在低过量空气系数下，燃烧效率将会降低，CO 和烟排放量会增加，并可能出现炉壁结渣与腐蚀等其他问题。因此，该法有局限性。

3.1.5.4 降低助燃空气预热温度

在传统炼焦技术中，现代焦炉在炭化室下部均设置有蓄热室，利用下降气流的废气余热来预热进入上升气流的助燃空气。虽然这有助于节约能源和提高火焰温度，但也导致 NO$_x$ 排放量增加。实验数据表明，当燃烧空气由 27℃ 预热至 315℃，NO 的排放量会增加 3 倍。降低助燃空气预热温度可降低火焰区的温度峰值，从而减少热力型 NO$_x$ 的生成量。该技术与当前的节能政策相抵触，应有所取舍，就焦炉生产而言，尽量减少焦炉的气流交换时间间隔，也应当看作一简单的操作途径。就 COG 煤气而言，其作用更加明显。

3.1.5.5 总结

(1) 焦炉燃烧过程中生成的 NO，主要是温度热力型的，用含氮组分的焦炉煤气加热，其生成的 NO 量所占比例最多不超过 5%。而用贫煤气加热，则全部是温度热力型的 NO。

(2) 采用废气循环技术，可以降低焦炉燃烧过程中 NO 生成量。在工业实验中，用分段加热与废气循环相结合，当火道平均温度为 1295℃，废气循环量为 43% 时，燃烧废气中 NO$_x$ 浓度为 313mg/m^3，而将废气循环量由 43% 降至 12% 时，则 NO$_x$ 浓度上升为 520mg/m^3。当废气循环量由 12% 减少至 0 时，则 NO$_x$ 浓度由 150mg/m^3 上升至 250mg/m^3。可见，废气循环对降低 NO$_x$ 的作用不容忽视。但废气循环技术中，废气与上升气流的煤气和空气混匀状况是关键，混匀状况又与燃烧空间的几何形状以及煤气、空气、废气的流速、压力等有关，而这些因素又难以用计算来表述，只有通过经验来摸索。废气、煤气、空气混匀程度好，则减缓燃烧强度的效果就好，降低 NO$_x$ 的作用就大，否则就影响其作用。

据日本的实验，煤气口、空气口的位置本身与 NO$_x$ 生成量也很有关系。如煤气口与空气口拉开距离或交错排列，以及将焦炉煤气出口布置在一个角落，使煤气与空气出口后减小混合概率，从而减缓燃烧强度，降低燃烧温度，也有利于减少 NO$_x$ 生成量。

上述情况说明，用焦炉煤气加热时，采用废气循环技术，当火道温度 1250℃ 以上时，

尚难达到 NO_x（以 NO_2 计）浓度不大于 $500mg/m^3$。用贫煤气加热时，采用废气循环，当火道温度不高于 1300℃ 时，可以使燃烧废气中 NO_x（以 NO_2 计）浓度低于 $400mg/m^3$。

（3）采用分段加热。如分段供空气并控制 α 值，尤其对含氮组分燃料型 NO，由于燃烧过程中氧不足，降低了向 NO 的转化率，从而实现降低焦炉燃烧废气中 NO_x 浓度的目的。

（4）用分段加热和废气循环相结合的技术。用焦炉煤气之所以废气中 NO_x 浓度高，是由于：1）焦炉煤气燃烧时燃烧温度高，温度热力型 NO 量增加；2）焦炉煤气中有含氮组分以及 CH_4 和 C_mH_n 等，在燃烧过程中，这些组分都会增加废气中的 NO 生成量。

（5）采用含氮组分低的燃料，加强焦炉煤气的净化和尽量多用贫煤气。对焦炉煤气的净化程度应予以关注。焦炉煤气中含 NH_3、HCN、吡啶和喹啉等，这些含氮组分，特别是 HCN 如含量高，会增加废气中 NO 的生成量。检测首钢迁安 6m 焦炉时，用焦炉煤气加热，火道平均温度为 1322℃，NO_x 以 NO_2 计为 $720mg/m^3$。检测时，由于煤气净化系统的脱硫装置未投产，含 HCN 量高，如以 $1.5g/m^3$ 计，则仅此一项即为 $190×1.5 = 285g$，设有 50% 转化为 NO，则：

$$（NO/HCN）×（285/2）= 157g$$

也就是说，比用脱硫脱氰后的焦炉煤气，其 NO 浓度增加了 $157-50 = 107mg/m^3$，因而首钢迁安 6m 焦炉若用脱硫脱氰后的焦炉煤气，则燃烧废气中的 NO_x 浓度可能在 $720-100 = 620mg/m^3$。因此在煤气净化工艺中，从降低废气中 NO 生成量考虑：1）选择脱硫脱氰效率高的工艺；2）选择对降低 NH_3 效率高，并对降低吡啶也有益的，以酸吸收的硫铵工艺为好。此外，要关注初冷效率，初冷效率高对脱除吡啶和喹啉等有帮助。

（6）降低火道温度，从而降低 NO_x 浓度。很多资料都表明，焦炉废气中 NO_x 浓度与焦炉立火道温度有关（实际是与燃料燃烧温度有关）。当火道温度为 1200~1250℃ 时，焦炉废气中 NO_x 浓度不明显，温度高于 1300℃ 时，NO_x 明显增加。当火道温度由 1300℃ 升至 1350℃ 时，温度 ±10℃，生成的 NO_x 以 NO_2 计（O_2 5%）不会高于 $30mg/m^3$。

如前所述，当火道温度保持在不高于 1250℃ 时，由于燃烧强度的降低，用焦炉煤气加热，采用废气循环技术，燃烧高温区温度也在 1750℃ 以下，生成的 NO_x 以 NO_2 计（O_2 5%）也不会高于 $500mg/m^3$。

（7）焦炉老化后，由于荒煤气漏气率增加，以及炉体结构的严密性有所降低，使加热系统气流间受到干扰，因而：1）导致废气循环量有所降低；2）火道中增加了含氮组分 NH_3、HCN 以及 CH_4 和 C_mH_n 等，所以老焦炉中 NO 量会有所增加，但对于分段加热结构的焦炉，由于上升气流基本处于 $\alpha<1$，所以因荒煤气窜漏而使 NO 量增加的因素比废气循环结构焦炉受到的影响要小。

降低 NO_x 排放的基本结论：

（1）降低燃烧温度是关键，控制火道中实际燃烧温度不高于 1750℃ 和 1650℃，才能使 NO_x 浓度不高于 $500mg/m^3$ 和 $350mg/m^3$。

（2）分段燃烧，控制基本燃烧区供氧量是降低燃烧温度的重要手段。

（3）在焦炉结构和工艺方面采用分段加热；分段加热和废气循环结合；焦炉机、焦侧锥度，宜小不宜大，以降低焦侧温度。如有条件可以采用高导热性硅砖，这样在结焦时间相同的情况下，适当降低燃烧温度，从而相应降低 NO_x。

3.1.6 其他技术

前文提到利用各种技术措施进行的低 NO_x 燃烧技术，其反应均发生在焦炉立火道内，属于前端治理技术，当前，还有其他技术尝试对焦炉 NO_x 控制进行挖潜。如目前国内正在进行尝试，在焦炉蓄热室内进行喷氨来消除生成的 NO_x 的相关技术，该反应发生在焦炉加热系统的下游，在废气排出焦炉之前，利用废气自身余热进行喷氨操作，以实现消除或减少 NO_x 的目的。该技术应为前端治理技术的一部分。

该技术借鉴电厂 SNCR 脱硝经验，在焦炉蓄热室 950~1050℃ 区间通入含氨气体，氨气与 NO_x 发生还原反应生成 N_2 和 H_2O。该技术分别在沈阳炼焦制气厂 6m 顶装焦炉、黔桂 5.5m 捣固焦炉进行工业实验，能实现脱除 NO_x 的效果。在工业实施上，山东日照 7.29m 顶装焦炉上配置了该项技术，但焦炉投产后未实施。

就工业可实施技术而言，焦炉蓄热室内部温度可达 900℃，利用金属材料布置在蓄热室内进行喷氨的操作，对管道材质选取要求、对硅砖冷热交替变化的影响，以及对喷氨介质及随焦炉换向等相关技术手段而言，后续仍有大量验证工作要做。

3.2 高炉炉料结构优化技术

河钢集团在国内率先开展炉料结构优化可行性研究，立足于国内矿粉资源特点，在国内高硅矿粉基础上，在链算机—回转窑氧化球团装备上，开发出低排放熔剂性球团焙烧技术。获得了焙烧温度-球团强度和燃烧温度-热力型 NO_x 生成的最佳平衡点，研发了镁质熔剂性球团低熔点液相适宜比例控制技术、过程抑制硫硝生成技术；为克服回转窑结圈，开发了防爆裂技术；球团焙烧温度降低 60℃，煤耗比酸性球团降低 2kg/t，烟气 SO_2 生成量降低 18.4%；SO_2 生成量比烧结矿降低 74.3%，NO_x 生成量比烧结矿降低 53.2%。在国内实现 80% 比例球团高炉的工业生产，燃料比降低 11kg/t。通过高炉炉料结构优化实现污染物源头减排，污染物总量降低的工业化尝试，取得了令人瞩目的成绩。

3.2.1 工艺原理

在钢铁冶炼流程中，矿山开采的低品位铁矿石需要经过选矿富集成铁矿精粉，然后经过球团、烧结造块才能进入高炉冶炼。亚洲国家以高比例烧结矿冶炼为主，而欧美等西方国家以高比例球团矿冶炼为主，高比例球团矿冶炼具有明显优势，在造块环节球团比烧结工序能耗低 20~30kgce/t，烟气量比烧结矿低 30%~50%，在相同排放浓度情况下，球团工序排放到大气中的污染物总量比烧结矿低 30%~50%，环保治理设备运行费用仅是烧结工序的 50% 左右。球团焙烧温度低，产生的 SO_2、NO_x、二噁英等污染物比烧结更低。因此发展高比例球团矿高炉炼铁工艺和技术研究将是实现钢铁工业源头和过程减排的主要方式，是降低造块工序污染物排放总量的必然途径。

以链算机—回转窑和带式焙烧机造球工序为例，生球逐渐经过干燥、预热、焙烧、冷却等过程，各段高温烟气能够循环利用，并且在封闭空间内完成温度交换及焙烧，因此与在开放空间完成的烧结焙烧工艺相比，球团工序能耗大幅降低工序能耗。通过对各段循环烟气进行优化，合理匹配热工参数，还能进一步降低球团工序能耗。另外，提高球团矿冶金性能，开发新型球团，能够在减少污染物生成量的同时，为高炉提供适于高比例球团冶炼的优质冶金原料，将是造块工艺发展的方向。

对于高比例球团冶炼而言，以欧洲 SSAB 公司全球团冶炼为例，渣量低于 200kg/t，燃料比为 460kg/t 左右，具有明显的低碳冶炼优势。球团矿呈规则的球形，具有良好的滚动性，在高炉布料过程会对中心和边缘气流产生压制，因此需要对使用高比例球团矿的布料制度进行调整。另外，球团矿的软化熔滴温度区间与高碱度烧结矿相比有很大差距，造成高炉软熔带位置和厚度出现变化，因此需要针对高比例球团矿冶炼的操作制度进行调整，必要时需要对高比例球团冶炼的高炉炉型进行调整，来延长高炉炉衬使用寿命。

带式焙烧机对原料精粉的需求比较宽泛，不但可以配加磁铁矿精粉，还可以配加赤铁矿和褐铁矿精粉。带式焙烧机工艺与带式烧结机相似，增加圆盘造球机，制备成合格质量生球后，通过布料设备，平铺在台车上，依次经历干燥、预热、焙烧、冷却等过程，制备成成品球。带式焙烧机工艺流程如图 3-12 所示。

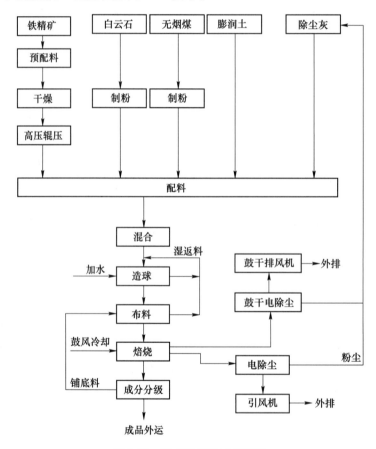

图 3-12　带式焙烧机工艺流程

链箅机—回转窑球团法是一种联合机组生产球团法，其主要设备组成有：配料机、烘干机、润磨机、造球盘、生球筛分及布料机、链箅机、回转窑、环冷机等辅助设备。在圆盘造球机造成合格质量的生球，通过皮带输送到链箅机上，依次通过干燥、预热等过程，再进入回转窑内进行焙烧。焙烧球团在回转窑内滚动，成球质量均匀，强度较高，但存在结圈等难题。链箅机—回转窑工艺流程如图 3-13 所示。

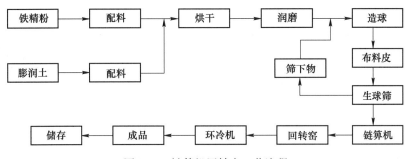

图 3-13 链算机回转窑工艺流程

3.2.2 理论基础

河钢唐钢青龙炉料为单独球团制备企业，具备年产 200 万吨链算机—回转窑氧化球团生产能力，使用煤粉作为热源。为了更深入地了解硫、氮元素的来源和去向，对原燃料和相应产品进行了大量的实验室研究。结果表明，煤粉中硫元素以 FeS 和有机硫两种形态存在，且有机硫占最主要成分，质量分数达 86.8%；球团混匀精粉中硫元素以 FeS 和硫酸盐形态存在。煤粉燃烧后，全部的 FeS 和几乎全部的有机硫被氧化；球团混料焙烧后，FeS 全部被氧化，在熟矿中只存在硫酸盐形态的硫，这是由于原料中添加的熔剂和黏结剂成分中的钙元素质量分数较高，钙和硫结合生成硫酸钙和亚硫酸钙。这证明了碱性熔剂起到一定的固硫作用，因此提高球团碱度，制备熔剂性球团有利于降低球团烟气 SO_2 生成总量，结果表明生产碱度 1.0 的熔剂性球团比碱度 0.3 的酸性球团 SO_2 浓度降低 25.13%

通过模拟热工参数变化对温度场和浓度场的影响来确定 NO_x 的生成和分布。NO_x 是氮元素在高温有氧燃烧条件下产生的，燃烧过程中 NO_x 依据生成机理可分为 3 种类型：热力型 NO_x、燃料型 NO_x 和快速型 NO_x。热力型 NO_x 是空气中的氮气在高温富氧条件下与氧气反应生成的 NO_x，窑头火焰温度高达 1900~2000K，满足热力型 NO_x 生成所需要的温度要求；燃料型 NO_x 主要由煤粉中的 NO_x 与氧气反应得到；快速型 NO_x 是在较低温度下空气中的 N_2 与燃料中含有的碳氢化合物结合出现的，煤粉燃烧中产生的质量分数不足 5%。因此，对熔剂性球团回转窑内燃烧的数值模拟只考虑了热力型 NO_x 和燃料型 NO_x 两种，其浓度分布特征如图 3-14 所示。

回转窑内 NO_x 和 NO 分布云图如图 3-15 所示。由图 3-14 和图 3-15 可知，回转窑内的 NO_x 组分浓度分布与温度分布有着紧密的相关性，峰值主要集中在窑头区域和燃烧形成的高温区域。在窑身长度 25m 后 NO_x 的生成量很少，这是由于煤粉燃烧在窑头位置时尚处于初始阶段，此阶段主要发生的是煤粉的热解，逸出的挥发分和燃烧区域内氧气的浓度均较高，因此该区域生成了大量燃料型 NO_x 和极少量的热力型 NO_x；随着反应的继续进行，煤粉热解后形成的残余焦炭继续燃烧，窑内烟气的温度逐渐升高，热力型 NO_x 开始大量生成。在 10~17m 的温度峰值靠后区域，窑内 NO_x 的浓度达到最大值。在 25m 后，由于燃烧反应基本完成，窑内温度逐渐降低，热力型 NO_x 的生成温度在 1600K，故窑内 NO_x 的浓度逐渐减少。

通过对熔剂性球团生产过程热工参数进行精确控制，在确保球团矿质量，减少回转窑结圈等方面，通过调整焙烧温度，控制生成 $CaO\text{-}SiO_2$、$CaO\text{-}FeO\text{-}SiO_2$、$CaO\text{-}SiO_2\text{-}MgO$ 系低

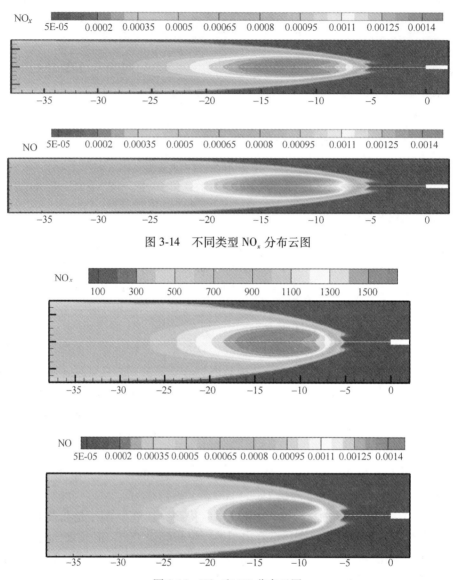

图 3-14   不同类型 NO_x 分布云图

图 3-15 NO_x 和 NO 分布云图

熔点物相量措施，来尽可能减少污染物 NO_x 生成总量。结果表明，焙烧温度较酸性球团降低 $40 \sim 60 ℃$，熔剂性球团比酸性球团 NO_x 生成量降低 4.91%，燃料中的氮元素全部氧化成 NO_x 进入烟气中，局部火焰区域产生热力型 NO_x 所占质量分数很少。

3.2.3   影响因素

我国高炉球团矿配加比例主要受矿粉资源和精矿粉价格限制，球团成本偏高，行业平均配比在 15% 左右。我国矿石储量巨大，但平均品位较低（35% 左右），需要经过选矿富集。像东北、华北地区的变质-沉积磁铁矿储量超过 200 亿吨，且可选性能好，经选矿后可以获得含铁 65% 以上的精矿。这类富选铁精粉粒度细，很适于造球。但由于选矿成本高，被低价进口铁矿石冲击，造成开采规模减小。

近十年间国内球团矿产量呈现正弦曲线波动趋势，配加比例在环保政策比较宽泛时期与铁矿粉价格有一定的对应性。铁矿粉价格升高，与造球精粉价格差距缩小后，开始大量使用球团矿。而铁矿粉价格降低，尤其是外矿粉价格更低时与国内铁精粉成本差距较大，使得造球成本比烧结矿升高较多，各企业为降低成本，开始减量使用球团矿。2010 年前后最高接近 20%，也是铁矿粉价格较高的时期，2012 年以后受进口矿石价格降低的影响球团比例有所降低。

在钢铁工业开始进行限制、淘汰落后产能的供给侧结构性改革时期，球团矿使用比例和矿粉价格对应关系即将出现改变。尤其是 2015 年以后受环保限产影响，烧结矿的弊端逐渐显现出来，球团矿比例又呈现增加趋势。2016 年开始造球精粉和商品球团销售量增加，部分钢铁企业意识到需要制备优质球团，提高球团比例，降低落地烧结对高炉指标的影响程度。

国内矿山以生产高硅矿粉为主，在使用以膨润土为主的传统黏结剂后，球团 SiO_2 含量达到 7% 以上。随球团 SiO_2 含量增加，冶金性能变差，高炉冶炼渣量大、品位低、不经济。酸性球团矿存在软化温度相对较低、软熔区间相对较宽、还原性等冶金性能缺陷与烧结矿的熔滴特性差异较大。因此，镁质熔剂性球团的大力发展改善了球团矿的一些缺陷。通过添加 MgO 来改善球团矿质量，同时，添加 MgO 也可满足对高炉炉渣的造渣要求。造球前将细粒的 CaO 或 MgO 物料加入铁精矿粉中，对球团矿的物理性能及冶金性能有很大的改善作用。较酸性球团矿性能而言，镁质球团矿的一些理化性能与其相似，镁质球团矿在球团矿的低温还原、荷重软化等冶金性能方面得到明显优化，与此同时，球团矿的膨胀指数也得到了明显的改善。此外，用 MgO 调节性能的球团矿具有很多优点，还原度相对较高，熔融及软化温度相对较高，在提高高炉产量的同时能降低高炉焦比。因此，为了得到具有良好冶金性能的镁质熔剂性球团矿，常常配加白云石，含 MgO 物质熔剂等来调节球团矿的镁含量。

中国的矿石储量巨大，但平均品位较低（35% 左右），需要经过选矿富集。像东北、华北地区的变质-沉积磁铁矿储量超过 200 亿吨，且可选性能好，经选矿后可以获得含铁 65% 以上的精矿。这类富选铁精粉粒度细，很适于造球。但由于选矿成本高，被低价进口铁矿石冲击，造成开采规模减小。铁矿资源以高 SiO_2 型铁矿精粉为主，制备的酸性球团矿 SiO_2 质量分数更高，造成冶金性能差，带入高炉的渣比高，冶炼技术不成熟，使得球团质量分数一直比较低。

国内球团矿生产主要采用链箅机—回转窑工艺，生产熔剂性球团难度大。传统的酸性球团为 Fe_3O_4 氧化再结晶固结，其矿物组成以赤铁矿为主，仅存在微量的 $FeO\text{-}SiO_2$ 二元系液相；而熔剂性球团为 Fe_3O_4 氧化再结晶和 $FeO_x\text{-}SiO_2\text{-}CaO\text{-}MgO\text{-}Al_2O_3$ 五元系液相黏结相结合，存在铁酸钙、复合铁酸钙等有益矿物和 $CaO\text{-}SiO_2$、$CaO\text{-}FeO\text{-}SiO_2$、$CaO\text{-}SiO_2\text{-}MgO$ 系低熔点物相[7]，造成熔剂性球团强度偏低、产量低、回转窑结圈等问题。

包括中国在内的亚洲地区高炉多数是以高比例烧结矿为主，烧结矿可以使用粉状物料，大多数以进口铁矿粉为主，进口铁矿粉品位高，价格便宜，这就造成烧结成本相对较低。相反，生产球团要以铁精粉为主，国内矿山铁精粉成本较高，进口精粉价格更贵，这就造成球团成本升高。从原燃料使用成本上，球团成本要高于烧结矿成本。另外，国内以生产酸性球团为主，SiO_2 质量分数偏高，冶炼不经济，高炉不能高比例配加，高炉燃耗不能大幅降低，无法弥补原料上升的成本，使得球团冶炼的经济性无法发挥出来，以至于大多数钢铁企业不愿意也不能大比例使用球团矿。近十年，高炉球团矿质量分数和铁矿石价格对比如图3-16所示。

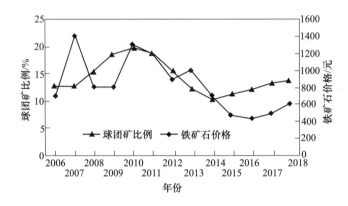

图3-16　近十年国内高炉球团矿质量分数与铁矿石价格对比

　　在超低排放的基础上，进一步降低污染物排放总量，降低环保投资和运行费用，就需要减少烧结矿使用量，多使用相对清洁的球团矿，开发适于中国矿粉资源特点的优质冶金球团，达到高比例球团冶炼，实现钢铁工业绿色可持续发展。河钢集团使用冀东地区磁铁矿精粉，搭配使用南非PMC精粉，成功实现低排放熔剂性球团工业化生产和高炉高比例球团矿冶炼。

3.2.4　研究进展

　　目前我国生产球团矿的SiO_2多数在6%~9%，高炉采用高碱度烧结矿搭配酸性球团矿的炉料结构，球团矿的比例越提高，高炉下部的透气性越差，高炉炼铁得不到由于提高球团矿的比例而改善技术经济指标的效果。而今，高炉炼铁为适应环保的要求，需要增大球团矿的使用比例，必须改善球团矿的质量，发展优质铁矿球团。相比高硅酸性球团而言，优质新型铁矿球团的研究集中在镁质球团、镁质熔剂性球团、含碳球团等方面。

3.2.4.1　镁质球团制备技术

　　1982年，瑞典和荷兰霍戈文厂率先取得生产和使用橄榄石球团矿的经验，在西欧其他国家得到应用。瑞典吕勒奥厂高炉使用100%橄榄石球团矿后，煤气利用率从50.5%升高至51.8%，生铁硅含量从0.62%降至0.54%以下，焦比降低14kg/t以上。荷兰霍戈文厂高炉使用50%、MgO/SiO_2比为0.4的球团后，焦比降低13kg/t。英国雷德卡厂高炉使用30%橄榄石球团代替等量的酸性球团，煤气中CO利用率从46.95%提高至49.5%，风压下降，透气性改善，焦比下降6kg/t。白云石作为含镁熔剂很受欢迎，白云石型含镁熔剂型球团矿冶金性能好，且在高炉中使用不受限制，因此，白云石型含镁熔剂型球团矿在北美、日本迅速发展。美国、加拿大白云石型含镁球团与不含镁球团冶金性能的对比[1]，见表3-15。

表 3-15　美国、加拿大白云石型含镁球团与不含镁球团冶金性能的对比

生产厂	加白云石否	抗压强度/kN·球$^{-1}$	RDI$_{+6.3mm}$/%	RI/%·mm^{-1}	收缩率/%	软熔温度/℃	
						开始	终了
美国内陆	加	2.23	95.6	1.30	7.8	1276	1468
	否	2.42	94.9	0.70	31.00	1167	1460
美国蒂尔顿	加	2.72	89.3	1.23	16.8	1290	1387
	否	3.57	84.8	0.85	24.40	1206	1332
美国恩派尔	加	2.47	86.4	1.32	7.86	1305	—
	否	2.23	86.1	0.70	20.70	1166	—
美国米诺卡	加	2.31	96.4	1.28	12.00	1126	1505
	否	2.45	92.6	0.97	28.00	1030	1300
加拿大多法科斯	加	2.07	96.0	1.16	—	1290	—
	否	2.22	92.5	1.00	—	1219	—

3.2.4.2　镁质熔剂性球团制备技术

球团矿的还原性能、荷重软化等冶金性能是酸性球团矿所具有的优点，且具有一定的优势，然而其具有较高的膨胀指数，而配加熔剂的球团矿可以改变其存在的这些问题。按照美国钢铁协会的试验标准，所谓熔剂性球团矿是碱度达到或者超过 0.6 的球团矿。其中熔剂性球团矿在国内钢铁厂已经成功研发并投入生产，当球团矿的碱度较高且在 0.8~1.2 时，球团矿的膨胀指数及冶金性能等均明显优化。随着 MgO 含量的增加，球团矿焙烧过程生成液相量呈降低趋势。由于 MgO 含量的增加，生成的铁酸镁含量增加，从而导致铁酸钙生成量减少，因此生成的液相量随之减少。而大量的铁酸镁和未矿化的 MgO 会阻碍赤铁矿之间的结晶反应，导致结晶较小，从而导致强度变差[2]。

当球团矿的碱度达到 0.8，即可满足炼铁原料入高炉冶炼的要求，而当球团碱度更大时，球团矿的抗压强度、膨胀指数、冶金性能等均得到明显改善，且满足冶炼要求。种种实验结果表明，生产熔剂性球团矿可以入高炉进行炼铁生产，从而代替酸性球团矿。

固定 MgO 含量为 1.0 时，随着碱度提高，球团中铁酸钙生成量增多，同时，铁酸钙占总液相量的比例增加。荷重软化初始温度升高，软化区间先变窄后变宽。低温还原粉化及还原性呈先上升后降低的趋势，并在碱度为 1.0 时达到最佳。固定碱度为 1.0 时，随着 MgO 含量增加，铁酸钙生成量减少，其所占总液相量的比例也降低。软化初始温度升高，软化区间先变窄后变宽。低温还原粉化及还原性能得到改善。总体而言，碱度控制在 1.0 且 MgO 含量为 1.0% 时，高镁碱性球团矿的冶金性能最优。

MgO 对改善碱性球团还原性具有一定的作用。在固定碱度为 1.0 的前提下，随着 MgO 含量的提高，球团的还原性指数由 75.6% 升至 85.1%，球团矿的还原性逐渐改善。主要是因为 Fe$_2$O$_3$ 再结晶能力改善，同时，Mg^{2+} 和 Fe^{2+} 可以相互取代，进而抑制了较难还原的铁

橄榄石相的生成。同时，镁含量的提高，抑制了 CaO 与赤铁矿反应，从而阻碍了液相量的增加，促进了 Fe_2O_3 的再结晶能力，使晶格缺陷得到进一步完善，减小了晶格之间的应力，成片地再结晶，从而使还原性能得到改善。不同 MgO 含量的球团还原性能变化曲线[3]，见图 3-17。

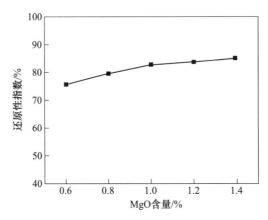

图 3-17　不同 MgO 含量的球团还原性能变化曲线

　　熔剂性球团会随温度升高，产生液相，造成黏结。河钢唐钢青龙炉料在熔剂性球团生产过程中，出现结圈和葡萄状黏结现象（图 3-18a），通过调整温度区间，控制液相量生成比例不高于 5%，彻底解决黏结和结圈等关键问题（图 3-18b）。在污染物减排方面，生产熔剂性球团比酸性球团可以降低 SO_2 生成总量的 20%，比烧结矿产生的 SO_2、NO_x 分别降低 74% 和 53%，能够从源头上大幅降低污染物排放总量。

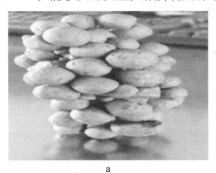

a　　　　　　　　　　　　　　　　b

图 3-18　河钢唐钢青龙炉料熔剂性球团生产照片
a—球团黏结图；b—熔剂性球团生产图

3.2.4.3　含碳球团制备技术

　　含碳球团是指由含铁原料配加煤粉或焦粉等含碳原料作为还原剂，再加上适量的黏结剂充分混匀后经造球或压球工艺制成球团或块状，被称为含碳球团。其特点主要包括如下几点[4]：

　　（1）含碳球团制备成本较低，并可回收处理钢铁企业的各种含铁废料，无论从经济上还是从环保观点来看，都具有十分重要的意义。

（2）可在 1200~1300℃ 温度下实现快速自还原。

（3）球团在自还原过程中，不断地产生的还原性气体包裹在球团周围，使其能在氧化性气氛中进行快速还原而不被氧化。研究表明，含碳球团可降低焦炭的溶损反应起始温度，而在高炉炼铁工艺中高炉储热区温度基本上相当于焦炭溶损反应的起始温度，即含碳球团可以被用来减低高炉储热区温度，基于含碳球团的诸多优势，广大冶金工作者对含碳球团进行了多方面的研究，其中，包括含碳球团的还原机理、还原过程动力学以及冶金性能等。

由于含碳球团内部的铁精矿粉和煤粉紧密接触，当温度到达一定条件时，含碳球团就会自发的发生还原反应，且随着温度的不断升高，球团内部的煤粉会发生热解、汽化以及铁氧化物发生的直接与间接还原反应，还原剂包括固定碳、煤粉热解中的氢气和煤气化生成的 CO。含碳球团的还原主要包括两种方式：直接还原和间接还原。球团在还原前期阶段主要以直接还原反应为主，而后期则是两种方式同时进行，在不同的温度段直接还原反应与间接还原反应所占的比重不同。为此，众多学者对含碳球团的还原机理、还原动力学等进行了研究。

魏汝飞等[5]对含碳球团在弱氧化性气氛下的还原动力学进行了研究，还原机理如图 3-19 所示。在 1348~1573K 温度范围内，分析了尘泥含碳球团中由于内部的炭粉和铁矿粉颗粒的粒径不同，使铁氧化物与炭粉能够相互嵌合在一起而接触得更加紧密，得出还原速率不是球团的传质的控制环节，其限制性环节应该是界面化学反应速率或局部反应。丁银贵等[6]通过热重实验研究了 1200~1300℃ 氮气条件下，尘泥含碳球团的还原性，研究表明，球团的还原按时间可分为三个阶段，反应分数在这三个阶段中随着温度的升高而不断增大，并利用 Mckwan 方程表示了还原反应的速度，通过活化能的计算得到还原速度由界面化学反应和局部反应控制。

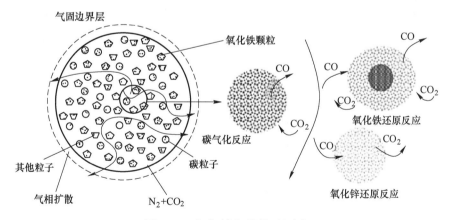

图 3-19 含碳球团还原机理示意

日本东北大学学者发明了一种新型结构的含碳球团，其结构示意如图 3-20 所示。它的基本原理是利用铁氧化物对碳气化反应的催化作用，通过使用极细氧化铁粉和生物质炭制备成含碳球团，从而促使含碳球团的反应活性得以快速提高。其制备过程是先将氧化铁粉与生物质炭混合均匀，使氧化铁粉颗粒附着在生物质炭表面，然后再加入铁矿粉制备成球。

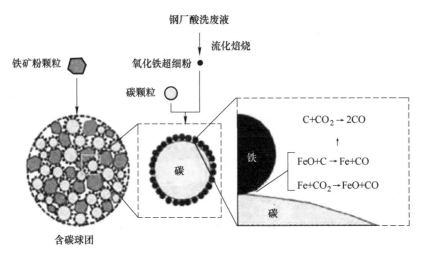

图 3-20　含碳球团结构示意

3.2.5　工程应用

3.2.5.1　中高硅镁质溶剂型球团制备应用

河钢唐钢在中高硅镁质溶剂型球团制备上获得突破，能够实现大规模连续工业生产。

通过提高碱度、降低焙烧温度、优化工艺参数等措施，熔剂性球团污染物生成浓度进一步降低，与烧结矿相比，烟气流量、污染物浓度得到大幅降低，由具备污染物检测资质的第三方机构检测烧结、球团烟气浓度结果如图 3-21 所示。

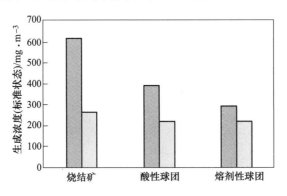

图 3-21　烧结、球团烟气污染物浓度

熔剂性球团 SO_2 浓度比酸性球团降低 98mg/m³（标准状态），降低了 25%，NO_x 浓度持平。与烧结矿相比，熔剂性球团生成的 SO_2 由 617mg/m³ 降低到 292mg/m³，降低了53%；NO_x 由 263mg/m³ 降低到 220mg/m³，降低了 16%。

根据现场第三方实际检测浓度和烟气量计算，每生产 1t 烧结矿和球团矿所生成的SO_2、NO_x 总量对比如图 3-22 和图 3-23 所示。

如图 3-22 所示，折合成相同硫负荷情况下，每吨熔剂性球团 SO_2 生成量由酸性球团

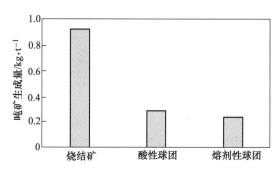

图 3-22 烧结、球团 SO_2 生成量对比

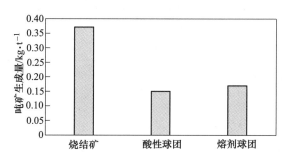

图 3-23 烧结、球团 NO_x 生成量对比

的 0.29kg/t 降低到 0.23kg/t，降低了 0.06kg/t，降低了 20%；由烧结矿的 0.92kg/t 降低到 0.24kg/t，降低了 0.68kg/t，降低了 74%。

如图 3-23 所示，折合成相同氮负荷情况下，因熔剂性球团和酸性球团 NO_x 浓度持平，而熔剂性球团产量降低，吨矿烟气量增加，导致生成总量比酸性球团有所增加；与烧结矿相比，由 0.37kg/t 降低到 0.17kg/t，降低了 0.2kg/t，降低了 54%。

在链算机—回转窑工艺中制备中高硅熔剂性球团难度较大，涉及回转窑结圈、球团粉化、表面黏结等难题。欧洲和国内制备熔剂性球团的 SiO_2 质量分数普遍低于 3.5%，中高硅熔剂性球团仅限于实验室研究阶段，还没有工业生产的先例。为此河钢集团根据国内矿粉 SiO_2 高的实际情况，合理匹配精粉资源，成功生产出 SiO_2 质量分数在 4.5% 以上、R_2 在 1.0 左右的镁质熔剂性球团，具备长期连续生产的能力。熔剂性球团与普通酸性球团典型成分对比见表 3-16。熔剂性球团因添加钙镁等熔剂品位由 63.10% 降低到 61.80%，SiO_2 质量分数为 4.50%，MgO 质量分数为 1.80%，二元碱度为 0.98，解决了回转窑结圈等制约高硅熔剂性球团生产问题，完全满足高比例球团冶炼需要。

表 3-16 熔剂性球团与普通酸性球团典型成分对比

球团种类	$w(TFe)/\%$	$w(SiO_2)/\%$	$w(MgO)/\%$	碱度
普通酸性球团	63.1	5.8	1.4	0.31
镁质熔剂球团	61.8	4.5	1.8	0.98

因添加镁质熔剂，熔剂性球团与酸性球团相比，除抗压强度和低温还原粉化性能外，熔剂性球团的其他冶金性能均优于普通酸性球团，虽然抗压强度和低温还原粉化性能低于

普通酸性球团,但仍处于较好水平,满足高炉炼铁要求。

球团冶金性能见表 3-17。由表 3-17 可知:熔剂性球团还原性能比酸性球团增加了15.58%,膨胀指数改善了 2.53%,软化开始温度增加了 33℃,软熔温度区间降低,明显接近于烧结矿,有利于高炉软熔带厚度的降低,降低高炉料柱阻力。

表 3-17　球团冶金性能

球团种类	抗压强度/N	膨胀指数/%	还原性能 RI/%	低温还原粉化指数/%		
				RDI$_{+6.3mm}$	RDI$_{+3.15mm}$	RDI$_{-0.5mm}$
普通酸性球	2635	14.53	61.32	95	96.3	3.3
镁质熔剂球	2549	12.0	76.90	85.7	88.1	5.4

球团种类	t_{10}/℃	t_{40}/℃	Δt/℃	t_S/℃	t_D/℃	Δt_{DS}/℃	t_m/℃	ΔP_{max}/kPa	ΔH/mm	S/kPa·℃
普通酸性球	1214	1334	120	1367	1490	123	1472	7.0	20.5	431
镁质熔剂球	1247	1349	102	1387	1481	94	1469	5.1	18.2	240

注:t_{10} 为软化开始温度;t_{40} 为软化终了温度;Δt 为软化温度区间;t_S 为熔化开始温度;t_D 为滴落开始温度;Δt_{DS} 为熔滴温度区间;t_m 为熔化滴落温度;ΔP_{max} 为最大压差值;ΔH 为料柱降低高度;S 为透气性指数特征值。

3.2.5.2　高比例球团冶炼应用

河钢唐钢在不锈钢公司 450m³ 高炉上开展高比例球团工业试验,球团质量分数由 20%增加到 80%,炉况稳定性优于同级别高比例烧结矿冶炼高炉。针对高比例球团布料规律和软熔带位置变化规律,先进行实验室对比试验和数值模拟研究,炉内软熔带位置随着球团质量比例的提高有一个先升高的过程,然后又有所降低;软熔带的厚度先变厚,球团比例从 31% 提高到 50% 以后就开始变薄。高炉不同球团质量分数煤气利用率模拟结果如图 3-24 所示,可以看出使用高比例球团后煤气利用率有所升高。

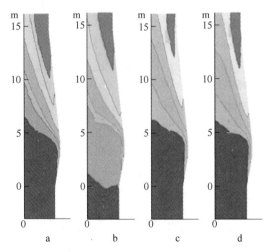

图 3-24　不同球团质量分数煤气利用率模拟结果

a—20%；b—40%；c—60%；d—80%

从现场冶炼结果来看,球团滚动对气流的影响逐步显现,尤其是球团配比达到 40% 以后,中心气流明显不足,需要上下部操作制度配合进行调整。达到 60% 以后,开始谋求优化高炉技术指标，将降低消耗指标作为了高炉指标优化的重点。在达到 80% 球团配比后，高炉通过优化基本操作制度，提高炉况顺行度，为提高焦炭负荷和煤比创造条件，通过合理调整下部送风制度和上部装料制度，活跃炉缸，提高煤气利用率，降低燃料比，与试验基准期比较，渣比降低 100kg/t，入炉焦比降低了 18kg/t，煤比提高了 7kg/t，煤气利用率提高了约 1.5%，燃料比降低了 11kg/t。因高炉处于炉役后期，不得不采取降低冶炼强度、提高炉温、增加钛矿负荷等措施，导致高炉燃料比降低幅度不大，高比例球团冶炼的优势未完全发挥出来，但应用镁质熔剂性球团后，高炉稳定性明显优于同级别高比例烧结矿冶炼高炉，高炉铁水质量未受影响。

　　通过使用熔剂性球团进行高比例球团冶炼试验结果表明，在国内矿粉资源条件下，生产中高硅熔剂性球团完全可行，高比例球团冶炼效果良好，能够从源头和过程实现污染物减排，能够更大程度降低污染物排放总量。通过计算得到的污染物减排效果如图 3-25 所示。

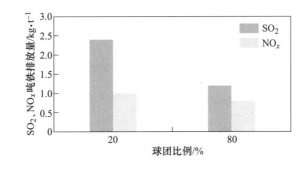

图 3-25　高比例球团冶炼结果对比

　　高炉球团质量分数达到 80%，相比基准期 20% 球比时计算可知：吨铁 SO_2 排放量由 2.4kg/t 降低到 1.2kg/t，降低了 50%，吨铁 NO_x 排放量由 1.0t 降低到 0.8kg/t，降低了 26%。

　　鉴于高比例球团冶炼效果，河钢唐钢在 2000m³ 级、3000m³ 级高炉均配加使用熔剂性球团，高炉炉况稳定顺行。进一步推广至河钢乐亭钢铁公司产能转移搬迁项目上，为降低中高硅熔剂性球团制备难度采用带式焙烧机氧化球团生产线，按照 50% 以上的球团质量分数进行整体配置。

3.2.5.3　经济效益分析

　　相比酸性球团而言，熔剂性球团冶金性能得到极大改善，适应高炉高比例球团冶炼需求，球团售价和冶炼经济性都得到提高。从现场运行结果来看，在相同污染物治理工艺条件下，熔剂性球团烟气浓度相比烧结矿降低 50% 左右，污染物脱硫剂成本和运行费用仅为烧结矿的一半。另外，球团品位的提高，弥补了售价提升的不足，高炉渣比得到降低，高炉吨铁综合成本降低 41 元。

　　带来经济效益的同时，更带来巨大社会环境效益，通过使用 LCA 的炼铁流程污染物排放、能耗的减排潜力和持续改进的定量分析方法得出结论：温室效应是炼铁流程中对环境造成影响的主要因素，球团资源消耗潜力（ADP）和酸化（AP）次之，分别为 27.26%

和 17.30%；烧结酸化（AP）和光化学毒性（POCP）次之，分别为 23.45% 和 7.21%；高炉酸化（AP）和光化学毒性（POCP）次之，分别为 35.51% 和 10.56%。本项目在源头上有效降低污染物生成总量，吨铁 SO_2 生成量减少 1.45kg/t，NO_x 生成量减少 0.32kg/t，CO_2 生成量减少 10.67kg/t。

按全国生铁产能 7 亿吨，一半产能推广计算：每年炼铁工序 SO_2 生成量减少 50 万吨，NO_x 生成量减少 12 万吨，CO_2 生成总量降低 370 万吨。

3.3　烧结烟气选择性循环节能减排技术

3.3.1　工艺原理及流程

为削减烧结机废气排放和控制污染，烧结机烟气循环技术逐渐兴起。烧结烟气循环技术是将烧结过程排出的一部分载热气体，返回烧结点火器以后的台车上再循环使用的一种烧结方法，通过热烟气的循环，既减少了外排烟气量，降低了烟气净化设施的处理负荷，又回收了烧结烟气的余热，提高烧结的热利用效率，降低燃料消耗，已成为烧结机绿色升级改造的主流技术。

烧结烟气选择性循环节能减排技术避开烧结机中部的高硫风箱，选取机尾高温、高氧风箱和机头高一氧化碳风箱混合，经除尘后返回到烧结机中部的烟气密封罩内再次参与烧结，混合后烟气温度高于 200℃，O_2 含量大于 17%，SO_2 和 H_2O 含量均低于设计值。并采用自动控制系统与烧结生产相联动，以防止烟气密封罩烟气外溢，保证循环系统运行的稳定性。

3.3.2　系统设计

3.3.2.1　工艺设计原理

烟气循环工艺与烧结工艺紧密结合，在烟气循环设计过程中必需考虑烧结机实际生产及运行状况。在循环风箱选取过程中必须遵循以下原则：

（1）进入密封罩内烟气 O_2 含量大于 17%。O_2 含量是烧结过程中，燃料燃烧必需的助燃剂，O_2 含量过低会导致燃烧过程不充分，影响烧结矿质量。通过大量模拟研究实验及实际考察发现，在 O_2 含量不低于 17% 时能够满足烧结过程要求。在烟气循环选择过程中，必须保证 O_2 含量大于 17%，以保证烧结矿质量不受影响。

（2）烟气循环后，大烟道烟气温度大于 130℃。烟气循环实施后，剩余烧结烟气仍通过原大烟道进入后续脱硫脱硝等净化工序后排放。脱硫脱硝工艺多采用半干法、SCR、活性焦等方式，均对温度有一定要求，为保证后续工序能够正常运行，要求烟气循环后，剩余烟气温度大于 130℃。

（3）烟气循环布风位置与风箱选取不重叠。烟气循环布风位置与风箱选取重叠后，会导致部分烟气重复循环，使含氧量进一步降低，并导致污染物积累，影响烧结矿质量。

（4）密封罩内负压保持微负压状态。循环烟气是含有 CO、NO_x、SO_2、粉尘等多种污染物的危害性气体，密封罩若出现正压会导致循环烟气外泄，扩散到厂房内危害人身安全，必须严格控制密封罩负压。而密封罩负压过大会导致阻力大，主抽风机能耗增加并会影响烧结过程。因此在设计过程中，必须严格计算各部分压力，保证在烟气循环运行中密封罩内保持微负压状态。

3.3.2.2 工艺设计流程

根据循环工艺设计原则进行工艺设计时，综合考虑工艺与现场实际结合情况，按照一定设计流程进行工艺设计。

（1）确认循环工艺需求。烧结烟气循环工艺为集节能、减排、提产为一体的多功能耦合技术，随着循环烟气选择的不同，各指标间有不同的变化。烟气循环工艺设计首先要确认循环工艺需求，根据各指标侧重点的不同进行工艺选择。

（2）烟气数据测试。烧结机烟气特性与烧结机自身及运行状况息息相关，烧结烟气循环工艺为烧结机定制化工艺，与烧结机各风箱及主烟道的参数紧密相关，需要详细测试各部分烟气的温度、流量、含氧量、CO 浓度以及烧结机漏风率等参数，以作为风箱选择的依据。

（3）循环风箱及密封罩位置选择计算。根据烟气测试数据在保证含氧量、温度及覆盖位置不重复的前提下，计算各循环方式的特征。结合初始循环工艺需求，选择最符合的循环模式。根据循环烟气参数进行主要设备的选型。

（4）平立面布置。烧结烟气循环多为改造项目，循环工艺的布置必须结合现场实际情况，而且随着工艺路线的不同，烟气的温度、压力都会发生变化，对于保证密封罩内的微负压状况有很大影响，在确定风机等重要设备的具体参数前，必须确定好平立面布置。

（5）成套设备设计。在确认烟气参数及平立面布置后，针对循环工艺的特点，对混合器、密封罩等关键设备进行定制化设计。

3.3.3 工程应用

截至 2019 年 4 月已完成或进行中的烟气循环示范项目合计 6 项，共 6 台套烧结机。各项目进展如表 3-18 所示。

表 3-18 示范工程进度

序号	项目地点	烧结机规模/m²	循环率/%	烟气循环特征	补氧措施	类别	状态
1	邯钢西区	360	25~30	单侧循环	无须补氧	改造	投运
2	邯钢西区	360	28	单侧循环	无须补氧	改造	在建
3	邯钢东区	400	26~30	单侧循环	冷空气补氧	改造	调试
4	邯钢东区	400	26~30	单侧循环	冷空气补氧	改造	在建
5	乐亭钢铁	360	30	双侧循环	环冷烟气混合	新建	在建
6	乐亭钢铁	360	30	双侧循环	环冷烟气混合	新建	在建

河钢股份有限公司邯郸分公司西区 2 号 360m² 烧结烟气分级循环净化及余热利用技术示范工程具体情况如下。

（1）烧结机概况。烧结机参数如表 3-19 所示。

表 3-19　烧结机参数

序号	项　目	单位	参数
1	烧结机有效面积	m²	360
2	烧结机利用系数	t/(m²·h)	1.25
3	年工作时间	h	8150
4	烧结机总风量	m³/min	2×18000
5	烧结主抽风机风量	m³/min	2×18000
6	烧结机台车宽度	m	4.5
7	烧结机漏风率	%	45
8	大烟道烟气温度	℃	130~150
9	产量	万吨/a	400

（2）示范工程建设。在大量理论和实践研究的基础上，对大型烧结机进行了技术应用。该 360m² 烧结机，具有双侧大烟道，24 个风箱，可利用位置狭小，漏风率严重，烧结机现场检修要求高，属于改造项目。

根据测试数据及理论计算，为了使取出的风箱烟气在温度、含氧量和污染物浓度方面进行匹配。本项目选取 4~6 号、22~24 号 6 个风箱进行循环，额外增加 20~21 号 2 个风箱烟气进入循环系统。烟气循环率为 25%~30%，循环风箱烟气工况烟气量为 590000m³/h，循环烟气含氧量为 17.9%，密封罩覆盖在 7~17 号风箱，风箱数量共计 11 个，大烟道烟气温度高于 130℃，循环烟气温度 200℃ 左右。

在进入密封罩内的烟气含氧量不足 18% 时，优先考虑烟气含氧量，确保烧结工艺不受影响，其次，考虑烟气温度。当密封罩内负压增大、含氧量低于 18% 时，循环系统自动开启密封罩顶部冷风阀兑冷风，直至恢复正常工况。利用控制系统和风氧平衡编写控制命令，可以实现自动调节冷风阀的开启关闭来满足循环烟气含氧量的不足，系统工艺流程见图 3-26，系统现场见图 3-27。

（3）示范工程实施效果测试。示范工程经济效益与环境效益见表 3-20。

表 3-20　示范工程经济效益与环境效益

序号	项　目	具体效果
1	烧结烟气总量	减排 21.5%
2	CO 排放	减排 4.4kg/t 钢
3	固体燃耗	降低 10.8%
4	产量	提高 3.2%~6.2%
5	质量	无影响

该示范工程的成功建设及稳定运行，取得了明显的环境效益与经济效益，实现主烟道烟气减量排放、NO_x、CO 等污染物浓度降低及工序吨矿能耗降低，从源头减少烧结工艺排放的烟气量和污染物总量，提高烧结余热利用水平，从根本上扭转烧结工艺在钢铁行业节能环保"木桶短板"的被动局面，促进钢铁行业的可持续发展。

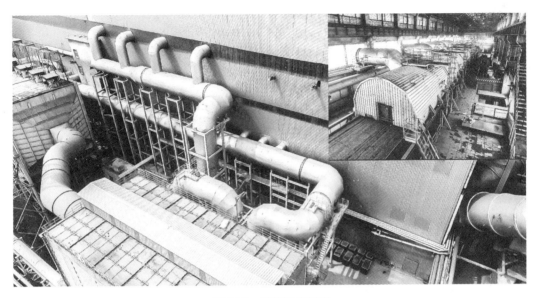

图 3-26　系统工艺流程

图 3-27　系统现场

参 考 文 献

[1] 许满兴, 张玉兰. 新世纪我国球团矿生产技术现状及发展趋势 [J]. 烧结球团, 2017, 42 (2): 25-30, 37.

[2] 田铁磊，师学峰，蔡爽，等. 镁质熔剂性球团孔结构特性 [J]. 钢铁，2016，51（10）：10-14.

[3] 徐晨光. 镁质熔剂性球团矿焙烧固结机理研究 [D]. 唐山：华北理工大学，2017.

[4] 储满生，艾名星，付磊，等. 铁矿热压含碳球团生产工艺开发 [J]. 工业加热，2008（1）：57-60.

[5] 魏汝飞，李家新，李杰民，等. 弱氧化性气氛下尘泥含碳球团的还原动力学 [J]. 过程工程学报，2011，11（3）：429-435.

[6] 丁银贵，王静松，曾晖，等. 转炉尘泥含碳球团还原动力学研究 [C]//中国金属学会冶金反应工程分会.第十三届（2009 年）冶金反应工程学会议论文集. 中国金属学会，2009：8.

[7] 王涛. 燃煤氮氧化物排放控制技术 [M]. 北京：化学工业出版社，2005.

4 末端治理控制技术

末端治理产生于 20 世纪 60 年代，是指污染物产生以后，在其直接或间接排到环境之前，采用物理、化学、生物等方法对污染物进行处理，以减轻环境危害的治理方式，其着眼点是在企业层次上对生成的污染物进行治理。与最早的污染物稀释排放相比，末端治理是污染物治理的一个巨大进步，不仅可以消除已经发生的污染事件，也可以在一定程度上减缓生产活动对环境的污染与破坏。末端治理的主要特征为：在对废弃物的处理与污染的控制时，强调的是对企业自身制造过程中的废弃物的控制，而对分销过程与消费者使用过程中所产生的废弃物则不予以考虑与控制；其环境管理的目标是，通过对制造过程中的废弃物与污染的控制达到规制最低排放标准与最大排放量的要求，规避环境规制所产生的风险。

随着科技的发展与环保要求的日益严格，目前，我国污染物治理已经从单纯的末端治理控制技术向包含了源头减排、过程控制和末端治理的全过程污染物防治技术体系转变，但是末端治理依然是其中的一个重要环节。而对于钢铁行业大气污染物治理来说，末端治理是目前最常用，同时也是最实用的技术，降低了烟气污染物排放的水平。末端治理包括除尘、脱硫和脱硝三部分，我国对烟气污染物的控制先后经历了除尘—脱硫—脱硝的过程。由于污染物控制设备及水平的不同，末端污染物控制技术需要协同兼容控制才能达到最佳的处理效果。

4.1 颗粒物控制技术

4.1.1 钢铁工业烟尘的来源与成因

钢铁工业颗粒物污染包括粉尘污染和烟尘污染。工业粉尘一般是在物料运输、转运、破碎、筛分、装卸、露天堆放等过程中产生的，工业烟尘一般是在矿石烧结、煤炭焦化、金属冶炼与熔炼、金属加热和轧制等过程中产生的。颗粒物的来源主要是在以下几个方面：

（1）铁焦烧工段矿石、煤、焦炭等物料运输、转运、装卸等过程扬尘；

（2）矿石、烧结矿等破碎和研磨过程扬尘；

（3）物料的混合、筛分、包装及运输过程扬尘；

（4）煤炭焦化、燃烧时产生的烟尘，如焦炉、自备电厂烟尘；

（5）矿料加热和烧成产生的烟尘，例如矿石烧结、焙烧、石灰煅烧等过程产生的烟尘；

（6）炼铁、炼钢等冶炼和熔炼过程产生的烟尘；

（7）无组织排放产生的粉尘和烟尘，如露天料场扬尘、施工工地扬尘、炼钢车间屋顶冒烟等。

一般说来，物料输送和冶炼生产过程扬尘的成因主要有：

（1）物料间剪切压缩引起的尘化作用。当运输、筛分等过程中，物料间受到剪切压缩作用，物料表面会产生粉尘扬起，如破碎的时候会有粉尘喷出；筛分物料时振动筛上下往复振动，物料间相对运动而不断被挤压，空气会从间隙中猛烈挤压出来，导致扬尘。当这些气流向外高速流动时，便会带动粉尘一起逸出。

（2）诱导空气造成的尘化作用。块装、粒状和粉状物料在皮带输送、转运等高落差卸料等时，物料能带动周围空气随其流动，从而导致扬尘，这部分空气为诱导空气。如皮带转运落料，因诱导空气扬起灰尘（图4-1）。

（3）加热、烧成、冶炼过程产生烟尘。工业炉窑生产中将产生大量含尘烟气，最常见的包括加热、烧结、焙烧、煅烧、冶炼、熔炼等，由于原料、生产工艺和产品品种不同，烟尘的产生成因和理化性质也不相同。工业窑炉形式多样，规模各异，如高炉、焦炉、烧结机、炼钢转炉、废钢冶炼电炉、精炼炉、铁合金炉、石灰窑等。

冶金过程中产生大量微细粒子，有些是气态金属冷凝离子，有些是纳米级粒子，高温、超细、波动、阵发是其共同特征，烟气中普遍含有 SO_2、NO_x、CO 等气态污染物，因此，净化难度较大。

（4）热烟气浮升造成的尘化作用。工业炉窑在加料、吹氧、出钢、金属浇铸等过程中产生高温烟尘，热烟气上升时，会混合大量空气与粉尘一起上浮运动，同时在车间里扩散（图4-2），形成无组织排放，烟气捕集效果不好时，最终会从屋顶逸出，形成大气污染。

图4-1 皮带转运扬尘

图4-2 电炉炼钢车间烟尘弥漫

通常，使粉尘颗粒由静止状态进入空气中浮游的尘化作用称为一次尘化作用，该作用给予粉尘的能量不足以使粉尘扩散飞扬，只能造成局部地点空气污染。真正造成粉尘扩散的主要原因是二次气流，即外界流动空气的输送作用。

4.1.2　钢铁工业颗粒污染物控制技术进展

4.1.2.1　袋式除尘技术进展[1]

袋式除尘是钢铁工业大气污染的高效除尘技术，袋式除尘器是实现工业烟气细颗粒物超低排放的主流技术装备，应用占比95%。袋式除尘过滤效率高达99.99%以上，净化后颗粒物浓度可达 $10mg/m^3$ 以下，甚至达到 $5mg/m^3$ 以下，设备阻力小于1000Pa已成为常态化。袋式除尘器可用于各种大小风量的含尘气体净化和气固分离，能够很好地适应当烟气量、烟气温度、粉尘比电阻等烟气工况波动，净化性能能够保持稳定。

脉冲喷吹类袋式除尘器具有清灰能力强、过滤风速高、设备紧凑、钢耗少、占地少等优点，是钢铁行业最常见的除尘设备，广泛应用于原料工段、高炉出铁场、烧结机尾、焦炉、炼钢转炉、废钢冶炼电炉、精炼炉、石灰煅烧等区域的除尘，特别是 $2500\sim5000m^3$ 大型高炉煤气净化，我国在脉冲袋式除尘技术上实现了创新突破，取得了重大成果，达到国际领先水平。

10年来，在过滤材料方面，高端滤料取得了举世瞩目的重大成就，相继自主研发了间位芳纶、芳砜纶、聚苯硫醚、聚四氟乙烯、玄武岩纤维、超细玻纤、海岛纤维等特种纤维及滤料，并实现了规模化生产。为提高过滤效率和滤料强度，引进了水刺滤料生产线，研制了超细面层梯度结构滤料产品，滤料的表面处理和后处理技术也得到明显提升，较好地满足了钢铁行业日益增长的市场需求，滤料的性能质量达到或接近国外水平，产品也销售到国外。

"十二五"期间，城市雾霾污染频发，电力行业开始实施超低排放，钢铁等行业开始执行新的排放标准，推动了袋式除尘技术创新进程。针对钢铁炉窑烟气 $PM_{2.5}$ 细颗粒物高效控制和节能降耗问题，利用国家863研发平台，我国相继研发了预荷电袋滤器、电袋复合除尘器、海岛纤维及其表面超细梯度滤料、超细纤维面层水刺滤料等，为钢铁行业实现特殊排放及超低排放提供了技术、装备和材料的支撑。

袋式除尘器在有效去除 PM_{10}、$PM_{2.5}$ 微细粒子的同时，还可以兼顾去除 SO_2、汞和二噁英等其他污染物，半干法脱硫时，袋式除尘器可提高脱硫效率约10%，还可以协同脱除二噁英，体现了袋式除尘从单一除尘向协同控制转变。袋式除尘还是多污染物协同控制工艺的重要组成部分，在烧结机头、焦化、自备电厂等烟气脱硫脱硝工艺中起到不可或缺的作用，发挥着协同控制效应（图4-3），并形成了多种流派的技术路线。以袋式除尘为核心的协同控制技术已成为我国大气污染治理技术发展方向。

4.1.2.2　电除尘技术进展

电除尘器是一种烟气颗粒物高效净化设备，除尘效率可达到99%~99.5%，具有处理风量大、耐高温、效率高、阻力低等特点，广泛应用于火力发电厂锅炉烟气除尘，也在钢铁行业的特殊场合使用。我国是世界电除尘大国，不论是在生产数量上还是使用数量上，均是世界第一，技术水平也跨进了国际先进行列。

钢铁工业烧结机头烟气均采用电除尘器，这是由烧结烟气的性质所决定的。电除尘器能够适应烧结烟气风量大、高温、腐蚀性强、易结露、高负压等特点，是传统的经典配

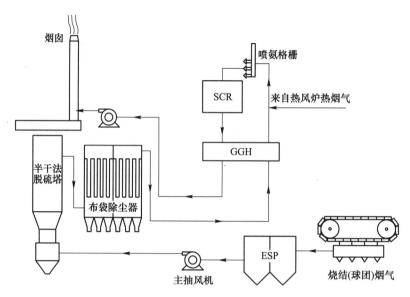

图 4-3　基于袋式除尘的烧结脱硫脱硝工艺

置。但是，烧结烟气工况波动大、粉尘比电阻实时变化，会导致电除尘器效率不稳定，出口颗粒物浓度（标准状态）一般在 $30 \sim 80 mg/m^3$ 范围，对后续脱硫脱硝设备运行造成影响。为了提高效率，近年来，开展了电除尘提效改造，适当增加比集尘面积和电场数量，同时为满足烟气协同治理超低排放要求，相继引进和开发了低温电除尘、高效电源、槽型极板、移动电极等提效技术，取得了一定成效。

转炉煤气干法净化采用电除尘技术，20 世纪 90 年代，宝钢成功引进奥钢联 LT 转炉煤气净化技术并应用，实现了煤气净化工艺"湿改干"的转变，节能降耗显著，经过 20 年来的技术消化和再创新，我国已掌握该项技术，并达到国际先进水平。

湿式电除尘器在钢铁行业也有应用。转炉煤气精净化可采用湿式电除尘器，安装在煤气柜出口（图 4-4）。煤气柜中颗粒物浓度高时，煤气输送加压机积灰严重，叶片磨损加剧，维修繁重，因此需要精净化；此外，煤气用户对煤气颗粒物浓度也有要求，以保障煤气燃烧的稳定性和烧嘴可靠性，也需要精净化。煤气湿式电除尘器精净化，可以使颗粒物浓度从 $30 \sim 100 mg/m^3$ 下降到 $10 mg/m^3$ 以下。

4.1.3　袋式除尘

4.1.3.1　袋式除尘工作原理

袋式除尘是采用过滤材料使含尘气体中的颗粒物从气体中脱除的过程。袋式除尘器是实现气体过滤的设备，过滤材料常用合成纤维或人造纤维，以及金属或陶瓷等制成的袋状过滤元件，是袋式除尘器的核心部件。

当含尘气体通过滤袋时，由于筛滤、惯性碰撞、拦截、钩附，扩散、静电等效应的综合作用，使得烟气中颗粒物被阻留，完成过滤分离。清洁滤袋过滤效率很低，运行一段时间后，滤袋表面将形成"粉尘初层"，它是主要过滤层，有利于建立粉饼，而滤料则主要起着支撑铺垫作用。用粉饼来过滤颗粒物才能获得高的过滤效率。滤袋捕集粉尘的过程如

图 4-4　转炉煤气湿式电除尘器应用

图 4-5 所示。过滤分为内滤和外滤两种形式，工程中最常用的是外滤。

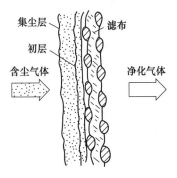

图 4-5　滤袋捕集粉尘的过程

随着滤袋表面粉尘量不断增加，粉尘层增厚，过滤效率随之提高，但除尘器的过滤阻力也逐渐增加，处理风量逐渐减少，此时需要对滤袋进行清灰。清灰的目的是有效地除去滤袋上的积灰，但又要避免清灰过度，以保留"粉尘初层"，保障效率持续稳定。袋式除尘器正是在不断过滤又不断清灰的交替中周而复始工作的。

袋式除尘器的过滤效果主要依赖粉尘层，滤料的过滤效果是有限的，主要起到粉饼形成的作用。非织造针刺毡（水刺毡）的纤维互相抱合，纤维之间呈三维空隙分布，孔隙率高，孔道弯曲，含尘气流通过时受筛分、惯性、滞留、扩散、静电等综合作用，部分粉尘被分离，与纤维层共同形成过滤层，经长期过滤和清灰的反复过程，该过滤层逐渐形成"一次粉尘层"，即"粉尘初层"，其厚度为 0.3~0.5mm。滤料本身的除尘效率为 85%~90%，效率比较低，当滤料表面形成一次粉尘层后，除尘效率可达 99.5% 以上。滤袋清灰时应适度，应尽量保留一次粉尘层，以防止除尘效率下降。

覆膜滤料表面覆以一层透气的微孔薄膜，PTFE 薄膜是应用最多的膜材料，其孔隙率为 85%~93%，孔径为 0.05~3μm。即使对 1μm 以下的微细粒子，PTFE 薄膜也有很高的捕集率，微孔薄膜实际上起到了"粉尘初层"的作用，发挥着表面筛滤作用，即表面过滤效应。膜的各种截留作用如图 4-6 所示。

如果在普通滤料表面敷设一层超细纤维面层（如海岛纤维），超细纤维之间可形成更小、更致密的空隙，可以有效阻隔细颗粒物进入滤袋内部，防止其穿透、逃逸，从而提高对细颗粒物的捕集效率，起到表面过滤的效果（见图 4-7）。

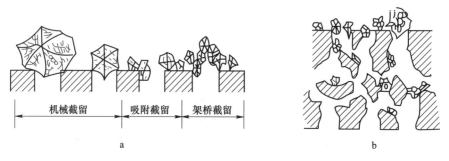

图 4-6   膜的各种截留作用

a—在膜的表面层截留；b—在膜内部的网络中截留

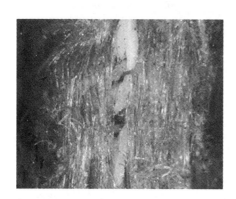

图 4-7   超细面层滤料表面过滤效果

　　堆积在一次粉尘层上面的粉尘称为"二次粉尘层"。随着过滤的进行，滤料表面的粉尘层越来越厚，设备阻力越来越大，处理风量也越来越小，此时必须进行清灰，对于袋式除尘器能否长期持续工作，清灰起到了决定性作用。其作用对象是"二次粉尘层"，要求其可以快速且均匀地清除粉尘，还要保留一次粉尘层，并避免损害滤袋，同时动力消耗要少。

　　清灰原理是通过振动、逆气流或脉冲喷吹等外力作用，使黏附于滤袋表面的尘饼受冲击、振动、形变、剪切应力等作用而破碎、崩落。清灰方式主要有机械振动清灰、脉冲喷吹清灰和反吹清灰等。也有袋式除尘器采用两种以上清灰方式联合清灰，例如，反吹风和机械振动联合清灰，以及反吹风联合声波清灰等。

　　反吹清灰又被称为逆气流清灰，是一种利用切换装置，停止过滤气流，并借助除尘器本身的工作压力或外加动力形成反向气流，粉尘层受滤袋缩胀变形而脱落的清灰方式。反吹风清灰有分室反吹和回转反吹两种形式。

　　分室反吹类，除尘器采取分室结构、外滤形式。反吹风清灰大多在离线状态下进行。利用阀门或回转机构逐室地切换气流，将大气或除尘后的洁净气体导入袋室进行清灰。系统主风机或专设风机提供反向气流。反向气流具有分布均匀、振动不强烈、对滤袋低损伤、滤袋使用寿命长、清灰作用弱的特点。因此一般使用 0.6~0.9m/min 的过滤风速。分室清灰工作制度有二状态与三状态之分：二状态由"过滤"和"反吹"两个环节组成，需要重复多次动作；三状态由"过滤""反吹"和"沉降"三个环节组成（图4-8）。

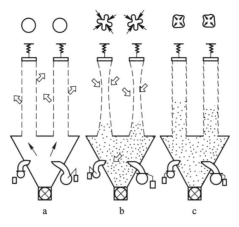

图 4-8 内滤式分室三状态反吹清灰过程

a—过滤；b—反吹；c—沉降

反吹风清灰还包括机械回转反吹的方式，即除尘器在过滤状态下，通过回转反吹装置对箱体内部分滤袋顺序清灰的一种在线清灰方式。除尘器结构不分室。

脉冲喷吹清灰是最常见的清灰形式，以压缩气体（压力为 0.02~0.5MPa）为清灰介质，将压缩气体在短时内快速释放（不高于 0.2s），同时将由数倍于压气流量的常压气体所形成高压气团喷入滤袋，滤袋内的压力快速上升，在袋口至底部之间依次产生急剧的膨胀和冲击振动，造成附着在滤袋表面的粉尘层剥离和脱落（图 4-9）。粉尘从滤袋表面脱落主要是由于滤袋表面受到冲击和振动的结果，即滤袋的快速膨胀与收缩产生的变形。因此，滤袋与滤袋框架之间保持适度的间隙是必要的。由于脉冲喷吹是属于强力清灰，喷吹压力和喷吹频率与滤袋的寿命有直接的关系。

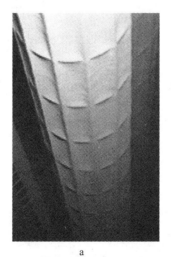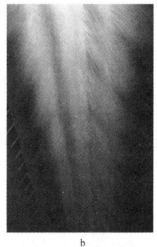

图 4-9 过滤状态（a）与脉冲喷吹清灰状态（b）

喷吹时，被清灰的滤袋不起过滤作用，占比很小，且时间短促，因此，总体上除尘器可看成是连续的，这种情景被称为"在线清灰"，除尘器可以不分仓室；但脉冲袋式除尘器也有采取分室结构的，通过阀门切换，隔断过滤气流，对离线清灰仓室的滤袋进行脉冲喷吹，清灰逐室顺序进行，这种情景被称为"离线清灰"。

脉冲喷吹具有最强的清灰能力，清灰效果好，可允许较高的过滤风速，一般适用于粉尘粒径小、黏性大的炉窑粉尘清灰。

4.1.3.2 钢铁行业常见袋式除尘器结构形式

袋式除尘器的清灰方式决定了分类和除尘器结构。袋式除尘器能长期持续工作的决定性要素是清灰，不同的清灰方式决定了不同的袋式除尘器结构。袋式除尘器按清灰方式的不同分为四类：机械振打类、反吹风类、脉冲喷吹类、复合清灰类。目前，脉冲喷吹类是钢铁行业应用最广泛的。

袋式除尘器还可以按进风方式（上进风、下进风、侧向进风）、过滤元件形式（圆袋、皱褶滤袋、折叠滤筒）、容尘面方向（内滤、外滤）、工作压力（负压、正压）等结构特点划分。目前，工程中通常使用侧向进风、圆袋、外滤式、负压工作的袋式除尘器。

A 脉冲喷吹袋式除尘器

清灰动力由脉冲喷吹机构在瞬间释放出的压缩气体提供，高速射入滤袋，使滤袋急剧鼓胀，依靠滤袋受冲击振动而清灰的除尘器均属于外滤式。脉冲喷吹属于强力清灰，清灰效果好，过滤阻力低，可选用较高的过滤风速，多用于粉尘细和黏的烟气过滤清灰。脉冲喷吹袋式除尘器有多种形式，但目前钢铁行业最常用的是行喷式脉冲袋式除尘器。

行喷式脉冲袋式除尘器是以压缩气体通过固定式喷吹管对滤袋进行喷吹清灰的，滤袋按照行列方阵布置，喷吹时对滤袋逐排进行清灰。脉冲喷吹时间短，清灰的滤袋数量占比较少，因此可以采用在线清灰，除尘器的结构可以不分室；对于密度小、黏性大的细颗粒物的场合，也可采用离线清灰，除尘器为分室结构。

长袋低压脉冲袋式除尘器是行喷式脉冲袋式除尘器的典型代表。其基本特征表现在：淹没式脉冲阀，低压喷吹（<0.25MPa），袋长可达6~8m以上。目前，该除尘器是钢铁行业应用最广、使用最多的主流设备。其结构如图4-10所示。

该除尘器由上箱体、中箱体、灰斗等部分组成，采用外滤式结构，滤袋内装有袋笼，含尘气体经中箱体下部、挡板流向中箱体上部进入滤袋，上箱体排出净气。

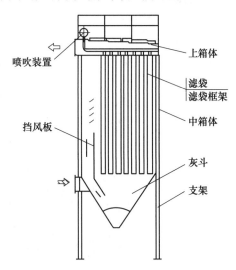

图4-10 长袋低压脉冲除尘器结构

脉冲阀是长袋低压脉冲袋式除尘器的核心部件，是脉冲喷吹袋式除尘器清灰气流的发生装置。脉冲阀有多种结构形式和尺寸，按气流输入、输出端位置分为直角阀、淹没阀和直通阀，其中，淹没式应用最为广泛，其外形见图4-11。

用喷吹装置对滤袋进行清灰，指令由控制系统发出，开启脉冲阀，使气包中的压缩空气由喷吹管快速释放，对滤袋逐排清灰，使粉尘脱离滤袋，落入灰斗。喷吹管上设有孔径不等的喷嘴,对准每条滤袋的中心。该类除尘器对喷吹装置的加工和安装要求很高,不允许有偏差,否则会吹破滤袋。喷吹所用的压缩空气应做脱油脱水处理。脉冲阀每次喷吹时间为 65~100ms。清灰一般采用定压差控制方式,也可采用定时控制。

滤袋的固定是依靠装在袋口的弹性胀圈和鞍形垫,将滤袋嵌入花板的袋孔内(图4-12)。滤袋框架直接支撑于花板上。安装时,待滤袋就位固定后,再将框架插入滤袋中。

图 4-11　淹没式脉冲阀

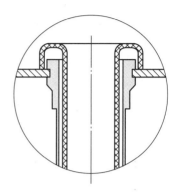

图 4-12　滤袋固定方式

根据处理风量的大小,长袋低压脉冲袋式除尘器有单机、单排分室结构、双排分室结构(图4-13)三种形式。大型长袋低压脉冲除尘器属于分室结构,为满足用户离线检修或离线清灰的需要,在各仓室的进口设有切换阀门,在上箱体出口设有停风阀,当某个仓室需要在线检修时,关闭进出口阀门即可;当某个仓室需要离线清灰时,关闭出口停风阀即可。滤袋直径通常为 φ130mm、φ150mm、φ160mm,滤袋长度 4~8m 不等。

图 4-13　长袋低压脉冲袋式除尘器双排结构

长袋低压脉冲袋式除尘器有以下显著特点:
(1) 喷吹清灰能力强,喷吹压力低至 0.15~0.25MPa,喷吹时间短促;
(2) 滤袋长度 6~9m,占地面积小,处理风量大;
(3) 可以在较高的过滤风速下运行,具有紧凑的设备结构;
(4) 阻力损失低,节能运行;

（5）滤袋拆换方便，维修工作量小，滤料多采用针刺毡。

B　分室反吹风袋式除尘器

反吹风类袋式除尘器是切断过滤气流，利用反吹气流作用迫使滤袋发生胀缩而清灰的除尘器。主要有分室反吹类和喷嘴反吹类两种类型，目前钢铁行业少量使用着分室反吹风袋式除尘器，主要应用于铁合金电炉烟气颗粒物的净化。

分室反吹风袋式除尘器为分室结构，通过阀门或回转机构达到逐室切换气流，将反向气流（大气或除尘系统后洁净循环烟气等）引入袋室进行清灰。此类型多采用内滤式。各仓室都由过滤室、灰斗、进气管、排气管、反吹风管、切换阀门组成，如图 4-14 所示。该类除尘器的滤袋长度可达 10~12m，直径不大于 300mm。采用内滤式，滤袋下端开口，并固定在位于灰斗上方的花板上，封闭的上端则悬吊于箱体顶部。安装时，需对滤袋施加一定的张力，使其张紧，以免滤袋破损和清灰不良。为防止滤袋在清灰时过分收缩，通常沿滤袋长度方向每隔 1m 设一个防缩环。

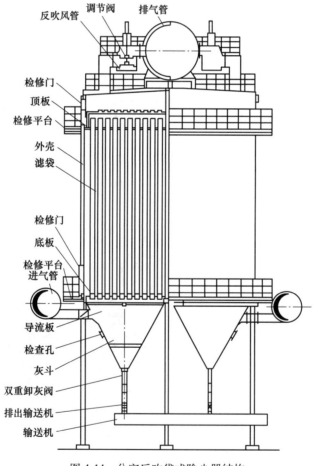

图 4-14　分室反吹袋式除尘器结构

含尘气体由灰斗开始进入，通过挡板时，会改变气体流动方向，并将部分粗粉粉尘分离，之后剩余的含尘气体由花板进入滤袋。含尘气体进入滤袋后，干净的气体穿出滤袋后继续向上流动，粉尘则会被阻留在滤袋的内表面。

分室反吹形式和机构决定了分室反吹除尘器的类型，从而派生出负压和正压两种类型，目前，基本上使用负压分室反吹形式，无论哪种形式，均是各仓室轮流清灰。每个仓室都设有烟气阀门和反吹阀门，负压式的阀门位于仓室的出口。某仓室清灰时，该室的烟气阀关闭，而反吹阀开启，反吹气体便由外向内通过滤袋，使滤袋缩瘪，积附于滤袋内表面的粉尘受挤压而剥落。当一个仓室清灰时，其他仓室仍进行正常过滤。

负压式分室反吹除尘器布置在风机的入口段，工作压力为负压，除尘器各仓室之间完全分隔，出气阀和反吹阀设置在除尘器的出口，见图4-15。

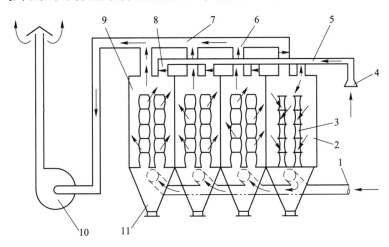

图 4-15　负压大气反吹清灰方式

1—含尘气体管道；2—清灰状态的袋室；3—滤袋；4—反吹风吸入口；5—反吹风管；
6—净气出口阀；7—净气排气管；8—反吹阀；9—过滤状态的袋室；10—引风机；11—灰斗

含尘气体从各室的进风管道进入灰斗，分离粗粒粉尘后，经滤袋下端的袋口进入袋内，通过滤袋净化后粉尘被阻留于滤袋内表面。当某一袋室清灰时，设于仓室出口的阀门关闭，含尘气流不进入箱体，同时反吹阀开启，使该仓室与大气相通，外部空气经反吹风管流入该室，并由滤袋外侧穿过滤袋进入袋内，此时滤袋由膨胀转为缩瘪而得以清灰。清落的粉尘大部分落入灰斗，其余粉尘随清灰气流，经进气管道流入其他仓室过滤。负压分室反吹除尘器的出口处设出气阀和反吹阀，两者可以设计为一体，也就是三通切换阀。

负压反吹风袋式除尘器应用较为普遍，但在室外空气温度低、烟气含湿量较高的场合不宜采用大气反吹，否则容易导致除尘器内结露。

为避免大气反吹造成的结露问题，反吹风源可以利用净化后的烟气循环，即将引风机出口管道中净化后的烟气引入袋室进行反吹清灰，由于循环烟气温度较高，可有效防止烟气结露，同时减少了气体排放，见图4-16。当引风机的压头不足时，可在循环管路上增设反吹风机。

分室反吹袋式除尘器的滤袋直径一般为 0.18~0.3m，袋长为 10m，长径比为 25~40，袋口风速一般控制在 1~1.5m/s，以免袋口磨损，应选择较低的过滤风速，一般在 0.5~0.7m/min 范围。

反吹清灰制度有"二状态"（过滤—清灰）或"三状态"（过滤—清灰—沉降）之

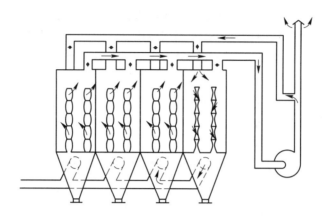

图 4-16　负压循环烟气反吹清灰方式

分。二状态清灰是使滤袋交替地缩瘪和鼓胀的过程，通常进行两个缩瘪和鼓胀过程。缩瘪时间和鼓胀时间各为 10~20s；对于超细粉尘和黏性的烟尘，宜采用三状态清灰，主要考虑到滤袋长度为 5~10m 时，清灰时粉尘并未全部落入灰斗，会再次吸附滤袋表面，清灰效果将被减弱，于是可以在两状态清灰的基础上增加一个"沉降"状态，此时，烟气阀门和反吹阀门都被关闭，滤袋处于静止状态，使清离的粉尘更多地沉降到灰斗内。

分室反吹袋式除尘器的主要特点：

（1）滤袋过滤和清灰时不受强烈的摩擦和皱折，不易破损；

（2）分室结构可以实现不停机下，某个仓室离线检修；

（3）过滤风速低，设备庞大，造价高；

（4）清灰强度弱，过滤阻力高；

（5）滤袋更换需在箱体内部进行，粉尘大，操作麻烦。

C　滤筒式除尘器

以滤筒代替滤袋作为过滤元件是滤筒式除尘器的最大特点，即将滤料制成筒状褶皱结构，在其内外设有金属保护网，形成刚性过滤元件。其特点是大幅度增加了过滤面积。

滤筒是将滤料预制成筒状的过滤元件，其滤料是由纺粘聚酯细旦长纤维或短纤维经分层配合、高温延压制成的三维结构毡，也可以选用经硬挺化处理的常规针刺毡，表面予以覆膜。滤料在滤筒的外圆和内圆之间反复折叠，形成多褶式结构（产品见图 4-17），因而大大增加了过滤面积，通常为同尺寸滤袋的 2~3 倍。在筒体的外部和内部均设有金属支撑网，以保持滤筒的形状和尺寸，表面过滤材料是滤筒较常用的滤料，表面孔径为 0.12~0.6μm，可阻留大部分亚微米级尘粒于滤料表面。

滤筒式除尘器的结构包括箱体、灰斗、进风管、排风管、清灰装置、导流装置、电控装置、气流分流分布板及滤筒。滤筒的安装方式可以为垂直安装，也可以为水平安装或倾斜安装，垂直布置是从清灰效果来看较为合理的安装方式。过滤室在花板下部，脉冲室在花板上部。气流分布板安装在除尘器入口处。滤筒所用材料多为覆膜滤料，长度一般不超过 3m，见图 4-18 和图 4-19。

图 4-17　滤筒产品图

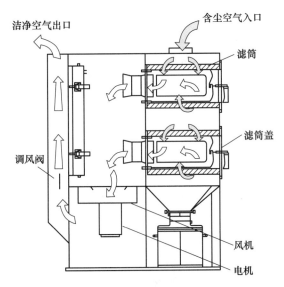

图 4-18　滤筒式除尘器结构

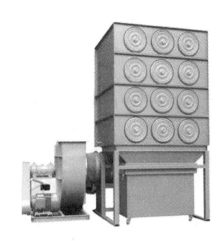

图 4-19　滤筒式除尘器

　　含尘气体进入除尘器箱体之后，部分粗大颗粒在重力和惯性力作用下由于气流断面突然扩大及气流分布板的作用沉降在灰斗；粒度细、密度小的尘粒则在气流断面突然扩大以及在气流分布板的作用下，通过布朗扩散和筛滤等组合效应沉积在滤料表面上；最后，气体进入净气室后，由排气管经风机排出的即为净化后的气体。随着粉尘的积累，阻力逐渐增大，在阻力达到某一规定值时进行脉冲清灰。

　　滤筒式除尘器的过滤风速为 0.3~0.75m/min。起始的设备阻力为 250~400Pa，终阻力可达 1250~1500Pa。滤筒式除尘器效率很高，目前，钢铁行业高炉出铁、焦化环境、烧结、石灰窑等超低排放上应用日益广泛，特别是提标改造时，可以在原除尘器结构不变时，用滤筒替代普通滤袋，以增加过滤面积。

　　滤筒除尘器具有以下特点：

　　(1) 滤筒的折叠构造使过滤面积相当于同尺寸滤袋的 2~3 倍，有利于缩小除尘器体积，适用于安装空间受限制的场合；

（2）采用表面过滤材料，粉尘捕集率高，一般为99.95%。对于微细粉尘有很好的捕集效果，可获得高效率、低阻力的效果；

（3）滤筒刚性好，无框架支撑，在过滤与清灰时变形较小，有利于延长使用寿命；

（4）通过技术改进，克服了皱折深部积尘、不易被清除的问题；

（5）适宜空气净化、处理粉尘浓度较低的场合；

（6）由于滤筒的长度受限，一般用于处理风量较小的烟气净化；

（7）价格相对较贵。

4.1.3.3　袋式除尘新技术

随着国家工业行业超低排放战略的实施，以及环保标准的引领作用，推动了中国袋式除尘技术创新、产品研发和装备提升的进程，在主要核心技术上取得了突破，取得了重大科技成果，并达到了国际领先水平。

A　预荷电袋滤技术

预荷电袋滤器是针对钢铁炉窑烟尘细颗粒物高效净化开发的新技术装置。将粉尘预荷电技术和袋式除尘结合起来，在袋式除尘器前面设置一个预荷电装置，使粉尘粒子通过荷电，然后由滤袋捕集，从而提高对微细粒子$PM_{2.5}$的捕集效果，出口颗粒物浓度持续小于$10mg/m^3$，同时显著降低阻力能耗40%以上，实现节能运行[5]。

a　粉尘预荷电技术

粉尘预荷电是一种能够强化细颗粒物高效捕集的核心技术。利用电场放电促使微细粒子荷电，荷电后的粉尘能够在滤袋表面形成疏松多孔海绵状的粉饼，细颗粒物也明显团聚呈蘑菇状，这种特殊粉饼结构在气体过滤时，能够提升微细粒子筛分、扩散、静电等效应，从而提高了捕集效率；同时由于粉饼透气性好，可降低过滤阻力[2]。粉尘预荷电对比实验和凝并效果见图4-20。

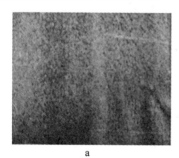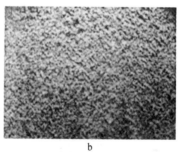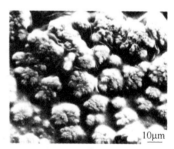

a　　　　　　　　　b　　　　　　　　　c

图4-20　粉尘预荷电粉饼结构对比

a—未荷电粉饼；b—预荷电粉饼；c—预荷电粉饼微观图

通过进行粉尘预荷电过滤性能实验，测试结果（图4-21）表明，同等条件下，粉尘荷电后，捕集效率可提高15%~20%，过滤阻力可下降20%~30%[2]。

研制了预荷电装置（图4-22），确定了预荷电装置结构、板线配置、供电方式和技术性能参数等，实现了工程示范和应用。预荷电装置体积小，荷电效果好，安装在袋式除尘器入口。

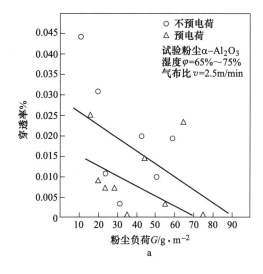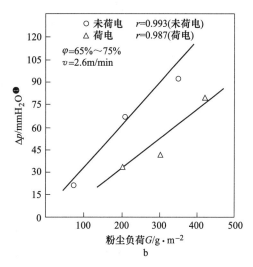

图 4-21 粉尘预荷电过滤性能对比试验
a—粉尘负荷与穿透率的关系；b—粉尘负荷与阻力的关系

图 4-22 粉尘预荷电装置

b 直通均流式袋式除尘器

针对传统除尘器存在的结构复杂、运行阻力高、阀门故障多、漏风率较高等问题，对传统袋式除尘器结构进行了创新改造，研制了直通均流式袋式除尘器新型结构，其优点表现在结构简单、流程短、流动阻力低、滤袋寿命长等[1]。

直通均流式脉冲袋式除尘器结构如图 4-23 所示。由上箱体、喷吹装置、中箱体、灰斗和支架、自控系统组成。

与常规的袋式除尘器不同，直通均流式脉冲袋式除尘器不设含尘烟气总管和支管，气体的输送是通过进口喇叭内的气流分布装置，将含尘气流从正面、侧面和下面输送到不同位置的滤袋，既避免含尘气流对滤袋的冲刷，也减缓含尘气流自下而上的流动，从而减少粉尘的再次附着。

❶ $1mmH_2O = 9.80665Pa$。

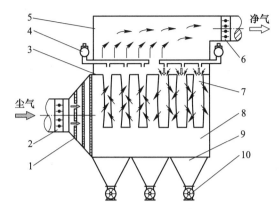

图 4-23　直通均流脉冲袋式除尘器结构

1—气流分布装置；2—进口烟道阀；3—花板；4—喷吹装置；5—上箱体；
6—出口烟道阀；7—滤袋及框架；8—中箱体；9—灰斗；10—卸灰装置

该除尘器从侧面进风，过滤后的烟气汇集到进气室，从前向后水平流动，侧面出风，构成"直进直出"的流动模式，显著地降低了除尘器的结构阻力，相当于电除尘器的阻力（≤300Pa）；在脉冲喷吹清灰条件下，滤袋的阻力不会超过900Pa，因而设备阻力很容易控制在1200Pa以下。

由于结构上的变化，避免了传统袋式除尘器局部阻力大的缺点，同时省去了弯头、入口阀门、出口提升阀等部件，结构更为简化，故障率下降70%，可靠性显著提高。

上箱体可以做成小屋结构，空间高度4~4.5m，滤袋安装和检修均可在小屋内进行，滤袋框架制作成两节。由于小屋整体密封，漏风率小。上箱体设有人孔门和通风窗，便于检查和维护。

c　预荷电袋滤器

将预荷电技术、超细面层精细过滤材料、直通均流式袋式除尘器、气流分布技术和清灰技术等有机复合，并形成一体化装置（图4-24）。粉尘预荷电装置体积较小，可以设置于除尘器喇叭口内，从而减小了设备占地和体积。该装置出口颗粒物浓度持续小于10mg/m³，同时运行能耗比传统袋式除尘器降低40%以上，实现了节能运行。预荷电袋滤器特别应用于炼钢转炉、电炉、铁合金等炉窑烟气细颗粒物高效捕集，已成为钢铁行业超低排放的主流设备[2]。

B　电袋复合除尘

电袋复合除尘器是将电除尘与袋式除尘复合的除尘技术，是近十年来开发的一种新技术。它通常保留原有静电除尘器的第一电场，再将第二、第三电场改造成袋式除尘，通过两者复合作用来去除烟尘。该技术利用静电除尘器处理高浓度烟尘，将大部分粗粒径的烟尘除去，较细的粉尘进入袋式除尘进行二次除尘。电袋除尘器前端电除尘器发挥了预除尘与荷电作用，进入滤袋区域前，大部分的粉尘颗粒已经去除，大幅度降低了袋除尘的粉尘浓度，进入袋区的粉尘带电，在滤袋表面形成疏松的滤饼，可提高过滤效率，降低气流阻力，延长清灰周期及滤袋的寿命。电袋复合除尘器兼有电除尘技术处理烟气量大和袋式除尘技术捕集效率高的优点，能够达到长期稳定的超低排放，成为燃煤电厂主流技术，钢铁

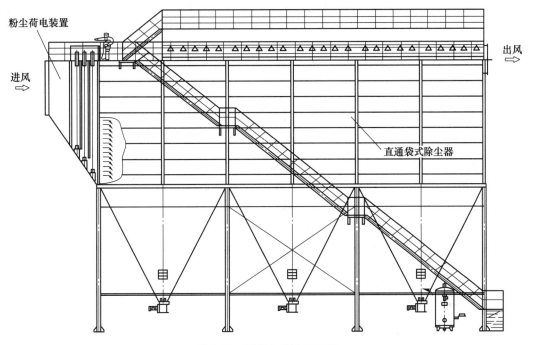

图 4-24　预荷电袋滤器外形

行业一般用于烧结机尾电除尘器改造，在原电除尘器基础上，改造成电袋复合除尘器，是一种经济适用的改造方案。

电袋除尘器基本结构如图 4-25 所示[3]。其前部为静电除尘器的电场，称为"电区"，后部为袋式除尘器，称为"袋区"。

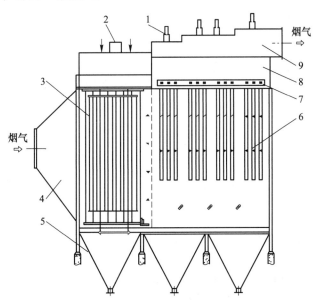

图 4-25　电袋复合除尘器结构
1—提升阀装置；2—高压电源装置；3—电场区；4—进口喇叭；5—灰斗；6—滤袋区；
7—清灰系统；8—净气室；9—出风烟道

电袋复合除尘器的工作原理是：工业烟气由除尘器左端的进口喇叭进入气流均布板后进入电场区，通过气体电离、粉尘荷电、粉尘驱进、沉积收集的四个过程，可收集80%以上的粉尘，收入下部的灰斗，剩余未被收集的细颗粒物流入滤袋区，荷电粉尘被滤袋拦截形成蓬松的粉饼，透气性好，粉尘层孔隙率高，净化后的烟气从滤袋内腔流入上部的净气室，流经上部的提升阀后从出风烟道排出。

电袋复合除尘器不受粉尘颗粒、比电阻等粉尘特性的影响，出口颗粒物浓度能长期稳定保持在10mg/m³以下，阻力低，$PM_{2.5}$微粒捕集率高。

电袋复合除尘器的主要特点：

（1）在电区除去大部分粉尘，使进入袋区的粉尘浓度大幅度降低，加之粉尘荷电的作用，除尘器捕集细颗粒物效率高，达到超低排放；

（2）除尘效果不受粉尘比电阻影响，效率稳定；

（3）主要用于高浓度的烟气净化，如燃煤电厂锅炉烟气净化；

（4）适合于电除尘器提效改造。

4.1.3.4　袋式除尘滤料与滤袋

A　滤料的基本要求

滤料是袋式除尘器的核心材料，其质量和性能直接关系到袋式除尘器的运行效果和寿命，因此，应满足一定要求：

（1）粉尘捕集率高；

（2）粉尘易于剥离与清灰；

（3）滤料具有适宜的透气性；

（4）滤料的密度和厚度均匀；

（5）具有足够的强度，抗拉、耐磨、抗皱折；

（6）尺寸稳定，使用时变形小；

（7）具有良好的耐温、耐化学腐蚀、耐氧化和抗水解性能；

（8）性价比高，寿命长。

滤料的性能指标[4]见表4-1。

B　钢铁行业常用滤料

a　针刺毡滤料

针刺毡滤料是袋式除尘器最常用的滤料，也是钢铁行业最常用的过滤材料，以涤纶针刺毡滤料应用最为广泛，众多滤料企业均生产该产品。针刺设备有国产的，也有进口的。目前，我国针刺毡滤料性能和质量有了显著的提升，产品也远销到国外。针刺毡滤料的特点如下：

（1）从结构上，针刺毡滤料具有交错分布的三维结构。相比于上述的织造滤料，针刺毡的三维结构能够更快形成粉尘层。在使用过程中除尘清灰后，由于三维结构的稳定性，在结构中不存在直通的孔隙，实现更稳定的捕尘效果。而且其除尘效率高于一般的织物滤料。测试结果表明，动态捕尘率可达99.9%~99.99%。

表 4-1 滤料的性能指标

序号	滤料	特性	考核项目			
I	形态特性	常用滤料	1	单位面积质量偏差/g·m^{-2}		
			2	厚度偏差/mm		
			3	幅宽偏差/mm		
			4	体积密度/g·cm^{-3}		
			5	空隙率/%		
		机织滤料	6	材质		
			7	纤维规格（细度×长度）/d×mm		
			8	织物组织	尘面	
					净面	
			9	厚度/mm		
			10	单位面积质量/g·m^{-2}		
			11	密度/(根/10cm)	经	
					纬	
		涤纶针刺毡	12	材质		
			13	加工方法		
			14	单位面积质量/g·m^{-2}		
			15	厚度/mm		
			16	体积密度/g·cm^{-3}		
			17	空隙率/%		
II	透气性	常用滤料、机织滤料、涤纶针刺毡	1	透气度	1/(m^2·s)	
					m^3/(m^2·min)	
			2	透气度偏差/%		
III	强力特性	常用滤料、机织滤料、涤纶针刺毡	1	断裂强力/N	经向	
			2		纬向	
IV	阻力特性	常用滤料 机织滤料	1	洁净滤料阻力系数		
			2	动态滤尘阻力/Pa		
		涤纶针刺毡	3	洁净滤料阻力系数		
			4	再生滤料阻力系数		
			5	动态阻力/Pa		
V	伸长特性	常用滤料、机织滤料	1	断裂伸长率/%	经向	
			2		纬向	
			3	静负荷伸长率/%		
		涤纶针刺毡	4	断裂伸长率/%	经向	
			5		纬向	

序号	滤料	特性	考核项目	
Ⅵ	滤尘特性	常用滤料、涤纶针刺毡	1	静态除尘率/%
			2	动态除尘率/%
			3	粉尘剥离率/%
		机织滤料	4	动态阻力/Pa
			5	动态除尘率/%
Ⅶ	静电特性	常用滤料	1	摩擦荷电电荷密度/$\mu C \cdot m^{-2}$
			2	摩擦电位/V
			3	半衰期/s
			4	表面电阻/Ω
			5	体积电阻/Ω
Ⅷ	使用条件	机织滤料、涤纶针刺毡	1	使用温度
			2	耐酸性
			3	耐碱性
			4	资料来源

（2）针刺毡孔隙率高达 70%~80%，因而自身的透气性好、阻力低。

（3）便于工业化规模生产，便于自动化控制，保障产品质量的稳定性。

（4）产能大，劳动生产率高，有利于降低产品成本。

（5）根据不同的烟气特性和用户需求，针刺毡的材料和品种呈多样性。除纯化滤料外，还有复合滤料、表面超细纤维滤料、覆膜滤料、涂层滤料等。

b　复合滤料

复合滤料是将两种或两种以上过滤材料混合后加工制成的滤料。复合滤料使不同纤维的性能互相弥补，提高滤料的性能，并降低成本，但增加了废旧滤袋回收利用的难度。

混合纤维滤料中品种和应用较多的，是以玻纤与耐高温化纤混合制成的复合针刺毡。主要品种有玻纤+涤纶、玻纤+诺梅克斯（或芳纶）、玻纤+PPS、玻纤+P84、玻纤+PTFE 等。其中，玻纤+芳纶纤维、玻纤+P84 纤维两种针刺毡，成为高炉煤气净化的主要滤料。通过玻纤与化纤的混合弥补了纯玻纤毡不耐折的缺点，而成本则显著低于纯化纤毡。

含硫烧结烟气半干法脱硫时，为提高滤袋的耐高温、抗酸腐蚀、抗水解的要求，可选用 PTFE 基布与 PPS 纤网复合制成的滤材，比纯 PPS 针刺毡强度保持率提高 25% 左右。典型复合针刺毡滤料产品及性能参数[4]见表 4-2。

表4-2 典型复合针刺毡滤料产品及性能参数

成分 纤维	基布	滤料单重/g·m⁻²	厚度/mm	密度/g·cm⁻³	透气度/L·(dm²·min)⁻¹	断裂强力/(N/5cm) 纵向	横向	伸长率/% 纵向	横向	90min最大收缩 温度/℃	伸缩率/%	使用温度/℃ 连续	瞬间	后处理	应用领域
PTFE	PTFE	750	1.1	0.68	100	≥600	≥600	<5	<5	260	3	240~260	160	PTFE处理	垃圾焚烧、燃煤锅炉
IP84/PTFE/GL	PTFE	530	2.0	0.265	200	>600	>600	>3	>3	280	<1	240	280	热定型、烧毛、PIFE处理	高炉煤气、垃圾焚烧、旋窑窑尾
P84/GL	GL	800	2.5	0.32	200	>1500	>1500	<2	<2	260	<1	240	280	烧毛、PTFE处理	高炉煤气、铁合金、旋窑窑尾
P84/PPS/GL	PTFE	530	2.0	0.265	200	>600	>600	<3	<3	230	<1	180	230	热定型、烧毛、PTFE处理	燃煤锅炉、垃圾焚烧
PPS/GL	PPS	530	2.2	0.264	150	>800	>800	<3	<3	220	<1	180	200	热定型、PTFE处理	燃煤锅炉、垃圾焚烧
PPS/GL	GL	800	2.5	0.32	200	>1500	>1500	<2	<2	230	<1	180	230	PTFE处理	燃煤锅炉
PPS/GL	PB4+PPS	530	2.0	0.265	150	>600	>600	<3	<3	230	<1	180	220	热定型、PTFE处理	燃煤锅炉、垃圾焚烧
PTFE/GL	PTFE	700	1.5	0.167	120	>600	>600	<3	<3	280	<1	240	280	热定型、PIFE处理	垃圾焚烧、钢冶炼、钛白粉
Aramid/GL	Aramid	480	2.2	0.218	220	>600	>600	<3	<3	250	<1	200	250	PTFE处理	沥青、石灰窑、窑头冷冷机、白炭黑

c 覆膜滤料

覆膜滤料是指在传统滤材（针刺和织造滤料）的表面覆以 PTFE 微孔薄膜所形成的复合滤料（图 4-26），微孔薄膜实际上起到常规滤料粉尘初层的作用。覆膜滤料比常规滤料捕集效率明显提高（图 4-27），而且除尘过程中形成的粉尘层易于脱落，提高了粉尘层的剥离性。覆膜滤料的本体阻力虽高于传统滤料，但除尘器运行过程中，由于粉尘剥离性好，易清灰，且超细粉尘很少进入织物内部，抑制了滤料阻力的快速上升，除尘器压降明显低于传统滤料[1]。

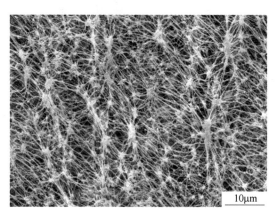

图 4-26　覆膜滤料微孔结构

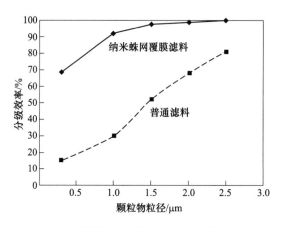

图 4-27　覆膜滤料与普通滤料分级效率对比

覆膜滤料常用于钢铁行业原料含尘空气过滤、炼钢二次烟气净化等排放要求严格的场合，烟气温度宜低于 200℃。

覆膜滤料的特点：

（1）滤料覆膜可实现表面过滤，可提高细颗粒物的分级效率。

（2）粉饼易剥离，易清灰，可以有效阻隔细粉尘进入滤料深层，从而防止滤料的堵塞，具有表面过滤的效应。由于 PTFE 在滤材表面很光滑，设备平均阻力较低。

（3）滤料覆膜疏水性较好，可防止因结露造成糊袋板结。

（4）PTFE 覆层具有良好的耐热和耐腐蚀性能。

（5）覆膜滤料的底布材质可以是各种化纤或玻璃纤维；结构可以是织布，也可以是针刺毡。因而可以制成多种产品，用于各种不同的场合。

d 超细纤维面层滤料

袋式除尘的核心部件是过滤材料，决定着袋式除尘的捕集效率和排放浓度。然而，常规的滤料无法高效捕集 $PM_{2.5}$ 微细粒子，难以满足超低排放的要求。超细纤维面层滤料是一种新的 $PM_{2.5}$ 过滤材料。

研究表明，纤维越细，其滤料的过滤效率越高。在常规滤料表面用超细纤维做面层，在滤料厚度方向上纤维的细度或者纤维层的密度呈现梯度变化，便形成超细纤维面层梯度滤料（图4-28）。超细纤维面层滤料针刺密度高，纤维之间孔隙更小更均匀，能够将细颗粒物阻隔在滤料表面，具有表面过滤效应，不仅提高了过滤效率，并且表面光滑，提高了粉尘剥离率，可显著降低过滤阻力。目前，我国已生产出超细纤维（例如海岛纤维）及其超细纤维面层滤料产品，主要应用于钢铁行业转炉二次/三次烟气、铁合金烟气、烧结和焦化烟气等炉窑烟气细颗粒物高效净化，是目前工业行业超低排放主流产品。

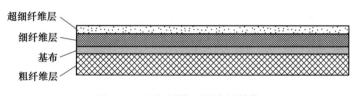

图 4-28 超细纤维面层滤料结构

C 滤料的选用

选用滤料时，应考虑多种因素，滤料选择的要点如下[1]。

a 根据烟气理化性质选用滤料

必须考虑烟气温度，它是滤料选择最重要的影响因素，因为滤料纤维有耐温性要求，一般分为3类：低于130℃为常温滤料，130~200℃为中温滤料，高于200℃为高温滤料。滤料的选择需满足其连续使用温度的要求。

应考虑烟气湿度。含尘气体湿度表示烟气组成中水蒸气的含量，通常使用相对湿度 φ 和水蒸气体积分数来表征。含湿气体影响滤料的过滤性能，湿度过高使滤袋表面的粉尘黏结，严重时可引起糊袋现象，烟气也容易结露，这是袋式除尘必须避免的。设计和运行时，除尘器工作温度应高于气体露点温度10~20℃。滤料也应该做防水处理。

各种炉窑烟气中，常含有酸、碱、氧气、有机溶剂等多种化学成分，具有腐蚀性。不同纤维原材料具有不同的耐化学性能，选择滤料时应有针对性。

当含尘气体具有可燃性和爆炸性时（如一氧化碳、甲烷、煤粉等），应选择具有阻燃性和防静电的滤料。

b 根据粉尘的性质选用滤料

对于细颗粒粉尘占比大的烟气（如炼钢烟气、焦化烟气，铁合金等），在选用滤料时可采用覆膜滤料、超细纤维面层滤料、水刺滤料等。

对于黏性粉尘，清灰困难，除采用脉冲袋式除尘器进行强力清灰外，应选择表面烧毛、压光的针刺毡滤料，或覆膜滤料。

粉尘的吸湿性和潮解性强，流动性差，粉尘将牢固地黏附于滤袋表面，如不及时清灰，尘饼板结，滤袋失效，这种潮解行为发生在滤袋表面，造成糊袋。

琢磨性强的粉尘不能使用覆膜滤料。铝粉、硅粉、碳粉、烧结矿粉等属于高琢磨性粉尘[8]。同时一定要控制过滤风速和气流分布。

对于易燃易爆粉尘，宜选用阻燃型、消静电滤料，此外，对除尘设备和系统还须采取其他防燃、防爆措施[8]。

c　根据除尘器的清灰方式选用滤料

负压分室反吹类袋式除尘器是利用反吸风或风机鼓风作为反吹气源的，清灰方式属于低动能清灰。滤料需要选用质地轻软、容易变形，而尺寸稳定的薄型滤料（例如玻纤覆膜滤料）。负压分室反吹类袋式除尘器常使用内滤，常用圆形袋、无框架、袋径 $\phi 300$mm，L/D 为 15~40，优先选用缎纹（或斜纹）机织滤料。

脉冲喷吹类袋式除尘器是以压缩空气为动力，利用脉冲喷吹机构在瞬间释放压缩气流高速射入滤袋，使滤袋急剧鼓胀变形和反向气流进行清灰的，属高动能清灰类型，滤袋过度的频繁清灰会影响其运行寿命。此类除尘器要求选用厚实耐磨、抗张力强的滤料，优先选用化纤针刺毡、水刺毡。谨慎使用玻纤覆膜滤料。

d　根据超低排放要求选用滤料

钢铁行业已全面实施超低排放，要求袋式除尘器出口颗粒物浓度小于 10mg/m³，甚至小于 5mg/m³。对于此类场合，要求选用特殊结构品种的滤料，例如，表面超细纤维梯度过滤材料、水刺毡滤料、覆膜滤料等。同时，过滤风速也有所降低。

D　滤袋提效改进

为提高过滤效率，减少粉尘短路或穿透逃逸，降低除尘器出口颗粒物浓度，近年来，滤袋的结构得到改进，取得了良好的净化效果。

a　高严密滤袋袋口结构

传统滤袋的袋口形式严密性不够，致使细颗粒物容易短路造成逃逸，且袋口安装时容易脱落，直接会导致粉尘排放量增加，不能达标排放。提出一种迷宫式方形凹槽袋口结构，可增加滤袋安装的牢固性和严密性，防止 $PM_{2.5}$ 逃逸。传统滤袋袋口与高严密性滤袋袋口对比见图 4-29。

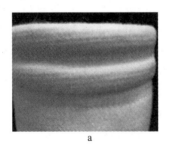 

a	b

图 4-29　传统滤袋袋口（a）与高严密性滤袋袋口（b）

b　滤袋缝合线针眼塞堵

滤袋使用过程中，由于喷吹产生的张弛作用，以及滤料与缝合线不同材质收缩作用，缝合线处针眼会扩大，导致细颗粒物穿透逃逸（图 4-30）。为解决此问题，将滤袋沿缝合线做涂胶处理（图 4-31），堵塞针眼，保障过滤精度。

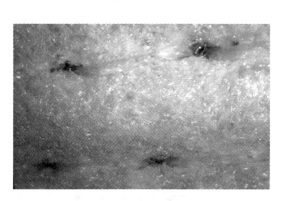

图 4-30　滤袋缝合线针眼

图 4-31　滤袋缝合线针眼涂胶

新近开发了一种既具有 PTFE 缝纫线耐温耐腐效果，又可闭合针孔的专用滤袋缝制线（图 4-32），具有比纯 PTFE 缝纫线更好的针孔封堵效果，又有良好的耐磨性、表面粗糙性，缝合后能够与滤料形成牢固的抱合力，起到针孔存留粉尘颗粒的作用，可有效减少针眼颗粒物逃逸，提高过滤效率。

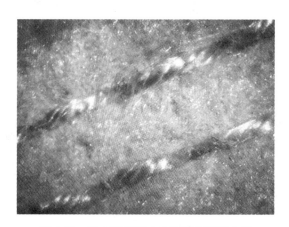

图 4-32　具有堵塞针孔功能的滤袋缝合线

c　褶皱滤袋

降低过滤风速，有利于提高过滤效率。排放越严，过滤风速越低；颗粒越细，过滤风速越低。即使除尘器过去达标，欲满足目前超低排放要求，也需要降低过滤风速。降低过滤风速、增加除尘器过滤面积有三个改造途径：一是增加滤袋长度，二是增加过滤仓室，三是采用褶皱滤袋。

褶皱滤袋是一种新的滤袋结构（图 4-33），在不改动除尘器本体结构的前提下，使用褶皱滤袋可增加过滤面积 50% 以上，可使过滤风速从 1.0m/min 降至 0.80m/min 以下，以满足除尘器出口排放浓度小于 $10mg/m^2$ 的要求[3]。

d　荧光粉检漏

荧光粉检漏是保障袋式除尘器超低排放的重要措施。在除尘器安装过程中，可能会出

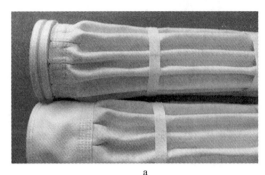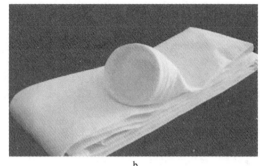

a　　　　　　　　　　　　　　　　　　b

图 4-33　褶皱滤袋（a）与常规滤袋（b）

现钢结构漏焊、滤袋安装不到位、安装尺寸不合适、滤袋破损等现象；在除尘器运行过程中，可能会出现除尘器本体漏焊、开焊、掉袋等现象，这将导致除尘器超标排放。要找出如上的漏点，即使是专业人员也很难完成，需要一种切实可行的方法，荧光粉检漏便是行之有效的措施，它能帮助人员检查滤袋破损、漏洞以及袋口密封不严等缺陷。

将检漏荧光粉从除尘器进口管道上注入，它会流向阻力小的地方，聚集在泄漏点的周围，使用专用单色灯照射就能轻易地找到泄漏点，并清楚地知道泄漏程度（图 4-34）。因此，新建项目、改造项目完工后，应进行荧光粉检验，对于超低排放改造尤为重要。

图 4-34　袋式除尘器安装后荧光粉检漏

4.1.3.5　袋式除尘性能及其影响因素

袋式除尘性能常用除尘效率、分级效率、压力损失（阻力）等技术指标来反映。

除尘效率定义为在同一时间内除尘器捕集的粉尘质量占进入除尘器的粉尘质量的百分数。除尘效率表示除尘装置的整体净化效果，通常用于反映除尘器出口颗粒物浓度大小。

分级效率是指除尘器对某一粒径（或粒径范围）粉尘的除尘效率，即反映的是除尘器分别捕集不同粒径粉尘的能力和效果。所谓高效除尘器一般是指对细颗粒物有很高的捕集效率。

压力损失（阻力）是单位流体流经除尘器时所消耗的能量，阻力大小通常用除尘器进口与出口气体全压差来表示，流速相近时，也常用除尘器进出口气体静压差来表征。

A 除尘效率主要影响因素

影响袋式除尘器除尘效率的因素主要有粉尘特性、滤料特性、滤袋表面粉饼状况、过滤风速及清灰方式等，各因素影响不是单一的，是多因素共同作用的结果。

（1）粉尘特性的影响。袋式除尘器的除尘效率与粉尘粒径的大小、黏性、浓度、静电效应等特性直接相关。袋式除尘器除尘效率与粉尘粒径有直接关系，当尘粒的粒径大于 $1\mu m$ 时，一般都可达到 99.9% 的除尘效率；当尘粒的粒径小于 $1\mu m$ 时，除尘效率最低的粒径范围为 $0.2\sim0.4\mu m$，这是因为粉尘捕集的几种作用力在这一粒径范围内的综合效应最差。一般说来，粒径越小，除尘效率越低；含尘浓度越高，除尘效率越低。除尘效率随着尘粒静电效应的增强而增高，可利用这一特性预先使粉尘荷电，以提高对微细粉尘的捕集效率，预荷电袋滤技术便是如此。

（2）滤料特性的影响。袋式除尘器的除尘效率取决于滤料的结构类型和表面处理的状况。针刺毡滤料和覆膜滤料的除尘效率较高，而最新出现的超细面层过滤材料和水刺毡滤料，则可以获得理想的除尘效果，可达到超低排放要求，即净化后颗粒物浓度小于 $10mg/m^3$，甚至接近"零排放"。

（3）滤袋表面粉饼的影响。滤料表面堆积的粉饼起主要滤尘的作用，滤料作用是支撑结构。由于新滤袋和清灰之后粉饼缺乏，除尘效率都较低，新滤袋至少 7d 以后才能达到较高效率。覆膜滤料表面薄膜和针刺毡滤料粉尘初层都是过滤效率的保证，因此，脉冲清灰不应过度，在滤袋表面保留一定的残留粉尘，有利于延长滤袋寿命。

（4）过滤风速的影响。过滤风速太高会加剧过滤层细颗粒的穿透，从而降低过滤效率，同时过滤阻力升高。为提高除尘效率可以使用较低的过滤风速，有助于建立孔径小、孔隙率高的粉尘层，从而使除尘效率得到提高。反之，过滤风速降低，除尘效率提高，阻力减小。目前，烟气深度净化超低排放，过滤风速取值为 $0.8m/min$ 左右。

（5）清灰的影响。过度清灰和频繁清灰都是不可取的。滤袋清灰破坏了滤袋表面的一次粉尘层，导致粉尘穿透、排放浓度增加。滤袋清灰并非越彻底越好，应在保障超低排放的前提下，适度控制清灰强度，减少对除尘效率和寿命的影响。

B 压力损失（阻力）主要影响因素

袋式除尘器的压力损失不但关系到能量消耗和运行费用，更关系到袋式除尘器系统能否正常运行，除尘器压力损失控制不当时，可能导致整个系统瘫痪。

袋式除尘器总阻力由结构阻力、清洁滤料阻力以及粉尘层阻力三部分组成。除尘器的结构阻力指气流通过除尘器入口、出口及其他构件时，由于方向或速度发生变化而导致的压力损失，通常为 $200\sim500Pa$。这一部分的阻力不可避免，但是可以通过优化结构和流体动力设计而尽可能地降低，使结构阻力占到除尘器总阻力的 20% 以下。直通式袋式除尘器就是通过结构改进，降低设备阻力 30% 以上。清洁滤料的阻力一般很小，通常为 $50\sim200Pa$。滤袋上粉尘的阻力与粉尘粒径、粉尘负荷、粉尘层空隙率及过滤风速有关，当阻力到达预定值时，就需要对滤袋进行清灰，使粉饼阻力保持在适当的限度内。各因素对阻力影响不是单一的，是多因素共同作用的结果。

过滤风速的影响。袋式除尘器的压力损失在很大程度上取决于过滤风速。除尘器结构阻力、清洁滤料阻力、粉尘层的阻力都随过滤风速的提高而增加。

滤料类型的影响。滤料的结构和表面处理的情况对过滤阻力也有影响，使用机织布滤料时阻力最高，毡类滤料次之，表面过滤的滤料有助于实现最低的压力损失。

运行时间的影响。除尘器运行时间也是影响压力损失的重要因素。一是压力损失随着"过滤—清灰"两个工作阶段交替而不断地上升和下降（图4-35）；二是新滤袋刚刚使用时，除尘器压力损失较低，在一段时间内平均阻力增长较快，经1~2个月后趋于稳定，以后将以缓慢的速度增长。

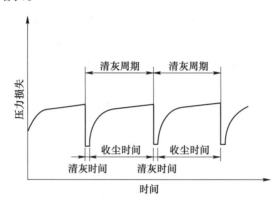

图4-35　压力损失交替上升和下降

清灰方式的影响。清灰方式也在很大程度上影响着除尘器的压力损失。同等条件下，采用强力清灰方式（如脉冲喷吹）时平均压力损失较低，钢铁行业应用最为广泛；而采用弱力清灰方式（气流反吹等）的压力损失相对较高。

4.1.3.6　袋式除尘新技术应用

目前，中国钢铁工业产能达到10亿吨，钢铁工业除尘以袋式除尘技术为主，占比95%以上。

A　预荷电袋滤器净化炼钢转炉烟气

转炉炼钢是将铁水和废钢装入转炉进行炼钢的过程，炼钢在兑铁水、加废钢、融化、吹氧、脱硫、出钢和精炼等过程中会产生大量阵发性二次烟尘，若控制不力，便会形成无组织排放。炼钢转炉二次烟气具有烟气量大、温度高、粉尘粒径小、粉尘黏性大等特点，为有效控制细颗粒物排放，将预荷电袋滤器应用于炼钢转炉二次烟气 $PM_{2.5}$ 控制，2015年3月，在鞍钢炼钢总厂两台180t转炉烟气净化项目上建成示范工程。烟气处理风量为 $2\times$ 60万立方米/h，初始浓度为 $3~5g/m^3$，烟气温度为 $80~100℃$，$PM_{2.5}$ 大于90%。

采用粉尘预荷电技术。预荷电装置包括气流分布、板线极配形式、高压电源、振打装置等关键部件，运行电压为 $50~60kV$，二次电流为 $70~100mA$。

采用 $PM_{2.5}$ 超细面层精细滤料，迷宫式袋口密封结构，增加滤袋安装的牢固性，防止 $PM_{2.5}$ 逃逸。

采用预荷电袋滤器（图4-36）。将预荷电装置、气流分布技术、海岛纤维超细面层滤料等技术与直通式袋式除尘器有机结合，形成一体化装置。预荷电装置体积较小，设置于除尘器喇叭口内，从而减小了设备占地和体积。

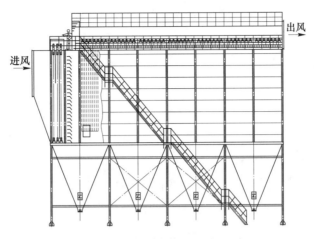

图 4-36　预荷电袋滤器外形

预荷电袋滤器投运以来，装置运行可靠，性能稳定，颗粒物排放浓度为 $4 \sim 9mg/m^3$，$PM_{2.5}$ 捕集效率大于 99%，设备阻力为 700～900Pa，与传统袋式除尘器相比，运行能耗降低 40%，实现了超低排放和节能运行[5]。

该技术是国家"863 计划"课题新成果，为钢铁企业提标改造提供了技术和装备的支持，并提供了成功的工程案例，广泛应用于鞍钢、日照钢铁、新余钢铁、方大特钢、河钢、柳钢等企业的炼钢项目（图 4-37）。

鞍钢　　　　　　　　　　　　　　　　　　　　日照钢铁

图 4-37　预荷电袋滤器工程应用

B　袋式除尘器协同净化焦炉烟气

焦炉是用煤炼制焦炭的主要装备。

常见的工业炉窑烟气多污染物协同净化工艺流程是：干法或半干法烟气脱硫+脉冲袋式除尘器+SCR 脱硝，这种传统工艺布置存在流程长、占地大、流动阻力高、投资高等问题。中钢天澄发明了一种基于袋式除尘的脱硝一体化装置，实现了除尘脱硝协同控制，该技术应用于柳钢焦炉烟气脱硫脱硝除尘工程，取得了理想的净化效果，达到超低排放。

该除尘脱硝一体化装置主要由直通式袋式除尘器+SCR 脱硝反应器组成，它包括进口喇叭、气流分布板、滤袋及框架、脉冲喷吹清灰装置、氨气喷射格栅、SCR 催化反应器、自动控制系统、进出口阀门等（图 4-38）。高温烟气经袋式除尘去除粉尘，过滤后的烟气通过反应气体喷射格栅与 NH_3 混合，再进入脱硝催化剂进行还原反应后生成 N_2 和 H_2O，完成粉尘与 NO_x 协同去除。

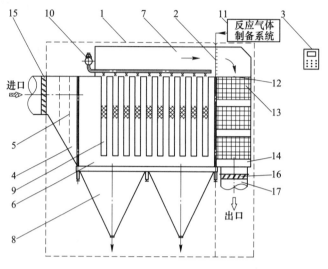

图 4-38　袋式除尘脱硝一体化装置

1—袋滤器；2—催化反应器；3—自动控制系统；4—进口喇叭；5—气流分布板；
6—中箱体；7—上箱体；8—灰斗；9—滤袋；10—脉冲喷吹清灰装置；11—喷氨系统；
12—喷氨格栅；13—催化剂；14—反应器箱体；15—进口阀门；16—出口阀门；17—反应器出口

　　某钢厂焦化车间 2×55 孔 JN60-6 型顶装焦炉，年产 110 万吨，焦炉烟道气处理量（标准状态）为 350000 m^3/h，温度为 180~240℃，入口颗粒物含量为 30 mg/m^3，SO_2 含量（标准状态）为 500 mg/m^3，NO_x 含量为 1000 mg/m^3，含氧量为 10%~14%。为了满足超低排放要求，决定采用袋式除尘脱硝一体化装置对焦炉烟道气进行环保提标改造。

　　首先，采用小苏打作为脱硫剂均匀地喷入烟道进行脱硫，采用多通道除尘脱硝一体化结构进行除尘和中低温 SCR 脱硝，为满足焦炉在不停炉情况下除尘脱硝设备在线检修，在设备入口和出口分别安装切换阀门。滤袋选用覆膜耐高温滤料，催化剂选用 V 系催化剂，30×30 孔数。为回收焦炉高温烟气的热量，采用软水对高温烟气进行换热，烟气温度从高温降至 150℃，产出 130℃饱和热水，产量为 105t/h。

　　项目于 2018 年 10 月投运以来（图 4-39），系统运行稳定，装置运行可靠，投运率达到 100%。经检测，颗粒物排放浓度为 3.1~5.9 mg/m^3，SO_2 排放浓度为 0.1~1.8 mg/m^3，NO_x 排放浓度为 121~144 mg/m^3，实现了超低排放。装置运行总阻力为 700~1000Pa，比常规布置节省运行费用 40%以上，余热回收生产热水 105t/h，取得了环保和节能的双重效益。

　　SDS 干法脱硫+预荷电袋滤器+中低温 SCR 脱硝+余热回收的技术工艺是焦炉烟气多污染物协同治理的有效途径，凸显了流程短、净化效率高、阻力低、占地少和运行费用省的特征，为焦化行业焦炉烟气超低排放提供了成功示范。

　　C　滤筒除尘器净化烧结机尾烟气

　　烧结及球团是粉矿造块的两种工艺，即将高品位粉矿通过烧结法或球团焙烧法制成

图 4-39 袋式除尘脱硝一体化装置净化焦炉烟气

适合高炉冶炼块矿的工艺过程。烧结机尾烟尘来自烧结机尾部卸料、热矿冷却破碎、筛分和贮运设备。气体温度为 80~200℃，含湿量较低，含尘浓度为 5~15g/m³，具有回收价值。

某钢铁厂 200m² 烧结机尾烟气净化原采用电除尘器，因排放不达标进行提标升级改造，"电改袋"后过滤风速仍然偏高，为保留原有除尘器整体结构不变，避免施工停产的问题，用户决定采用等距热熔折叠长滤筒进行再次改造。该项技术将总过滤面积增加 27%，过滤风速下降至 0.7m/min，同时解决了粉尘冲刷问题。两次改造技术性能参数对比见表 4-3。

表 4-3 两次改造运行参数对比

参数项目	传统袋式除尘器	折叠滤筒除尘器
处理风量/m³·h⁻¹	617200	617200
运行温度/℃	<120	<120
入口浓度/g·m⁻³	5~10	5~10
滤袋数量/条	2604	2604
（袋/筒）过滤材料	涤纶覆膜针刺毡	滤筒
（袋/筒）规格尺寸/mm×mm	$\phi160\times8000$	$\phi160\times2400$
（袋/筒）过滤面积/m²	4.0	5.6
过滤风速/m·min⁻¹	1.0	0.7
运行阻力/Pa	1600~2000	1200
出口粉尘浓度/g·m⁻³	27.4~36.8	2.0~3.0

项目 2019 年 3 月投入运行（图 4-40），安装 2604 支规格为 $\phi160mm\times2400mm$ 的折叠滤筒，运行 3 个月后，进行了第三方检测，排放浓度为 2.5mg/m³，粉尘颗粒物在线检测

数据稳定在 2.0～3.0mg/m³；设备运行阻力约为 1200Pa，比改造前滤袋除尘器运行阻力（1600～2000Pa）降低 30% 以上，节能效果显著。

图 4-40 折叠滤筒袋式除尘净化烧结烟气

D 褶皱滤袋在炼铁高炉除尘的应用

袋式除尘器超低排放提效改造措施之一就是增加过滤面积，降低过滤风速。在不改动原来袋式除尘器结构情况下，采用只更换褶皱滤袋增加过滤面积，是一种最经济、最方便、对生产影响最小的方案，用户容易接受。

褶皱滤袋是将传统圆形滤袋做成褶皱形状，配套专用袋笼使用（图 4-41）。用褶皱滤袋替代传统圆形滤袋，过滤面积可增加 50% 以上，风量不变的情况下，过滤风速同比例降低，可提高过滤效率，同时可降低过滤阻力。

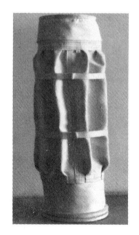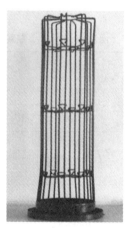

图 4-41 褶皱滤袋结构形式

某高炉容量为 4800m³，配备 2 台出铁场除尘器及 1 台原料除尘器，出铁场除尘器每台风量为 100 万立方米/h，原料除尘器 90 万立方米/h，除尘器均采用常规圆形滤袋，采用灰斗进风形式，排放浓度（标准状态）为 30～50mg/m³，除尘器阻力为 2000Pa 左右。由于排放超标，需要对除尘器进行环保改造。改造时间为 42d，开机运行一次成功，粉尘排放浓度稳定在 5mg/m³ 左右，运行阻力在 1500Pa 左右，改造效果显著。表 4-4 为改造前后技术参数的对比。

表 4-4 4800m³高炉袋式除尘器改造前后性能指标对比

	序号	1	2	3
	项目名称	1号出铁场除尘器	2号出铁场除尘器	矿槽原料除尘器
	滤袋数量/条	3960	3960	4080
	处理风量/m³·h⁻¹	900000	900000	1000000
改造前技术参数	过滤面积/m²	12938	12938	15381
	滤袋规格（直径×长度）/mm×mm	160×6500	160×6500	160×7500
	滤袋材质	涤纶针刺毡（550g）		
	过滤风速/m·min⁻¹	1.16	1.16	1.08
	阻力/Pa	1980	1930	2020
	运行电流/A	157	154	165
	排放浓度（标准状态）/mg·m⁻³	30~50	30~50	30~50
改造后技术参数	过滤面积/m²	21758	21758	24165
	滤袋规格（直径×长度）/mm×mm	160×6000	160×6000	160×6700
	滤袋材质	涤纶针刺毡（550g）表面含30%超细纤维		
	过滤风速/m·min⁻¹	0.69	0.69	0.69
	阻力/Pa	1520	1480	1550
	运行电流/A	128	131	142
	排放浓度（标准状态）/mg·m⁻³	5	5	5

4.1.4 电除尘

4.1.4.1 电除尘工作原理

电除尘（简称 ESP）是利用尘粒在高压电场中所受的静电力使其从气体中分离的过程。电除尘器净化效率高（99.5%~99.9%）、处理风量大、阻力低、耐高温（400℃），广泛应用于燃煤锅炉、有色冶炼等炉窑气体净化，是电力行业锅炉烟气超低排放的主流技术。钢铁工业烧结机头、转炉煤气等多使用电除尘器。

电除尘器的放电极（又称为电晕极）和收尘极（又称为集尘极）连接着高压直流电源，含尘气体通过两极间高压电场时，气体则会在放电极周围强电场作用下被电离，并使尘粒荷电，荷电的尘粒在电场力的作用下，在电场内向集尘极方向迁移并沉积在集尘极上，完成从气体中分离和收集的过程，从而达到除尘目的。

电除尘过程分四个阶段，即气体电离、尘粒荷电、迁移沉降、清灰收集。电除尘工作原理如图 4-42 所示。

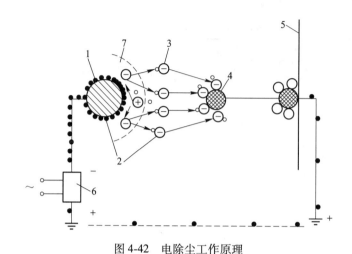

图 4-42　电除尘工作原理

1—电晕极；2—电子；3—离子；4—尘粒；5—集尘极；6—供电装置；7—电晕区

（1）气体的电离；

（2）带电离子迁移过程使粉尘荷电；

（3）荷电粉尘受电场力作用向收尘极移动并沉降；

（4）将收尘极上的粉尘清除到灰斗。

A　电晕放电

建立直流高压电场，包括两个极性相反的电极，一个是电晕极（又称放电极），另一个是接地极（又称集尘极），通常直流电源的负极接电晕极，直流电源的正极接集尘极。在两极之间施加高压，气体分子发生电离，形成大量的负离子和正离子。电晕极表面出现一种蓝光，并不断发出嘶嘶声，电晕线上不断释放大量的电子，该过程称为电晕放电。带电粒子向电极移动，形成电流，即电晕电流。如果在电晕极上加的是负电压，则产生的是负电晕，反之，则产生正电晕。

出现电晕后，电场内有两个作用不同的区域形成，这两个区域即电晕区和电晕外区。电晕极附近能引起气体分子离子化的区域，称为电晕区，电晕区仅限于电晕极表面 2~3mm 范围内，由于放电电极表面电场强度高，使在该区域内的气体发生电离，产生大量自由电子和正离子。在电晕区以外，并且达到另一电极的范围，称电晕外区，这类区域占有电极间的大部分空间，其中，电场强度急剧下降，并不产生气体电离。电场力作用下的自由电子及其他负离子，向极性相反的集尘极运动，形成粉尘颗粒荷电的电荷来源。随着离开电晕极表面距离的增加，电场强度迅速减弱。

在达到起始电晕电压的基础上，如果进一步升高电压，则电晕电流会发生急剧增加，电晕放电的过程更加激烈。当电压升至某一特定值时，电场击穿，发生火花放电现象，电路短路，电除尘器停止工作。在相同的情况下，正电晕的击穿电压比负电晕的击穿电压低得多。由于负电晕起晕电压低，电晕电流大，击穿电压高，所以工业用的电除尘器均采用负电晕极。

许多因素影响着电晕特性，包括：（1）电极的形状、电极间的距离；（2）气体组分、温度、压力、湿度等；（3）粉尘的浓度、粒度、比电阻等。

B 尘粒荷电

一般认为有两种尘粒的荷电机理，一是电场荷电，二是扩散荷电。电场荷电是指电晕电场中的电子在电场力的作用下做定向运动，与尘粒碰撞后使尘粒荷电的方式。扩散荷电是指电子因为热运动与粉尘颗粒表面接触，使粉尘荷电的方式。

粒径影响着尘粒的荷电方式。粒径大于 $5\mu m$ 的尘粒以电场电荷为主，小于 $0.2\mu m$ 的以扩散荷电为主。工程中应用电除尘器处理的粉尘的粒径一般大于 $0.5\mu m$，所以粒尘的荷电方式一般以电场荷电为主。

C 荷电尘粒迁移与捕集

尘粒荷电后在电场力的作用下，向极性相反的电极运动，并沉积在此电极上。在电晕区内，向电晕极运动的气体正离子路程极短，因此只有极少数的尘粒荷正电沉积在电晕极上。在电晕外区内，大量的粉尘颗粒与向正极迁移的自由电子、负离子相撞击而荷负电，并向集尘极方向运动，最终沉降在集尘极上。

粉尘颗粒荷电后，由于电场力的驱动而向集尘极运动，尘粒向集尘极运动的平均速度称为驱进速度，一般用 ω 表示。影响粉尘驱进速度的因素很多，与粒径、电压与电流、极板间距、粉尘比电阻等有关，直接关系到除尘效率和排放浓度。驱进速度一般取经验数据，与行业烟尘性质和工况有关（见表 4-5）。

表 4-5 几种粉尘的有效驱进速度 　　　　　　　　　　（m/s）

粉尘种类	驱进速度	粉尘种类	驱进速度	粉尘种类	驱进速度
锅炉飞灰	0.08~0.122	焦油	0.08~0.23	氧化铅	0.04
水泥	0.0945	石英石	0.03~0.055	石膏	0.195
铁矿烧结灰尘	0.06~0.20	镁砂	0.047	氧化铝熟料	0.13
氧化亚铁	0.07~0.22	氧化锌	0.04	氧化铝	0.084

D 清除集极板的粉尘

集尘极表面的灰尘沉积到一定厚度后，为了继续保证放电效果，防止粉尘重新返回气流，需要将其清除，并使其落入下方的灰斗中。电晕极上也会附有少量的粉尘，这些粉尘也会影响电晕电流的大小和均匀性，也要进行清灰处理。

电晕极的清灰一般采用的是机械振打方式。集尘极清灰方法则不太一样，在干式和湿式除尘器中是不同的。

在干式除尘器中，集尘极上沉积的粉尘是由机械撞击或电极振动产生的振动力清除的。现代的电除尘器大多采用电磁振打或锤式振打这两种方式清灰，常用的振打器是电磁型和挠臂锤型。清灰振打时，对应电场停止送电，从集尘板脱落的粉尘会重新进入气流，造成二次飞扬，并随气流流动，最终从电场尾部逃逸，这是制约电除尘器效率提升的关键问题。移动极板电除尘器和湿式电除尘器能够较好地解决此类问题。

湿式电除尘器的清灰不是利用振动来清灰，一般是用水冲洗集尘极板，使极板表面保持一层水膜，粉尘落在水膜上时，被捕集并顺水膜流下，达到清灰的目的。同时，湿式电除尘器还能起到净化有毒有害气体、降温、防止易燃易爆气体爆炸等作用。其缺点是存在除尘器腐蚀及泥浆及污水处理。

4.1.4.2 电除尘器结构型式

A 电除尘器基本结构与组成

电除尘器主要由除尘器本体、供电装置和附属设施组成。除尘器的本体包括电晕极、集尘极、清灰装置、气流分布装置和灰斗等，其结构如图 4-43 所示。电除尘器部件组成见图 4-44。

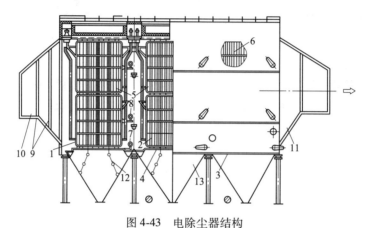

图 4-43 电除尘器结构

1—第一电场；2—第二电场；3—第三电场；4—收尘极板；5—芒刺形放电极；
6—星形放电极；7，8—收尘极振打装置；9—进口气流分布板；
10—进口喇叭管；11—出口喇叭管；12—阻流板；13—贮灰斗

电除尘器的主要部件及其作用如下：

（1）电晕电极。电晕线是产生电晕放电的主要部件，其性能好坏直接影响除尘器的性能。电晕电极由电晕线、电晕极框架吊杆及支撑套管、电晕极振打部件等组成。电晕极形式很多，常用的有圆形线、星形线及锯齿线、芒刺线等。电晕线固定方式有管框绷线式和重锤悬吊式两种方式，重锤质量一般为 10kg。图 4-45 所示是几种常见的芒刺形电晕电极。

（2）集尘极。集尘极的作用是使粉尘沉降堆积于其上，其结构形式直接影响设备的除尘效率。集尘极的金属消耗量占设备总耗量的 40% ~ 50%，对除尘器造价有很大影响。对集尘电极的一般要求是：

1）极板表面的电场强度分布比较均匀，有利于灰尘荷电；

2）板面刚度足够大，受温度变化的影响很小；

3）难以与放电极之间发生闪络；

4）板面的振打加速度分布相对均匀合理；

5）使用干式电除尘器振打时，粉尘可以轻松振落，二次扬尘少；

6）单位面积消耗金属量低，造价低。

板式电除尘器的集尘板垂直安装，电晕极置于相邻的两板之间。集尘极高度多为 10~15m，板间距 0.2~0.4m，目前多采用宽间距超高压电除尘器，同极间距超过 400mm。宽间距电除尘器制作维护等较方便，并且设施小，能量消耗也小。常见收尘极板形如图 4-46 所示。

（3）气流分布板。电除尘器入口喇叭内安装气流分布装置，其作用是对烟气流场进行

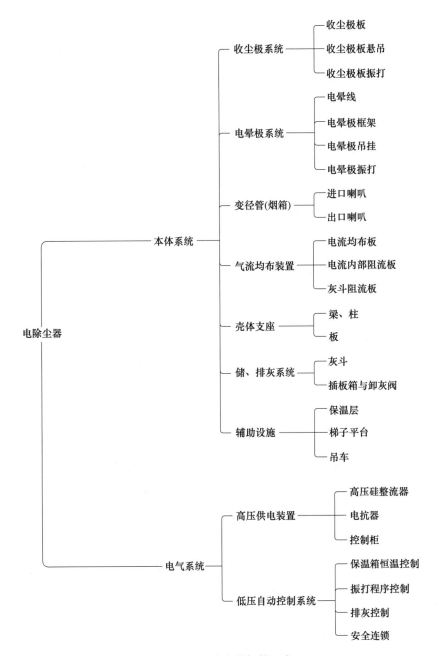

图 4-44 电除尘器部件组成

整流，使得气流速度分布均匀，保证电除尘的捕集效率。对气流分布装置的要求是阻力损失小、布气均匀。气流分布状况与除尘器进口管道进气方式密切相关，进口喇叭内设置有多层气流分布板，最常见的气流分布板主要有百叶窗式、多孔板式、槽钢式等，普遍使用的是多孔板。其厚度为 3~3.5mm，孔径为 30~50mm，分布板层数为 2~3 层。开孔率需要通过试验确定，一般开孔率为 25%~50%。我国采用相对均方根差法评定气流分布的均匀性[11]，气流分布完全均匀时 $\sigma=0$，国家标准规定，第一电场进口截面测得的 $\sigma<0.25$，其

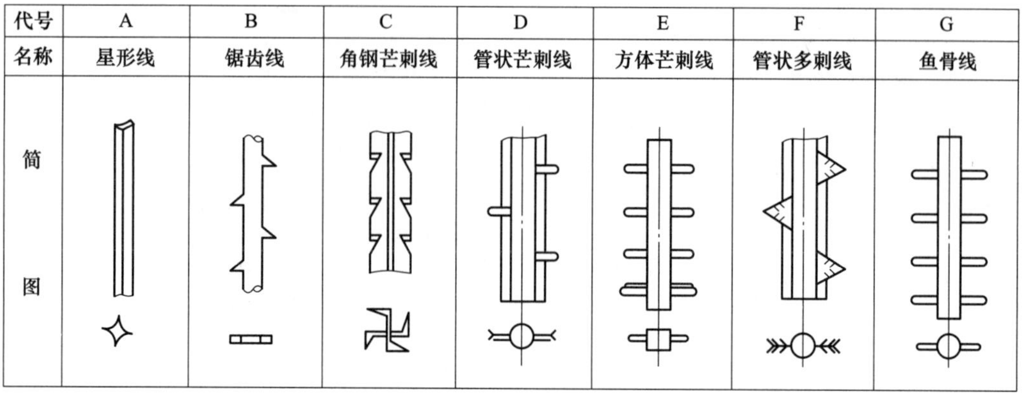

代号	A	B	C	D	E	F	G
名称	星形线	锯齿线	角钢芒刺线	管状芒刺线	方体芒刺线	管状多刺线	鱼骨线
简 图	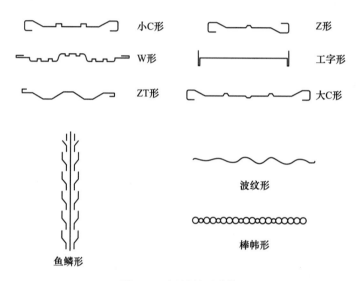						

图 4-45　电晕电极的形式

小C形　　　　　　Z形

W形　　　　　　工字形

ZT形　　　　　　大C形

波纹形

棒帏形

鱼鳞形

图 4-46　极板断面形状

他截面的 $\sigma<0.2$。为解决气流均匀分布问题，需通过模拟试验来确定气流分布装置的结构形式和技术参数。气流分布的均匀性和除尘效率的关系如图 4-47 所示。

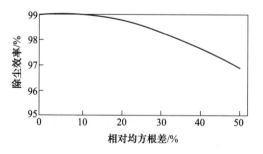

图 4-47　气流分布均匀性与效率的关系

（4）振打装置。振打装置也叫清灰装置，只有电除尘器的集尘极与电晕极保持干净，高效除尘才能保障，所以需经常振打消除掉极板和极线上的积灰。常用的振打装置主要有电动机械式、气动式和电磁式三种类型，其中，锤击振打装置是应用最广、清灰效果较好的一种（图 4-48）。

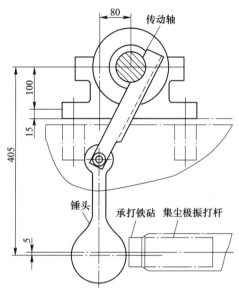

图 4-48　锤击振打装置

振打方式和振打强度直接影响除尘效果。振打强度太小难以使沉积在电极上的粉尘脱离，电晕电极常处于沾污状态，造成金属线肥大，会减弱电晕放电，使除尘效果恶化。振打强度过大，则会使已捕集的粉尘二次飞扬和电极变形，改变电极间距，破坏电除尘器的正常工作。除尘器外壳必须保证严密，尽量减小漏风[16]。漏风量大，不但风机负荷加大，也会因电场风速增加使除尘效率降低。在处理高湿烟气时，冷空气的漏入将使局部烟气温度降至露点以下，导致除尘器构件积灰和腐蚀。除尘器外壳材料，根据处理烟气的性质和操作温度来选择。电除尘器的外壳下部为集灰斗，中部为收尘电场，上部安装绝缘瓷瓶和振打机构。为防止含尘气体冷凝结露腐蚀钢板，外壳需敷设保温层[18]。电除尘器结构应满足安全性，负压运行时外壳不变形，不失稳。

（5）电除尘器支承座。电除尘器支承座是除尘器立柱与基础间的连接件，除支承电除尘器本身的重量外，还能适应运行时由于温度改变产生的壳体热胀冷缩位移和消除应力的要求。支承座可分为固定支座和活动支座。活动支座有分滚动式支承与滑动式支承，按移动方向不同，又可分单向式及万向式。一台电除尘器的支承有 6 个到几十个不等，通常一个为固定式支承，其余均为活动支座。

B　高压供电设备

电除尘器供电设备的作用是将交流低压变换为直流高压。供电设备主要包括三个部分：升压变压器、高压整流器和控制设备，它提供粒子荷电和捕集所需的场强和电晕电流。电除尘器需要在良好的供电情况下，才能获得高效率。对电除尘器供电设备的要求是：在除尘器工况变化时，供电设备能快速地适应其变化，自动地调节输出电压和电流，使电除尘器在较高的电压和电流状态下运行；另外，电除尘器一旦发生故障，供电设备应能提供必要的保护，对闪络、拉弧和过硫信号能快速鉴别和做出反应。

　　作为与本体设备配套，供电还包括电极的清灰振打、灰头卸灰、绝缘子加热及安全连锁等控制设备，统称为低压自动控制设备。

　　高压供电装置是一个以电压、电流为控制对象的闭环控制系统。包括升压变压器、整流装置、控制元件和控制系统的传感元件等 4 个部分（图 4-49）。其中，升压变压器的高压整流器及一些附件组成主回路，其余部分组成控制回路。一台电除尘器通常设置 3~5 个电场，每个电场需配用一台高压电源。

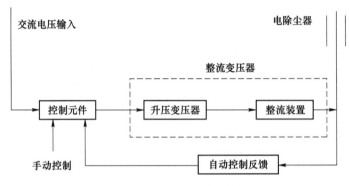

图 4-49　电除尘器供电装置

　　在电除尘器的电气设备中，整流变压器是关键部分。整流变压器是将工频 0~380V 交流电升压到 0~72kV 或更高的电压，经高压整流器整流输出负直流高压电经阻尼电阻，通过高压隔离开关送至电场。变压器低压绕组通常按用户要求设置抽头，可使整流变压器输出的电压适应工况的需要，使设备在最佳状态下运行。图 4-50 为整流变压器的原理图[6]。

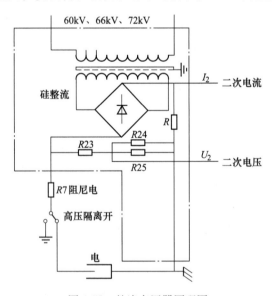

图 4-50　整流变压器原理图

　　整流变压器在实际生产运行当中的安装分为户内式和户外式。户外式安装是将整流变压器安装在电除尘的顶部，所以整流变压器的防护等级必须符合室外工作条件的要求。该安装方式的高压输出经过高压隔离开关直接进入电场，中间没有高压电缆的连接，在安全运行和维修方面远远优于户内式安装方式，所以当今电除尘整流变压器大都采用户外式安装。

整流变压器还有高阻抗、中阻抗和低阻抗之分。现在电除尘当中使用的整流变压器主要为高阻抗或中阻抗，总阻抗值越高，则波形改善越明显，输出的电晕功率越高，使除尘器具备较高的效率。在实际运行当中的整流变压器难免有故障出现，为了不使故障扩大，造成难以挽回的损失，变压器设有安全保护装置。整流变压器的主要安全保护装置有油温保护、瓦斯保护等。

C 电除尘器的分类

电除尘器形式多种多样，可分成不同的类型。根据收尘极和放电极在电除尘器内的配置不同，可分为单区和双区电除尘器。

（1）单区式。尘粒的荷电和捕集是在同一个电场中进行的，即电晕极和集尘极都布置在同一个电场区内（图4-51）。在工业除尘及烟气净化中，这种单区电除尘器使用最普遍。

（2）双区式。尘粒的荷电和捕集是在两个区域内进行的（图4-51），前区设置放电极，称为荷电区；后区设置收尘板，称为收尘区，荷电粉尘在收尘区被捕集。

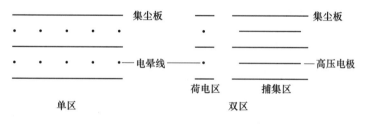

图 4-51 单区和双区电除尘器示意

按烟气在电场中流动方向分类，分为立式和卧式电除尘器。立式电除尘器中的气流是自下而上垂直运动的，大多数用于烟气流量较小、除尘效率要求不太高的场合，其主要优点是占地面积小。卧式电除尘器内的气流则是沿水平方向运动，是最常见的形式。

按清灰方式分类，电除尘器可分为干式和湿式电除尘器。干式电除尘器的清灰方式是通过冲击振动来剥离电极上的粉尘，收集的粉尘是粉体状的，便于回收综合利用。湿式电除尘器的清灰方式是用水冲洗电极，一般用于易爆气体、煤气净化，或用于烟气温度过高、设有泥浆处置时才采用。由于水膜的冲洗，避免了粉尘的二次飞扬，排放浓度低，除尘效率稳定。但主要问题是设备腐蚀、泥浆及污水处理等。

转炉煤气干法净化等特殊场合，电除尘器按压力容器设计，其外形呈圆筒形。

4.1.4.3 电除尘性能及其影响因素

A 电除尘技术性能

反映电除尘器技术性能的主要指标有：

（1）处理风量。处理风量指单位时间进入除尘器的含尘气体流量。它是衡量除尘器处理能力的重要指标，大多用工况体积流量表示，即除尘器入口的风量与设备的漏风量之和，单位为 m^3/h。

（2）工作温度。工作温度指除尘器长期使用的最高温度，单位为℃。

（3）除尘效率。除尘效率指同一时刻除尘器捕集的粉尘质量占进入除尘器总粉尘质量的比值。除尘效率多是测试数据，已知电除尘器除尘效率，可用 Dertsch 公式计算集尘面积，计算公式如下：

$$\eta = 1 - e^{-\omega A/Q} \tag{4-1}$$

式中　　η——除尘效率，%；

　　　　Q——含尘气体流量，m^3/s；

　　　　A——总集尘面积，m^2；

　　　　ω——有效驱进速度，m/s。

（4）出口颗粒物浓度。出口颗粒物浓度指标准状态下，除尘器出口单位体积气体（干态、折氧）中含有颗粒物的质量，单位为 mg/m^3。

（5）除尘器阻力。除尘器阻力指除尘器进口管道断面与出口管道断面气体全压之差，单位为 Pa。

（6）漏风率。漏风率指标准状态下除尘器出口气体流量与进口气体流量之差占进口气体流量的百分比。一般用 δ 来表示，以反映除尘器的严密程度，单位为%。

（7）电场风速。电场风速指含尘气体流经电场的平均速度，即电除尘处理烟气量与电场流通面积的比值，单位为 m/s。

（8）集尘面积。集尘面积指有电场效应的收尘极投影面积的总和，单位为 m^2。

（9）有效流通面积。有效流通面积指电除尘器电场有效宽度与有效高度的乘积，单位为 m^2。

（10）粉尘驱进速度。粉尘驱进速度指荷电粉尘在电场力作用下向收尘极运动的速度，单位为 m/s。

B　电除尘效率影响因素

除尘效率是电除尘器性能中最重要的部分，影响它的因素有很多，可总结为 3 个方面，见图 4-52。

（1）烟尘（气）性质。烟尘（气）性质主要包括烟气成分、温度、压力、湿度和流速等；粉尘的性质主要包括粉尘的比电阻、浓度、粒径、分散度、黏度和密度等，属于粉尘的理化性质。

（2）设备状况。设备状况包括电除尘器的极配方式、电场分布情况、为清灰所采用的振打方式及制度、气流分布情况、电气控制特性等。

（3）操作条件。操作条件包括操作电压、电流、电极清灰效果、漏风及振打时二次扬尘等。

C　电场风速对除尘效率影响

电除尘器内气流的电场风速 v_s 是指电除尘器在单位时间内处理的气体量与电场断面的比值，单位为 m/s，计算公式如下：

$$v_s = Q/(3600F) \tag{4-2}$$

式中　　Q——通过电除尘器的气体流量，m^3/h；

　　　　F——电场通道断面面积，m^2。

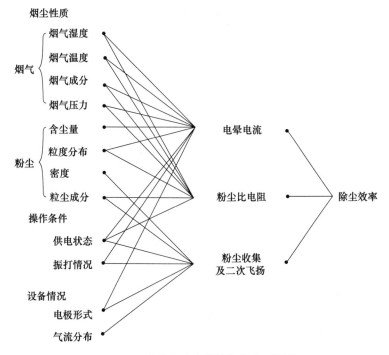

图 4-52 影响电除尘器性能的主要因素

电场风速对清灰方式和二次扬尘的影响较大。当集尘极面积一定时，气流速度过高，易引起粉尘的二次飞扬。反之，将增加电场通道断面积。

电场中的烟气流速对驱进速度有直接影响。驱进速度随着风速的增加而降低。某种粉尘在特定的工况下具有最大驱进速度的电场风速称为最佳风速，根据最佳风速来设计电除尘器较为经济。实际应用中电场风速大多控制在 0.8~1.2m/s 范围内。

D 粉尘比电阻对除尘效率影响

粉尘比电阻是衡量粉尘导电性的一个指标，对除尘效率影响较大。粉尘的比电阻在数值上等于单位面积的粉尘在单位厚度时的电阻值，常用 ρ 表示，单位为 $\Omega \cdot cm$。定义式如下：

$$\rho = \frac{R}{LS} \tag{4-3}$$

式中 　R——粉尘层的电阻值，Ω；

　　　L——粉尘层单位厚度，cm；

　　　S——粉尘层单位面积，cm^2。

组成粉尘各类成分的导电性能决定了粉尘体积比电阻大小，而温度是组成粉尘各种物质的导电性能的主要影响因素。

当粉尘比电阻太低时（例如炭黑粉尘），粉尘导电性能好，粉尘到达收尘极后马上释放负电荷中和，中和后的尘粒容易返回到烟气中，使电除尘器除尘效率大大降低。高比电阻粉尘易引起反电晕，减弱电场强度，使电除尘器收尘效果大幅下降。电除尘器运行最适

宜的比电阻范围为 $10^4 \sim 10^{11}\Omega \cdot cm$。比电阻对除尘效率的影响如图 4-53 所示。解决粉尘高比电阻的主要方法是对废气调质处理，如喷雾增湿或使用化学添加剂 SO_3、NH_3 等进行调理，以降低粉尘比电阻。

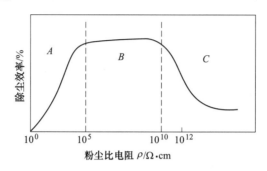

图 4-53   粉尘比电阻对除尘效率的影响

E   气体温度对除尘效率影响

含尘气体的温度高低主要影响粉尘的比电阻。在低温时，粉尘表面吸附物、水蒸气或其他化学物质的影响起主导作用，随着温度的升高，这种作用减弱，而使粉尘的比电阻增加。在高温时，尘粒本身的导电性能起主导作用，随着温度的升高，尘粒中质点的能量增加，导电性能增强，而使比电阻降低。温度与粉尘比电阻的关系如图 4-54 所示[3]。

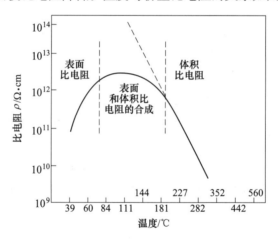

图 4-54   温度与比电阻关系曲线

温度对气体黏滞性的影响也会对除尘器性能产生影响。气体的黏滞性随着温度的上升而增加，温度上升导致烟气黏滞性增加，进而导致驱进速度降低。

综合考量，电除尘器以较低的温度运行效果较好。但是如果温度低于露点温度，粉尘会板结在收尘极和电晕极上，难于振打清灰；同时也会发生电极腐蚀、绝缘体爬电等故障。因此，电除尘器的运行温度要高于烟气的露点温度。

F   气体的湿度对除尘效率影响

增湿可以降低比电阻，提高除尘效率。为了防止烟气腐蚀，电除尘外壳应加保温层，使烟气温度都保持在和湿度相对应的露点温度之上。

G　烟气成分的影响

烟气成分对负电晕放电特性有很大的影响，主要体现在烟气成分不同，在电晕放电中电荷载体的有效迁移率不同。惰性气体以及 N_2、H_2 的电子依附概率为零，所以不能形成负离子，也不会产生负电晕，而 SO_2，H_2O 等气体分子能产生较强的负电晕，同时，它们吸附在粉尘表面，使粉尘的表面导电性增加，从而降低了比电阻，改善了电除尘器性能。含水量与击穿电压有关系，含水量高，可以相应提高击穿电压，加大火花放电出现的难度，有利于提高运行电压。

H　含尘浓度对除尘效率影响

随着烟气含尘浓度的增加，电厂中带电粉尘量增多，形成的空间电荷很大，严重抑制电晕电流的产生，使尘粒不能获得足够的电荷，以至于二次电流大幅度下降，甚至能使电流趋于零（称为电晕闭塞），使收尘效果明显恶化。为了避免这种现象，进入电除尘器气体的含尘浓度宜低于 $30g/m^3$。如果气体含尘浓度过高，可以选用曲率大的芒刺型电晕电极，或者在电除尘器前设置预除尘装置，进行多级除尘。

I　电场供电对除尘效率影响

电除尘器的除尘效率会受到供电装置的容量、输出电压的高低、电压波形和稳定性以及供电分组等多个方面的影响。

在电除尘器正常运行情况下，电晕电流和功率都随着电压的升高而急剧增加，有效驱进速度和除尘效率也迅速提高。但电压升高到一定值时，电除尘器内将产生火花放电，使极板上产生二次扬尘，从而影响除尘效率。

J　振打清灰对除尘效率影响

电除尘一般采用锤击振打方式清灰。在阴阳极锤击振打力度和均匀性都满足要求时，阴阳极锤击振打制度（周期、时间）是否合理对除尘效率的影响很大。锤击振打周期的影响在于清灰时能否使脱落的尘块直接落入灰斗中，振打周期过长，极板积灰过厚，将降低带电粉尘在极板上的导电性能，降低除尘效率；振打周期过短，粉尘会分散成粉体落下，二次扬尘严重。

4.1.4.4　电除尘提效新技术

A　烟气调质技术

影响电除尘器除尘效率的最重要参数之一是粉尘的比电阻。若粉尘的比电阻低于临界值 $4 \times 10^{10} \Omega \cdot cm$ 时，会对粉尘粒子荷电量产生影响，造成极板粉尘容易返混。若粉尘比电阻超过 $10^{12} \Omega \cdot cm$，除尘器电场运行电压急剧降低，收尘效率大幅下降，反电晕现象严重。

烟气调质是向烟气中喷入化学调质剂或水，降低烟气温度和粉尘比电阻，从而提高电除尘器的除尘效率。常用的调质剂有 SO_3、NH_3、氯化物、铵化物、有机胺、碱金属盐等。传统上 SO_3 调质是电除尘器中应用最为广泛，也是最成熟稳定的技术。SO_3 烟气调质是将极少量（$35 \sim 54mg/m^3$）的 SO_3 喷入烟气中，与烟气中 H_2O 结合形成的 H_2SO_4 烟酸气溶胶极易吸附在粉尘表面，增加粉尘荷电能力，降低飞灰的比电阻，提高除尘效率[6]。

B　烟气细颗粒物化学团聚技术

电除尘器对于 $d = 0.1 \sim 1\mu m$ 飞灰颗粒的除尘效率只能达到 65% ~ 85%，对细颗粒物（PM$_{2.5}$）无法高效捕集。若将小颗粒发生聚并，形成大颗粒，那么电除尘器就可容易除去，细颗粒物团聚技术便是如此。

PM$_{2.5}$ 细颗粒物团聚强化除尘技术的原理是通过使用合适的团聚促进剂，增强细微粉尘颗粒之间的相互作用力，促使细颗粒物凝聚成较大的颗粒团，以提高对细颗粒物的脱除效率。烟气细颗粒物团聚技术是一种电除尘器提效技术，是超低排放的一项技术措施。

细颗粒物团聚强化除尘技术包含细颗粒物润湿技术、絮凝团聚技术和比电阻调节技术。通过在团聚剂中添加表面活性剂和无机盐，可加速细颗粒物进入团聚剂液滴内部，提高润湿性能。在团聚剂中添加高分子化合物或 pH 调节剂，可使颗粒物之间以电性中和、吸附架桥的方式团聚在一起，增强团聚效果，详见图 4-55。通过在团聚剂中添加无机盐和活性离子，增强颗粒物的导电性，降低烟气温度，可调节颗粒物比电阻，提高除尘效率[3]。

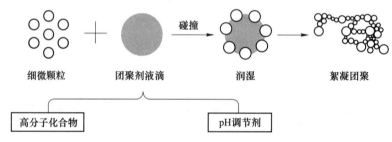

图 4-55　絮凝团聚过程示意图

图 4-56 显示了几种不同团聚剂的团聚效果，添加团聚剂可使细颗粒物聚并形成粒径较大的颗粒。团聚前后颗粒形貌特征见图 4-57。

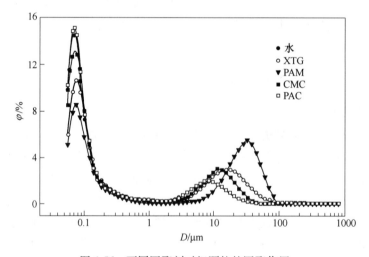

图 4-56　不同团聚剂对细颗粒的团聚作用

细颗粒物团聚技术可以在保持现有除尘设备和参数的前提下，提供一种性价比较好的

图 4-57 团聚前后颗粒形貌特征

a—团聚前；b—团聚后

颗粒物排放控制方法，以达到超低排放环保标准，$PM_{2.5}$ 减排 60% 以上。

化学团聚剂供应系统主要包括团聚剂制备系统、压缩空气系统和团聚剂输送系统、团聚剂雾化喷射系统以及 DCS 团聚控制系统等（图 4-58）。

（1）团聚剂制备系统。团聚剂制备系统包括团聚剂存放设备、溶液储备设备、搅拌设备和溶剂供应设备等。

（2）团聚液雾化喷入系统。采用气液二相流喷枪，喷雾效果好，更换方便，耐高温，耐腐蚀。烟道喷射喷枪采用可抽取式，可实现在线检修。

（3）控制系统。控制系统应简便可靠，包括操作员站、工程师站、历史站。

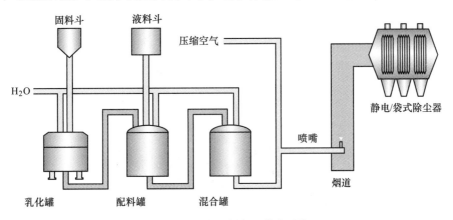

图 4-58 团聚剂制备及供应系统

2016 年 11 月，对江西某电厂 4 号机组细颗粒物团聚强化除尘系统进行了测试，结果表明，在细颗粒物团聚强化除尘技术未投运时，电除尘器出口烟尘浓度（标准状态）约为 50mg/m³，烟囱粉尘平均浓度（标准状态）为 15.6mg/m³，不能满足除尘超低排放要求；当细颗粒物团聚强化除尘技术投运后，电除尘器出口烟尘平均浓度（标准状态）约为 15.17mg/m³，烟囱粉尘浓度（标准状态）不超过 10mg/m³，平均浓度（标准状态）约为 1.7mg/m³，满足除尘超低排放要求。

细颗粒物团聚强化除尘的优势如下：

（1）燃煤适应性较好，负荷适应性较好；

（2）电除尘提效改造效果明显；

（3）不会增加烟道阻力，对引风机无影响；

（4）改造工程量小，一次性投资少；

（5）改造对生产影响小。

团聚剂具有良好的悬浮性、乳化性和水溶性，并具有良好的热、酸碱稳定性，不属于易燃化学品，在使用过程中无二次污染。该技术可为燃煤锅炉、窑炉实现颗粒物超低排放提供一种切实可行、经济有效的技术方案，可广泛应用于火电、水泥及钢铁等相关行业。

C　烟气细颗粒物电凝并技术

电凝并技术是针对传统除尘设备对 $PM_{2.5}$ 脱除效率不足应运而生的一种细颗粒物脱除技术。含尘气体在进入除尘器之前，先对其进行荷电处理，使荷电装置相邻两列的烟气粉尘分别带上极性不同的正、负电荷，通过混合过程迅速凝结形成大颗粒，随后进入除尘设备，这就是电凝并的工作原理。

双极电凝聚技术（BEAP）使用两个关键技术来减少细微颗粒的排放量，一是双极荷电器有若干个的正负交替的平行通道，使烟气和烟尘通过，双极荷电器使一半烟尘荷上正电，一半荷上负电；二是特别设计的粒径选择混合系统，使荷上负电荷的细微颗粒与带正电荷的大颗粒混合，即荷电后的颗粒通过颗粒间的惯性碰撞、颗粒扩散、空间电荷力、颗粒间的异极性吸引等作用力使微细粒子凝并成较粗的粒子后来加以去除。

带同性电荷的粒子比带异性电荷的粒子的凝并效果差，因此，双极荷电效果优于单极荷电。双极荷电凝并器采用正极、接地极、负极交替布置，具体见图 4-59。

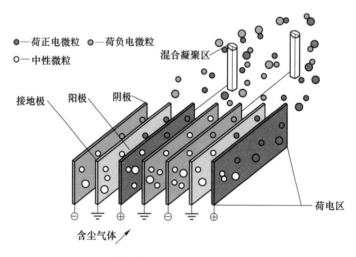

图 4-59　双极荷电凝并器

因为静电作用力随距离迅速减小，混合系统的实质是使携带细微颗粒靠近带相反电荷的颗粒，有足够的作用力使它们接触形成凝聚团。全尺寸凝聚器的现场测试表明双极静电凝聚技术能减少半数以上的细微颗粒。

对安装在电厂的示范凝聚器测试表明，在静电除尘器前安装凝聚器后，细微颗粒排放大量减少。Watson 电厂是一个 250MW 的粉煤燃烧炉，有两个空气加热器分别连接两个静电除尘器，Indigo 凝聚器安装在"B"静电除尘器前面，对"A"和"B"两个除尘器分别测试颗粒粒径，对逃逸曲线进行比较，可以看出安装凝聚器之后，细微颗粒排放的减少程度随粒径的减小而大大提高，在 $10\mu m$ 粒径范围颗粒物排放的改善程度为 60%，在 $1\mu m$ 粒径范围提高到 75%，在 $0.1\mu m$ 粒径范围提高到 90%。因此，凝聚器对 $10\mu m$ 颗粒只能去除一半，$1\mu m$ 颗粒的去除提高到原来的 9/10，$PM_{2.5}$ 排放平均削减到原来的 1/5 或消减量为 80%。凝聚器通过使细微颗粒附着到大的颗粒物上，很容易被静电除尘器捕集，从而大大削减了细微颗粒物的排放[3]。

前置电凝并器的电除尘器在美国、澳大利亚及中国香港（青山电厂 1 台 20 万千瓦机组）已有应用。近年来，我国电凝并技术的研究也在国内一些大学和研究机构开展起来，已在一台 300MW 机组实现了工程应用，排放浓度下降率为 32.59%，$PM_{2.5}$ 质量浓度下降率约为 34%。

但前置电凝并器安装需要有较长直管段烟道，特别是风速一般 $12\sim15m/s$ 时，存在磨损以及灰沉积等问题，长期运行效率和可靠性会下降，限制了工业应用，仍需进一步改进。

D　高压电源新技术

a　智能型控制电源

随着电除尘技术的进一步提高，普通型电源已不能完全满足功能的需求，先进的智能型控制电源便应运而生，它是以微处理器为基础的新型高压控制器，技术成熟，已在行业内得到广泛应用，其主要功能如下：

（1）火花控制功能。拥有更加完善的火花跟踪和处理功能，采用硬件软件单重或软硬件双重火花检测控制技术，电场电压恢复快，损失小，闪络控制特性良好，设备运行稳定、安全，有利于提高除尘效率。

（2）多种控制方式。控制方式扩充为全波、间歇供电等模式，全波供电包括火花跟踪控制、火花率设定控制、峰值跟踪控制等多种方式，间歇供电包括双半波、单半波等模式，并提供了充足的占空比调节范围，大大减轻反电晕的危害。

（3）绘制电场伏安曲线。多数控制器能够手动绘制电场伏安曲线，也有部分控制器能够自动快速绘制电场动态伏安曲线族（包括电压平均值、电压谷值、电压峰值等三组曲线），真实反映电场内部工况的变化，有助于对反电晕、电晕封闭、电场积灰等是否发生及程度做出准确的判断。

（4）断电振打功能（降功率振打功能）。又称电压控制振打技术，指的是在某个电场振打清灰时，相应电场的高压电源输出功率降低或完全关闭不输出。采用的是高压控制器和振打控制器联动方式的控制技术，两者有机配合，参数可调，使用灵活，能显著提高振打清灰效果，进而提高除尘效率。

（5）通讯联网功能。提供了 RS422/485 总线或工业以太网接口，所有工况参数和状态均可送到上位机显示、保存，所有控制特性的参数均可由上位机进行修改和设定。

（6）保护功能。具备完善的短路、开路、过流、偏励磁、欠压、超油温等故障检测与报警功能，设备保护更加完善，保证设备安全可靠运行。

b　高频高压直流电源

高频高压直流电源（简称高频电源）是新一代的电除尘器供电电源，其工作频率可达几十千赫兹。相较于传统工频电源，它不仅具有质量轻、空间占有率低、三相负载对称、功率因数和效率高的特点，更具有优越的供电性能[6]。大量的工程实例证明，高频电源在提高除尘效率、节约能耗方面，具有非常显著的效果。

高频高压电源有纯直流供电与间歇供电两种供电方式，控制方式主要采用调频控制，还有部分采用调幅控制，其基本原理是将三相工频输入电源整流成直流，经逆变电路逆变形成 10kHz 以上的高频交流电，然后通过整流变压器升压整后，形成几十千赫兹的高频脉动电流供给至电除尘器电场。高频电源主要由三个部分组成：逆变器、高频整流变压器、控制器。高频电源原理框图如图 4-60 所示。

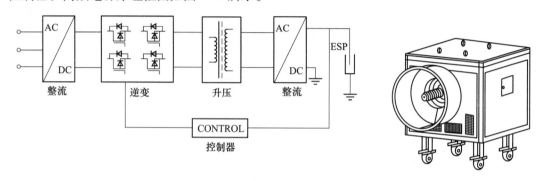

图 4-60 高频电源原理框图

高频电源主要特点：

（1）高频电源在纯直流供电方式下，提供了几乎无波动的直流输出，相比工频电源，可使其供给电场内的平均电压提高 25% ~ 30%，电晕电流扩大了约 1 倍，烟尘排放降低 30% ~ 50%。

（2）高频电源以间歇脉冲供电方式工作时，其脉冲宽度在几十微秒到几毫秒之间，在较窄的高压脉冲作用下，可以有效减少高比电阻粉尘的反电晕，提高除尘效率并大幅度节能。

（3）控制方式灵活，可以根据电除尘器的实际工况提供最合适的电压波形，提高电除尘器对不同工况条件的适应性。

（4）高频电源效率和功率因数均可达 0.95，纯直流供电时，相比工频电源节能约 20%。同时高频电源间歇供电间歇比 Pon 及 Poff 时间任意可调，可以在满足除尘效率的情况下提供最合适的间歇比以获得最大的节能效果。

（5）体积小，质量轻，一体化设计，节省基建及电缆的费用。

（6）调幅式高频电源，波形连续，峰值可变、可控，开关频率不变，变压器可靠性高，温升低。

c 脉冲高压电源

脉冲高压电源是电除尘配套使用的新型高压电源，其供电方式被公认为是改善除尘器性能和节能降耗最有效的方式之一。目前，常见的组合为一个直流电源叠加一个脉冲高压电源，直流高压源可采用工频和高频电源等。

脉冲高压电源是采用脉冲宽度在 $65 \sim 125 \mu s$ 之间的窄脉冲电压波形，叠加于基础直流高压，瞬间形成一个高压脉冲电场，其峰值电压远高于电除尘器常规使用击穿电压，能有效克服反电晕现象。其输出的脉冲幅度、脉冲重复频率、基础二次直流高压和基础二次直流电流可调。脉冲高压电源原理框图如图 4-61 所示[6]。

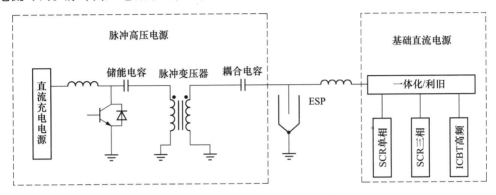

图 4-61 脉冲高压电源原理框图

脉冲高压主要特点是：

（1）高效节能，脉冲单元负责粉尘荷电，其供电时间短且采用能量回馈机制，脉冲升压时的大部分能量会送到贮能电容中回收，可以供下一步脉冲使用，而基础直流高压单元只需维持电场起晕电压，提高了电能利用率。

（2）工况适应能力强，有效抑制反电晕。脉冲电源供电时，平均电流较小，缓解了粉尘的电荷积累，因而可减弱反电晕的发生。另外，脉冲电源的平均电压电流和峰值电压电流单独可调，适用性大幅提高，对高比电阻粉尘等恶劣工况具有良好的适应性。

（3）提高电场峰值电压和电晕功率。极窄的高能脉冲有效突破了常规直流电源的闪络电压限制，峰值电压可提高到 140kV 以上，输出电流由几安提高到 200A 以上。

（4）提高除尘效率，适合于微细粉尘尤其是 $PM_{2.5}$ 微细粉尘。同等工况下，可减少粉尘排放 50% 以上。

（5）脉冲高压电源可适用于各种除尘工况，尤其适用于高比电阻粉尘和微细粉尘的后级电场改造，改善效果特别显著。

d 三相高压直流电源

三相高压直流电源（简称三相电源）是采用三相交流输入（380VAC/50Hz），相位上依次相差 120°，各相电流、电压、磁通大小相等，通过三路六只可控硅反并联调压，经三相变压器升压整流，实现供电平衡，减少初级电流和缺相损耗，实现超大功率。同常规单相高压电源比较，三相电源输出波形稳定、供电平衡、二次平均电压高、功率因数高，对于中低比电阻粉尘工况下，可提供高效的运行电压和电流，显著提高除尘效率[6]。

三相电源电路原理框图如图 4-62 所示。

三相电源主要特点是：

（1）输出直流电压平稳，波动较工频电源小，运行电压可增加 20% 以上。

（2）供电平衡，设备效率高，节能降耗。

（3）相电流小，容易实现超大功率。

（4）三相电源在电场闪络时的火花封锁时间长，火花强度大，需要采用新的抗干扰技

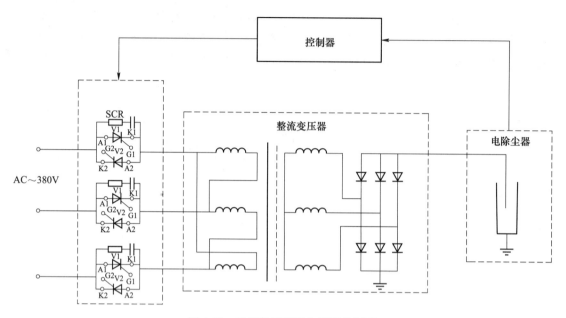

图 4-62　三相高压直流电源原理框图

术和火花控制技术。

（5）控制系统和变压器可分开布置，适应各种工况条件。

（6）三相电源脉冲宽度、间歇比调整不灵活，因此对于高比电阻粉尘的应用效果较差。

（7）三相电源应用于高浓度粉尘的电场时，可以提高电场的电流荷电和工作电压。

e　恒流高压直流电源

恒流高压直流电源简称"恒流电源"。恒流高压直流电源具有电流源输出特性，电晕功率高，工作持续、稳定、可靠，功率因数高等优点。

恒流源电路包括三个部分：第一部分为 L-C 谐振变换器，每个变换器由电感 L 和电容 C 组成一个谐振回路网络，把交流电压源转换成电流源；第二部分为直流高压发生器 T/R，将工频交流电压通过升压整流后输出成直流高压，为电除尘器提供稳定的高压直流供电；第三部分为反馈控制电路，主要由接触器和半导体器件构成，为高压输出提供闭环控制。原理框图如图 4-63 所示。

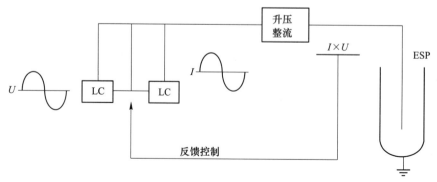

图 4-63　恒流高压直流电源原理框图

恒流电源主要特点是：

（1）具有恒流输出特性。

（2）在伏安特性曲线上具有很宽的工作区间，能够在伏安特性曲线上任意点稳定工作，电场阻抗的变化对供电参数的影响很小。

（3）电流反馈控制，能自动适应工况变化且工作平稳。

（4）采用并联模块化设计，结构清晰，故障率低，最大程度保障可连续工作。

（5）自动抑制火花放电向流柱放电发展，一旦电场内形成流柱放电，电源自然而然降低供电电压、大幅消减供电功率，火花自行熄灭，继而自动恢复正常供电。

恒流电源广泛应用于导电玻璃钢湿式电除尘，在干式电除尘器升级改造、电除雾和电捕焦方面也有大量应用。

E　低低温电除尘技术

低低温电除尘技术通过烟气冷却器将烟气由通常的低温状态（120~170℃）降至酸露点以下（90℃左右），使得烟气中的大部分 SO_3 在烟气冷却器中冷凝成硫酸雾并黏附在粉尘表面，使粉尘性质发生了很大变化，降低了粉尘比电阻，避免反电晕现象的发生，同时去除大部分的 SO_3，可大幅提高湿法脱硫的协同除尘效果。

以低低温电除尘技术为核心的烟气协同治理典型技术路线，指除尘技术用低低温电除尘的烟气治理技术路线，如图 4-64 所示。在不设湿式电除尘器的情况下，可实现烟气超低排放，在节能提效的同时，对 SO_3 有很高的脱除效率。

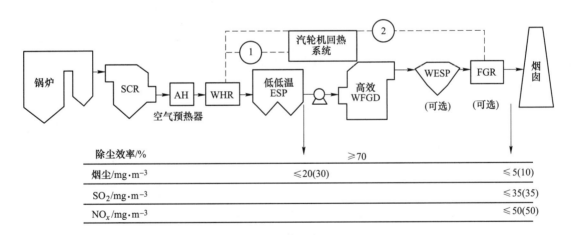

图 4-64　以低低温电除尘技术为核心的烟气协同治理技术路线
（当不设置烟气再热器（FGR）时，烟气冷却器（WHR）处的换热量按图中①所示回收至汽机回热系统；
当设置烟气再热器（FGR）时，烟气冷却器（WHR）处的换热量按图中②所示至烟气再热器（FGR））

相对于常规电除尘技术，低低温电除尘除尘效率得以提高，主要原因如下[7]：

（1）比电阻下降。将烟气温度降低到酸露点以下，SO_3 冷凝成硫酸雾并黏附在粉尘表面，粉尘性质发生了很大变化，大幅度降低了粉尘比电阻。对燃煤电厂而言，温度降低，粉尘比电阻本身也会下降。

（2）击穿电压上升。在实际应用中，由于有效地避免了反电晕，击穿电压有更大程度的上升幅度。

（3）烟气量降低。由于烟气温度降低，烟气体积流量将下降，比集尘面积提高，也增加了粉尘在电场的停留时间。

（4）平均粒径增大。烟气温度降至酸露点以下，使烟气中的大部分 SO_3 冷凝成硫酸雾并黏附在粉尘表面，促进细颗粒团聚，平均粒径增大，有利于提高除尘效率。

根据低低温电除尘器近三年的运行反馈和跟踪，均未发现低温腐蚀现象，但低低温电除尘器存在二次扬尘适当增加、绝缘子更易发生结露爬电、灰的流动性降低及漏风点更易发生局部腐蚀等问题，需加以关注。

为减少二次扬尘可选择下述措施：适当增加电除尘器容量，通过加大流通面积，降低烟气流速，设置合适的电场数量；可采用旋转电极式电除尘技术或离线振打技术；设置合理的振打周期及振打制度；出口封头内设置槽形板，使部分逃逸或二次飞扬的粉尘进行再次捕集。

在"超低排放"的背景下，该技术得到了一大批火力发电机组的应用，不但实现了 $20mg/m^3$ 以下烟尘浓度超低排放，并通过回收利用烟气余热，实现节能减排。如某电厂 $2\times$ 660MW 机组，2014 年 12 月中旬投运，经测试，电除尘器出口烟尘浓度约为 $12mg/m^3$，脱硫后烟尘、SO_2、NO_x 排放浓度分别为 $3.64mg/m^3$、$2.91mg/m^3$、$13.6mg/m^3$，湿法脱硫的协同除尘效率约为 70%；某电厂 300MW 机组，2014 年 8 月上旬投运，经测试，电除尘器出口烟尘浓度为 $18mg/m^3$，经湿法脱硫后，烟尘排放浓度为 $8mg/m^3$[7]。

F　移动极板电除尘技术

对常规电除尘器而言，高比电阻粉尘所导致的反电晕和振打引起的二次扬尘直接影响了电除尘器的除尘效率，也是目前常规电除尘器面临的主要技术瓶颈。

旋转电极式电除尘器是一种新型电除尘器设备，采用"固定电极电场+移动电极电场"的模式，转动极板技术最初研发于日本三菱环保公司。电除尘器末电场旋转移动电极的独特清灰方式，无振打扬尘，能有效保持极板的清洁，可最大程度减少二次扬尘和反电晕问题，大幅度提高除尘效率，从而为电除尘器实现超低排放提供了一条新的工艺路线。

旋转电极技术的除尘原理与传统除尘机理完全相同，但清灰方式与常规电除尘器完全不同。将集尘极设计成移动旋转式，阳极板排通过上部的主动轴驱动缓慢地循环上下运动，当阳极板上的粉尘聚集到一定厚度后进入灰斗上部非收尘区，附着于集尘极上的粉尘在随旋转阳极板运动到非收尘区域后，安装在电场下部的清灰刷对极板的两面进行清灰，刷下的灰直接进去灰斗，整个清灰过程避免了二次扬尘的产生。移动电极电除尘器电场的阳极板排采用环形设计，阳极板排通过上部主动轴系和下部从动轴系张紧固定，旋转清灰装置设置在从动轴上部的非收尘区，主动轴和清灰装置由电场外的驱动电机提供动力[7]。移动极板电除尘工作原理如图 4-65 所示。

旋转电极式电除尘器的特点：

（1）能够保持阳极板的清洁，避免反电晕现象，有效解决高比电阻粉尘的收尘问题。

（2）最大限度地减少二次扬尘，实现电除尘器粉尘低浓度排放。

（3）可使电除尘器小型化，节约场地。相较于四电场的常规电除尘器，旋转电极式电除尘器只需要三电场（两个固定电极电场，一个旋转电极电场）。

（4）适用于老旧电除尘器改造，在大多数场合，只需将末电场改成旋转电极电场，其余电场可予以保留。

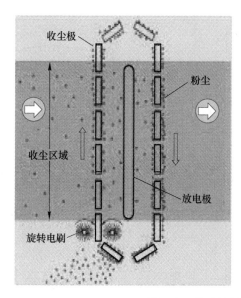

图 4-65　移动极板电除尘工作原理

（5）工程应用情况表明，最低排放浓度（标准状态）可达 10mg/m³以下。

但旋转电极式电除尘器对设备加工精度、安装精度、材质、烟尘条件和工况变化适应性有严格要求，否则无法可靠、稳定、高效地运行，成为制约其广泛应用的障碍。

某电厂 3 号炉 135MW 机组，机组原配套的是一台 257m² 双室四电场静电除尘器，设计除尘效率不小于 99.6%，电除尘器出口排放浓度（标准状态）超过 120mg/m³，迫切需要对除尘设备进行提效升级来满足新的环保要求。经过论证，确定在原除尘器出口端新增一个移动电极电场。2014 年 1 月移动电极电除尘器投运，机组稳定运行 4 个多月后，进行了性能验收测试实验。实测电除尘器 A、B 两室的出口含尘浓度（标准状态）分别为23.4mg/m³、28.8mg/m³，平均为 26.1mg/m³，取得了明显提效效果。

G　转炉煤气电除尘器

炼钢转炉煤气净化分湿法和干法两种，就湿法除尘而言，传统上以 OG 法（二文一塔）湿法除尘为主，该方法存在的最大缺点是能耗高、耗水量大、污水处理复杂、设备腐蚀和结垢、运行成本高。而以 LT 为代表的干法除尘在国际上被认定为转炉除尘的发展方向。LT 法系统主要是由煤气冷却、净化回收和粉尘压块 3 大部分组成（图 4-66），荒煤气经冷却烟道的温度由 1450℃ 左右降至 800~1000℃，然后进入蒸发冷却器降至 180~200℃，同时通过调质处理，降低了烟尘的电阻率，收集了粗粉尘。之后，进入圆筒形电除尘器进一步净化，含尘浓度降至 10mg/m³以下。蒸发冷却器和圆筒形电除尘器捕集的粉尘，经输送机送到压块站，在回转窑中将粉尘加热到 500~600℃，采用热压块的方式将粉尘压制成型，成型的粉块可直接用于转炉炼钢。LT 法与 OG 法相比的主要优点：一是除尘净化效率高，粉尘质量浓度降至 10mg/m³以下；二是该系统全部采用干法处理，不存在二次污染和污水处理；三是系统阻损小，煤气发热值高，回收粉尘可直接利用，降低了能耗；四是系统简化，占地面积小，便于管理和维护。因此，LT 法干法除尘技术比 OG 法湿法除尘技术有更高的经济效益和环境效益，从而获得国内外普遍重视和采用。

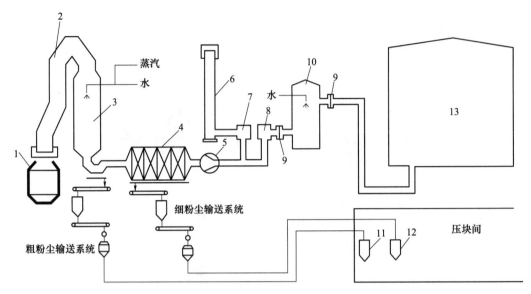

图 4-66　转炉煤气干法电除尘净化与回收工艺

1—转炉；2—气化冷却烟道；3—蒸发冷却器；4—电除尘器；5—主引风机；6—放散烟囱；7—放散侧钟形阀；
8—回收侧钟形阀；9—眼镜阀；10—煤气冷却器；11—粗粉尘仓；12—细粉尘仓；13—煤气柜

　　基于耐压和防爆的需要，电除尘器壳体采用圆筒结构，锥形进出口分别设置弹簧式泄爆阀。气流通过进口三层气流分布板后，气体柱塞状连续通过 4 个电场，以降低 CO 气体与空气接触混合的机会，考虑进入后部电场粉尘较细，电场的阴极线采用不同尺寸。阴极振打采用顶部凸轮提升机构传动，侧部摆动锤击方式清灰，阳极振打采用侧部减速电机传动，侧部挠臂锤锤击方式清灰。扇形刮灰装置通过柱销齿轮传动装置将收集的粉尘送入链式输灰机排出。圆筒形电除尘器结构详见图 4-67。

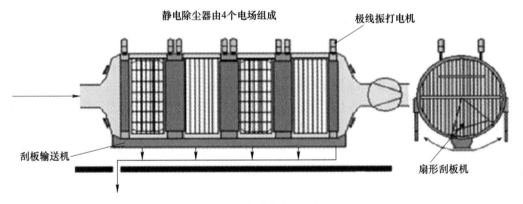

图 4-67　圆筒形电除尘器结构

　　圆筒形电除尘器在转炉煤气工程中广泛应用（图 4-68）。例如，某钢厂 120t/h 转炉采用 LT 煤气净化工艺，圆筒形电除尘器参数入口烟气量为 92000m³/h，入口烟气温度为 120~180℃，电除尘器入口颗粒物浓度为 75g/m³，电除尘器出口颗粒物浓度不大于 15mg/m³，电场数量 4 个。

图 4-68 圆筒形电除尘器净化转炉煤气

转炉煤气也可用湿式电除尘器净化。荒煤气先经湿式 OG 法洗涤除尘，再进入湿式电除尘器精除尘，形成湿法除尘与双电场湿式电除尘器串联的复合除尘系统，这样可以实现高效除尘与降温同时进行。湿式电除尘极板上收集的粉尘经水冲洗后送至水处理厂处理。某钢铁公司 80t 转炉煤气 OG 除尘项目改造，将一台双电场卧式湿式电除尘器安装在风机入口，异极距 400mm，改造前转炉颗粒物排放浓度为 140mg/m³，改造后颗粒物排放浓度为 13.1mg/m³，运行压力损失不大于 300Pa。

4.2 硫氧化物控制技术

传统的脱硫技术主要包括湿法、半干法、干法，如表 4-6 所示。湿法脱硫技术采用不同碱性吸收剂与烟气接触从而吸收 SO_2，因其脱硫效率高、运行可靠性高、技术成熟等优点得到广泛应用[9]。湿法脱硫技术主要包括石灰石-石膏法、双碱法、镁法、氨法、海水法等[10]；半干法技术主要是循环流化床脱硫技术、旋转喷雾干燥脱硫技术、密相干塔脱硫技术、NID 脱硫技术、MEROS 脱硫技术等；干法技术主要是活性焦法等。

表 4-6　传统脱硫技术比较[8]

传统脱硫技术	优　点	缺　点
湿法	脱硫反应速度快、设备简单、脱硫率高	腐蚀严重、运行维护费用高、易造成二次污染
半干法	反应速率快、脱硫率高，无污水废酸排出，脱硫后的产物易于处理	脱硫率易受多方面因素的影响
干法	无污水废酸排出，设备腐蚀程度较轻，烟气在净化过程中无明显温降、净化后烟温高、利于排气扩散	脱硫率低，反应速度较慢、设备占地面积较大、运行费用高

4.2.1 湿法

4.2.1.1 石灰石-石膏法

石灰石-石膏法脱硫工艺是利用石灰石浆液与含 SO_2 的烟气在吸收塔内传质、吸收、氧化生成石膏，从而脱除烟气中 SO_2[11]。

A　工艺原理及流程

携带大量污染物的原烟气经过增压风机加压推送至烟气换热器，降温至要求后进到吸收塔[14]。石灰石粉制成的浆液作为脱硫剂，进入吸收塔与烟气接触混合，吸收液通过喷嘴雾化喷入吸收塔，分散成细小液滴与塔内烟气逆流接触，浆液中的碳酸钙与烟气中的SO_2、HCl 和 HF 等发生传质与吸收反应，吸收产物在吸收塔底部的氧化区发生氧化和中和反应，经脱水最终形成可二次利用的石膏。石灰石被连续加入吸收塔维持吸收液稳定的pH 值，同时吸收塔内搅拌机、氧化空气不断搅动吸收液，使石灰石在浆液中均匀分布并加快溶解。吸收塔内吸收剂经循环泵反复循环与烟气接触，提高吸收剂利用率，整个过程钙硫比（Ca/S）较低，一般为 $1.03 \sim 1.05$[12]。脱硫后的烟气经过除雾器除去雾滴，再经过换热器加热升温至露点以上后排放。

工艺过程包括两个反应过程：物理过程，烟气从气相进入液相是吸收过程，其原理符合薄膜理论；化学过程，主要是酸碱中和反应，在液相中进行可以加快化学反应速率[13]，见图 4-69。

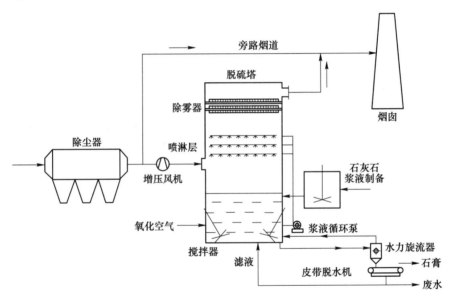

图 4-69　石灰石-石膏法烟气脱硫系统工艺流程

整个过程化学反应式如下。

总反应方程式：

$$SO_2 + CaCO_3 + 1/2O_2 + 2H_2O \longrightarrow CaSO_4 + 2H_2O + CO_2 \tag{4-4}$$

（1）SO_2 吸收：

$$SO_2 + H_2O \longrightarrow H_2SO_3 \tag{4-5}$$

$$H_2SO_3 \rightleftharpoons H^+ + HSO_3^- \tag{4-6}$$

$$HSO_3^- \rightleftharpoons H^+ + SO_3^{2-} \tag{4-7}$$

（2）石灰石溶解：

$$CaCO_3 \longrightarrow Ca^{2+} + CO_3^{2-} \tag{4-8}$$

$$2H^+ + SO_3^{2-} + Ca^{2+} + CO_3^{2-} \longrightarrow CaSO_3 + CO_2\uparrow + H_2O \tag{4-9}$$

（3）氧化反应：
$$CaSO_3 + 1/2O_2 \longrightarrow CaSO_4 \tag{4-10}$$

（4）亚硫酸钙、硫酸钙结晶：
$$CaSO_3 + 1/2H_2O \longrightarrow CaSO_3 \cdot 1/2H_2O \tag{4-11}$$
$$CaSO_4 + 2H_2O \longrightarrow CaSO_4 \cdot 2H_2O \tag{4-12}$$

（5）其他副反应：
$$CaCO_3 + 2HCl \longrightarrow CaCl_2 + CO_2 \uparrow + H_2O \tag{4-13}$$
$$CaCO_3 + 2HF \longrightarrow CaF_2 + CO_2 \uparrow + H_2O \tag{4-14}$$

B 工艺系统

石灰石-石膏法烟气脱硫系统主要包括：（1）烟气系统；（2）石灰石制浆系统；（3）吸收塔系统；（4）石膏脱水系统；（5）脱硫废水处理系统；（6）工艺水系统。

a 烟气系统

烟气输送过程中，经过引风机-入口烟道-塔内（喷淋）-塔顶（除雾）-出口烟道这几个装置，脱硫后的烟气从烟囱排到大气中[14]。系统不设旁路烟道，增压风机与引风机合并设置，进入脱硫塔的烟气通过引风机实现流量控制，烟气系统压降通过引风机克服[14]。烟气降温选择喷淋降温，所用的喷淋液是工艺水和脱硫浆液。系统正常运行时，使用脱硫浆液进行降温，保证脱硫效果更好；烟气温度较高时，自动切换为工艺水，进行冲洗时也使用工艺水[15]，见图4-70。

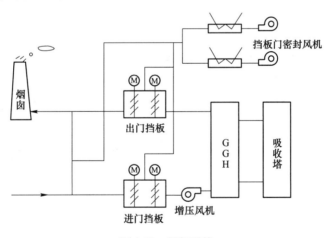

图 4-70 烟气系统

b 石灰石制浆系统

使用破碎机对石灰石进行处理，使之趋于均匀，并通过球磨机将其磨成均匀的粉状物，再掺水混合搅拌均匀，制成符合要求的石灰石浆液送入吸收塔，见图4-71。

c 吸收塔系统

吸收塔系统是石灰石-石膏法脱硫的核心，包括吸收塔主体系统、循环系统和氧化系统。石灰石浆液自上而下进行喷淋，原烟气自下而上流动，浆液与烟气逆流接触使反应更加彻底，提高脱硫效率。反应后生成的 $CaSO_3$ 沉积在吸收塔底部，被风机鼓入的空气强制氧化后生成石膏通过排浆泵排出，进入后续石膏脱水系统。因反应区烟气中含有大量硫酸

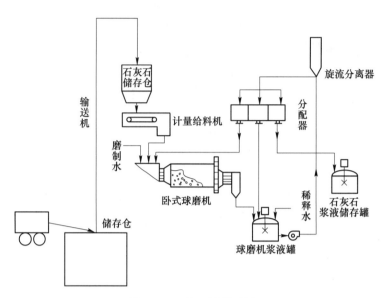

图 4-71 石灰石制浆系统

根离子和氯离子，对塔壁有强腐蚀性，因此吸收塔内需要做防腐处理，常用内衬复合板和玻璃鳞片。湿法脱硫常用折流板除雾器，除雾器安装在吸收塔上方，将烟气与液滴分离，确保液滴能够再次进入吸收塔，避免烟气中的 SO_2 进入大气，而且避免了风机和烟道结垢腐蚀[15]。除雾器工作原理是：气体携带的液滴以一定速度通过除雾器，在惯性力的作用下实现气液分离低和折流板装机，撞击过程中烟气通过折流板，但液滴留在折流板上，液滴聚集到一定程度后落下再次进入吸收塔[15]。

湿法脱硫吸收塔典型塔型结构有填料塔、鼓泡塔、喷淋塔、液柱塔等。填料塔系统阻力大且极易堵塞，目前已不采用；鼓泡塔由于塔内布局复杂，安装难度大、阻力大等缺点也已很少采用。目前，广泛采用的是喷淋塔，喷淋塔主要包括喷淋层、喷嘴、氧化空气管、除雾器和搅拌器，具有脱硫效率高、塔内构件少、阻力低等特点[15]，见图4-72。

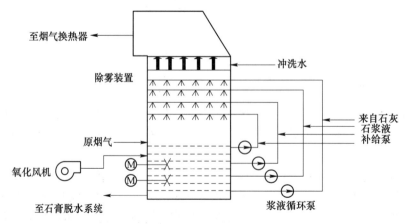

图 4-72 吸收塔系统

d 石膏脱水系统

吸收塔排出的石膏浆液首先经过水力旋流器，离开旋流器的浆液固体含量至少50%，然后进入真空皮带脱水机，脱水机中有滤布，浆液均匀地在滤布上分布，水分在重力和真空泵的作用下被吸出，最终生成含固率超过90%的石膏饼[14~16]。脱水系统产生的废水使用旋流器进行分离，含固体杂质的废水输送到废水处理装置进行处理，不含杂质的废水输送到吸收塔或石灰石制浆系统循环使用，见图4-73。

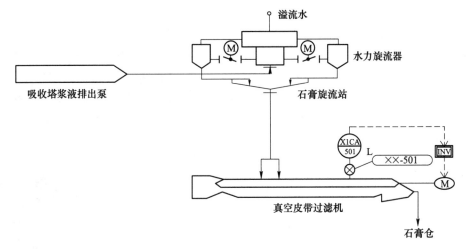

图 4-73 石膏脱水系统

e 脱硫废水处理系统

脱硫装置浆液内的水在不断循环的过程中，会富集重金属元素和Cl⁻等，不仅加速脱硫设备的腐蚀，而且影响石膏的品质。因此，脱硫装置要排放一定量的废水进入废水处理系统，目前，最常用的脱硫废水的处理方法为氢氧化物沉淀法，该法中最常用的沉淀剂是石灰和氢氧化钠[14]。

废水首先通过中和箱与溶液中OH⁻发生中和反应，使废水中大部分重金属以氢氧化物的形式沉淀出来，然后加入絮凝剂使沉淀聚集沉降，絮凝过程后，通过浓缩澄清，将上清液流入净水箱，经pH调节后达标排放，澄清池中的污泥回流到中和池。污泥脱水系统的污泥运至干灰场贮存。经中和、沉降、絮凝、澄清和浓缩处理后的脱硫废水达到排放标准（《火电厂石灰石-石膏湿法脱硫废水水质控制指标》(DL/T 997—2006)）[14]，见图4-74。

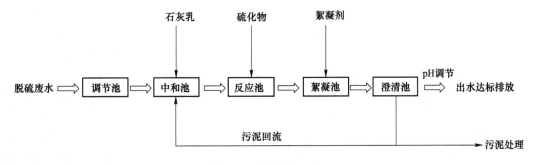

图 4-74 废水处理系统

C　技术特点

石灰石-石膏法技术成熟，原料丰富易得，运行可靠，对不同煤种适应性强[17]，目前，脱硫效率可稳定在97%左右，可达98%以上[18]，是目前应用最广泛的湿法脱硫技术。但它也存在诸多问题，石灰石-石膏法脱硫最终产物主要是石膏，目前，石膏的综合利用存在着诸多方面制约，因此大多数企业将废料石膏做抛弃处理；存在"石膏雨"现象；不能同时脱除烟气中的 SO_3、NO_x 且脱硫过程产生大量废水，废水中含有卤素和重金属等，其中部分重金属离子是国家环保标准中要求控制的第一类污染物，水质特殊，废水处理难度较大；产生大量的 CO_2，加剧温室效应；一次性投资较高；设备安装麻烦；设备结垢磨损腐蚀严重，后期运行维护费用较高[3]。设备的腐蚀主要是酸的综合反应，卤化物（氯化物和氟化物）的存在会引起局部腐蚀，脱硫固体产物亚硫酸钙（$CaSO_3$）、硫酸钙（$CaSO_4$）的结晶是导致结垢的根本原因[24]。通过降低浆液池和进入喷淋系统浆液的过饱和度，保持浆液均匀搅拌，延长浆液在浆液池中的停留时间和提高浆液中结晶固体含量等手段，可有效减轻结垢[24]。

D　发展趋势

对于目前钢铁行业实施超低排放标准，石灰石-石膏法脱硫工艺存在以下问题：（1）浆液的携带导致脱硫前后颗粒物质量浓度差异很大，颗粒物的排放指标不易达标；（2）当烟气流量变小到一定程度时，影响脱硫效率和除雾效果；（3）石灰石反应活性较低，吸收剂主要靠碰撞烟气来吸收 SO_2，脱硫效率很难达到超低排放[19]。目前，国内实现高效石灰石-石膏湿法烟气脱硫主要有三种技术途径：一是优化改进喷淋塔，采用优化喷淋塔的结构和喷淋层布置、使用更高效的喷嘴、加装强化气液传质构件提高塔内烟气流场的均匀度和增强气液两相间的传质等技术措施，提高吸收剂利用率；二是使用单塔双循环技术或者双塔双循环技术，实现对脱硫反应过程进行分步和精细控制；三是与其他技术复合联用，以石灰石-石膏湿法烟气脱硫技术为第一步粗脱硫，再联用其他脱硫技术实现超低排放以及满足未来的更低排放标准[26]。

4.2.1.2　镁法

镁法脱硫采用菱镁矿煅烧产生的氧化镁作为 SO_2 吸收剂，制备成氢氧化镁浆液，在吸收塔内与 H_2SO_3 进行中和反应，生成 $MgSO_3$ 和 $MgSO_4$ 混合物，从而吸收烟气中 SO_2[10]。

A　工艺原理及流程

经除尘后的烟气从底部进入脱硫塔，在脱硫塔烟气入口处设有喷水降温的装置，将烟气降温，在烟气进口上方装有一层旋流板，减缓烟气流速，增加反应时间，使烟气在塔内均匀分布。旋流板的上方有 3 层喷头喷淋脱硫剂浆液，与从下而上的烟气进行逆流接触。吸收塔内喷淋层的上方安装除雾器，将洗涤后的烟气进行脱水处理，除雾器上方安装自动工艺水冲洗系统，以便及时处理除雾器上面的积灰。

浆体吸收 SO_2 形成 $MgSO_3$ 有两种利用途径：煅烧生成 SO_2 和 MgO，SO_2 制工业硫酸，MgO 重复用于脱硫；通过鼓风机将 $MgSO_3$ 强制氧化成 $MgSO_4$，过滤除杂、浓缩结晶生成 $MgSO_4 \cdot 7H_2O$，然后经过真空皮带机脱水干燥制成 $MgSO_4 \cdot 7H_2O$ 产品[20]。结晶槽中含有 $MgSO_4$ 的上清液和脱水干燥的废水输送至循环水箱中，经过循环水箱处理过后的水输送至脱硫塔中回用，见图 4-75。

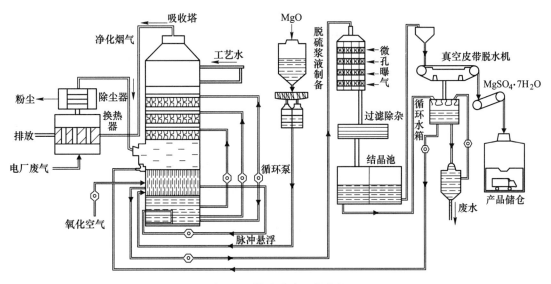

图 4-75 镁法脱硫工艺流程

镁法脱硫工艺主要化学反应式如下[21]。

（1）脱硫剂制备：

$$MgO + H_2O \longrightarrow Mg(OH)_2 \tag{4-15}$$

（2）SO_2 吸收：

$$SO_2 + H_2O \longrightarrow H_2SO_3 \tag{4-16}$$

$$H_2SO_3 \longrightarrow HSO_3^- + H^+ \tag{4-17}$$

$$HSO_3^- \longrightarrow H^+ + SO_3^{2-} \tag{4-18}$$

（3）脱除 SO_2：

$$Mg(OH)_2 + SO_2 \longrightarrow MgSO_3 + H_2O \tag{4-19}$$

$$SO_2 + MgSO_3 + H_2O \longrightarrow Mg(HSO_3)_2 \tag{4-20}$$

$$Mg(OH)_2 + Mg(HSO_3)_2 \longrightarrow 2MgSO_3 + 2H_2O \tag{4-21}$$

（4）副产物强制氧化：

$$MgSO_3 + 1/2O_2 + 7H_2O \longrightarrow MgSO_4 \cdot 7H_2O \tag{4-22}$$

脱硫副产物 $MgSO_3$ 再制备 MgO 及工业硫酸工艺流程见图 4-76，化学反应式如下[14]。

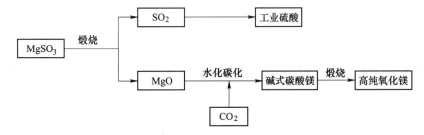

图 4-76 脱硫副产物制氧化镁及硫酸工艺流程

（1）亚硫酸镁焙烧制氧化镁：

$$MgSO_3 \longrightarrow MgO + SO_2 \uparrow \qquad (4-23)$$

（2）制硫酸：

$$SO_2 + 1/2O_2 \longrightarrow SO_3 \uparrow \qquad (4-24)$$

$$SO_3 + H_2O \longrightarrow H_2SO_4 \qquad (4-25)$$

（3）水化碳化提纯：

$$MgO + H_2O \longrightarrow Mg(OH)_2 \qquad (4-26)$$

$$CO_2 + H_2O \longrightarrow HCO_3^- + OH^- \qquad (4-27)$$

$$Mg(OH)_2 + 2HCO_3^- \longrightarrow Mg^{2+} + 2CO_3^{2-} + 2H_2O \qquad (4-28)$$

（4）焙烧制高纯氧化镁：

$$Mg(HCO_3)_2 + 2H_2O \longrightarrow MgCO_3 \cdot 3H_2O + CO_2 \uparrow \qquad (4-29)$$

$$5(MgCO_3 \cdot 3H_2O) \longrightarrow 4MgCO_3 \cdot Mg(OH)_2 \cdot 2H_2O + 12H_2O + CO_2 \uparrow$$
$$(4-30)$$

$$4MgCO_3 \cdot Mg(OH)_2 \cdot 2H_2O \longrightarrow 5MgO + 3H_2O + 4CO_2 \uparrow \qquad (4-31)$$

镁法脱硫技术关键是吸收液中亚硫酸镁的浓度及循环液量的控制。为了提高脱硫效率，需维持足够的 $MgSO_3$ 循环液量以保证脱硫效率，若一定程度上提高吸收液中 $MgSO_3$ 的浓度可减少循环液量并提高脱硫效率，但若 $MgSO_3$ 浓度超过了操作温度下的溶解饱和度，将会有 $MgSO_3$ 结晶析出，可能引起管道、设备堵塞，因此，有效控制不同工况下的吸收液浓度和循环液量是维持稳定操作、提高脱硫效率的关键[22]。

B　技术特点

镁法脱硫工艺具有以下特点：

（1）脱硫效果显著，脱硫效率在 95%~98%，甚至可达 99% 以上[23]。湿法脱硫的反应强度取决于脱硫剂碱金属离子的溶解碱性，镁离子的溶解碱性比钙离子高数百倍，因此镁法脱硫具有比钙法脱硫高数十倍的脱硫能力[21]。

（2）不易结垢堵塞，运行可靠性更高，维护费用低。相比于石膏，镁法脱硫生成的亚硫酸镁、硫酸镁溶解度更大，固体为松散的晶体，不易沉积，不易结垢堵塞，能够保证系统安全有效运行[21]。运行时 pH 值控制在 6.5~6.8 之间，不易出现结垢、堵塞、腐蚀等问题。

（3）产生废水少。镁法液气比仅为石灰石-石膏法的 1/3，废水量少，电耗也显著低于石灰石-石膏法[21]。

（4）MgO 的相对分子质量是 CaO 的 73%，是 $CaCO_3$ 的 40%，去除等量的 SO_2 所需 MgO 的量比钙基脱硫剂少，虽然氧化镁单价较高，但年用量较少，因此脱硫剂消耗成本低于石灰石-石膏法[21]。但若考虑脱硫副产物综合利用，镁法一次投资高于钙法。

（5）镁法液气比低于石灰石-石膏法，且反应性强，所需停留时间比石灰石-石膏法短，因此吸收塔的高度显著低于石灰石-石膏法系统的吸收塔，主体设备造价相对较低。

（6）原料供应受限，主要分布在山东、辽宁地区。

4.2.1.3 氨法

A 工艺原理及流程

湿式氨法脱硫工艺有氨-酸法、氨-亚硫酸铵法、氨-硫酸铵法。氨-酸法工艺需要消耗大量的硫酸，并且分解出来的 SO_2 气体须有配套的制酸系统处理；氨-亚硫酸铵法工艺脱硫副产品为 $(NH_4)_2SO_3$，产品很难再利用，运行成本较高。

氨-硫酸铵工艺利用氨吸收剂洗涤含 SO_2 的烟气生成 $(NH_4)_2SO_3$，经空气氧化后生成 $(NH_4)_2SO_4$，最终得到硫酸铵化肥。主要包括吸收、氧化和结晶三个过程。

a 吸收过程

烟气经过除尘器净化后从脱硫塔底部进入，同时在脱硫塔顶部将氨水溶液喷入塔内吸收 SO_2，吸收液经压缩空气氧化生成 $(NH_4)_2SO_4$，再经加热蒸发结晶析出 $(NH_4)_2SO_4$，过滤干燥后得化学肥料硫酸铵，反应主要包括吸收、氧化和结晶过程。

$$NH_3 + H_2O + SO_2 \longrightarrow NH_4HSO_3 \tag{4-32}$$

$$2NH_3 + H_2O + SO_2 \longrightarrow (NH_4)_2SO_3 \tag{4-33}$$

$$(NH_4)_2SO_3 + H_2O + SO_2 \longrightarrow 2NH_4HSO_3 \tag{4-34}$$

氨水吸收烟气中 SO_2 反应生成 $(NH_4)_2SO_3$ 和 NH_4HSO_3，NH_4HSO_3 对 SO_2 具有很好的吸收能力，是反应的主要吸收剂，而 NH_4HSO_3 不具备吸收 SO_2 能力，随着吸收反应进行，吸收液中 NH_4HSO_3 不断增加，因此需要补充氨水，将 NH_4HSO_3 转换为具有吸收能力的 $(NH_4)_2SO_3$，保持吸收液中 $(NH_4)_2SO_3$ 稳定。

$$NH_4HSO_3 + NH_3 \longrightarrow (NH_4)_2SO_3 \tag{4-35}$$

烟气中含有 SO_3、HCl、NO_2 等气体也会同时被吸收剂吸收。

$$(NH_4)_2SO_3 + SO_3 \longrightarrow (NH_4)_2SO_4 + SO_2 \tag{4-36}$$

$$(NH_4)_2SO_3 + 2HCl \longrightarrow 2NH_4Cl + SO_2 + H_2O \tag{4-37}$$

$$2(NH_4)_2SO_3 + NO_2 \longrightarrow (NH_4)_2SO_4 + 1/2N_2 \tag{4-38}$$

b 氧化过程

氧化反应可以在吸收塔内进行，也可以在吸收塔后专门建立的氧化塔内进行。反应式为：

$$2(NH_4)_2SO_3 + O_2 \longrightarrow 2(NH_4)_2SO_4 \tag{4-39}$$

$$2NH_4HSO_3 + O_2 \longrightarrow 2NH_4HSO_4 \tag{4-40}$$

$$NH_4HSO_4 + NH_3 \longrightarrow (NH_4)_2SO_4 \tag{4-41}$$

当反应发生在氧化塔时仅有 $(NH_4)_2SO_3$ 被氧化，这是由于吸收液在进入氧化塔前加氨将 NH_4HSO_4 全部转化为 $(NH_4)_2SO_3$，以防止 SO_2 逸出。

c 结晶过程

$(NH_4)_2SO_4$ 溶液饱和后，$(NH_4)_2SO_4$ 在 180℃、0.375MPa 蒸汽条件下以结晶态从溶液中沉淀出来。

$$(NH_4)_2SO_4(aq) + 汽化热 \longrightarrow (NH_4)_2SO_4(s) \tag{4-42}$$

氨法脱硫系统主要由烟气系统、浓缩降温系统、脱硫吸收系统、供氨系统、灰渣过滤系统等组成，包括浓缩降温塔、脱硫塔、氨水罐、过滤器等设备，工艺流程如图4-77所示。烟气经电除尘器净化后，由脱硫塔底部进入，同时，在脱硫塔顶部将经中间槽、过滤器、硫酸铵槽、加热器、蒸发结晶器、离心机脱水、干燥器制得化学肥料硫酸铵，脱硫后的烟气经脱硫塔的顶部排出，见图4-77。

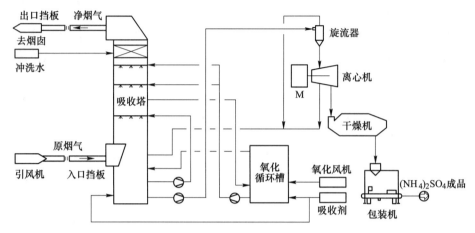

图 4-77 氨法脱硫工艺流程

B 技术特点

氨法烟气脱硫工艺具有以下特点：

（1）反应速率快，脱硫效率高（95%以上），副产品价值高。

（2）对 NO_x 有 20%~40% 脱除效率。

（3）适合高硫燃煤烟气脱硫。

（4）设备结构易发生堵塞及腐蚀。

（5）氨法脱硫过程中形成的大量气溶胶微细粒子（硫铵气溶胶）不仅会影响脱硫设备的安全运行，而且会随烟气排入大气环境中，对气候、环境和人体健康等造成严重的危害。

（6）氨在常温常压下是气体，易挥发导致氨损失。

（7）NH_4^+ 会阻止 O_2 在水溶液中的溶解，从而降低亚硫酸铵溶液氧化效率。

针对氨法烟气脱硫工艺目前存在的问题，有如下改进措施[17]：

（1）采用优化脱硫塔，实现烟气超低排放。针对烟气超低排放的实际情况，可以采用多种脱硫塔，比如高效脱硫塔、复合塔、窜级式脱硫塔、协同技术脱硫塔、组合式脱硫塔等，与此同时，优化脱硫塔内气液传质构件、改善气-液分布、提高气-液-固三相传质效率、改进除雾功能、提升湿法脱硫系统综合除雾效率等，在完成高效脱除烟气 SO_2 的基础上，采用污染物高效脱除组合形成的工艺流程技术，同时完成颗粒物浓度不大于 $5mg/m^3$ 的控制指标，实现烟气超低排放。

（2）从源头上有效控制氨逃逸和气溶胶的产生。在保持氨水及 SO_2 浓度及化学计量数不变的条件下，增加脱硫系统的液气比，即增大喷淋液体的喷淋循环量，气溶胶的形成数量会大幅度减少。

氨回收法烟气脱硫技术是一项成熟可靠、投资少、占地小、系统简单、运行方便、脱硫效率高、无二次污染、运行费用低、完全资源化、副产物附加值高的烟气脱硫技术，经济、社会、环保效益明显，特别适合中国国情，很具推广价值，是在未来最具发展潜力的湿法烟气脱硫技术。

4.2.1.4 双碱法

A 工艺原理及流程

双碱法脱硫工艺[18,19]首先用可溶性的钠碱溶液作为吸收剂吸收 SO_2，然后再用石灰溶液对吸收液进行再生，由于在吸收和吸收液处理中使用了不同类型的碱，故称为双碱法。吸收剂常用的碱有纯碱（Na_2CO_3）、烧碱（NaOH）等。

该法使用 NaOH 溶液在塔内吸收烟气中的 SO_2 生成 HSO_3^{3-}、SO_3^{2-} 与 SO_4^{2-}；在塔外与石灰发生再生反应，生成 NaOH 溶液。可分为脱硫反应和再生反应两部分，并伴有副反应，主要反应式如下。

（1）塔内脱硫反应：

$$2NaOH + SO_2 \Longrightarrow Na_2SO_3 + H_2O \tag{4-43}$$

$$Na_2SO_3 + SO_2 + H_2O \Longrightarrow 2NaHSO_3 \tag{4-44}$$

式（4-43）为启动阶段 NaOH 溶液吸收 SO_2 以及再生液 pH 值较高（>9）时脱硫液吸收 SO_2 的主反应；式（4-44）为脱硫液 pH 值较低（5~9）时的主反应。

（2）氧化反应（副反应）：

$$Na_2SO + SO_2 + H_2O_3 \Longrightarrow 2NaHSO_3 \tag{4-45}$$

$$Na_2SO_3 + 1/2O_2 \Longrightarrow Na_2SO_4 \tag{4-46}$$

$$NaHSO_3 + 1/2O_2 \Longrightarrow NaHSO_4 \tag{4-47}$$

在一般情况下，循环吸收液的主要成分为 Na_2SO_3 和 $NaHSO_3$。$NaHSO_3$ 是酸式盐，不再具有吸收的能力，而吸收液中的 Na_2SO_3 能吸收 SO_2。当吸收液全部为 Na_2SO_3 时，对 SO_2 的吸收能力最大；当吸收液中的 Na_2SO_3 全部转化为 $NaHSO_3$ 时，对 SO_2 没有吸收能力。因此，当循环吸收液中 $NaHSO_3$ 含量达到一定值（pH 值≤5.7）时，吸收液就应进行再生。

（3）塔外再生反应：

$$NaHSO_3 + Ca(OH)_2 \Longrightarrow NaOH + CaSO_3 + H_2O \tag{4-48}$$

$$Na_2SO_3 + Ca(OH)_2 \Longrightarrow 2NaOH + CaSO_3 \tag{4-49}$$

$$Na_2SO_4 + Ca(OH)_2 \Longrightarrow 2NaOH + CaSO_4 \tag{4-50}$$

$$NaHSO_4 + Ca(OH)_2 \Longrightarrow NaOH + CaSO_4 + H_2O \tag{4-51}$$

再生过程在塔外进行避免了 $CaSO_3$ 和 $CaSO_4$ 在塔内结垢。再生后的 NaOH 溶液由脱硫循环泵送至塔内进行脱硫反应。在石灰浆液（石灰达到过饱和状况）中，中性的 $NaHSO_3$ 很快和石灰反应从而释放出 Na^+，随后生成的 SO_3^{2-} 又继续和石灰反应，反应生成的 $CaSO_3$ 以半水化合物形式慢慢沉淀下来，从而使 Na^+ 得到再生。可见，NaOH 只是作为一种启动碱，启动后实际消耗的是石灰，理论上不消耗 NaOH，只是清渣时会带出一些，因而有少量损耗。Na_2CO_3 作为启动碱时，塔内脱硫反应如下所示，塔外再生反应与 NaOH 作为启动碱的再生反应相同。

$$Na_2CO_3 + SO_2 \Longrightarrow Na_2SO_3 + CO_2 \tag{4-52}$$

$$Na_2SO_3 + SO_2 + H_2O \Longrightarrow 2NaHSO_3 \tag{4-53}$$

NaOH-CaO 双碱法脱硫工艺，系统主要由 SO_2 吸收系统、脱硫剂制备系统、脱硫副产物处理系统、脱硫除尘水供给系统以及电气控制系统等部分组成。工艺流程如图 4-78 所示。烧结机头烟气经电除尘器净化后，由引风机引入脱硫塔。含 SO_2 的烟气切向进入塔内，并在旋流板的导向作用下螺旋上升：烟气在旋流板上与脱硫液逆向对流接触，将旋流板上的脱硫液雾化，形成良好的雾化吸收区，烟气与脱硫液中的碱性脱硫剂在雾化区内充分接触反应，完成烟气的脱硫吸收过程。经脱硫后的烟气通过塔内上部布置的除雾板，利用烟气本身的旋转作用与旋流除雾板的导向作用，产生强大的离心力，将烟气中的液滴甩向塔壁，从而达到高效除雾效果，除雾效率可达 99% 以上；脱硫后的烟气直接进入塔顶烟囱排放，见图 4-78。

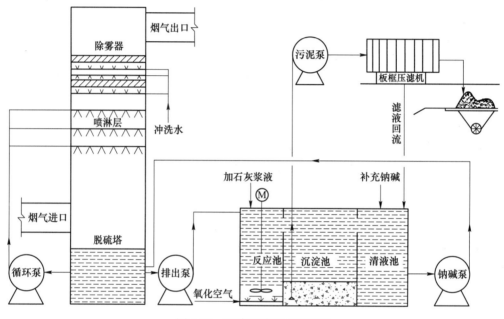

图 4-78　双碱法脱硫工艺流程

B　技术特点

（1）用氢氧化钠脱硫，循环浆液基本上是 NaOH 溶液。在循环过程中对管道和设备的腐蚀与堵塞较轻，便于设备长期运行与保养。

（2）脱硫剂的置换再生和亚硫酸钙的沉淀在脱硫塔外，在一定的程度上减少了塔内结垢堵塞的可能性。

（3）脱硫效率高，可达 90% 以上。

（4）液气比相对较小，一般在 2~3 之间，省电节约费用。

（5）钙钠双碱的置换不能保证 100%，Na^+ 再生不完全。有时钙碱会随循环液进入脱硫塔，形成钙盐结垢。

（6）Na_2SO_3 氧化后的副反应产物为 Na_2SO_4，其很难再生，需要不断地补充 NaOH，增加了 NaOH 的消耗量，当 Na_2SO_4 的量累积达到一定程度时，碱液池出现 Na_2SO_4 结晶析出，严重影响脱硫系统的运行。

在实际运行过程中，有两种方式[27]引起脱硫系统结垢：一种是硫酸根离子与溶解的钙离子产生石膏的结垢；另一种为吸收了烟气中的 CO_2 所形成的碳酸盐的结垢，后一种结垢采用将循环浆液的 pH 值控制在 9 以下，即不会发生；针对前一种结垢问题改变脱硫塔底部回流浆液的回流方式，保持石膏浓度在临界饱和浓度值 1.3kg/m³ 以下，避免石膏结晶析出沉淀，增大脱硫浆液沉淀池容积，增加除雾器冲洗水次数均可有效改善系统结垢问题。

双碱法脱硫工艺既可以解决钙法脱硫结垢问题，又降低了使用钠基脱硫剂成本问题[25]，目前，在使用规模较小的化工、冶金行业有很好的应用前景，未来主要发展方向是实现以废治废、资源化利用，降低技术运行成本。

4.2.1.5 海水法

A 工艺原理及流程

天然海水中含有大量的可溶性盐，其主要是氯化物、硫酸盐及少量的可溶性碳酸盐，海水通常呈弱碱性，pH = 7.5~8.3，天然碱度为 2~2.9mg/L，具有天然的酸碱缓冲能力及吸收 SO_2 的能力。海水烟气脱硫工艺[21~23]就是利用天然海水的碱性吸收烟气中的 SO_2，反应后的海水经过处理排入大海，从而达到烟气脱硫的目的。

海水烟气脱硫主要分为吸收、氧化、中和三个过程。

（1）吸收反应。洗涤过程中，烟气中的 SO_2 气体首先与海水发生化学反应，生成亚硫氢离子与酸根离子，SO_3^{2-} 与海水中的溶解氧结合发生氧化反应生成 SO_4^{2-}。反应过程中由于 H^+ 产生洗涤液 pH 值下降至 3 左右，为强酸性。

$$SO_2 + H_2O \longrightarrow SO_3^{2-} + 2H^+ \tag{4-54}$$

（2）氧化反应：

$$SO_3^{2-} + 1/2O_2 \longrightarrow SO_4^{2-} \tag{4-55}$$

（3）中和反应。在脱硫后的酸性海水中加入大量新鲜海水，天然碱性海水与脱硫后酸性海水混合，H^+ 与碳酸根离子发生中和反应，pH 值提高到约正常值，实现脱硫全过程[28,29]。化学反应方程式为：

$$CO_3^{2-} + H^+ \longrightarrow HCO_3^- \tag{4-56}$$

$$HCO_3^- + H^+ \longrightarrow CO_2 + H_2O \tag{4-57}$$

目前，海水脱硫系统主要由烟气系统、SO_2 吸收系统、海水供排系统及海水恢复系统（曝气池）等 4 部分组成。工艺流程如图 4-79 所示，除尘烟气经过烟气-烟气换热器换热降温后，进入脱硫吸收塔底部（吸收及氧化过程在此完成），与从经过填料层自上而下的海水逆流接触传质，反应生成 H^+ 和 SO_3^{2-}，海水 pH 值下降变为酸性；脱硫洗涤后的烟气在塔顶换热器加热升温后，经烟囱排入环境。洗涤烟气后的酸性海水则在吸收塔底部聚集，同时引入循环冷却水中的部分作为新鲜海水，通过氧化风机鼓入大量空气，将 SO_3^{2-} 氧化成为稳定的 SO_4^{2-} 然后进行曝气处理，海水的 COD 值和 pH 值均达到排放标准后排入大海。

B 技术特点

与石灰石-石膏法相比，海水烟气脱硫具有以下特点：

（1）工艺简单，运行可靠。

（2）只需要海水和空气，不需添加脱硫剂（如脱硫效率要求高时，需使用添加剂），

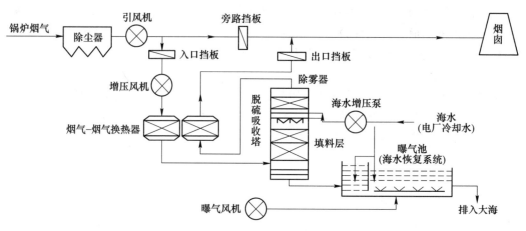

图 4-79 海水法脱硫工艺流程

节省了脱硫剂的采购、加工、运输和贮存等费用。

（3）节约淡水资源，同时不需要设置陆地废弃物处理场，减少了二次污染，节省占地。

（4）设备运行维护简单，不会产生结垢和堵塞，具有较高的系统可利用率。

（5）投资和运行费用低，一般投资占电厂投资的 7%~8%，电耗占机组发电量的 1%~1.5%。

虽然海水烟气脱硫技术在我国沿海地区燃煤电厂的应用取得了较快的发展[30]，但目前还没有应用在烧结烟气的先例，这是因为烧结烟气脱硫技术起步较晚，国内外的钢铁厂都希望采用成熟可靠的技术而不愿冒险采用没有先例的技术。此外烧结烟气成分比电厂烟气成分更加复杂，污染更严重，因此无法完照搬电厂烟气脱硫技术，需要时间进行研发改进使海水脱硫适用于烧结烟气，并且在运用前必须把重金属离子污染问题处理好，防止对海水造成二次污染。

4.2.1.6 湿法脱硫技术对比

湿法脱硫技术的对比见表 4-7。

表 4-7 湿法脱硫技术对比[31]

项目	石灰石-石膏法	镁法	双碱法	海水法	氨法
技术实用性	普遍适用	受 MgO 供应限制	有 $NaSO_4$ 原料需求的企业	受是否靠海限制	复合肥生产企业
脱硫剂	石灰石/石灰	氧化镁	氢氧化钙/碳酸钠	海水	氨水或液氨低
液气比	高	较高	较高	高	硫酸铵
脱硫副产物	石膏	硫酸钠	硫酸钠	无	不限
副产物处理	少部分作为建材石膏、大部分成为废料	制硫酸镁、亚硫酸镁、工业硫酸	用于亚硫酸盐的生产	排放大海	氨肥
适用范围	不限	不限	不限	沿海电厂	不限

项目	石灰石-石膏法	镁法	双碱法	海水法	氨法
使用含硫量	不限	不限	不限	低含量	高含量
二次污染	有	有	有	海水组成发生微小变化	严重
结垢、堵塞	严重	较严重	较严重	无	较严重
SO_2 是否得到利用	未利用	利用	利用	未利用	利用
处理成本	较低	高	高	低	
优点	脱硫效果好，吸收剂价格低廉、易得	吸收剂可再生利用，设备不易结垢	与钙法相比，结垢现象大大改善，钠基吸收剂吸收速率快	吸收剂丰富，不产生任何废物，工艺简单，运行成本低	脱硫效率高，副产物附加值高
缺点	设备庞大，运行能耗低，设备易结垢	与钙法相比，吸收剂费用较高	工艺较复杂，吸收剂成本较高	地理位置有局限性，燃料要求含硫量低	氨易挥发，导致吸收剂消耗量增加
研究方向	优化喷淋技术，开发高效脱硫增效剂	脱硫副产物的资源综合利用技术	含钙基碱性工业肥料作为第二吸收剂的开发利用	评测对区域海域的生态环境影响，研究降低对环境影响的方法	解决气溶胶问题，提高氨利用率

4.2.2 半干法

4.2.2.1 循环流化床（CFB）烟气脱硫技术（CFB-FGD）

循环流化床烟气脱硫技术（CFB-FGD）是 20 世纪 80 年代后期由德国 Lurgi 公司首先研究开发的。循环流化床脱硫原理是通过吸收剂的多次再循环，延长吸收剂与烟气的接触时间，大大提高了吸收剂的利用率，在钙硫比（Ca/S）为 1.1~1.2 的情况下，脱硫效率可达到 90% 左右。主要分为以下三个步骤：（1）对石灰石进行煅烧。由于石灰石主要成分是 $CaCO_3$，这种物质遇到高温会分解为 CaO，在进行锻造的过程中，还会产生 CO_2。（2）CaO 的空隙生成并且扩大，从而使其表面积扩大，为固硫打下良好的基础。硫的析出具有明显的阶段性特征。（3）固硫反应。硫的固化反应主要就是 CaO 与燃烧中析出的 SO_2 化学反应生成硫酸盐[32]。

烟气通过烟道入口进入吸收塔气流均布装置，经导流板和文丘里整流，均布后的气流进入吸收塔。吸收剂由吸收剂给料装置在扩散段加入吸收塔内，循环灰通过空气斜槽由扩散段进入吸收塔。工艺水也通过喷枪喷入吸收塔的文丘里段，烧结机飞灰、吸收剂和循环灰等固体颗粒在流化悬浮状态下激烈碰撞、摩擦，并与雾化水和烟气充分混合接触。烟气中的 SO_2、SO_3、HCl 和 HF 等酸性组分经过化学反应生成 $CaSO_4$、$CaSO_3$、$CaCl_2$ 和 CaF_2 等产物，具体反应过程如下：

$$SO_2 + H_2O \longrightarrow H_2SO_3 \longrightarrow H^+ + HSO_3^- \longrightarrow H^+ + SO_3^{2-} \tag{4-58}$$

$$Ca(OH)_2 + 2H^+ \longrightarrow Ca^{2+} + H_2O \tag{4-59}$$

$$SO_2 + 1/2H_2O + Ca(OH)_2 \longrightarrow CaSO_3 \cdot 1/2H_2O \downarrow \tag{4-60}$$

$$CaSO_3 \cdot 1/2H_2O + 1/2O_2 + 3/2H_2O \longrightarrow CaSO_4 \cdot 2H_2O \downarrow \tag{4-61}$$

其中，反应式（4-60）为吸收塔内的主要反应过程[33]。

整个循环流化床脱硫系统主要由循环流化床反应塔、旋风分离器、物料循环系统和喷水系统等组成，其工艺流程如图 4-80 所示。烟气从底部进入吸收塔，在吸收塔的进口段，高温烟气与加入的吸收剂、循环脱硫灰充分预混合，进行初步的脱硫反应，在这一区域主要完成吸收剂与 HCl、HF 的反应。然后烟气通过吸收塔下部的文丘里管的加速，进入循环流化床床体；物料在循环流化床里，气固两相由于气流的作用，产生激烈的湍动与混合，充分接触，在上升的过程中，不断形成絮状物向下返回，而絮状物在激烈湍动中又不断解体重新被气流提升，使得气固间的滑落速度高达单颗粒滑落速度的数十倍；吸收塔顶部结构进一步强化了絮状物的返回，提高了塔内颗粒的床层密度，使得床内的 Ca/S 比高达 50 以上，SO_2 充分反应。

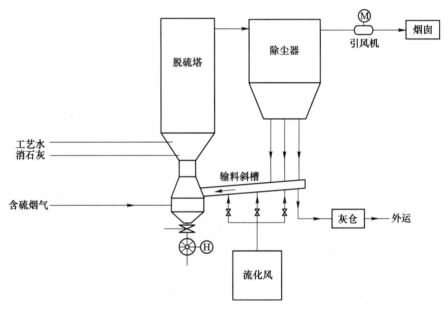

图 4-80　循环流化床脱硫工艺流程图

在文丘里的出口扩管段设有喷水装置，喷入的雾化水用以降低脱硫反应器内的烟温，使烟温降至 70℃ 左右（高于烟气露点 15℃ 左右），从而使得 SO_2 与 $Ca(OH)_2$ 的反应转化为可以瞬间完成的离子型反应。吸收剂、循环脱硫灰在文丘里段以上的塔内进行第二步的充分反应，生成副产物 $CaSO_3 \cdot 1/2H_2O$，此外还有与 SO_3、HF 和 HCl 反应生成相应的副产物 $CaSO_4 \cdot 1/2H_2O$、CaF_2、$CaCl_2 \cdot Ca(OH)_2 \cdot 2H_2O$ 等。无论烟气量如何变化，烟气在文丘里以上的塔内流速均保持在 4~6m/s 之间，为满足脱硫反应的要求，烟气在该段的停留时间至少为 3s 以上，通常设计时间在 6s 左右。烟气在上升过程中，颗粒一部分随烟气被带出吸收塔，一部分因自重重新返回流化床中，从而增加流化床的床层颗粒浓度和延长吸收剂的反应时间。

从化学反应过程的角度看，SO_2 与氢氧化钙的颗粒在循环流化床中的反应过程是一个外扩散控制的反应过程，SO_2 与氢氧化钙之间的反应速度主要取决于 SO_2 在氢氧化钙颗粒表面的扩散阻力，或说是氢氧化钙表面气膜厚度。当滑落速度或颗粒的雷诺数增加时，氢氧化钙颗粒表面的气膜厚度减小，SO_2 进入氢氧化钙的传质阻力减小，传质速率加快，从而加快 SO_2 与氢氧化钙颗粒的反应。

喷入的用于降低烟气温度的水，以激烈湍动的、拥有巨大的表面积的颗粒作为载体，在塔内得到充分的蒸发，保证进入后续除尘器中的灰具有良好的流动状态。由于流化床中气固间良好的传热、传质效果，SO_3 几乎全部得以去除，加上排烟温度始终控制在高于露点温度 15℃ 以上，因此烟气不需要再加热，同时整个系统也无须任何的防腐处理。净化后的含尘烟气从吸收塔顶部侧向排出，然后转向进入脱硫后除尘器进行气固分离。经除尘器捕集下来的固体颗粒，通过除尘器下的脱硫灰再循环系统，返回吸收塔继续参加反应，如此循环。多余的少量脱硫灰渣通过气力输送至脱硫灰库内[34]。

技术特点：（1）该技术脱硫率略低于湿法，脱硫效率一般大于 95%，可达 98% 以上；吸收剂利用率高，结构紧凑，操作简单，运行可靠，脱硫产物为固体，无制浆系统，无二次污染，脱硫塔体积小，投资省，不易堵塞。（2）烟气中的 SO_2 和几乎全部的 SO_3、HCl、HF 等酸性成分被吸收而除去，生成 $CaSO_3 \cdot 1/2H_2O$、$CaSO_4 \cdot 1/2H_2O$ 等副产物。

循环流化床法适用于大中型规模烟气硫氧化物的脱除，该技术已在上海梅山钢铁 $400m^2$ 烧结机以及河北敬业钢铁 $2 \times 128m^2$ 烧结机上得到应用，分别于 2009 年和 2015 年完成投运。梅山钢铁设计处理烟气量为 $240 \times 10^4 m^3/h$，敬业钢铁设计处理烟气量为 $72 \times 10^4 m^3/h$。

4.2.2.2　旋转喷雾干燥脱硫技术（SDA）

旋转喷雾干燥烟气脱硫技术（SDA）源于浆液喷雾干燥加工工艺，该工艺应用于脱硫的研究始于 20 世纪 70 年代利用喷雾干燥的原理，用一定浓度的石灰浆液（$Ca(OH)_2$）经过高速旋转的雾化器，将石灰浆液雾化成 $50\mu m$ 直径的雾滴，与进入脱硫塔的含 SO_2 及其他酸性介质的约 120～180℃ 烟气接触，迅速完成 SO_2 及其他酸性介质与石灰浆液（$Ca(OH)_2$）的化学反应，达到脱除烟气中的 SO_2 及其他酸性介质的目的。完成酸碱中和反应的同时烟气中的热量迅速蒸发水分，实现快速脱硫和干燥脱硫副产物的过程。烟气分配的精确控制（烟气的顶部与中心分配器控制烟气进塔流量为 6：4）、脱硫浆液流量和雾滴尺寸的控制确保了雾滴被转化成细小的粉体。副产物飞灰和脱硫渣从塔底部排出。已经脱硫处理的烟气挟带颗粒物进入除尘器，悬浮颗粒物从烟气中分离，净烟气通过烟囱排放。吸收塔和除尘器底部排出的干燥粉体被传送到料仓。部分脱硫灰再循环以提高脱硫剂利用率[35]。

SDA 工艺完成的主要化学反应如下。

SO_2 被雾滴吸收：

$$SO_2 + Ca(OH)_2 \longrightarrow CaSO_3 + H_2O \qquad (4-62)$$

部分 SO_2 完成如下反应：

$$SO_2 + 1/2O_2 + Ca(OH)_2 \longrightarrow CaSO_4 + H_2O \qquad (4-63)$$

与其他酸性物质（如 HF、HCl）的反应：

$$2HCl + Ca(OH)_2 \longrightarrow CaCl_2 + 2H_2O \qquad (4-64)$$

$$2HF + Ca(OH)_2 \longrightarrow CaF_2 + 2H_2O \qquad (4-65)$$

SDA 法脱硫工艺流程如图 4-81 所示[36]。烧结主抽风机后烟道引出的原烟气，经挡板切换，由烟道引入烟气分配器进入脱硫塔，原烟气与塔内经雾化的石灰浆雾滴在脱硫塔内充分接触反应，反应产物被烟气干燥，在脱硫塔内主要完成化学反应，达到吸收 SO_2 的目的。经吸收 SO_2 并干燥的含粉料烟气出脱硫塔进入布袋除尘器进行气固分离，实现脱硫灰收集及出口粉尘浓度达标排放。布袋除尘器入口烟道上添加活性炭可进一步脱除二噁英、汞等有害物，经布袋除尘器处理的净烟气由增压风机增压，克服脱硫系统阻力，由烟囱排入大气。SDA 系统还可以采用部分脱硫产物再循环制浆来提高吸收剂的利用率。

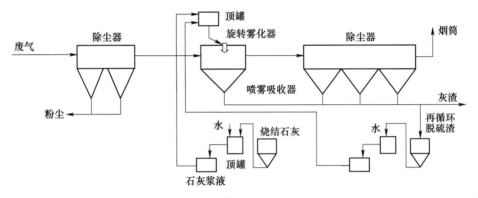

图 4-81　旋转喷雾干燥脱硫工艺流程图

技术特点[37]：（1）系统简单，适应能力强。可根据烟气流量、温度及 SO_2 浓度自动调节浆液量，保证稳定达标排放。该装置设备结构简单、占地面积小，系统阻力小（一般在 1000Pa 以内）、投资少。（2）气流分布合理，脱硫效率高。吸收塔顶部及塔内中央设有烟气分配器，确保塔内烟气流场均匀，使烟气和雾化的液滴充分混合，有助于烟气与液滴之间质量和热量传递，使反应和干燥的条件达到最佳。旋转喷雾干燥法是将浆液雾化成极细（50μm）的雾滴后与烟气接触，提高了接触的比表面积，脱硫效率最高可达 95%，同时可脱除烟气中的 SO_3、HCl、HF。（3）脱硫剂选用石灰除尘灰，以废治废。同时脱硫除尘灰可以循环使用，烟气 SO_2 浓度不同则脱硫除尘灰浆液循环量占脱硫剂浆液总量的比例也不同，烟气 SO_2 浓度越小、循环比例越大、新脱硫剂消耗越少，当烟气 SO_2 浓度小于850mg/m³时，循环比例可在 67% 以上。（4）脱硫后烟气温度大于露点温度，不需要重新加热系统。

旋转喷雾干燥法适用于大中型规模烟气 SO_2 的脱除，国内武钢、鞍钢等企业早期引进该技术，在烟气分布、工艺优化等方面进行了相关研究，但在技术核心设备旋转雾化器上的开发相对滞后，目前，大多采用丹麦 Niro 公司的旋转雾化器，使用寿命在 30 年以上，但雾化器喷嘴易磨损，需要定期更换，针对此问题，济钢设计开发了可缓冲耐用性振筛筛网，解决了雾化器喷嘴、浆液管路的磨损和堵塞的问题，目前，该技术在国内已实现了规模化运行，技术布置灵活，适用于脱硝工艺的拓展，未来在关键设备开发及多污染物协同等方面具有较大的发展空间[38]。

武钢一烧 435m² 烧结机、二烧 280m² 烧结机、三烧 360m² 烧结机，鞍钢西区 2 台 328m²烧结机，都采用旋转喷雾干燥法脱硫工艺。

4.2.2.3 密相干塔脱硫技术（DFA）

密相干塔烟气脱硫技术（Dense Flow Absorber to Desulphurization）是北京科技大学环境工程中心结合德国先进技术，开发研制的一种适合中国国情的半干法烧结烟气脱硫技术，主要针对我国烧结烟气的自身特点进行技术转化并不断发展完善。该工艺原理是烟气由密相干塔中部进入塔内与塔顶部加湿活化后的脱硫剂接触，在塔内通过罗茨风机与气力喷射器组合装备，使脱硫剂与烟气中的 SO_2 加速反应实现脱硫。大量带有颗粒的烟气从密相干塔的下部出口排出，进入除尘器使气固分离，净化后烟气排入烟囱。底部的固体颗粒再次进入密相干塔继续参加反应，而少量反应后的脱硫剂排入废料仓。

在上述的工艺过程中发生一系列的化学变化[39]。

主反应：

$$Ca(OH)_2 + SO_2 + 1/2H_2O \longrightarrow CaSO_3 \cdot 1/2H_2O + H_2O \qquad (4-66)$$

$$Ca(OH)_2 + SO_3 + H_2O \longrightarrow CaSO_3 \cdot 2H_2O \qquad (4-67)$$

$$Ca(OH)_2 + 2HCl \longrightarrow CaCl_2 \cdot 2H_2O \qquad (4-68)$$

$$Ca(OH)_2 + 2HF \longrightarrow CaF_2 \cdot 2H_2O \qquad (4-69)$$

氧化反应：

$$CaSO_3 \cdot 1/2H_2O + 1/2O_2 + 3/2H_2O \longrightarrow CaSO_4 \cdot 2H_2O \qquad (4-70)$$

副反应：

$$Ca(OH)_2 + CO_2 \longrightarrow CaCO_3 + H_2O \qquad (4-71)$$

密相干塔法脱硫工艺流程如图 4-82 所示。烧结烟气经主引风机引入脱硫塔，利用经水选提纯后的吸收剂浆液，与布袋除尘器下的大量循环灰一起进入加湿器内进行均化，使混合灰的水分含量保持在 3%~5% 之间。加湿后的大量循环灰由密相干塔上部的布料器进入塔内，含水分的循环灰具有极好的反应活性，与上部进入的含 SO_2 烟气进行反应。由于含 3%~5% 水分的循环灰有极好的流动性，加之反应塔中设有搅拌器，所以不但能克服粘壁问题，而且还能增强传质作用。脱硫剂不断循环，使脱硫效率达 99% 以上。大量带有颗

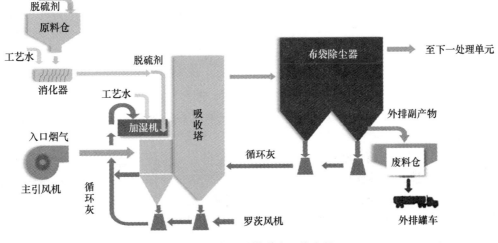

图 4-82 密相干塔脱硫工艺流程

粒的烟气从密相干塔的下部出口排出，进入布袋除尘器气固分离，净化后的烟气进到下一处理单元。底部的固体颗粒再次进入密相干塔继续参加反应，而少量的脱硫剂排入废料仓。最终脱硫产物由灰仓排出循环系统，通过输送装置送入废料仓。

技术特点：（1）具有脱硫效率高、投资运行费用低、可靠性高、能耗低、维护量小、占地面积小、系统使用寿命长等优点；（2）可同时去除 HF、HCl 等有害气体，无废水产生，消除了腐蚀或冷凝现象；（3）对烟气负荷变化适应性强，可以保证当烧结烟气负荷在10%～100%范围内波动时，脱硫系统都能保持稳定运行；（4）整个脱硫系统密闭负压运行，有效避免了烟气泄露和二次扬尘问题，可根据烧结系统情况随时切换烟气流向，不影响原有的烧结系统。

密相干塔半干法主要用于各种火电厂锅炉、工业锅炉以及工业窑炉排放烟气的脱硫净化处理。在河钢唐钢 320m^2 烧结机、首钢迁钢 360m^2 烧结机、安阳钢铁 100 万吨球团脱硫等项目上成功应用，实现脱硫率平均为 92%，其他各项主要技术指标均达到设计值，同时在石钢、昆钢、攀钢电厂和首钢矿业也有诸多应用案例。

4.2.2.4　脱硫技术（NID）

新式整体半干法烟气脱硫技术（Novel Integrated Desulfurization）[40]是法国阿尔斯通公司在半干法烟气脱硫的基础上开发的工艺，脱硫原理是利用石灰（或熟石灰 Ca(OH)$_2$）作为吸收剂来吸收烟气中的 SO_2 和其他酸性气体，从烧结主抽风机出口烟道引出的烟气，经反应器弯头进入反应器，在反应器混合段和含有大量吸收剂的增湿循环灰粒子接触，通过循环灰粒子表面附着水膜的蒸发，烟气温度瞬间降低且相对湿度大大增加，形成很好的脱硫反应条件。在反应段中烟气中的 SO_2 与吸收剂反应生成 $CaSO_3$ 和 $CaSO_4$。反应后的烟气携带大量干燥后的固体颗粒进入布袋除尘器，固体颗粒被布袋除尘器捕集，经过灰循环系统，补充新鲜的脱硫吸收剂，并对其进行再次增湿混合，送入反应器如此循环多次，达到高效脱硫及提高吸收剂利用率的目的。

NID 脱硫技术工艺反应式为：

$$Ca(OH)_2 + SO_2 \longrightarrow CaSO_3 \cdot 1/2H_2O + 1/2H_2O \tag{4-72}$$

$$Ca(OH)_2 + SO_3 \longrightarrow CaSO_4 + H_2O \tag{4-73}$$

$$CaSO_3 \cdot 1/2H_2O + 3/2H_2O + 1/2O_2 \longrightarrow CaSO_4 \cdot 2H_2O \tag{4-74}$$

NID 脱硫工艺流程如图 4-83 所示。将水在混合器内通过喷雾方式均匀分配到循环灰粒子表面，使循环灰的水分从 1% 左右增加到 5% 以内。增湿后的循环灰以流化风为辅助动力通过溢流方式进入矩形截面的脱硫反应器。含水分小于 5% 的循环灰具有极好的流动性，且因蒸发传热、传质面积大，可瞬间将水蒸发，克服了传统的干法（半干法）脱硫工艺中经常出现的粘壁或糊袋腐蚀等问题。

技术特点：（1）没有体积庞大的喷淋吸收反应塔，而是将除尘器的入口烟道作为脱硫反应器，结构紧凑，占地面积小；（2）利用循环灰携带水分，在颗粒表面形成水膜，迅速蒸发形成温度和湿度适合的反应环境；（3）脱硫除尘后的洁净烟气在露点温度 20℃ 以上，无须加热，经过增压风机排入烟囱；（4）对工艺控制过程要求较高，消化混合器易结垢，影响脱硫系统运行。

武钢炼铁总厂 360m^2 烧结机原料主要为杂矿及高硫矿，烟气中 SO_2 浓度（标准状态）

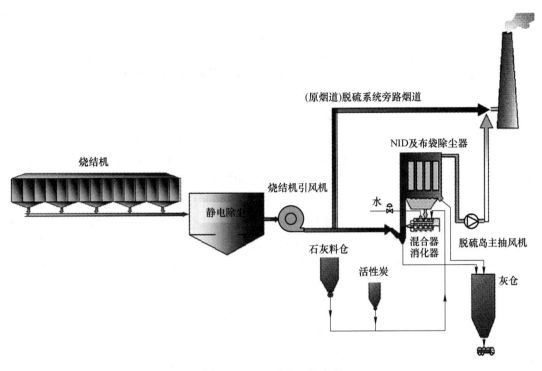

图 4-83　NID 脱硫工艺流程

一般为 $800 \sim 2000 \mathrm{mg/m^3}$，采用 NID 烟气脱硫工艺对烟气进行脱硫治理。

4.2.2.5　烧结污染物大幅度减排技术（MEROS）

西门子工业系统及技术服务集团下属的奥钢联公司开发的 MEROS 工艺，全称为 Maximized Emission Reduction of Sintering，译为"大幅度削减烧结排放"[41]。

MEROS 法是将添加剂均匀、高速并逆流喷射到烧结烟气中，然后利用调节反应器中的高效双流（水/压缩空气）喷嘴加湿冷却烧结烟气，离开调节反应器之后，含尘烟气通过脉冲袋滤器，去除烟气中的粉尘颗粒，为了提高气体净化效率和降低添加剂费用，滤袋除尘器中的大多数分离粉尘循环到调节反应器之后的气流中，其中部分粉尘离开系统，输送到中间存储筒仓。MEROS 法集脱硫、脱 HCl 和 HF、脱二噁英类污染物于一身，并可以使 VOCs（挥发性有机化合物）可冷凝部分几乎全部去除。MEROS 脱硫工艺原理是利用熟石灰和小苏打作为脱硫剂，与烧结废气中的酸性组分发生反应，生成反应产物。采用焦炭、褐煤等含碳物质吸附重金属、二噁英和挥发性有机化合物。

MEROS 脱硫工艺原理是利用石灰作为脱硫剂，与烧结废气中的所有酸性组分发生反应，生成反应产物。产生的主要反应是：

$$2SO_2 + 2Ca(OH)_2 \longrightarrow 2CaSO_3 \cdot 1/2H_2O + H_2O \tag{4-75}$$

$$2CaSO_3 \cdot 1/2H_2O + O_2 + 3H_2O \longrightarrow 2CaSO_4 \cdot 2H_2O \tag{4-76}$$

$$SO_3 + Ca(OH)_2 \longrightarrow CaSO_4 \cdot H_2O \tag{4-77}$$

$$2Ca(OH)_2 + 2HCl \longrightarrow CaCl_2 \cdot Ca(OH)_2 \cdot 2H_2O \tag{4-78}$$

$$2HF + Ca(OH)_2 \longrightarrow CaF_2 + 2H_2O \tag{4-79}$$

MEROS 工艺流程如图 4-84 所示[42]。MEROS 工艺主要由以下几个设备单元组成：添加剂逆流喷吹（烟气流设备）、气体调节反应器、脉冲喷射织物过滤器、灰尘再循环系统、增压风机和净化气体监控系统。在添加剂逆流喷射单元中，添加剂通过数根喷枪以相对速度超过 40m/s 的速度与废气流进行逆向喷吹。添加剂分布器安装在尾气管路周围，通过添加剂管路将吸附剂均匀分散地注入待处理的尾气中。喷吹后，大约 50% 反应是在逆气流中发生的，另外 50% 反应是在过滤器中实现的，气体调节单元是通过一套专门设计的双流（水和压缩空气）喷嘴喷枪系统而实现的，可以确保产生极其细微的液滴，起到降低烟气温度以保护织物过滤器布袋的作用，另外对气体进行调节以改善脱硫条件，提高气体湿度，加强化学反应作用。含有灰尘的废气通过脉冲喷射式布袋过滤器，布袋织物上覆有一层耐化学腐蚀和耐高温的薄膜，包括一次灰尘、添加剂和反应产物在内的灰尘颗粒沉降在薄膜表面，逐渐增大形成滤饼，气流经过滤饼时，进行重金属、有机物和脱硫氧化产物的脱除。除尘系统一次灰尘、焦炭、未反应的硫氧化物脱除剂及反应产物等大部分的灰尘返回气体调节反应器之后的废气流中进行循环，进一步提高了添加剂的利用效率，优化了运行成本。

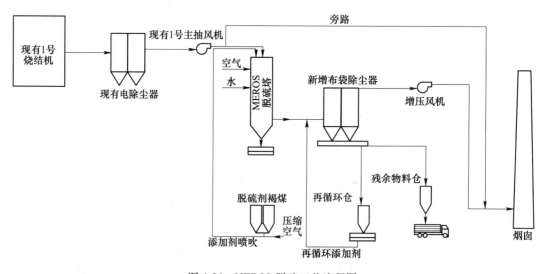

图 4-84 MEROS 脱硫工艺流程图

技术特点：（1）整个工艺系统仅由喷射烟道和袋式除尘器构成，工艺简单，运行稳定；（2）除使用消石灰作为脱硫剂外，还添加小苏打，可有效提高脱硫效率；（3）可同时脱除烟气中的二噁英和重金属。

马钢现有 300m^2 烧结机年产烧结矿 340 万吨，烧结机利用系数为 1.263t/（m^2·h），作业率为 90.4%[43]。烧结机烟道是双系统，分别为脱硫系和非脱硫系，采用半烟气脱硫方式，其中脱硫系的烟气量（标准状态）为 52×10^{4}m^3/h，MEROS 法脱硫装置于 2010 年投入运行。

4.2.3 干法

活性焦法脱硫是目前世界范围内应用广泛的工艺之一，早在 20 世纪 50 年代，德国最早开始研发活性焦（炭）干法烟气脱硫技术，日本紧随其后于 20 世纪 60 年代开始进行相关技术研发。随着对活性焦脱硫工艺的不断研究，形成了德国 BF-Uhde 法、德国 Reinluft 法、日本日立-东电、日本住友等工艺[44,45]。在国内，北京煤科院最早开始进行活性焦脱硫技术的研究，在有色冶炼烟气脱硫方面已经实现应用。中科院过程工程所也在近年开始研究活性焦脱硫。上海克硫公司开发了具有完整自主知识产权的活性焦脱硫技术，对活性焦脱硫技术和装备的国产化及推广具有促进作用。国外活性焦脱硫工艺应用较早，日本新日铁、住友金属，韩国浦项，澳大利亚博思格钢铁等公司采用活性焦（炭）法对烧结烟气进行脱硫处理，处理烟气量从 $90×10^4 m^3/h$ 到 $200×10^4 m^3/h$，脱硫效率在 80% 以上。而我国通过参考国外技术或与国外公司合作进行技术开发，已经在太钢、宝钢、河钢邯钢和日照等多处完成了活性焦脱硫技术的应用，目前运行效果良好。

活性焦法脱硫的优缺点较为明显。一方面，活性焦来源广泛，吸附性能好，比表面较大，有利于 SO_2 的吸附和去除；活性焦耐压、耐磨损、耐冲击，机械强度高，性质稳定，易再生；资源化利用率高，副产物如 SO_2 可回收利用，且不消耗工艺水，具有一定经济效益；运行管理简单、占地面积小；可以高效协同脱除二噁英等多污染物，达到烟气净化的目的。但是另一方面也存在一些问题，活性焦脱硫技术在实际工程中所需成本及维护费用较高；另外，为避免颗粒物进入吸收塔内堵塞活性炭表面而导致活性炭活性降低，该工艺需要设置前端除尘设备，且对除尘效率要求较高；处理过程中活性焦存在物理与化学损耗较大的现象；为实现重复利用，还需进行活性焦再生，能源消耗较大；需要对烟气温度进行一定控制，防止活性焦发生高温自燃；制酸废水的处理亟待解决等。

4.2.3.1 工艺原理

活性焦干法烟气脱硫系统主要由烟气净化装置，物料输送装置，活性焦再生装置，硫资源化装置，相应的电气、仪控系统和监测装置组成。通过设置相关技术的吸附塔，在塔中填充活性焦炭，将烟气通入吸附塔内。吸附塔前半部分具有脱硫功能，活性焦将烟气中的 SO_2 吸附脱除，吸附塔后半部分会将其分开，活性焦被送入到再生装置中经过再生处理后用作下一次脱硫处理过程，再生方法主要有加热再生、还原再生、微波再生以及水洗再生。脱出的 SO_2 收集利用，剩下的废弃物统一处理。

根据烟气流动方向，活性焦干法烟气脱硫工艺可分为错流式和逆流式两种[46]。

（1）错流式活性焦脱硫工艺。烟气以水平方式进入到移动床吸附塔，与活性焦成垂直方向通过，在脱硫塔内实现脱硫除尘，然后稀释后的氨气在脱硝塔入口处与烟气充分混合后进入脱硝塔，在脱硝塔内活性焦作为脱硝反应催化剂进行催化还原脱硝。活性焦吸附 SO_2 达到饱和后，进入再生塔内再生使 SO_2 解吸，解吸的 SO_2 可在硫资源化装置中用于制备硫酸。以日钢为例，日钢 2 号 $600m^2$ 烧结机采用错流式活性焦烟气净化工艺，于 2015 年 9 月投入使用，其工艺流程见图 4-85[47]。烟气经过活性焦工艺处理后，SO_2 排放浓度（标准状态）小于 $20mg/m^3$，在没有喷加氨气的情况下 NO_x 排放浓度（标准状态）为 $153.9mg/m^3$，粉尘排放浓度（标准状态）为 $16.3mg/m^3$，回收的 SO_2 可生产品质为一级品的 98% 浓硫酸[48]。该工艺解决了烧结烟气量大且烟气成分复杂的技术难题，实现了多污染物去除及资源回收利用。

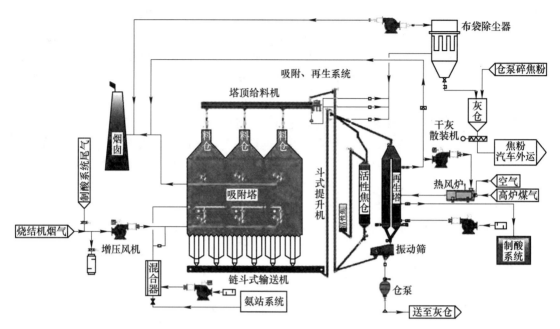

图 4-85 错流式活性焦净化工艺流程

（2）逆流式活性焦脱硫工艺。烟气首先进入移动床吸附塔内，活性焦在吸附塔中依靠重力，从塔的顶部下降到塔的底部，烟气则自下而上通过脱硫塔，在脱硫塔内实现脱硫，脱硫后的烟气在脱硝塔入口与稀释的氨气充分混合，在脱硝塔内进行脱硝反应。活性焦吸附 SO_2 达到饱和后，进入再生塔内再生使 SO_2 解吸，解吸的 SO_2 可在硫资源化装置中用于制备硫酸。在国内，河钢邯钢首次将逆流式活性炭选择性催化还原（CSCR）净化烧结烟气工艺用于钢铁行业烧结烟气处理。逆流式工艺与错流式工艺相比具有独特优点，在错流式工艺中，活性炭与烟气做垂直运动，这使得吸附塔烟气入口污染物浓度高，因此活性炭吸附后饱和程度较高。而在烟气出口一侧污染物经处理后浓度下降，活性炭吸附后饱和程度较低。由于塔内污染物浓度分布不均匀，活性炭的吸附能力没有得到完全发挥。而在逆流式工艺中活性炭由上而下、烟气由下而上做相向运动，两者可以实现均匀接触，活性炭饱和程度一致，因此逆流式工艺具有更好的动力学优势[49]，处理效率更高。以河钢邯钢 2 号 435m² 烧结机为例，其采用逆流式 CSCR 工艺，工艺流程见图 4-86。烟气经过处理后，颗粒物浓度（标准状态）不大于 $10mg/m^3$，SO_2 浓度（标准状态）不大于 $5mg/m^3$，NO_x 浓度（标准状态）不大于 $40mg/m^3$，均符合国家现行超低排放标准，实现了超低排放和绿色清洁生产[50]。

4.2.3.2 理论基础

通常认为，活性焦法脱硫包括两种途径：一种是以活性焦作为吸附剂，通过物理吸附和化学吸附脱除烟气中的 SO_2；另一种是将活性焦作为催化剂，使 SO_2 被催化氧化为 SO_3，并与烟气中的水生成 H_2SO_4。活性焦脱硫的反应原理[51,52]可以用下列反应式来表示（＊表示吸附态）。

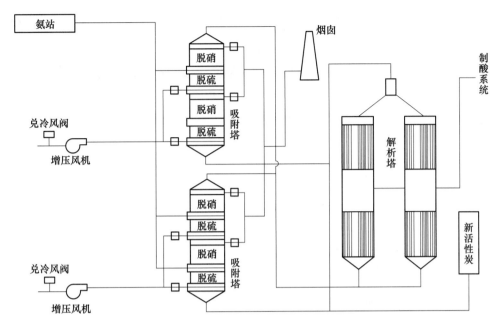

图 4-86 逆流式 CSCR 工艺流程图

物理吸附:

$$SO_2 + * \longrightarrow SO_2 * \tag{4-80}$$

$$O_2 + * \longrightarrow O_2 * \tag{4-81}$$

$$H_2O + * \longrightarrow H_2O * \tag{4-82}$$

化学吸附:

$$SO_2 * + O_2 * + H_2O * \longrightarrow 2H_2SO_4 * \tag{4-83}$$

$$H_2SO_4 * \longrightarrow H_2SO_4 + * \tag{4-84}$$

催化氧化:

机理一:SO_2 被氧化为 SO_3,再与水反应生成硫酸。

$$SO_2 + * \longrightarrow SO_2 * \tag{4-85}$$

$$1/2O_2 + * \longrightarrow O * \tag{4-86}$$

$$H_2O + * \longrightarrow H_2O * \tag{4-87}$$

$$SO_2 * + O * \longrightarrow SO_3 * \tag{4-88}$$

$$SO_3 * + H_2O * \longrightarrow H_2SO_4 * \tag{4-89}$$

$$H_2SO_4 * + nH_2O \longrightarrow H_2SO_4 \cdot nH_2O \tag{4-90}$$

机理二:H_2O 反应产生 H_2O_2,SO_2 被 H_2O_2 直接氧化为 H_2SO_4。

$$SO_2 + * \longrightarrow SO_2 * \tag{4-91}$$

$$1/2O_2 + * \longrightarrow O * \tag{4-92}$$

$$H_2O + * \longrightarrow H_2O * \tag{4-93}$$

$$H_2O * + O * \longrightarrow H_2O_2 * \tag{4-94}$$

$$H_2O_2 * + SO_2 * \longrightarrow H_2SO_4 * \tag{4-95}$$

$$H_2SO_4 * + nH_2O \longrightarrow H_2SO_4 \cdot nH_2O \tag{4-96}$$

活性焦的物理吸附作用由范德华力引起，过程中没有发生化学变化，属于可逆过程，主要依赖于活性焦多孔且比表面积大的特性，将烟气中的污染物截流在活性焦内。化学吸附作用由化学键力引起，依赖活性焦表面的碳原子、含氧官能团和极性表面氧化物，利用其化学特性将污染物固定在活性焦内表面，该过程具有选择性和不可逆性[53]。在催化氧化过程中，SO_2、H_2O 和 O_2 首先被活性焦吸附，随后在活性焦表面和孔隙的活性位点上催化氧化，最终生成硫酸和硫酸盐[54]。吸附了 SO_2 的活性焦可以经过再生处理使吸附的 SO_2 脱附，高温条件下活性焦可以与其表面的 H_2SO_4 发生反应释放 SO_2 使活性位点空出，可以用下列反应式来表示[55]。

再生过程：

$$H_2SO_4 \cdot H_2O \longrightarrow SO_3 + 2\,H_2O \tag{4-97}$$

$$SO_3 + 1/2C \longrightarrow SO_2 + 1/2CO_2 \tag{4-98}$$

再生处理可以在一定程度上恢复活性焦的吸附性能，有利于活性焦循环利用，解吸出来的 SO_2 可用来生产单质硫或硫酸等副产品[56]。

4.2.3.3　影响因素

活性焦脱硫工艺的脱硫效果主要取决于活性焦的催化活性，除了活性焦的催化活性外，反应温度、烟气含水量、烟气氧含量、空速等对脱硫效果也存在较大影响[57]。

活性焦的催化活性通常取决于其孔结构与表面官能团。活性焦初期的 SO_2 脱除效率主要受孔结构的影响，而表面官能团则影响活性焦对污染物的化学吸附能力[58]。

活性焦的孔结构可分为大孔（>50nm）、中孔（2~50nm）和微孔（<2nm）三种，其中微孔的表面积所占比重在 90%~95%，中孔所占比重较小，约为 5%，大孔所占比重最小。由于微孔比表面积最大，且孔径与被吸附的分子大小相似，因此对活性焦的催化活性影响最大。大孔与活性焦外表面相通，而中孔是过渡孔，属于大孔的分支，大孔和中孔的作用是将吸附分子输送进入微孔。在整个吸附过程中，大孔和中孔是输送通道，吸附过程和催化反应则发生在微孔中。步学朋等[59]研究表明微孔特性会影响活性焦的脱硫效率，拥有更多微孔数量和更大微孔孔容的活性焦对 $H_2SO_4 \cdot nH_2O$ 容纳能力更强，会拥有更多的活性位点，脱硫能力就越强。Tremel 等[60]研究发现快速升温炭化有利于降低气体和挥发分的逸出阻力，从而促进炭化料孔壁变薄且空隙增多，有助于优化活性焦微孔结构。因此提高活性焦的催化活性就需要使活性焦拥有合理的孔径分布，改善微孔特性。通常来说，可以通过配煤、使用添加剂和控制炭化、活化条件来优化煤基活性焦的孔结构，提高活性焦的脱硫效果。

活性焦的表面官能团主要包括含氧官能团与含氮官能团，还包含少量的含硫官能团[61]，其中含氧官能团可分为酸性与碱性两种。这些官能团是活性焦的活性中心，对脱硫能力有显著影响。含氮官能团对 SO_2 的吸附影响较大，通过对活性焦改性使其含氮官能团的种类与数量增加，有利于提高活性焦的催化活性[62]。Karatepe 等[63]发现活性炭的酚类和内酯类等含氧官能团对 SO_2 的吸附量也具有一定的影响。张永奇等[64]通过研究发现活性焦的脱硫性能与活性焦表面的碱性强弱有关，而碱性强弱则与表面官能团的种类和密度有关。由于 SO_2 呈酸性，因此活性焦表面碱性官能团含量越高，活性焦的脱硫性能就越强，而过多的酸性官能团则不利于 SO_2 的脱除。因此可以采用活化或改性的方式增加活性焦的含氮官能团和碱性官能团含量，降低酸性官能团含量，提高活性焦的催化活性。

温度对活性焦脱硫效率和硫容都有一定影响，因此活性焦脱硫对烟气温度具有严格的要求。烟气温度过低会降低活性焦的催化活性，而温度过高不仅会降低活性焦的脱硫效率，还可能会造成活性焦高温自燃，危害脱硫装置的安全运行。张亚亚等[52]研究了温度对活性焦烟气脱硫效果的影响，发现在 $60\sim120℃$，随着温度的升高活性焦的脱硫效率先增后减。这是因为物理吸附发生在温度较低时，由于温度较低，水分子在活性焦的表面凝结形成水膜，阻碍了物理吸附；随着温度的增加，SO_2 分子运动变得剧烈，与活性焦接触更加充分，从而提高了脱硫效率；当温度过高时，高温抑制了物理吸附的过程，且催化氧化反应的逆向反应速度增大，导致活性焦上 SO_2 的脱附速度增大，同时高温还会使活性焦被烟气中的氧气氧化，降低脱硫效率和硫容，从而降低了脱硫效率。

活性焦脱硫过程中需要一定的水分来形成吸附态的硫酸分子，水分子还可以起到运输硫酸、释放位点的作用，但是烟气含水量过高也会对脱硫效率造成不利影响。当含水量过高时，水分子会占据活性焦表面吸附位，使 SO_2 分子无法被活性焦吸附，从而降低脱硫效率；当含水量过低时，活性焦的吸附作用同样会受到一定限制，并且反应过程中产生的硫酸无法被稀释，占据活性焦上的活性位点，降低了活性焦对 SO_2 的催化氧化能力。陈海丽等[65]通过模拟烟气脱硫实验发现，在氧气体积分数 4%，床层温度 $120℃$，空速 $25000h^{-1}$，SO_2 的体积分数为 $3900×10^{-6}$ 的条件下，12%是活性焦脱硫时的最佳水蒸气体积分数，且当水蒸气体积分数大于12%时脱硫效率和硫容会出现明显下降。

烟气氧含量对硫容的影响较大，但是对活性焦脱硫效率的影响不如烟气温度大。随着氧含量的增加，脱硫效率和硫容都呈现先增后减的趋势。这是因为当氧含量过低时，活性焦表面的氧气推动力较低，吸附氧气较少，使部分 SO_2 未经反应便流出活性焦床层；当氧含量过高时，氧气占据活性焦表面的活性位点，减少 SO_2 的吸附量，从而降低脱硫效率和硫容[66]。陈海丽等的实验表明，在烟气水蒸气体积分数 12%，床层温度 $120℃$，空速 $25000h^{-1}$，SO_2 的体积分数为 $3900×10^{-6}$ 的条件下，氧气体积分数为 $3.0\%\sim4.0\%$ 时活性焦具有较高脱硫效率和硫容。

空速指的是在规定条件下，单位时间内单位体积催化剂所处理的气体量，空速有两种表达形式，一种是体积空速，另一种是质量空速。空速对活性焦脱硫效率和硫容影响均较大，随着空速的增加，活性焦脱硫效率和硫容均增大，当空速增加到一定程度时，继续增加空速反而会使活性焦脱硫效率和硫容降低。这是因为空速较低时，烟气中 SO_2、O_2 和 H_2O 的外扩散作用影响了 SO_2 的吸附，脱硫效率较低；当空速增加时，外扩散作用的影响逐渐降低，提高了脱硫效率和硫容；当空速过高时，烟气通过床层的流速过快，SO_2 停留时间较短，降低了脱硫效率。最佳空速通常与床层阻力、设备运行时间等条件有关，需要根据实际工作条件来选择[67]。

活性焦脱硫效率与活性焦的再生方法也有一定关系，常用的再生方法可分为水洗再生与加热再生两种。朱惠峰等[68]通过实验发现，水洗再生不够完全，会使再生活性焦的饱和吸附量降低，从而降低活性焦脱硫效率；而加热再生效果较好，再生活性焦的饱和吸附量没有明显降低，有利于活性焦循环利用，节约成本。

4.2.3.4　研究进展

活性焦脱硫是一种具有许多独特优点的高效脱硫技术，但是普通的活性焦脱硫效率较低且成本高，不适于工业化应用。所以如何降低活性焦成本、提高脱硫效率成为了目前研究的重点，目前，国内外的相关研究主要集中在活性焦的原料选择、工艺优化、改性方法这三大方面。

在原料选择方面，选择价格低廉且来源广泛的原料制备活性焦可以显著降低活性焦脱硫的成本。目前，使用较多的制备原料是炭、木材、秸秆以及其他的植物等天然的含碳材料。由于我国是煤炭大国，煤炭来源广泛且价格便宜，使用煤炭作为活性焦的制备原料可以有效降低活性焦的生产成本。有研究发现，用作原料的煤炭中挥发分越多，生产的活性焦样品的脱硫性能就越高，这可能是因为煤炭中挥发分的存在有利于活性焦良好孔隙结构的形成，可以提高活性焦的比表面积，有利于 SO_2 的吸附[69]。冯烨等[70]采用农业废弃物玉米芯为原料制备活性焦，得到的活性焦具有较高比例的微孔面积，虽然其含氮量较低，但是通过浸渍改性后可以拥有良好的 SO_2 吸附性能，有利于活性焦脱硫工艺效率的提高。

活性焦工艺优化包括两个方面，一个是制备工艺的优化，另一个是再生工艺的优化。制备工艺的优化有利于改善活性焦成品的孔结构与表面官能团，从而提高脱硫效率；活性焦再生会对活性焦的结构和脱硫性能造成一定的影响，合适的再生工艺有利于维持活性焦的脱硫效率，降低损耗，提高循环利用次数。Liu 等[71]使用改变活性焦制备条件的方法来提高活性焦的性能。他们利用软锰矿制备了活性焦，研究了活性焦性能与活化条件、煤焦油混合比例和成型压力等因素的关系，并通过正交实验分析得出了活性焦的最佳活化条件，实现了活性焦制备工艺的优化。此外，该团队还研究了微波放电再生对活性焦的影响，发现放电再生过程中的 C-SO_2 还原反应会对活性焦的孔结构造成一定破坏，生成难以脱附的含硫化合物，对吸附产生不利影响；但是微波放电也可以形成有利于脱硫的含氧官能团，同时加速分解对脱硫不利的含氧官能团，增强活性焦含氧官能团的碱性，有利于脱硫。

对活性焦进行改性主要有两方面的作用，一是可以改变活性焦的孔结构和表面官能团，使活性焦拥有更合理的孔结构，使表面官能团的化学性质获得一定的改善，从而使活性焦的脱硫效率得到提高；二是可以使活性焦负载一些本身就具有 SO_2 催化能力的活性物质，例如 Mn、Fe、Co、Ti 等过渡金属，从而提高活性焦本身的催化氧化能力，目前，常用的改性方法有浸渍法和共混法。浸渍法是将活性焦与金属溶液混合后过滤烘干再进行加热，但浸渍法只能将活性组分负载在活性焦外表面，且制备工艺复杂，加热再生时活性组分易脱落。共混法是将添加剂与活性焦原料进行混合，再进行炭化与活化。与浸渍法相比，共混法的优点是工艺简单，可以将活性焦的制备与改性一步完成；同时可以形成合理的孔结构，还可使活性组分均匀分布在活性焦内部[72]。Yao 等[73]采用一步炭化-活化共混法制备了硫容为 219.2mg/g 的铜改性活性焦（AC-Cu）。实验证明 AC-Cu 具有很高的脱硫活性，其脱硫途径包括两个，一是 C＝O 和 O＝C—OH 脱硫，二是 CuO 脱硫。这说明一步炭化-活化共混法是一种制备活性焦的有效方法。

4.2.3.5　工程应用

山冶设计 BOO 承包了山钢莱芜分公司新建的 $2 \times 480m^2$ 烧结机活性焦脱硫脱硝设施，两台 $480m^2$ 烧结机的计划年产量为 963.53 万吨冷烧结矿，年作业率为 93.15%。1 号烧结机脱硫脱硝设施于 2019 年 12 月 15 日前建成投产，2 号烧结机脱硫脱硝设施于 2020 年 2 月 15 日前建成投产。烧结机烟气中含有部分二噁英与重金属等物质，采用通常的脱硫脱硝工艺难以将其去除，而活性焦由于其独特的吸附作用，可以较好地除去烧结烟气中的二噁英与重金属。脱硫脱硝工艺采用逆流式活性焦工艺，与错流工艺相比，逆流可以提高单位体积活性焦的吸附能力，增强其对 SO_2 的吸附，从而减少活性焦的循环量，减少再生活性焦所需热量，进而降低运行能耗；经处理后饱和的活性焦和粉尘从反应器下部排出，以此来减小系统阻力；降低了局部热点产生概率，提高了系统的安全性和稳定性。该系统脱硫效率可以达到 95% 以上，脱硝效率可以达到 80% ~ 90%。烟气脱硫脱硝前粉尘排放浓度（标准状态）约为 80mg/m³，SO_2 浓度（标准状态）约为 1200mg/m³，NO_x 浓度（标准状态）约为 250mg/m³。经过活性焦脱硫脱硝处理后的烟气粉尘排放浓度（标准状态）不大于 10mg/m³，SO_2 排放浓度（标准状态）不大于 35mg/Nm³，NO_x 排放浓度（标准状态）不大于 50mg/m³，重金属及其化合物排放浓度（标准状态）不大于 0.9mg/m³，二噁英排放浓度（标准状态）不大于 0.5ng/m³，取得了良好的处理效果，可以满足国家最新颁布的超低排放要求[74]。

　　河钢邯钢 360m² 烧结机同样采用逆流式 CSCR 活性焦工艺来实现烧结烟气的超低排放，其工艺流程图如图 4-87 所示。河钢邯钢在原有活性焦技术的基础上，创新开发出了模组块上下叠加、模组块离线、多点喷氨与混匀一体化、脱硫喷氨脱硝三段独立分区和活性炭风筛风拣等技术，成功实现了多污染物协同高效处理与离线检修保护，还可以从烟气中回收副产物 SO_2 制备 H_2SO_4，提高经济效益。经过处理后，烟气中粉尘浓度不大于 10mg/m³，SO_2 浓度不大于 35mg/m³，NO_x 浓度不大于 50mg/m³，实现了烧结烟气超低排放。

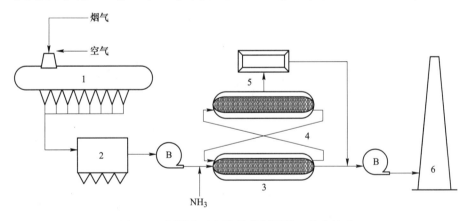

图 4-87　活性焦多污染物协同脱除一体化技术
1—烧结机；2—静电除尘器；3—吸收塔；4—活性炭；5—分析塔；6—烟囱

4.3　氮氧化物控制技术

4.3.1　选择性非催化还原技术

　　选择性非催化还原技术简称 SNCR，在使用的过程中不需要使用催化剂，在温度为 850 ~ 1100℃ 的范围内，会与烟气中存在的 NO_x 发生一定的化学反应，主要的生成物包括氮气、水，这样能有效减少 NO_x 的排放[75]。

4.3.1.1　SNCR 原理

SNCR 全称为选择性非催化还原技术，这种方法不使用催化剂，利用锅炉炉膛的温度，在 850~1100℃的温度范围内将 NO_x 还原成为 N_2 和 H_2O。使用 NH_3 作为还原剂时反应机理为：

$$4NH_3 + 4NO + O_2 \Longrightarrow 4N_2 + 6H_2O \qquad (4\text{-}99)$$

但当温度不适合时，就会发生副反应：

$$4NH_3 + 5O_2 \Longrightarrow 4NO + 6H_2O \qquad (4\text{-}100)$$

使用尿素为还原剂时反应方程为：

$$2NO + 2CO(NH_2)_2 + O_2 \Longrightarrow 4N_2 + 2CO_2 + 2H_2O \qquad (4\text{-}101)$$

4.3.1.2　SNCR 的技术工艺

SNCR 系统烟气脱硝过程由下面四个基本过程完成（图 4-88）：

（1）接收和存储还原剂；

（2）还原剂的计量输出、与水混合稀释；

（3）在锅炉合适位置注入稀释后的还原剂；

（4）还原剂与烟气混合进行脱硝反应[76]。

SNCR 技术工艺如图 4-89 和图 4-90 所示。

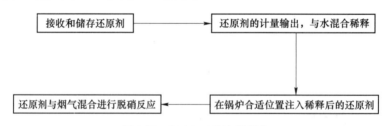

图 4-88　SNCR 工艺流程简介

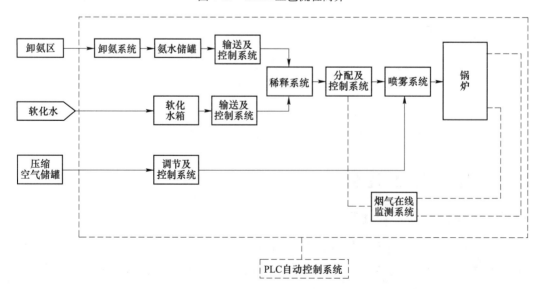

图 4-89　以氨水为还原剂的 SNCR 脱硝系统工艺流程

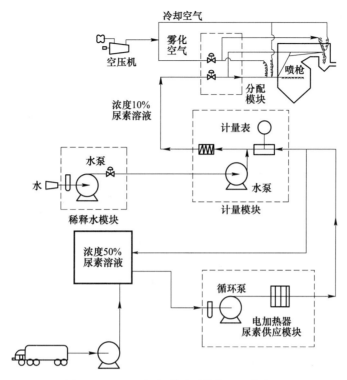

图 4-90 SNCR 烟气脱硝系统典型工艺流程

4.3.1.3 影响因素

SNCR 脱硝反应的化学反应速率决定了 SNCR 脱硝效率，影响 SNCR 系统脱硝效率的主要因素有：

（1）反应温度窗口；

（2）最佳反应窗口内的停留时间；

（3）喷入的还原剂与烟气混合的均匀程度；

（4）初始 NO_x 浓度水平；

（5）标准化的化学当量比（NSR）；

（6）氨逃逸[77]。

4.3.1.4 工程应用

A SNCR 技术在 CFB 锅炉中的应用

在脱硝反应中，催化剂的寿命直接影响反应的运行成本，选择性非催化还原技术（SNCR）因其无需外加催化剂的特性，从而得到发展并受到广泛应用。该方法首先是在室燃炉中开发的，由于室燃炉的烟气流动过程中有受热面，烟气温度逐渐下降，而该反应在 700℃后以下时反应缓慢，考虑到反应时间的需要，喷入位置通常在 1100℃左右的区域，经过需要的反应时间（一般在 0.6s 左右）后，温度基本下降到 700℃左右[75]。CFB 锅炉中，由于炉膛出口之后燃烧反应基本完成，烟气中的氧气含量趋于稳定，但仍然有

850~950℃的恒温环境,在此恒温环境下烟气有 2~3s 的停留时间,为 SNCR 提供了良好的反应环境。在此区域内,烟气与循环物料的气固两相流实现分离,气体与气固之间混合剧烈,为还原剂和烟气中的 NO_x 均匀混合接触提供了条件。尤其是燃煤循环流化床锅炉的循环物料以燃料中的灰为主,而燃料灰是富含铁、镍、铝、钛等金属化合物的多孔介质,这些金属化合物对于氨或尿素还原 NO_x 具有显著的催化作用,多孔介质为还原反应提供了活性位,这样就使得 SNCR 技术无须外加催化剂便能体现出强烈的催化反应现象[78~79]。这些先进的反应条件,使得 CFB 锅炉的 SNCR 效率明显高于煤粉炉,可以在相同的氨氮比条件下将脱硝效率提高到 80% 以上。若进一步提高脱硝效率,要重点考虑氨逃逸。在 SNCR 系统中,喷入点温度过低、还原剂过量或者分布不均匀均会导致氨逃逸。还原剂必须有条件被喷射到最有效部位,同时能够很好地与炉内烟气混合。根据 CFB 锅炉的燃烧和结构特点,分离器内部烟气混合强烈,烟气停留时间长,燃烧温度正好处于脱硝反应最佳温度场,分离器入口区域成为 SNCR 系统还原剂喷入的绝佳位置[80]。

B　SNCR 技术在循环流化床中的应用

循环流化床锅炉发电技术已有 20 年历史,现有不同容量的循环流化床锅炉近 3000 台,约 63000MW 容量投入商业运行,大于电力行业中锅炉总台数 1/3。随着国家环保部门要求的日益提高,新环保标准实施后,规定燃煤电厂 NO_x 排放浓度不高于 100mg/m^3(以 NO_2 计,按 O_2 浓度 6% 折算)[81]。西北某电厂循环流化床锅炉 NO_x 排放浓度一直高于 350mg/m^3,为满足当地环保部门提出的治理要求,电厂根据自身情况对 2 台 300MW 循环流化床锅炉进行了以尿素为还原剂的 SNCR 脱硝改造。循环流化床锅炉为东方锅炉股份有限公司设计制造的单汽包、自然循环的循环流化床锅炉,改造后排放标准达到环保部要求,但出现了调节系统不稳定、运行方式不合理等问题,导致原始排放量高、炉内脱硫系统对原始排放影响较大,间接影响 SNCR 调节系统稳定性等问题[82~83]。国内外循环流化床锅炉脱硝技术以 SNCR 脱硝使用最为广泛,高明明等[84]对循环流化床锅炉进行 SNCR 脱硝研究,说明 SNCR 脱硝具有较好的市场前景。孙献斌等[85]对 SNCR 脱硝工艺系统关键设备喷枪进行研究,自主研发了一种空气冷却式空气雾化喷枪,解决了之前喷枪雾化效果差、尿素及氨水耗量大等问题,在 300MW 机组上取得了良好效果。在分析了 300MW 循环流化床锅炉使用 SNCR 脱硝的优势,并结合 300MW 循环流化床锅炉自身特点,对原有 SNCR 设备进行改造,以期实现设备平稳运行,提高脱硝效率。2 台机组锅炉 SNCR 脱硝改造后,经过环保局的验收,NO_x 最终排放浓度(标准状态)低于 100mg/m^3,满足《火电厂大气污染物排放标准》(GB 13223—2011)要求。通过锅炉燃烧优化,锅炉原始 NO_x 排放浓度(标准状态)约为 250mg/m^3,SNCR 脱硝装置投运后,可控制 NO_x 排放浓度(标准状态)低于 50mg/m^3 时,脱硝效率高于 85%。2 台 300MW 循环流化床锅炉可减排 NO_x 总量大于 1780t/a,空气质量大幅度提升。脱硝改造工程实施后,电厂 NO_x 排污费减少约 112 万元。2013 年 9 月,国家发展改革委将燃煤发电企业脱硝电价补偿标准由 0.008 元/(kW·h)提高至 0.01 元/(kW·h),每年仅脱硝电价补贴就高达 4000 万元。此外,火电厂排放的 NO_x 除形成酸雨外,还会与碳氢化合物反应生成致癌物质,危害人体健康。因此,通过脱硝工程可大幅减少 NO_x 排放,有助于改善当地大气环境[86]。

C　SNCR 技术在垃圾焚烧炉中的应用

垃圾焚烧锅炉的 SNCR 脱硝工艺流程如图 4-91 所示。首先,氨水罐车将 20% 的氨水溶液输送到厂区氨站的氨水溶液储罐内，然后氨水溶液由高流量输送泵输送到锅炉侧，经稀释计量模块精确计量脱硝反应所需的氨水溶液量后，用除盐水将氨水溶液进一步稀释至约10%以内，最后输送到喷枪，通入压缩空气将稀释后的氨水溶液雾化并喷入高温烟气中进行脱硝反应[87,88]。在脱硝系统调试和优化期间，需要根据锅炉的实际运行工况对每支喷枪的雾化性能和物料参数进行调整，以提高 SNCR 脱硝系统的运行效率。

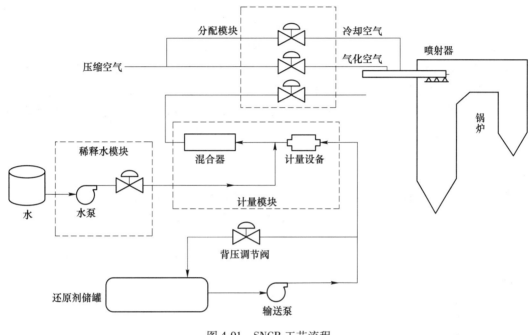

图 4-91　SNCR 工艺流程

4.3.2　选择性催化还原技术

选择性催化还原技术简称 SCR，在使用的过程中借助催化剂降低反应所需活化能，在温度为 150~450℃ 范围内，还原剂选择性地将烟气中的 NO_x 还原为 N_2。

4.3.2.1　SCR 原理

SCR 法烟气脱硝技术的化学反应机理比较复杂，针对固定源（燃煤电厂、工业锅炉等）排放的 NO_x，以 NH_3 为还原剂的选择性催化还原技术（SCR）是目前研究最多、应用最广，且最有效的烟气 NO_x 脱除技术之一。

典型 NH_3-SCR 法的化学反应式如下[89,90]：

$$4NH_3 + 4NO + O_2 \longrightarrow 4N_2 + 6H_2O \tag{4-102}$$

$$4NH_3 + 2NO_2 + O_2 \longrightarrow 3N_2 + 6H_2O \tag{4-103}$$

从 NO_x 的吸附性能看，NO_2 比 NO 更易吸附在催化剂表面，这是由于 NO_2 在催化剂表面更容易转化为亚硝酸盐或硝酸盐。当系统中有 O_2 存在时，NO 会向 NO_2 转化，更利于 NO_x 的吸附，并且晶格间的 O_2 也参与到反应中[91]。

在无氧条件下，反应式为：

$$4NH_3 + 6NO \longrightarrow 5N_2 + 6H_2O \tag{4-104}$$

在没有 O_2 存在的情况下，NO 在催化剂上的吸附量非常有限，但当系统中存在 2% 的 O_2 时，吸附量可以增加 10 倍之多。在 NO 的吸附过程中，伴随着与 O_2 进行 O 的交换，但 O_2 并不直接参与形成热稳定的 NO 合成物中。

可能存在的副反应：

$$4NH_3 + 3O_2 \longrightarrow 2N_2 + 6H_2O \tag{4-105}$$

$$2NH_3 \longrightarrow N_2 + 3H_2 \tag{4-106}$$

$$4NH_3 + 5O_2 \longrightarrow 4NO + 6H_2O \tag{4-107}$$

反应温度在 350℃ 以下时，仅可能发生 NH_3 被氧化成 N_2 的副反应；当温度高于 350℃ 时能发生另外两种副反应，并在 450℃ 以上反应十分活跃[92]。

气-固相催化反应属于非均相催化，一般由催化剂作为反应媒介：首先反应物吸附到催化剂表面的活性位上，成为活性吸附态过渡物，然后在催化剂表面活性位上进行反应，生成吸附态产物，最后吸附态产物从催化剂表面上脱附下来。NH_3-SCR 反应过程主要由以下步骤组成[93]：

（1）NH_3、NO_x 和 O_2 通过气相扩散到催化剂外表面（外扩散）；

（2）NH_3、NO_x 和 O_2 由外表面进一步向催化剂微孔扩散（内扩散）；

（3）NH_3 等吸附在催化剂表面活性中心上（吸附）；

（4）反应物在催化剂表面活性中心上反应，NH_3 与 NO 反应生成 N_2 和 H_2O（表面化学反应）；

（5）N_2 和 H_2O 从催化剂表面脱附到微孔内（解吸附）；

（6）脱附下来的 N_2 和 H_2O 通过微孔向外扩散到催化剂外表面（内扩散）；

（7）N_2 和 H_2O 从催化剂外表面扩散到气相主体（外扩散）。

对于低温 NH_3-SCR 反应体系中，碱性 NH_3 分子在催化剂表面的吸附位点主要包括 Lewis 和 Brönsted 酸性位，但两者对 NH_3-SCR 反应的贡献还没有定论，普遍认为两者的作用受温度影响较大[94]。在 300~400℃ 内，Brönsted 酸性位点吸附的 NH_4^+ 在 NH_3-SCR 反应中起到决定性的作用；而在稍低的温度下，Lewis 酸性位点上吸附的配位 NH_3 起主要作用。普遍认为低温 NH_3-SCR 反应中存在两种脱硝机理[95]：

（1）Eley-Rideal（ER）机理：气态的 NO 与吸附活化态-NH_3 反应生成中间过渡态，进一步分解为 N_2 和 H_2O；

（2）Langmuir-Hinshelwood（LH）机理：NO 吸附在与吸附态氨相邻的活性位，进而与吸附态氨反应。催化剂种类不同，其脱硝机理有所不同。

诸多研究[96~101]也证实 ER 机理和 LH 机理普遍存在于低温 NH_3-SCR 反应中，相关反应历程总结如下。

（1）LH 反应路径：

$$NH_{3(gas)} \longrightarrow NH_{3(ads)} \tag{4-108}$$

$$NO_{(gas)} \longrightarrow NO_{(ads)} \tag{4-109}$$

$$M^{n+} = O + NO_{(gas)} \longrightarrow M^{(n-1)+}\text{—}O\text{—}NO \tag{4-110}$$

$$M^{n+} = O + NO_{(gas)} + \frac{1}{2}O_2 \longrightarrow M^{(n-1)+}\text{—}O\text{—}NO_2 \tag{4-111}$$

$$M^{(n-1)+}—O—NO + NH_{3(ads)} \longrightarrow M^{(n-1)+}—O—NO—NH_3$$
$$\longrightarrow M^{(n-1)+}—O—H + N_2 + H_2O \qquad (4\text{-}112)$$

$$M^{(n-1)+}—O—NO_2 + NH_{3(ads)} \longrightarrow M^{(n-1)+}—O—NO_2—NH_3$$
$$\longrightarrow M^{(n-1)+}—O—H + N_2O + H_2O \qquad (4\text{-}113)$$

$$M^{(n-1)+}—O—H + \frac{1}{4}O_2 \longrightarrow M^{n+}=O + \frac{1}{2}H_2O \qquad (4\text{-}114)$$

（2）ER 反应路径：

$$NH_{3(gas)} \longrightarrow NH_{3(ads)} \qquad (4\text{-}115)$$

$$NH_{3(ads)} + M^{n+}=O \longrightarrow NH_{2(ads)} + M^{(n-1)+}—O—H \qquad (4\text{-}116)$$

$$NH_{2(ads)} + M^{n+}=O \longrightarrow NH_{(ads)} + M^{(n-1)+}—O—H \qquad (4\text{-}117)$$

$$NH_{2(ads)} + NO_{gas} \longrightarrow N_2 + H_2O \qquad (4\text{-}118)$$

$$NH_{(gas)} + NO_{gas} \longrightarrow NO + H^+ \qquad (4\text{-}119)$$

由上述反应可知，LH 反应路径中 NH_4NO_3 物种和 ER 反应路径中配位—NH_3 深度脱氢氧化的—NH 物种与 NO 的结合是副产物 N_2O 的主要生成路径。

近年来，学者们亦提出 LH-ER 耦合反应机理[97, 102~105]。

$$M^{(n-1)+}—O—H + NH_{3(gas)} \longrightarrow M^{(n-1)+}—O—H + NH_4^+ \qquad (4\text{-}120)$$

$$M^{(n-1)+}—O—NO_2 + 2NH_4^+ \longrightarrow M^{(n-1)+}—O—NO_2[NH_4^+]_2 \qquad (4\text{-}121)$$

$$M^{(n-1)+}—O—NO_2 + 2NH_{3(gas)} \longrightarrow M^{(n-1)+}—O—NO_2[NH_3]_2 \qquad (4\text{-}122)$$

$$M^{(n-1)+}—O—NO_2[NH_4^+]_2 + NO_{gas} \longrightarrow M^{(n-1)+}—O + 2N_2 + 3H_2O + 2H^+ \qquad (4\text{-}123)$$

$$M^{(n-1)+}—O—NO_2[NH_3]_2 + NO_{gas} \longrightarrow M^{(n-1)+}—O + 2N_2 + 3H_2O \qquad (4\text{-}124)$$

4.3.2.2 技术工艺

SCR 的工艺系统根据 SCR 反应器的安装位置，可以分为三种，即高尘区 SCR（HD-SCR）、低尘区 SCR（LD-SCR）和尾部 SCR（TE-SCR）[91]。

（1）高尘区 SCR。此布置方式是将 SCR 反应器置于锅炉后、空气预热器之前。该段温度为 300~400℃，烟气无须再加热，故适合商业金属氧化物类催化剂活性的窗口温度，具有较好的经济性。但也存在较严重的问题，烟气中高浓度粉尘及其他有毒成分会使催化剂中毒和磨损，且溢出的 NH_3 也会影响后续装置的运行。

（2）低尘区 SCR。该布置方式是将 SCR 反应器置于除尘器后、脱硫塔前。烟气经过除尘后虽粉尘含量较少，但是 SO_2 浓度较高。SCR 催化剂受粉尘的磨损程度会降低，但是 SO_2 中毒的影响仍然较大。一般只用于高温电除尘器之后（烟气温度为 300~400℃）。

（3）尾部 SCR。这种布置方式是将 SCR 反应器置于湿法烟气脱硫装置之后，此法虽可有效避免诸如高尘区引起的烟气堵塞和催化剂中毒等问题，从而延长催化剂的使用寿命，节约成本，但问题也很明显，因为所采用烟气温度较低，在进入 SCR 反应塔前需添加巨大且昂贵的烟气再热系统（GGH），因此运行经济性受到了很大的影响。

截止到现在，SCR 工艺的高尘区布置方式是火电厂烟气脱硝技术的最佳选择，同时也是目前应用最成熟和最广泛的烟气脱硝工艺。但是如果能研发出在 100℃ 左右起活的低温 SCR 脱硝催化剂，配合上目前市场份额日益增加的半干法烟气脱硫工艺，根据其出口温度的特点，便可以避免尾部 SCR 布置 GGH 的加入，从而大幅度降低了再热能耗和运行成本，本课题的设想也是来源于此，这样的话将低温 SCR 脱硝工艺置于密相塔烧结烟气脱硫装置之后，实现脱硫脱硝一体化工艺，无疑具有很好的实用价值和示范作用。

4.3.2.3 影响因素

催化剂是选择性催化还原系统中最关键的部分，理想条件下催化剂的寿命可以无限长，但实际上许多因素都可以导致催化剂活性降低（如表 4-8 所示）。催化剂的类型、结构和表面积都对脱除 NO_x 效果有很大影响。此外，在选择性催化还原系统设计中，最重要的运行参数是烟气温度、烟气流速、氧气浓度、水蒸气和 SO_2 的存在、钝化影响和氨滑移等。烟气温度是选择性催化剂的重要运行参数，催化反应只能在一定的温度范围内进行，同时存在催化的最佳温度，这是每种催化剂特有的性质，因此烟气温度直接影响反应的进程；而烟气流速直接影响 NH_3 与 NO_x 的混合程度，需要设计合理的流速以保证 NH_3 与 NO_x 充分混合使反应充分进行；同时反应需要氧气的参与，当氧浓度增加，催化剂性能提高直到达到渐近值，但氧浓度不能过高，一般控制在 2%～3%；氨滑移是影响选择性催化还原系统运行的另一个重要参数，实际生产中通常是多于理论量的氨被喷射进入系统，反应后在烟气下游多余的氨称为氨滑移，NO_x 脱除效率随着氨滑移量的增加而增加，在某一个氨滑移量后达到一个渐进值；另外水蒸气和 SO_2 的存在使催化剂性能下降，催化剂钝化失效也不利于选择性催化还原系统的正常运行，必须加以有效控制。下面将对影响选择性催化还原脱硝效率的主要因素进行探讨。

表 4-8 各种因素对催化剂活性的影响

锅炉类型	湿式排渣	干式排渣
烧结	可忽略	可忽略
碱金属	小	小
非金属氧化物	大	大
氧化砷	飞灰再循环的情况下比较大	中等
积灰	小	小
腐蚀	小	小

A 催化剂的类型

选择合适的催化剂是选择性催化还原技术能够成功应用的关键所在。选择性催化还原反应主要是在催化剂表面进行，催化剂的外表面积和微孔特性很大程度上决定了催化剂反应活性。催化剂促进化学反应但其本身并不消耗，对于不同的烟气温度可以使用不同的催化剂。试验研究和应用结果表明，催化剂类型的选择因烟气特性的不同而异。对于煤粉炉，由于排出的烟气中携带大量飞灰和 SO_2，因此，选择的催化剂除具有足够的活性外，还应具有隔热、抗尘、耐腐、耐磨以及低 SO_3 转化率等特性。总之，选择性催化还原法系统中使用的催化剂应具有以下特点：宽的操作温度窗口，高的催化活性；低氨流失量；具有抗 SO_2、卤素氢化物（HCl、HF）、碱金属（Na_2O，K_2O）、重金属（As）等性能；低失活速率；良好的热稳定性；无烟尘积累；机械强度高，抗磨损性强；催化剂床层压力降小；使用寿命长；废物易于回收利用；成本较低。催化剂的结构、形状随它的用途而变化，为避免发生颗粒堵塞，蜂窝状、管状和板式都是常用的结构，而最常用的则是蜂窝状，因为它不仅强度好，而且易于清理。

催化剂的选择受 SCR 布置工艺的影响较大。目前，已实现工业化应用且较成熟的催化剂主要是 V_2O_5/TiO_2 及其改性的催化剂，催化剂的样式目前有平板式、蜂窝式、波纹式等，实际工程中一般多采用蜂窝式和板式催化剂。催化剂的体积、用量、自身的力学性能等都会影响实际的 SCR 反应过程。

B　烟气温度

烟气温度是影响 NO_x 脱除效率的重要原因之一。反应温度对选择性催化还原脱氮效率的影响呈典型的火山型变化。NO_x 脱除效率是由催化剂的反应活性和反应选择性共同决定的。一般来说，烟气温度越高，反应速率越快，催化剂的活性也越高，这样单位反应所需的反应空间小，反应器体积较小。但烟气温度过高，容易产生副反应，从而造成二次污染。因此，只有适宜的烟气温度，才能有较高的净化效率。不同的催化剂具有不同的适宜温度范围（称为温度窗口）。对于特定的一种催化剂，其温度窗口是一定的。当烟气温度低于温度窗口的最低温度时，在催化剂上将出现副反应，NH_3 分子与 SO_3 和 H_2O 反应生成 $(NH_4)_2SO_4$ 或 NH_4HSO_4，减少了与 NO_x 的反应，生成物附着在催化剂表面，引起污染积灰并堵塞催化剂通道和微孔，从而降低催化剂活性。但如果工作温度高于温度窗口，会使 NH_3 直接氧化为 NO_x，造成实际脱硝效率的下降和反应物 NH_3 的浪费；并且长期保持在较高反应温度时可能引起催化剂的烧结相变，使得微孔发生变形，减小了有效接触面积，从而导致催化剂活性降低。综合反应物加热、系统控制及催化剂的适应温度范围，目前的选择性催化还原系统大多设定在 320~420℃。对于 V_2O_5/TiO_2 催化剂，在反应温度低于 350℃ 时，随烟气温度的升高，净化效率提高，超过 350℃ 时则副反应增加，净化效率反而下降。为确保只有主反应进行，同时为避免反应温度较低生成 NH_4NO_3 和 NH_4NO_2 或白色烟雾而引起堵塞管道或爆炸，V_2O_5/TiO_2 催化剂适宜的操作温度一般控制在 350℃ 附近。在锅炉设计和运行时，选择和控制好烟气温度尤为重要。

C　空间速度

烟气在反应器内的空间速度是选择性催化还原的一个关键设计参数，它是烟气在催化剂容积内的停留时间尺度，在某种程度上决定反应物是否完全反应，同时也决定着反应器催化剂骨架的冲刷和烟气的沿程阻力。空速，指单位时间内通过单位质量（或体积）催化剂的气体反应物的质量（或体积）。此参数为 SCR 反应的一个关键影响因素，它反映了气体与催化剂的接触时间。空间速度大，烟气在反应器内的停留时间短，反应有可能不完全，这样氨的逃逸量就大；同时烟气对催化剂骨架的冲刷也大。空速越小，接触时间越长，有利于反应气体在催化剂微孔内的扩散、吸附以及反应和产物气的解吸扩散，从而提高脱硝效率。一般催化剂的脱硝效率变化趋势是随着空速的增加而降低。因此，只有适宜的空速才能获得较高的脱硝效率。对于固态排渣炉高灰段布置的选择性催化还原反应器，空间速度一般选择是 2500~3500h^{-1}。

D　NH_3/NO 摩尔比

理论上，1mol 的 NO_x 需要 1mol 的 NH_3 去脱除，NH_3 用量不足会导致 NO_x 的脱除效率较低，但 NH_3 过量又会带来二次污染，通常喷入的 NH_3 量随着机组负荷的变化而变化。不同催化剂所对应的最佳 NH_3/NO 比均有差异，但总体来说 NO_x 的脱除效率会随着 NH_3/NO 的增大而呈现先升高后降低的趋势，在 NH_3/NO 小于 1 时，变化十分明显，NO_x 的脱除效率呈线性增长趋势。而当 NH_3 不足时，催化还原反应不完全，NO_x 的脱除效率降低；但是当 NH_3 过量时，NO_x 的转化效率不再增大，且剩余的 NH_3 被氧化，不但浪费而且会产生氨逃逸，造成二次污染。一般 NH_3 的逸出量不允许大于 $5mg/L$，否则烟道气温降低时，烟道气中的 SO_3 与未反应的 NH_3 可形成 $(NH_4)_2SO_4$，从而引起空预器、除尘器后续设备的严重积垢，甚至未反应的 NH_3 沾染飞灰而限制它的工业应用。当 NH_3 的逃逸量超过允许值，就必须要安装附加的催化剂或用新的催化剂替换掉失活的催化剂。一般 SCR 工艺中，控制 NH_3/NO 比在 $0.8 \sim 1.2$。

E　O_2 的促进作用

从 SCR 的反应方程式中看到这一系列反应的发生都需要 O_2 的参与，一开始随着 O_2 浓度增加，脱硝效率会随之增大，但超过一定量时脱硝效率将不再增大，一般 O_2 选择区间为 $3\% \sim 8\%$。

F　烟气流型及与氨的湍流混合

烟气流型的优劣决定着催化剂的应用效果，合理的烟气流型不仅能高效地利用催化剂，而且能减少烟气的沿程阻力。在工程设计中必须重视烟气的流场，喷氨点应具有湍流条件以实现与烟气的最佳混合，形成明确的均相流动区域。

G　催化剂的钝化

在选择性催化还原体系运行过程中，由于下列一个或多个因素，都会使催化剂的活性降低。催化剂活性降低是逐步出现的，碱金属或微粒堵塞微孔均可造成这种降低。由于这种逐渐退化是正常的，因此选择性催化还原系统的最初性能必须超过运行担保期。

（1）烧结。长时间暴露于 450℃ 以上的高温环境中可引起催化剂活性位置（表面积）烧结，导致催化剂颗粒增大，表面积减少，从而使催化剂活性降低。采用钨（W）退火处理，可最大限度地减少催化剂的烧结。在正常的选择性催化还原运行温度下，烧结是可以忽略的。

（2）碱金属中毒。碱金属（Na、K）能够直接和活性位发生作用而使催化剂钝化。由于选择性催化还原的脱硝反应发生在催化剂的表面，因此，催化剂的失活程度依赖于表面上碱金属的浓度，在水溶性状态下，碱金属有很高的流动性，能够进入催化剂材料的内部，因此，对于整体式的蜂窝陶瓷类的催化剂来说，由于碱金属的移动性可以被整体式载体材料所稀释，能够将失活速率降低。

（3）砷中毒。砷中毒是由烟气中的气态 As_2O_3 所引起的，其扩散进入催化剂表面的活性位或非活性位上及堆积在催化剂小孔中，并与其他物质发生，引起催化剂活性降低。在干法排渣锅炉中，催化剂砷中毒不严重；在液态排渣锅炉中，由于静电除尘器后的飞灰再循环，导致催化剂砷中毒问题非常严重。同碱金属一样，砷中毒同样在均质的催化剂上能得到很好的抑制，能够有效降低在表面的积聚浓度，同时对催化剂的孔结构进行优化，对砷中毒也有抑制作用，其机理是相对小体积的反应物分子可以进入，而体积较大的 As_2O_3 则不能进入。防止砷中毒的化学方法有两种：一种是使催化剂的表面对砷不具有活性。通过对催化剂表面的酸性控制，达到吸附保护的目的，使得表面不吸附氧化砷；第二种方法是改进活性位，通过高温煅烧获得稳定的催化剂表面，主要采用钒和钼的混合氧化物形式，使 As 吸附的位置不影响选择性催化还原的活性位。在循环床锅炉中，为避免产生高浓度的气态 As(As_2O_3)，可以在燃料中加入一些石灰石，典型的添加比例大概为 1∶50，石灰石的加入能够有效降低反应器气相中砷的浓度，在石灰石中，自由的 CaO 分子能够与 As_2O_3 发生反应，生成对催化剂无害的 Ca(AsO_4) 固体。

（4）钙的腐蚀。飞灰中游离的 CaO 和 SO_3 反应，可在催化剂表面吸附形成 $CaSO_4$，催化剂表面被 $CaSO_4$ 包围，阻止了反应物向催化剂表面的扩散及扩散进入催化剂内部。

（5）堵塞。催化剂的堵塞主要是由于铵盐及飞灰的小颗粒沉积在催化剂小孔中，阻碍 NO_x、NH_3 和 O_2 到达催化剂表面，引起催化剂钝化。通过调节气流分布，选择合理的催化剂间距和单元空间，使进入选择性催化还原反应器烟气的温度维持在铵盐沉积温度之上，可以有效降低催化剂堵塞。对于高灰段应用，为了确保催化剂通畅，应安装吹灰器。

（6）磨蚀。催化剂的磨蚀主要是由飞灰撞击在催化剂表面而形成的。磨蚀强度与气流速度、飞灰特性、撞击角度及催化剂本身特性有关。降低磨蚀的措施是采用耐腐蚀催化剂材料，提高边缘硬度；利用计算流体动力学流动模型优化气流分布；在垂直催化剂床层安装气流调节装置等。

H 水蒸气的影响

烟气中含有 2%~18% 的水蒸气，水蒸气对催化剂的选择性催化还原活性同样有着非常重要的影响。目前，普遍认为 H_2O 主要是通过与 NO、NH_3 发生竞争吸附，从而降低了 NO_x 转化率，且 H_2O 对于竞争吸附的影响随着温度的升高作用有所削减，而近期研究则表明，除了会发生竞争吸附外，H_2O 的存在还会影响催化剂的氧化作用以至于影响催化反应发生的速率，然而 H_2O 对于催化剂的影响多为可逆的。

I SO_2 的影响

SO_2 是工业锅炉排放的一种常见气体，也是在工业燃煤锅炉选择性催化还原脱硝反应中常遇到的气体物质。SO_2 对催化剂的影响作用为：（1）与 NO、NH_3 反应物发生竞争吸附；（2）SO_2 在催化剂的作用下容易被氧化成 SO_3，与 NH_3 生成硫酸铵类物质堵塞催化剂表面，然若反应温度高于硫酸铵类的分解温度时，此影响不存在，且硫酸铵类物质易溶于水，故此作用常可通过水洗、热解等方法再生恢复；（3）与金属活性组分生成硫酸盐直接导致催化剂活性组分的失活，金属硫酸盐分解温度通常远高于低温 SCR 工作温度，因而此作用在整个低温区间内会造成催化剂的不可逆失活。

4.3.2.4 催化剂研究现状

金属氧化物催化剂在 SCR 脱硝反应中表现出了较好的催化活性，应用最多的是以 V_2O_5 为活性组分，将其负载于 TiO_2、TiO_2-SiO_2、Al_2O_3 等氧化物载体上[106]。二氧化钛（TiO_2）表面具有丰富的 Lewis 酸性位、抗硫性好、价格低廉、无毒等优点，同时，TiO_2 相比于 Al_2O_3、SiO_2 和 ZrO_2 等其他载体，具有更高的抗 SO_2 氧化的能力[107]，被广泛用做催化剂的载体，它的一些物理参数决定着脱硝性能的好坏，同样，不同的反应条件也会影响催化剂的效率[108]。

  V_2O_5-WO_3(MoO_3)/TiO_2 催化剂具备较高的催化活性和抗中毒性能，是目前燃煤电厂脱硝技术中主要使用的商业 SCR 催化剂，活性温度窗口为 $300 \sim 420℃$[109]。V 系催化剂 SCR 反应中催化反应原理见图 4-92。在 V_2O_5-WO_3(MoO_3)/TiO_2 催化剂中，V_2O_5 在载体表面形成单层分散物种，是 SCR 反应的活性中心，但由于钒氧物种表现出一定的生物毒性[110]和 SO_2/SO_3 转化性能[111]，在 V_2O_5/TiO_2 催化剂中，V_2O_5 的负载量（质量分数）一般不超过 1%，虽然高的 V_2O_5 负载量可以在一定程度上提高其低温 SCR 活性，但是会加速 SO_2 向 SO_3 的氧化，在有水蒸气存在的条件下生成大量硫酸酸雾，腐蚀 SCR 脱硝装置的管路和设备，生成的硫酸还会与还原剂 NH_3 反应生成大量硫酸铵或硫酸氢铵，堵塞管路[112]。尽管 V_2O_5/TiO_2 催化剂已表现出很高的反应活性和 N_2 选择性，但在未添加助剂的情况下，该催化剂体系热稳定性较差。高温条件下，表面的钒氧物种将加速 TiO_2 载体由锐钛矿型晶相向金红石型转化的相变过程，导致比表面积降低，表面物种团簇烧结[113]。针对 V_2O_5/TiO_2 催化剂体系低温活性较差且活性组分 V_2O_5 对 SO_2 向 SO_3 的氧化作用较强的缺点，很多研究者对 V_2O_5 基催化剂进行了大量的改进工作，取得了一些阶段性成果[112]。大量研究表明，助剂添加的 V_2O_5-WO_3(MoO_3)/TiO_2 比 V_2O_5/TiO_2 催化剂的 SCR 性能更好[114~117]，WO_3、MoO_3 除了作为 V_2O_5/TiO_2 催化剂的结构助剂（structural promoter）可以明显抑制 TiO_2 的相变、提高催化剂的热稳定性外，还可以作为化学助剂（chemical promoter）有效提高催化剂的低温 SCR 活性[116, 118~119]。

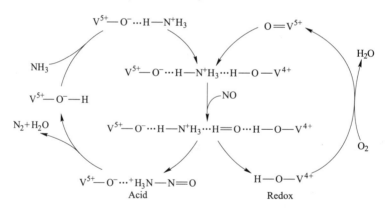

图 4-92 V 系催化剂 SCR 反应中催化反应原理

  在实际工业应用中，需要对 SCR 催化剂进行成型，例如，进行研磨制浆后涂覆在蜂窝状载体上或进行挤压成型，在此过程中需要加入一些成型助剂以提高整体催化剂的强度以及活性组分的附着力，而这些成型助剂往往含有一些碱性阳离子，会造成 V_2O_5-WO_3/TiO_2 催化剂的 SCR 活性在一定程度上有所下降[112]。

  钒基 NH_3-SCR 催化剂虽已工业应用多年，但仍存在着一些自身无法克服的缺点，例如，操作温度较高，不适用于燃煤电厂等固定源脱硫除尘之后低温烟气的 NO_x 催化净化过程；且操作温度窗口较窄，高温时 N_2O 大量生成造成 N_2 生成选择性下降，高钒负载量和高温时 SO_2 向 SO_3 氧化严重，载体 TiO_2 在 600℃ 以上发生晶型转变，进而丧失 SCR 活性以及活性组分 V_2O_5 具有生物毒性，危害生态环境和人体健康等，因而根据我国国情，目前，在 NH_3/Urea-SCR 脱硝领域，核心技术正处于由钒基催化剂体系向非钒基催化剂体系的过渡期，在充分利用钒基 SCR 催化剂体系解决当前 NO_x 控制燃眉之急的前提下，大力开发新型非钒基 SCR 催化剂体系[112]，后续将介绍其他中低温 SCR 催化剂。

A Mn 基 SCR 催化剂研究进展

a 锰氧化物（MnO_x）

Mn 由于具有多种可变价态和优异的低温氧化还原性被广泛应用于低温催化剂中。Kapteijn 等[120] 较早且详细研究了 MnO_x 催化剂用于低温 NH_3-SCR 反应，发现催化活性随着 Mn 氧化价态的降低而降低，具体表现为 $MnO_2 > Mn_5O_8 > Mn_2O_3 > Mn_3O_4$（比表面积归一化），其中，$Mn_2O_3$ 催化剂上 SCR 反应具有较高的 N_2 选择性，但随着反应温度的增加，N_2 选择性均明显降低。Kapteijn 等亦发现比表面积和表面的规整程度影响 NH_3-SCR 反应的催化活性和产物物种：高比表面积对应着较高的 NO_x 转化率；不规整的表面结构可能存在大量的不同种类的缺陷位，从而导致更高的 N_2 选择性。

Kang 等[121] 以碳酸钠为沉淀剂制备的 MnO_x 催化剂的 SCR 脱硝活性较佳，分析认为该催化剂具有很好的低温活性的原因归于其表面具有较大的比表面积、无定型的非晶态结构、丰富的表面活性物种（Mn^{4+}）和较高的化学吸附氧量，此外，催化剂中残留的碳酸根对还原剂 NH_3 的吸附也有一定的促进作用。本课题组前期研究[122] 亦发现以 CO_3^{2-} 为沉淀剂制备的 MnO_x 催化剂表现较突出的低温 SCR 活性和较好的 N_2 选择性。$MnO_x(Na_2CO_3)$ 催化剂活性最好（40℃活性为 47%，60℃为 89%，80℃为 100%）；$MnO_x((NH_4)_2CO_3)$ 催化剂活性略次于前者，但相差不大；而 NH_4OH 沉淀剂制备的 MnO_x 催化剂活性最差（80℃活性为 62%，100℃为 85%，125℃为 100%）；含 Na^+ 沉淀剂制备的 MnO_x 比含 NH^{4+} 沉淀剂制备的催化剂的 SCR 活性好。以碳酸盐制备的 MnO_x 催化剂表现出突出的低温活性，归因于催化剂的无定形结构和较大的比表面积，这与 Kang 等[121] 的研究结果相似。另外，实验中发现，$NaOH$ 和 NH_4OH 沉淀剂制备的催化剂前驱体（沉淀物）为棕色黏稠状，难以进行沉降、过滤等后续处理，而 Na_2CO_3 和（$NH_4)_2CO_3$ 制备的催化剂前驱体为粉末状沉淀物，较易处理。

戴韵等[123] 采用水热法合成了隧道状 α-MnO_2 和层状 δ-MnO_2 纳米棒，考察其低温 NH_3-SCR 性能发现：催化剂的晶相结构和表面性质对催化活性有很大影响，而比表面积不是影响催化剂活性的主要因素；α-MnO_2 纳米棒的暴露晶面（110）存在大量的配位不饱和 Mn 离子，形成较多的 Lewis 酸性位点，有利于 NH_3 的吸附与活化。Peng 等[124] 进一步研究发现 MnO_2 纳米棒的隧道尺寸对其低温 NH_3-SCR 活性及 N_2 选择性也有显著的影响。具有 [2×2] 隧道结构的 α-MnO_2 的活性及 N_2 选择性最好，其次是具有 [1×2] 隧道结构的 γ-MnO_2，再次是具有 [1×1] 隧道结构的 β-MnO_2。小尺寸的 [1×1] 隧道结构、较高的结晶度、较小的比表面积和主要暴露晶面稳定的原子排布是 β-MnO_2 活性和 N_2 选择性较弱的主要原因；而 [2×2] 隧道结构和主要暴露晶面不稳定的原子排布是 α-MnO_2 的活性高于 β-MnO_2 的主要原因。Wang 等[125] 制备了孔道内分别含 K^+ 和 H^+ 的锰钡矿氧化锰和 β-MnO_2，研究发现 K^- 型和 H^- 型锰钡矿氧化锰相比于 β-MnO_2 具有很高的催化活性，归因于其暴露的（110）晶面上具有更多的活性位点。Tian 等[126] 用水热法制备了不同形貌的 MnO_2 催化剂，发现 MnO_2 纳米棒具有最好的催化活性，这是由于其表面存在更多的 Mn^{4+} 以及更多的强酸位。Hu 等[127,128] 研究发现，适量的水对 H^- 型锰钡矿氧化锰的催化活性具有一定的促进作用，归因于（110）晶面上能有效吸附 NH_3，其特殊的变动结构具有很好的憎水性，且 H_2O 的存在能成功实现 Lewis 向 Brönsted 酸性位点的转变，从而增强其催化活性。

Tang 等[129~131]分别采用了柠檬酸法（CA）、流变相法（RP）、低温固相法（SP）和液相共沉淀法（CP）四种方法制备了纯 MnO_x 催化剂，用于低温 NH_3-SCR 脱硝研究。结果发现，后三种方法制备的 MnO_x 表现出优越的低温 SCR 活性，80℃即可获得98%的 NO_x 转化率，这主要源于 MnO_x 的大比表面积性质和无定型结构。单独在 H_2O 的作用下，上述催化剂的活性降至90%左右，且易回升；H_2O 和 SO_2 的共同作用下，催化剂的活性降至70%，活性难以恢复。我们前期制备了诸多类型的 MnO_x 催化剂，但抗 SO_2 性能均不理想，在 100ppm❶SO_2 的作用下，催化剂的活性很快由100%降至25%左右，且很难恢复。初期研究的分析归因于 H_2O、SO_2 与反应物种 NO 和 NH_3 的竞争吸附，以及活性组分不可逆的硫酸盐化。

MnO_x 具有丰富的可变价态和很好的低温氧化还原能力，其结晶程度、结构形貌、氧化价态、比表面积、表面化学吸附氧含量、表面活性位点以及表面酸性等因素对 SCR 活性影响较大[132]。在实际烟气中，H_2O 和 SO_2 的存在是连续且不可避免的，对 MnO_x 催化剂的 SCR 反应具有明显的抑制作用，甚至导致催化剂彻底失活。因此，纯 MnO_x 催化剂的工业应用受到了极大限制。为改善和提高催化剂的稳定性及抗水抗硫性能，学者们逐渐围绕复合金属氧化物和负载型 Mn 基催化剂展开研究。

b Mn 基复合氧化物

（1）Ce-MnO_x 催化剂。

氧化铈（CeO_2）因其较强的储存/释放氧能力，使得催化剂在富氧或贫氧条件下均可获得更多的化学吸附氧，且对 NH_3 和 NO 均有很好的活化能力；Ce^{n+} 阳离子上产生的酸位点增强了催化剂表面酸性，提高了 NH_3 的吸附率，进一步提高 MnO_x 催化剂的低温活性[133]。Qi 等[98,134~136]从催化剂优化、稳定性、抗硫性能、动力学、反应机理等角度研究了 MnO_x-CeO_2 催化剂的低温 NH_3-SCR 性能。研究发现：采用共沉淀法、Mn／（Mn＋Ce）＝0.4（摩尔比）和焙烧温度为650℃所制得的催化剂具有最高的催化活性，150℃获得95%以上 NO_x 去除率和98%以上的 N_2 选择性（空速为 42000 h^{-1}）；而采用柠檬酸法筛选出活性较好的 MnO_x(0.3)-CeO_2(650℃) 催化剂，120℃的 SCR 活性几乎为100%，该催化剂具有较好的抗 H_2O 和抗 SO_2 中毒性能（2.5%（体积分数）H_2O 和 100ppmSO_2 作用下，活性维持在95%以上）。动力学研究表明：在富氧条件下，MnO_x-CeO_2 催化剂上 NH_3-SCR 遵循对 NH_3 零级和 NO 一级的反应规律。

Eigenmann 等[137]采用柠檬酸法制备 MnO_x-CeO_2 催化剂，发现 Mn／（Mn＋Ce）＝0.25（摩尔比），焙烧温度为500℃时催化剂的 NH_3-SCR 活性最好，100~200℃内取得

---

❶ ppm 与 $mg／m^3$ 的换算关系为

$$C = \frac{C'M}{22.4} \times \frac{273}{273+t} \times \frac{p}{101325}$$

式中，C 为以 $mg／m^3$ 表示的气体污染物质量浓度；C' 为以 ppm 表示的气体污染物体积浓度；M 为污染物的相对分子质量；22.4 为空气在标准状态下（0℃，101.325kPa）的平均摩尔体积；t 为大气环境温度，℃；p 为大气压力，Pa。

95%以上的 NO_x 转化率。Shen 等[138]采用一步水解法制备了均一球形 MnO_x-CeO_2（Mn/Ce = 0.4）催化剂，认为催化剂的高度均一分散、较高 Mn^{4+}/Mn^{3+} 和 Ce^{4+}/Ce^{3+}、高比表面积和高化学吸附氧有利于提高其低温 SCR 催化活性。Andreoli 等[139]认为略低于化学计量的燃烧剂（甘氨酸或柠檬酸）制备的高含量 Mn 的 MnO_x-CeO_2 催化剂表现出较好的低温 SCR 活性和 N_2 选择性，可能归因于具有较高氧化还原能力的 Mn_3O_4 物种的存在，但其低温活性仅在 150~225℃ 达到 90% 以上，且未进行催化剂的抗 H_2O/SO_2 性能测试。Liu 等[97]以溴化十六烷基三甲铵（CTAB）为模板剂制备不同 Mn/Ce 摩尔比的 MnO_x-CeO_2 催化剂，活性较好的催化剂在 100~200℃ 温度范围内（空速为 64000h^{-1}）取得几乎 100% 的 NO_x 去除率，但 N_2 选择性不佳，该法制备的催化剂在 150~200℃ 表现出较好的抗水抗硫性能（5%H_2O +50ppmSO_2），活性维持在 90% 以上，但更低温度的抗性结果不佳，且有待考察更高浓度 SO_2 的影响。Chang 等[140]以碳酸铵为沉淀剂制备的 Mn(0.4)-CeO_x 催化剂在 150~200℃ 呈现 90% 以上的 NO 转化率，于 110℃ 通入 100ppmSO_2，催化剂的 SCR 活性由 86% 很快地降至 18% 上下。

为进一步提高 MnO_x-CeO_2 催化剂的 SCR 催化性能（NO 转化率、N_2 选择性和抗水抗硫性能），学者们对 MnO_x-CeO_2 体系添加不同助剂的作用进行探索。Qi 等[98]研究发现将 Fe 和 Zr 的掺杂提高了 MnO_x-CeO_2 催化剂的 NO_x 转化率和 N_2 选择性。Casapu 等[141]研究发现，适量 Nb_2O_5 的掺入可大幅度提高催化剂的 N_2 选择性，可能与酸性的提高有关。Ma 等[142]发现采用溶胶凝胶法制备了 WO_x-MnO_x-CeO_2 系列催化剂，发现 $W_{0.1}Mn_{0.4}Ce_{0.5}$ 复合氧化物在 140~300℃ 内表现出很好的低温 SCR 活性和 N_2 选择性，归因于活性位点和氧化还原能力的增加，W 的添加降低了催化剂对 SO_2 的氧化能力，缓解了催化剂表面硫酸铵盐和活性组分硫酸盐化作用，有效地延缓催化剂的 SO_2 中毒效应，但其抗性有待进一步提高。

（2）Me-MnO_x 催化剂。

铁氧化物因有着良好的催化性能、成本低、毒性小也常用于 NH_3-SCR 催化剂。Long 等[143]采用共沉淀法制备的 MnO_x-FeO_x 催化剂在 100~180℃ 范围内表现出几乎 100% 的 SCR 活性。Shen 等[144]基于 MnO_x-FeO_x 催化剂考察了 Cr 元素的影响，发现 Mn-Fe-Cr(2:2:1) 催化剂在 80℃ 取得 90% 的 SCR 活性，120℃ 以上的活性几乎为 100%，认为 Cr 增加了元素间的电子交互作用和低温还原能力。Zhou 等[145]发现共沉淀法制备的 MnO_x-FeO_x 催化剂具有较低的结晶度、较高的分散度、较大的比表面积和较丰富的表面活性位；进一步考察 Cr、Zr、Mo 元素的掺杂作用，发现 Cr 的引入对催化剂活性有明显的提升作用，主要归因于比表面积、表面酸性、Lewis 酸位、氧化还原能力的增加，以及中间物种配位氨（—NH_3）的大量形成，与 Shen 等[144]人的研究结果类似。

Wan 等[146]利用共沉淀法制备系列 Ni-Mn 复合金属氧化物催化剂用于 NH_3-SCR 脱硝性能的测试。研究发现：Ni(0.4)-MnO_x(Ni/Mn = 0.4、400℃/6h) 催化剂在 150~240℃ 内的 NO 转化率几乎为 100%；催化剂的稳定性较好，于 230℃ 反应 100h 后，NO 转化率由 100% 降至 95.4%。该催化剂于 230℃ 进行 100ppmSO_2 的抗性测试，催化剂的 NO 转化率由 100% 经过 5h 稳定在 82%，停止通 SO_2 后，活性恢复至 85%，仅停止反应（未做任何其他操作），16h 和 43h 后的 NO 转化率分别上升至 88% 和 98%，但作者并未对此抗性结果做明确和深入解释，有待进一步考察催化剂在较低温度下的稳定性和抗水抗硫性能。

Chen 等[147]利用柠檬酸法制备出系列不同摩尔比的 MnO_x-CrO_x 催化剂，发现 $Cr/(Cr+Mn)=4$ 的复合氧化物催化剂在 $30000h^{-1}$ 空速下于 120℃ 取得 NO 完全转化的效果，催化剂呈现出较高的低温 SCR 活性可能归功于 $CrMn_{1.5}O_4$ 晶相。他们进一步考察上述催化剂的稳定性和抗 SO_2 性能。$Cr(0.4)$-MnO_x（650℃/3h）催化剂运行 500h 后，NO_x 转化率仍维持在 91.7% 以上，且 N_2 选择性高达 100%；通入 100ppmSO_2，催化剂的活性 4h 之内仅损失 15%，停止通入 SO_2 后活性恢复至 96%；而相同条件制备的 MnO_x 活性（80%）很快丧失至 20% 以下，且仅恢复至 50% 左右。Qiu 等[74]考察 Sn 对 MnO_x-$CrOx$ 催化剂的 SCR 性能影响时发现，适量 Sn 的添加提高了催化剂的低温脱硝性能和 N_2 选择性，优选的 Sn/MnO_x-CrO_x 催化剂在 200℃ 的催化活性维持在 82% 左右（[NO]=[NH_3]=500ppm，[O_2]=3%（体积分数），[H_2O]=8%（体积分数），[SO_2]=200ppm，GHSV=$35000h^{-1}$）。

Meng 等[149]引入稀土元素 Sm 制备了 $Sm(0.1)$-MnO_x 复合氧化物催化剂在 75℃ 时即可实现 NO_x 的完全转化。有趣的是，Sm_2O_3 在整个测试温度区间内几乎没有催化活性，然而 Sm-Mn 复合催化剂活性却明显高于 MnO_x，并且工作温度窗口向低温区域有了较大的拓展。Sm 的引入能够提高 Mn^{4+} 离子的比例以及表面吸附氧浓度、增大比表面积、产生更多的表面缺陷空位。在 Sm-Mn 催化剂上发生的 SCR 反应中 ER 机理占主导地位。除了优良的低温活性外，此催化剂也展现出较好的抗 H_2O 抗 SO_2 能力[148]。

Kang 等[150]采用共沉淀法制备 Cu-Mn 催化剂表现出较突出的低温 SCR 活性和较高的 N_2 选择性，但低温抗水和抗硫性能不太理想，NO_x 的转化率由 100% 在 4h 内降至 60%（11%H_2O+100ppmSO_2）。Kong 等[151]制备的 $LiMn_2O_4$ 催化剂在 130～260℃ 内取得 90% 以上的 NO 转化率，归因于较多的表面酸性位（Mn^{3+}）和活性氧，但该催化剂在 100ppmSO_2 的作用下，NO 转化率由 100% 降至 57%。Zhang 等[152]考察 $BiMnO_3$ 类钙钛矿催化剂的低温 NH_3-SCR 活性，其催化活性在 100～180℃ 内高于 85%，在 5% H_2O 和 100ppmSO_2 的作用下，NO 转化率始终维持在 82% 以上，但未给出具体的抗水抗硫的原因分析。Qiao 等[153]采用一步燃烧法制备的 $MnCo_2O_4$ 具有很好的低温 SCR 活性和 N_2 选择性，作者认为主要源于 $MnCo_2O_4$ 晶型的多孔结构、较大的比表面积、较多的表面活性氧和丰富的 Mn^{4+} 和 Co^{3+} 活性物种。

c　负载型 Mn 基催化剂

根据高活性和强抗水抗硫性能的需求，将活性组分负载在一些具有大比表面积且热稳定性较高的载体上也是提高 NH_3-SCR 催化性能的重要手段。

（1）TiO_2 载体 Mn 基催化剂。

因锐钛矿型的 TiO_2 具有较大的比表面积，硫酸盐在 TiO_2 表面的稳定性大大低于其他金属氧化物[154]，TiO_2 不易发生硫化反应且其硫化具有可逆性，且 TiO_2 的硫化会增强催化剂反应活性，因此 TiO_2 具有很强的抗硫中毒能力，还可起到一定保护负载的活性组分的作用。因此，有许多学者用纳米 TiO_2 作为载体负载其他混合 Mn 基金属氧化物作为低温选择性催化还原的催化剂。

Kang 等[155]研究发现不同载体负载 MnO_x 催化剂的 SCR 活性大小顺序如下：MnO_x/TiO_2>MnO_x/Al_2O_3>MnO_x/SiO_2>MnO_x/ZrO_2，催化剂表面较高的 MnO_2 物相和较多 Lewis 酸

性位点是 MnO_x/TiO_2 催化剂具有较好 SCR 活性的重要原因。但该催化剂的抗水抗硫性能不理想,150℃反应温度下通入 100ppmSO_2 和 10%(体积分数)H_2O 后的 NO_x 转化率降低68%。Jiang 等[156]采用溶胶凝胶制备的 MnO_x/TiO_2 催化剂表现出较好的低温活性和良好的抗 SO_2 中毒能力,150℃的 NO 转化率高于 90%,通入 200ppmSO_2 活性还能维持在 70%。TiO_2 载体 Mn 基催化剂的 SCR 活性、N_2 选择性和抗性与前驱体种类、制备方法/条件、表面晶相、分散均匀性、酸碱性能及 Mn-Ti 内在作用等因素密切相关[156~158]。

采用浸渍法将 Mn 负载到 TiO_2 上,随着 Mn 在载体 TiO_2 上负载量的增大,催化剂的比表面积逐渐减小[135]。当 Mn 的负载量提高且制备过程中焙烧温度较低时,催化剂表现出更优越的催化活性。当 Mn 的负载量为 10%Mn/TiO_2 时,催化剂在低温下可获得较高的催化活性和对 N_2 的选择性[159]。催化剂上 Mn 主要以两种形态存在,即 MnO_2 和 Mn_2O_3,正是由于这两种氧化物的氧化还原过程使得其在 SCR 反应中具有良好的效果,且 MnO_2 的活性优于 Mn_2O_3。

除此之外,添加一些其他的金属氧化物也可提高催化剂的反应活性。稀土元素氧化物 CeO_2 和 La_2O_3 常作为结构助剂被添加到催化剂中。Wu 等[160]将 CeO_2 添加到 MnO_x/TiO_2 中,实验表明,在空速为 40000h^{-1} 的条件下,添加 CeO_2 后,催化剂在 80℃下对 NO 的催化转化率从 39%提高到 84%。其原因是 Ce 的加入提高了催化剂的储氧能力和对 NH_3 的化学吸附能力,进而增强催化剂的 SCR 活性。段开娇[161]等研究发现 La_2O_3 的加入可以提高催化剂 Cu-Mn/TiO_2 中 Cu 和 Mn 在 TiO_2 上的分散度,使颗粒尺寸更加细小,提高催化剂的储氧能力,并促进 Cu-Mn 与 TiO_2 的相互作用,从而获得更强的催化活性。

在催化剂中加入 Fe 的氧化物作为助催化剂,显示出较好的 SCR 抗水活性。Qi 等[126]以 TiO_2 作为载体,负载不同含量的铁和锰,通过实验研究表明,Mn/TiO_2 的催化活性较低;而 Mn-Fe/TiO_2 则具有较高的催化活性和很高的 N_2 选择性,同时还提高了抗 H_2O 和 SO_2 中毒的能力。Liu 等[162]研究发现 $Fe_{0.5}Mn_{0.5}TiO_x$ 催化剂具有较高的低温 SCR 活性,在175℃和空速 50000h^{-1} 的条件下取得 100%的 NO_x 转化率,认为 Fe、Mn、Ti 物种间的相互作用使催化剂具有较大的比表面积和孔体积、较高的结构扭曲度和合适的结构无序度,有利于为 SCR 反应提供更多的缺陷和活性中心;Fe0.5Mn0.5TiO_x 催化剂的表面活性氧更加丰富,且晶格氧的流动性较强,具有合适的 B 和 L 酸性位点,低温时促进表面(单齿)硝酸盐物种的形成。

研究表明,Co、Cr、W、Mo 等金属氧化物对催化剂的性能提升也有一定促进作用。Thirupathi 等[163]采用湿法浸渍法制备系列 MnO_x-M/TiO_2(M = Cr、Fe、Co、Ni、Cu、Zn、Ce 和 Zr)催化剂,优化后的 Mn-Ni/TiO_2 催化剂在空速 50000h^{-1}、温度 160~240℃下具有较高的催化活性(100%)和较好的 N_2 选择性,分析归因于 Ni 的添加提高表面 MnO_2 的形成。程贝研究发现 Co 金属离子掺杂后,可以减少催化剂内部孔道的坍塌,从而改善催化剂的纳米结构,增大比表面积和孔容。同时,Co 金属的掺杂会以无定形态存在于催化剂中,并且与催化剂中的 MnO_x 和 TiO_2 发生作用,极大地改善了 Mn 和 Ti 的分散性,使得两种物质能够在催化剂表面以无定型态富集,从而大大提高催化剂的活性,增加对 NO_x 的脱除效率。通过添加 Cr 元素,可极大地调变催化剂体系的表面价态,且有利于进一步提高低温 SCR 活性。选择 WO_3 作为助催化剂可提高催化剂的活性,且热稳定性较好,可以防

止因为 V_2O_5 的添加而引起的锐钛型 TiO_2 的烧结，另外还有利于抑制 SO_2 的转化；MoO_3 作为助催化剂在液态排渣炉脱氮情况下可以防止可能发生的 As_2O_3 中毒的现象。

此外研究显示，钛纳米管比纳米 TiO_2 具有更大的比表面积和层状中空结构，其作载体时也有较好的表现。姚瑶[164]等采用水热法制备的钛纳米管（TiNT），负载 MnO_x 后，在 150℃时 NO 的转化率高达 95%，研究表明，该催化剂还具有较好的抗水性能。

（2）SiO_2、Al_2O_3 及分子筛催化剂。

SiO_2、Al_2O_3 及相关分子筛由于具有高比表面积也常被用作负载 Mn 催化剂以提高低温 NH_3-SCR 活性。黄继辉等[165]采用浸渍法制备 Mn-Fe/SiO_2（介孔）催化剂用于 NH_3-SCR 研究，在空速为 20000h^{-1}、反应温度为 160℃时的 NO 转化率为 99%。Kijlstra 等[166]系统研究了 H_2O 和 SO_2 对 MnO_x/Al_2O_3 的抑制作用，结果表明：H_2O 的抑制作用分为 H_2O 与 NH_3、NO 的竞争吸附（可逆抑制）和 H_2O 的化学吸附形成羟基（不可逆抑制）；SO_2 与活性组分 MnO_x 形成 $MnSO_4$ 是催化剂失活的主要原因，且很难恢复。Fe、Cu、Ce、Mn 等离子交换的 ZSM-5、SAPO、CHA、SSZ、SBA 等分子筛催化剂备受关注，但其活性温度窗口较高（>200℃），且较多应用于移动源模拟气体的 SCR 脱硝。Qi 等[167]研究发现，MnO_x/USY 在 80~180℃范围具有较好的 SCR 活性和 N_2 选择性，掺入 Ce 或 Fe 可进一步提高催化性能。Carja 等[168]制备的 MnO_x-CeO_2/ZSM-5 催化剂具有较宽的反应温度窗口（244~549℃），在 332000h^{-1} 空速下仍取得 75% 以上的 NO_x 转化率，且受 H_2O 和 SO_2 共同作用的影响较小。

（3）C 载体 Mn 基催化剂。

活性炭（AC）、活性炭纤维（ACF）、碳纳米管（CNTs）等碳基材料因其较大的比表面积、发达的微孔结构和较强的吸附容量而被广泛用于气态污染物分离和吸附剂/催化剂载体。Wang 等[169]以蜂窝堇青石为载体制备 MnO_x-CeO_2/ACH 催化剂，80~200℃的测试范围内取得较好的低温 SCR 活性（100% 的 NO 转化率和 N_2 选择性），但未给出催化剂的稳定性和抗水抗硫结果。Tang 等[170]制备的 MnO_x/AC/C 催化剂具有较好的低温活性，结果显示，催化剂在 220℃时，NO 转化率达到 97%，在 200~280℃时，NO 转化率均高于 80%，而且此催化剂稳定性好。但抗性不太理想，且存在碳损失问题。

碳纳米管（CNTs）是一种独特的一维纳米结构碳，具有良好的导电性能和较强的热交换性能。近年来，以 CNTs 为载体的 Mn 基催化剂常见报道，如 Mn-Ce/CNTs[171]、Mn-Fe/CNTs[172]、MnO_x/MWCNTs（多壁 CNTs）[173]等。更为重要的是，该类催化剂具有相对较好的抗水抗硫性能。Pourkhalil 等[173]发现 MnO_x/FMWNTs 催化剂在 100ppmSO$_2$ 和 2.5%（体积分数）H_2O 的作用下，于 200℃（空速 30000h^{-1}）的 NO_x 转化率在 6h 内由 97% 仅降至 92% 左右。

近年来，石墨烯（GE）作为一种新型纳米碳材料，具有比表面大、柔性强、电子迁移率高等特性。研究表明[174~176]，石墨烯为载体的 Mn 基 SCR 催化剂体系中 Mn 价态转变能力较强（GE 供应电子），氧化还原性能明显提高。Xiao 等[174]研究发现 MnO_x-CeO_2/Graphene（质量分数为 0.3%）是一种环境友好型脱硝催化剂，具有一定的抗水抗硫性能。Lu 等[176]制备了系列 MnO_x/TiO_2-ZrO_2 和 MnO_x/TiO_2-GO（GE）催化剂，发现（氧化）石墨烯掺杂 TiO_2 的复合载体有利于增加催化剂的低温活性和 N_2 选择性，考察了 Ce、Fe 元素对

SCR 活性的促进作用，Fe-Ce-MnO$_x$/TiO$_2$GO（GE）催化剂的抗水抗硫能力明显提高，归因于 GO 和 GE 表面疏水作用，以及 Fe 组分的硫酸盐化保护作用。

（4）复合载体 Mn 基催化剂。

载体也是催化剂中一个重要组成部分，它不仅对活性组分起着支撑作用，还可以提高活性组分的分散度、催化剂表面的活性位，进而提高催化剂的反应活性。对于大多数催化剂，以复合氧化物作载体往往比以单一氧化物作载体具有更好的催化性能。如钛铈复合氧化物，吴大旺等[177]采用共沉淀法制备的 Ce$_x$Ti$_{1-x}$O$_2$，具有更大的比表面积和孔容，其负载锰氧化物后，在 113℃时 NO 的转化率即超过了 90%。载体中的 Ce 提供了较多的化学吸附氧以及 Ce^{3+}/Ce^{4+}氧化还原电对。

钛硅复合氧化物因其具有优良的物理化学性能而受到学者的关注。研究表明，SiO$_2$ 掺杂 TiO$_2$ 生成的 Ti—O—Si 键可以提高 TiO$_2$ 抗烧结性，拓宽催化剂禁带宽度，还可提高 TiO$_2$ 催化剂的晶型转变温度及稳定性，即使焙烧温度达到 600℃，催化剂也不会从锐钛矿型完全转变为金红石型[178]，比纯 TiO$_2$ 具有更好的催化性能。同时 Si 的加入还可增大其比表面积，通过抑制 TiO$_2$ 粒径增大，增强催化剂表面吸水性，形成更多的酸性位[165]。何勇等[179]制备的 CuSO$_4$-CeO$_2$/TiO$_2$-SiO$_2$ 催化剂在 220℃进行 NH$_3$ 催化还原 NO 实验，获得了 95% 以上的活性效果，在同时通入 10% 的水蒸气和 0.035% 的 SO$_2$ 后，催化剂在 37h 内不失活；而相同条件下，催化剂 CuSO$_4$-CeO^2/TiO$_2$ 在 H$_2$O 和 SO$_2$ 同时通入时，活性立即下降，这表明载体中 SiO$_2$ 的掺入可提高催化剂的抗硫水毒化性能。

ZrO$_2$ 由于同时拥有酸性、碱性、氧化性和还原性，因此可以作为助催化和晶型转化抑制剂，目前得到了广泛的研究应用[180]。将 TiO$_2$ 和 ZrO$_2$ 制成 TiO$_2$-ZrO$_2$ 复合氧化物，不但可以保持 TiO$_2$ 和 ZrO$_2$ 各自独有的特殊性能，而且可以弥补两者各自的缺点。正是由于这些优势，TiO$_2$-ZrO$_2$ 复合氧化物近年来已引起研究者们极大的关注，作为催化剂载体已广泛应用于氯氟烃和 NO$_x$ 的催化消除、加氢、丙烯环氧化、环己酮肟气相 Beckmann 重排、氧化脱氢、加氢脱硫（脱氮）以及催化重整等反应。林涛等[181]以 MnO$_2$ 为活性组分，Fe$_2$O$_3$ 为助剂，制备了以 TiO$_2$ 及 TiO$_2$-ZrO$_2$ 为载体的整体式催化剂，并考察它们在不同温度焙烧后用于富氧条件下，NH$_3$ 选择性催化还原（NH$_3$-SCR）NO$_x$ 的低温反应性能和高温稳定性。通过 X 射线衍射（XRD）、比表面积测定（BET）、储氧性能测定（OSC）及程序升温还原（H$_2$-TPR）等方法对催化剂进行了表征。结果表明，以 TiO$_2$-ZrO$_2$ 为载体的催化剂具有很好的高温热稳定性、较高的比表面积和储氧能力，同时还具有较强的氧化能力。催化剂的活性测试结果表明，以 TiO$_2$-ZrO$_2$ 为载体的整体式锰基催化剂明显地提高了 NH$_3$-SCR 反应的低温活性，因此该催化剂被认为具有良好的应用前景。TiO$_2$-CNTs 复合载体被广泛应用在光催化材料中。赵雪英等[182]采用溶胶-凝胶法制备不同质量比 TiO$_2$-CNTs 复合粉体材料，研究结果表明，此法可以使锐钛矿型纳米 TiO$_2$ 均匀地分布在 CNTs 表面，有效抑制了 TiO$_2$ 溶胶分子水解过程中的团聚现象。田维[183]采用溶剂热法和溶胶-凝胶法分别制备了 MnO$_x$/TiO$_2$-CNTs 催化剂，实验结果表明，碳管的加入作为分散剂抑制了 MnO$_x$/TiO$_2$ 颗粒的团聚，减小了颗粒的尺寸从而增大了催化剂的比表面积，表现出良好的催化效果。TiO$_2$-GO 和 TiO$_2$-GE 复合载体也是应用较广的光催化材料。

　　d　特殊构型 Mn 基催化剂

　　催化剂的活性与催化剂的微观形态、结构密切相关。学者们不再满足于传统的制备方法，开始尝试结合前沿的材料制备方法来创造出排列更整齐统一、晶型更完美的微米甚至纳米级别的催化剂，从而来提高活性组分的分散度、比表面积、氧空位等以达到高活性、抗性的目的。

　　（1）核壳结构催化剂。

　　Zhang 等[184]制备了 TiO_2@ MnO_x-CeO_x/CNTs 催化剂，催化活性在低温区域（小于250℃）表现一般：起活温度高于 150℃（转化率大于 50%），250℃ 时转化率将近 90%。相对而言较出色的是其抗 SO_2 性能，通入 200ppmSO_2 后的 4.5h 保持 95% 以上的 NO_x 转化率，但由于抗性测试温度相对较高（300℃），离所需求的低温 SCR 催化剂还有一定的距离。然而此催化剂构造的创新设计理念值得借鉴。Liu 等[185]使用两步水热法将 MnO_2@ $NiCo_2O_4$ 核壳机构负载到 Ni 泡沫上制备了活性组分分布均匀、结构独特的块状催化剂材料。在 150~225℃ 催化活性基本大于 80%，且在 20h 内有着优良的热稳定性（200℃）。值得注意的是，此反应的表观活化能仅为（10.5±0.2）kJ/mol，说明此催化反应较易发生。8%（体积分数）H_2O 对催化剂活性影响甚微，可能归因于催化剂表面弱、中等强度的Lewis 酸性位点对于 NH_3 有着强吸附作用。此外，该研究认为，此种催化剂活性物质与载体的黏附作用强，并且 Ni 泡沫有利于气体分子的流动和扩散，为块状催化剂在 SCR 脱硝催化剂中应用提供了可能性。

　　Fang 等[186]用自创的化学浴沉积法制备了 MnO_x@ CNTs 核壳结构型催化剂，较传统浸渍法制备的 MnO_x/CNT 和 MnO_x/TiO_2 在活性以及工作温度窗口上有了一定的提升，可归因于 Mn^{4+} 浓度高、表面活性氧物种丰富以及催化剂自身氧化还原能力较强。H_2O 在测试的5h 内对催化剂的影响甚微，这可能是由于 CNTs 受 H_2O 的作用较小。后来，该团队又改进了催化剂构造，用同样的方法制备了 Fe_2O_3@ MnO_x@ CNTs 多壳结构型催化剂[187]。该催化剂在 150~270℃ 范围内可实现完全转化，操作温度窗口较宽，N_2 选择性在测试范围内（90~300℃）基本大于 90%。抗 SO_2 性能也较优良：进气含有 100ppmSO_2 时，催化剂可在 150~270℃ 范围内保持 85% 以上的转化率；又在 240℃ 下测试了催化剂抗硫性能，发现此催化剂活性可在 4h 内仅由 97% 降至 94%；10%H_2O 和 100ppmSO_2 共存时，催化剂活性 4h 内大致降至 91%，停止通入 H_2O 和 SO_2 后的活性大致恢复。

　　（2）规则结构催化剂。

　　Zhan 等[188]用静电纺丝方法制备了 MnO_2 掺杂 Fe_2O_3 的中空纳米针催化剂。MnO_2（0.15）-Fe_2O_3 在 150~250℃ 范围内 NO_x 几乎完全转化，N_2 选择性大于 90%（50~150℃），研究表明，Mn^{4+} 是 SCR 反应的主要活性物种，Mn 能提供大量的 Lewis 表面酸性位点。200ppmSO_2（150℃）使催化活性可于 8h 内大致稳定在 85%，停止通气后活性恢复至92%；8%H_2O 可引起催化活性较轻微的下降，并且能完全恢复；当 H_2O 和 SO_2 一起通入时，8h 内 NO_x 转化率可稳定在 82%。Li 等[189]采用水热合成法制备了 MnO_2-Fe_2O_3 六边形微片，催化活性和 N_2 选择性都大于 90%（150~250℃），此催化剂最大的亮点是在足够长（100h）测试时间内所展现出的抗 H_2O 抗 SO_2 性以及热稳定性：10%H_2O 仅使 NO_x 转化率从 98% 降至 94%，200ppmSO_2 则使活性降至 85%，且都能在 100h 内很好地保持稳定，停止通气后活性基本可恢复；除此之外，催化剂在测试的 60h 内具备良好的热稳定性（200℃）。

Zhang 等[190]采用自组装法制备纳米立方状 $Mn_3[Co(CN)_6]_2 \cdot nH_2O$ 有机金属骨架材料，进而衍生出 $Mn_xCo_{3-x}O_4$ 纳米颗粒状和纳米笼状催化剂，用于 NH_3-SCR 脱除 NO 研究。纳米笼状 $Mn_xCo_{3-x}O_4$ 催化剂呈现出较高的 NO 转化率和 N_2 选择性，150~300℃ 范围内均为 100%，且具有较好的稳定性和抗 H_2O 和抗 SO_2 中毒性能。于 175℃ 测试温度下，8% H_2O 对纳米笼状 $Mn_xCo_{3-x}O_4$ 催化剂的作用很微弱，催化剂的 NO 转化率在通入 200ppm SO_2 后仅降至 96%，停止通入 SO_2，催化剂的活性完全恢复。据其分析，纳米笼状 $Mn_xCo_{3-x}O_4$ 催化剂具有较好的低温活性，以及抗 H_2O 和抗 SO_2 中毒性能归因于材料的特殊多孔级结构、活性组分的高度分散以及 Mn 与 Co 间的较强内在联系，但并未进行深入分析催化剂如何取得较好的抗水抗硫性能。

三维有序多孔结构有着较大的空隙、孔洞间的相互联系，可为气体反应物进入活性位点提供传质通道，且较无孔的颗粒有着更大的比表面积，近些年逐渐应用于催化剂领域。Cai 等[191]用胶体晶体模板法合成了 $Ce_{0.75}Zr_{0.2}Mn_{0.05}O_2$-δ 三维有序多孔催化剂，在 250℃ 可达到 90% 以上 NO_x 转化率；200ppm SO_2 作用下，催化剂的 SCR 活性可于 8h 内稳定在 79% 左右（270℃），停止通气后活性有轻微恢复。虽然 SO_2 测试浓度足够高，但是测试温度略高于 250℃，低温抗性有待继续考察。Qiu 等[192]以多孔硅 KIT-6 为模板剂合成的 3D-Mn-Co_2O_4 催化剂具有优异的低温脱硝活性，较高的 N_2 选择性和良好的抗水抗硫性能：100~300℃ 温度区间内的 NO 转化率几乎为 100%，且 N_2O 生成量低于 50ppm；通入 5% H_2O 和 100ppm SO_2 后，催化剂的 SCR 活性维持在 86% 左右，停止通入 H_2O 和 SO_2，活性回升至 93% 以上。据其分析，$MnCo_2O_4$ 催化剂的高活性和选择性归因于材料的有序介孔结构、较大的比表面积、Mn 和 Co 离子的协同作用以及丰富的酸性位点和酸量三维介孔材料所具备的更大的比表面积、更多的表面活性氧种类以及更多的 Lewis 酸性位点可能解释了此催化剂性能优良的原因。

B Ce 基催化剂

研究表明，CeO_2 在催化应用中具有显著优势，可以提高材料结构稳定性和催化剂活性。在 Ce^{4+} 和 Ce^{3+} 氧化还原过程中，材料可实现对氧的储存和释放。CeO_2 通过促进 NO 向 NO_2 的氧化提高催化剂的氧化还原性[193]，并具有适宜酸碱度、较低毒性和较低成本等优势[194]，因此，被广泛应用于三效催化剂中。纯 CeO_2 本身不具有较好的 NH_3-SCR 活性，经硫酸化处理后，活性显著提高[195]。这是由于硫酸化过程可以促进 NH_3 在催化剂表面的吸附，同时还增加了表面活性氧物种。CeO_2 具有几种不同晶面。DFT 理论计算表明[196,197]，不同晶面上氧空位的形成能大小为 {110}<{100}<{111}。Han J 等[198]在此基础上开展了研究，认为 NO 还原与 CeO_2 催化剂结构的关系主要体现在不同形貌 CeO_2 的暴露晶面以及活性物种与载体的协同作用上。通过对 Fe_2O_3/CeO_2 催化剂的研究表明，表面吸附氧、氧缺陷和 Fe 原子浓度均与暴露晶面有关。Fe_2O_3/CeO_2{110} 对 NO 和 NH_3 的活性高于 Fe_2O_3/CeO_2{111} 和单独的 CeO_2{110}。

为提高 Ce 基催化剂活性，催化剂改性引起广泛关注，如 $CeTiO_x$[199]、CeO_2/TiO_2[200]、$CeWO_x$[201]、$WO_3(x)$-CeO_2[202]、$CeZrO_x$[203]、CeO_2-ZrO_2[204] 和 MnO_x-CeO_2[97] 等。France 等[193]研究发现，催化剂中引入 CeO_2 可以增加表面吸附氧浓度。在 $FeMnO_x$ 中掺杂 Ce 可

以使活性提高 2~4 倍。Ce 掺杂摩尔分数为 12.51% 时，90℃时 NO 转化率为 97%。此外，Ce 引入还可以抑制金属硫酸盐和硫酸氢铵的生成，提高催化剂的抗硫性。

在 Ce-Ti 催化剂中，Ce 和 Ti 在原子级别上的相互作用产生的 Ce-O-Ti 有助于提高催化剂活性。Li 等[199] 用 FETEM 直接观察到 Ce-O-Ti 结构，无定型 $Ce_{0.3}TiO_x$ 在 175~400℃时的 NO 转化率为 90%。此外，利用 XANES 和原位 FTIR 等证明了表面高度分散的 Ce-O-Ti 结构是反应的活性中心。Chen 等[205] 利用溶胶-凝胶法合成 CuCeTi 催化剂，在 150~250℃时的 NO 转化率大于 80%，Cu 提供的 L 酸位点成为反应的活性中心，加速了低温段快速 SCR 反应过程。Li 等[206] 在此基础上进行改进，在 Ce-Ti 催化剂中掺杂了少量 Cu^{2+}，可以显著提高催化剂的低温 SCR 活性。研究表明，Cu 与 Ce 摩尔比为 0.005 时，200~400℃的 NO 转化率为 80%，N_2 选择性为 100%。Cu-O-Ce 的形成促进了 Ce^{4+} 向 Ce^{3+} 的转化，增加了表面活性氧。分散态 Cu 增加了 CeTi 催化剂表面酸性，提高了 NH_3 吸附能力，从而加速了反应向 E-R 机理方向进行。在 Ce-Ti 催化剂中掺杂 W 可以在 Ce-W 间产生强烈的相互作用，产生更多的 Ce^{3+}、NO_x 和 NH_3 吸附物种，从而提高催化剂活性。Fu 等[207] 发现，采用共浸渍法时，在 200~400℃的 NO 转化率大于 90%。Shan 等[208] 利用均相沉淀法进一步提高了 Ce-W-Ti 催化剂在高空速下的活性，在 Ce 与 W 摩尔比 1:1、空速 500000 h^{-1} 和温度 275~400℃ 条件下，NO 转化率为 90%。W 的引入促进了活性 Ce 的分散，增加了催化剂表面活性 CeO_2 晶体、氧空位和酸位。在低温段（<300℃），W 促进了 NO 向 NO_2 的氧化，在高温段（>300℃），W 提高了 N_2 选择性。Zhao 等[209] 用 Zr 修饰 $CeVO_4$ 提高其低温活性，结果表明，在 150~375℃，$Ce_{1-x}Zr_xVO_4$（$x = 0.10$、0.15、0.20、0.30）催化剂上的 NO 转化率大于 80%。Zr 的掺杂引起 Zr 与 Ce 和 V 之间的电子相互作用：$V^{4+}+Zr^{4+} \rightleftharpoons V^{5+}+Zr^{3+}$，$Ce^{4+}+Zr^{3+} \rightleftharpoons Ce^{3+}+Zr^{4+}$，从而提高了催化剂的氧化还原性，增加了活性物种数量。此外，表面积与 L 酸、B 酸的增加也促进了催化剂活性的提高。由于 NbO_2 本身为酸性，因此添加 Nb 可以增加催化剂酸性，酸性的增加可以促进 NH_3 的吸附。

4.3.3　氧化+吸收

NO 常温条件下可以被 O_2 缓慢氧化，但反应速率慢，难以满足工业脱硝的需求。根据氧化剂是否为氧气，可分为氧气法和非氧气法。基于 O_2 可作为 NO 的氧化剂，国内外学者研究开发了不同催化剂及其他外部施加条件等因素来提高 O_2 氧化 NO 的速率。赵毅等[210] 使用 γ-Al_2O_3 作为载体，担载金属及过渡金属氧化物制取催化剂，250℃反应温度下研究了不同金属元素的催化效果，结果证实过渡系金属及氧化物可提高 NO 氧化速度；日本研究者 Ibusuki 等[211] 最早开展光催化氧化 NO 研究，其研究表明，半导体材料在可见光照射下可电离 O_2，产生 O^{2-}、O_3 等活性物质。Masuda 等[212] 最早利用 PPCP（脉冲电晕等离子体）开展 NO_x 脱除实验，PPCP 高频脉冲可使得气体中 O_2、H_2O 解离出 O^{2-}、$\cdot OH$ 自由基等强氧化性物质，实现 NO 的氧化。Li 等[213] 利用 Mn-Co-Ce-O_x 混合型催化剂在 3% O_2 含量下实现了 85% 的 NO 转化率，且催化剂稳定性好。另有学者引入了其他氧化剂以实现 NO 的高效氧化，如 O_3、H_2O_2 等物质。最早开展臭氧同时脱硫脱硝研究的是美国的 BOC 公司[214]，利用臭氧将 NO 氧化成 NO_2，尾部结合 $CaCO_3$/NaOH 两级吸收装置脱硫的同时实现了脱硝。Chung 等[215] 详细介绍了 Phoenix 联合 NASA 开发的低温多种污染物联合控制技术，采用高浓度 H_2O_2 氧化 NO_x，脱硫效率达到 99%，脱硝效率达到 98%，同时 H_2O_2 作为氧化剂时，可有效促进 Hg 的脱除过程，效率可达 95%。Zheng 等[216] 采用 $NaClO_2$ 在 50℃恒温水浴中进行同时脱硫脱硝实验，脱硫效率可达到 98%，同时实现了 90% 的 NO 脱除率，证实了 $NaClO_2$ 氧化 NO 的可行性。以上学者研究论证了采用 O_2 及其他氧化剂实现 NO 氧化的可行性，氧化法烟气脱硝技术具有较好的工业应用前景。

为了提高 NO 氧化效率，国内外研究者开展了多种尝试。按照使用催化剂情况，可分为直接氧化法烟气脱硝技术和催化氧化法烟气脱硝技术。直接氧化法烟气脱硝技术根据氧化剂不同又分为臭氧氧化法、强氧化性溶液直接氧化法，催化氧化法根据催化方式不同又分为金属及金属氧化物催化氧化法、半导体材料光催化氧化法、活性炭催化氧化法以及强氧化性溶液催化氧化法。

氧化吸收法是一大类备受关注的烟气脱硝技术，如德国林德 LoTOx 技术（臭氧直接氧化+碱液吸收）、美国埃克森美孚公司 WGS+技术（臭氧直接氧化+碱液吸收）、中国环科院的 RECO 全效趋零排放技术（催化氧化+碱液吸收）。其中催化氧化法的实质是指先将 NO 部分地催化氧化为 NO_2，再用湿法脱硫的吸收剂（如石灰、NaOH 和氨水等）吸收，实现湿法同时脱硫脱氮。目前，第二步的吸收技术已相对成熟，第一步的 NO 转化为 NO_2 的催化氧化技术是关键和难点。在 NO 氧化催化剂的研究中，低温活性、抗硫中毒性能、抗水中毒性能是最关键的 3 个方面。

4.3.3.1 臭氧氧化

臭氧是一种清洁友好的氧化剂，在常见氧化剂中，臭氧的标准电极电位仅次于氟原子、·OH 和 O·，具有极强的氧化性。其氧化后的产物是氧气，不造成二次污染物。目前，臭氧在食品、医疗卫生、水处理、化学氧化等行业得到了广泛的应用，但在烟气净化治理方面还不是很多。臭氧氧化结合湿法吸收烟气脱硝技术是利用臭氧将烟气中溶解度较小的 NO 氧化成 NO_2、N_2O_5 等，然后再用碱性、氧化性或者还原性的吸收液将其吸收。臭氧的氧化能力仅次于氟气，作为自由基的一种可以高效氧化多种污染物，却比低温等离子体和电子束照射技术更节能。

臭氧的制备方法按原理可分为电化学、电晕放电、光化学和原子辐射等几种。其中原子辐射法极少被应用，气体电晕放电方法产生臭氧是工业应用最多的。电化学法是利用直流电源电解含氧电解质来产生臭氧气体的方法。通常是在电极材料的催化作用下，水被电解成 H_2、O_2 和 O_3。在世界上，其最高的产品指标是 $120gO_3/h$，其电量消耗为 $150kW·h/kg$。电晕放电法原理是：一种干燥的含氧气体流过电晕放电区产生臭氧的方法。常用的原料气体为：O_2、空气以及 CO_2、含氮或其他含氧混合气体。该法是在高压交流电情况下，使原料气体中的氧气分子离子化，未离子化的氧分子与离子化的氧原子结合生成臭氧原子。电晕放电型臭氧发生器是目前相对能耗较低、应用最广的臭氧发生装置，单机的臭氧产量可达 $300kg/h$，空气源的能耗为 $14~16kW·h/kg$，氧气源的能耗为 $6~7kW·h/kg$。光化学法的原理是：氧气分子被光波中的紫外光照射而发生分解，分解后的氧原子再聚合成臭氧，大气上空的臭氧层也是这样产生的。波长为 185nm 的紫外光产生臭氧的光效率比较高，达 $130gO_3/(kW·h)$。目前，由于紫外灯电-光转换效率非常低，只有 0.6%~1.5%，因而工业应用的前景不大。

臭氧氧化性极强，被还原为 O_2 过程中的还原电位可达 2.07eV，可实现 NO 氧化，自从 BOC 公司开发臭氧脱除 NO_x 试验，越来越多国内外学者细致研究了 O_3 氧化能力。

Mok 等[217]利用 O_3 氧化 NO 和 SO_2，再配合 Na_2S 溶液吸收高价氮、高价硫，脱硫效率达到 100%，脱硝效率高达 95%。Kang 等[218]则利用 O_3 氧化 NO 和 SO_2，再配合 NaOH 溶液吸收去除 NO 和 SO_2，研究发现，在不存在 SO_2 的情况下，注入相对于 NO 浓度为 60% 的臭氧导致最大的 NO_x 去除效率。在存在 1000ppmSO_2 的情况下，需要将臭氧浓度增加到 NO 浓度的 90%，以最大程度地提高 NO_x 去除效率。较高的 SO_2 浓度导致较高的 NO_x 去除效率，因为 SO_2 溶液吸收产物 Na_2SO_3 加强了溶液对 NO_2 的吸收能力。另外，吸收液较高的 pH 值和较低的温度可提高 NO_x 的去除效率，而 SO_2 对温度和 pH 值的变化相对不敏感。

王智化等[219]发现 O_3 的自身分解对脱硫脱硝反应的影响不大，100~200℃ 内氧化能力相近，随后下降，400℃ 以上臭氧分解过快，已无氧化效果。Meng 等[220]提出了一种利用 $(NH_4)_2S_2O_3$/钢渣浆进行臭氧氧化同时从烟气中脱除 SO_2 和 NO_x 的方法。在最佳条件下（钢渣浆浓度 5%，$(NH_4)_2S_2O_3$ 浓度 0.18mol/L，反应温度 40.0℃，pH 值 7.5 和 MR1.0），达到了几乎 100% 的 SO_2 去除效率和高于 78.0% 的 NO_x 去除效率。推测 $S_2O_3^{2-}$ 和 NH^{4+} 的协同作用是：NO_2 与 $S_2O_3^{2-}$ 反应生成 NO^{2-}。NH^{4+} 的存在抑制了 NO^{2-} 的分解，进一步促进了 NO_x 的去除。在 $S_2O_3^{2-}$ 存在下，从钢渣中浸出的 Mg^{2+} 也促进了 NO_x 的去除。$S_2O_3^{2-}$ 阻止了 $MgSO_3$ 的氧化，从而通过 NO_2 与 $MgSO_3$ 之间的氧化还原反应改善了 NO_2 的去除，这是由 Mg^{2+} 与 SO_3^{2-} 的反应产生的。这项研究表明，臭氧氧化与使用 $(NH_4)_2S_2O_3$/钢渣浆的现有 WFGD 装置相结合，是同时脱硫和脱硝的有前途的途径。这项工作可以解决 NO^{2-} 分解的问题，并通过湿法洗涤在工业规模上实现 NO_x 的去除。这些发现还为解决工业烟气和工业固体废物（钢渣）中的 SO_2 和 NO_x 排放所造成的空气污染提供了一种有前途的方法，从而实现了"废物控制废物"的目标。

4.3.3.2　催化氧化

催化氧化法是指在有催化剂的作用下，将 NO 部分氧化为 NO_2，再用湿法脱硫吸收剂吸收，实现湿法同时脱硫脱硝。因此，催化氧化催化剂是该技术的关键与难点。针对 NO 的催化氧化，已研究和开发了贵金属催化剂、金属氧化物、分子筛等催化剂。其中，关于分子筛类催化剂用于 NO 催化氧化的研究已不多见，因为该类催化剂仅在高温下表现出一定的催化活性，受热力学平衡限制，NO 转化率普遍不会很高，且受 H_2O 等因素影响较大。

A　金属及金属氧化物催化氧化法

O_2 可作为 NO 氧化剂，众多学者都在寻找 NO 和 O_2 反应的催化剂。金属及金属氧化物是 NO 催化氧化领域较早被研究的一种催化剂，已经开发出种类繁多的催化剂组合。Li 等[221]利用沉淀法合成 Mn-Co-Ce-O_x 催化剂，考察了过量氧气条件下催化氧化 NO 的效果，结果显示，在氧存在下对 NO 的低温催化氧化具有较高的活性，150℃ 在空速 35000h^{-1} 条件下 Mn-Co-Ce-O_x 催化剂可达到超过 80% 的 NO 转化率（图 4-93），并且催化剂适应性、稳定性好，40h 内活性未降低。Tang 等[222]研究了钾助剂前体（KNO_3、K_2CO_3 和 KOH）对 Mn-Co-O_x 催化剂催化氧化活性的影响，结果表明：Mn-Co-KOH>Mn-Co-K_2CO_3>Mn-Co-KNO_3，与碱度顺序一致。钾助剂前体可以通过 K 的介入调节催化剂的酸碱性和吸附性能，有利于 NO 的吸附。叶智青[223]认为 Mn-Fe 催化剂活性优于 Mn-Cu，且采用聚乙二醇的有机溶剂法制得的锰铁催化剂活性最高，反应温度为 100℃时，NO 氧化率高达90%。总结上述研究者成果，锰在多金属氧化物催化剂中具有复杂的价态和良好的活性。

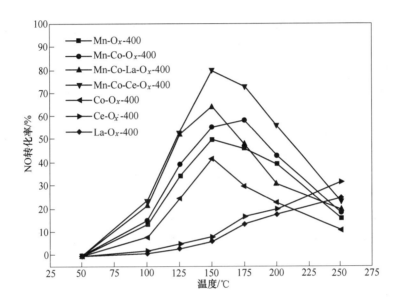

图 4-93　Mn-Co-Ce（20）-O_x-400 系列催化剂的 NO 氧化活性

（反应条件：0.15g 样品，500ppm NO，3% O_2，N_2 平衡，200cm/min 总流量）

B　负载型催化剂

对于负载型催化剂（包括贵金属和金属氧化物），活性组分主要存在于催化剂表面。载体提供了一个巨大的表面来分离活性相，并为催化反应的发生提供了空间。表 4-9 概述了各分类下性能最好的负载型催化剂的制备方法、反应条件和最高 NO 转化率。

表 4-9　负载型催化氧化 NO 催化剂

催化剂分类		催化剂	制备方法	反应条件	转化效率/%	出处
贵金属催化剂	单组分贵金属催化剂	Pt/TiO_2	浸渍	0.04% NO, 10% O_2, $180000h^{-1}$, 275℃	93	参考文献［224］
	金属氧化物掺杂的贵金属催化剂	$WO_3/Pt/Al_2O_3$	浸渍	0.045% NO, 8% O_2, $180000h^{-1}$, 220℃	92	参考文献［225］
	双组分贵金属催化剂	$Pt-Pd/Al_2O_3$	有序浸渍	0.05% NO, 8% O_2, $20000h^{-1}$, 230℃	95%	参考文献［226］

催化剂分类		催化剂	制备方法	反应条件	转化效率/%	出处
金属氧化物催化剂	Al$_2$O$_3$ 为载体	6Mn10Ce/γ-Al$_2$O$_3$	溶胶-凝胶	0.05% NO, 10% O$_2$, 36000h^{-1}, 300 ℃	83.5	参考文献 [227]
	TiO$_2$ 为载体	MnO$_x$/TiO$_2$	沉积-沉淀	0.06% NO, 4% O$_2$, 25000h^{-1}, 250 ℃	89	参考文献 [228]
	ZrO$_2$ 为载体	MnO$_x$/ZrO$_2$	浸渍	0.05% NO, 10% O$_2$, 75000h^{-1}, 270 ℃	78	参考文献 [229]

　　载体、Pt 负载量、Pt 分散性、铂氧化物成型等因素对 Pt 催化剂在 NO 氧化中的催化活性有一定的影响[230~231]。Schmitz 等[232]统计研究了影响负载型 Pt 上 NO 氧化速率的主要因素：载体>预处理>负载>煅烧气氛>焙烧温度>前驱盐。Li 等[224]用湿浸渍法（IMP）和光沉积法（PHO）制备了 Pt/TiO$_2$ 催化剂，其催化性能如图 4-94 所示。在这些催化剂中，H$_2$/He 预处理后的 Pt/TiO$_2$(IMP) 活性高于 O$_2$/He 预处理后的样品，而 Pt/TiO$_2$(PHO) 由 O$_2$/He 预处理后的活性略高于 H$_2$/He 预处理后的样品。经 O$_2$/He 预处理的 Pt/TiO$_2$(PHO) 的 NO 氧化活性最好，在 275℃时 NO 转化率可达 90%以上（表 4-9）。

　　由于贵金属造价极高，且活性温度较高，有研究者[151]研究了金属氧化物添加剂（WO$_3$、MoO$_3$、V$_2$O$_5$、Ga$_2$O$_3$）对 Pt/Al$_2$O$_3$ 催化剂上 NO 氧化的影响。WO$_3$/Pt/Al$_2$O$_3$ 的 NO 氧化活性最高，其次为 MoO$_3$/Pt/Al$_2$O$_3$。另外，MoO$_3$ 催化剂受 SO$_2$ 的影响较小。Irfan 等[233]的研究指出 WO$_3$ 能抑制 Pt 的氧化，从而提高 NO 氧化的催化活性，此外，Hauff 等[231, 234]认为掺杂 WO$_3$ 和 MoO$_3$ 等金属氧化物能增强 NO 氧化活性与其强的氧化还原性能有关。

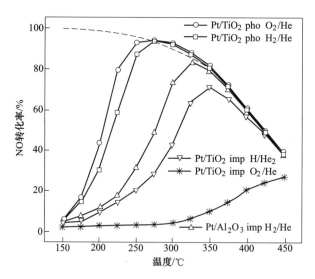

图 4-94　负载型铂催化剂对 NO 氧化的催化活性
（反应条件：催化剂 0.15g，NO 400ppm，O$_2$ 10%，He 平衡气，GHSV = 80000h^{-1}）

　　关于双组分贵金属催化剂，Kaneeda 等[235]表明，在 Pt/Al$_2$O$_3$ 催化剂上加入 Pd 可以阻止 Pt 的烧结，最终提高催化剂热稳定性，但由于 Pd 活性低于 Pt，Pd 的加入使 TOF 值下降。当 Pd 的加入量（摩尔分数）为 0.3% 时，催化剂的活性最高。Olsson 等[236]比较了用共浸渍法（PtPd-Co）和有序浸渍法（PtPd-Seq）制备的 Pt/Al$_2$O$_3$、Pd/Al$_2$O$_3$ 和 Pt-Pd/Al$_2$O$_3$ 催化剂上 NO 的氧化活性（图 4-95），最有效的催化剂是 PtPd-Seq，在 250℃、500ppmNO、8% O$_2$ 和 Ar 平衡气条件下 NO 转化率可达 95%。

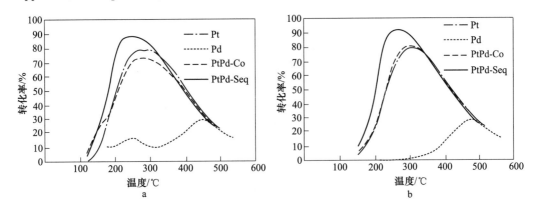

图 4-95 程序升温实验中催化剂将 NO 转化为 NO$_2$ 的能力比较

a—加热阶段；b—冷却阶段

虽然铂等贵金属具有很强的 NO 氧化活性，但贵金属的高成本在很大程度上限制了它们的应用，此外，负载贵金属在强氧化条件下的活性损失仍不清楚。相比之下，负载型金属氧化物催化剂由于其成本低、催化活性高、稳定性好等优点而受到越来越多的关注。

Al$_2$O$_3$ 是一种理想的 NO 催化氧化载体，具有良好的热稳定性、较高的比表面积和丰富的酸性位，有利于氮物种的吸附[236]。Wang 等[237]通过酸助溶胶-凝胶法合成了一系列 xMn10Ce/γ-Al$_2$O$_3$（x=4，6，8 和 10）催化剂，由于 γ-Al$_2$O$_3$ 的高比表面积，使催化剂具有良好的结晶性和分散性。6Mn10Ce/γ-Al$_2$O$_3$ 催化剂在 300℃ 下 NO 氧化生成 NO$_2$ 的活性最高，达到 83.5%。

TiO$_2$ 与 Al$_2$O$_3$ 相比具有较小的酸性，但可以提供优异的活性组分分散和 SO$_2$ 抗性。此外，硫酸物种可以很容易地在 TiO$_2$ 表面上分解。Wu 等[228]用沉积沉淀法（DP）制备了一系列不同 Mn/Ti 比的 MnO$_x$/TiO$_2$ 催化剂，Mn/Ti 比为 0.3 的样品具有较好的活性，在 25℃ 下最大 NO 转化率可达 89%，表征结果表明，MnO$_x$(0.3)/TiO$_2$(DP) 的活性较高可归因于 MnO$_x$ 在 TiO$_2$ 表面的良好分散和丰富的 Mn^{3+} 物种。

ZrO$_2$ 是一种有趣的载体材料，由于其表面双功能特性、酸性和碱性，可以显著提高负载金属催化剂的活性[237]。结果表明，ZrO$_2$ 具有较高的 NO$_x$ 吸附能力，在 NO 氧化过程中具有很好的应用前景[238~240]。Zhao 等[229]的研究表明，与 MnO$_x$/TiO$_2$ 相比，MnO$_x$/ZrO$_2$ 的催化活性和水热稳定性都更优越（图 4-96）。ZrO$_2$ 除了作为载体材料外，还为硝酸盐类中间物种提供了丰富的吸附中心，有利于 NO 的氧化。

C 钙钛矿型催化剂

近年来，钙钛矿型氧化物以其成本低、活性好、热稳定性好等优点，成为一类前景较好的 NO 氧化催化剂[241~242]。这类材料的一般表达式为 ABO$_3$，其中 A 位是稀土或碱性阳离子，B 位是过渡金属。钙钛矿的催化氧化还原特性可以很容易地通过用其他阳离子取代

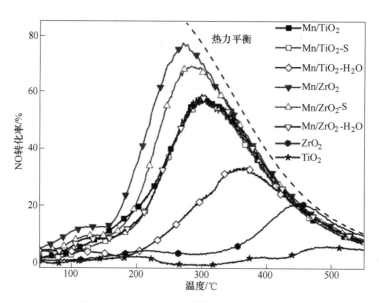

图 4-96　ZrO$_2$ 和 TiO$_2$ 催化剂上的 NO 转化率

A 或 B 位的一小部分来调节，与未掺杂的钙钛矿相比，基于 LaMnO$_3$ 或 LaCoO$_3$ 的 A 位取代钙钛矿具有较高的催化活性[243~244]。Chen 等[245]用溶胶-凝胶法合成了一系列经过结构修饰的 La$_x$MnO$_3$（x=0.9，0.95，1，1.05，1.11）钙钛矿。La$_{0.9}$MnO$_3$ 具有较好的活性，A 位 La 含量越低，Mn^{3+} 向 Mn^{4+} 的转变就越明显，就越有利于电荷的平衡和结构的稳定。不同配位阳离子部分取代 B 位也会影响钙钛矿的催化性能。Chen 等[246]报道了溶胶-凝胶法制备的 LaMeO$_3$ 钙钛矿（Me＝Mn，Fe，Co）的催化性能。与 LaFeO$_3$ 和 LaMnO$_3$ 相比，La-CoO$_3$ 具有最好的 NO 氧化活性，260℃时可达到 83%，且催化剂活性顺序与样品的还原性一致。

　　D　半导体材料光催化氧化法

　　可见光或者紫外线照射半导体材料会诱导半导体材料发生电子跃迁，使得吸附在催化剂粒子表面的 OH$^-$ 或 H$_2$O 转化成强氧化性·OH；同时光生电子也可使得 O$_2$ 转化成 HO$_2$·和 O$_2^-$ 等活性物质。付宗明等[247]对比了分别采用活性炭纤维、γ-Al$_2$O$_3$ 及石英砂作为载体制成的 TiO$_2$ 催化剂效果，发现低浓度 NO 时，以吸附能力突出的活性炭纤维作为载体的催化剂效果最佳；高浓度 NO 时，以透光性好的石英砂作为载体的催化剂效果最佳。赵毅等[248]考察了活性炭纤维负载 TiO$_2$ 催化效果，发现湿度的适量增加有利于羟基的生成，但湿度过大会占据大量吸附位导致催化剂活性下降，并认为脱硝分成吸附、催化氧化、溶解 3 个步骤完成。赵莉[249]认为活性炭改性 TiO$_2$ 可提高光催化氧化效果是因为活性炭可吸附 NO 和氧化后的 NO$_2$，给 TiO$_2$ 提供了充足的催化时间。Shang 等[250]发现用稀 H$_2$SO$_4$ 浸渍 TiO$_2$ 焙烧后制得的 SO$_4^{2-}$/TiO$_2$ 催化剂催化效果优于 TiO$_2$。Lim 等[251]则探讨了光强对 TiO$_2$ 催化活性的影响，发现只有 254~365nm 之间的光有明显效果。半导体材料光催化氧化法使用的 TiO$_2$ 制取成本高、稳定性差，水分、HNO$_3$ 都会导致催化剂失活，同时半导体材料光催化氧化法转化率低，当处理大流量含 NO$_x$ 烟气时，光生电子没有足够的活性粒子用以氧化 NO，导致光催化技术难以在工业实际中得到真正应用。这些是未来光催化领域亟须解决的问题。

E 活性炭材料催化氧化法

活性炭比表面积大、具有发达的孔隙结构，一直被视为高效吸附剂，在污水处理、空气净化等环保领域得到广泛应用。在治理大气污染物 NO_x 的过程中，活性炭可作载体使用，也可作催化剂使用，还可作吸附剂使用。在半导体光催化氧化领域活性炭被用作载体和吸附剂，配合光生电子完成对 NO 的氧化。Guo 等[252]研究了商业活性炭材料上 NO 的氧化，如椰壳活性炭、沥青基活性炭纤维和聚丙烯腈基活性炭纤维（PAN-ACF）。在 30℃ 下干燥的 NO-O_2-N_2 气体体系中，$NO \rightarrow NO_2$ 的稳态转化率主要取决于 O_2 浓度、温度和活性炭材料性能。在相同的空速下，催化活性大小顺序为：PAN-ACF<沥青 ACF<椰壳 AC。

近年来，人们对氮掺杂的碳材料越来越感兴趣[253~258]。碳基体中 N 原子的出现能够提高碳材料在氧化反应中的催化活性和吸附酸性气体的能力[259~260]。氮掺杂对碳催化性能的影响可以归因于两种效应的叠加：碱性表面活性位和电子给体。含氮官能团赋予活性炭表面碱性，增强了与酸性分子的相互作用[257]；此外，多余的电子可以转移到被吸附的物种上[261]。

AC 表面官能团的性质和浓度主要取决于合成过程中的活化方法，但也可以通过热化学方法进行改性[262]。含氮基团可以通过液相尿素处理或高温气相氨处理引入到 AC 的结构中[263,264]。Sousa 等[265,266]改性 AC 使其具有较高密度的含氮表面 Lewis 碱性位以氧化 NO，氮的引入可明显提高改性 AC 催化剂的催化活性，NO 转化率随氮含量的增加而增加，这与碳表面向 NO 分子的电子转移有关。Stöhr 等[263]发现，碳表面的氨处理可以促进分子氧的化学吸附，当石墨烯层中的氮原子取代碳原子时，多余的电子很容易转移到吸附的物种上，形成反应表面的中间产物。在室温下，含氮基团最多的活性炭上 NO 的氧化量最高[267]。

活性炭纤维（ACF）除了具备与 AC 相似的微孔结构发达、比表面积大、多污染物吸附特性和易再生等特点以外，还因其柔韧性而可以灵活应用于工业反应器，实现缠绕或滚动[268]。为了快速实现碳催化剂上 NO 的稳态转化，需要对 NO_x 与碳之间的界面催化反应进行研究。现已有学者研究了表面官能团（如氮、氧）对 AC 上 NO_x 与碳的相互作用的影响[265, 269~270]，由于还原性碳表面上 NO_2 中间体的分解，含氧官能团会留存在碳材料上[259]，氧基的形成会影响 NO/NO_2 的吸附/解吸动力学，加速 NO_2 从碳表面的释放。Atkinson[271]在 ACF 布上开发了酸性氧官能团用于 NO 的氧化。具有酸性氧官能团的碳催化剂被认为是具有发展前景的 NO 氧化催化剂，如 NO_2 和硝酸处理的催化剂。一般情况下，碳材料的化学性质影响 NO 的氧化动力学，而物理性质影响稳态 NO 氧化速率。

Wang 等[272]提出，NO 可以在活性炭纳米纤维（ACNFs）上催化氧化生成 NO_2，在高温下进一步石墨化后，形成石墨化多孔碳纳米纤维（GPNF），在常温下 NO 氧化的催化效率显著提高，ACNFs、GPNF-1900 和 GPNF-2400 的 NO 氧化率分别为 11%、38% 和 45%[273]。

石墨化碳纳米纤维（热解剥离）在催化过程中活性最高，其次是 1500~3000℃ 热处理的[274]。例如，用活性聚丙烯腈纳米粒子（PCNFs）研究高温处理对其催化 NO 氧化生成 NO_2 活性的影响，发现石墨化的 PCNFs 的氧化转化率可以得到明显的改善，但这种方法总是需要较高的温度[275]，能耗高，不经济，因此，制备可在低温下形成的类似结构的 CNFs 是有必要的。

　　石墨烯是一种具有很大理论比表面积的商业材料[276,277]。最近，Guo 等[278]通过电纺丝法在前驱体中加入氧化石墨烯（GO），制备了微域石墨化聚丙烯腈（PAN）纳米纤维。这些电纺纳米纤维在空气气氛中固化，在 N_2 气氛中碳化，在 NH_3 气氛中处理，室温下进行低浓度（50ppm）NO 的氧化。GO 纳米片可以嵌入电纺纤维中，经热处理转化为还原氧化石墨烯（rGO），即图 4-97 所示 PGCNFs。在 PCNFs 中嵌入了一系列 rGO，形成了具有微域石墨化和多孔结构的碳-碳杂化材料。样品在 O_2 存在下经历了瞬时环化、脱氢和交联反应，从而产生了在较高温度下不熔化的纳米纤维[279,280]。PCNFs 组织均一、表面光滑，平均直径约为 200nm。随着 GO 的加入，PCNFs 的表面变得粗糙。此外，大量微小的 rGO 片段嵌入到 PCNFs 中，并且在外部不可见。然而，横向尺寸为 $0.5\sim1.0\mu m$ 的巨型 GO 片层不能完全由 PCNFs 包覆，从而在材料表面出现一些"玫瑰状"的结点。这些 rGO 片层提供了嵌入 PCNFs 内的催化活性中心。PCNF 和 PGCNF 样品的穿透曲线和 NO 转化率如图 4-98所示。此外，含氮官能团对 NO 催化氧化生成 NO_2 具有重要作用。如图 4-98a~c 所示，含有 5%（质量分数）GO 的样品对 NO 的催化氧化作用最大。

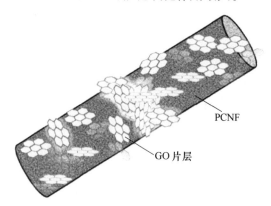

图 4-97　微域石墨化 PAN 碳纳米纤维原理

　　与 ACFS 相比，CNFS 在催化和吸附方面的优势在于，CNFS 在酸性/碱性介质和化学活性方面具有较高的稳定性[281~284]。ACF 或 CNF 负载的金属催化剂也可用于通过氧化或还原的方法减少 NO 的产生[272,274,285]。Talukdar 等[286]开发了分散在 CNFS/ACFS 上的 CeO_2 和 Cu 纳米颗粒催化剂，用于室温催化氧化脱除 NO。首先用化学气相沉积（CVD）在 ACF 衬底上生长 CNFS，制备了 CNFS/ACFS；随后通过在 CVD 前将 CeO_2 和 Cu 纳米粒子原位结合到 ACFS 中的方法，制备了 CeO_2-Cu-CNFs/ACFs、Cu-CNFs/ACFs 等催化剂。Cu 纳米粒子可以发挥双重作用：（1）催化 CNFS 的生长；（2）催化 NO 氧化为 NO_2。CeO_2 则通过在氧化还原循环中释放新生的氧和与 Cu 纳米粒子的协同反应，对 Cu 的催化活性起促进作用。

　　氧被解离吸附在 ACFs 的空位上，它与邻位上的吸附 NO 发生反应以生成 NO_2。然后吸附 NO 发生转变，生成中间态表面配合物和 NO_2，留下活性中心供后续的吸附。包括 Ce^{3+} 与 Cu^{2+} 的协同反应在内的氧化还原反应，一方面产生晶格氧，另一方面恢复 CeO_2 中

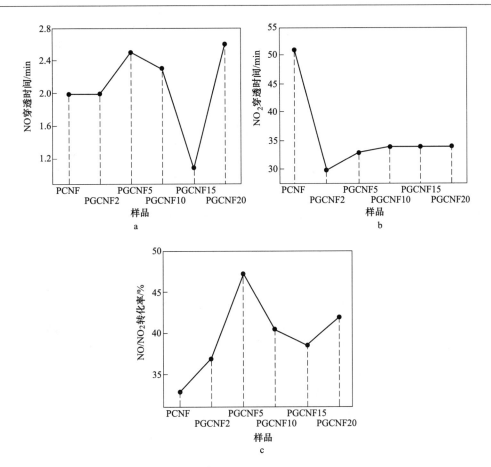

图 4-98　PCNF 和 PGCNF 样品

a—NO 穿透时间；b—NO₂ 穿透时间；c—NO/NO₂ 转化率

Ce 的氧化态（Ce⁴⁺）。图 4-99 展示了反应物种的吸附/解吸以及 CeO₂ 与 Cu 纳米粒子之间的协同反应过程[287]。并提出了 2NO +O₂→2NO₂ 的反应机理如下：NO 在 CeO₂-Cu-CNF$_S$/ACF$_S$ 上的催化氧化由两个同时进行的步骤组成，步骤 A 涉及 NO 和 O₂ 在 CNF$_S$/ACF$_S$ 上的吸附-脱附和 NO→NO₂ 的催化氧化（以下公式中的 X 代表 CNF$_S$/ACF$_S$）。

$$NO + X \Longleftrightarrow NO - X \tag{4-125}$$

$$O_2 + 2X \Longleftrightarrow 2O - X \tag{4-126}$$

$$NO - X + O - X \Longleftrightarrow NO_2 - X + X \tag{4-127}$$

$$2NO_2 - X \Longleftrightarrow NO_2 - X + NO + X \tag{4-128}$$

$$NO_3 - X + NO - X \Longleftrightarrow NO_3 - NO - X + X \tag{4-129}$$

$$NO_3 - NO - X \Longleftrightarrow 2NO_2 + X \tag{4-130}$$

步骤 B 涉及新生氧的释放和 CeO₂ 与 Cu 纳米粒子之间的协同反应。

$$2 CeO_2 \Longleftrightarrow Ce_2 O_3 + O_{(lattice)} \tag{4-131}$$

$$Ce^{3+} + Cu^{2+} \Longleftrightarrow Ce^{4+} + Cu^+ \tag{4-132}$$

$$Cu^+ + 1/2 O_2 \Longleftrightarrow Cu^{2+} + O^-_{(adsorbed)} \tag{4-133}$$

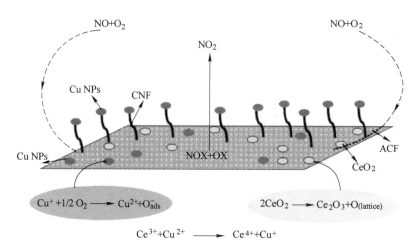

图 4-99 CeO_2 与 Cu 的吸附-解吸反应及协同作用示意

表 4-10 是 ACFS/CNFS 基材料对 NO 氧化的性能比较。催化性能按以下顺序排列：CeO_2-Cu-CNFS/ACFS>Cu-CNFS/ACFS>Cu-ACFS>CeO_2-ACFS>ACFS，Cu 纳米颗粒与 CeO_2 之间的协同作用提高了氧化率。在室温（30℃）下，当 NO 浓度为 500ppm 时，CeO_2-Cu-CNFS/ACFS 的最大 NO 转化率为 80%。一般情况下，负载一定量的特殊金属活化物可以提高催化剂的催化性能，但在制备金属负载的碳催化剂时，协同作用是相当大的。

表 4-10 催化剂在 NO 氧化中的性能比较

（$T=30$℃，$P=0.1$MPa，$W=1$g，NO=1000ppm，$Q=37.5$mL/min，$O_2=20\%$）

催化剂	制备条件	NO 转化率/%
ACF_S	酸洗干燥	29.12
Cu-ACF_S	循环浸渍；H_2 还原	52.06
Cu-CNF_S/ACF_S	循环浸渍；H_2 还原；C_2H_2-CVD	55.67
CeO_2-ACF_S	循环浸渍；N_2 焙烧	38.92
CeO_2-Cu-CNF_S/ACF_S	循环浸渍；H_2 还原；C_2H_2-CVD	68.04

4.3.3.3 溶液吸收

最开始研究的湿法烟气脱氮方法有用水、碱吸收液、酸吸收液和氨吸收液来吸收脱除烟气中有害的 NO_x。由于 NO_x 中的 NO 极难溶于水，所以水吸收法仅可以除去小部分的 NO_x。为了使烟气中的 NO_x 被反应吸收溶液更好地吸收，湿法烟气脱氮方法研究较多的主要包括配合吸收法、还原吸收法、生物法和杂多酸法等。

A 配合吸收法

所谓配合吸收法脱除 NO_x 是指用过渡金属阳离子如 Fe^{2+}、Fe^{3+}、Cd^{2+}、Cu^+、Ni^{2+}、Co^{2+} 等与巯基类配体或氨基羧酸类（如 EDTA、TETA）配体等结合形成整合物或配合物来脱除 NO_x 的方法。目前研究最多的湿法配合剂为 Fe 类配合剂和 Co 类配合剂。

马乐凡等[285]利用 Fe^{2+} 螯合剂吸收-铁屑还原-酸吸收回收法脱除烟气中的 NO_x，并对配合脱硝溶液的再生和循环利用进行了研究。研究结果表明：当配合脱硝溶液中 Fe^{2+} EDTA 浓度为 20mmol/L，溶液 pH 值为 6.0，反应温度为 65℃时，模拟烟气可取得 90% 以上的脱硝效率。Chien 等[288]利用双搅拌反应装置在 50℃下研究了反应参数对 NO 吸收速率的影响，结果表明，加入过多的 NaOH 会中和 EDTA，使得 Fe(Ⅱ) EDTA 的形成受到抑制，从而会降低 NO 的吸收速率；溶液中的 Fe^{2+} 会与气体中存在的 O_2 发生氧化反应而被转化为 Fe^{3+}，从而降低 NO 的吸收速率。Co^{2+} 能够与多种配体配位形成配合物，这些配合物均能配合吸收 NO，目前，研究比较多的 Co 类配合剂就是六氨合钴和二乙胺合钴。Long 等[289]在鼓泡反应装置中利用六氨合钴开展了配合吸收 NO 的实验研究，结果表明，六氨合钴溶液可以实现同时氧化和吸收 NO，可以去除超过 80% 的 NO，其脱硝能力远远大于 H_2O_2 和 Fe(Ⅱ) EDTA 溶液。此外，碘离子的加入结合紫外光的照射能够实现六氨合钴溶液的再生，维持长时间的 NO 脱除能力。SO_2 的存在促进六氨合钴溶液配合吸收 NO。但是六氨合钴溶液中的配体 NH_3 极易挥发，而且利用 I-结合紫外光的照射的再生方法成本比较高，此外同时脱硫脱硝过程中生成的 SO_3^{2-} 容易与 Co 离子生成沉淀，导致六氨合钴溶液的活性降低。针对配合法在同时脱硫脱硝过程中 SO_3^{2-} 与 Co 离子反应生成沉淀从而导致脱氮率降低的问题，周春琼等[290]通过在乙二胺合钴溶液中加入尿素，使吸收后的 SO_2 氧化为易溶于水的 $Co_2(SO_4)_3$，避免降低乙二胺合钴的浓度，实验结果表明，在乙二胺合钴溶液中加入尿素，在保证 SO_2 氧化率几乎达到 100% 的同时，也保证较长时间内 NO 脱除率在 95% 以上。

B 微生物净化法

微生物净化法是指 NO_x 作为氮源，利用脱氮菌把 NO_x 还原成无害的 N_2。由于微生物的环境和操作条件易控制，所以在净化 NO_x 方面存在优势。美国爱达荷国家工程实验室开发了利用脱氮菌还原处理烟气中 NO_x 的工艺。研究表明，当 NO 进口浓度为 250μg/L 时，NO 的净化效率达到 99%。这是较早采用生物法进行烟气脱硝的实验，而且脱硝技术效果较好。李小旭[291]利用脱氮硫杆菌的反硝化作用将 NO_x 还原为 N_2。配合吸收结合生物还原法是一种化学吸收和生物法耦合的一种烟气脱硝新技术[292]。Zhao 等[293]在 BER（biofilm electrode reactor，BER）稳态运行中，在无外加碳源、不同电压的实验条件下，考察了生物阴极对 Fe(Ⅲ) EDTA 还原 NO 的强化作用，结果表明，还原速率是非生物电极的 2 倍。

C 稀酸吸收法

利用酸吸收 NO_x 时，常用的酸有稀硫酸和硝酸。稀硫酸作吸收剂时，对 NO_x 进行物理和化学吸收，并且可对 NO_x 进行回收，缺点是消耗动力较大。硝酸作吸收剂时，利用 NO 在硝酸中溶解度较高的特点来对 NO 进行脱除。该方法适合于制硝酸的企业，脱硝率可到 90% 以上，但该方法需要加压促进吸收，且硝酸的循环量大、能耗高，所以工业应用得较少。王中立[294]利用硝酸溶液进行同时脱硫脱硝的实验，考察了 NO 浓度、硝酸溶液浓度、反应温度、氧气含量对脱硝率的影响。实验结果表明，脱硝率随 NO 浓度、硝酸溶液浓度的增大而增大，与反应温度呈反比，与氧气含量无关。

D　碱液吸收法

碱液吸收法是指利用 NaOH、NaSO₃、Ca(OH)₂、NH₄OH 等碱性溶液作吸收剂对 NO₂
或一定比例的 NO/NO₂ 混合气进行化学吸收。以 NO 为主的 NOₓ 废气,其净化效率较低。
Takeuchi K 等[295]通过研究发现亚硫酸能够与 NOₓ 发生反应最终生成氮气。利用碱液为吸
收剂脱除烟气中的 SO₂,反应形成 HSO₃⁻ 或者 SO₃²⁻,进而与 NOₓ 发生反应。因此,NaSO₃
碱液可同时脱除 NOₓ 和 SO₂[296]。何欣[297]研究了在填料吸收塔中加入氢氧化镁浆液吸收
NOₓ 的实验,考察了烟气中 CO₂、O₂ 浓度、Mg(OH)₂ 浓度、氧化剂添加量、NOₓ 氧化度、
进口 NOₓ 浓度等因素对 NOₓ 脱除效果的影响。研究发现,烟气中的 CO₂ 对 Mg(OH)₂ 浆液
脱除 NOₓ 无影响;O₂ 浓度在 0~10% 范围时,增加 O₂ 浓度可增加 NOₓ 的脱除率;
Mg(OH)₂ 浆液浓度为 0~2% 时,NO₂ 随 Mg(OH)₂ 浆液浓度的增加而增加,继续增加浓度
时,NO₂ 脱除率将不再改变,但对 NO 的脱除没有影响;添加氧化剂 H₂O₂,可提高 NOₓ 脱
除率;NOₓ 的脱除率随 NOₓ 氧化度的增加先增大后减小;NOₓ 的脱除率随进口 NOₓ 浓度的
增大而增大,此法仅适合 NOₓ 含量大的烟气净化。

E　还原吸收法

还原吸收法是利用还原剂将 NOₓ 还原为无污染的 N₂,从而达到脱除的目的。常用的
还原剂有 NH₄HSO₃、(NH₄)₂SO₃ 与尿素等[298]。该方法脱硝后的产物是 N₂,不会给环境带
来二次污染,但脱硝效果整体较差,而且在还原吸收过程中会产生一些副反应,比如 NO
先会被还原成 N₂O,而非 N₂[299~300]。叶呈炜[301]首先向以 NO 为主的模拟烟气中添加 NO₂
来提高 NOₓ 的氧化度,然后研究不同操作条件下,NOₓ 的氧化度和 SO₂ 体积分数对尿素法
同时脱硫脱硝的影响。当尿素溶液的质量分数为 10%,液气比为 20L/m³,NOₓ 的氧化度
为 50% 时,NO 脱除效率为 48%;当 NOₓ 的氧化度在 10%~90% 范围时,NO 脱除效率随氧
化度的增大而增大;当 SO₂ 体积分数由 169ppm 增大到 1166ppm,NO 脱除效率提高了 4%,
增大 SO₂ 浓度促进了 NO 的脱除。

4.3.3.4　液相氧化

近年来,许多研究学者把研究方向转为在液相中添加氧化剂或者氧化催化剂来脱除烟
气中的 NOₓ。

A　强氧化性溶液直接氧化法

N 在水溶液中主要存在形式有 NO₂⁻ 和 NO₃⁻,NO 的液相氧化吸收首先需要先被氧化成
NO₂⁻,NO₂⁻ 再被氧化成 NO₃⁻。其反应过程如下[302]:

$$\text{NO} \xrightarrow{-0.996\text{eV}} \text{NO}_2^- \xrightarrow{-0.94\text{eV}} \text{NO}_3^- \tag{4-134}$$

$$\text{NO} \xrightarrow{-0.996\text{eV}} \text{NO}_2^- \xrightarrow{-1.07\text{eV}} \text{N}_2\text{O}_4 \xrightarrow{-0.803\text{eV}} \text{NO}_3^- \tag{4-135}$$

可以发现,NO 要实现氧化吸收,氧化剂的还原电势不能低于 0.996eV,常见的氧化
剂还原电势见表 4-11。下面将详细介绍常用的 4 种氧化剂:KMnO₄、H₂O₂、
NaClO₂、ClO₂。

表 4-11 常见氧化剂还原电位汇总

序号	物质	反应方程式	标准电位/eV
1	F_2	$F_2 + 2e^- = 2HF$	3.06
2	$\cdot OH$	$\cdot OH + e^- = OH^-$	2.38
3	O_3	$O_3 + 2H^+ + 2e^- = O_2 + H_2O$	2.07
4	$Na_2S_2O_8$	$S_2O_8^{2-} + 2e^- = 2SO_4^{2-}$	1.96
5	H_2O_2（酸）	$H_2O_2 + 2H^+ + 2e^- = 2H_2O$	1.776
6	$KMnO_4$	$MnO_4^- + 4H^+ + 3e^- = MnO_2 + 2H_2O$	1.679
7	$NaClO_2$	$ClO_2^- + 2H_2O + 4e^- = Cl^- + 4OH^-$	1.55
8	$NaClO_3$	$ClO_3^- + 6H^+ + 6e^- = Cl^- + 3H_2O$	1.45
9	MnO_2	$MnO_2 + 4H^+ + 2e^- = Mn^{2+} + 2H_2O$	1.28
10	ClO_2	$ClO_2 + e^- = ClO_2^-$	1.15
11	H_2O_2（碱）	$H_2O_2 + 2e^- = 2OH^-$	0.88

a $KMnO_4$ 溶液

Brogren 等[303]研究碱性 $KMnO_4$ 溶液来氧化 NO，发现 NO 被氧化成了 NO_2^- 和 NO_3^-，MnO_4^- 被还原为了 MnO_4^{2-} 和 MnO_2，提高 $KMnO_4$ 浓度可阻止 MnO_2 的生成；NaOH 浓度的增加不利于 NO 氧化吸收。Sada 等[304]进一步深入研究 pH 值对 $KMnO_4$ 溶液氧化 NO 的影响，认为 $KMnO_4$ 和 NO 是一级反应，而 OH^- 浓度是后续连锁反应重要影响因素。陈国庆等[305]在固定床反应器中探讨了 $KMnO_4$ 氧化 NO 过程，发现 H_2O 是 $KMnO_4$ 氧化 NO 的必要条件，且适量 O_2 的添加可促进 NO 氧化。Chu[306]、Guo[307]、Pan 等[308]则分别探讨了 $KMnO_4$/NaOH、$KMnO_4$/$(NH_4)_2CO_3$、$KMnO_4$/H_2SO_4 体系氧化 NO 效果。

b H_2O_2 溶液

在酸性条件下，H_2O_2/H_2O 的氧化电位为 +1.77V，所以具有强氧化性。除此之外，H_2O_2 成本低，受热分解后，产物为无毒无害的氧气和水，不会造成二次污染，因此，在治理空气污染方面有较好的应用前景[309~310]。David 等[311]研究了利用 H_2O_2 吸收 NO 和 NO_2 的反应，结果表明，H_2O_2 具有强氧化性。当增大气液相接触面积和 H_2O_2 浓度时，可加快氧化反应速率。采用硝酸或者硫酸溶液为 H_2O_2 添加剂并脱除 NO 和 SO_2 时，可得到较高的去除率，反应产物为高浓度的硫酸和硝酸。方平等[312]重点研究了尿素溶液、尿素/H_2O_2 溶液同时脱硫脱硝的实验。结果表明，单独使用尿素溶液同时脱硫脱硝时，脱硫和脱硝效率分别为 100% 和 40% 左右，NO 最终以 N_2 形式释放；当在尿素溶液中加入 H_2O_2 时，可有效提高脱硝效率；同时溶液 pH 值、H_2O_2 浓度和反应温度对 NO 的去除起到重要作用。采用 H_2O_2 为氧化剂脱硝时，除了上述直接进行氧化反应外，另一种方法是通过紫外光照射或添加金属催化剂，使其产生羟基自由基，增强氧化性。Liu[313,314]研究了利用 UV/H_2O_2 高级氧化工艺（AOP）同时去除烟气中的 NO 和 SO_2。结果表明，UV 和 H_2O_2 之间有协同作用，当协同因子为 6.0 时，随着 UV 灯功率和 H_2O_2 浓度的增加，NO 的去除效率增加，SO_2 的去除率均达到 100%。Adewuyi 等[315]采用先进的高级氧化工艺（AOPs）技术结合过硫酸盐水溶液同时处理 NO_x、SO_2 和 HgO，并对反应途径进行了阐明。结果表明 AOPs 技术中起主要作用的是羟基自由基；烟气中的 SO_2 和溶液中的 Fe^{2+} 可促进 NO 的去除，SO_2 去除效率保持在 100%。在 SO_2 和 Fe^{2+} 全部存在或者全部不存在的条件下，增加温度会使 NO_x 转化率提高；在 SO_2 和 Fe^{2+} 有一个不存在的条件下，增加温度也会使 NO_x 转化率提高；当 SO_2 单独存在时，反应温度分别为 20℃、30℃、80℃ 条件下，NO 的去除效率是 77.5%、80.5%、82.3%；当 Fe^{2+} 单独存在时，反应温度分别为 20℃、30℃、80℃ 条件下，NO 的去除效率是 35.3%、62.7%、81.2%；然而当 SO_2 和铁离子共存时，反应温度分别为 20℃、30℃、80℃ 条件下，NO 的去除效率是 46.2%、48.6%、78.4%。Huang 等[316] 利用铁基催化 H_2O_2 进行了同时脱硫脱硝的实验。当 Fe 负载在氧化铝上增加了对 NO_x 的脱除效率，而 Fe 负载在 TiO_2 上却对 NO_x 的脱除呈现出负作用，SO_2 均实现 100% 的去除效率。研究证明，H_2O_2 催化分解产生的羟基自由基的分解速率决定了的 NO_x 的脱除效率。Zhao 等[317] 利用 Fenton（H_2O_2/Fe^{2+}）和 NaClO 为复合氧化剂（FO）同时去除 NO 和 SO_2，通过汽化 Fenton 基复合剂使 NO 和 SO_2 发生预氧化反应。结果表明，Fe^{2+} 浓度、NaClO 浓度、复合氧化剂溶液 pH 值、NO 和 SO_2 摩尔比、反应温度和烟气流量对 NO 的去除起着决定性作用；在最佳反应条件下，NO 和 SO_2 的去除效率分别为 81% 和 100%。Wu 等[318] 在固相 $Fe_2(SO_4)_3$ 上催化分解气相 H_2O_2，同时去除 NO 和 SO_2。NO 的去除主要受催化温度、H_2O_2 浓度和催化剂用量的影响。当实验操作条件：NO 浓度为 500ppm，SO_2 浓度为 2000ppm，O_2 浓度为 7%，催化温度为 140℃，H_2O_2 浓度为 1mol/L，H_2O_2 进液速度为 5mL/h，催化剂用量为 2g，烟气中 NO 和 SO_2 的去除效率分别为 92.5% 和 99.8%。

　　c　$NaClO_2$ 溶液

　　20 世纪 70 年代，由于 $NaClO_2$ 具有强氧化性，国外利用 $NaClO_2$ 溶液将烟气中的主要污染物 SO_2 和 NO_x 进行氧化，氧化产物被溶液吸收反应生成硫酸和硝酸。Sada 等[319] 研究了 $NaClO_2$ 溶液浓度和 NaOH 溶液浓度对 NO 吸收速率的影响，发现 NO 吸收速率随 $NaClO_2$ 溶液浓度的增大而增大，随 NaOH 溶液浓度的增大而明显减小。Chien 等[320] 研究了 $NaClO_2$ 溶液同时脱硫脱硝的可行性，结果发现，NO 的脱除效率随 $NaClO_2$ 溶液浓度、烟气停留时间、NO 初始浓度和反应温度的增大而增大，随吸收液 pH 值的增大而减小。Yang 等[321,322] 在喷淋塔、填充塔和鼓泡反应器中，研究了 $NaClO_2$ 溶液对 NO、NO_2 和 SO_2 混合气的吸收。结果显示，$NaClO_2$ 可氧化 NO，并将 NO 最终氧化为 NO_3^-，同时 ClO_2 被还原为 Cl^-。由于产物中有 NO_3^- 存在，溶液 pH 值会快速下降，主要会发生以下反应：

$$4NO + 3NaClO_2 + 2H_2O \longrightarrow 4HNO_3 + 3NaCl \qquad (4\text{-}136)$$

$$5NaClO_2 + 4HCl \longrightarrow 4ClO_2 + 5NaCl + 2H_2O \qquad (4\text{-}137)$$

$$5NO + 3ClO_2 + 4H_2O \longrightarrow 5HNO_3 + 3HCl \qquad (4\text{-}138)$$

　　Sun 等[323] 研究了溶液 pH 值、$NaClO_2$ 溶液添加速率和 SO_2 初始浓度对脱硝的影响。结果表明，pH 值从 2.5 增加到 8.5 时，脱硝效率呈现逐渐下降的趋势。在酸性条件下，NO 被氧化为 NO_3^-；在碱性条件下，NO 被氧化为 NO_2^- 和 NO_3^-；脱硝效率随 $NaClO_2$ 溶液添加速率的增加而增加，随 SO_2 初始浓度的增加呈现出先上升后下降的趋势。宋永惠[324] 通过 UV 在线辐射 $NaClO_2$ 溶液发生光化学反应并产生活性自由基。实验研究了 $NaClO_2$ 溶液浓度、溶液温度、烟气流量、O_2 浓度、SO_2 浓度、pH 值和有无紫外光辐照对脱硝效率的影响。结果表明，$NaClO_2$ 溶液浓度从 2.5mmol/L 增加到 12.5mmol/L，NO 去除效率出现大幅增长。与无紫外光照射相比较，当有紫外光照射时，NO 最大去除效率提高了 14%。随着 $NaClO_2$ 溶液温度的升高，NO 初始浓度不断降低；不同溶液温度下，当 UV 在线辐照时，反应后的溶液 pH 值为 6.4 左右；当无 UV 在线辐照时，反应后的溶液 pH 值为 7.6 左右。无 UV 在线辐照时，烟气流量从 1L/min 增加至 5L/min 时，NO 去除效率下降了 35%；当 UV 在线辐照时，NO 去除效率呈现先不变后下降的趋势。改变 O_2 浓度，当无 UV 在线辐照时，反应器出口 NO 浓度几乎不发生改变；当有 UV 在线辐照时，反应器出口 NO 浓度呈现小幅度下降。改变 SO_2 浓度，当无 UV 在线辐照时，NO 去除效率增加；当 UV 在线辐照时，NO 去除效率先增加后不变。当 $NaClO_2$ 溶液 pH 值从 4 增加至 12 时，NO 的出口浓度先下降后缓慢上升，NO 去除效率呈现下降的趋势。在上述研究中，$NaClO_2$ 溶液氧化吸收 NO 均呈现出较好的效果，但是 $NaClO_2$ 工业原料成本较高，脱硝后会有废液产生，也有其他研究者利用 $NaClO_2$ 与 NaClO 为复合吸收剂氧化 NO 来降低成本，但是目前该技术都只限于实验室研究阶段，在中试工程中仍未得到应用[310]。

d ClO_2 溶液

ClO_2 是绿色消毒剂，具有氧化性。国内外学者利用 ClO_2 对 NO_x 的脱除做了大量研究[325,326]。Jin 等[327]发现了 ClO_2 溶液氧化脱硝的总反应如下式：

$$5NO + 3ClO_2 + 4H_2O \longrightarrow 5HNO_3 + 3HCl \tag{4-139}$$

结果表明，ClO_2 溶液脱硝效率几乎可以达到 100%。当 pH 值在 3.5~11 范围内时，ClO_2 溶液氧化 NO_x 的脱硝效率基本保持在 70% 左右[326]。王春慧[328]利用亚氯酸钠和浓盐酸制备了 ClO_2 的水溶液，然后对 NO_x 进行脱除。结果表明，ClO_2 溶液在去除 NO_x 方面，氧化效率高于其他试剂，可以达到 90%；二氧化氯水溶液为酸性和碱性时，对 NO_x 的效率均较高；ClO_2 水溶液氧化 NO_x 的产物为盐酸和硝酸，可实现废物回收[329,330]。谢珊[331]研究了二氧化氯水溶液在不同影响因素下对模拟烟气中 NO 去除效率的影响。当利用二氧化氯水溶液单独脱硝时，对 NO 有良好的氧化效果；当利用二氧化氯水溶液同时脱硫脱硝时，NO 的去除效率要低于单独脱硝。Deshwal 等[332]利用 ClO_2 氧化脱除 NO，结果表明，NO 氧化产物为硝酸盐，同时 ClO_2 被还原成为 Cl^-；不同酸碱条件下，ClO_2 氧化 NO 的原理有所不同。李广培等[333]通过实验研究了气相 ClO_2 对 NO 的氧化特性，结果表明，NO 氧化效率随着 $[ClO_2]/[NO]$ 的增加而显著增加；当 $[ClO_2]/[NO]$ 为 1.57 时，NO 可被全部氧化。

B 强氧化性溶液间接氧化法

需要催化剂才能达到氧化 NO 还原电势的强氧化性溶液中，最具代表性的是 H_2O_2 溶液。H_2O_2 在高温条件下有能力氧化 NO，但实际应用中高温段往往采用 SNCR（930~1090℃）和 SCR（290~400℃），目前，H_2O_2 低温段（<70℃）的应用越来越受到重视。在催化剂作用，H_2O_2 低温段可高效氧化 NO，目前，研究较广的是芬顿试剂和类芬顿试剂。芬顿试剂是指 H_2O_2/Fe^{2+} 体系，通过 Fe^{2+} 的一系列催化作用，生成等强氧化物质·OH、HO_2·、O_2^- 等[334]，其主要催化路径见反应式（4-140）~反应式（4-141）[335]，起主要作用的是反应式（4-140）。类芬顿试剂即 H_2O_2/Fe^{3+} 体系，跟芬顿试剂催化路径类似，都包含 Fe^{2+} 和 Fe^{3+} 转化，但起主要作用的是反应式（4-142）。芬顿试剂主要反应如下：

$$Fe^{2+} + H_2O_2 \longrightarrow Fe^{3+} + \cdot OH + OH^- \tag{4-140}$$

$$Fe^{3+} + H_2O_2 + OH^- \longrightarrow Fe^{2+} + \cdot OH + H_2O \tag{4-141}$$

$$Fe^{3+} + H_2O_2 \longrightarrow Fe^{2+} + HO_2 \cdot + H^+ \tag{4-142}$$

$$HO_2 \cdot + H_2O_2 \longrightarrow HO_2 \cdot + O_2 + \cdot OH \tag{4-143}$$

在芬顿试剂方面，Zhao 等[336]探讨了反应温度 pH 值、不同烟气组分浓度等因素对 Fenton 试剂催化氧化 NO 的影响，吸收产物离子色谱分析后主要为 NO_3^-，少量 NO_2^-。程丽华等[337]发现过高 Fe^{2+} 和过高 pH 值都不利于 NO 的氧化吸收，并通过实验发现 pH 值只有在 2~5 时，·OH 的生成速率达到最大。Guo 等[338]用实验证实了 Fenton 试剂氧化 NO 是在液膜侧发生，低浓度 NO 不利于传质到液相侧。Barbeni 等[339]则对 Fenton 试剂催化机理做了详细研究，尤其是 ·OH 的生成路径。Barbeni 等也致力于研究 Fenton 试剂的强化方法，考虑到活性炭自身发达孔隙及在污水处理领域常用的微波强化手段[340]，将活性炭和微波结合用于强化 Fenton 试剂氧化 NO 能力，实验证明了微波强化的有效性。

在类芬顿试剂方面，范春贞等[341]探讨了类芬顿体系液相氧化 NO 过程，发现最适 pH 值在 3 附近，并且紫外光的照射有利于类芬顿体系催化反应的进行，能够减少 Fe^{3+} 的无效水解。姜成春等[342]分析了 Fe(Ⅲ) 催化过氧化氢分解的影响因素，发现 Fe(Ⅲ) 催化 H_2O_2 分解过程可以按照用二级动力学反应描述，Fe(Ⅲ) 水解时间的增加会降低 H_2O_2 的分解速率，Fe(Ⅲ) 的存在形态对催化分解过程起主导作用。

4.3.4　活性焦（炭）

4.3.4.1　活性焦结构特性

活性焦是一种多孔性碳基材料，以开采出来的煤炭为原材料，经过粉化、配比、焦化、成型等诸多程序制备而成。活性焦的内部存在着形式大小不一的孔结构，孔径分布范围很广泛，从纳米级至可视大孔都会存在，这些独特的孔结构使得它具有较大的比表面积，一般为 $100 \sim 500 m^2/g$。活性焦内部的孔隙结构决定了它是一种很好的吸附材料，而相比于活性炭，它具备较高的机械强度和较低的价格，所以也是一种很好的催化剂载体，在烟气净化领域和其他领域具有广泛的应用前景[343,344]。

活性焦的孔隙结构：活性焦内部存在发达的孔隙结构，包括大孔（大于 50nm），中孔（介于 2nm 和 50nm 之间）和微孔（小于 2nm），它们之间是相互连通的，活性焦的许多功能是借助于这些复杂的孔结构完成的，它的详细孔隙模型如图 4-100 所示[345]。

活性焦不同的孔隙结构发挥着不同的功能。活性焦的吸附性能主要是靠内部的微孔完成的，它的直径小于 2nm，相当于一般分子的直径。相比于活性炭，活性焦的微孔较少，导致其比表面积小于活性炭，同时吸附性能也不如它。同时，活性焦的中孔和大孔比较发达，为活性焦的高催化性能和较好的载体效果提供了可能，如在烟气净化领域，活性焦主要利用其催化效果和载体的作用[346]。中孔起到负载活性组分，吸附和吸附通道的多重作用，一般活性焦中的中孔比表面积较小，约占所有比表面积的 15%，所以其吸附作用也是很微弱，只是能吸附一些孔径大于微孔孔径的大分子物质，而对于吸附于微孔中的小分子物质，中孔起到通道的作用。中孔最重要的作用是负载化学药品和金属组分，从而影响到活性焦最终的吸附性能和催化效果。活性焦的大孔主要起到吸附通道的作用[347]。

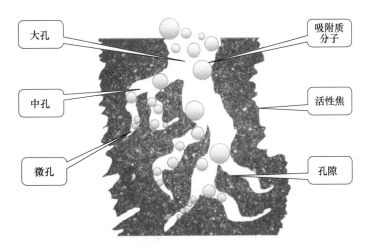

图 4-100 活性焦孔隙结构模型

4.3.4.2 污染治理应用

活性焦是一种优良的吸附剂和催化剂载体，成本低于活性炭，且使用过程中不产生二次污染。活性焦烟气净化是烟气净化中干法的一种，它是利用活性焦的良好吸附性能、催化性能及过滤性能而实现同时去除烟气中的 SO_x、NO_x、粉尘及重金属的目的[344]。活性焦烟气净化技术不仅可以实现多污染物的同时脱除，同时也可实现烟气资源化，它可回收烟气中的硫。烟气中的 SO_2 通过活性焦内大量的微孔发生吸附催化作用，与 O_2 和 H_2O 反应生成硫酸或硫酸盐储存于微孔内，通过再生可得硫酸等产品。当吸收塔加入 NH_3 后，由于活性焦对 NO 的吸附作用，降低了 NO 与 NH_3 反应的活化能，可发生催化还原反应，实现脱硝[347]。活性焦烟气净化技术最早起源于德国，20 世纪 60 年代日本就开始研发推广，主要应用于燃煤烟气、重油裂解气、钢铁烧结烟气、垃圾焚烧炉尾气、玻璃熔炼等领域的气体净化[348]。起先，这种技术在日本、德国等发达国家只是应用于气体的脱硫脱硝，现如今，美国也应用该技术控制燃煤电厂烟气中的汞排放。活性焦干法烟气净化技术可实现多污染物的同时高效去除，脱硫效率大于 98%，脱硝效率大于 80%，吸收塔出口粉尘量为 $20mg/m^3$，同时也可去除二噁英、粉尘等污染物。但是它同时也存在一些缺陷，诸如，净化缓慢；活性焦硫容较小，需要频繁再生；反应过程中会产生 NH_4HSO_4，造成设备结垢、腐蚀；喷射 NH_3 增加活性焦吸附力，可引起气流分布不均匀；压力损失大等[349,350]。

4.3.4.3 活性焦（炭）催化材料

由于利用活性原焦进行催化还原 NH_3 与 NO_x 的催化效率很低，所以为了改善活性焦脱硝性能，通常会对活性焦进行改性处理或者在活性焦表面负载一些活性金属氧化物来提高其催化效率。过渡金属（Mn、Cu、Fe 等）和稀土元素（Ce 等）因具有可变价态和良好的电子迁移特性被广泛用作催化剂活性组分和助剂。

Li 等[351]探索了改性活性焦的添加剂，发现经过金属 $CaCO_3$ 或 $CoCl_2$ 改性的活性焦性能较好。改性活性焦在温度为 70～110℃、水蒸气含量为 10% 时具有较好的脱硫能力。Wang 等[352] 在 SCR 技术上用稀土金属氧化物改性活性半焦来探讨活性焦在低温时应用于 SCR 技术中 NO 和 NH_3 的反应，结果表明，CeO_2 相对其他的稀土金属具有最好的脱硝特性，其最佳含量为 10%。Yoshikawa 等[353] 将 15% 的 Mn 负载在活性炭纤维（Mn/ACF）催化剂进行研究，温度在 150℃ 时 NO 转化率达到了 92%。谭月[343] 对 Mn-Ce/活性焦低温脱硫脱硝催化剂的制备与再生进行研究，发现 8% 的 Mn-Ce 改性活性焦效果最佳；改性活性焦的水洗再生效果强于氮气与水蒸气条件下的热再生。这是由于高温引起 $Ce_2(SO_4)_3$ 的产量增多，而且覆盖在活性焦表面，而水洗可以洗去 $Ce_2(SO_4)_3$，暴露出活性中心。Wang[354] 等人通过研究 Fe-Co 改性活性半焦脱除 NO，发现 $Fe_{0.8}Co_{0.2}$/ASC 配比具有最佳脱硝性能。实验中也发现只有当反应温度在 200℃ 以上，才会生成氮气与 CO_2，并且当有水蒸气或 SO_2 存在时，会与 NO 形成竞争关系，但是抑制可逆，而当同时存在时，会直接惰化活性焦。杨丹妮等[355] 通过 V 的金属氧化物对活性焦脱硫性能进行改性，发现随着 V_2O_5 的含量增加，改性活性焦的脱硫能力增强，当 V_2O_5 含量为 12% 时，改性活性焦的碘值达到最大值，硫容最大。周亚端等[356] 对多种金属氧化物的混合使用进行改性活性焦实验，结果证明，采用多种金属氧化物进行改性的活性焦脱硝效率明显要高于单一金属改性活性焦，而且不同的金属配合其改性脱硝效率高低不一样。常连成等[357] 对活性焦分别进行 $FeSO_4$、$CuSO_4$、K_2CO_3 以及 $KMnO_4$ 等的改性实验，探索最佳改性低温脱硝活性焦。结果表明，5% 的 $FeSO_4$ 改性的活性焦效果在低温 80℃ 时脱硝效果最强。王鹏等[358] 对脱硫及再生循环过程中活性焦表面物理化学性质和循环中孔结构的变化规律进行研究，发现脱硫再生循环过程中活性焦脱硫吸附硫容呈下降趋势，再生过程中其孔结构仅得到一定程度恢复，孔容下降，其表面含氧量也增加，进而使活性焦表面酸性增强，抑制脱硫能力。陈立杰等[359] 研究表明，在吸附温度小于 160℃ 时，改性活性焦的脱硫脱硝能力都得到提高，脱硝性能提升明显；水蒸气再生，改性活性焦具有良好的再生能力。杨柳等[360] 经过 Mn-Ce 改性的活性焦在低温脱硝以及再生后脱硝性能的研究发现，经氮气-水蒸气再生的活性焦的脱硝效率不理想。肖武[361] 对活性半焦负载 Fe-Zn-Cu 的烟气脱硫脱硝实验的研究发现，高温会直接抑制 SO_2、NO 的物理吸附，进而影响化学吸附。合适的氧含量可以增强脱硫脱硝效率，H_2O 的存在可以促进脱硫，但是 300℃ 时会抑制脱硝，而且活性半焦—O—H 的含量直接与脱硫脱硝相关。马建蓉等[346] 研究了 V_2O_5 负载活性焦同时脱硫脱硝的效果，发现硫容和脱硝效率随 V_2O_5 负载量的增加而增加，当 V_2O_5 负载量为 9% 时效果最好，200℃ 时可实现 12% 的硫容和 60% 的 NO 转化率，并且 5% 的 NH_3 中再生后的活性焦脱硝效果大幅提升，可实现约 100% 的转化率。胡秋玮等[362] 以活性焦为载体，分别采用 V_2O_5、MnO_2、CuO 为活性组分，考察了不同负载量对其 SCR 活性的影响，研究发现 6% V_2O_5/AC、15% MnO_2/AC 和 2.5% CuO/AC 在 100℃ 均取得 90% 以上的 NO_x 转化率。Huang 等[363] 研究了硫酸酸化活性焦制成的 SO_4^{2-}/AC 催化剂的低温还原 NO_x 机理；Wang 等[364] 研究活性焦负载 V_2O_5，在 150℃ 和 250℃ 分别获得了 50% 和 90% 以上的 NO 转化率和很高的 N_2 选择性。

参 考 文 献

[1] 姚群．袋式除尘器［M］．北京：中国电力出版社，2017.

[2] 姚群，柳静献，蒋靖坤．钢铁窑炉烟尘细颗粒物超低排放技术与装备［J］．中国环保产业，2018（6）：39-43.

[3] 李俊华．工业烟气多污染物深度治理技术及工程应用［M］．北京：科学出版社，2019.

[4] 陈隆枢，陶辉，孙熙．袋式除尘技术手册［M］．北京：机械工业出版社，2010.

[5] 姚群．钢铁窑炉烟尘 $PM_{2.5}$ 控制技术与装备［J］．工业安全与环保，2016，42（1）：21-24.

[6] 郦建国．电除尘器［M］．北京：中国电力出版社：2011.

[7] 郦建国．燃煤电厂烟气超低排放技术［M］．北京：中国电力出版社，2015.

[8] 运明雅，辛清萍，张玉忠．烟气脱硫技术的研究进展［J］．山东化工，2019，48（7）：68-71.

[9] 杜家芝，曹顺安．湿法烟气脱硫技术的现状与进展［J］．应用化工，2019，48（6）：1495-1500.

[10] 刘晓波．烟气脱硫主要技术的应用及对比［J］．石油化工应用，2018，37（10）：116-118.

[11] 肖纯超．石灰石-石膏法与氧化镁法脱硫工艺运营费用比较分析［J］．节能，2019，38（12）：161-163.

[12] 朱延钰，李玉然．烧结烟气排放控制技术及工程应用［M］．北京：冶金工业出版社，2015.

[13] 钟洪禄，杨森，刘涛，等．热电厂石灰石-石膏法烟气脱硫的原理及工艺［J］．节能与环保，2019（11）：71-72.

[14] 彭启．石灰石-石膏法脱硫系统工艺参数计算及优化运行［D］．哈尔滨理工大学，2019.

[15] 李征．我国燃煤电厂石灰石-石膏湿法烟气脱硫技术的现状及发展趋势［J］．黑龙江科技信息，2015（19）：22.

[16] 朱延钰．烧结烟气净化技术［M］．北京：化学工业出版社，2008.

[17] 李华杰，牛茂青，苗彦军．烧结机石灰石-石膏法烟气脱硫技术分析［J］．科技资讯，2013（4）：138.

[18] 宋闯，王刚，李涛，等．燃煤烟气脱硝技术研究进展［J］．环境保护与循环经济，2010（1）：65-67.

[19] 封彦彦，陈虹，封晓飞．氨法和石灰石-石膏法脱硫技术对烟气超低排放的适用性分析与改进策略［J］．产业与科技论坛，2019，18（2）：51-54.

[20] 项建锋．钙法脱硫与镁法脱硫的比较［J］．上海节能，2012（11）：16-20.

[21] 冯雅丽，廖圣德，李浩然，等．镁法脱硫及脱硫产物多元化利用研究现状［J］．无机盐工业，2019，51（3）：1-6.

[22] 冯立成，易泽明．烟气镁法脱硫技术研究［J］．四川环境，1996，15（4）：49-50.

[23] 朱林忠，门义正，匡真平，等．镁法脱硫工艺在350MW机组超低排放改造的实践［J］．电力科技与环保，2019，35（5）：30-32.

[24] 苏宏光，屈撑囤，韩庆，等．主流湿法烟气脱硫技术及其发展趋势［J］．辽宁化工，2012，41（11）：1161-1163.

[25] 吴颖，王崇．双碱法烟气脱硫技术研究进展［J］．绿色科技，2013（2）：149-152.

[26] 梁磊．钠钙双碱法脱硫工艺改进应用［J］．电力科学与工程，2014，30（6）：11-15.

[27] 黄绍伦，张海燕．双碱法脱硫系统存在的问题及解决办法［J］．砖瓦，2019（8）：21-22.

[28] 刘铭辉，刘涛，高艳玲，等．海上平台烟气海水脱硫技术应用研究与进展［J］．工业催化，2019，27（5）：5-10.

[29] 王永．烟气海水脱硫法与石灰石-石膏法脱硫比较［C］//中国金属学会．2013年全国冶金能源环保生产技术会论文集．中国金属学会，2013：574-577.

[30] 王永．烧结烟气海水脱硫的可行性研究［C］//中国金属学会．2010年全国能源环保生产技术会议文集．中国金属学会，2010：185-189.

[31] 崔名双, 周建明, 张鑫, 等. 燃煤工业锅炉烟气脱硫技术及经济性分析 [J]. 洁净煤技术, 2019, 25 (5): 131-137.

[32] 任兴健. 循环流化床锅炉炉内脱硫原理与因素探讨 [J]. 科技与创新, 2014 (12): 38-39.

[33] 徐智英, 李学金, 葛园琴. 循环流化床脱硫技术在烧结烟气净化中的应用 [J]. 环境科技, 2011, 24 (S2): 21-23.

[34] 林晓芬, 林卫华. 循环流化床烟气脱硫技术简介 [J]. 广东化工, 2017, 44 (22): 116-117.

[35] 汤静芳, 李富智, 郑建新. 武钢烧结旋转喷雾干燥法脱硫运行实践 [J]. 武钢技术, 2016, 54 (5): 1-5.

[36] 王殿辉, 门雪燕. 喷雾半干法脱硫工艺在烧结烟气治理中的应用 [J]. 中国环境管理干部学院学报, 2014, 24 (2): 57-60.

[37] 顾兵, 何申富, 姜创业. SDA 脱硫工艺在烧结烟气脱硫中的应用 [J]. 环境工程, 2013, 31 (2): 53-56.

[38] 朱铤钰. 钢铁行业大气污染控制技术与策略 [M]. 王新东, 郭旸旸等. 北京: 科学出版社, 2018: 123.

[39] 郝继锋, 汪莉, 宋存义. 钢铁厂烧结烟气脱硫技术的探讨 [J]. 太原理工大学学报, 2005 (4): 491-494.

[40] 赛俊聪, 赵明. NID 工艺在烧结机中的应用 [J]. 云南电力技术, 2012, 40 (4): 1-3.

[41] 吴朝刚. MEROS 脱硫工艺技术在马钢 300m² 烧结机的应用 [C]// 中国金属学会, 河北省冶金学会. 2011 年全国烧结烟气脱硫技术交流会文集. 中国金属学会、河北省冶金学会, 2011: 195-198+203.

[42] 宋磊, 周江虹, 王文. 提高烧结烟气综合脱硫效率的生产实践 [J]. 冶金动力, 2013 (6): 88-90.

[43] 刘长青, 吴朝刚, 宋磊. MEROS 脱硫工艺在马钢 300m² 烧结机的应用 [J]. 安徽冶金, 2011 (2): 36-38+60.

[44] 高继贤, 刘静, 曾艳, 等. 活性焦 (炭) 干法烧结烟气净化技术在钢铁行业的应用与分析 (Ⅰ) ——工艺与技术经济分析 [J]. 烧结球团, 2012, 37 (1): 65-69.

[45] 黎华敏, 李兵, 许月阳, 等. 活性焦脱硫工艺的研究进展 [J]. 电力科技与环保, 2015, 31 (2): 25-27.

[46] 郑航麟, 时越, 吴维杰. 烧结烟气脱硫脱硝技术现状研究 [J]. 河北冶金, 2019 (S1): 55-57.

[47] 张奇, 万利远, 刘新, 等. 新形势下烧结烟气净化技术的发展 [J]. 矿业工程, 2019, 17 (1): 30-33.

[48] 万利远, 张奇, 丁志伟. 日钢 2 号 600m² 烧结机烟气净化工艺的选择及应用 [J]. 矿业工程, 2016, 14 (4): 38-40.

[49] 韩健, 阎占海, 邵久刚. 逆流式活性炭烟气脱硫脱硝技术特点及应用 [J]. 烧结球团, 2018, 43 (6): 13.

[50] 宋清明, 代兵. 逆流活性炭烟气净化装置关键技术 [J]. 河北冶金, 2019 (5): 1-6.

[51] 贺泓. 环境催化: 原理及应用 [M]. 北京: 科学出版社, 2008: 237.

[52] 张亚亚. 活性焦烟气脱硫技术研究 [D]. 北京: 华北电力大学 (北京), 2019.

[53] 王成. 活性焦脱硫技术研究进展 [J]. 内蒙古石油化工, 2018, 44 (5): 92-94.

[54] 李明儒. 活性焦烟气脱硫技术研究 [J]. 四川化工, 2018, 21 (2): 22-25.

[55] 汪庆国, 朱彤, 李勇. 宝钢烧结烟气活性炭净化工艺和装备 [J]. 钢铁, 2018, 53 (3): 87-95.

[56] 梁大明. 活性焦干法烟气脱硫技术 [J]. 煤质技术, 2008 (6): 48-51.

[57] 王兰, 胡定科, 高玲. 活性炭烟气脱硫技术的探讨 [J]. 煤气与热力, 2006 (6): 42-43.

[58] 李盼宋, 李建军, 张序, 等. 活性焦在烟气净化中的应用 [J]. 化工技术与开发, 2016, 45 (5): 37-39.

[59] 步学朋, 徐振刚, 李文华, 等. 活性焦性质对脱除 SO₂ 性能的影响研究 [J]. 煤炭学报, 2011,

36（5）：834-839.

［60］ Tremel A, Haselsteiner T, Nakonz M, et al. Coal and char properties in high temperature entrained flow gasification［J］. Enegry, 2012, 45（1）：176-182.

［61］ 范延臻，王宝贞. 活性炭表面化学［J］. 煤炭转化，2000，23（4）：26-30.

［62］ Starck J, Burg P, Muller S, et al. The influence of demineralization and ammoxidation on the adsorption properties of an activated carbon prepared from a Polish lignite［J］. Carbon, 2006, 44（12）：2549-2557.

［63］ Karatepe N, Orbak I, Y avuz R, et al. Sulfur dioxide adsorption by activated carbons having different textural and chemical properties［J］. Fuel, 2008, 87（15-16）：3207-3215.

［64］ 张永奇，房倚天，黄戒介，等. 活性焦孔结构及表面性质对脱除烟气中 SO_2 的影响［J］. 燃烧科学与技术，2004（2）：160-164.

［65］ 陈海丽，张双全，范恒亮，等. 活性焦烟气脱硫影响因素研究［J］. 煤炭科学技术，2013，41（8）：118-121，125.

［66］ 张月，袁斌，阎维平，等. 活性炭烟气脱硫效率影响因素的实验研究［J］. 锅炉制造，2006（1）：29-31.

［67］ 范菲，刘应书，王海鸿. 活性炭烟气脱硫中影响脱硫效率因素的实验研究［J］. 现代化工，2012，32（5）：97-100.

［68］ 朱惠峰，钟秦. 可资源化活性焦烟气脱硫的实验研究［J］. 中国煤炭，2009，35（6）：79-82.

［69］ 王树森，凌爱莲，王志忠. 煤制脱硫剂的微孔结构及其对 SO_2/N_2 混合气的分离机理［J］. 北京工业大学学报，1989，15（1）：75-80.

［70］ 冯烨，张世红，吴晶，等. 有机胺改性生物质焦改善 SO_2 的吸附性能［J］. 农业工程学报，2016，32（12）：195-200.

［71］ Liu H, Huang T, Jiang X, et al. Preparation and desulfurization performance of pyrolusite modified activated coke［J］. Environmental Progress & Sustainable Energy, 2016, 35（6）：1679-1686.

［72］ 邹敏杰. 活性焦脱硫研究［J］. 化工管理，2017（5）：179.

［73］ Yao L, Yang L, Jiang W, et al. Removal of SO_2 from flue gas on a copper-modified activated coke prepared by a novel one-step carbonization activation blending method［J］. Ind. Eng. Chem. Res., 2019, 58, 15693-15700.

［74］ 汤楚贵. 脱硫脱硝超低排放技术开发及应用［N］. 世界金属导报，2019-11-26（B01）.

［75］ 张晓健. 电厂 CFB 机组选择性非催化还原法（SNCR）烟气脱硝技术的应用研究［D］. 长春：吉林大学，2016.

［76］ 孙少波. SNCR 与 SCR 脱硝技术比较［J］. 科技风，2019（13）：166.

［77］ 周英贵. 大型电站锅炉 SNCR/SCR 脱硝工艺试验研究、数值模拟及工程验证［D］. 南京：东南大学，2016.

［78］ 胡小刚. 燃煤电厂烟气脱硝工艺的技术经济评价研究［D］. 西安：西北大学，2015.

［79］ 金山. 选择性非催化还原（SNCR）脱硝反应影响因素的探索与研究［J］. 能源研究与信息，2019，35（3）：142-145.

［80］ 朱愉洁，韩元，袁东辉. CFB 锅炉 SNCR 烟气脱硝氨逃逸的控制手段［J］. 电力科技与环保，2020，36（2）：18-21.

［81］ 孙二庆，许来灿. 谈 150T/H 循环流化床锅炉 SNCR 脱硝系统改造的优化及应用［J］. 企业导报，2014（14）：125，138.

［82］ 胡光涛. 300MW 循环流化床锅炉 SNCR 脱硝技术应用与研究［D］. 徐州：中国矿业大学，2019.

［83］ 史磊，张世鑫. 循环流化床锅炉 SNCR 脱硝技术优化改造［J］. 洁净煤技术，2018，24（6）：107-111.

［84］高明明，岳光溪，雷秀坚，等. 600MW 超临界循环流化床锅炉控制系统研究［J］. 中国电机工程学报，2014，34（35）：6319-6328.

［85］孙献斌，时正海，金森旺. 循环流化床锅炉超低排放技术研究［J］. 中国电力，2014，47（1）：142-145.

［86］赵强，向轶，冷健，等. SNCR 脱硝技术在中高温分离器型循环流化床锅炉上的运行分析［J］. 工业炉，2020，42（1）：41-45.

［87］梁增英. 城市生活垃圾焚烧炉 SNCR 脱硝技术研究［D］. 广州：华南理工大学，2011.

［88］汪宁. SNCR 脱硝技术在炉排式垃圾焚烧锅炉中的应用［J］. 工业锅炉，2019（6）：52-55.

［89］江博琼. Mn/TiO$_2$ 系列低温 SCR 脱硝催化剂制备及其反应机理研究［D］. 杭州：浙江大学，2008.

［90］罗晶. Cr-Ce/TiO$_2$ 催化处理 NO 性能研究［D］. 湘潭：湘潭大学，2010.

［91］卢熙宁. 半干法脱硫后的烧结烟气低温 SCR 脱硝催化剂的研发［D］. 北京：北京科技大学，2015.

［92］Xi Y, Ottinger N A, Liu Z G. New insights into sulfur poisoning on a vanadia SCR catalyst under simulated diesel engine operating conditions［J］. Applied Catalysis B：Environmental, 2014, 160-161.

［93］朱廷钰. 烧结烟气净化技术［M］. 北京：化学工业出版社，2009.

［94］孙亮，许悠佳，曹青青，等. 氧化锰基催化剂低温 NH$_3$ 选择性还原 NO$_x$ 反应及其机理［J］. 化学进展，2010，22（10）：1882-1891.

［95］沈伯雄，刘亭. 低温 NH$_3$-SCR 催化剂 MnO$_x$-CeO$_x$/ACF 的 SO$_2$ 中毒机理（英文）［J］. 物理化学学报，2010，26（11）：3009-3016.

［96］高凤雨. Mn 基低温 NH$_3$-SCR 催化剂的抗水抗硫性能及反应机理研究［D］. 北京：北京科技大学，2017.

［97］Liu Z, Yi Y, Zhang S, et al. Selective catalytic reduction of NO$_x$ with NH$_3$ over Mn-Ce mixed oxide catalyst at low temperatures［J］. Catalysis Today, 2013, 216：76-81.

［98］Qi G, Yang R T, Chang R. MnO$_x$-CeO$_2$ mixed oxides prepared by co-precipitation for selective catalytic reduction of NO with NH$_3$ at low temperatures［J］. Applied Catalysis B：Environmental, 2004, 51（2）：93-106.

［99］Tang X, Li J, Sun L, et al. Origination of N$_2$O from NO reduction by NH$_3$ over β-MnO$_2$ and α-Mn$_2$O$_3$［J］. Applied Catalysis B：Environmental, 2010, 99（1）：156-162.

［100］Yang S, Qi F, Xiong S, et al. MnO$_x$ supported on Fe-Ti spinel：A novel Mn based low temperature SCR catalyst with a high N$_2$ selectivity［J］. Applied Catalysis B：Environmental, 2016, 181：570-580.

［101］Yang S, Wang C, Li J, et al. Low temperature selective catalytic reduction of NO with NH$_3$ over Mn-Fe spinel：Performance, mechanism and kinetic study［J］. Applied Catalysis B：Environmental, 2011, 110：71-80.

［102］Chen T, Guan B, Lin H, et al. In situ DRIFTS study of the mechanism of low temperature selective catalytic reduction over manganese-iron oxides［J］. Chinese Journal of Catalysis, 2014, 35（3）：294-301.

［103］Hadjiivanov K, Bushev V, Kantcheva M, et al. Infrared spectroscopy study of the species arising during nitrogen dioxide adsorption on titania（anatase）［J］. Langmuir, 1994, 10（2）：464-471.

［104］Liu F, He H, Zhang C, et al. Mechanism of the selective catalytic reduction of NO$_x$ with NH$_3$ over environmental-friendly iron titanate catalyst［J］. Catalysis Today, 2011, 175（1）：18-25.

［105］Long R Q, Yang R T. FTIR and kinetic studies of the mechanism of Fe^{3+}-exchanged TiO$_2$-pillared clay catalyst for selective catalytic reduction of NO with ammonia［J］. Journal of Catalysis, 2000, 190（1）：22-31.

［106］朱繁. V$_2$O$_5$-TiO$_2$ 低温 SCR 催化剂活性及应用研究［D］. 北京：北京工业大学，2012.

［107］Busca G, Lietti L, Ramis G, et al. Chemical and mechanistic aspects of the selective catalytic reduction of

NO$_x$ by ammonia over oxide catalysts: A review [J]. Applied Catalysis B: Environmental, 1998, 18 (1): 1-36.

[108] 张铁军. 低温 NH$_3$-SCR 脱硝催化剂的性能研究 [D]. 北京: 北京工业大学, 2017.

[109] 王修文, 李露露, 孙敬方, 等. 我国 NO$_x$ 排放控制及脱硝催化剂研究进展 [J]. 工业催化. 2019, 27 (2): 1-23.

[110] L D J. Vanadium and tungsten derivatives as antidiabetic agents: a review of their toxic effects [J]. Biological trace element research, 2002, 88 (2): 97-112.

[111] Dunn J P, Stenger H G, Wachs I E. Oxidation of SO$_2$ over supported metal oxide catalysts [J]. Journal of Catalysis. 1999, 181 (2): 233-243.

[112] 刘福东, 单文坡, 石晓燕, 等. 用于 NH$_3$ 选择性催化还原 NO$_x$ 的钒基催化剂 [J]. 化学进展. 2012, 24 (4): 445-455.

[113] 王驰中. 过渡金属氧化物选择性催化还原 NO$_x$ 的研究 [D]. 北京: 清华大学, 2013.

[114] Guido B. Acid catalysts in industrial hydrocarbon chemistry [J]. Chemical reviews. 2007, 107 (11): 5366-5410.

[115] Kompio P G W A, Angelika Brückner, Hipler F, et al. A new view on the relations between tungsten and vanadium in V$_2$O$_5$WO$_3$/TiO$_2$ catalysts for the selective reduction of NO with NH$_3$ [J]. Journal of Catalysis, 2012, 286 (1): 237-247.

[116] Lietti L, Nova I, Ramis G, et al. Characterization and reactivity of V$_2$O$_5$-MoO$_3$/TiO$_2$ De-NO$_x$ SCR Catalysts [J]. Journal of Catalysis. 1999, 187 (2): 419-435.

[117] Pârvulescu V I, Grange P, Delmon B. Catalytic removal of NO [J]. Catalysis Today, 1998, 46 (4): 233-316.

[118] Casagrande L, Lietti L, Nova I, et al. SCR of NO by NH$_3$ over TiO$_2$-supported V$_2$O$_5$-MoO$_3$ catalysts: reactivity and redox behavior [J]. Applied Catalysis B: Environmental, 1999, 22 (1): 63-77.

[119] Djerad S, Tifouti L, Crocoll M, et al. Effect of vanadia and tungsten loadings on the physical and chemical characteristics of V$_2$O$_5$-WO$_3$/TiO$_2$ catalysts [J]. Journal of Molecular Catalysis A: Chemical, 2004, 208 (1): 257-265.

[120] Kapteijn F, Smgoredjo L, Andreml A. Activity and selectivity of pure manganese oxides in the selective catalytic reduction of nitric oxide with ammonia [J]. Applaud Catalyst B: Envuonmentul, 1994 (3): 173-189.

[121] Kang M, Park E D, Kim J M, et al. Manganese oxide catalysts for NO$_x$ reduction with NH$_3$ at low temperatures [J]. Applied Catalysis A: General, 2007, 327 (2): 261-269.

[122] 刘育松, 高凤雨, 唐晓龙, 等. 制备条件对锰氧化物 SCR 脱硝性能的影响 [J]. 环境工程学报, 2016, 10 (1): 295-300.

[123] 戴韵, 李俊华, 彭悦, 等. MnO$_2$ 的晶相结构和表面性质对低温 NH$_3$-SCR 反应的影响 [J]. 物理化学学报, 2012, 28 (7): 1771-1776.

[124] Peng Y, Chang H, Dai Y, et al. Structural and surface effect of MnO$_2$ for low temperature selective catalytic reduction of NO with NH$_3$ [J]. Procedia Environmental Sciences, 2013, 18: 384-390.

[125] Wang C, Sun L, Cao Q, et al. Surface structure sensitivity of manganese oxides for low-temperature selective catalytic reduction of NO with NH$_3$ [J]. Applied Catalysis B: Environmental, 2011, 101: 598-605.

[126] Qi G, Yang R T, Chang R. MnO$_x$-CeO$_2$ mixed oxides prepared by co-precipitation for selective catalytic reduction of NO with NH$_3$ at low temperatures [J]. Applied Catalysis B: Environmental, 2004, 51 (2): 93-106.

[127] Hu P, Schuster M E, Huang Z, et al. The active sites of a rod-shaped hollandite DeNO$_x$ catalyst [J].

Chemistry, 2015, 21 (27): 9619-9623.

[128] Hu P, Huang Z, Hua W, et al. Effect of H_2O on catalytic performance of manganese oxides in NO reduction by NH_3 [J]. Applied Catalysis A: General, 2012, 437-438: 139-148.

[129] Tang X, Hao J, Xu W, et al. Low temperature selective catalytic reduction of NO_x with NH_3 over amorphous MnO_x catalysts prepared by three methods [J]. Catalysis Communications, 2007, 8 (3): 329-334.

[130] 唐晓龙, 郝吉明, 徐文国, 等. 低温条件下 Nano-MnO_x 上 NH_3 选择性催化还原 NO [J]. 环境科学, 2007, 28 (2): 289-294.

[131] 唐晓龙, 郝吉明, 徐文国, 等. 新型 MnO_x 催化剂用于低温 NH_3 选择性催化还原 NO_x [J]. 催化学报, 2006, 27 (10): 844-848.

[132] Li J, Chang H, Ma L, et al. Low-temperature selective catalytic reduction of NO_x with NH_3 over metal oxide and zeolite catalysts-A review [J]. Catalysis Today, 2011, 175 (1): 147-156.

[133] 张哲, 谢峻林, 方德, 等. CeO_2 在 SCR 低温脱硝催化剂中应用的研究进展 [J]. 硅酸盐通报, 2014, 33 (11): 2891-2896.

[134] Qi G, Yang R T. Characterization and FTIR studies of MnO_x-CeO_2 catalyst for low-temperature selective catalytic reduction of NO with NH_3 [J]. Journal of Physical Chemistry B, 2004, 108 (40): 15738-15747.

[135] Qi G, Yang R T. Low-temperature selective catalytic reduction of NO with NH_3 over iron and manganese oxides supported on titania [J]. Applied Catalysis B: Environmental, 2003, 44 (3): 217-225.

[136] Qi G, Yang R T. Performance and kinetics study for low-temperature SCR of NO with NH_3 over MnO_x-CeO_2 catalyst [J]. Journal of Catalysis, 2003, 217 (2): 434-441.

[137] Eigenmann F, Maciejewski M, Baiker A. Selective reduction of NO by NH_3 over manganese-cerium mixed oxides: Relation between adsorption, redox and catalytic behavior [J]. Applied Catalysis B: Environmental, 2006, 62 (3-4): 311-318.

[138] Shen B, Wang F, Liu T. Homogeneous MnO_x-CeO_2 pellets prepared by a one-step hydrolysis process for low-temperature NH_3-SCR [J]. Powder Technology, 2014, 253: 152-157.

[139] Andreoli S, Deorsola F A, Pirone R. MnO_x-CeO_2 catalysts synthesized by solution combustion synthesis for the low-temperature NH_3-SCR [J]. Catalysis Today, 2015, 253: 199-206.

[140] Chang H, Li J, Chen X, et al. Effect of Sn on MnO_x-CeO_2 catalyst for SCR of NO_x by ammonia: Enhancement of activity and remarkable resistance to SO_2 [J]. Catalysis Communications, 2012, 27: 54-57.

[141] Casapu M, Kröcher O, Elsener M. Screening of doped MnO_x-CeO_2 catalysts for low-temperature NO-SCR [J]. Applied Catalysis B: Environmental, 2009, 88 (3-4): 413-419.

[142] Ma Z, Wu X, Feng Y, et al. Effects of WO_3 doping on stability and N_2O escape of MnO_x-CeO_2 mixed oxides as a low-temperature SCR catalyst [J]. Catalysis Communications, 2015, 69: 188-192.

[143] Long R Q, Yang R T, Chang R. Low temperature selective catalytic reduction (SCR) of NO with NH_3 over Fe-Mn based catalysts [J]. Chemical Communications, 2002, 5 (5): 452-453.

[144] Shen K, Zhang Y, Wang X, et al. Influence of chromium modification on the properties of MnO_x-FeO_x catalysts for the low-temperature selective catalytic reduction of NO by NH_3 [J]. Journal of Energy Chemistry, 2013, 22 (4): 617-623.

[145] Zhou C, Zhang Y, Wang X, et al. Influence of the addition of transition metals (Cr, Zr, Mo) on the properties of MnO_x-FeO_x catalysts for low-temperature selective catalytic reduction of NO_x by Ammonia [J]. Journal of Colloid and Interface Science, 2013, 392: 319-324.

[146] Wan Y, Zhao W, Tang Y, et al. Ni-Mn bi-metal oxide catalysts for the low temperature SCR removal of

NO with NH$_3$ [J]. Applied Catalysis B: Environmental, 2014, 148-149: 114-122.

[147] Chen Z, Yang Q, Li H, et al. Cr-MnO$_x$ mixed-oxide catalysts for selective catalytic reduction of NO$_x$ with NH$_3$ at low temperature [J]. Journal of Catalysis, 2010, 276 (1): 56-65.

[148] Qiu M, Zhan S, Zhu D, et al. NH$_3$-SCR performance improvement of mesoporous Sn modified Cr-MnO$_x$ catalysts at low temperatures [J]. Catalysis Today, 2015, 258: 103-111.

[149] Meng D, Zhan W, Guo Y, et al. A highly effective catalyst of Sm-MnO$_x$ for the NH$_3$-SCR of NO$_x$ at low temperature: Promotional role of Sm and its catalytic performance [J]. ACS Catalysis, 2015, 5 (10): 5973-5983.

[150] Kang M, Park E D, Kim J M, et al. Cu-Mn mixed oxides for low temperature NO reduction with NH$_3$ [J]. Catalysis Today, 2006, 111 (3-4): 236-241.

[151] Kong Z J, Wang C, Ding Z N, et al. Li-modified MnO$_2$ catalyst and LiMn$_2$O$_4$ for selective catalytic reduction of NO with NH$_3$ [J]. Journal of Fuel Chemistry and Technology, 2014, 42 (12): 1447-1454.

[152] Zhang Y, Wang D, Wang J, et al. BiMnO$_3$ perovskite catalyst for selective catalytic reduction of NO with NH$_3$ at low temperature [J]. Chinese Journal of Catalysis, 2012, 33 (9): 1448-1454.

[153] Qiao J, Wang N, Wang Z, et al. Porous bimetallic Mn$_2$Co$_1$O$_x$ catalysts prepared by a one-step combustion method for the low temperature selective catalytic reduction of NO$_x$ with NH$_3$ [J]. Catalysis Communications, 2015, 72: 111-115.

[154] Chen J, Yang R. Selective catalytic reduction of NO with NH$_3$ on SO$_4^{2-}$/TiO$_2$ superacid catalyst [J]. Journal of Catalysis, 1993, 139: 277-288.

[155] Min Kang, Park J H, Choi J S, et al. Low-temperature catalytic reduction of nitrogen oxides with ammonia over supported manganese oxide catalysts [J]. Korean Journal of Chemical Engineering, 2007, 24 (1): 191-195.

[156] Jiang B, Liu Y, Wu Z. Low-temperature selective catalytic reduction of NO on MnO$_x$/TiO$_2$ prepared by different methods [J]. Journal of Hazardous Materials, 2009, 162: 1249-1254.

[157] Luo S, Zhou W, Xie A, et al. Effect of MnO$_2$ polymorphs structure on the selective catalytic reduction of NO$_x$ with NH$_3$ over TiO$_2$-Palygorskite [J]. Chemical Engineering Journal, 2016, 286: 291-299.

[158] Li J, Chen J, Ke R, et al. Effects of precursors on the surface Mn species and the activities for NO reduction over MnO$_x$/TiO$_2$ catalysts [J]. Catalysis Communications, 2007, 8 (12): 1896-1900.

[159] 吴碧君, 刘晓勤, 王述刚, 等. MnO$_x$/TiO$_2$ 低温 NH$_3$ 选择性催化还原 NO$_x$ 的研究与表征 [J]. 燃烧科学与技术, 2008, 14 (3): 221-226.

[160] Wu Z, Jin R, Liu Y, et al. Ceria modified MnO$_x$/TiO$_2$ as a superior catalyst for NO reduction with NH$_3$ at low-temperature [J]. Catalysis Communications, 2008, 9 (13): 2217-2220.

[161] Duan K, Tang X, Yi H, et al. Rare earth oxide modified Cu-Mn compounds supported on TiO$_2$ catalysts for low temperature selective catalytic oxidation of ammonia and in lean oxygen [J]. Journal of Rare Earths, 2010, 28: 338-342.

[162] Liu F, He H, Ding Y, et al. Effect of manganese substitution on the structure and activity of iron titanate catalyst for the selective catalytic reduction of NO with NH$_3$ [J]. Applied Catalysis B: Environmental, 2009, 93 (1-2): 194-204.

[163] Thirupathi B, Smirniotis P G. Co-doping a metal (Cr, Fe, Co, Ni, Cu, Zn, Ce, and Zr) on Mn/TiO$_2$ catalyst and its effect on the selective reduction of NO with NH$_3$ at low-temperatures [J]. Applied Catalysis B: Environmental, 2011, 110: 195-206.

[164] 姚瑶, 张舒乐, 钟秦, 等. 钛纳米管负载锰催化剂的低温选择性催化还原脱硝性能 [J]. 燃料化学学报, 2011, 39 (9): 694-701.

［165］黄继辉，童华，童志权，等. H₂O 和 SO₂ 对 Mn-Fe/MPS 催化剂用于 NH₃ 低温还原 NO 的影响［J］.
　　　　过程工程学报，2008，8（3）：517-522.

［166］Kijlstra W S, Biervliet M, Poels E K, et al. Deactivation by SO₂ of MnOₓ/Al₂O₃ catalysts used for the se-
　　　　lective catalytic reduction of NO with NH₃ at low temperatures［J］. Applied Catalysis B：Environmental,
　　　　1998, 16：327±37.

［167］Qi G, Yang R T, Chang R. Low-temperature SCR of NO with NH₃ over USY-supported manganese oxide-
　　　　based catalysts［J］. Catalysis Letters, 2003, 87（1）：67-71.

［168］Carja G, Kameshima Y, Okada K, et al. Mn-Ce/ZSM5 as a new superior catalyst for NO reduction with
　　　　NH₃［J］. Applied Catalysis B：Environmental, 2007, 73（1-2）：60-64.

［169］Wang Y, Ge C, Zhan L, et al. MnOₓ-CeO₂/activated carbon honeycomb catalyst for selective catalytic re-
　　　　duction of NO with NH₃ at low temperatures［J］. Industrial & Engineering Chemistry Research, 2012,
　　　　51（36）：11667-11673.

［170］Tang X, Hao J, Yi H, et al. Low-temperature SCR of NO with NH₃ over AC/C supported manganese-
　　　　based monolithic catalysts［J］. Catalysis Today, 2007, 126（3-4）：406-411.

［171］Wang X, Zheng Y, Xu Z, et al. Low-temperature NO reduction with NH₃ over Mn-CeOₓ/CNT catalysts
　　　　prepared by a liquid-phase method［J］. Catalysis Science & Technology, 2014, 4（6）：1738-1741.

［172］Zhang Y, Zheng Y, Wang X, et al. Preparation of Mn – FeOₓ/CNTs catalysts by redox co-precipitation
　　　　and application in low-temperature NO reduction with NH₃［J］. Catalysis Communications, 2015, 62：
　　　　57-61.

［173］Pourkhalil M, Moghaddam A Z, Rashidi A, et al. Preparation of highly active manganese oxides supported
　　　　on functionalized MWNTs for low temperature NOₓ reduction with NH₃［J］. Applied Surface Science,
　　　　2013, 279：250-259.

［174］Xiao X, Sheng Z, Yang L, et al. Low-temperature selective catalytic reduction of NOₓ with NH₃ over a
　　　　manganese and cerium oxide/graphene composite prepared by a hydrothermal method［J］. Catalysis Sci-
　　　　ence & Technology, 2016, 6（5）：1507-1514.

［175］Lu X, Song C, Jia S, et al. Low-temperature selective catalytic reduction of NOₓ with NH₃ over cerium and
　　　　manganese oxides supported on TiO₂-graphene［J］. Chemical Engineering Journal, 2015, 260：776-784.

［176］Lu X, Song C, Chang C C, et al. Manganese oxides supported on TiO₂-graphene nanocomposite catalysts
　　　　for selective catalytic reduction of NOₓ with NH₃ at low temperature［J］. Industrial & Engineering Chemis-
　　　　try Research, 2014, 53（29）：11601-11610.

［177］吴大旺，张秋林，林涛，等. CeₓTi₁₋ₓO₂ 负载锰基催化剂的制备及其低温 NH₃ 选择催化还原 NO
　　　　［J］. 无机化学学报，2011，27（1）：53-60.

［178］张绍金，周亚松，徐春明. TiO₂-SiO₂ 复合氧化物的理化性质及其对柴油加氢精制性能的影响［J］.
　　　　化工学报，2006，57（4）：769-774.

［179］何勇，童华，童志权，等. 新型 CuSO₄-CeO₂/TS 催化剂低温 NH₃ 还原 NO 及抗中毒性能［J］. 过程
　　　　工程学报，2009，9（2）：360-367.

［180］沈岳松，王家雷，祝社民，等. 锆掺杂对介孔二氧化钛催化性能的优化［J］. 稀有金属材料与工程，
　　　　2010，39（5）：814-819.

［181］林涛，张秋林，李伟，等. 以 ZrO₂-TiO₂ 为载体的整体式锰基催化剂应用于低温 NH₃-SCR 反应［J］.
　　　　物理化学学报，2008，24（7）：1127-1131.

［182］赵雪英，丁克强. 纳米 TiO₂/CNTs 复合粉体的制备及其电化学性能［J］. 河北师范大学学报，
　　　　2009，33（2）：214-219.

［183］田维. Mn 基纳米催化剂的制备及其催化去除氯苯和 NOₓ 的应用［D］. 杭州：浙江大学，2011.

[184] Zhang L, Zhang D, Zhang J, et al. Design of meso-TiO$_2$@ MnO$_x$-CeO$_x$/CNTs with a core-shell structure as DeNO$_x$ catalysts: promotion of activity, stability and SO$_2$-tolerance [J]. Nanoscale, 2013, 5 (20): 9821-9829.

[185] Liu Y, Xu J, Li H, et al. Rational design and in situ fabrication of MnO$_2$@ NiCo$_2$O$_4$ nanowire arrays on Ni foam as high-performance monolith de-NO$_x$ catalysts [J]. Journal of Materials Chemistry A, 2015, 3 (21): 11543-11553.

[186] Fang C, Zhang D, Cai S, et al. Low-temperature selective catalytic reduction of NO with NH$_3$ over nanoflaky MnO$_x$ on carbon nanotubes in situ prepared via a chemical bath deposition route [J]. Nanoscale, 2013, 5 (19): 9199-9207.

[187] Cai S, Hu H, Li H, et al. Design of multi-shell Fe$_2$O$_3$@ MnO$_x$@ CNTs for the selective catalytic reduction of NO with NH$_3$ improvement of catalytic activity and SO$_2$ tolerance [J]. Nanoscale, 2016, 8 (6): 3588-3598.

[188] Zhan S, Qiu M, Yang S, et al. Facile preparation of MnO$_2$ doped Fe$_2$O$_3$ hollow nanofibers for low temperature SCR of NO with NH$_3$ [J]. Journal of Materials Chemistry A, 2014, 2 (48): 20486-20493.

[189] Li Y, Wan Y, Li Y, et al. Low-temperature selective catalytic reduction of NO with NH$_3$ over Mn$_2$O$_3$-doped Fe$_2$O$_3$ hexagonal microsheets [J]. ACS Appl Mater Interfaces, 2016, 8 (8): 5224-5233.

[190] Zhang L, Shi L, Huang L, et al. Rational design of high-performance DeNO$_x$ catalysts based on Mn$_x$Co$_{3-x}$O$_4$ nanocages derived from metal-organic frameworks [J]. ACS Catalysis, 2014, 4 (6): 1753-1763.

[191] Cai S, Zhang D, Zhang L, et al. Comparative study of 3D ordered macroporous Ce$_{0.75}$Zr$_{0.2}$M$_{0.05}$O$_{2-\delta}$ (M = Fe, Cu, Mn, Co) for selective catalytic reduction of NO with NH$_3$ [J]. Catalysis Science & Technology, 2014, 4 (1): 93-101.

[192] Qiu M, Zhan S, Yu H, et al. Low-temperature selective catalytic reduction of NO with NH$_3$ over ordered mesoporous Mn$_x$Co$_{3-x}$O$_4$ catalyst [J]. Catalysis Communications, 2015, 62: 107-111.

[193] France L J, Yang Q, LI W, et al. Ceria modified FeMnO$_x$-enhanced performance and sulphur resistance for low-temperature SCR of NO$_x$ [J]. Applied Catalysis B: Environmental, 2017, 206: 203-215.

[194] Ma Z, Wu X, Si Z, et al. Impacts of niobia loading on active sites and surface acidity in NbO$_x$/CeO$_2$-ZrO$_2$ NH$_3$-SCR catalysts [J]. Applied Catalysis B: Environmental, 2015, 179: 380-394.

[195] Gu T, Liu Y, Weng X, et al. The enhanced performance of ceria with surface sulfation for selective catalytic reduction of NO by NH$_3$ [J]. Catalysis Communications, 2010, 12 (4): 310-313.

[196] Sayle T X, Parker S C, Sayle D C. Oxidising CO to CO$_2$ using ceria nanoparticles [J]. Physical Chemistry Chemical Physics, 2005, 7 (15): 2936-2941.

[197] Wang Z L, Feng X. Polyhedral Shapes of CeO$_2$ Nanoparticles [J]. The Journal of Physical Chemistry B, 2003, 107 (49): 13563-13566.

[198] Han J, Meeprasert J, Maitarad P, et al. Investigation of the facet-dependent catalytic performance of Fe$_2$O$_3$/CeO$_2$ for the selective catalytic reduction of NO with NH$_3$ [J]. The Journal of Physical Chemistry C, 2016, 120 (3): 1523-1533.

[199] Li P, Xin Y, Li Q, et al. Ce-Ti amorphous oxides for selective catalytic reduction of NO with NH$_3$: confirmation of Ce-O-Ti active sites [J]. Environmental Science & Technology, 2012, 46 (17): 9600-9605.

[200] Gao X, Jiang Y, Zhong Y, et al. The activity and characterization of CeO$_2$-TiO$_2$ catalysts prepared by the sol-gel method for selective catalytic reduction of NO with NH$_3$ [J]. Journal of Hazardous Materials, 2010, 174 (1-3): 734-739.

[201] Shan W, Liu F, He H, et al. Novel cerium-tungsten mixed oxidecatalyst for the selective catalytic reduction of NO$_x$ with NH$_3$ [J]. Chemical Communications, 2011, 47 (28): 8046-8048.

［202］ Zhan S, Zhang H, Zhang Y, et al. Efficient NH$_3$-SCR removal of NO$_x$ with highly ordered mesoporous WO$_3$ (x) -CeO$_2$ at low temperatures ［J］. Applied Catalysis B: Environmental, 2017, 203: 199-209.

［203］ Si Z, Weng D, Wu X, et al. Modifications of CeO$_2$-ZrO$_2$ solid solutions by nickel and sulfate as catalysts for NO reduction with ammonia in excess O$_2$ ［J］. Catalysis Communications, 2010, 11 (13): 1045-1048.

［204］ Ding S, Liu F, Shi X, et al. Promotional effect of Nb additive on the activity and hydrothermal stability for the selective catalytic reduction of NO with NH$_3$ over CeZrO$_x$ catalyst ［J］. Applied Catalysis B: Environmental, 2016, 180 (3): 766-774.

［205］ Chen L, Si Z, Wu X, et al. DRIFT study of CuO-CeO$_2$-TiO$_2$ mixed oxides for NO$_x$ reduction with NH$_3$ at low temperatures ［J］. ACS Applied Materials & Interfaces, 2014, 6 (11): 8134-8145.

［206］ Li L, Zhang L, Ma K, et al. Ultra-low loading of copper modified TiO$_2$/CeO$_2$ catalysts for low-temperature selective catalytic reduction of NO by NH$_3$ ［J］. Applied Catalysis B: Environmental, 2017, 207: 366-375.

［207］ Fu M, Li C, Lu P, et al. A review on selective catalytic reduction of NO$_x$ by supported catalysts at 100~300℃—catalysts, mechanism, kinetics ［J］. Catalysis Science & Technology, 2014, 4 (1): 14-25.

［208］ Shan W, Liu F, He H, et al. A superior Ce-W-Ti mixed oxide catalyst for the selective catalytic reduction of NO$_x$ with NH$_3$ ［J］. Applied Catalysis B: Environmental, 2012, 115-116 (4): 100-106.

［209］ Zhao X, Huang L, Li H, et al. Promotional effects of zirconium doped CeVO$_4$ for the low-temperature selective catalytic reduction of NO$_x$ with NH$_3$ ［J］. Applied Catalysis B: Environmental, 2016, 183 (9): 269-281.

［210］ 赵毅, 韩静, 赵莉, 等. 利用 TiO$_2$ 光催化烟气同时脱硫脱硝的实验研究 ［J］. 动力工程, 2007, (03): 411-414.

［211］ Ibusuki T, Takeuchi K. Removal of low concentration nitrogen oxides through photoassisted heterogeneous catalysis ［J］. Journal of Molecular Catalysis, 1994, 88 (1): 93-102.

［212］ Masuda S, Hirano M, Akutsu K. Enhancement of electron beam denitrization process by means of electric field ［J］. Radiation Physics and Chemistry (1977), 1981, 17 (4): 223-228.

［213］ Li K, Tang X, Yi H, et al. Catalytic oxidation of NO over Mn-Co-Ce-O$_x$ catalysts: effect of reaction conditions ［J］. Research on Chemical Intermediates, 2014, 40 (1): 169-177.

［214］ Boc G. Demonstration and feasibility of BOC LoTO$_x$ system for NO$_x$ control on flue gas from coal-fired combustor ［C］// Proceedings of the conference on selective catalytic and non-catalytic reduction for NO$_x$ control. Radisson Hotel Green Tree Pittsburgh, PA, F, 2000.

［215］ Chung L, Huang H S. Phoenix-NASA low temperature multi-pollutant (NO$_x$, SO$_x$ & Mercury) control system for fossil fuel combustion ［J］. Rare Metals, 2007, 32 (2): 196-200.

［216］ Zheng C H, Xu C R, Gao X, et al. Simultaneous absorption of NO$_x$ and SO$_2$ in oxidant-enhanced limestone slurry ［J］. Environmental Progress & Sustainable Energy, 2014, 33 (4): 1171-1179.

［217］ Mok Y S, Lee H J. Removal of sulfur dioxide and nitrogen oxides by using ozone injection and absorption-reduction technique ［J］. Fuel Processing Technology, 2006, 87 (7): 591-597.

［218］ Kang M S, Shin J, Yu T U, et al. Simultaneous removal of gaseous NO$_x$ and SO$_2$ by gas-phase oxidation with ozone and wet scrubbing with sodium hydroxide ［J］. Chemical Engineering Journal, 2020, 381: 122601.

［219］ 王智化, 周俊虎, 魏林生, 等. 用臭氧氧化技术同时脱除锅炉烟气中 NO$_x$ 及 SO$_2$ 的试验研究 ［J］. 中国电机工程学报: 2007, 27 (11): 1-5.

［220］ Meng Z, Wang C, Wang X, et al. Simultaneous removal of SO$_2$ and NO$_x$ from flue gas using

（NH$_4$）$_2$S$_2$O$_3$/steel slag slurry combined with ozone oxidation ［J］. Fuel, 2019, 255: 115760.

［221］ Li K, Tang X, Yi H, et al. Low-temperature catalytic oxidation of NO over Mn-Co-Ce-Ox catalyst ［J］. Chemical Engineering Journal, 2012, 192: 99-104.

［222］ Tang X, Gao F, Xiang Y, et al. Effect of potassium-precursor promoters on catalytic oxidation activity of Mn-Co-Ox catalysts for NO Removal ［J］. Industrial and Engineering Chemistry Research, 2015, 54 （37）: 9116-9123.

［223］ 叶智青. 锰-铁催化剂低温催化氧化 NO 研究 ［D］. 昆明: 昆明理工大学, 2011.

［224］ Li L, Shen Q, Cheng J, et al. Catalytic oxidation of NO over TiO$_2$ supported platinum clusters Ⅰ. Preparation, characterization and catalytic properties ［J］. Applied Catalysis B: Environmental, 2010, 93 （3-4）: 259-266.

［225］ Dawody J, Skoglundh M, Fridell E. The effect of metal oxide additives （WO$_3$, MoO$_3$, V$_2$O$_5$, Ga$_2$O$_3$） on the oxidation of NO and SO$_2$ over Pt/Al$_2$O$_3$ and Pt/BaO/Al$_2$O$_3$ catalysts ［J］. Journal of Molecular Catalysis A: Chemical, 2004, 209 （1-2）: 215-225.

［226］ Auvray X, Olsson L. Stability and activity of Pd-, Pt- and Pd-Pt catalysts supported on alumina for NO oxidation ［J］. Applied Catalysis B: Environmental, 2015, 168-169: 342-352.

［227］ Wang P, Luo P, Yin J, et al. Evaluation of NO oxidation properties over a Mn-Ce/γ-Al$_2$O$_3$ catalyst ［J］. Journal of Nanomaterials, 2016, 2016: 1-5.

［228］ Wu Z, Tang N, Xiao L, et al. MnO（x）/TiO$_2$ composite nanoxides synthesized by deposition-precipitation method as a superior catalyst for NO oxidation ［J］. Journal of Colloid and Interface Science, 2010, 352 （1）: 143-148.

［229］ Zhao B, Ran R, Wu X, et al. Comparative study of Mn/TiO$_2$ and Mn/ZrO$_2$ catalysts for NO oxidation ［J］. Catalysis Communications, 2014, 56: 36-40.

［230］ Olsson L, Fridell E. The influence of Pt Oxide formation and Pt dispersion on the reactions NO$_2$⇔NO+ 1/2O$_2$ over Pt/Al$_2$O$_3$ and Pt/BaO/ Al$_2$O$_3$ ［J］. Journal of Catalysis, 2002, 210 （2）: 340-353.

［231］ Hauff K, Tuttlies U, Eigenberger G, et al. Platinum oxide formation and reduction during NO oxidation on a diesel oxidation catalyst—Experimental results ［J］. Applied Catalysis B: Environmental, 2012, 123-124: 107-116.

［232］ Schmitz P J, Kudla R J, Drews A R, et al. NO oxidation over supported Pt: Impact of precursor, support, loading, and processing conditions evaluated via high throughput experimentation ［J］. Applied Catalysis B Environmental, 2006, 67 （3-4）: 246-256.

［233］ Irfan M F, Goo J H, Kim S D, et al. Effect of CO on NO oxidation over platinum based catalysts for hybrid fast SCR process ［J］. Chemosphere, 2007, 66 （1）: 54-59.

［234］ Hauff K, Dubbe H, Tuttlies U, et al. Platinum oxide formation and reduction during NO oxidation on a diesel oxidation catalyst—Macrokinetic simulation ［J］. Applied Catalysis B: Environmental, 2013, 129: 273-281.

［235］ Kaneeda M, Iizuka H, Hiratsuka T, et al. Improvement of thermal stability of NO oxidation Pt/Al$_2$O$_3$ catalyst by addition of Pd ［J］. Applied Catalysis B: Environmental, 2009, 90 （3-4）: 564-569.

［236］ Auvray X, Olsson L. Stability and activity of Pd-, Pt- and Pd-Pt catalysts supported on alumina for NO oxidation ［J］. Applied Catalysis B: Environmental, 2015, 168-169: 342-352.

［237］ Wang P, Luo P, Yin J, et al. Evaluation of NO oxidation properties over a Mn-Ce/γ-Al$_2$O$_3$ catalyst ［J］. Journal of Nanomaterials, 2016 （1）: 1-5.

［238］ Matsukuma I, Kikuyama S, Kikuchi R, et al. Development of zirconia-based oxide sorbents for removal of NO and NO$_2$ ［J］. Applied Catalysis B Environmental, 2002, 37 （2）: 107-115.

[239] Kantcheva M, Vakkasoglu A S. Cobalt supported on zirconia and sulfated zirconia I [J]. Journal of Catalysis, 2004, 223 (2): 352-363.

[240] Wu Y H, Hsu K C, Lee C H. Effects of B_2O_3 and P_2O_5 doping on the microstructure evolution and mechanical strength in a lithium aluminosilicate glass – ceramic material with TiO_2 and ZrO_2 [J]. Ceramics International, 2012, 38 (5): 4111-4121.

[241] Ziaei-azad H, Khodadadi A, Esmaeilnejad-ahranjani P, et al. Effects of Pd on enhancement of oxidation activity of $LaBO_3$ (B=Mn, Fe, Co and Ni) pervoskite catalysts for pollution abatement from natural gas fueled vehicles [J]. Applied Catalysis B: Environmental, 2011, 102 (1-2): 62-70.

[242] Esmaeilnejad-ahranjani P, Khodadadi A, Ziaei-azad H, et al. Effects of excess manganese in lanthanum manganite perovskite on lowering oxidation light-off temperature for automotive exhaust gas pollutants [J]. Chemical Engineering Journal, 2011, 169 (1-3): 282-289.

[243] Giroir-fendler A, Gil S, Baylet A. $(La_{0.8}A_{0.2})$ MnO_3 (A = Sr, K) perovskite catalysts for NO and $C_{10}H_{22}$ oxidation and selective reduction of NO by $C_{10}H_{22}$ [J]. Chinese Journal of Catalysis, 2014, 35 (8): 1299-1304.

[244] Kim C H, Qi G, Dahlberg K, et al. Strontium-doped perovskites rival platinum catalysts for treating NO_x in simulated diesel exhaust [J]. Science, 2010, 327 (5973): 1624-1627.

[245] Chen J, Shen M, Wang X, et al. The influence of nonstoichiometry on $LaMnO_3$ perovskite for catalytic NO oxidation [J]. Applied Catalysis B Environmental, 2013, s134-135 (9): 251-257.

[246] Chen J, Shen M, Wang X, et al. Catalytic performance of NO oxidation over $LaMeO_3$ (Me = Mn, Fe, Co) perovskite prepared by the sol-gel method [J]. Catalysis Communications, 2013, 37 (13): 105-108.

[247] 付宗明, 仲兆平, 张波, 等. 负载型纳米 TiO_2 光催化氧化 NO_x 的实验研究 [J]. 华东电力, 2011, 39 (9): 1521-1525.

[248] 赵毅, 韩静, 马天忠. 活性炭纤维负载 TiO_2 同时脱硫脱硝实验研究 [J]. 中国电机工程学报, 2009, 29 (11): 44-49.

[249] 赵莉. 光催化氧化同时脱硫脱硝的实验研究 [D]. 保定: 华北电力大学 (保定), 2007.

[250] Shang J, Zhu Y, Du Y, et al. Comparative studies on the deactivation and regeneration of TiO_2 nanoparticles in three photocatalytic oxidation systems: C_7H_{16}, SO_2, and C_7H_{16}-SO_2 [J]. Journal of Solid State Chemistry, 2002, 166 (2): 395-399.

[251] Lim T H, Jeong S M, Kim S D, et al. Photocatalytic decomposition of NO by TiO_2 particles [J]. Journal of Photochemistry and Photobiology A: Chemistry, 2000, 134 (3): 209-217.

[252] Guo Z, Xie Y, Hong I, et al. Catalytic oxidation of NO to NO_2 on activated carbon [J]. Energy Conversion and Management, 2001, 42 (15-17): 2005-2018.

[253] Bagreev A, Angel Menendez J, Dukhno I, et al. Bituminous coal-based activated carbons modified with nitrogen as adsorbents of hydrogen sulfide [J]. Carbon, 2004, 42 (3): 469-476.

[254] Budaeva A D, Zoltoev E V. Porous structure and sorption properties of nitrogen-containing activated carbon [J]. Fuel, 2010, 89 (9): 2623-2627.

[255] Gorgulho H F, Gonçalves F, Pereira M F R, et al. Synthesis and characterization of nitrogen-doped carbon xerogels [J]. Carbon, 2009, 47 (8): 2032-2039.

[256] Jurewicz K, Pietrzak R, Nowicki P, et al. Capacitance behaviour of brown coal based active carbon modified through chemical reaction with urea [J]. Electrochimica Acta, 2008, 53 (16): 5469-5475.

[257] Pietrzak R. XPS study and physico-chemical properties of nitrogen-enriched microporous activated carbon from high volatile bituminous coal [J]. Fuel, 2009, 88 (10): 1871-1877.

[258] Shen W, Li Z, Liu Y. Surface chemical functional groups modification of porous carbon [J]. Recent Patents on Chemical Engineering, 2010, 1 (1): 27-40.

[259] Alcañiz-monge J, Bueno-lópez A, Lillo-rodenas M Á, et al. NO adsorption on activated carbon fibers from iron-containing pitch [J]. Microporous and Mesoporous Materials, 2008, 108 (1-3): 294-302.

[260] Li K, Ling L, Lu C, et al. Catalytic removal of SO$_2$ over ammonia-activated carbon fibers [J]. Carbon, 2001, 39 (12): 1803-1808.

[261] Matzner S, Boehm H P. Influence of nitrogen doping on the adsorption and reduction of nitric oxide by activated carbons [J]. Carbon, 1998, 36 (11): 1697-1703.

[262] Figueiredo J L, Pereira M F R, Freitas M M A, et al. Modification of the surface chemistry of activated carbons [J]. Carbon, 1999, 37 (9): 1379-1389.

[263] Stöhr B, Boehm H P, Schlögl R. Enhancement of the catalytic activity of activated carbons in oxidation reactions by thermal treatment with ammonia or hydrogen cyanide and observation of a superoxide species as a possible intermediate [J]. Carbon, 1991, 29 (6): 707-720.

[264] Ku B J, Lee J K, Park D, et al. Treatment of activated carbon to enhance catalytic activity for reduction of nitric oxide with ammonia [J]. Industrial & Engineering Chemistry Research, 1994, 33 (11): 2868-2874.

[265] Sousa J P S, Pereira M F R, Figueiredo J L. Catalytic oxidation of NO to NO$_2$ on N-doped activated carbons [J]. Catalysis Today, 2011, 176 (1): 383-387.

[266] Sousa J P S, Pereira M F R, Figueiredo J L. Modified activated carbon as catalyst for NO oxidation [J]. Fuel Processing Technology, 2013, 106: 727-733.

[267] Rathore R S, Srivastava D K, Agarwal A K, et al. Development of surface functionalized activated carbon fiber for control of NO and particulate matter [J]. Journal of hazardous materials, 2010, 173 (1-3): 211-222.

[268] Adapa S, Gaur V, Verma N. Catalytic oxidation of NO by activated carbon fiber [J]. Chemical Engineering Journal, 2006, 116 (1): 25-37.

[269] Sousa J P S, Pereira M F R, Figueiredo J L. NO oxidation over nitrogen doped carbon xerogels [J]. Applied Catalysis B: Environmental, 2012, 125: 398-408.

[270] Gao X, Liu S, Zhang Y, et al. Physicochemical properties of metal-doped activated carbons and relationship with their performance in the removal of SO$_2$ and NO [J]. Journal of hazardous materials, 2011, 188 (1-3): 58-66.

[271] Atkinson J D, Zhang Z, Yan Z, et al. Evolution and impact of acidic oxygen functional groups on activated carbon fiber cloth during NO oxidation [J]. Carbon, 2013, 54: 444-453.

[272] Wang M X, Huang Z H, Shimohara T, et al. NO removal by electrospun porous carbon nanofibers at room temperature [J]. Chemical Engineering Journal, 2011, 170 (2-3): 505-511.

[273] Wang M X, Huang Z H, Shen K, et al. Catalytically oxidation of NO into NO$_2$ at room temperature by graphitized porous nanofibers [J]. Catalysis Today, 2013, 201: 109-114.

[274] Ramos A, Cameán I, García A B. Graphitization thermal treatment of carbon nanofibers [J]. Carbon, 2013, 59: 2-32.

[275] Endo M, Kim Y A, Hayashi T, et al. Microstructural changes induced in "stacked cup" carbon nanofibers by heat treatment [J]. Carbon, 2003, 41 (10): 1941-1947.

[276] Wang X, Li X, Zhang L, et al. N-doping of graphene through electrothermal reactions with ammonia [J]. Science, 2009, 324 (5928): 768-771.

[277] Li D, Kaner R B. Materials science. Graphene-based materials [J]. Science, 2008, 320

（5880）：1170.

[278] Guo Z, Wang M, Huang Z-H, et al. Preparation of graphene/carbon hybrid nanofibers and their perform-ance for NO oxidation [J]. Carbon, 2015, 87: 282-291.

[279] Zhou J H, Sui Z J, Zhu J, et al. Characterization of surface oxygen complexes on carbon nanofibers by TPD, XPS and FT-IR [J]. Carbon, 2007, 45 (4): 785-796.

[280] Ju Y W, Park S H, Jung H R, et al. Electrospun activated carbon nanofibers electrodes based on polymer blends [J]. Journal of the Electrochemical Society, 2009, 156 (6): A489.

[281] Bikshapathi M, Mathur G N, Sharma A, et al. Surfactant-enhanced multiscale carbon webs including nanofibers and Ni-nanoparticles for the removal of gaseous persistent organic pollutants [J]. Industrial & Engineering Chemistry Research, 2012, 51 (4): 2104-2112.

[282] Chakraborty A, Deva D, Sharma A, et al. Adsorbents based on carbon microfibers and carbon nanofibers for the removal of phenol and lead from water [J]. Journal of Colloid & Interface Science, 2011, 359 (1): 228.

[283] Seongyop Lim, Seong-Ho Yoon, Yoshiki Shimizu, et al. Surface Control of Activated Carbon Fiber by Growth of Carbon Nanofiber [J]. Langmuir the Acs Journal of Surfaces & Colloids, 2004, 20 (13): 5559.

[284] Katepalli H, Bikshapathi M, Sharma C S, et al. Synthesis of hierarchical fabrics by electrospinning of PAN nanofibers on activated carbon microfibers for environmental remediation applications [J]. Chemical Engineering Journal, 2011, 171 (3): 1194-1200.

[285] 马乐凡, 童志权, 尹奇德. 液相络合-铁屑还原-酸吸收回收法脱除烟气中的 NO_x [J]. 环境化学, 2006, 25 (6): 761-764.

[286] Talukdar P, Bhaduri B, Verma N. Catalytic oxidation of NO over CNF/ACF-supported CeO_2 and Cu nano-particles at room temperature [J]. Industrial & Engineering Chemistry Research, 2014, 53 (31): 12537-12547.

[287] Singhal R M, Ashutosh Sharma A, Verma N. Micro-nano hierarchal web of activated carbon fibers for cata-lytic gas adsorption and reaction [J]. Industrial & Engineering Chemistry Research, 2008, 47 (10): 3700-3707.

[288] Chien T W, Hsueh H T, Chu B Y, et al. Absorption kinetics of NO from simulated flue gas using Fe(Ⅱ) EDTA solutions [J]. Process Safety and Environmental Protection, 2009, 87 (5): 300-306.

[289] Long X L, Xiao W D, Yuan W K. Simultaneous absorption of NO and SO_2 into hexamminecobalt (Ⅱ) / iodide solution [J]. Chemosphere, 2005, 59 (6): 811-817.

[290] 周春琼, 邓先和. 烟气处理时乙二胺合钴高效脱 NO 实验研究 [J]. 化学工程, 2008, 36 (4): 53-56.

[291] 李小旭. 生物法同时脱除工业废气中 SO_2 和 NO_x 的初步研究 [D]. 天津：天津大学, 2009.

[292] 张春燕, 赵景开, 郭天蛟, 等. 络合吸收-生物还原烟气脱硝系统的研究进展 [J]. 高校化学工程学报, 2018, 32 (6): 1235-1244.

[293] Zhao J, Zhang C, Sun C, et al. Electron transfer mechanism of biocathode in a bioelectrochemical system coupled with chemical absorption for NO removal [J]. Bioresource technology, 2018, 254: 16-22.

[294] 王中立. 硝酸氧化吸收法联合脱硫脱硝的实验研究 [D]. 北京：华北电力大学（北京）, 2008.

[295] Minami T, Takeuchi K, Shimazaki N. Reduction of diesel engine NO_x using pilot injection [J]. SAE transactions, 1995, 1104-1111.

[296] 杨旭, 向南宏, 吴海泓, 等. 燃煤锅炉湿法脱硝实验研究 [J]. 特种设备安全技术, 2017 (3): 1-4.

[297] 何欣. 氢氧化镁脱硫脱硝新工艺 [D]. 青岛：青岛科技大学，2016.

[298] 王莉，吴忠标. 湿法脱硝技术在燃煤烟气净化中的应用及研究进展 [J]. 安全与环境学报，2010，10 (3)：73.

[299] Mok Y S. Absorption-reduction technique assisted by ozone injection and sodium sulfide for NO_x removal from exhaust gas [J]. Chemical Engineering Journal, 2006, 118 (1-2): 63-67.

[300] 黄艺. 尿素湿法联合脱硫脱硝技术研究 [D]. 杭州：浙江大学，2006.

[301] 叶呈炜，吕林，刘丙善. 尿素法同时脱硫脱硝试验研究 [J]. 武汉理工大学学报（交通科学与工程版），2018 (3)：25.

[302] 蔡守珂. 石灰石-石膏法联合液相氧化同时脱硫脱硝技术的研究 [D]. 长沙：中南大学，2012.

[303] Brogren C, Karlsson H T, Bjerle I. Absorption of NO in an alkaline solution of $KMnO_4$ [J]. Chemical Engineering & Technology: Industrial Chemistry-Plant Equipment-Process Engineering-Biotechnology, 1997, 20 (6): 396-402.

[304] Sada E, Kumazawa H, Hayakawa N, et al. Absorption of NO in aqueous solutions of $KMnO_4$ [J]. Chemical Engineering Science, 1977, 32 (10): 1171-1175.

[305] 陈国庆，高继慧，王帅，等. 烟气气相组分及 $Ca(OH)_2$ 对 $KMnO_4$ 氧化 NO 的影响机理 [J]. 化工学报，2009，60 (9)：2314-2320.

[306] Chu H, Chien T W, Li S. Simultaneous absorption of SO_2 and NO from flue gas with $KMnO_4/NaOH$ solutions [J]. Science of the total environment, 2001, 275 (1-3): 127-135.

[307] Guo R T, Yu Y L, Pan W G, et al. Absorption of NO by aqueous solutions of $KMnO_4/H_2SO_4$ [J]. Separation Science and Technology, 2014, 49 (13): 2085-2089.

[308] Pan W G, Guo R T, Zhang X B, et al. Absorption of NO by using aqueous $KMnO_4/(NH_4)_2CO_3$ solutions [J]. Environmental Progress & Sustainable Energy, 2013, 32 (3): 564-568.

[309] Deo P. The use of hydrogen peroxide for the control of air pollution [M]. Studies in Environmental Science. Elsevier, 1988: 275-292.

[310] 郭天祥. 新型复合吸收剂液相同时脱硫脱硝的实验研究 [D]. 北京：华北电力大学（北京），2011.

[311] Gray D, Lissi E, Heicklen J. Reaction of hydrogen peroxide with nitrogen dioxide and nitric oxide [J]. The Journal of Physical Chemistry, 1972, 76 (14): 1919-1924.

[312] 方平，岑超平，唐志雄，等. 尿素/H_2O_2 溶液同时脱硫脱硝机理研究 [J]. 燃料化学学报，2012，40 (1)：111-118.

[313] Liu Y, Zhang J, Sheng C, et al. Simultaneous removal of NO and SO_2 from coal-fired flue gas by UV/H_2O_2 advanced oxidation process [J]. Chemical Engineering Journal, 2010, 162 (3): 1006-1011.

[314] Liu Y, Zhang J, Pan J, et al. Investigation on the removal of NO from SO_2-containing simulated flue gas by an ultraviolet/Fenton-like reaction [J]. Energy & fuels, 2012, 26 (9): 5430-5436.

[315] Adewuyi Y G, Sakyi n Y, Khan M A. Simultaneous removal of NO and SO_2 from flue gas by combined heat and Fe^{2+} activated aqueous persulfate solutions [J]. Chemosphere, 2018, 193: 1216-1225.

[316] Huang X, Ding J, Zhong Q. Catalytic decomposition of H_2O_2 over Fe-based catalysts for simultaneous removal of NO_x and SO_2 [J]. Applied Surface Science, 2015, 32: 66-72.

[317] Zhao Y, Hao R, Xue F, et al. Simultaneous removal of multi-pollutants from flue gas by a vaporized composite absorbent [J]. Journal of hazardous materials, 2017, 321: 500-508.

[318] Wu B, Xiong Y, Ge Y. Simultaneous removal of SO_2 and NO from flue gas with OH from the catalytic decomposition of gas-phase H_2O_2 over solid-phase $Fe_2(SO4)_3$ [J]. Chemical Engineering Journal, 2018, 331: 343-354.

[319] Sada E, Kumazawa H, Kudo I, et al. Absorption of NO in aqueous mixed solutions of NaClO$_2$ and NaOH [J]. Chemical Engineering Science, 1978, 33 (3): 315-318.

[320] Chien T W, Chu H, Hsueh H T. Spray scrubbing of the nitrogen oxides into NaClO$_2$ solution under acidic conditions [J]. Journal of Environmental Science and Health, Part A, 2001, 36 (4): 403-414.

[321] Yang C L, Shaw H, Perlmutter H D. Absorption of NO promoted by strong oxidizing agents: 1. Inorganic oxychlorites in nitric acid [J]. Chemical Engineering Communications, 1996, 143 (1): 23-38.

[322] Yang C L, Shaw H. Aqueous absorption of nitric oxide induced by sodium chlorite oxidation in the presence of sulfur dioxide [J]. Environmental progress, 1998, 17 (2): 80-85.

[323] Sun Y. Study on SO$_2$, NO removal from flue gas using an aqueous NaClO$_2$ solution with oxidation reduction potential and pH control [J]. Advanced Materials Research, 2014, 84 (2): 2221-2225.

[324] 宋永惠. 紫外在线辐照强化 NaClO$_2$ 溶液湿法脱硝性能研究 [D]. 大连: 大连海事大学, 2018.

[325] 刘志华. ClO$_2$ 液相氧化协同氨法脱硫脱硝研究 [D]. 杭州: 浙江工业大学, 2017.

[326] 王海涛. 二氧化氯氧化脱硝及其反应动力学试验研究 [D]. 哈尔滨: 哈尔滨工业大学, 2016.

[327] Jin D S, Park B R, Cho H D, et al. Effect of ClO$_2$ feeding rate on simultaneous reaction of SO$_2$ & NO$_x$ removal by ClO$_2$ [J]. Theor Appl Chem Eng, 2004, 10 (2): 1727-1730.

[328] 王春慧, 晋日亚. 稳定性二氧化氯处理 NO$_x$ 的研究 [J]. 电镀与环保, 2010, 30 (5): 28-30.

[329] 王春慧, 晋日亚, 池致超, 等. 稳定性二氧化氯脱氮除硫实验研究 [J]. 电镀与环保, 2011, 31 (3): 42-44.

[330] 王春慧. 稳定性二氧化氯脱氮除硫技术研究 [D]. 太原: 中北大学, 2011.

[331] 谢珊. 二氧化氯液相脱硫脱硝效能及工程应用研究 [D]. 南京: 南京理工大学, 2016.

[332] Deshwal B R, Jin D S, Lee S H, et al. Removal of NO from flue gas by aqueous chlorine-dioxide scrubbing solution in a lab-scale bubbling reactor [J]. Journal of Hazardous Materials, 2008, 150 (3): 649-655.

[333] 李广培, 秘密, 董勇, 等. 二氧化氯对 NO 和 Hg 的气相氧化性能的实验研究 [J]. 中国电机工程学报, 2015, 35 (13): 3324-3330.

[334] 赵海谦, 高继慧, 周伟, 等. Fe^{2+}/H$_2$O$_2$ 体系内各种自由基在氧化 NO 中的作用 [J]. 化工学报, 2015, 66 (1): 449-454.

[335] Rivas F J, Beltran F J, Frades J, et al. Oxidation of p-hydroxybenzoic acid by Fenton′s reagent [J]. Water research, 2001, 35 (2): 387-396.

[336] Zhao Y, Wen X, Guo T, et al. Desulfurization and denitrogenation from flue gas using Fenton reagent [J]. Fuel processing technology, 2014, 128: 54-60.

[337] 程丽华, 黄君礼, 倪福祥. Fenton 试剂生成·OH 的动力学研究 [J]. 环境污染治理技术与设备, 2003, 4 (5): 12-14.

[338] Guo R T, Pan W G, Zhang X B, et al. Removal of NO by using Fenton reagent solution in a lab-scale bubbling reactor [J]. Fuel, 2011, 90 (11): 3295-3298.

[339] Barbeni M, Minero C, Pelizzetti E, et al. Chemical degradation of chlorophenols with Fenton′s reagent (Fe^{2+}+H$_2$O$_2$) [J]. Chemosphere, 1987, 16 (10-12): 2225-2237.

[340] 王杰, 马溪平, 唐凤德, 等. 微波催化氧化法预处理垃圾渗滤液的研究 [J]. 中国环境科学, 2011, 31 (7): 1166-1170.

[341] 范春贞, 李彩亭, 路培, 等. 类芬顿试剂液相氧化法脱硝的实验研究 [J]. 中国环境科学, 2012, 32 (6): 988-993.

[342] 姜成春, 庞素艳, 江进, 等. Fe (Ⅲ) 催化过氧化氢分解影响因素分析 [J]. 环境科学学报, 2007, 27 (7): 1197-1202.

[343] 谭月. Mn-Ce/活性焦低温脱硫脱硝催化剂的制备与再生实验研究 [D]. 南京：南京师范大学，2015.

[344] 雷晶晶. 纳米 V_2O_5/AC 催化剂脱硫脱硝性能的研究 [D]. 武汉：武汉科技大学，2014.

[345] 马建蓉，刘守军，刘振宇，等. 新型低温 Fe/AC 脱硫剂的研究 [J]. 环境科学，2001，6：29-33.

[346] 马建蓉，刘振宇，黄张根，等. NH_3 在 V_2O_5/AC 催化剂表面的吸附与氧化 [J]. 催化学报，2006（1）：91-96.

[347] 解炜，熊银伍，孙仲超，等. NH_3 改性活性焦脱硝性能试验研究 [J]. 煤炭科学技术，2012，40（4）：125-128.

[348] 张亚亚. 活性焦烟气脱硫技术研究 [D]. 北京：华北电力大学（北京），2019.

[349] 张九杉. 活性焦烟气脱硫脱硝中低浓度氨逃逸的一种测量方法 [J]. 中国石油和化工标准与质量，2019，39（23）：58-59.

[350] 王慧红，刘碧涛. 活性焦联合脱硫脱硝技术在烟气治理中的应用 [J]. 资源节约与环保，2020，（4）：5.

[351] Li Jianjun, Kobayashi N, Yongqi H U. Effect of additive on the SO_2 removal from flue gas by activated coke [J]. Journal of Environment and Engineering, 2008, 3 (1): 92-99.

[352] Wang J, Yan Z, Liu L, et al. Low-temperature SCR of NO with NH_3 over activated semi-coke composite-supported rare earth oxides [J]. Applied Surface Science, 2014, 309: 1-10.

[353] Yoshikawa M, Yasutake A, Mochida I. Low-temperature selective catalytic reduction of NO_x by metal oxides supported on active carbon fibers [J]. Applied Catalysis A-general, 1998, 173 (2): 239-245.

[354] Wang L, Cheng X, Wang Z, et al. Investigation on Fe-Co binary metal oxides supported on activated semi-coke for NO reduction by CO [J]. Applied Catalysis B-environmental, 2017, 201: 636-651.

[355] 杨丹妮，郝先鹏，刘一天，等. V_2O_5 共混制备改性活性焦的脱硫性能及机理 [J]. 环境工程学报，2015，9（4）：1916-1920.

[356] 周亚端，向晓东，熊友沛，等. 金属氧化物组合改性活性焦脱硝性能的研究 [J]. 环境工程，2013，31（3）：90-92，121.

[357] 常连成，肖军，张辉，等. 改性活性焦低温脱硝实验研究 [J]. 太原理工大学学报，2010，41（5）：593-597.

[358] 王鹏，解炜，李兰廷，等. 循环脱硫再生过程中活性焦表面性质和孔结构的演变规律 [J]. 煤炭学报，2016，41（3）：751-759.

[359] 陈立杰，王恩德，李元辉. 改性活性焦脱硫脱氮性能的研究 [J]. 环境保护科学，2004（1）：6-8.

[360] 杨柳，谭月，盛重义，等. Mn-Ce/活性焦低温脱硝催化剂热再生机制 [J]. 高校化学工程学报，2015，29（6）：1438-1444.

[361] 肖武. 活性半焦负载 Fe-Zn-Cu 用于烟气脱硫脱硝的实验研究 [D]. 鞍山：辽宁科技大学，2016.

[362] 胡秋玮，向晓东，周志辉，等. 活性焦低温脱除烧结烟气中 NO_x 试验研究 [J]. 矿产综合利用，2013（1）：50-53.

[363] Huang Z, Zhu Z, Liu Z. Combined effect of H_2O and SO_2 on V_2O_5/AC catalysts for NO reduction with ammonia at lower temperatures [J]. Applied Catalysis B-environmental, 2002, 39 (4): 361-368.

[364] Wang J, Yang J, Liu Z. Gas-phase elemental mercury capture by a V_2O_5/AC catalyst [J]. Fuel Processing Technology, 2010, 91 (6): 676-680.

5 多污染物全过程控制耦合关键技术及示范

我国是钢铁生产大国，同时也是钢铁消费大国。有统计显示，2014 年中国粗钢产量达到 8.22 亿吨，约占世界粗钢产量的 50%[1]。钢铁在生产过程中要向周围环境中排放大量的污染物和温室气体，包括工业废水、粉尘、CO_2、SO_2、NO_x 等。在我国如此巨大的钢铁产量的现状下，钢铁行业对环境的污染程度可想而知。

"十三五"以来，钢铁行业超低排放改造成为发展趋势，提出"全过程控制"的总体思路[2]。同时，污染物已经由"单一污染物控制"向"多污染物协同控制"的发展趋势。目前我国钢铁行业主要控制粉尘、SO_2 以及 NO_x，正在转向钢铁行业全流程多污染物协同控制[3]。

例如：国内大部分烧结/球团烟气已上脱硫设施，针对其大流量、低 NO_x 的排放特点，通过耦合臭氧氧化脱硝、半干法脱硫提效改造、预荷电袋式除尘等 3 项技术，协同脱除颗粒物、SO_2 以及 NO_x，实现颗粒物、SO_2、NO_x 分别达到 $10mg/m^3$、$35mg/m^3$、$50mg/m^3$ 以下，实现污染物超低排放[4]。

本章从四个小节阐述"多污染物全过程控制耦合关键技术及示范"，为以后的钢铁行业污染治理提供借鉴与学习。

5.1 基于镁法多污染物协同去除与副产物资源化技术及示范

5.1.1 湿式镁法多污染物协同去除技术

5.1.1.1 镁法脱除烧结烟气硫氧化物技术

镁法脱硫技术的基本原理[5]是采用氧化镁原料粉作为脱硫吸收剂，将氧化镁通过浆液制备系统制成氢氧化镁悬浮液，在脱硫吸收塔内与烟气充分接触，烟气中的 SO_2 与浆液中的氢氧化镁进行化学反应生成亚硫酸镁，亚硫酸镁可进一步氧化成硫酸镁。剩余溶液经水处理中心简单处理后无害排放或者进一步浓缩并脱水干燥后制成硫酸镁晶体。

镁法脱硫技术具有极高的应用推广价值[6]。氧化镁来源广泛、化学反应活性高，从工艺原理来看，镁法脱硫的副产物可以得到有效利用。既可以采用脱硫副产品亚硫酸镁制硫酸方案，也可将亚硫酸镁强制氧化成硫酸镁作为副产品出售。从系统投运来看，投资费用低，运行可靠性高，不宜结垢等。

镁法脱硫技术在国内外发展较晚。氧化镁再生法脱硫工艺，最早由美国化学基础公司在 20 世纪 60 年代开发成功，70 年代后期，美国费城电力公司（PECO）与 DUCON、United & Constructor 合作研究氧化镁再生法脱硫工艺，烟气脱硫系统和两个氧化镁再生系统于 1982 年建成并投入运行。1980 年，美国 DUCON 公司成功实施了氧化镁湿法脱硫系统，运行效果良好[7,8]。在日本，20世纪70年代中期多家公司相继开始研究氧化镁湿法脱硫工艺，并首先在造纸厂和炼油厂应用，之后逐步取代部分烧碱法和石灰法工艺，成为烧结烟气脱硫的主要工艺之一[9]。苏联、韩国、奥地利和中国台湾等均对镁法脱硫技术进行了研究和应用[10]。

镁法脱硫技术在国内许多行业领域得到了应用[11]。2010年前后，使用镁法烟气脱硫技术的电力行业有滨州化工集团发电厂、太钢发电厂、华能辛店电厂、中石化仪征化纤热电厂、魏桥铝电发电厂、鲁北化工发电厂、台塑关系企业（宁波、昆山、南通）热电厂等电厂；钢铁行业有五矿营口中板烧结机厂、唐山国丰钢铁集团烧结机厂、河北敬业钢铁集团烧结机厂等烧结机厂。近几年，湿法脱硫饱受争议，其致使烟气含盐量增加和细颗粒物含量大幅增加，是造成雾霾的主要原因，但是仍然不容忽视镁法脱硫技术带来的价值。同时，亟须研究镁法脱硫协同脱硝技术，在脱硫基础上协同控制 NO_x 的排放，降低投资和运行成本。

5.1.1.2 湿式镁法多污染物协同去除的可行性分析

烧结烟气中90%以上的 NO_x 为不易溶于水或者酸碱溶液的 NO，液相吸收法脱硝率不高的主要原因在于 NO 的溶解度较低，因此将 NO 氧化成易溶于水的 N_2O_5 等或者 NO_2 等溶解度较高的物质是提高脱硝效率的关键。氧化-吸收脱硝工艺的基本原理[12]是通过次氯酸钠、亚氯酸钠和臭氧等氧化剂或等离子体氧化的作用，将 NO 氧化为 NO_2 或者 N_2O_5 等高价态易吸收的 NO_x，NO_2 或者 N_2O_5 等高价态 NO_x 再与碱性溶液吸收剂反应生成硝酸或者相应的硝酸盐，从而完成脱硝的过程。氧化-吸收脱硝系统工艺简单，投资少，具有推广应用潜力。

臭氧的氧化能力极强，仅次于氟，此外臭氧氧化后的反应产物为氧气，不会带来二次污染，是一种清洁的氧化剂，为钢铁企业烧结烟气治理提供了新的方法。臭氧可将烟气中难溶于水的 NO 氧化成易溶于水的 NO_2 等高价态 NO_x。此外，臭氧可将零价汞氧化成可溶性二价汞（Hg^{2+}），结合脱硫吸收塔与 SO_2、HCl、HF 等可溶性酸性气体一同去除。可溶性污染物经湿法吸收塔吸收后生成的亚硝酸盐、硝酸盐、硫酸盐产物经提纯浓缩结晶后，可作为工业原料出售，而溶液中 Hg^{2+} 经 Na_2S 处理生成稳定的 HgS 沉淀，从而避免吸收溶液中汞的二次污染，完全适用于已经建设脱硫系统的钢铁行业脱硝改造[13,14]。

前人已经报道了相关研究，包括：烧结烟气臭氧氧化-半干法吸收脱硫脱硝实践[15]、臭氧氧化结合钙法同时脱硫脱硝的研究[16]、臭氧氧化技术结合铵法脱硫同时脱硝试验研究[17]和臭氧/氧化镁同时脱硫脱硝的反应特性研究[18]等。

MgO 法烟气处理技术吸收效率高达98%以上，脱除等量的 SO_2、NO_2 需要 MgO 的量仅为石灰石的30%，设备一次性投资少、系统简单、运行可靠、不结垢和堵塞，技术成熟，运行费用较低，配合臭氧氧化是多污染物协同去除的关键。同时，由于吸收塔同时脱硫脱硝，导致原有的脱硫副产物中增加大量的硝酸盐和重金属盐溶液，对整个工艺的副产物的品质和综合利用产生一定的影响，这是湿法协同去除烟气中多污染物的主要挑战。

5.1.1.3 湿式镁法多污染物协同去除技术工艺

在湿式镁法/臭氧协同去除多污染物总体思路的基础上，开发湿式镁法/臭氧协同去除多污染物的技术工艺,工艺路线为:引风机抽取空气源(配比 NO/SO$_2$)→电加热→O$_3$ 氧化→脱硫吸收塔→涡流除湿除尘→排气筒。详细工序如图 5-1 所示。

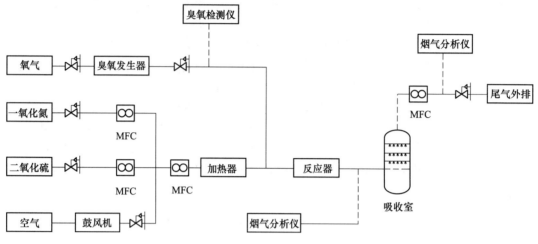

图 5-1 尾气净化工艺流程

(1)气体组分(NO、SO$_2$)经减压阀、质量流量计与经鼓风机引入的空气充分混合后进入加热室加热至 130℃;

(2)氧气进入臭氧发生器后,经高压放电电离制备出臭氧,臭氧经臭氧检测仪进入烟道反应器;

(3)在反应器内将气体组分中的一氧化氮充分氧化,进入吸收塔前的气体由烟气分析仪实时监测;

(4)氧化后气体通过喷淋装置与吸收液接触完成吸收;

(5)吸收后气体由烟气分析仪实时监测;

(6)吸收塔前后各设置一个测点测量污染物实时浓度,臭氧浓度测点设置在臭氧发生器之后、系统加入点之前。

在湿式镁法/臭氧协同去除多污染物技术工艺基础上,开发湿式镁法/臭氧协同去除多污染物系统,系统主要由臭氧发生系统、脱硫液制备系统、吸收系统、硫酸镁蒸发结晶系统、辅助系统构成。

(1)臭氧发生系统。臭氧发生系统主要由空气处理系统、冷却系统、电源系统、臭氧发生系统四大部分组成,在臭氧发生室内的高频高压电场内,部分氧气转换成臭氧,温度、压力监测,经出气调节阀后由臭氧出气口排出。自动控制系统中,臭氧发生联动控制模块根据排放尾气中的污染物含量,自动调节发生器注入臭氧量,突破了进口烟气量波动、排放烟气含硝量不稳定的技术瓶颈;臭氧尾气破坏模块负责分解多余臭氧,避免多余臭氧排入大气,使尾气达到排放标准。

(2)脱硫液制备系统。脱硫剂制备系统主要由氢氧化镁制备、储存箱及氢氧化镁输送泵等其他附属设备组成,该系统主要用于制备、储存氢氧化镁浆液,一般按脱硫系统最大浆液消耗量的 200% 设计,氢氧化镁制备箱、氢氧化镁输送泵均按一用一备设置,氢氧化镁储存箱可储存 8h 脱硫液用量。

（3）吸收系统。吸收系统主要由浓缩降温塔、浓缩降温塔循环泵、吸收塔（含浆液池、喷淋层、除雾器）、吸收塔循环泵、搅拌器、氧化风机、硫酸镁浆液排出泵等设备组成。

1）浓缩降温塔。浓缩降温塔在氧化镁脱硫系统中主要有两个作用，一方面硫酸镁浆液可以在浓缩降温塔中与烧结热烟气接触反应，硫酸镁浆液中的水分被热烟气蒸发，硫酸镁浆液浓度可以大大提高，从而可以节约后续蒸发结晶系统的能耗；另一方面烧结热烟气在浓缩降温塔中由于吸收了硫酸镁浆液中水分，热烟气得到了冷却，有利于后续吸收塔中吸收反应。

2）吸收塔。烧结烟气的污染物大部分在吸收塔中被去除，吸收塔采用空塔喷淋技术，并在浆液池配置侧进式搅拌器，能有效防止浆液沉积堵塞管道。吸收塔设置有浆液循环泵，并配套设置浆液喷淋层。为了防止吸收塔出口烟气携带微小的脱硫液滴，吸收塔顶部还布置有两层高效的屋脊式除雾器，屋脊式除雾器能保证吸收塔出口粉尘达标排放。

（4）硫酸镁蒸发结晶系统。硫酸镁蒸发结晶系统主要用于七水硫酸镁回收，其回收原理为：用蒸汽加热硫酸镁浆液并蒸发部分水分，然后迅速冷却到一定的温度析出七水硫酸镁晶体，并用离心机分离出晶体，最后用干燥机烘干就达到了回收七水硫酸镁晶体的目的。硫酸镁蒸发结晶系统主要包括多效循环蒸发器、涡旋分离稠厚器、离心机（一用一备）、振动流化床干燥机、半自动成品包装机。

5.1.1.4 湿式镁法多污染物协同去除技术验证

研究团队开展了关于湿式镁法多污染物协同去除技术验证的中试试验，中试试验中所使用的实验烟气配气比例以承钢 3 号 $360m^2$ 烧结机实际烟气状况为基准。实验烟气由配气系统配比并混合均匀后经臭氧氧化，最终通入脱硫吸收塔。实验烟气配气参数如表 5-1 所示。

表 5-1 中试试验配气工艺参数

项 目	数值	备注
烟气量/$m^3 \cdot h^{-1}$	1000	空气源
O_2 含量/%	21	空气源
N_2 含量/%	78	空气源
SO_2 含量（标准状态）/$mg \cdot m^{-3}$	1500	配气
NO 含量（标准状态）/$mg \cdot m^{-3}$	280	配气
烟温/℃	130	电加热
吸收液 pH 值	6~7	配浆

中试实验集中考察了 O_3 对 NO_x、SO_2 的影响，吸收塔对 NO_x、SO_2 的吸收效果和 O_3 + 吸收塔协同对 NO_x 及 SO_2 脱除的影响，实验结果如下。

A O_3 对 NO_x 的影响

由图 5-2 可以看出，当 O_3 作为氧化剂，氧氮比大于 1.5 时，NO 氧化后浓度低于检测器的检出限，NO_2 的浓度也由 0 上升到 40mg/L 左右，说明 O_3 可以将 NO 充分地氧化为更高价态的 NO$_x$，效率可以达到 100%。但 NO$_2$ 的生成率较低，在 30% 左右，说明 NO 大部分已经被氧化为其他高价态氧化物（N$_2$O$_3$、N$_2$O$_4$、N$_2$O$_5$ 等），N$_2$O$_5$ 可以更容易被后续的水和碱液吸收，有利于系统中污染物的进一步脱除。并且，较高浓度的臭氧也更有利于 NO 向 NO$_2$ 的转化。

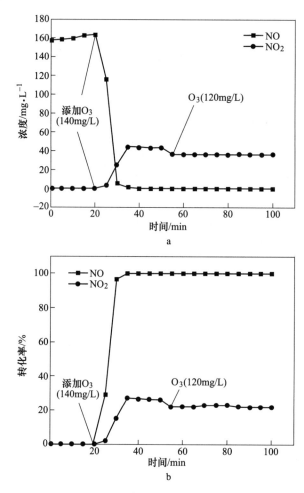

图 5-2　不同浓度 O$_3$ 的加入对 NO 和 NO$_2$ 浓度（a）和转化率（b）的影响

B　O$_3$ 对 SO$_2$ 的影响

从图 5-3 中看出，O$_3$ 也可以将烟气中的 SO$_2$ 进行氧化，在 140mg/L 的 O$_3$ 水平下，大约有 25% 的 SO$_2$ 被氧化，应该主要生成了 SO$_3$，SO$_3$ 也可以被后续的镁碱液轻松地吸收，因此臭氧的存在不会对后续硫氧化物的吸收产生不利的影响，进行镁法/臭氧脱硫脱硝完全可行。另外，较高浓度的臭氧也更有利于 SO$_2$ 的氧化。

C　吸收塔对 NO$_x$ 的吸收效果

图 5-4 显示的是吸收塔对氧化后的 NO$_x$ 的吸收情况。其中，图 5-4a 描述的是吸收塔前后 NO$_x$ 的浓度变化，此处的 NO$_x$ 主要代表 NO 被氧化后的 NO$_2$，图 5-4b 表示的是吸收塔对 NO$_x$（主要是 NO$_2$）的吸收效率，在 O$_3$ 以 120mg/L 的稳定流量供给时，吸收效率稳定维持在 60% 左右。

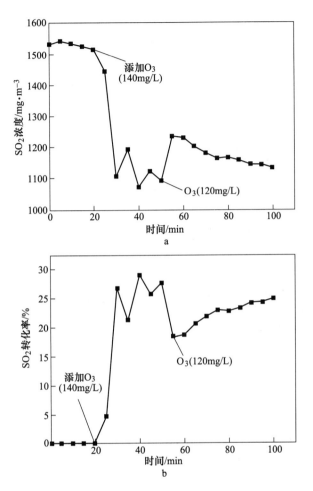

图 5-3　不同浓度 O_3 的加入对 SO_2 浓度（a）和转化率（b）的影响

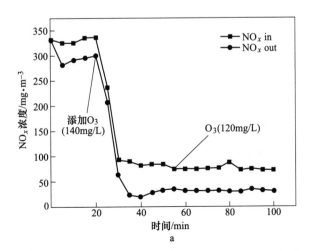

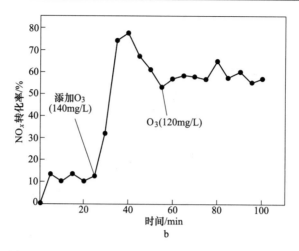

图 5-4 吸收塔对 NO$_x$ 浓度（a）及吸收效率（b）影响

D 吸收塔对 SO$_2$ 吸收的影响

从图 5-5 可以看出，烟道中的 SO$_2$ 气体经过镁法浆液的吸收后，吸收效率可以稳定地

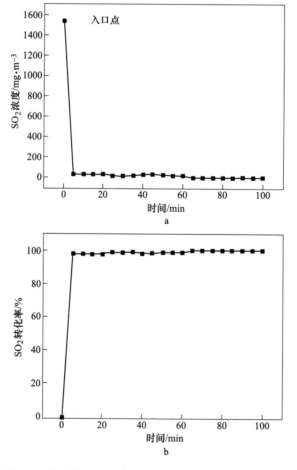

图 5-5 吸收塔对 SO$_2$ 浓度（a）及吸收效率（b）影响

保持在100%，说明采用镁法脱硫在该工艺中是可行的，并可以达到理想的脱除效果。

E O₃、吸收塔协同对 NO_x 及 SO_2 脱除的影响

从图5-6可以看出，当系统内没有加入臭氧时（20min之前），吸收塔对入口的 NO_x（主要为NO）吸收效果较差，效率大约在10%。经过臭氧氧化后，系统内的 NO_x 被大量吸收，并且在臭氧供给稳定的情况下，脱硝效率可以维持在90%左右，效果较为突出，出口处 NO_x 浓度（标准状态）可持续保持在 $20\sim35mg/m^3$，满足行业排放指标。另外，对比之下，高浓度的 O_3 对于系统 NO_x 的脱除有一定的促进，但效果并不显著。

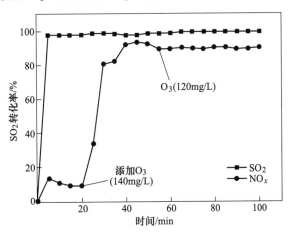

图5-6 O₃、吸收塔协同对 NO_x 及 SO_2 脱除效率影响

经中试试验验证，采用臭氧氧化脱硝以及镁法脱硫工艺的耦合进行多污染物协同脱除是可行的，在实验中，系统的脱硫效果在稳定状态下可以达到100%，脱硝效率也在90%左右，满足行业需求。由实验结果来看，该新工艺效果突出，脱硫脱硝之间不存在互相干扰，满足钢铁行业对硫氧化物和 NO_x 的超低排放标准。

5.1.2 副产物的多级协同分质回收与废水循环利用协同调控技术

镁法脱硫效率高，脱硫副产物可回收利用，不会产生固体废弃物的二次污染，因此镁法脱硫得到快速推广应用。烧结烟气镁法脱硫以后，脱硫产物为硫酸镁溶液，硫酸镁溶液经过滤除杂后的温度约为30℃，溶液中硫酸镁含量约为12%。从硫酸镁溶液中蒸发分离出硫酸镁产品，是实现镁法脱硫副产物回收利用的关键。

镁法脱硫与硫酸镁联产工艺流程如图5-7所示。该工艺不仅脱除 SO_2 效果显著，并且实现了副产物制七水硫酸镁产品。活性氧化镁发生水化反应生成氢氧化镁，调制成一定浓度的氢氧化镁浆液后送入脱硫塔；除尘后的尾气从中部导入吸收塔，经过吸收剂浆体除去其中的 SO_2，再经过换热器降温后成为达标尾气排入大气；浆体吸收 SO_2 形成亚硫酸镁，亚硫酸镁进入微孔曝气氧化装置被氧化成硫酸镁，之后过滤除杂，再进入结晶槽中结晶成七水硫酸镁，七水硫酸镁经过真空皮带脱水干燥，最后形成七水硫酸镁产品包装销售，结晶槽中含有硫酸镁的上清液和脱水干燥的废水输送至循环水箱中，经过循环水箱处理过后的水输送至脱硫塔中回用[19]。

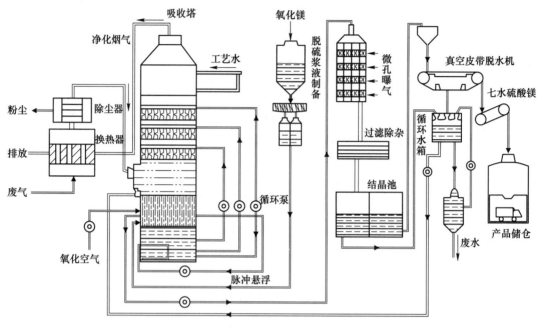

图 5-7　镁法脱硫及硫酸镁联产工艺流程

镁法脱硫副产物回收利用的关键是提取脱硫废液中的硫酸镁,硫酸镁提取过程中的主要工序是蒸发结晶。硫酸镁溶液的蒸发结晶工艺流程如图 5-8所示,硫酸镁溶液经预热器预热后进入蒸发器进行蒸发浓缩,浓缩至饱和溶液。硫酸镁饱和溶液由料浆泵输送至结晶器,在结晶器内降温结晶形成七水硫酸镁晶体。结晶溶液经离心分离后,母液返回蒸发器继续蒸发浓缩,分离出的结晶体送入干燥器,经干燥脱水制备七水硫酸镁产品。

溶解度是指在一定温度下,固态物质在 100g溶剂中达到饱和状态时所溶解的溶质的质量。溶解度主要受温度的影响,大多数固体物质的溶解度随温度的升高而增大。正是由于固体物质的溶解度随温度变化而存在较大差异,因此可以利用不同温度下溶质的溶解度不同,从溶液中蒸发结晶出溶质。脱硫副产物硫酸镁溶液的蒸发结晶也是根据不同温度下硫酸镁在水溶液中的溶解度不同,从而蒸发结晶得到硫酸镁晶体。不同温度条件下硫酸镁的溶解度如图 5-9所示。

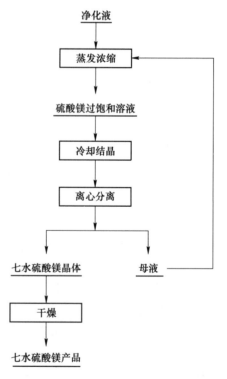

图 5-8　硫酸镁溶液蒸发结晶工艺流程

由图 5-9可知,硫酸镁的溶解度随着温度的升高先升高后下降。在温度为 0℃时,硫酸镁的溶解度为 18%,温度升高到 25℃时,溶解度升高到 26.7%。当温度升高到 69℃时,硫酸镁的溶解度达到最大为 37.1%，继续升高温度到 100℃，溶解度缓慢降低。脱硫副产物硫酸镁溶液温度大概为 30℃，根据图 5-9 溶解度曲线，硫酸镁的溶解度为 28%，而实际硫酸镁溶液的浓度为 12% 左右，远没有达到饱和状态。因此需要通过加热蒸发，使硫酸镁溶液达到饱和，从而蒸发结晶得到硫酸镁晶体。

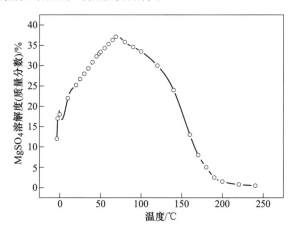

图 5-9　不同温度条件下硫酸镁的溶解度

由于脱硫废液中硫酸镁浓度低，蒸发结晶过程需要蒸发掉大量水溶液，导致蒸发热耗大，能耗高，成本高。因此，根据脱硫废液的物理性能，研究高效节能的蒸发工艺，降低蒸发结晶能源消耗，可以大幅度提高脱硫副产物的经济效益。结合钢铁企业的生产工序，利用钢铁企业的余热余能蒸发结晶硫酸镁溶液，不仅可以实现余热余能的回收利用，而且可以降低硫酸镁的结晶成本。

目前，工业上已经成熟应用的溶液蒸发结晶设备主要有多效蒸发器和 MVR（蒸汽机械再压缩）蒸发器。多效蒸发器是利用从一效到末效的温度差来设计二次蒸汽多次重复利用的蒸发器，一般一效蒸发的蒸发温度由物料的热敏性温度来控制，末效二次蒸汽的温度由当地的海拔高度和真空机组的选型来决定。其生蒸汽的消耗与效体的数量成反比，主要消耗的能源介质为蒸汽。MVR 蒸发器是利用压缩机将蒸发出来的二次蒸汽再压缩使其温度升高，再送入蒸发加热器重复使用，当需要蒸发的原液以蒸发泡点进入蒸发器时，MVR 蒸发器理论上不需要消耗生蒸汽，只消耗电能。其电能的消耗主要取决于二次蒸汽所需要的温升和压缩机的效率。本书对脱硫废液多效蒸发和 MVR 蒸发进行了对比研究，以期为脱硫废液选取合适的蒸发工艺提供技术支持。

多效蒸发器是通过将预热后的硫酸镁溶液经原料泵输送到一效蒸发器的顶部进料室，经过布液器进入列管内与管外的生蒸汽进行换热，硫酸镁溶液以降膜方式蒸发。蒸发产生的浓缩液和二次蒸汽进入分离器内分离，分离后的浓缩液经泵被打入二效蒸发器内，分离出二次蒸汽进入第二效的加热室作为加热蒸汽，浓缩液在第二效内进一步浓缩。第二效产生的浓缩液经泵被打入三效蒸发器内，分离出二次蒸汽进入第三效的加热室作为加热蒸汽，浓缩液在第三效内被浓缩到规定浓度经出料泵排出，第三效的二次蒸汽则送至冷凝器全部冷凝。多效蒸发工艺流程如图 5-10 所示。

多效蒸发是把前效产生的二次蒸汽作为后效的加热蒸汽，虽然在一定程度上节省了生

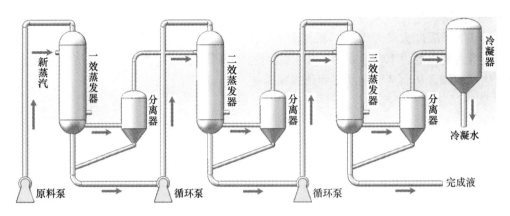

图 5-10　多效蒸发工艺流程

蒸汽，但第一效仍然需要源源不断地提供大量生蒸汽，并且末效产生的二次蒸汽还需要冷凝水冷凝，整个蒸发系统也比较复杂。

　　MVR 蒸发技术的工艺流程如图 5-11 所示。将从蒸发器分离出来的二次蒸汽经压缩机压缩后，其温度、压力升高，热焓增大，然后进入蒸发器加热室冷凝并释放出潜热，受热侧的料液得到热量后沸腾汽化产生二次蒸汽经分离后进入压缩机，周而复始重复上述过程。蒸发器蒸发的二次蒸汽源源不断地经过压缩机压缩，提高热焓，返回蒸发器作为蒸发的热源，这样就可以充分回收利用二次蒸汽的热能，省掉生蒸汽，达到节能的目的；同时，还省去了二次蒸汽冷却水系统，节约了大量的冷却水。

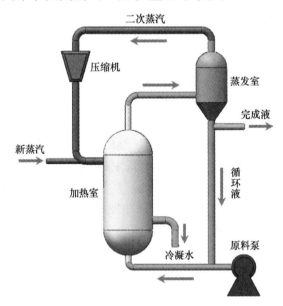

图 5-11　MVR 蒸发器工作流程

　　多效蒸发与 MVR 蒸发是两种主要的蒸发结晶技术，在工业上都得到大量的应用。为了比较脱硫副产物硫酸镁蒸发能耗情况，分别建立了多效蒸发和 MVR 蒸发热平衡数学模型，对两种不同蒸发工艺的能耗情况进行对比。

以烧结烟气镁法脱硫后的脱硫废液为研究对象,脱硫废液主要由硫酸镁组成。脱硫废液蒸发基本参数如表5-2所示,由表5-2可知,总蒸发水量为8.42t/h。

表5-2　脱硫废液蒸发基本参数

序号	参　　数	单位	数值
1	废液流量	t/h	10
2	硫酸镁初始浓度	%	12
3	初始温度	℃	25
4	蒸发后浓度	%	76
5	加热蒸汽压力	MPa	0.60
6	蒸汽温度	℃	160

多效蒸发以典型的三效蒸发器为例,根据工业化运行的实际生产数据,三效蒸发和MVR蒸发工艺蒸发1t水能源消耗如表5-3所示。

表5-3　三效蒸发和MVR蒸发能源消耗对比

序号	名　　称	单　位	三效蒸发	MVR蒸发
1	动力电消耗	kW·h/t（水）	9.5	75.5
2	蒸汽消耗（0.6MPa）	t/t（水）	0.39	0.07

由表5-3可知,采用三效蒸发器蒸发脱硫废液中硫酸镁,电能消耗为79.99kW·h,蒸汽消耗为3.28t;采用MVR蒸发器蒸发脱硫废液,电能消耗为635.71kW·h,蒸汽消耗为0.59t。如图5-12所示,以钢铁企业电价0.7元/(kW·h)、0.6MPa饱和蒸汽价格120元/t计,由此可以计算得到三效蒸发能耗成本为449.60元/h,MVR蒸发能耗成本为515.80元/h。三效蒸发器成本要低于MVR蒸发。

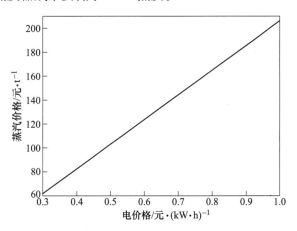

图5-12　MVR蒸发器与三效蒸发器能耗成本比较

根据钢铁企业低温余热余能充足,电能紧张的特点,采用多效蒸发工艺对脱硫废液进行蒸发结晶,以蒸汽作为能源介质,如能以低温烟气直接代替蒸汽,可在减少能源转换流程及提高能源利用效率的同时,进一步降低该工艺的投资和运行成本。

5.1.3 烧结烟气镁法净化副产物制备轻质高强建筑材料关键技术

近年来，我国面临着日益严峻的环境污染问题，在社会和经济等的多重压力下，工业化转型也面临着前所未有的压力，如何在解决环境污染问题的同时又能够尽可能减少经济压力成为一个势必要解决的问题，在这样一个大环境下，"烧结烟气镁法净化副产物制备轻质建筑材料"成为一个可行的方向，它既可以高效地去除烟气中的SO_2，又能为脱硫过程中产生的副产物提供一条经济化、资源化路线，可以说真正做到了"循环发展、变废为宝、合理利用资源、绿色发展"，同时也为钢铁行业其他的环保工艺提供一条切实可行的道路。图 5-13 为烧结烟气镁法净化副产物制备轻质建筑材料的工艺路线。

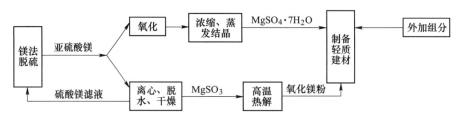

图 5-13 烧结烟气镁法净化副产物制备轻质建筑材料工艺路线

针对该工艺产物的品质，对硫氧镁水泥试块及以承钢矿渣为骨料制备混凝土板进行了深入的实验技术研究。

5.1.3.1 硫氧镁水泥试块技术研究

A 硫氧镁水泥试块的力学性能、水化产物及微观结构研究

经过对硫氧镁水泥试块力学性能、水化产物的研究，对于原材料的摩尔配比，共设计了 $n(\alpha\text{-}MgO):n(MgSO_4):n(H_2O)$ 为 5:1:16、6:1:17、7:1:18、8:1:20、9:1:20、10:1:20 等 6 组，在水量固定的条件下，随着 $MgO/MgSO_4$ 的摩尔比在一定范围内提高，硫氧镁水泥试块的力学性能在增大，但达到一定的强度后，却出现了下降趋势；在 8:1 时达到最大值，28d 强度达到 35.76MPa，且水化产物以 $5Mg(OH)_2 \cdot MgSO_4 \cdot 3H_2O$（513 相）、$MgCO_3$ 和 $Mg(OH)_2$ 为主。

对于养护温度的探索，共设计了 7 个不同条件的对比，分别是常温室内、45℃湿养护、60℃湿养护、90℃湿养护以及 45℃烘干养护、60℃烘干养护、90℃烘干护，结果发现在一定温度范围内，湿养的试块强度明显高于干养的，特别是 45℃湿养的试块，28d 时强度明显高出 1/3，虽然 60℃湿养的前期强度与 45℃湿养差不多，但后期强度下降，不符合工业应用需求。当 $n(\alpha\text{-}MgO):n(MgSO_4):n(H_2O)=8:1:20$ 时，45℃湿养护条件下制备出的硫氧镁水泥力学性能最优，28d 抗压强度达 35.76MPa，见图 5-14 和图 5-15。

图 5-16 为 45℃湿养护条件下，摩尔比 8:1:20 的水泥试块养护至各龄期的 XRD 图谱，结合该条件下各龄期的抗压强度结果，可以看出水泥试块的水化反应进程的快慢。3d 抗压强度可达 21.95MPa，水化反应速率高，XRD 图谱中也有明显的 513 强度相产生。28d 抗压强度为 35.76MPa，和 3d 相比仅增长了 38.62%，XRD 图谱中 513 相的强度峰有略微增长。7d 抗压强度已达 68.54%，随着时间的增长抗压强度迅速增长，生成结晶良好、密

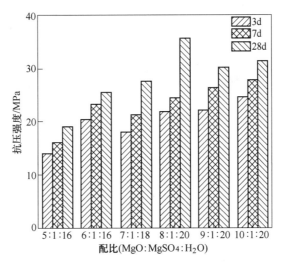

图 5-14 MgO/MgSO₄/H₂O 不同摩尔比的不同龄期强度结果

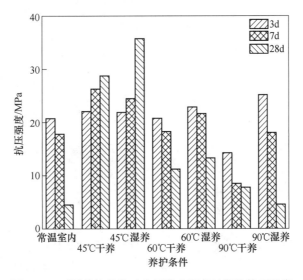

图 5-15 不同养护条件对硫氧镁水泥各龄期的抗压强度

实的物相，反映出硫氧镁水泥硫氧镁水泥试块早期水化反应快强度高。

从不同摩尔比养护 28 天的扫描电镜照片，摩尔比 8:1、9:1、10:1 时可以看到 $Mg(OH)_2$ 呈片状晶体层状分布，513 复盐相发育不完整，呈细小针状分布在片状 $Mg(OH)_2$ 晶体之上，摩尔比 5:1、6:1、7:1 的照片中可见 $MgCO_3$ 相松散堆积，很少的片状 $Mg(OH)_2$ 晶体，无 513 复盐相产生。结构不具有咬合力，是强度下降的主要原因。与抗压强度表明的结果一样，MgO 与 $MgSO_4$ 的比例严重地影响着水泥试块的微观结构，MgO 不足导致反应不完全，无复盐相产生，MgO 过多，易产生更多的片状 $Mg(OH)_2$，发生体积膨胀，强度降低。只有在 $MgO:MgSO_4:H_2O$ 配比为 8:1:20 时，结合其 XRD 图谱，查阅相关文献可知，试块中出现胶凝相 513 相，孔洞中布满 $MgCO_3$ 松散细小颗粒，因而其力学性能超过其他组，具体见图 5-17。

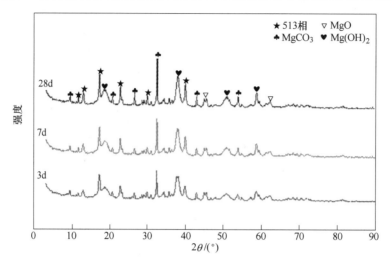

图 5-16　$MgO：MgSO_4：H_2O$ 摩尔比为 8∶1∶20 时硫氧镁水泥不同龄期的 XRD 图谱

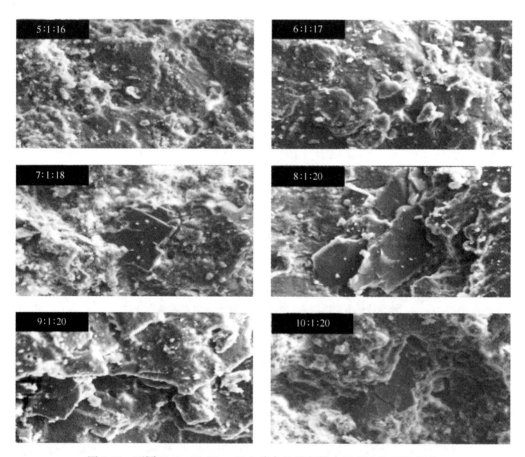

图 5-17　不同 $MgO：MgSO_4：H_2O$ 摩尔比硫氧镁水泥 28d 的 SEM 照片

B　外加剂对硫氧镁水泥性能的影响

硫氧镁水泥晶相主要有 $5Mg(OH)_2 \cdot MgSO_4 \cdot 3H_2O$（513 相），$3Mg(OH)_2 \cdot MgSO_4 \cdot$

4H$_2$O（314 相），3Mg（OH）$_2$·MgSO$_4$·8H$_2$O（318 相）等，当 MgO/MgSO$_4$/H$_2$O 的摩尔比达到一定比例时，掺入外加剂进行改性，硫氧镁水泥将产生一个新的物相——5Mg（OH）$_2$·MgSO$_4$·7H$_2$O（517 相），同时抗压强度大幅度提高，微观结构也变得更为致密。本节采用改变外加剂种类和掺量的方法来分析其对于硫氧镁水泥强度力学性能和微观结构的影响，为硫氧镁水泥的科学研究提供参考。本节主要从柠檬酸、磷酸二氢钠、EDTA 三种外加剂的三个浓度上来探究其对于硫氧镁水泥强度力学性能和微观结构的影响，从强度、水化产物的 XRD 图谱、试块的扫描电镜（SEM）来共同分析得到外加剂种类和掺量对硫氧镁水泥性能的影响。对比掺入 3 种外加剂对胶凝材料进行改性，外加剂的种类及掺量见表5-4。

表 5-4 外加剂的种类及掺量　　　　　　　　　　（g）

外加剂种类	掺量（MgO 质量分数）/%		
	0.5	1	1.5
P1 柠檬酸	2.66	5.33	8.00
P2 磷酸二氢钠	2.66	5.33	8.00
P3 乙二胺四乙酸	2.66	5.33	8.00

　　从三种不同外加剂的三个浓度对硫氧镁水泥性能的影响中很容易得出，添加柠檬酸的试块强度不管是 3d、7d、28d 强度都明显高于其他组外加剂的，最高达到 73.70MPa；在对外加剂柠檬酸最优浓度试验中发现，1%、1.5%柠檬酸的试块抗压强度，1.5%的早期强度明显高于 1%，两者后期强度则差不多，具体数值如图 5-18 所示。

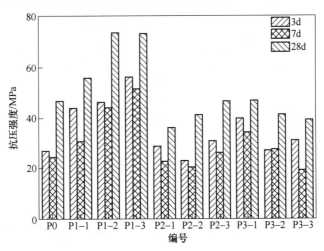

图 5-18　掺加不同外加剂硫氧镁水泥试块各龄期的抗压强度

　　与未添加改性剂的试块相比，在 XRD 图谱中出现了添加外加剂的试块中没有的新相——5Mg（OH）$_2$·MgSO$_4$·7H$_2$O（517 相），因为添加了改性剂，水泥中的 513 相转变成为了 517 相，更加稳定不易水解。而且添加外加剂的试块中基本没有多余的 MgO，低强度相 Mg（OH）$_2$ 和 MgCO$_3$ 也明显减少，说明外加剂可以促进 MgO 与 MgSO$_4$ 发生反应生成强度相，而抑制了 MgO 与 OH$^-$ 结合，生成强度低的片状 Mg（OH）$_2$。从三种外加剂掺量抗压强度最大的试块 XRD 图谱比较来看，掺加 1.5%柠檬酸的试块 517 相最明显，验证了抗压强度试验结果，柠檬酸的掺入比其他两种外加剂对试块的改性效果更加明显。1.5%柠檬酸的试块不管是前期还是后期的 517 相明显多于其他组，而二乙酸四乙胺试块前期 517 相基本没有，磷酸二氢钠抑制了早期体系中低强度的 $Mg(OH)_2$ 的生成，使体系中生成了更多高强度的水化相（517 相），强度骨架中的空隙被更多的水化产物填充，增大了水泥试块的密实性，因而强度上升，但养护龄期继续延长，更多的水化产物在体系中产生了结晶应力和碳化作用，引发水泥试块中水化产物发生了晶型转变，这也是在后期的图谱中 517 相消失的主要原因，所以水泥试块的后期强度下降。

图 5-19 为不同外加剂试块 28d 的 XRD 图谱。图 5-20 为添加外加剂的硫氧镁水泥试块 28d 的 SEM 照片，图 5-20a 表示无外加剂的试块，b、c、d 分别表示掺加柠檬酸、磷酸二氢钠、二乙酸四乙胺的试块。可以看出，未加入外加剂时主要是大小不一的层片状的 $Mg(OH)_2$ 晶体，改性后的水泥内部晶体结构比较完整，发育成尺寸分布范围较一致的短片状，并从中观察到纤维状 517 晶体生成，相互交织或胶结，使晶体与晶体之间交联程度提高，堆聚集体结构变得致密，水泥内部没有明显的孔洞。特别是在图 5-20b 掺加柠檬酸的试块中，可以看到短棒状晶体，存在于整个试块的表面，而图 5-20c、d 中，也有一些细的长杆状晶体，但密集度低且结构不够致密，导致强度不高。这与前面抗压强度得出的结论是一致的，也印证了 XRD 图谱中 517 相的产生是一致的。

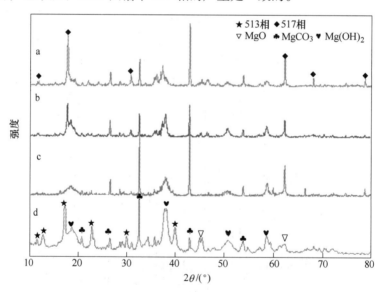

图 5-19　不同外加剂试块 28d 的 XRD 图谱
a—1.5%柠檬酸；b—1.5%磷酸二氢钠；c—0.5%二乙酸四乙胺；d—未添加外加剂

C　硫氧镁发泡墙体材料力学性能研究

a　密度对硫氧镁发泡墙体材料力学性能的影响

为了探究干密度对轻质板材力学性能的影响，本次研究做了 6 个梯度的泡沫量试验。将 $MgSO_4 \cdot 7H_2O$ 溶于 134g 水中以形成硫酸镁溶液，未加泡的 $MgSO_4 \cdot 7H_2O$ 溶于 234g 水中，发泡剂与水按 1:40 的比例混合，使用发泡机进行机械发泡，在机械搅拌预知质量的

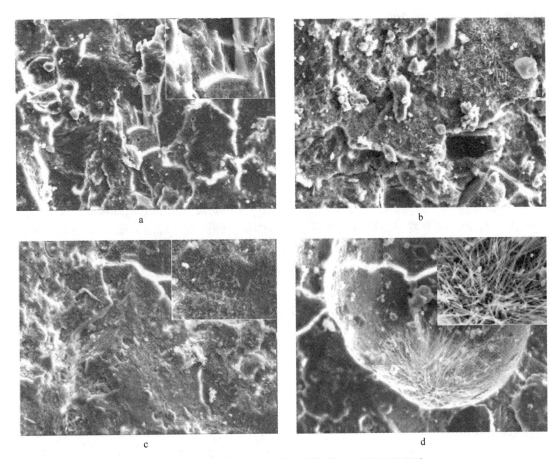

图 5-20　添加外加剂的硫氧镁水泥试块 28d 的 SEM 照片

（此图 a~d 分别对应图 5-19a~d）

轻烧氧化镁的过程中加入该硫酸镁溶液，随后将泡沫代替等质量的水加入净浆中，考虑到泡的大小对体积的影响，采用重量法来计算泡沫量，分 117g、93.6g、70.2g、46.8g、0g 五组，加泡量分别为总水量的 50%、40%、30%、20%、0%，将形成的硫氧镁水泥浆浇铸在模具中养护约 24h，然后脱模即得。强度及干密度测试结果见表 5-5，从表中可以看出，随着干密度的增大，3d、7d、28d 的抗压强度都基本呈上升趋势。这是因为随着干密度的增加，硫氧镁水泥发泡墙体材料中起支撑作用的凝胶材料的量越来越多，宏观上表现为力

表 5-5　不同干密度的轻质硫氧镁水泥发泡墙体材料强度

编号	泡沫量/%	干密度 /kg·m⁻³	抗压强度/MPa		
			3d	7d	28d
M_0	0	1781.55	56.26	59.55	73.33
M_1	20	1223.63	15.21	19.82	21.90
M_2	30	808.13	6.18	6.96	7.50
M_3	40	623.76	3.86	3.91	3.99
M_4	50	529.56	2.00	2.04	2.41

学性能变好。加泡量为 20% 及 30% 时强度达到试验预期要求，但是干密度却超过预期的 625kg/m³，加泡量为 50% 时密度达到要求，但是 28d 抗压强度仅为 2.41MPa，并没有满足试验前预期的 3.6MPa。五组中只有加泡量为 40% 的这组无论密度还是强度都达到硫氧镁发泡墙体材料的预期要求。

b 硫氧镁水泥发泡墙体材料的微观形貌

优质泡沫混凝土的内部气孔一般要求变形程度较低，形状近似圆形，多为封闭孔，尺径变化小，分布均匀，孔壁薄并密实。封闭气孔可以使泡沫混凝土不透水也不透气，提高保温性能。气孔越接近圆形，变形程度越小且分布均匀，使得泡沫混凝土受力均匀，利于提高其抗压强度。为了更好地观察硫氧镁水泥发泡墙体材料内部气孔的形状，探究不同干密度的抗压强度差异的原因，对硫氧镁水泥发泡墙体材料进行扫描电镜的表征。

图 5-21 为不同密度下的硫氧镁水泥发泡墙体材料的微观形貌图，图 a~d 分别对应密度为 1223.63kg/m³、808.13kg/m³、623.76kg/m³、529.56kg/m³ 的硫氧镁水泥发泡墙体材料试块。从图中可以看出，随着加泡量的增加，密度的减小，孔径越来越大，孔壁厚度减小，封闭孔变成联通孔，孔形状逐渐不规则，分布也变得不均匀，造成抗压强度变低，符合上述不同密度下硫氧镁水泥发泡墙体材料强度的变化规律。

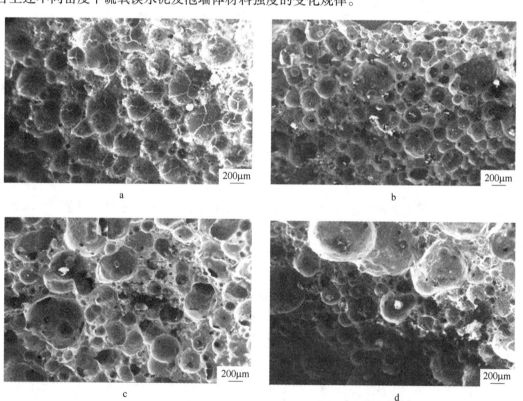

图 5-21 不同密度下硫氧镁水泥发泡墙体材料 SEM 图

a—1223.63kg/m³；b—808.13kg/m³；c—623.76kg/m³；d—529.56kg/m³

c 硫氧镁水泥发泡墙体材料的导热系数

硫氧镁水泥发泡墙体材料与传统泡沫混凝土一样，孔道尺寸一般小于 1mm，是由连续的固体相和离散的气体相组成，固体相主要为水泥基体，气体相指水泥中加入泡沫后形成的空气孔洞。热量传播分为有热传导、热对流及热辐射三种基本传热方式。故硫氧镁水泥发泡墙体材料内部的热量传递分为水泥基体的热传导和空气孔洞的热传导、热对流及热辐射，由于气孔孔洞较小，所以可以忽略气体相的热传递。因此硫氧镁水泥发泡墙体材料的热传递主要来自水泥基体的热传导。通过导热系数的大小能够很好地判断材料的绝热性能，因此本次试验利用稳态平板法测定不同密度下的硫氧镁水泥发泡墙体材料的导热系数。

根据上述不同干密度硫氧镁水泥发泡墙体材料的强度试验结果，试验选取 $1223.63kg/m^3$、$808.13kg/m^3$、$623.76kg/m^3$ 三种密度的硫氧镁水泥发泡墙体材料。试验结果见表5-6，从表中可以看出相同温度下，随着密度的减少，硫氧镁水泥发泡墙体材料试块的导热系数减小。由图5-21可知，密度减小，水泥试块孔径增加，内部气孔由封闭孔变为联通孔，导致水泥基体的传热受到影响，热阻变大，导热系数变小。一般泡沫混凝土的导热系数为 $0.08\sim0.25W/(m\cdot K)$，泡沫添加量为40%的硫氧镁水泥发泡墙体材料导热系数约为 $0.15W/(m\cdot K)$，符合要求。这说明干密度为 $623.76kg/m^3$ 的硫氧镁水泥发泡墙体材料除了具有优于硅酸盐类泡沫混凝土的抗压强度，还有良好的保温隔热性能。

表5-6 不同密度硫氧镁水泥发泡墙体材料导热系数测试结果

编号	泡沫量/%	干密度/kg·m^{-3}	测试温度/℃	导热系数/W·(m·K)$^{-1}$	热阻/K·W^{-1}
M_1	20	1223.63	25	0.47971	0.11146
M_2	30	808.13	25	0.29355	0.18489
M_3	40	623.76	25	0.15020	0.37510

d 硫氧镁水泥发泡墙体材料的吸声性能

噪声会对人们的日常生活造成很大的影响，噪声污染也成为了主要环境问题，所以改善建筑材料的吸声性能十分必要。吸声材料可分为多孔吸声材料和共振吸声材料。共振吸声材料一般由石膏板、木板等材料制作而成，浪费资源的同时又不符合低碳经济的特点。硫氧镁水泥发泡墙体材料属于多孔吸声材料，因其质量轻、抗压强度好、绿色环保等优点有很大的发展空间。硫氧镁水泥发泡墙体材料中含有大量的孔洞，当物体振动产生声波，声波传入泡沫水泥试块表面会发生反射与透射，进入水泥内部的声波使气孔和空气振动，进而与孔壁摩擦，将声能转化为热能，还有一部分声波传到孔壁再次进行反射和透射，实现声音的衰减。由此可见，硫氧镁水泥发泡墙体材料内部孔洞对吸声性能影响较大，同时吸声性能通常由吸声系数进行表征，因此试验测定了3组不同加泡量，即不同干密度硫氧镁水泥发泡墙体材料的吸声系数。

如图5-22所示，在2cm背腔条件下，密度为 $623.76kg/m^3$ 的硫氧镁水泥发泡墙体材料的吸收峰值约为300Hz，吸声系数最高为0.80。在400Hz以下的低频段中吸收能力较好，在1200Hz以上的高频段吸收能力较差。随着干密度的提高，最高的吸声系数值降低，对300Hz以下的声音吸收能力增强。当密度为 $1223.63kg/m^3$ 时，吸收峰值为200Hz左右，吸收系数约为0.30。

如图5-23所示，在5cm背腔条件下，3种不同密度的泡沫水泥试块对低频吸声能力提高，峰宽变窄，吸收系数增大。密度为 $623.76kg/m^3$ 的硫氧镁水泥发泡墙体材料的吸收峰

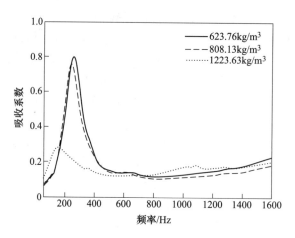

图 5-22　不同密度硫氧镁水泥发泡墙体材料 2cm 背腔吸声实验结果

值约为 200Hz，吸声系数最高为 0.97，对高频吸收能力减弱。密度为 808.13kg/m³ 的吸收系数最高也达到 0.85 左右。密度为 1223.63kg/m³ 的泡沫水泥吸收峰值在 100Hz 左右，但吸收系数峰值与 2cm 背腔条件下无明显差别，说明用更大的背腔不能提高密度为 1223.63kg/m³ 的水泥的吸声能力。

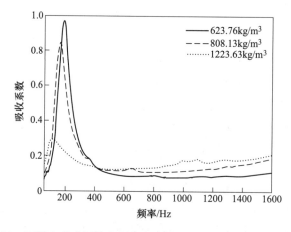

图 5-23　不同密度硫氧镁水泥发泡墙体材料 5cm 背腔吸声实验结果

5.1.3.2　以承钢矿渣为骨料制备混凝土板技术研究

A　承钢冶金渣全固废胶凝材料强度研究

承钢冶金渣为胶凝材料，胶砂试验配比见表 5-7。其中 Q₁ 和 Q₂ 中钢渣掺量为 17.5%，Q₃ 和 Q₄ 中钢渣掺量为 30%，各组脱硫石膏掺量均为 12%。温度对早期强度的发展有明显的影响，尤其是对 3d 强度影响显著，对 28d 强度影响不明显。而由 Q₁ 和 Q₂ 以及 Q₃ 和 Q₄ 的对比可知，相同温度下矿渣掺量对试块的强度影响不明显，具体见图 5-24 和图 5-25。

表 5-7　承钢冶金渣为胶凝材料胶砂试验配比　　　　　　　　　　（g）

编号	承德矿渣	承德钢渣	承德脱硫石膏	标准砂	减水剂	水胶比	流动度/mm
Q₁（30℃）	317	79	54	1350	1.5‰	0.38	210
Q₂（30℃）	238	158	54	1350	1.5‰	0.38	187
Q₃（40℃）	317	79	54	1350	1.5‰	0.38	210
Q₄（40℃）	238	158	54	1350	1.5‰	0.38	187

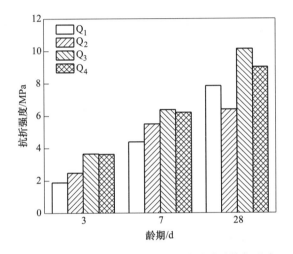

图 5-24　承钢冶金渣为胶凝材料胶砂试验抗折强度

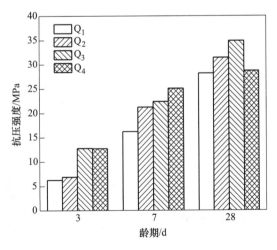

图 5-25　承钢冶金渣为胶凝材料胶砂试验抗压强度

B　以承钢矿渣为骨料制备全固废混凝土板材预制件配比优化

适宜水胶比和减水剂掺量，对工业生产及材料的性能有很重要的影响。装配式建筑预制件是指用工厂化流水线生产方式进行制作、养护，最终运输到施工现场进行定位、装配、整合构成建筑的构件。这就对混凝土提出了新的要求，需要有较高的早期强度，从而缩短脱模的时间，提高生产效率。本实验是探索在适宜成型的流动度条件下，探索水胶比的大小以及减水剂的掺量与混凝土早期强度的关系，旨在保证混凝土的强度性能条件下，尽可能地缩短混凝土板材预制件脱模时间，提高混凝土板材预制件的生产效率。实验配比及实验方案见表5-8和表5-9。

表5-8　实验配比

编号	矿渣钢渣比例	脱硫石膏（质量分数）/%	胶砂比
G_1	2∶1	12	1∶1

表5-9　实验设计

实验编号	水胶比	减水剂/%	流动度/mm	状态
G_1	0.34	0.10	220	泌浆
G_2	0.32	0.1	212	少量泌浆
G_3	0.30	0.15	205	状态较好
G_4	0.28	0.20	203	状态较好
G_5	0.26	0.25	197	状态较好
G_6	0.24	0.30	182	略有黏稠
G_7	0.24	0.25	170	非常黏稠

从表5-8和表5-9结果可知，随着用水量的减少，减水剂相应按一定梯度增加，钒钛矿渣骨料胶砂浆体的流动度逐渐减少，和易性呈先增加后减小的趋势。实验结果表明，和易性较好的G_3、G_4、G_5、G_6更容易成型和养护。图5-26中可以看出，随着水胶比的减小，钒钛矿渣骨料胶砂试块的抗压强度逐渐增加，其中G_7组强度数据最优，但由于G_7组的浆体状态非常黏稠，和易性较差，不容易成型。故选取强度性能次之、和易性较好的G_6组为矿渣骨料板材预制件制备的配比。

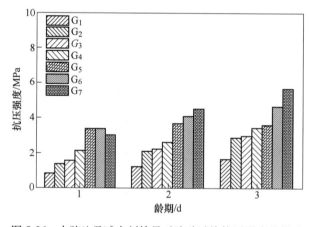

图5-26　水胶比及减水剂掺量对胶砂试块抗压强度的影响

C　以承钢矿渣为骨料制备全固废混凝土板材预制件养护温度探索

由表5-10和表5-11可知，T_1组为标准养护，测试相应龄期的强度；T_2、T_4、T_6组为在各自的温度下高温加速养护1d后进行标准养护，测试相应龄期的强度；T_3、T_5、T_7组为在各自的温度下高温加速养护3d后进行标准养护，测试相应龄期的强度。

表 5-10　实验配比

承德矿渣/%	承德钢渣/%	承德脱硫石膏/%	胶砂比	水胶比	减水剂/%
58	30	12	1:1	0.24	0.3

表 5-11　全固废混凝土板材预制件温度探索结果　　（MPa）

编号	1d 抗压强度	3d 抗压强度	7d 抗压强度	28d 抗压强度	60d 抗压强度
T_1（20℃）	1.4	2.6	23.3	43.48	52.27
T_2（35℃，1d）	2.2	2.7	19.2	42.98	49.53
T_3（35℃，3d）		3.9	31.2	48.25	48.68
T_4（50℃，1d）	2.9	3.7	23.1	42.30	48.07
T_5（50℃，3d）		4.5	22.4	48.00	48.21
T_6（70℃，1d）	5.8	8.3	29.7	40.36	51.15
T_7（70℃，3d）		25.9	25.4	46.59	50.83

温度对早期强度的发展有明显的影响，随着温度的升高，早期抗压强度有明显的提高，尤其是对 3d 强度影响显著。高温养护的时间越长，3d 强度越高，而温度对后期强度几乎没有影响。在 35℃养护 3d 后的 3d 抗压强度达到 3.9MPa，7d 抗压强度达到 31.2MPa，28d 抗压强度达到 48.25MPa；在 70℃养护 1d 后的抗压强度达到 5.8MPa，3d 抗压强度达到 8.3MPa，7d 抗压强度达到 29.7MPa，28d 抗压强度达到 40.36MPa。各组钒钛矿渣骨料胶砂试块的 28d 抗压强度几乎都达到了 40MPa 以上，满足《装配式混凝土结构技术规程》（JGJ1—2014）所要求的大于 C_{40} 的一般要求。因此，可以用于制备预制件。

5.1.3.3　烧结烟气镁法净化副产物应用前景

基于烧结烟气镁法净化副产物制备轻质建筑材料技术路线在钢铁行业中的应用已日趋成熟，未来在钢铁行业中镁法烟气脱硫副产物还有哪些前景呢？

A　烧结烟气镁法净化副产物制备硫氧镁水泥原料

硫氧镁水泥是一种以氧化镁和硫酸镁为主要原料的高强度水泥，在我国，钢铁行业产生了大量的脱硫副产物，而镁法脱硫副产物经过氧化处理的最终产物为硫酸镁，另外，我国有非常丰富的菱镁矿资源，且资源分布相对集中，这些都为硫氧镁水泥的制备提供了十分有利条件。

硫氧镁水泥具有制备能耗低、质轻、生产价格低等特点，且不易产生二次建筑垃圾，可以进行回收再利用，因而有"21 世纪绿色工程材料"的美誉。另外，硫氧镁水泥也是装配式建筑材料产业的主要原料，所以在未来的水泥生产行业中，硫氧镁水泥作为一种环保、低廉的产品，会有十分广阔的发展空间。

B　烧结烟气镁法净化副产物用于装配式建筑

装配式建筑作为一种十分方便的建筑模式，可以在工厂中将建材预先制备好运送到建筑场地进行起吊、连接、安装等工作，具有需要较少劳动力、劳动强度小、无大量散落废料、施工速度快等优点。而烧结烟气净化副产物产生的硫酸镁与氧化镁铁渣、建筑垃圾、砂石等混合可制备镁基新材料，并应用于装配式建筑领域，这种镁基新材料可以制作面积较大的薄板，可以代替传统的石膏板、硅酸钙板、胶合板等板材，是一种十分具有市场前景的材料，那么烧结烟气镁法净化副产物作为镁基新材料的添加原料，自然也会具有广阔的发展前景。

5.1.4 技术集成示范

5.1.4.1 镁法脱硫耦合臭氧氧化脱硝烟气协同净化技术[20]

河钢承钢在 $360m^2$ 烧结机应用镁法脱硫耦合臭氧氧化脱硝烟气协同净化技术示范，通过对现有湿法钙法脱硫进行湿法镁法脱硫改造，在脱硫塔前增加 NO 氧化剂，将 NO 氧化为 NO_2，并通过镁法脱硫塔协同脱除硫硝。脱硫塔后烟囱前增加湿电除尘器，消除白烟问题。最后利用脱硫脱硝副产物协同钢渣等制备轻质高强建材（图 5-27）。技术改造后实现烟气污染物排放浓度颗粒物不大于 $10mg/m^3$，SO_2 不大于 $35mg/m^3$，NO_x 不大于 $50mg/m^3$，并实现废水零排放。

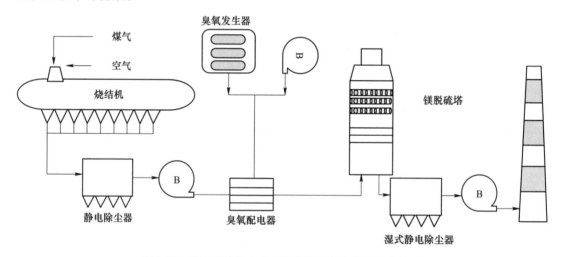

图 5-27 镁法脱硫耦合臭氧氧化脱硝烟气协同净化技术

5.1.4.2 基于镁法多污染物协同去除与副产物资源化技术与示范工程

如图 5-28 所示，应用基于镁法多污染物协同去除与副产物资源化技术，在河钢承钢 $360m^2$ 烧结机、山东泰山钢铁集团有限公司 $265m^2$ 烧结机和 80 万吨球团生产线上建立示范工程，得到良好应用效果。

利用烟气治理后的副产物硫酸盐、硝酸盐配合其他外加剂可连续、自动化、高效生产几种密度不同的防火材料，导热系数在 0.048 以内，防火等级达到 A1 级，是目前国际市场上仅有的能达到这两项参数的无机防火材料。天津滨海新区建成年产 10 万平方米副产物资源化建材线。泰山钢铁示范工程效果如下：

（1）实现 SO_2 排放浓度稳定在 $35mg/m^3$ 以下，NO_x 排放浓度稳定在 $50mg/m^3$ 以下，颗粒物排放浓度稳定在 $10mg/m^3$ 以下，排放指标优于国家超低排放指标；

a　　　　　　　　　　　　　　　　　　b

图 5-28　湿式镁法多污染物协同去除与副产物资源化技术及示范

a—泰钢烟气氧化+协同吸收+硫酸镁结晶应用；b—副产物资源化建材生产线

（2）可实现 SO_2 减排 8892t/a，NO_x 减排 2840t/a，颗粒物减排 568t/a；

（3）示范工程年产副产物七水硫酸镁产品 34178t/a；

（4）脱硫副产物制备全固废轻质高强板材：达到 GB 8624—2012 中 A1 级防火建材标准；

（5）以承钢原状矿渣为骨料的混凝土板材，干基体积密度为 1761kg/m³，28d 抗压强度为 37.9MPa，满足了《装配式混凝土结构技术规程》（JGJ1—2014）一般预制件所用混凝土的强度要求；

（6）副产物折抵前吨矿脱硫脱硝成本低于 15 元，低于行业平均标准，副产物折抵后运行成本进一步下降，整体运行成本相较其他超低技术降低 40%以上，固废排放减少 50%以上。

A1 级防水材料生产线如图 5-29 所示。

图 5-29　A1 级防火材料生产线

5.2　烟气多污染物吸附脱除与资源化技术

5.2.1　吸附材料

钢铁行业烟气流量大、污染物种类多、成分复杂。吸附法净化钢铁行业烟气，吸附剂的研究开发是其基础，也是主要核心技术。本节重点阐述针对钢铁行业烟气中 NO_x、SO_2 等主要污染物吸附剂的研究和应用情况。鉴于钢铁行业烟气中水分含量普遍较高，而目前吸附剂大多属于极性吸附剂，亲水能力强，为了确保吸附剂的吸附能力和使用寿命，往往需要进行脱水预处理。因此，本节对脱水吸附剂也进行了阐述。

5.2.1.1　NO_x 吸附剂

基于统一后的吸附热力学、吸附动力学、吸附循环特性以及脱附特性实验方法，以及所建立的吸脱附最优平衡的吸附材料评估标准，项目组分别在非碳基 NO_x 吸附剂、碳基 NO_x 吸附剂以及 SO_2 吸附剂三条路线上进行了材料遴选、改性及制备，鉴别了多污染物在各吸附剂上的竞争吸附、脱附特性及相互影响规律，优选确立并掌握了吸附剂改性制备方法，各自完成了一项材料的研发，其中改性后的 ZSM-5 初定为中试所用脱 NO_x 吸附剂。

A　碳基吸附剂

报道显示，活性炭系列的碳基吸附剂对 NO_x 具有较好的吸附能力[21~27]。笔者对碳基材料吸附、脱附 NO_x 的性能进行了遴选和改性研发工作。首先，对购入的 21 种碳基材料的 NO_x 吸附性能进行测试，获取不同活性炭材料比表面积等基础数据，筛选优良活性炭材料为后期吸附材料改性做准备；其次，针对 21 种吸附材料的 BET 比表面积、孔容、孔径进行了测试，并对其 NO_x 吸附性能进行评价；最后，按吸附量大小来考察，可以得到活性炭原样对 NO 的吸附量为：JY（0.129mmol/g）＞CM（0.123mmol/g）＞HH（0.106mmol/g）＞XH（0.022mmol/g）＞JY2（0.015mmol/g）。

完成碳基材料的筛选后，以其中吸附性能最佳的两组活性炭为原料，进行进一步的改性处理。可以分别得到 0.8mol/L B 试剂改性 JY 活性炭对 NO_x 的吸附量最大分别是：NO（0.128mmol/g）、NO_2（0.082mmol/g）、NO_x（0.210mmol/g）。0.65mol/L B 试剂改性 HH 活性炭对 NO_x 的吸附量（如图 5-30 所示）最大分别是：NO（0.280mmol/g）、NO_2（0.147mmol/g）、NO_x（0.427mmol/g）。对比两组改性后活性炭对 NO_x 的吸附性能，可以发现 0.65mol/L B 试剂改性 HH 活性炭对 NO_x 的吸附性能。不同温度下改性 HH 活性炭 NO_x 吸附性能均优于改性 JY 活性炭。

模拟混合烟气条件（无 SO_2）下，在 120℃时，最优吸附剂的 NO_x 组分第一次测定吸附量分别为：NO（0.5513mmol/g），NO_2（0.1861mmol/g），总 NO_x（0.7374mmol/g）。含 SO_2（130mg/m³）时，连续 3 次循环实验 NO 的吸附量分别为 0.2495mmol/g、0.1385mmol/g、0.0625mmol/g，对 NO_x 吸附量快速下降。升温脱附实验可知，在实验室条件下（无 SO_2），NO_x 在 300℃前可基本完成脱附，峰值温度在 240~250℃之间，脱附量分别为：NO（0.4495mmol/g），NO_2（0.0042mmol/g），总 NO_x（0.4537mmol/g）；NO 的解吸率在 80%以上，总 NO_x 解吸率在 60%左右。

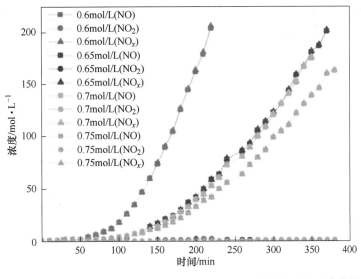

彩图

图 5-30 B 试剂改性 HH 活性炭吸附过程出口 NO$_x$ 浓度随时间变化曲线

在改性方面，实验改变了无机组分引入的方式。采用含硅试剂改性的方式引入无机元素硅。利用浸渍法结合微波干燥的方式，制备了硅溶胶、气相二氧化硅、无机硅酸盐、有机硅改性的吸附剂样品，分别记为 L~Si、Q~Si、W~Si、Y~Si。并对四种吸附剂进行了吸附性能评价。评价条件为：NO 浓度约为 200mg/L，SO$_2$ 浓度约为 6mg/L，CO$_2$ 含量约为 4.5%，氧气含量约为 15%，气量为 1.0L/min，吸附柱内气速为 0.3m/s，吸附剂床层温度 25℃，吸附剂用量为 1.5g，床层厚度约为 5cm，在出口用烟气分析仪连续监测 NO$_x$ 浓度。每个样品吸附饱和后进行脱附，脱附后再次进行吸附实验，两次吸附量结果如图 5-31 所示。

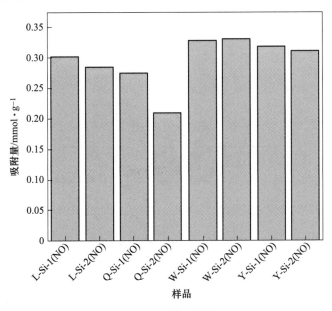

图 5-31 四种吸附剂吸附实验 NO$_x$ 吸附量

从图 5-31 中发现，利用无机硅酸盐改性的吸附剂具有最优吸附效果，且吸附剂再生一次后，吸附效果无明显变化。对其中 L-Si 改性活性炭进行了循环吸脱附实验，并与 0.65HH 进行了对比。测试条件为：NO 浓度约为 200mg/L，SO$_2$ 浓度约为 6mg/L，CO$_2$ 含量约为 4.5%，氧气含量约为 15%，气量为 1.0L/min，吸附柱内气速为 0.3m/s，吸附剂床层温度 25℃，吸附剂用量为 1.5g，床层厚度约为 5cm，在出口用烟气分析仪连续监测 NO$_x$ 浓度。实验结果如图 5-32、图 5-33 和表 5-12 所示。

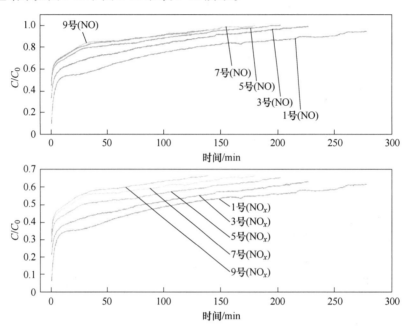

图 5-32 L-Si 吸附剂吸附实验 NO$_x$ 出口浓度随温度变化曲线

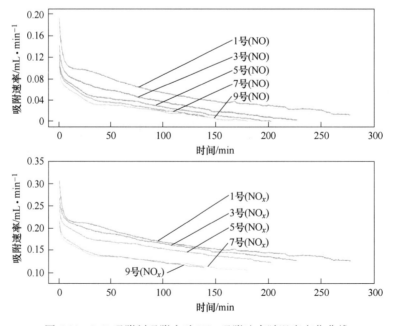

图 5-33 L-Si 吸附剂吸附实验 NO$_x$ 吸附速率随温度变化曲线

表 5-12 L-Si 吸附剂循环吸附实验吸附容量 （mmol/g）

次数	NO	NO₂	NOₓ
1	0.4059	0.9493	1.3552
2	0.2390	0.9247	1.1637
3	0.2438	0.8623	1.1061
4	0.1843	0.5586	0.7429
5	0.1750	0.7572	0.9322
6	0.2032	0.7340	0.9372
7	0.1248	0.5602	0.6850
8	0.1586	0.7200	0.8786
9	0.1375	0.4170	0.5545
10	0.0883	0.3922	0.4805

B 非碳基吸附剂

在非碳基 NOₓ 吸附剂方面，前人做了大量的研究工作[28~40]。笔者主要从金属氧化物和改性沸石两方面着手，针对钢铁行业烟气实际情况进行了研究开发。在 125℃、NOₓ 浓度为 200mg/L、O₂ 为 14%情况下采用不同的吸附剂进行吸附实验，选用的吸附剂有：H-ZSM-5-TJ（硅铝比 25、38、50），ZSM-5-DL（硅铝比 20、198），两种 NaY，13X，硅铝胶，Fe-Mn-Ce 复合金属氧化物，Fe-Mn-Zr 复合金属氧化物。实验结果如图 5-34 所示。对 Na 吸附剂开展了离子交换，并对其循环吸附性能开展了研究。图 5-35 为含有 6mg/L SO₂ 情况下吸附剂的循环吸附穿透曲线，采用加热再生的方式进行解吸。改性 Na-ZSM-5_25 材料的 17 次循环吸附对比结果，在 SO₂ 含量极小的情况下，材料的多次动态循环吸附量没有明显的下降趋势，平均吸附量稳定在 0.130mmol/g。

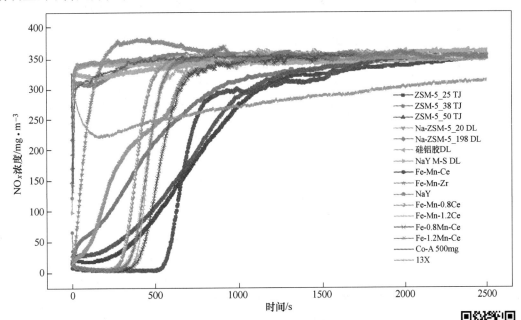

图 5-34 125℃下各类非碳基吸附剂的 NOₓ 穿透曲线

彩图

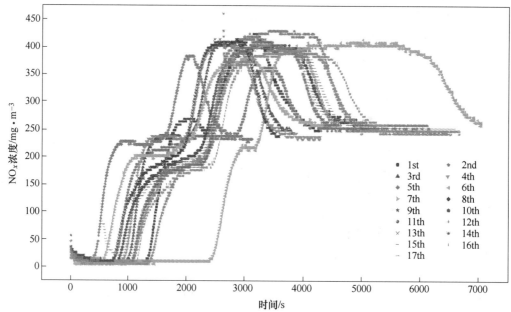

图 5-35　改性 Na-ZSM-5_25 的 17 次循环吸附对比曲线

C　混合型吸附剂

　　笔者以碳基和无机组分的结合研发新型吸附剂进行了一些尝试。利用活性炭粉、沸石粉、黏土按照表 5-13 所示比例混合，挤压成型，烘干焙烧，制备出三种混合型吸附剂。

表 5-13　混合型吸附剂原料比例　　　　　　　　（%）

编号	活性炭粉	沸石粉	黏土
1 号	33.33	33.33	33.33
2 号	37.5	37.5	25
3 号	42.86	42.86	14.28

　　对以上混合型吸附剂进行了性能测试。测试条件为：NO 浓度约为 200mg/L，SO₂ 浓度约为 50mg/L，CO₂ 含量约为 4.5%，氧气含量约为 15%，气量为 1.7L/min，吸附柱内气速为 0.1m/s，吸附剂床层温度 100℃，吸附剂用量为 15g，床层厚度约为 10cm，在出口用烟气分析仪连续监测 NO_x 浓度。测试结果如图 5-36、图 5-37 和表 5-14 所示。

　　混合后的吸附剂吸附容量不高。为了提高吸附剂吸附性能，将沸石粉换成分子筛粉，进行了成型实验研究，利用活性炭粉、分子筛粉、黏土按照表 5-15 所示比例混合，挤压成型，烘干焙烧，制备出四种混合型吸附剂。

　　利用上述测试方法，对 4 种混合型吸附剂及 HH 原样活性炭的吸附性能进行了对比，结果如图 5-38、图 5-39 和表 5-16 所示。

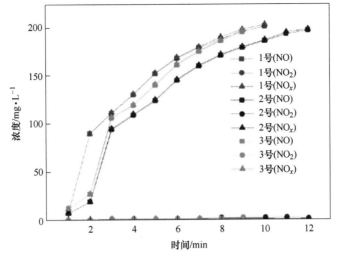

彩图

图 5-36　三种混合型吸附剂吸附实验 NO_x 出口浓度随时间变化曲线

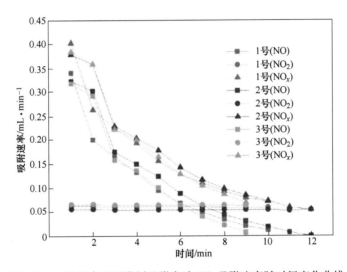

彩图

图 5-37　三种混合型吸附剂吸附实验 NO_x 吸附速率随时间变化曲线

表 5-14　混合型吸附剂吸附容量　　　　　　　　　　（mmol/g）

项目	1 号	2 号	3 号
NO	0.0028	0.0035	0.0029
NO_2	0.0016	0.0018	0.0015
NO_x	0.0044	0.053	0.0044

表 5-15　混合型吸附剂原料比例　　　　　　　　　　（%）

编号	活性炭粉	黏土	分子筛粉
1 号	37.5	62.5	0
2 号	42.85	57.14	0
3 号	50.00	50.00	0
4 号	37.5	25.00	37.5

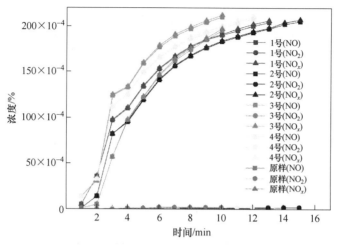

彩图

图 5-38　5 种吸附剂吸附实验 NO_x 出口浓度随时间变化曲线

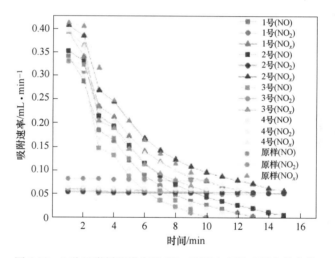

彩图

图 5-39　5 种吸附剂吸附实验 NO_x 吸附速率随时间变化曲线

表 5-16　5 种吸附剂吸附容量　　　　　　　　（mmol/g）

项目	1 号	2 号	3 号	4 号	HH-原样
NO	0.0036	0.0045	0.0029	0.0033	0.0036
NO_2	0.0018	0.0022	0.0015	0.0020	0.0021
NO_x	0.0054	0.0067	0.0044	0.0053	0.0057

　　混合后的吸附剂吸附容量有所提高，和活性炭原样吸附容量相差较小。但吸附量较改性活性炭相比减少了近 100 倍，为了进一步提高吸附容量，利用改性活性炭粉进行了混合型吸附剂研究。

　　利用改性活性炭粉、沸石粉按表 5-17 所示配比混合，挤压成型，烘干焙烧，制备出如下三种比例的混合型吸附剂。

表 5-17　混合型吸附剂原料比例　　　　　　　　　　　　　　　　（%）

编号	改性活性炭粉	沸石粉
1 号	50	50
2 号	66.33	33.33
3 号	75	25

对以上混合型吸附剂进行了性能测试。测试条件为：NO 浓度约为 200mg/L，SO$_2$ 浓度约为 10mg/L，CO$_2$ 含量约为 4.5%，氧气含量约为 15%，气量为 1.7L/min，吸附柱内气速为 0.1m/s，吸附剂床层温度 120℃，吸附剂用量为 15g，床层厚度约为 10cm，在出口用烟气分析仪连续监测 NO$_x$ 浓度。结果如图 5-40、图 5-41 和表 5-18 所示。

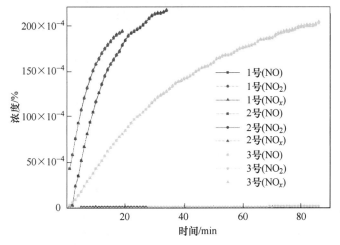

图 5-40　三种混合型吸附剂吸附实验 NO$_x$ 出口浓度随时间变化曲线

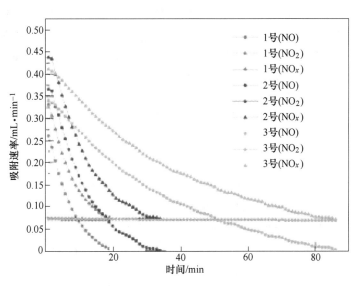

图 5-41　三种混合型吸附剂吸附实验 NO$_x$ 吸附速率随时间变化曲线

表 5-18   混合型吸附剂吸附容量   （mmol/g）

项目	1 号	2 号	3 号
NO	0.0048	0.0113	0.0302
NO_2	0.0038	0.0071	0.0177
NO_x	0.0086	0.0184	0.0479

利用改性活性炭粉成型后吸附剂吸附容量有所提高，但与改性 HH 吸附剂相比，吸附容量依然降低了 10 倍左右。

以上三种混合型吸附剂闷燃点测定结果如表 5-19 所示，随着无机成分的增加，闷燃点呈现上升趋势，说明无机组分能够提高吸附剂闷燃点。

表 5-19   混合型吸附剂闷燃点测定

编号	改性活性炭粉/%	沸石粉占比/%	闷燃点/℃
1 号	50	50	>370
2 号	66.66	33.33	>360
3 号	75.00	25.00	>330

5.2.1.2 SO_2 吸附剂

以常规分子筛、耐酸性分子筛、铁氧化物、氧化铝类吸附剂为研究对象，考察了其对 SO_2 的吸附脱附性能，结果表明在 H_2O、CO_2、O_2、SO_2 存在时，γ 氧化铝性能优异，120℃时，SO_2 吸附量能达到 46mg/g，且多次循环性能保持稳定。根据经验估算，饱和吸附量为吸附量的 3~6 倍，因此，估算饱和吸附量为 2.85mmol/g，达到指标要求。

考虑到 Al 比 Fe、Zn 活性更高，具有更利于吸附 SO_2 性质能力，且氧化铝具有性质稳定、抗腐蚀性强的优点，考察了氧化铝类（γ 氧化铝、水合氧化铝）吸附剂对 SO_2 吸附性能的影响。筛选了 γ 氧化铝可用于复杂烟气（H_2O、CO_2、O_2、SO_2）条件下，实现高效循环脱硫。在进口 SO_2 浓度约为 655mg/m³，CO_2 含量为 4.5%，O_2 含量为 14%，H_2O 含量为 5%，流量为 500mL/min，吸附温度为 120℃条件时，SO_2 穿透曲线如图 5-42 所示。

然而，当烟气中存在 NO_x 时，会催化 SO_2 氧化，使其以硫酸盐形式附于吸附剂表面，难以再生。因此，下一步需要重点研究 SO_2、NO_x 共存时，SO_2 循环吸附解吸。

5.2.1.3   脱水吸附剂

A   3A 分子筛与 γ 氧化铝的脱水性能对比

前期研究表明，NO_x 吸附剂抗水性能差，在实际应用过程中存在失活快的难点。因此，拟在 NO_x 吸附剂前端增加深度脱水层。在流量为 2000mL/min，吸附温度为 50℃，H_2O 含量为 3%，空速为 0.43m/s 条件时，H_2O 穿透曲线如图 5-43 所示。

由图 5-43 可以看出，3A 分子筛具有较好的脱水性能，其次为组合吸附剂，最次之为 γ 氧化铝。需要注意的是，不论是哪种吸附剂，第二次吸附量相对第一次发生了些微下降，可能的原因为在 200℃下吸附剂解吸不完全。但随着循环次数的增加，可以发现 H_2O 吸附曲线保持稳定。

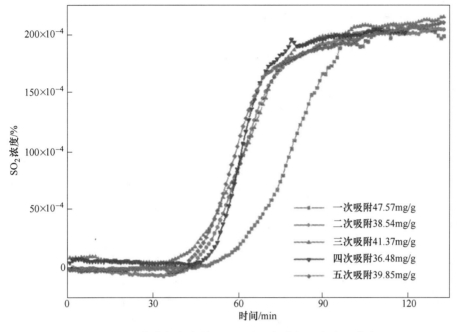

图 5-42 复杂烟气条件下 SO$_2$ 在 γ 氧化铝上的穿透曲线 　　彩图

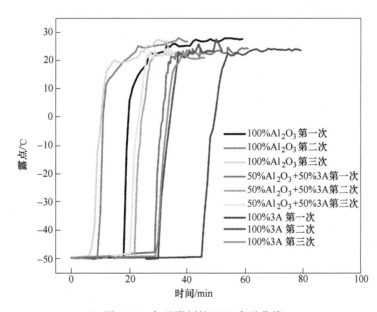

图 5-43 各吸附剂的 H$_2$O 穿透曲线 　　彩图

各吸附剂穿透时间及吸附量随循环次数变化规律如图 5-44 所示。

由图 5-44 可以看出，穿透时间及吸附量均随着循环次数增加有些微降低，其中第二次相对第一次使用下降较为明显，并随着循环次数增加而保持缓慢下降。各吸附剂中，第二次的穿透时间相对第一次下降幅度较大的为 γ 氧化铝，下降幅度达到 46.2%，其次是 3A 分子筛，下降幅度达到 30.7%。与穿透时间下降幅度类似，吸附量变化方面，γ 氧化

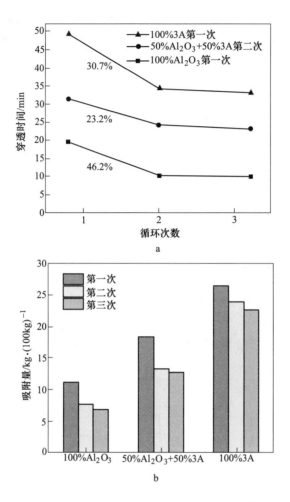

图 5-44　各吸附剂穿透时间及吸附量随循环次数变化

a—穿透时间随循环次数变化规律；b—吸附量随循环次数变化规律

铝的吸附量第一次为 112mg/g，第二次则为 76.5mg/g，3A 分子筛吸附量第一次为 264.3mg/g，第二次则为 239.8mg/g。

B　两种吸附剂混装脱水性能

图 5-45 为 50%γ 氧化铝和 50%3A 分子筛组成的混合吸附剂的解吸气水浓度与时间和温度的变化曲线，载气流量为 2L/min。

由图 5-45 可知，随着温度的增加，解吸气中水浓度也逐渐增加，并在 152℃时达到最大。结合实际考虑，拟采用热风炉尾气进行解吸，热风炉尾气为 200℃，因此，可采用热风炉尾气进行加热解吸再生。且由图 5-45b 可以看出，多次循环时，解吸温度较为稳定，在 152℃均能实现大部分水的解吸。

5.2.2　多污染物吸附净化工艺

对于烟气污染物的吸附净化，重要的是根据烟气特性和吸附剂特性，研发设计一个确

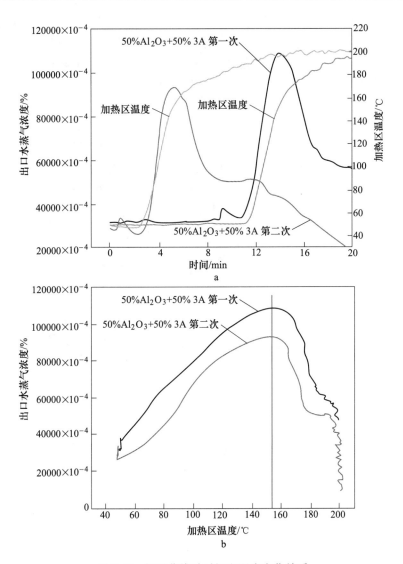

图 5-45 解吸曲线随时间和温度变化关系

a—混合吸附剂的解吸气水浓度随时间的变化曲线；b—混合吸附剂的解吸气水浓度随温度的变化曲线

保吸附剂吸附能力和解吸能力、长期稳定工作的系统，即需要研发设计适宜的吸附净化工艺。本节重点介绍了日本核燃料 NO_x 回收工艺以及笔者研究开发应用的 CVGP 新工艺。

5.2.2.1 日本核燃料 NO_x 回收工艺

日本核燃料有限公司和三菱重工长崎研发中心等提出了一种可大量减少低放射性 $NaNO_3$ 废物和非放射性 $NaNO_3$ 废物产生的 NO_x 回收利用工艺，即硝酸回收工艺（图 5-46）[41]。该工艺包括 3 级：在第一级用一种耐酸吸附剂对尾气进行干燥而不致造成 NO_x 的大量流失；在第二级用适当的吸附剂对干燥尾气中的 HNO_3 进行浓缩，由于空气中的 NO 迅速转变成 NO_2，该过程的 NO_x 主要是 NO_2；在第三级将解吸释放的气体和高浓度 NO_2 经过冷凝器，在冷凝器中回收液态 NO_2 的产物。该工艺设置在脱硝工艺的冷凝器之后。来自脱硝器的 NO_x 是需用量的 2 倍,其在冷凝器中因湿度而以 HNO_3 的形式大量流失。流失量随冷凝器出口气体温度的增加而降低,如果出口温度是 338K,估计出口气体中含后处理需要 NO_x 量的 1.3 倍。因此要求吸附剂和系统满足下列条件:(1)因为在强酸环境下使用,所以第一级使用的干燥剂应当是耐酸的,为避免解吸阶段大量 NO_2 以 HNO_3 形式流失,干燥剂应当在 343K(采用 343K 的温度可防止水在气体里凝结,气体的露点是 338K)左右吸附大量的水分和少量的 NO_2,为使所回收 NO_2 产品的含水量不超过规定值,干燥剂出口气体的含水量要低于 0.01%;(2)第二阶段使用的吸附剂应能在室温下吸附大量 NO_2,解吸气体中 NO_2 的浓度高,使第三阶段容易回收液态 NO_2,吸附剂宜选用耐酸剂;(3)对冷凝器在 338K 下排出的含 25% 体积水分和 8% 体积 NO_x 的气体(系统的进料气体),系统要能够正常工作,也就是为保证需要的 NO_2 量,进料气体中 95% 的 NO_2 以产品回收,NO_2 产品所含水分不低于 0.2%(0.2% 等于可选用商业 NO_2 产品规格中的规定值)。

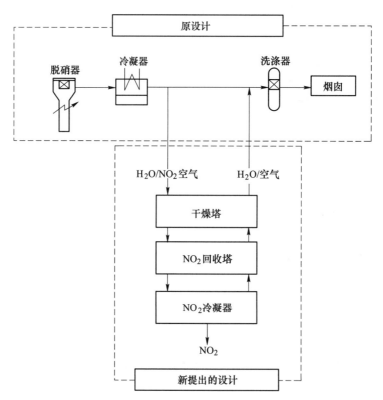

图 5-46　脱硝器尾气处理系统原设计和新设计原理

选取 VPSA 作为该工艺的吸附方法,相对于变温吸附法(TSA),VPSA 具有一定优势,因为 TSA 工艺需要大量吸附剂且要在低热导率条件下对吸附剂进行复杂的加热与冷却操作。由于尚无用 VSA 法从高湿度空气中回收强酸的实际运行经验,对 VSA 工艺回收硝酸进行了模拟试验(装置原理示意图如图 5-47 所示)。

结果显示,该工艺能从湿空气中分离出高浓度 NO_2。工艺组合使用硅胶和 NaA 沸石在 343K 下对尾气进行干燥,使用五硅环沸石在室温下对 NO_x 进行浓缩,来自 NO_x 回收塔的解吸释放气体冷却至 268K，得到液态 NO_2 产物。模拟气体由 8%（体积分数）NO_2 和 25%（体积分数）H_2O 组成，处理后的 NO_2 所含 H_2O 不足 0.2%，回收率超过 95%。在后处理厂采用该工艺优势明显，从脱硝工艺排出的湿尾气的 NO_x 中可回收 NO_2 作为氧化剂加以循环利用。因此在工艺中就不必再加新硝酸，同时也减少了 $NaNO_3$ 的产生量。但其极低的真空解吸压力（-95kPa）难以满足一般钢铁行业工程容器承压要求。

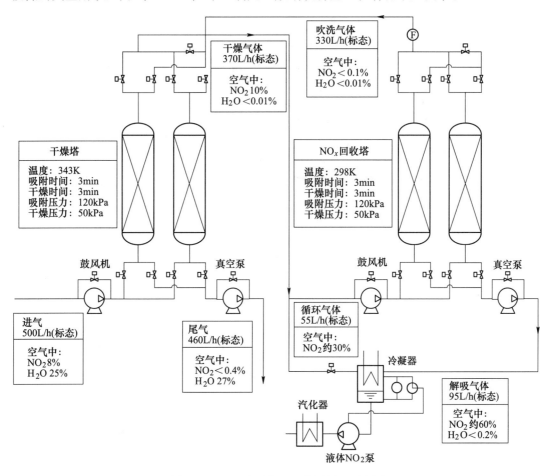

图 5-47　VSA 法回收 NO_x 装置原理示意图

5.2.2.2　CVGP 新工艺

A　CVGP 工艺流程

笔者提出了一种真空加热循环、解吸气多次循环、吹扫回收相结合（CVGP）的解吸方法，在邯钢 435m² 烧结机现场对其脱硫后烟气 NO_x 吸附净化与回收进行了实验研究，并与传统及其他解吸工艺进行对比分析。该工艺流程如图 5-48 所示。烧结脱硫后的烟气经过滤冷却后先进入脱水塔，使烟气相对湿度降至 1% 以下，通过混合一定量的 NO 标气，使脱硝前的烟气 NO_x 稳定在 200mg/L 后再进入脱硝塔，各阶段稳定后的烟气温度、湿度、浓度如表 5-20 所示。选择 MFI 沸石作为脱硝吸附剂，脱硝塔进、出口烟气各组分浓度分别由两台烟气分析仪（Vario plus，MRU，德国；MGA5，MRU，德国）检测，脱硝后的干燥洁净尾气主要作为脱水塔解吸后吹扫气和作为另一脱硝塔的解吸循环气与吹扫气。

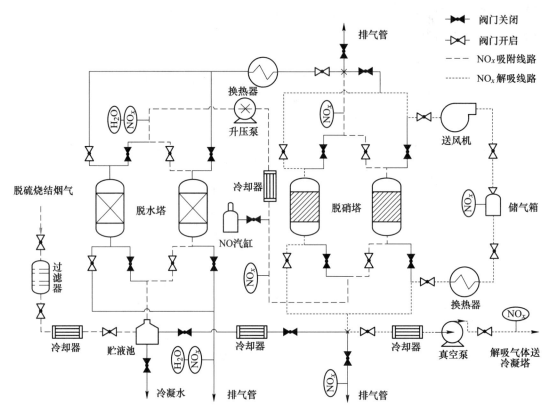

图 5-48　烟气污染物吸附净化的工艺流程

传统的解吸方法有真空解吸（VSA）、变温解吸（TSA）、真空加热解吸（VTSA）、真空加热循环解吸（CVTSA）[42,43]。笔者在 CVTSA 法上另增加多次循环和吹扫回收两个阶段对 NO_x 解吸与回收进行探究，这里把这种方法称为 CVGP 法（CVTSA + Gas circulation + Purge）。在相同解吸条件下（220℃、−50kPa、1h），利用图 5-48 所示的流程对以上六种解吸方法进行对比研究，其中所采用的 CVGP 法流程如下：

（1）打开鼓风机和对应阀门，使吸附塔和管路死体积中的气体在吸附塔、鼓风机、储气罐、换热器构成的空间里反复循环，循环气经过换热器加热至设定温度，从而使脱硝吸附剂不断升温；

（2）当吸附剂温度达到设定温度后，利用鼓风机和阀门开度调节储气罐内的解吸气量，使塔内压力维持在设定负压范围内；

（3）若塔内压力基本不再变化，则用泵将循环空间内的解吸气抽至最低负压，然后补充来自另一脱硝塔的干燥尾气，在高温、负压条件下重复循环解吸；

（4）对脱硝塔进行吹扫回收，吹扫气来自处于吸附阶段脱硝塔的洁净尾气，前期用低流量尾气吹扫，所获吹扫气收集起来并送往资源化；后期增大吹扫流量，不满足超低排放标准的吹扫气经冷却后重新进脱硝塔处理，满足排放标准则直接排空。

表 5-20　各阶段烟气的温度、湿度、浓度

项目	脱硫前	过滤前	脱水前	脱硝前
T-gas/℃	177	126	40	40
相对湿度/%	—	—	100	<1
O_2/%	13.8	15.7	15.7	15.4
CO_2/%	6.3	5.1	5.1	4.6
CO/%	0.6	0.6	0.6	0.6
NO/mg·m^{-3}	225	126	126	216
NO_x/mg·m^{-3}	283	126	126	261
NO_2/mg·m^{-3}	58	0	0	45
SO_2/mg·m^{-3}	1112	约0	约0	约0

　　这里设置了两种不同烟气流量规模的大、小塔实验，进行交叉验证。两个实验台的参数如表 5-21 所示。吸附过程以 NO_x 吸附量为主要指标，通过烟气分析仪记录并获取 NO_x 吸附穿透曲线，计算得到穿透至 NO_x 超低排放限制（<25mg/L）所对应的 NO_x 动态吸附量（q_a，mmol/g），计算公式为

$$q_a = \frac{K_a \times R_a \times Q}{M}(\text{mmol/g}) \qquad (5-1)$$

式中，K_a 为吸附转换系数，min·mmol·m^3/(h·L·mg)；R_a 为 NO_x 吸附积分量，mg/(m^3·h)；

表 5-21　大、小塔实验参数

选　项	小塔	大塔
脱硝塔内径/cm	3	8
脱硝塔高度/cm	26	220
填装体积 V_a/L	0.184	11.1
吸附剂质量/g	70	5000
堆积密度/kg·m^{-3}	381	452
烟气流量/L·min^{-1}	1	65
烟气温度/℃	40	40
环境温度/℃	25	25
空速/h^{-1}	326.6	352.6
空塔流速/m·s^{-1}	0.0236	0.2156
循环流量/L·min^{-1}	0.3	20
单次循环补充气量/L	1	65
循环次数	1~4	1~4
前期吹扫气流量/L·min^{-1}	0.2	13
前期吹扫时间/min	10	10
后期吹扫气流量/L·min^{-1}	0.5	35

Q 为烟气流量，L/min；M 为塔内吸附剂总质量，g。解吸过程以全过程解吸气浓度、解吸量、各阶段解吸气浓度、解吸速率以及 NO_x 回收率作为主要指标，对 NO_x 解吸效果进行研究。NO_x 解吸量的计算公式为

$$q_d = \frac{K_d \times C_d \times V_d}{M} \tag{5-2}$$

式中，K_d 为解吸转换系数，mmol/L；C_d 为 NO_x 解吸浓度，%；V_d 为解吸气体积，L。NO_x 解吸速率的计算公式为

$$v_d = \frac{q_d}{t_d} \tag{5-3}$$

式中，t_d 为解吸时长。NO_x 回收率定义为解吸量与吸附量之比，可由下式得到：

$$\beta = \frac{q_d}{q_a} \tag{5-4}$$

由于大塔实验能获得更多的解吸气，故适合对不同阶段的解吸气浓度和解吸速率进行取样研究；小塔实验解吸条件易于控制且解吸速率较快，故适合对全过程解吸气浓度和解吸量进行研究。大、小塔实验的差别主要为塔体尺寸和空塔流速的不同，为方便对比研究，其他实验参数按吸附剂质量 1∶70(±5) 等比缩放。

B　不同解吸方法对比分析

为优选出最佳解吸方法，进行了 6 组平行实验，以解吸气各组分平均浓度和 NO_x 解吸量为主要指标，将 6 种解吸方法进行对比，结果如图 5-49 和图 5-50 所示。从图中可知，解吸气 NO_x 主要为 NO_2，原料气的 NO 和 NO_2 浓度之比由 7.3∶1 变成了 1∶7.5，体现了 NO_x 吸附过程中所发生的 $NO-NO_2$ 转化过程。NO_x 的吸附主要依赖于 NO 的氧化和 NO_2 物理吸附，这个过程有利于回收 NO_2，便于后续资源化处理。除了 VSA 法，另外 5 种解吸方法均能得到较高浓度的 NO_x 解吸气，其中 CVTSA 法由于具备真空、高温的强解吸条件且通过循环诱导解吸获得的 NO_x 浓度最高，但同时也得到高浓度的 CO_2，不利于产品气 NO_2 的冷凝分离。CVGP 法和 CGP 法由于引入了脱硝尾气和吹扫气导致 NO_x 浓度有所下降，但同时也降低了 CO_2 的浓度，有利于冷凝分离获得 NO_2 产品气。而从 NO_x 解吸量的角度来看，CVGP 法和 CGP 法由于补充了 2~3 倍解吸气的尾气量，使塔内 NO_x 浓度降低并通过循环诱导解吸了大量 NO_x，达到了 VTSA 法的 (3.0±0.3) 倍解吸量，结果最为可观，CVTSA 法由于只有一次循环且受循环气浓度影响较大，故 NO_x 解吸量也较低。因此，CVGP 法和 CGP 法在提高 NO_x 解吸气量和可逆循环吸附量上具有明显优势，更适合工程应用。

C　基于 CVGP 法的 NO_x 吸附结果

图 5-51 是基于 CVGP 法解吸的大、小塔 1~16 次循环 NO_x 动态吸附量结果。可以看出，大、小塔实验的 NO_x 首次动态吸附量分别为 0.2944mmol/g 和 0.3121mmol/g，3 次吸脱附循环后可达到稳定的 NO_x 动态吸附量，为 (0.10±0.015)mmol/g，对应吸附时间为 (14±0.5)h，相较首次 NO_x 吸附量降低了约 66%。MFI 沸石的可逆吸附量一般为 0.02~0.20mmol/g[44,45]，CVGP 法解吸所获得的稳定可逆吸附量约 0.1mmol/g，对吸附剂有较好的再生效果，满足工程应用上烟气 NO_x 的吸附净化要求。图 5-52 是大、小塔实验的 NO_x 穿透曲线的首次值与 5~16 次平均值，在两个不同规模的实验中，NO_x 穿透曲线为

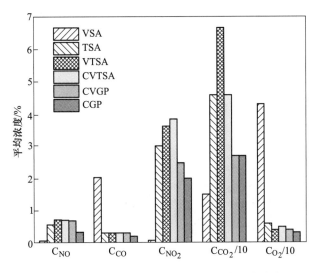

图 5-49 不同解吸方法的解吸气各组分平均浓度

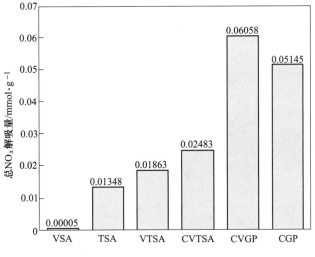

图 5-50 不同解吸方法的 NO_x 解吸量

0.5~1.5h 后开始穿透，随后快速上升再缓慢上升再快速上升。不同的是，大塔实验的 NO_x 穿透曲线变化较缓，更接近线性变化，从整体上看大塔实验的出口 NO_x 浓度会高于小塔出口 NO_x 浓度，造成这个现象的主要原因是大塔的空塔流速（0.216m/s）远高于小塔的（0.024m/s），具有较高的吸附传质速度，相同穿透时间内具有较高的出口 NO_x 浓度，然而其 NO_x 动态吸附量仅较小塔减少了约 10%，因此可认为当空塔流速小于 0.22m/s 时，流速对 NO_x 动态吸附量的影响不大。

5.2.2.3 基于 CVGP 法的解吸条件的影响

A 解吸温度的影响

为研究 CVGP 法中解吸温度对解吸气各组分浓度的影响规律，基于大塔实验的-50kPa

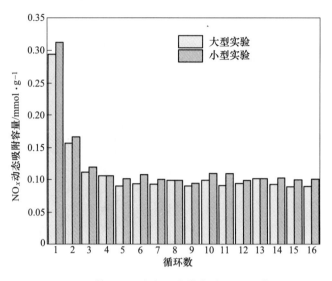

图 5-51　第 1~16 次大、小塔实验 NO_x 吸附量

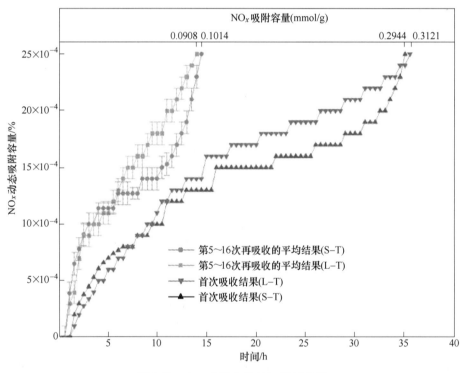

图 5-52　大、小塔实验 NO_x 穿透曲线

一次循环阶段，升温过程中间隔取点，每个温度点稳定 15min 并将该段时长的解吸气全部抽走测量，可得到对不同温度点下解吸气各组分浓度和 NO_x 解吸速率，结果如图 5-53 所示。CO_2 作为解吸气的主要成分，当温度在 70~160℃ 时，远高于其他组分气浓度，在 100℃ 和 160℃ 左右有两个浓度高峰。NO_2 的浓度随温度上升而加快上升速度，在 190℃ 能

达到 2.4%；NO 浓度则一直低于 0.5%，体现了 NO_x 吸附过程中的 $NO-NO_2$ 转化。O_2 浓度由 70℃时的 10% 骤降至 120℃时的 1%，说明其在较低温度下很快被解吸。CO 浓度一直较低，浓度范围为 100~3000mg/L，说明其作为超临界气体基本不被吸附。根据图 5-53 结果，可以考虑解吸时在 100℃以下维持一段时间，使更多的 CO_2 解吸并抽走，且几乎不使 NO_x 解吸，由此提高后期升温后 NO_x 的浓度。为保障实际工程中吸附净化工艺的连续性，解吸总时长需小于吸附时间 14h，在考虑升、降温及解吸气循环总时间并合理利用能源的前提下，给出的优选温度范围为 200~240℃。

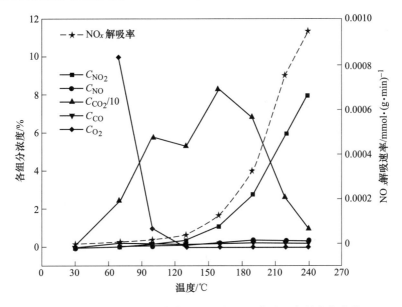

图 5-53　解吸气各组分浓度和 NO_x 解吸速率随温度的变化曲线

B　解吸时长的影响

为研究 CVGP 法中解吸时长对解吸气各组分浓度的影响规律，基于大塔实验的 220℃、−50kPa 一次循环阶段，间隔取点，每个点稳定 10min 并将该段时长的解吸气抽走测量，可得到对不同时间点下的解吸气各组分浓度和 NO_x 解吸速率，结果如图 5-54 所示。解吸气中 NO_x 浓度随时间逐渐上升，而解吸速率逐渐下降，前 20min 下降速度最快，在 20~60min 之间解吸速率趋于稳定，60min 后又快速下降。由于在循环升温时已抽走了大量 CO_2 和其他易解吸的气体，当温度稳定在 220℃时，CO_2 的浓度已明显下降，CO 和氧气接近于 0，气相 NO_2 浓度增加，吸附剂内 NO_x 吸附质的浓度梯度就会减小，导致解吸速度减慢，这体现了单次真空加热循环解吸的局限性。对于第一次循环，建议优选时长为 30~60min。想要获得更多的解吸气，需要往循环系统中新添干燥气体，降低循环气中 NO_2 的浓度，从而提升解吸速率，即多次循环。

多次循环前需要往塔内补充干燥气体，再与解吸气混合循环，可利用大、小塔研究解吸时长对 NO_x 平均浓度和解吸量的影响规律。基于大、小塔实验的 220℃、−50kPa 多次循环阶段，每稳定 10min 测量一次该时间点的解吸气浓度和体积，可得到对不同时间下的解吸气 NO_x 平均浓度和解吸量，结果如图 5-55 所示。可以看出，循环时间越长，越有利

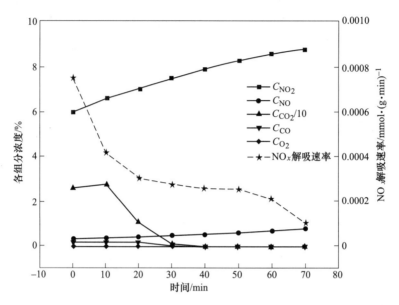

图 5-54　解吸气各组分浓度和 NO_x 解吸速率随时间的变化曲线（第一次循环）

于提高解吸气 NO_x 平均浓度和解吸量，循环 50min 可使解吸气 NO_x 浓度达到 2%以上。不同的是，大塔解吸气 NO_x 浓度上升较慢，原因是前期补充的大量低温干燥气体使塔内吸附剂温度降低，导致解吸速率变慢。考虑到解吸总时间不能大于吸附时间，且在满足资源化要求的前提下需要进行多次循环，对于多次循环的单次循环，建议优选时长为 40~60min。

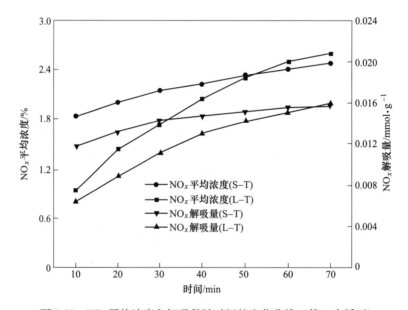

图 5-55　NO_x 平均浓度和解吸量随时间的变化曲线（第二次循环）

图 5-56 是吹扫阶段中大、小塔出口 NO_x 浓度和吸附塔温度随时间的变化曲线，大、小塔的结果基本一致。前期吸附剂降温较快，随着吹扫时间变长，吸附剂降温速度由快变

慢，符合传热规律。210~220℃的低流量吹扫气（约冷却前 10min）由于 NO_x 浓度较高会被收集送往后续资源化；130~210℃的吹扫气（约 30min）NO_x 浓度依然较高但不足以达到资源化要求，应重返吸附塔净化；40min 后吸附剂温度降至 130℃，出口 NO_x 浓度降至25mg/L 以下，符合超低排放标准，可直接排空。根据吸附时长来合理安排 CVGP 法解吸各阶段的时长，可有效提高 NO_x 解吸量和解吸浓度，对于吹扫阶段的排空过程，建议优选时长为 2~3h。

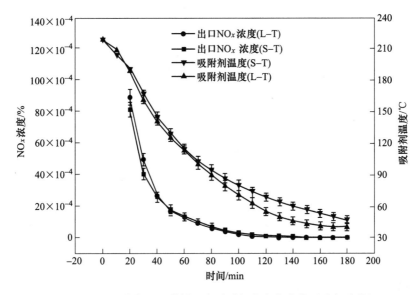

图 5-56　NO_x 浓度和吸附剂温度随时间的变化曲线（吹扫阶段）

C　解吸压力的影响

比较图 5-49 和图 5-50 的 VSA、TSA、VTSA 法解吸结果，可知温度对解吸的影响远大于解吸压力对解吸的影响。为避免因传热滞后所带来的温度、压力波动，基于温度更为均匀、稳定的小塔实验，获取了解吸温度 220℃、不同解吸压力下的 NO_x 平均浓度和解吸量，3 次解吸气循环时长均为 30min，结果如图 5-57 所示。可以看出，随着解吸压力的降低，NO_x 解吸量逐渐增大，达到 -50kPa 后趋于稳定，NO_x 平均浓度在一次循环阶段微幅上升，在多次循环阶段先逐渐上升后趋于稳定，在吹扫阶段微幅下降。当解吸气浓度较高时，吸附剂内未解吸的 NO_x 与塔内已解吸的 NO_x 处于平衡状态，抑制了降压的作用，故在一次循环时 NO_x 浓度变化较小，而在多次循环阶段，当解吸气 NO_x 浓度较低时，降低压力明显提升了解吸气 NO_x 浓度，随着浓度上升，进一步降压效果被抑制。当解吸压力低于 -40kPa 时，二次循环的 NO_x 平均浓度能达到一次循环的 0.5 倍，三次循环的 NO_x 平均浓度能达到一次循环的 0.3 倍。通过比较 CVGP 法和 CGP 法结果可知，CVGP 法所得总解吸气 NO_x 平均浓度比 CGP 法所得 NO_x 平均浓度高 25%，且当解吸时间较短时，CVGP 法的 NO_x 总解吸量也要比 CGP 法高 20%，因此压力依然要作为工程应用的重要考量因素。以解吸气浓度为优先考虑，优选压力范围为 -40~60kPa；但在考虑成本和实施难度的前提下，则推荐 CGP 法解吸或微负压条件的 CVGP 法解吸。

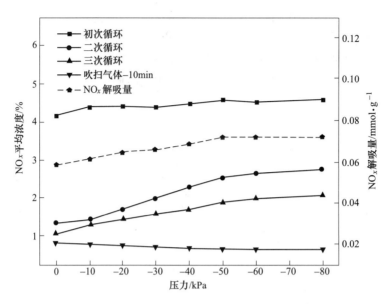

图 5-57 NO$_x$ 平均浓度和解吸量随压力的变化曲线

D   循环次数的影响

通过前面内容可知，在 220℃、−50kPa、单次循环时长为 1h 的条件下，CVGP 法解吸能够回收到较高的 NO$_x$ 浓度和解吸量，本小节基于该优选参数对 CVGP 法的循环次数进行研究。图 5-58 和图 5-59 分别是基于 CVGP 法的各次循环的 NO$_x$ 平均浓度与解吸量和不同阶段的 NO$_x$ 回收率的大、小塔结果对比。从图中可知，基于四次循环的 CVGP 法解吸在大小塔实验中均可实现 90% 以上的 NO$_x$ 回收率；在第一次循环时小塔的 NO$_x$ 平均浓度、平均解吸量与循环回收率较大塔高，但在第二~四次循环时则反之，原因可能是大塔传热效率较低，第一次解吸速度更为平缓。大、小塔 NO$_x$ 平均浓度、解吸量与循环回收率均随着循环次数的增加逐渐降低，但 NO$_x$ 总回收率会逐渐上升，总计四次的循环可以使 NO$_x$ 平均浓度达到 2% 以上，回收率达到 80% 左右。增加循环次数，能大幅提升 NO$_x$ 的解吸量，

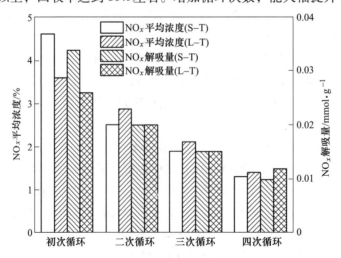

图 5-58 各次循环的 NO$_x$ 平均浓度与解吸量的大、小塔结果对比

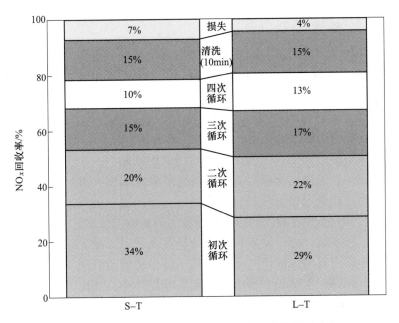

图 5-59　不同阶段的 NO_x 回收率的大、小塔结果对比

但经过 4 次循环以后，吹扫阶段 NO_x 解吸量依然占较大比重，约占可逆吸附量的 15%。吹扫阶段 NO_x 回收量占比越大，NO_x 平均浓度就会越低，产生了难以资源化的低浓度 NO_x 解吸气。此外，后期（130℃以下）吹扫气需排空处理，会损失一定量的 NO_x，可能存在的化学反应也会导致 NO_x 回收量减少，经大、小塔实验研究，损失量占可逆吸附量的 4%~7%。

增加循环次数可以减小吹扫过程的 NO_x 回收量占比，但循环次数增多意味着补充的干燥气体也会越多，过多的循环次数，反而会导致整个解吸过程的 NO_x 平均浓度降低。如，若将吹扫过程前 10min 的 NO_x 回收过程替换成第五次或更多次循环，会增加解吸时间和能耗，且该次循环回收率会低于上次循环回收率（10%~13%）。因此，循环次数越靠后，NO_x 回收效益会越低，工程应用在解吸总时长不大于吸附总时长的前提下，应结合能耗和 NO_x 回收效益来确定循环次数。若保留吹扫过程前 10min 的 NO_x 回收过程，建议循环次数为 3 次；若去掉吹扫过程的 NO_x 回收，为保证 NO_x 回收率，根据前 10min 的吹扫气量（小塔 2L，大塔 130L）约为单次循环气量的两倍（小塔约 1L，大塔约 65L）来考虑，建议循环次数为 5 次。

5.2.3　吸附器

吸附器的结构是变压吸附系统中吸附剂性能发挥的关键。合理的吸附器结构能够有效改善进气速度和气体的流动方向，最大限度发挥吸附剂的吸附性能；减少在高压气流冲击下吸附剂的粉化概率，防止分子筛受到水分、气态酸、油气等的侵蚀，有效地延长吸附剂的使用寿命；并同时减少吸附器内的死空间、提高产气率、降低系统能耗。目前吸附器的结构按照气流穿过床层的形式主要分为立式轴向流、卧式垂直流、立式径向流等三种形式的吸附器。

5.2.3.1　立式轴向流吸附器

　　立式轴向流结构是目前大部分中小型制氧机采用的气体分离方式，如图 5-60 所示。混合气由底部进入吸附器，经吸附剂分离后，高浓度的氧气由顶部流出。它的主要优点在于能较好地使气体均匀流过吸附层，能够最大程度地利用吸附剂。其结构简单，操作方便，床层中吸附剂机械磨损小，可在高温高压下操作。

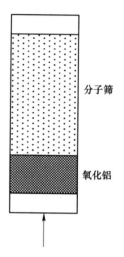

图 5-60　立式轴向流吸附器结构示意

　　立式轴向流吸附器结构主要受到两个制约因素的限制：一个是气流速度。在设计立式轴向流吸附器时，首先要确定床层允许的气流速度，然后才能确定吸附床的直径和高度。当床层中的气体流速较低时，气体只是穿过静止的分子筛颗粒之间的空隙流动；当气速增大至一定程度时，分子筛颗粒又开始呈流化状态，此流化速度决定了最小床层直径。即使气流速度低于流化速度的极限值，也会使吸附剂颗粒产生移动和磨损。因此实际设计中，气流速度取极限速度的 70% 左右。另一个是气流穿过整个吸附剂床层的压降。压降是制约立式轴向流吸附器结构的另一重要因素，如果床层过厚，或者气流速度过快，会造成床层阻力增大，能耗增加。为了降低鼓风机和真空泵能量消耗，在吸附和解吸期间要求总压降最小，这就要求吸附器中分子筛的装填高度一般在 2~3m。

　　立式轴向流吸附器结构简单、制造方便、进气均匀布置、床层中吸附剂机械磨损较小；但是气体量较大时会使床层的厚度过大，压降增加、能耗提高，因此立式轴向流吸附器只适用于中、小型空分设备。季阿敏等[46]研究认为气流分配是否均匀对大、中型立式轴向流吸附器工作性能有着重要影响，并提出气流分布板要合理设置位置和合理布孔。田津津等[47]研究了轴向流吸附器入口部分的气体流动特性，指出改变入口气流分布器结构可有效改善气流分布。陈旭等[48]研究了轴向流吸附器的分流板上开孔孔径、孔隙率的变化对流场均匀分布的影响。结果表明，在相同孔隙率情况下，对分流板采用不均匀孔径分布可使流场分布得到改善；并指出在相同孔径、不同孔隙率情况下，增加分布板上的孔隙率有利于流场内气流的均布。宁平等[49]研究了边流效应对固定床吸附容量的影响，指出由于边流效应影响，吸附床层死空间增加，吸附容量减少。

5.2.3.2　卧式轴向流吸附器

　　卧式垂直流吸附器是目前国内大型空分设备采用的主要形式，如图 5-61 所示。该结构吸附器的特点是空气处理量较大，床层高度较低。但是随着空气处理量的增大，其结构尺寸也不断增大，将造成进气分布不均匀、很难保持分子筛床层平整等问题。

　　Jeffert 等[50]在其专利中对卧式垂直流吸附器结构进行了改进。进气入口处安装气流分布器对进气进行分布，并给出气流分布器上孔眼的合理布局，确保了各孔道压降相等。气流分布器下部依次放置 3 层直径分别为 1inch、0.5inch、0.25inch 的惰性氧化铝球来均布气流；而在气流分布器上部放置直径为 0.125inch 的惰性氧化铝球和分子筛，依靠其自身重量压紧气流分布器，使气流分布器在两者之间能够稳定工作，降低了分子筛的粉化概率，保证床层不会出现翻滚现象。胡迪研究了气流分布器为多孔管结构的卧式垂直流吸附器内的吸附效果，并与以缓冲板为气流分布器结构进行了对比。结果表明，装有多孔管气流分布器的吸附器床层上的气流分布要好于缓冲板的结构，并较好解决了卧式垂直流吸附器内分子筛床层边流现象显著的问题。林秀娜等[51]介绍了杭氧自主研发的卧式垂直流吸附器气流均布装置、吸附器间隔吸附剂的隔板装置，这些新技术可以较好地解决卧式垂直流吸附器气流分布不均匀的问题，提高分子筛整体的吸附容量，并节约能耗和初投资。

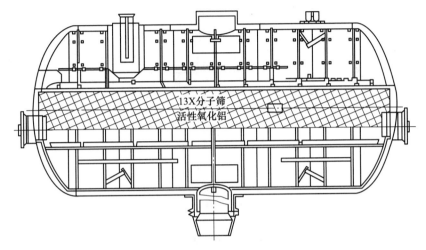

图 5-61 卧式垂直流吸附器结构示意

5.2.3.3 径向流吸附器

早期的径向流设备主要是径向流空气预纯化器和径向流催化反应器，这些设备的应用获得了比较好的实际效果。但同时也暴露出不足，如大的空隙容积、流体分布不均、设计未考虑流体的反向流动、结构复杂导致的分子筛装填困难以及高压降等。针对这些不足，专门用于变压吸附过程的径向流吸附器设计相继出现。两种典型且应用较多的径向流吸附器的结构形式，如图 5-62 所示[52,53]。

图 5-62a 所示的吸附器下部和上部分别装有吸附剂，对于变压吸附制氧，A 为氧化铝，B 为 5A、13X 或 LiX 等分子筛。空气从进气管道 1 进入由多孔环形壁 2、密封头 3 和 4 组成的进气流道，经装填在由多孔环形壁 5 和 2、弹性密封膜 6 和密封头 3 组成的空间中的氧化铝处理后，进入分流流道。该分流流道由吸附器外壁、多孔环形壁 5、密封头 3 和密封板 7 构成。随后空气被分子筛吸附分离后，氧气进入由中心导流器 8 和多孔环形壁 9 构成的合流流道，从产品气管道 10 引出。该设计的独特之处在于，气流的轴向均匀分布是依靠吸附器中心合流流道内的一个锥形导流器实现的，该导流器使得中心合流流道的横截面积从上到下基本呈线性增加。

径向流吸附器具有以下优点：与卧式垂直流吸附器相比，在相同的流量下，其阻力下降约 50%，进而可降低系统循环压缩机功耗，而且处理空气损失也减少 10%~20%；占地面积只有同等规模下卧式垂直流吸附器的 25% 左右；再生气从内筒（内分布流道）反向进入，当热气体与管壁接触时，已将热量传递给了吸附剂床层，气体温度较低，热损失少

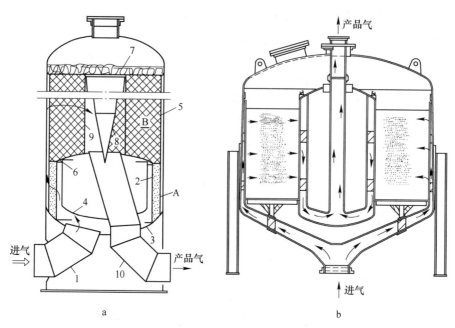

图 5-62　两种典型的径向流吸附器

且外筒也不需要保温；由于阻力小，小颗粒吸附剂的使用，使得吸附剂的吸附效率提高。但径向流吸附器也存在一些缺点：对加工的内、外筒的同心度要求高；制造成本较高，对小型制氧厂不适用；维修不便；对设计计算的精确性要求更高，双层床（氧化铝层和分子筛层）装填的比例应与实际使用时的工况尽可能地吻合，否则会影响纯化效果；存在着沿床层轴向高度流体沿径向流量分配不均的问题，会降低床层吸附剂的利用率和系统再生的切换时间，增加系统的阀门切换损失，而且会造成运行安全问题。

　　A　径向流吸附器结构及流动型式

　　径向流吸附器的基本结构包括吸附器外分布筒、吸附剂套筒、内分布筒、吸附剂套筒上盖板和中心流道密封环等五部分。内分布筒的内部空间形成中心流道，筒体与外分布筒之间的环隙形成外流道，内外分布筒之间填装吸附剂，流体以径向流动方式通过吸附剂装填层。

　　中心流道和外流道为径向流吸附器的主流道，流体在主流道内的流动为变质量流动，流体逐渐减少的主流道称为分流流道，流体逐渐多的主流道称为集流流道。径向流吸附器具体结构，如图 5-63 所示。中间圆柱体和中心筒都包有专用的不锈钢丝网。外筒壳与第一中间圆柱体构成的环形空间是空气的入口腔和解吸气的排出腔。在第一和第二中间圆柱体之间的环形空间是活性氧化铝吸附区。在第二和第三中间圆柱体之间的环形区是分子筛吸附区。中心筒不仅起着过滤器的作用，其中心特殊的结构能保证空气或再生返流气在各截面都有相同的气速。外壳的上封头均匀地分布着若干个活性氧化铝和分子筛的加料口。中心筒流速分配器的设计对径向流吸附器至关重要。流速分配器使吸附层上、下压差保持一致，使吸附器沿轴向各部分的吸附速度和吸附量均匀一致，其吸附饱和时间也相同[54]。

　　根据气流在径向流吸附器内的流动方向，径向流吸附器可以分为四种流动型式。当气流从吸附器中心流向四周时为离心流，反之为向心流；当进气流与出气流沿轴向流动方向一致时为"Z型流动"，反之当进气流与出气流沿轴向流动方向相反时为"π型流动"。因此可以将上述流动组合成如图 5-63b~e 所示的 Z 型向心流、Z 型离心流、π 型向心流和 π 型离心流四种流动型式。

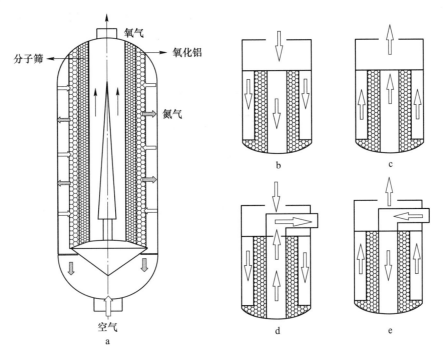

图 5-63 立式双层径向流吸附器（a）及流动型式（b~d）

a—立式双层径向流吸附器；b—Z 型向心流；c—Z 型离心流；d—π 型向心流；e—π 型离心流

B π 型与 Z 型径向流吸附器

π 型流动径向流吸附器与 Z 型流动径向流吸附器是径向吸附器的两个大的类型，适合不同的反应工艺。根据主流道内动量项与摩阻项的相对大小，分为动量交换控制模型、摩阻控制模量交换占优势的混合模型和摩阻占优势的混合模型。分流流体包括动量交换项和摩阻项两部分，它们的符号正好相反。随着分流的进行，主流逐渐降低，此时，动量交换项使流道静压有回升的趋势，而摩阻项却使静压趋于下降，因此压力是升高还是降低，取决于动量交换项和摩阻项的相对大小。与分流流道不同，集流流道中，动量交换项和摩阻项符号是相同的，它们总是叠加；不管是动量交换控制型，还是摩阻控制型，沿集流管流动方向，静压总是趋于下降。如果动量交换项和摩阻项同时起作用，由于两项的符号是相同的，将不会存在中部最低点。

因此张成芳等[55]提出对于摩阻型径向吸附器，通常为高压的径向吸附器，如氨合成吸附器，采用 Z 型流动型式，能够实现分流流道和集流流道的静压匹配，使得两流道间的静压差沿床层轴向高度上保持一致，而对于动量交换型径向吸附器，通常为常压、中压的径向吸附器，工业中的径向吸附器大都属动量交换型，如负压操作的乙苯脱氢吸附器、常压的氨氧化吸附器、中压甲醇合成吸附器、中压催化重整、低压的连续催化重整吸附器和甲苯歧化吸附器等，采用 π 型流动型式，能够实现分流流道和集流流道的配合，使得两流道间的静压差沿床层轴向高度上保持一致。朱子彬等[56]根据流道的特性，描述了动量交换型径向吸附器的 Z 型与 π 型流动的主流道静压分布（图 5-64），对于动量交换型径向吸附器存在最佳的流道截面比，使得分流、集流流道的静床层高度维持相等，如图 5-65 所示。对于动量交换型径向吸附器，如果采用 Z 型流动型式，通常采用以下办法解决两流道的静压差的差别：采用开孔手段调节，增加分布器控制压降；提高床层厚度，增加床层压降调节；采用大流道设计，降低两流道的静压差的差别；采用变流道设计；采用导流体，改变分流流道的静压分布。

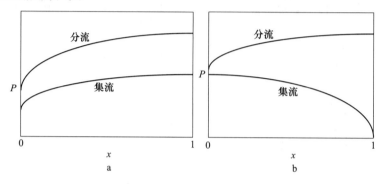

图 5-64　动量交换型径向吸附器主流道静压分布示意

a—π 型；b—Z 型

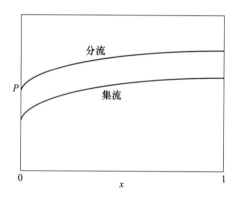

图 5-65　最佳流道 π 型分布流道的静压差示意

张成芳等[57]提出了锥形分流、集流流道的设计，如图 5-66 所示，通过保持流道内流

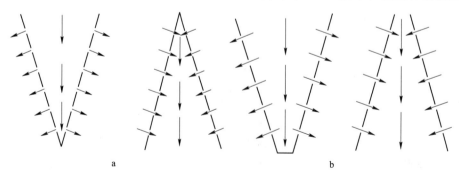

图 5-66　锥形流道示意

a—完全锥形分流、集流流道；b—不完全锥形分流、集流流道

速恒定，消除动量交换的影响，当摩阻可以忽略时，两流道间的静压差可以吻合较好。

黄发瑞等[58]针对动量交换型径向吸附器 Z 型流动时流道静压差的差别较大，提出了具有变截面中心流道的圆柱容器内流经环形填充层流体流动的数学模型。增设厄流装置改变流道静压分布，如图 5-67 所示，并进行了理论计算和实验验证。朱子彬等[55]已将该技术成功应用于轴径向乙苯脱氢反应器。

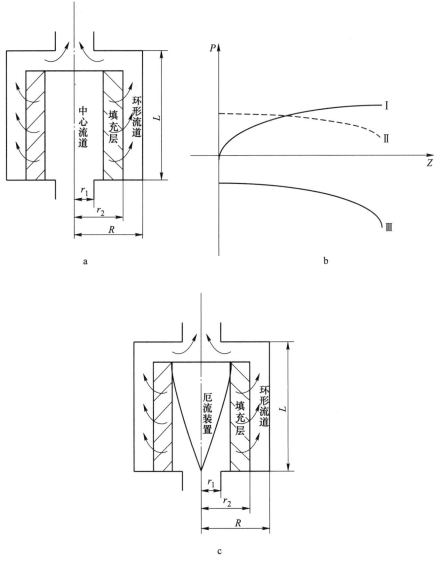

图 5-67 Z 型流动结构和导流装置示意

a—Z 型；b—压力分布；c—有厄流装置

C 径向流吸附器应用现状

林德公司在 1985 年提出了双锥体结构的径向流吸附器结构[59]，集流流道内布置了导气锥，用来改变吸附床侧静压分布，使得床层两侧压降沿轴向高度相等，达到流场均布的效果，如图 5-68 所示。但是双锥体不仅会增加吸附器的垂直高度，而且会导致双锥体附近空间出现气流短路，进而降低吸附剂的利用效率。专利[60]提出了一个 Z 型双层床（氧化铝层及分子筛层）吸附器结构，如图 5-69 所示。该吸附器结构的内分布流道中放入了一个锥度不变的导气锥，通过改变吸附器内外分布流道沿轴向的静压分布来改善流场的均匀性。

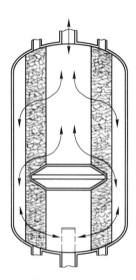

图 5-68　林德公司 1985 年提出的
双锥体结构径向流吸附器示意

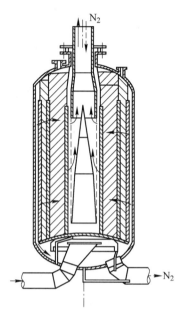

图 5-69　法国液化空气 1985 年提出的
带锥度不变导气锥的径向流吸附器示意

专利[61]提出了一个 π 型双层床（氧化铝层及分子筛层）吸附器结构，如图 5-70 所示。该吸附器的氧化铝与分子筛被布置在床层轴向的不同位置（氧化铝靠近吸附器底端，分子筛靠近吸附器上端），内分布流道内置有一个锥度不变的导气锥来改善气流均布。专利[62]提出内分布流道带变截面导气锥的吸附器结构，如图 5-71 所示。该变截面导气锥能更好地匹配内外分布流道间的径向压差随轴向的变化规律。该变截面导气锥的使用，既能使气流沿轴向均匀地流过催化剂床层，又能降低能耗，且保持径向流床层阻力低的优点。

专利[63]提出了在环流流道中增加多孔板而在分流流道中额外形成一个倒 U 形的流道来取代中心集流管中布置的锥形分布器，同样达到了均布效果，如图 5-72 所示。分流流道中的圆筒形挡板与筒体及环形吸附床同心布置，作为流动导向器，一小部分气体就会被旁

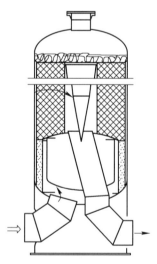

图 5-70　法国液化空气 1993 年
提出的 π 型径向流吸附器示意

路形成倒 U 形流动进入分流管主流道。另外多孔挡板上的圆孔布置并不是均匀的，底部的直径较大且间距较小。这样的布置避免了流道内摩擦阻力损失造成的流量不均匀分布。

Smolarek 等[64] 提出了一种更为紧凑的径向流吸附器，如图 5-72 所示。该径向流吸附器外壁有一定的锥度，目的是能够与吸附器内部的多孔外分布器形成一个变截面的梯形流道，以此来使流体沿轴向分布均匀。该梯形流道的下部横截面积较大，降低了进气和逆流排气时的压力损失，同时减少了不必要的空隙容积，从而提高了吸附过程的效率。为了获得低压降、低空隙容积以及均匀的流体分布，该专利对流道的宽度和容积进行了限定：外环梯形分流流道的下部宽度和中心环形合流流道的宽度通常为吸附剂装填高度的 2%～8% 和 5%～13%；吸附器进气侧和产品侧的空隙容积分别与吸附剂床容积之比通常为 10%～25% 和 3%～10%。

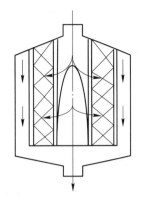

图 5-71　吴民权 1993 年提出的带变截面导气锥的径向流吸附器示意

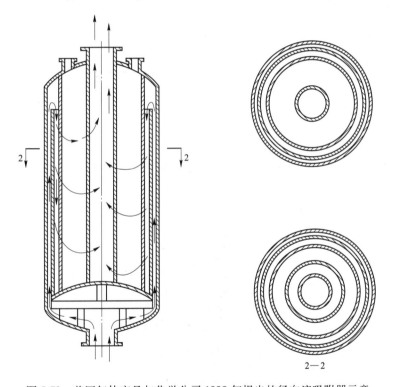

图 5-72　美国气体产品与化学公司 1998 年提出的径向流吸附器示意

专利[65] 提出了一种圆锥床的设计思路，如图 5-73 所示。采用上小、下大的外锥台形栅格围成气体流动通道。虽然吸附器上半部分分配的气体流量较小，但是上部流道的空间变小，故而气体流速在整个床层内的轴向分量和径向分量均匀一致，不同位置床层的饱和吸附量与饱和吸附时间相同，提高吸附器的工作效率。

专利[66] 通过模拟计算发现，当吸附剂床高度从 2.54m 增加到 5.08m，而其他几何尺寸不变时，仅仅依靠 Smolarek 等的梯形流道进行流体分布的不均匀度从 2%～3% 上升到 10%～15%。采用内外分布筒不均匀开孔双边调节的方法来提高气流分布的均匀度，推荐的开孔设置，如图 5-74 所示。分布筒轴向靠近底部（进气侧）的 1/3 段开孔率为 1%～

10%，中间 1/3 段开孔率为 10%～25%，上部 1/3 段开孔率为 25%～50%。为了正确选择、设计径向流设备的气流分布器，必须弄清分布器主流道内流体的静压分布规律和分、合流情况下流体穿孔阻力系数等问题。

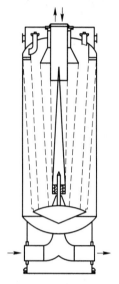

图 5-73　李大仁 2003 年提出的
圆锥床径向流吸附器结构示意

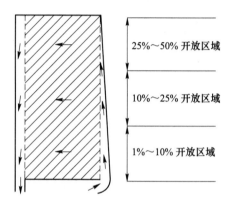

图 5-74　Celik 2004 年提出的
内外分布筒开孔设置

专利[67] 提出了一种新的 Z 型双层床径向流吸附器结构，如图 5-75 所示。该结构通过

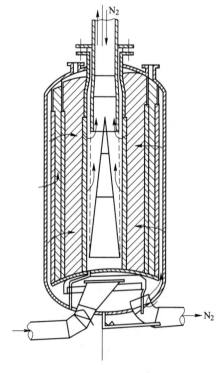

图 5-75　法国液化空气 2011 年提出的带分布筒的径向流吸附器结构示意

在内分布流道或外分布流道选用开孔率很小的分布筒（多孔板）来达到气流均布的目的，但分布筒的阻力很大，采用分布筒后不仅能耗增加，而且径向床反应器所具有的床层阻力小的优点也将被大部分或全部抵消。

5.2.4 解吸污染物分离提纯资源化技术

烟气吸附净化的解吸其中含有 $SO_2/NO_x/CO_2/N_2/O_2$ 等混合气体。从这些混合气体中分离出来 SO_2/NO_x 气体，可作为资源进行回收，产生一定的经济效益，降低或平衡脱硫脱硝所产生的运行成本。

5.2.4.1 资源化工艺流程

笔者设计了如图 5-76 所示的资源化工艺流程实验系统。实验气源气体为烧结机烟气经过脱硫后脱硝的解吸气体。加压装置由空气压缩机驱动，压缩比为 6：1。冷凝塔顶有一列管式冷凝器提供冷量，整个塔体进行绝热保温处理。脱硫脱硝工艺实验装置流程图中各设备详细信息见表 5-22。

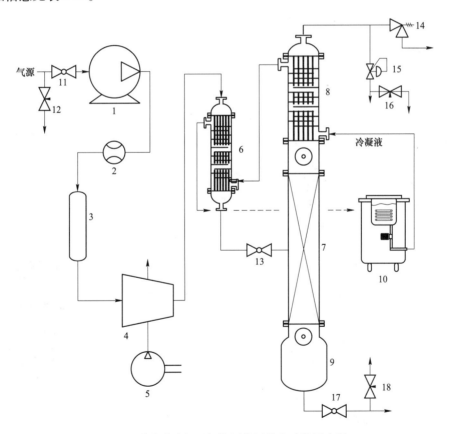

图 5-76　脱硫脱硝解吸气资源化回收实验装置流程

低温冷阱制冷后的载冷剂循环流经冷凝器、冷却器，当载冷剂温度稳定在设定值后开始实验。气源气体经气泵抽入并加压至 2bar（0.2MPa）时排出，经金属转子流量计控制流量后进入缓冲罐，再被压缩机压缩至设定压力（0.8~1.7MPa）。加压后的气体先经冷

表 5-22　脱硫脱硝工艺实验装置流程图中各设备详细信息

序号	名称	型号或材质	序号	名称	型号或材质
1	气泵	DA5001	8	冷凝器	316L
2	金属转子流量计	LZZW-1/RL	9	塔釜	316L
3	缓冲罐	316L	10	低温冷阱	LT-6030
4	增压装置	GBS-STA06-T	11/13/17	球阀	316L
5	空气压缩机	W1.0/8	12/16/18	针阀	316L
6	冷却器	316L	14	安全阀	316L
7	填料塔	316L	15	背压阀	316L

却器冷却，然后进入填料塔，被塔顶冷凝器冷凝后剩余气体由塔顶排出。待冷凝器温度稳定并达到取气时间后，用采气袋采集塔顶排出气进行 SO_2 浓度检测；低温冷阱会导致制冷温度在设定点附近周期性地波动，但会有 1min 左右的稳定时间。但由于冷凝器壁厚引起的容量滞后和传输载冷剂的管道较长引起的传递滞后，低温冷阱温度稳定后大约 6min，冷凝器达到最低温度并持续 1min 左右，此时即为实验的取气时间。

5.2.4.2　SO_2 资源化实验

启用双塔精馏实验台的一塔并使用 CSCR 解析塔解吸出的含 SO_2 浓度为 7% ~ 10% 的解吸气进行 SO_2 资源化实验。解吸气经气泵抽取并加压至 2bar 排出到压缩机，加压到 0.8 ~ 1.7MPa 通入精馏塔，气体从塔中部进入，从顶部离开排出；载冷剂乙醇被制冷机制冷到设定温度后循环通入精馏塔顶冷凝器和冷却器。压力和温度稳定后，从塔顶部取气到取气袋中，再进行滴定检测确定 SO_2 气体浓度。SO_2 资源化实验流程和 SO_2 浓度检测流程见图 5-77。

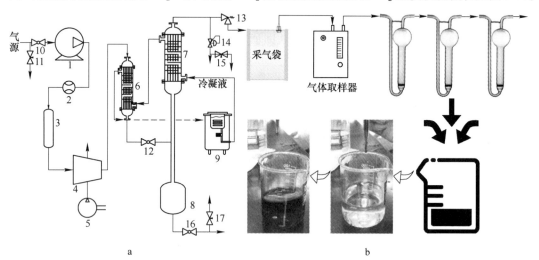

图 5-77　SO_2 资源化实验流程（a）和 SO_2 浓度检测流程（b）

1—气源引风机；2—金属转子流量计；3—缓冲罐；4—增压装置；5—空气压缩机；6—冷却器；7—冷凝器；
8—液态 SO_2 储罐；9—低温冷阱；10, 12, 16—球阀；11, 15, 17—针阀；13—安全阀；14—背压阀

首先进行了制冷温度为 -42 ~ -45℃ 时的 SO_2 回收实验，塔顶排出气中 SO_2 浓度随压力的变化如图 5-78 所示。由图中可以看出，同一温度下，随着压力升高，理论值沿反比例

函数减小，但是由于温度较低，饱和蒸气压低，所以反比例函数的系数低，理论函数较平直；随着压力升高，实验值也呈下降趋势，但是拟合优度不是特别高。-42℃和-43℃的实验值在理论值附近波动，差距较小；但是-45℃的实验值普遍比理论值低，较大可能是由于制冷机的工作能力不稳定，在-45℃时，制冷温度比设定值低了少许。

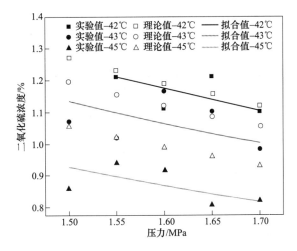

图 5-78　塔顶排出气中 SO_2 浓度随压力的变化（-42~-45℃）

三个温度下的塔顶排出气浓度都在 1% 左右，明显低于进口浓度（7%~12%），说明此精馏回收系统是完全起作用的。但是此三组实验温度值太过靠近，而制冷机的控温并不能非常精准地稳定在设定值，所以从实验值看，结果的规律性并不是很强，因此需要扩大温度和压力区间。

降低压力，降低温度进行 SO_2 资源化实验，结果如图 5-79 所示。

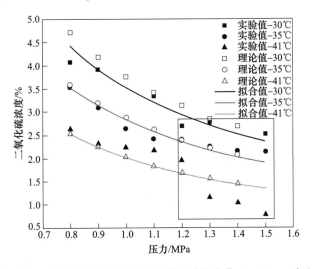

图 5-79　塔顶排出气中 SO_2 浓度随压力的变化（-30~-41℃）

由图 5-79 可以看出，随着压力升高，理论值呈反比例函数下降趋势明显，由于温度升高，饱和蒸气压升高，反比例函数系数增大，曲线趋势明显；实验值也近似呈反比例函数降低，并与理论值相差很小。在 1.3~1.5MPa 压力范围内，浓度变化较为平缓，说明大于 1.3MPa 后压力增大对浓度的降低的贡献越来越小，进行生产时的压力选取在此范围附近即可。

　　-30℃和-35℃的实验拟合曲线与理论曲线的拟合优度在 90% 左右，对于温度很难控制精确的此实验，此优度完全可以接受；但是-41℃的拟合优度较差，主要原因在于-41℃的 1.0~1.2MPa 的实验值较高，1.3~1.5MPa 的实验值较低，虽然拟合平均后准确性很高（拟合曲线和理论值几乎吻合），但是精密度较低（数值较分散）。这是由于温度越低，饱和蒸气压越低，制冷机温度波动少许引起的误差就足以使浓度值改变较多；而高温下饱和蒸气压本就很高，温度变化少许引起的误差不会太大，实验值较集中，所以拟合优度较高。对照图 5-80 中在不同压力和温度下的 SO_2 回收率可以发现：压力越高，回收率越高；温度越低，回收率越高（基本）。-30℃的回收率大于-35℃的，是因为-30℃实验时的气源 SO_2 浓度高，分压大，造成回收率变大。项目要求 SO_2 气体的回收率大于 85%。根据加粗横线标示，至少要达到-41℃和 1.3MPa。

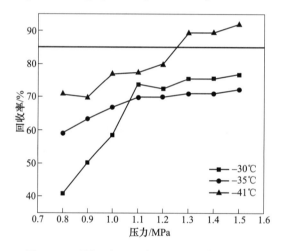

图 5-80　不同温度和压力下的 SO_2 回收率变化

　　由图 5-80 可以发现，同一温度下，压力越高，回收率越高；总体呈上升趋势，但是并无明显的线性或非线性关系。-30℃的回收率在 1.1MPa 后大于-35℃的回收率，是因为-30℃/（1.1~1.5MPa）实验时的气源 SO_2 浓度较高，SO_2 分压大，造成回收率变大。

　　日常邯钢解吸炉运行状态显示，解吸气中 SO_2 浓度在 10% 左右，最高能达到 15%，而实验进行时，SO_2 浓度都在 10% 以下，因此得到的回收率比日常条件下要低一些。为了实现 SO_2 气体的回收率大于 85%，根据加粗横线标示，至少要达到-41℃和 1.3MPa，由于压力再升高对回收率的影响减小，所以继续降低温度是提高回收率的方式。

5.2.4.3　NO_2 资源化实验

　　根据其他子课题进行的 NO_x 吸脱附实验得到的 NO_2 解吸气浓度，配置相同浓度的 NO_2 气体进行资源化实验，NO_2 浓度大约为 1%。

　　NO_2 资源化实验流程与 SO_2 资源化实验几乎一致，但是气源气体由 SO_2 解吸气变为气瓶配气为1%~1.5%的NO_2和氮气混合气。而且，NO_2的检测方式改为用烟气分析仪检测稀释后的取气袋气体。

如图5-81和图5-82所示，在高温（-20℃）时，浓度普遍很高而且波动很强；在低温（-30~40℃）时，线性度较好，并且出口浓度较低，与理论计算值差距较小；回收率也能看出：-30℃、-35℃、-40℃时，回收率是逐渐增加的；为了达到85%的回收率，需要控制在1.7MPa以上，温度在-35~40℃。

因此，NO_2资源化的工艺条件为：-35~40℃，1.7MPa。

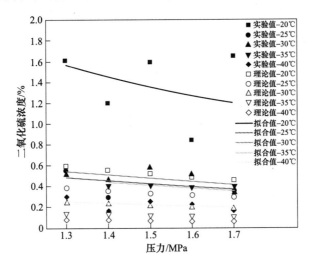

图5-81 不同温度和压力下的NO_2塔顶浓度变化

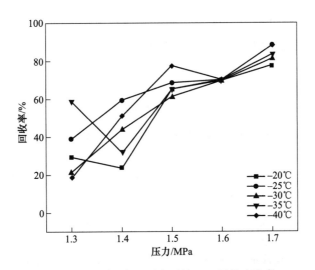

图5-82 不同温度和压力下的NO_2回收率变化

5.2.5 钢铁烟气吸附净化及资源化应用方案设计

本方案结合钢铁烧结烟气脱硫脱硝实际情况，对烟气进行吸附脱硫脱硝并资源化。

5.2.5.1　工艺流程

图 5-83 为总工艺原理图，系统由降温、脱水、脱硝、NO$_2$ 资源化、SO$_2$ 资源化等五个单元组成。基本工艺原理如下，净化后的烟气（约 130℃）经增压风机增压，进入降温单元将烟温降至 50℃以下进入脱水吸附单元进行干燥；干燥后的烟气进入脱硫脱硝吸附单元进行脱硫脱硝，脱硫脱硝吸附床中吸附剂饱和后通过先加热再降至负压的方式再生解吸；解吸阶段富集所得的 SO$_2$/NO$_x$ 解吸气以固定流量连续通入 NO$_x$ 资源化单元，对 SO$_2$/NO$_2$ 进行冷凝提纯；未能液化的 NO 气体重新引入脱硝吸附单元进行吸附并部分转化为 SO$_2$/NO$_2$。

下面对各单元的功能及要求进行分别说明。

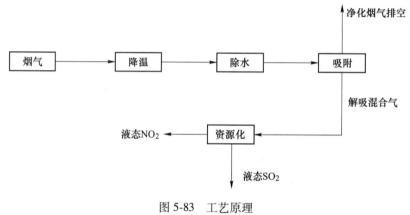

图 5-83　工艺原理

5.2.5.2　降温单元工艺流程

降温单元工艺流程如图 5-84 所示，降温单元中所用换热器 E1001 为传统管壳式换热器，主要由以下部分组成：前端箱体、壳体、后端箱体、换热管、折流板、烟气进出口接管、冷却水进出口接管、水泵等。脱硫后烟气进入前端箱体，通过换热管束与壳体侧冷却水进行间接换热后，从后端管箱排出，达到降温效果。

冷却水由水泵 WP1001 驱动，通过冷水塔 WT1001 进行冷却，循环利用。补充冷却水被泵 WP1002 由水槽 WZ1001 泵入冷水塔补充。烟气流速与冷却水流速由控制阀门 KV101～KV104 控制。气液分离器 WS1001 用于分离烟气中降温结露的水分。检测器 PI101-104、TI101-104 用于检测进出口流体压力与温度。

5.2.5.3　脱水吸附单元工艺流程

脱水吸附单元工艺流程如图 5-85 所示，脱水单元主要由三个脱水吸附床组成，工作原理为变温吸附工艺，即一床常温吸附，一床加热解吸，一床吹扫冷却，交替往复进行。脱硫降温后烟气，通过控制阀门 KV-2001A，进入吸附床 DH-2001 进行吸附脱水，脱水后烟气经排气管道由阀门 KV-2002A 控制进入后续吸附脱硝单元。待吸附床 DH-2001 达到吸附饱和时，关闭阀门 KV-2001A，打开 DH-2002 的阀门 KV-2001B，脱硫降温后烟气进入吸附床 DH-2002 进行吸附脱水，同时吸附床 DH-2001 开始解吸。待吸附床 DH-2002 达到吸

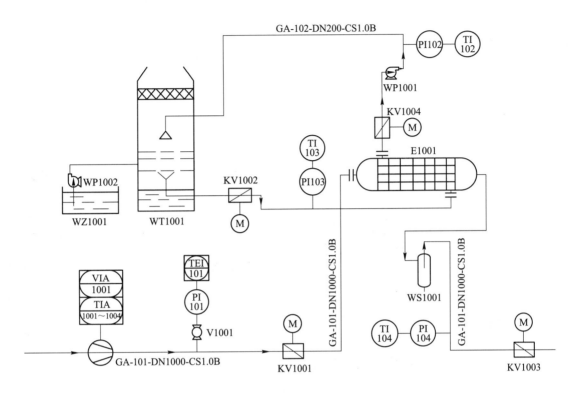

图 5-84 烟气降温单元工艺流程

附饱和时，脱硫降温后烟气则进入吸附床 DH-2003 进行吸附脱水，同时吸附床 DH-2001 开始冷却。待吸附床 DH-2003 达到吸附饱和时，吸附床 DH-2001 已完成冷却，脱硫降温后烟气再次进入吸附床 DH-2001 进行吸附脱水。三塔交替操作，始终保持吸附、解吸、冷却同时进行。

解吸时，来自热风炉 SH-2001 的热风通过阀门 KV-2003A 进入 DH-2001 中对脱水吸附剂进行直接加热，并将解吸出的水蒸气带出，再通过阀门 KV-2004A 排空（或送入脱硫脱硝排放管道统一排放）。当达到完全解吸时，停止热风进入，打开阀门 KV-2005A 通入常温干燥洁净气（实为脱硝尾气），对床层中的吸附剂进行冷却，通过阀门 KV-2006A 排空（或送入脱硫脱硝排放管道统一排放）。冷却结束，吸附阶段重新开始，DH-2002、DH-2003 也同样操作。

5.2.5.4 脱硝吸附单元工艺流程

脱硝吸附单元工艺流程如图 5-86 所示，脱硝吸附单元由三床组成，工作原理为先加热后真空解吸工艺，一床用于吸附，一床用于解吸，一床用于冷却，交替往复运行，实现连续出气效果。脱硫降温脱水烟气经阀门 KV-3001、KV-3003 进入脱硝吸附床 C-3001，进行吸附脱硝；当吸附床 C-3001 接近吸附饱和时，则通过调控阀门，将气通入吸附床 C-3002 进行吸附脱硝。同时，吸附床 C-3001 进行加热解吸，C-3003 进行吹扫冷却。

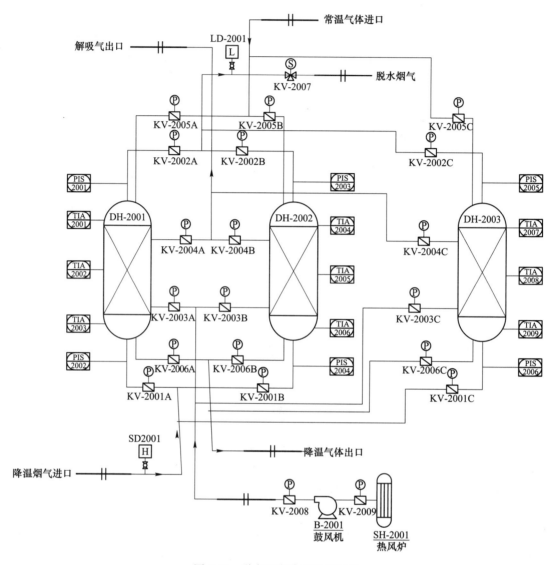

图 5-85　脱水吸附单元工艺流程

　　解吸时，采用循环热风直接加热的方式，对床层中的吸附剂进行加热，直到达到设定温度，加热与负压并行，使脱硝吸附剂解吸得到 NO_x 富集气，通过反馈适时补充吹扫气或烟气，循环与抽气并行，实现连续抽气至后续资源化单元的效果。解吸停止后引入常温干燥洁净空气（实为脱硝床尾气），对脱硝吸附剂进行直接冷却。待冷却至常温后，即完成解吸过程，吸附阶段重新开始，烟气再次通入吸附床 C-3001 进行吸附脱硝，同时吸附床 C-3003 达到饱和并开始加热解吸，C-3002 进行吹扫冷却。三塔交替操作，始终保持吸附、解吸、冷却同时进行。

5.2.5.5　资源化单元工艺流程

　　资源化单元工艺流程分为 NO_2 资源化工艺和 SO_2 资源化工艺。NO_2 资源化工艺与上述

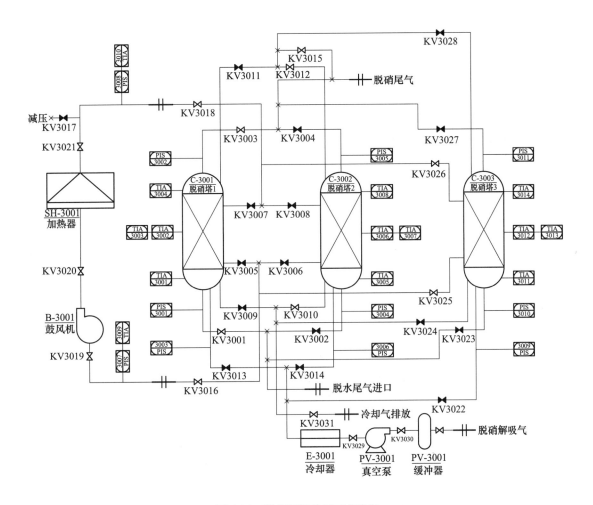

图 5-86 脱硝吸附单元工艺流程

三个单元协同工作，SO_2 资源化工艺利用邯钢现场脱硫解吸气单独工作。

A NO$_2$ 资源化工艺

图 5-87 为 NO$_2$ 资源化工艺流程图，其为高压冷凝工艺，主要包括气源降温、气源脱水、气源加压、气体冷凝、液态产品储存、制冷、冷凝排出气浓度检测和控制及数据储存等系统。气源降温系统主要包括水冷换热器 E-4001、E-4002 以及循环自来水；气源脱水系统由脱水塔 C-4001、C-4002 及附属管道和阀门组成；气源加压系统主要包括一级压缩机 TC-4001、二级压缩机 PC-4001、低压缓冲罐 PV-4001 和高压缓冲罐 PV-4002；气体冷凝系统主要由冷却器 E-4003 和冷凝器 E-4004 组成；液态产品储存系统主要包括液体暂存罐 SV-4001 和液体贮罐 SV-4002；制冷系统由低温冷阱及载冷剂（无水乙醇）和附属管道组成；冷凝排出气浓度检测系统主要包括烟气分析仪及附属阀门和管道。

脱硝单元产生的解吸气作为气源进入 NO$_2$ 资源化流程，在一级压缩机处加压至 0.2 ~ 0.3MPa 并于水冷换热器 E4001 处降到常温，经交替工作的径向吸附床脱水塔 C-4001 和 C-4002 深脱水至露点低于 -65℃，再被二级压缩机 PC-4001 加压至 1.5 ~ 2.0MPa 和水冷换热

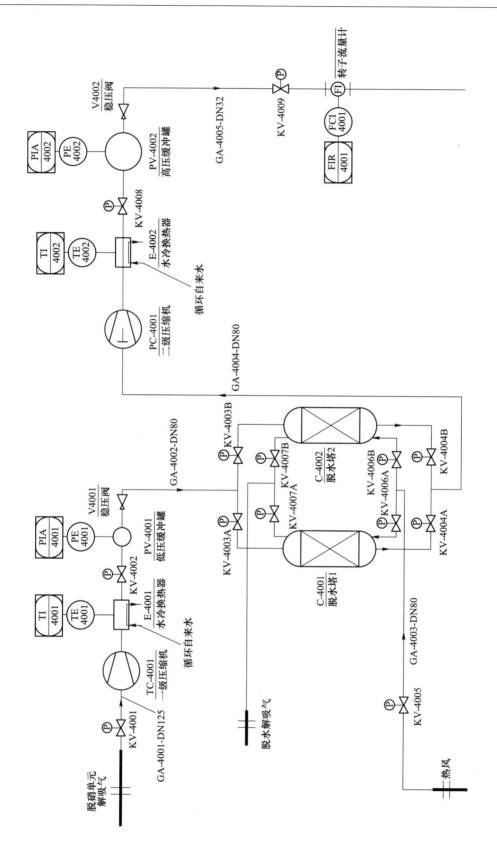

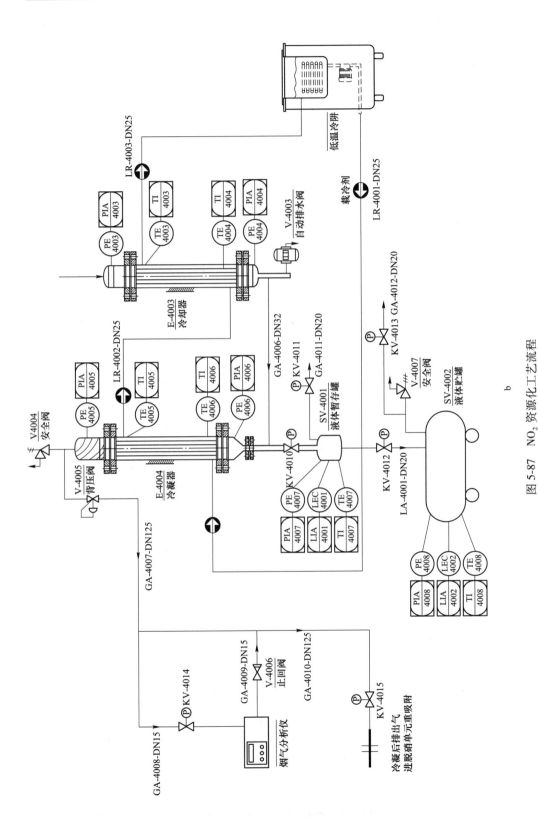

图 5-87 NO₂ 资源化工艺流程

a—气源降温、脱水和加压系统；b—气体冷凝、制冷、冷凝排出气浓度检测与液态产品储存系统

器 E-4002 冷却到常温后进入高压缓冲罐 PV-4002 缓存。高压缓冲罐体积为 2m³，耐压大于 2MPa，其内高压气体经稳压阀 V-4002 和转子流量计后，依次流经冷却器 E-4003 和冷凝器 E-4004，气相中的 NO_2 在后者壁面凝结成液体流动到液体暂存罐 SV-4001，剩余气体流经冷凝器顶部的旋流结构后排出，通回脱硝单元进行再次吸附。冷凝排出气的一部分（流量约为 1L/min）进入烟气分析仪进行 NO_2 剩余浓度检测。当液体暂存罐 SV-4001 贮满后，液体经阀门 KV4012 流入液体贮罐 SV-4002 储存。

NO_2 资源化工艺气源为脱硝单元解吸气，经现场实验结果放大到 30000m³/h 的烟气流量后，得到解吸气流量为 310m³/h，其中各组分浓度见表 5-23。

表 5-23 NO_2 资源化工艺气源各组分浓度   （%）

气体组分	NO_2	NO	CO_2	CO	N_2+O_2	总计
浓度	1.8	0.22	10.16	0.07	87.75	100

B SO_2 资源化工艺

图 5-88 为 SO_2 资源化工艺流程图，亦为高压冷凝工艺，主要包括气源降温、脱水、加压、气体冷凝、液态产品储存、制冷、冷凝排出气浓度检测和控制及数据储存等系统。气源降温系统主要包括水冷换热器 E-4001、E-4002 以及循环自来水；气源脱水系统由脱水塔 C-4001、C-4002 及附属管道和阀门组成；气源加压系统主要包括鼓风机 B-4001、一级压缩机 TC-4001、二级压缩机 PC-4001、低压缓冲罐 PV-4001 和高压缓冲罐 PV-4002；气体冷凝系统主要由冷却器 E-4003 和冷凝器 E-4004 组成；液态产品储存系统主要包括液体暂存罐 SV-4001 和液体贮罐 SV-4002；制冷系统由低温冷阱及载冷剂（无水乙醇）和附属管道组成；冷凝排出气浓度检测系统主要包括烟气分析仪及附属阀门和管道。

脱硫解吸气作为气源进入 SO_2 资源化流程，在一级压缩机处加压至 0.2~0.3MPa，并于水冷换热器 E4001 处降到常温，经交替工作的径向吸附床脱水塔 C-4001 和 C-4002 深脱水至露点低于−65℃，再被二级压缩机 PC-4001 加压至 1.5~2.0MPa 和水冷换热器 E-4002 冷却到常温后，进入高压缓冲罐 PV-4002 缓存。高压缓冲罐体积为 2m³，耐压大于 2MPa，其内高压气体经稳压阀 V-4002 和转子流量计后，依次流经冷却器 E-4003 和冷凝器 E-4004，气相中的 SO_2 在后者壁面凝结成液体流动到液体暂存罐 SV-4001，剩余气体流经冷凝器顶部的旋流结构后排出，通回脱硝单元进行再次吸附。冷凝排出气的一部分（流量约为 1L/min）进入烟气分析仪进行 SO_2 剩余浓度检测。当液体暂存罐 SV-4001 贮满后，液体经阀门 KV4012 流入液体贮罐 SV-4002 储存。

脱硫解吸气引入资源化工艺的流量为 150~300m³/h，各组分浓度见表 5-24。

表 5-24 脱硫解吸气各组分浓度   （%）

气体组分	SO_2	CO_2	O_2	N_2	总计
浓度	7	20	14.6	58.4	100

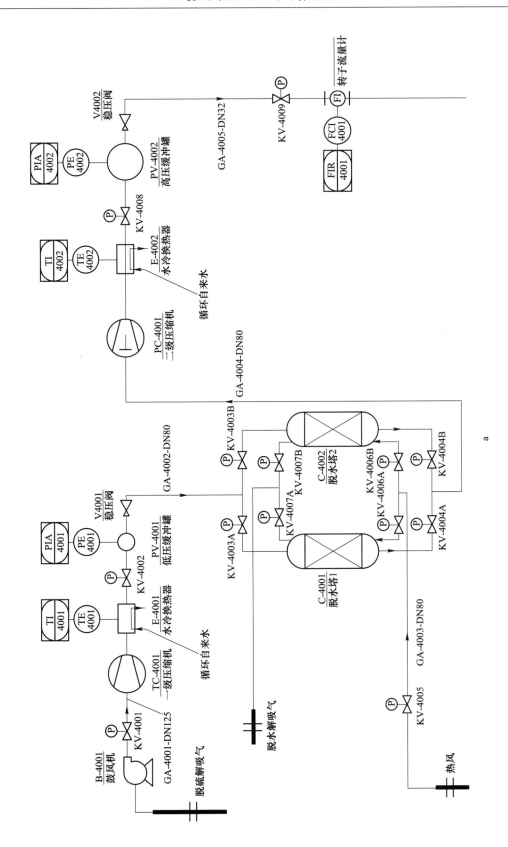

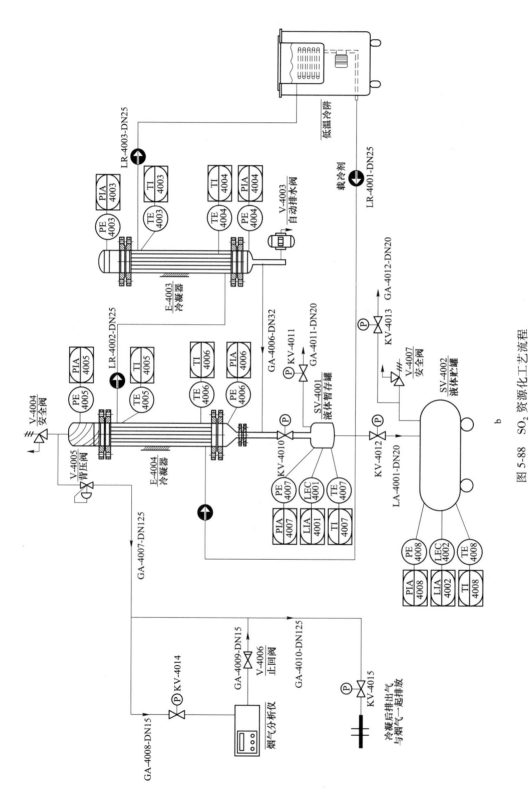

图 5-88　SO₂ 资源化工艺流程

a—气源降温、脱水和加压系统；b—气体冷凝、制冷、冷凝排出气浓度检测与液态产品储存系统

5.3　多污染物中低温协同催化净化技术及示范

5.3.1　低温催化净化材料与技术

近年来，随着我国钢产量的逐年增长，钢铁行业大气污染问题愈加严重，NO_x、SO_2和粉尘等污染物的排放量在全国工业行业中所占比例呈现扩大态势，对于这类烟气的污染控制要求越来越严格[68]。当前，我国钢铁行业烟气脱硫除尘技术逐渐成熟，而 NO_x 控制技术尚处于发展阶段。以 NH_3 为还原剂的选择性催化还原技术（Selective Catalytic Reduction，NH_3-SCR）是目前应用最为广泛的消除 NO_x 技术[69,70]，制约该技术发展的核心是催化剂。钒基催化剂（V_2O_5-WO_3(MoO_3)/TiO_2）在中温范围内具有良好的活性和稳定性，成为工业上广泛使用的脱硝催化剂。虽然 V_2O_5-WO_3(MoO_3)/TiO_2 催化剂已广泛用于固定源 NO_x 去除，但仍存在操作温度窗口窄、低温活性差、易生成 N_2O 等问题。此外，V_2O_5-WO_3(MoO_3)/TiO_2 催化剂的热稳定性较差，高温易导致 TiO_2 的烧结和相变[71]。钒基催化剂的这些缺点限制了它们的实际应用。为了克服这些缺点，国内外学者对低温脱硝催化剂进行研究，主要集中在过渡金属领域（如 Mn[72,73]、Ce[74]、Fe[75]、Cu[76] 等）。其中锰基催化剂由于其优异的低温催化活性和固有的环保特性，引起了人们的广泛关注。

下文以中低温脱硝催化剂为主线，介绍传统钒基和锰基低温催化剂的研究进展以及应用现状，对比和总结国内主要产业化的中低温催化剂产品特性和工程应用案例，并展望钢铁行业烟气脱硝未来可能的发展趋势。

5.3.1.1　钒基脱硝催化剂

钒基催化剂是目前应用最为广泛的商用催化剂，一般负载于 TiO_2、堇青石或陶瓷载体上，常用助剂为 WO_3 或 MoO_3。美国、日本和欧洲在 20 世纪 70 年代率先提出并推广选择性催化还原技术，将钒钛基催化剂（V_2O_5(WO_3)/TiO_2，工作温度为 300~450℃）作为脱硝催化剂，利用尿素、液氨或氨水等还原剂将烟气中的 NO_x 还原为 N_2。TiO_2 作为载体在SCR 催化剂中起着重要作用，其能够较好地抵抗水和 SO_2 带来的不利影响，与其他载体相比更不易形成硫酸盐，其表面形成的硫酸盐也较为稳定。同时，TiO_2 表面的酸性位点数较多，能更好地促进 NH_3 在催化剂表面的吸附，从而促进 SCR 反应的进行。

A　研究进展

钒钛基脱硝催化剂使用的主要活性成分是 V_2O_5，是一种高毒物质。近年来，我国每年产生替换下来的钒钛基有毒脱硝催化剂达 30 万~40 万立方米，大量废弃有毒催化剂如保管或处理不当，极易污染土壤及地下水，造成二次污染。2016 年三部委联合发布《国家鼓励的有毒有害原料（产品）替代品目录（2016 年版）》明确将稀土基脱硝催化剂列为钒基脱硝催化剂的替代品。稀土基脱硝催化剂的活性成分是由镧、铈、钇等稀土元素氧化物和其他过渡金属氧化物组成。因此，很多研究者利用稀土元素对 V_2O_5 或 TiO_2 载体改性/掺杂，调节载体的孔结构和晶面，优化制备方法等，一方面降低催化剂含钒量，另一方面提高催化性能。

Liu 等[77]研究发现 Ce 改性可提高 V_2O_5/TiO_2 催化剂的 SCR 活性，主要是通过 V^{4+} +

$Ce^{4+} \rightleftharpoons V^{5+} + Ce^{3+}$ 之间的氧化还原循环以及生成 NO_2 和单齿硝酸盐物种。与 V_2O_5/TiO_2 和 W－V_2O_5/TiO_2 相比，Sb 改性 V_2O_5/TiO_2 催化剂具有较高的 SO_2 耐受性。Ce 和 Sb 共掺杂的 V_2O_5/TiO_2 催化剂具有较高的酸度、较强的 NO 吸附性能和降低 SO_2 吸附能力，在 220～450℃ 范围内表现出超过 90% 的转化率，具有良好的 SO_2/H_2O 耐受性[74]。S 和 N 共混修饰或 Sn 改性后 TiO_2 载体提高了钒氧化物和钨氧化物的分散性，产生更多的活性氧物种和酸性位点，从而可以明显提高 SCR 活性[78]。Zr 修饰的 V_2O_5/WO_3-TiO_2 催化剂比未改性的催化剂具有更高的活性，因为 Zr 的加入抑制了催化剂比表面积的收缩和 TiO_2 晶粒尺寸的生长。此外，WO_3-TiO_2 载体中的 SiO_2 改性提高了 $V_2O_5/$ WO_3-TiO_2 催化剂的水热稳定性，因为 SiO_2 的加入抑制了锐钛矿相向金红石的相变、TiO_2 晶粒的生长和催化剂比表面积的收缩[79]。

负载型金属氧化物催化剂的高活性和稳定性取决于分散和金属－载体相互作用，制备方法是决定活性组分相组成、构型和分散的重要因素[80]。因此，寻找合适的制备方法来优化催化剂的 SCR 性能是至关重要的。Yu 等[81]发现湿浸法制备的 V_2O_5/WO_3-TiO_2 催化剂比干浸催化剂具有更高的 SCR 活性，因为湿浸催化剂上出现了更多的聚合物物种，而分离的钒基是干浸催化剂上的主要物种。从分离的钒基到聚合的钒基物种的转变增加了催化剂的酸度和 NH_3 的氧化活性。张杰[82]通过硅溶胶对堇青石蜂窝陶瓷载体进行改性，在添加不同扩孔剂和使用各种物理方法的条件下进行优化载体改性工艺，研究发现 SiO_2 对载体改性可以明显提高载体比表面积，改善活性组分的分布，从而提高催化剂活性。

通过一系列手段可以不同程度地提高钒系催化剂的性能，但仍需进一步考察催化剂构效关系以及交互影响规律，在保证催化活性的前提下尽量减少钒的使用量，进一步实现钒系催化剂在非电行业的应用和推广。

B　应用现状

传统钒钛系 SCR 催化剂生产技术已得到商业普及，但核心技术仍被国外几家大型催化剂公司掌握（日本 BHK、美国康宁、德国 KWH、丹麦 Topsoe、荷兰 CRI、韩国 SK 等）。随着我国环保产业的快速发展，2006 年，我国引进并消化国外先进技术，先后建立江苏龙源、大唐环境、成都东方凯特瑞、上海瀚昱、北京方信立华等钒钛系 SCR 催化剂生产公司，国产投运率不断提高。特别是电力行业已接近饱和，面对环保压力的日趋严峻，非电行业将成为治理的重点。而作为燃煤大户的钢铁行业污染物治理将成为环保的主战场。但钢铁烟气成分复杂多变，污染物浓度波动大，烟温较低，传统的钒系催化剂难以直接利用，因此国内催化剂生产企业纷纷与国内高校开展合作，以尽快实现这一核心技术的国产化，快速推动我国环保事业的发展。表 5-25 列举了我国主要钒系催化剂公司、产品特性以及应用工程案例。

5.3.1.2　锰基脱硝催化剂

针对采暖、钢铁、化工等非电行业烟气组分复杂且波动大、高湿高硫、温度跨度大等实际问题，学者们除了拓展钒钛系催化剂的中低温工作窗口，也广泛研发了过渡金属氧化物（如 $Mn^{[83]}$、$Fe^{[85]}$、$Co^{[84]}$、$Cu^{[85]}$ 等）和稀土元素 $Ce^{[74]}$ 等新型非钒基 SCR 催化剂。当前，中低温 SCR 催化剂研究主要围绕 Mn 基材料的改性和优化展开。

表 5-25 钒系催化剂生产单位、产品特性以及工程案例

公司名称	催化剂类型	适用行业	催化剂特点	适应温度范围/℃	技术来源	脱硝效率/%	工程案例
江苏龙源	蜂窝钒钛系	燃气燃油发电机组、钢铁烧结、玻璃窑、水泥窑	孔径大不易阻塞、抗磨损性能强，强度高易于再生	300~450	日本触媒化成	>75	恒运电厂、常熟苏虞热电、邯郸纵横钢铁
大唐环境	钒钛系蜂窝、板式	火力发电、非电工业窑炉	整体活性高，适用温度范围广	250~400	德国 KWH	75~85	马鞍山当涂电厂、皖能合肥电厂、国投宣城电厂
成都东方凯特瑞	蜂窝钒钛系	燃煤燃油电厂、化工、钢铁行业	通体活性，体积小，SO_2/SO_3 转化率低，适用范围广	150~430	德国 KWH	80~90	华能威海电厂、华润曹妃甸电厂、漳州旗滨玻璃、陕西龙门钢铁
上海瀚昱	蜂窝钒钛系	燃煤燃油电厂	抗中毒能力强，不易烧结，稳定性强	300~420	浙江大学	>90	河北龙山电厂、宝钢湛江电厂、国电青山热电
北京方信立华	钒钛系蜂窝	冶金、制药等非电行业	适用于中低温烟气，低温活性高	160~400	北京工业大学	>75	宝钢湛江钢铁、云南钛业

A 研究进展

MnO_x 基催化剂的催化活性主要取决于 MnO_x 的比表面积、分散度、Mn 氧化态、表面活性氧、表面酸度等。然而，纯 MnO_x 催化剂在高温下工作温度窗口窄，N_2 选择性差，SO_2 耐受性低，限制了它们的实际应用。通过与其他过渡/稀土金属氧化物形成混合氧化物或固溶体，调节 MnO_x 的特定纳米结构、形貌、晶面和孔结构，合成复合金属氧化物催化剂，可明显提高锰系催化剂的脱硝性能。CeO_2 作为促进剂，以其优异的氧存储和氧化还原性能得到了广泛的研究。Mn-Ce 氧化物催化剂促进了 NH_3/NO_x 的吸附和 NH_2/NO_2 活性中间体的形成[86]。Co、Sm 或 Eu 助剂增加了 Mn^{4+} 物种的数量，并产生了更多的表面吸附氧物种和表面酸性位点[87~89]。Cu 能促进无定形态 MnO_x 的形成，通过与 Mn 的相互作用（$Cu^{2+}+Mn^{3+}\rightleftharpoons Cu^++Mn^{4+}$）从而在较低的温度下促进 NO 氧化为 NO_2[76]。此外，Ni、Fe 和 W 改性提高了表面酸性，同时 $Mn^{3+}+Ni^{3+}\rightleftharpoons Mn^{4+}+Ni^{2+}$、$Fe^{3+}+Mn^{3+}\rightleftharpoons Fe^{2+}+Mn^{4+}$ 和 $W^{5+}+Mn^{4+}\rightleftharpoons W^{6+}+Mn^{3+}$ 的氧化还原反应促进低温 SCR 活性[84~90]。Gao 等[83]研究发现 Ni 和 Co 元素掺杂可以明显提升 Mn 基催化剂的抗硫中毒性能。

B 应用现状

"十三五"以来，非电行业中低温烟气 SCR 脱硝技术的应用需求迫在眉睫，而研发具有自主知识产权的高效稳定的中低温 NH_3-SCR 催化剂（工作温度 150~300℃）已成为烟气脱硝领域的研究热点及重点。低温 SCR 技术复杂、开发难度高，国外仅少数公司（荷兰壳牌、丹麦托普索、奥地利陶瓷等）掌握其核心材料并实现工程应用。

为了打破国外低温脱硝技术垄断，推动我国环保事业的快速发展，国内研究人员针对我国低温烟气特点对低温脱硝催化剂开展研究，并通过相关工程探索取得一定的突破性进

展。目前山东天璨、中能国信、上海瀚昱、内蒙古希捷、湖北思搏盈、华电光大等环保公司依托国内高校自主研发的低温脱硝催化剂技术建立催化剂生产线，可满足不同行业的环保需求。表5-26列举了国内主要低温脱硝催化剂生产企业、产品特性和工程案例。

表5-26　低温催化剂生产企业、产品特性和工程案例

公司名称	催化剂类型	适用行业	催化剂特点	适应温度范围/℃	技术来源	脱硝效率/%	工程案例
山东天璨	锰钛基蜂窝、板式	钢铁、玻璃窑炉、电力	SO_2/SO_3 转化率<0.4%，抗中毒能力强；失活后易再生	180~300	南京工业大学	>85	河北鑫跃焦化、梅山钢铁、佛山三水西城玻璃、许昌首山化工
中能国信	非钒系蜂窝	非电行业、水泥窑炉	中低温活性高	150~400	清华大学	80~90	信发集团、南京博世汽车
上海瀚昱	锰钛系蜂窝、异形颗粒	非电行业、玻璃窑炉、石油化工	中低温活性好，抗硫能力强	130~260	浙江大学	80~98	重庆鑫富化工、宝钢湛江能环部电厂、上海白鹤化工
内蒙古希捷	锰铈系蜂窝	燃煤电厂、水泥厂、焦化厂、生物电厂、玻璃厂	抗磨损性能好，使用周期长，易于再生利用，SO_2/SO_3 转化率低	200~350	南京工业大学	80~95	包钢宝山矿业、秦皇岛方圆玻璃、陕煤能源神木富油能源
湖北思搏盈	锰基蜂窝、板式	非电行业、钢铁焦化	中低温活性好，抗硫毒化性能好，产品结构多样	250~320	合肥工业大学	≥90	山西平遥一矿焦化、河北中煤旭阳焦化、唐山北阳洗煤炼焦
华电光大	稀土基板式	焦炉、水泥、玻璃、烧结机	高的黏附强度和抗磨损性能；比表面积大，活性高，运行成本低	140~280	华北电力大学	>80	国电青山热电、神华宁夏煤业、山西平朔煤矸石发电

随着环保态势的愈加严苛，作为污染物排放大户的钢铁行业面临巨大压力，传统钒系催化剂面临生物毒性强，易造成二次污染等问题难以满足实际应用需求，开发低钒或者无钒的环境友好型脱硝催化剂是满足未来需求的关键。其中以 Mn 系催化剂为代表的低温脱硝催化剂以其优异的低温活性备受研究者青睐。国内已有多家公司建立了低温脱硝催化剂生产线，有力地推动了我国环保事业的发展，但是目前生产催化剂产品形式单一，缺乏创新。其次，我国稀土资源丰富，针对稀土基低温脱硝催化剂研究较多，但是可以实际应用的成熟技术较少。另外，目前我国钢铁行业烟气处理多是对单一污染物处理，这就使得尾气处理装置占地大，老旧锅炉没有足够的预留空间进行环保改造升级。因此，开发具有多污染物协同处理的低温催化剂将是下一步研究热点。

5.3.2 SCR 脱硝与半干法脱硫耦合技术

低温 SCR 脱硝技术优点主要有：低温脱硝催化剂的反应温度低（120~300℃），可适用于烧结、焦化等多领域，可处理 1500mg/m³（标准状态）以上高浓度 NOₓ 烟气；脱硝装置布置在除尘之后，有效减轻飞灰中的 K、Na 等微量元素对催化剂的污染或中毒，提高使用寿命。半干法脱硫技术是将吸收剂浆液或粉体（适当水分）喷入反应塔中，借助烟气自身热量使吸收液中的水绝热蒸发后随烟气排出，烟气中 SO₂ 则以亚硫酸钙/硫酸钙的形式固定后外排[91]。主要包括旋转喷雾法（SDA）、循环流化床法（CFB）和密相干塔法等。

半干法脱硫与低温 SCR 脱硝一体化工艺以其良好的适用性和净化处理的高效性得到各方的认可，因而也逐渐在钢铁企业中得到广泛应用，保证了焦炉烟气的达标排放，成为钢铁行业实现环保清洁生产的关键技术[92]。目前，主要的 SCR 脱硝与半干法脱硫耦合工艺有半干法脱硫+SCR 工艺。

5.3.2.1 循环流化床脱硫+SCR 脱硝工艺（CFB-FGD+SCR）

基本工艺流程及原理：半干法脱硫在烧结烟气净化中应用较多，应用最广的 CFB 系统主要由吸收塔、脱硫除尘器、脱硫灰循环及排放、吸收剂制备及供应、工艺水系统等组成。一般采用干态的消石灰粉作为吸收剂，也可采用其他对 SO₂ 有吸收反应能力的干粉或浆液作为吸收剂。循环流化床脱硫工艺表现出了良好的烟气净化性能。它具有烟气适应能力强，流程简单、投资小、占地少、不需要烟气再热系统等优点；可脱除部分重金属，尤其是汞。经过半干法处理的烧结烟气排放温度约为 110℃，脱硫除尘后的烟气通入脱硝系统实现 NOₓ 的脱除。原烟气通过 GGH 换热器与脱硝后的净烟气换热并升温至 250℃，再与加热炉燃烧产生的高温烟气混合升温至 280℃，与 NH₃ 在混合器的扰动下得以充分混合，混合后的烟气进入 SCR 反应器。整套工艺流程无废水产生，脱硫副产物可由相关化工厂家回收或直接排放，符合当前环保要求和烟气治理的技术发展趋势。

该技术特点具有：（1）烟温损失小，不影响后端余热回收系统运转，符合热能回收利用的要求；（2）余热回收系统可以对焦炉尾气余热高效回收利用；（3）脱硫效率可达到 85%~98%，脱硝效率可达到 60%~85%，系统出口粉尘浓度小于 10mg/m³，该工艺目前在宝钢集团梅钢公司、三钢、昆钢等大型钢铁厂得到成功应用；（4）脱硝技术成熟、污染物脱除效率高、适用范围广，可满足最严格的污染物排放标准要求；（5）工程总投资和运行费用适中，对于目前已建设脱硫装置的烧结球团企业，为满足新标准对 NOₓ 的排放要求，可继续建设脱硝部分，不存在重复建设问题，维护和运行简单，如图 5-89 所示。

经济分析表明，CFB-FGD 的投资运行成本约是 WFGD 工艺的 60%，与旋转喷雾干燥工艺（SDA）相比，运行费用相近，初期投资约是其 80%。以宝钢 550m² 烧结机为例，处理烟气量（标准状态）1400000m³/h，脱硝成本为 5.84 元/吨钢，烟气处理总成本为 16.1 元/吨钢。

5.3.2.2 半干法脱硫+中温 SCR 脱硝

由于中温 SCR 脱硝催化剂要求反应温度在 280~320℃，故需对脱硫后烟气补热，烧结

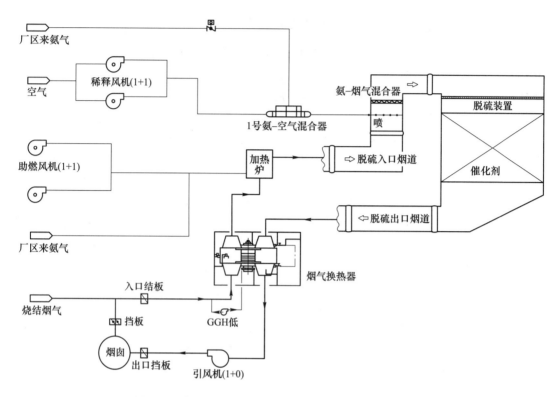

图 5-89 典型的烧结烟气"半干法脱硫+ SCR"工艺流程

烟气经脱硫后温度较低，为尽可能地提高脱硫后烟气温度，以减少 SCR 反应前对烟气温度的提升，脱硫技术选用半干法脱硫工艺。

　　基本工艺流程及原理：烧结烟气经过半干法脱硫后，除去烟气中的 SO_2，烟再经过加热到反应所需的温度，进行 SCR 脱硝。通常在加热之前和 SCR 脱硝之后增加换热器，以降低升温所需要的燃料。每套脱硫后去往烧结主烟囱的烟道引出烟气旁路，经 GGH 与脱硝后热烟气换热后，经增补燃烧器将烟气温度提升至反应温度范围后进入 SCR 反应器。SCR 反应器包含催化剂层，在催化剂作用下，NH_3 与 NO_x 反应从而脱除 NO_x，催化剂促进氨和 NO_x 的反应。在 SCR 反应器最上面有整流栅格，使流动烟气分布均匀。催化剂装在模块组件中，便于搬运、安装和更换。SCR 反应器催化剂层间安装声波吹灰器用来吹除沉积在催化剂上的灰尘和 SCR 反应副产物，以减少反应器压降。脱硝后的烟气经 GGH 与脱硫后的烟气换热后送入烧结主烟囱排放[93]。典型的"半干法脱硫+ SCR"工艺流程如图 5-90 所示。

　　SCR 虽然在电厂普遍运用，但在烧结烟气中应用效果并不理想，即使中温 SCR，需要烟气温度仍为 280℃ 以上，而烧结烟气温度在 120~180℃，需另加升温装置，运行成本较高，而低温 SCR 技术还不成熟；此外，中温含有钒、铬、锰等金属危废，处理难度较大，中温 SCR 催化剂的使用寿命有待验证，成本较高；烧结烟气成分复杂，容易使催化剂中毒；催化剂存在将 SO_2 催化氧化为 SO_3 的隐患，SO_3 是未来重要控制的污染物。

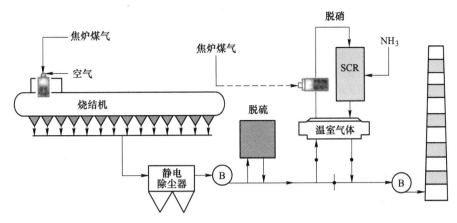

图 5-90　SCR 脱硝在烧结烟气中的应用

5.3.2.3　半干半湿法脱硫+低温 SCR 脱硝技术

基本工艺流程及原理：炉内喷钙脱硫法是用石灰做吸收剂脱硫，其简单的工作原理为：由锅炉出来的烟气进入烟道，与蒸气输送的脱硫剂、脱硫灰混合，进入脱硫反应塔。在烟道和脱硫塔内分别设有水雾喷嘴，烟气在塔内与水雾、脱硫剂、脱硫灰接触，实现气、液、固三相的充分混合，达到烟气脱硫的目的。经过脱硫后的烟气进入除尘器，烟气中的粉尘等颗粒物被除尘器过滤，经过脱硫和除尘后的烟气进入低温 SCR 反应器，以氨气作为 NO$_x$ 的还原剂，经过氧化还原反应后生成氮气和水，从而实现对烟气的脱硝处理，具体见图 5-91。

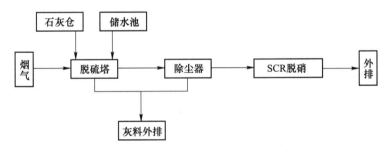

图 5-91　半干半湿法脱硫+低温 SCR 脱硝技术工艺流程

该技术的主要特点：（1）半干半湿法脱硫+SCR 脱硝技术对于烧结烟气中的氮氧化合物具有良好的脱除效率，其脱硝效率达到了 85%，并且脱硫效果也十分显著，超过了 95%，可以满足当前钢铁行业中绿色生产的相关要求。（2）从技术发展情况来看，半干半湿法脱硫+SCR 脱硝技术已经得到了充分的发展，基于其具有良好的脱硫脱硝效果，该技术可以应用于钢铁行业烧结烟气治理。（3）半干半湿法无废水排放，适应性高，输送能耗低。（4）半干半湿法占地面积小，结构简单，脱硫产物可以用于制作新型建材。

5.3.2.4　碳酸钠半干法脱硫+低温脱硝一体化工艺

该工艺主要包括烟气除尘、脱硝及热解析一体化装置，包括由下至上集成在一个塔体内的除尘净化段、解析喷氨混合段和脱硝反应段。氨系统负责为烟气脱硝提供还原剂，可使用液氨或氨水蒸发为氨气使用。热解析系统负责为脱硝装置内的催化剂提供 380~400℃高温解析气体，分解黏附在催化剂表面的硫酸氢铵，净化催化剂表面。

基本工艺流程及原理：采用半干法脱硫工艺，使用 Na_2CO_3 溶液为脱硫剂，脱硝采用 NH_3-SCR 法，即在催化剂作用下，还原剂 NH_3 选择性地与烟气中 NO_x 反应，生成无污染的 N_2 和 H_2O 随烟气排放。

焦炉燃烧产生的含有大量污染物的烟气在吸力作用下由焦炉烟道进入脱硫塔，由定量给料装置和溶液泵将脱硫剂碳酸钠送至脱硫塔的雾化器内。雾化器将碳酸钠溶液以雾化液滴的形式喷入脱硫塔内与烟气内 SO_2 发生反应，生成亚硫酸钠粉状颗粒，从而实现对烟气的脱硫处理。经过脱硫后的烟气进入除尘脱硝反应器，烟气中的粉尘和亚硫酸钠颗粒物被除尘滤袋过滤，经压缩空气反吹后由输灰系统收集送至灰仓；经过脱硫和除尘后的烟气进入低温 SCR 反应器，以氨气作为 NO_x 的还原剂，经过氧化还原反应后生成氮气和水，从而实现对烟气的脱硝处理，如图 5-92 所示。

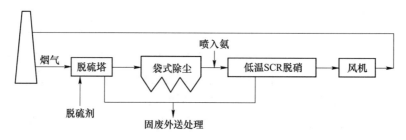

图 5-92　碳酸钠半干法脱硫+低温脱硝一体化工艺流程

该工艺主要由以下系统组成：脱硫系统由脱硫塔及脱硫溶液制备系统组成。Na_2CO_3溶液通过定量给料装置和溶液泵送到脱硫塔内雾化器中，形成雾化液滴，与 SO_2 发生反应进行脱硫，脱硫效率可达 90%。脱硫剂喷入装置与系统进出口 SO_2 浓度联动，随焦炉烟气量及 SO_2 浓度的变化自动调整脱硫剂喷入量。

该技术特点主要有：（1）半干法脱硫设置在脱硝前，将烟气中的 SO_2 含量脱除至 $30mg/m^3$（标准状态）以下，以保证后续的高效脱硝。（2）烟气脱硫、除尘、脱硝、催化剂热解析再生一体化-，节省投资、运行费用低、占地面积少。（3）脱硝前先除尘，以减少粉尘对催化剂的磨损，延长催化剂使用寿命。（4）通过除尘滤袋过滤层和混合均流结构体的均压作用，使烟气速度场、温度场分布更加均匀，可提高脱硝效率。（5）氨气通过网格状分布的喷氨口喷入装置内，高温热解析气体通过孔板送风口送入烟气中，使氨气与烟气、高温热解析气体与烟气接触更充分，混合更均匀。（6）在不影响正常运行的条件下，可在线利用高温烟气分解催化剂表面黏性物质，提高脱硝催化效率和催化剂使用寿命。（7）省略传统工艺中的催化剂清灰系统。（8）烟气通过滤袋在过滤过程中，与滤袋外表面滤下的未反应脱硫剂充分接触，进一步提高烟气的脱硫效率。（9）半干法脱硫温降小。（10）烟气在高于烟气露点温度的干工况下运行，不存在结露腐蚀的危险，无须做特殊内防腐处理。

5.3.2.5 旋转喷雾法（SDA）脱硫+SCR脱硝技术

基本工艺流程及原理：焦炉烟气进入旋转喷雾脱硫塔，与旋转喷雾器雾化的氢氧化钙雾滴充分接触，通过快速反应生成亚硫酸钙，随烟气进入除尘器，没有发生反应的脱硫剂进行循环使用，然后进行低温SCR脱硝，加入脱硝还原剂，发生还原反应，烟气得以净化，最终由烟囱排出。半干法脱硫SCR脱硝工艺流程如图5-93所示。

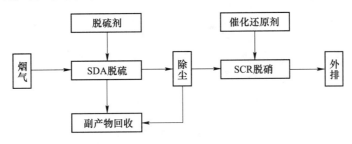

图5-93 SDA脱硫SCR脱硝工艺流程图

该技术特点主要有：（1）钠基SDA脱硫，适合焦炉烟气温度区间，脱硫反应动力优，占地面积小。（2）脱硫后干燥的粉状颗粒进入布袋除尘器净化处理，避免对脱硝催化剂影响，实现颗粒物达标排放。（3）低温SCR脱硝，SCR脱硝反应温度为200～225℃。（4）热交换器（GGH）热量回收/脱硝除尘一体化。配置气-气热交换器，降低烟气升温所需的燃气消耗。（5）与焦炉加热控制系统连锁。一旦故障或焦炉生产需要，能立即关停烟气净化装置，开启旁通挡板，焦炉烟囱始终处于热备状态。

先进行脱硫除尘操作，具有众多优点：优化了脱硝反应环境，减轻了粉尘对催化剂的磨损，使催化剂的寿命得到延长；省略了SCR脱硝催化剂清灰系统。此方法可以吸收烟气中可能存在的污染物，如焦油、有机硫等，进一步提升了工艺稳定性。脱硫后产生固体亚硫酸钠，极易进行清除。同时，采取这一工艺，操作设备不易受到腐蚀。但是，旋转喷雾器作为半干法脱硫核心设备，还没有实现国产化，要从国外进口，加大了工艺成本。

5.3.2.6 工程应用案例

A 典型案例一：CFB脱硫+SCR脱硝

目前，CFB脱硫+SCR脱硝技术已在宝钢4号烧结机得到了成功应用（图5-94），于2016年9月底投运，并能实现粉尘、SO_2、NO_x排放浓度（标准状态）分别低于30mg/m³、35mg/m³、100mg/m³，但该工艺存在脱硫副产物量大，尚无公认的最佳应用途径或资源回收价值，需作为废物进行处理。目前，装置各系统运行正常，脱硫脱硝效果明显。装置达产后，SO_2、NO_x排放量（标准状态）分别小于30mg/m³、100mg/m³，各项指标满足国家《炼焦化学工业污染物排放标准》规定的特殊限制地区环保排放限值。对于已建脱硫的烧结机组，通过增设模块化脱硝脱二噁英设施，实现综合治理一体化有很好的借鉴作用。按照目前试运行实际测算，烟气脱硫脱硝净化投运后烧结工序吨钢能耗上升7.16kgce，吨烧结矿成本上升10.92元。此种烟气联合治理工艺在中国台湾中钢、韩国POSCO光阳厂、奥钢联林茨厂和宝钢四烧结已有约10套，污染物具体数值见表5-27。

图 5-94　CFB 脱硫+SCR 脱硝工艺流程

表 5-27　污染物、进口出口浓度一览表　　　　　　（标准状态）

污染物	进口浓度	出口浓度（平均）
SO_2	$600 \sim 1000 mg/m^3$	$30 mg/m^3$
NO_x	$300 \sim 450 mg/m^3$	$100 mg/m^3$
颗粒物	$80 mg/m^3$	$20 mg/m^3$
二噁英	$1 \sim 3 ng\text{-}TEQ/m^3$	$<0.5 ng\text{-}TEQ/m^3$

　　B　典型案例二：SCR 脱硝+余热回收+循环流化床脱硫一体化技术

　　图 5-95 为中煤旭阳焦化采用 SCR 脱硝+余热回收+循环流化床脱硫一体化技术，该装置将中低温脱硝、余热利用、半干法脱硫科学耦合在一起，节省了能源消耗。该项目分两期建设，脱硝装置于 2016 年 11 月 2 日正式投运，脱硫及余热回收装置于 2017 年 4 月 15 日正式投运。脱硫装置采用半干法脱硫，进口 SO_2 浓度（标准状态）大于 $200 mg/m^3$，出口 SO_2 浓度（标准状态）小于 $25 mg/m^3$，颗粒物出口浓度（标准状态）小于 $9.5 mg/m^3$；该项目余热回收利用装置建设在中低温 SCR 烟气脱硝系统后，将 280℃ 的烟气温度降至 180℃，

图 5-95　SCR 脱硝+余热回收+循环流化床脱硫工艺流程

同时产出 0.8MPa 的饱和蒸汽 $17m^3/h$，与外生产用蒸汽管网并网，实现对烟气余热的利用；脱硝采用中低温 SCR 脱硝技术，装置进口 NO_x 浓度（标准状态）为 $1500mg/m^3$，出口 NO_x 浓度（标准状态）低于 $50mg/m^3$。该装置将中低温脱硝、余热回收、半干法循环流化床脱硫科学地耦合在一起，脱硫脱硝效率大大提高，排放值均远低于炼焦化学工业污染物排放标准中的排放限值，且该工艺技术符合当前环保要求，顺应了烟气治理技术的发展趋势，污染物具体数值见表 5-28。

表 5-28 污染物、进口出口浓度一览表 （标准状态，mg/m^3）

污染物	进口浓度	出口浓度（平均）
SO_2	>200	25
NO_x	1500	50
颗粒物	150	9.5

C 典型案例三：旋转喷雾 SDA+SCR 脱硝

图 5-96 为邯钢焦化厂根据本厂焦炉烟气的实际情况，结合其他焦化企业在烟气净化方面的实际经验，采用"半干法脱硫+低温 SCR 选择性催化还原脱硝除尘一体化"工艺为邯钢焦化厂 5 号、6 号焦炉建设的一套焦炉烟气脱硫脱硝设施，处理烟气（标准状态）规模为 $25×10^4m^3/h$。初始烟气温度为 180℃，净化后烟囱出口烟气颗粒物设计值小于 $15mg/m^3$，出口 SO_2 设计值小于 $30mg/m^3$，出口 NO_x 设计值小于 $150mg/m^3$。

图 5-96 旋转喷雾 SDA+SCR 脱硝工艺流程图

该工程自投运以来，设备运行正常稳定，烟气脱硫脱硝效果良好。净化后的烟气中粉尘颗粒物、SO_2、NO_x 等污染物含量长期分别控制在 $10mg/m^3$、$30mg/m^3$、$150mg/m^3$ 以内，实现了焦炉烟气的达标排放。其烟气净化效果得到了企业和当地环保部门的肯定，同时也为焦化行业的污染物治理提供了可鉴方案和经验。

该工艺具有技术成熟、脱除效率高、设备运行稳定等优点，有效地满足烧结、焦化中低温烟气脱硝处理。该工艺主要缺点为：工艺产生脱硫固废难以处理，可能污染土壤、地下水；部分项目需要在脱硝前加温等，污染物具体数值见表 5-29。

表 5-29　污染物、进口出口浓度一览表　　　（标准状态，mg/m³）

污染物	进口浓度	出口浓度（平均）
SO₂	>200	15
NOₓ	450	70
颗粒物	70	10

D　典型案例四：半干法脱硫+GGH 换热+烟气升温+低温 SCR 脱硝

2018 年 11 月，由同兴环保科技股份有限公司 EPC 总包的唐山瑞丰钢铁（集团）有限公司烧结机烟气低温（180℃）SCR 脱硝催化剂"首台套"示范项目，见图 5-97，一次性调试成功投入运行。瑞丰钢铁（集团）有限公司 1 号、3 号烧结机均为 200m²，单台年产烧结矿 170 万吨，烟气净化采用"半干法脱硫+GGH 换热（冷侧）+烟气升温+低温 SCR 脱硝（180℃）+GGH 换热（热侧）+引风机+原烟囱排放"工艺。设计烟气量（标准状态）84×10⁴m³/h，GGH 换热（冷侧）进口烟气温度为 75~95℃，设计脱硝系统进口 NOₓ 浓度（标准状态）不大于 450mg/m³，脱硝系统出口 NOₓ 排放浓度小于 50mg/m³。该项目采用低温脱硝，催化剂反应温度为 180℃，脱硝效率达到 95% 以上。根据高炉煤气市场价按 0.1 元/m³ 测算，脱硝催化剂反应温度 180℃ 的脱硝成本比 250℃ 的约节省 695.8 万元/年，充分证明烧结烟气低温 SCR 脱硝具有明显的节能效果。同时，该工艺还具有如下优势：（1）采用低温脱硝工艺，同等标况的烟气在进入 SCR 脱硝反应器处理的工况烟气量相对较小，系统温降低，最低温降可控制在 2℃ 以内，一定程度上减少煤气耗量，降低运行成本。（2）采用低温 SCR 脱硝，对 GGH 换热器的处理工况烟气量大大减少，减小 GGH 直径，显著降低了 GGH 的一次性投资，污染物具体数值见表 5-30。

图 5-97　半干法脱硫+GGH 换热+烟气升温+低温 SCR 脱硝工艺流程

表 5-30 污染物、进口出口浓度一览表 （标准状态，mg/m³）

污染物	进口浓度	出口浓度（平均）
SO₂	>200	15
NOₓ	200~300	20
颗粒物	150	10

E 典型案例五：SDA 半干法脱硫除尘+中低温 SCR 脱硝技术

图 5-98 为秦皇岛宏兴钢铁有限公司年产 180m² 烧结机新建一套烧结机烟气脱硫脱硝装置，净化工艺采用 SDA 半干法脱硫除尘+中低温 SCR 脱硝技术。

图 5-98 SDA 半干法脱硫除尘+中低温 SCR 脱硝技术工艺流程

整套设备工艺流程为：烧结机原烟气由主抽风机出口烟道引出，经原烟气管道阀门和新增入口阀门切换汇合后，送入旋转喷雾干燥（SDA）吸收塔，由于烧结机烟气温度低，故在旋转喷雾干燥（SDA）吸收塔前端配有热风炉，用以给烟气进行升温，达到脱硫温度需要，烟气与被雾化的石灰浆液接触，发生物理、化学反应，烟气中的 SO₂ 被吸收净化。经吸收 SO₂ 并干燥的烟气进入布袋除尘器进行除尘及进一步的脱硫反应，净烟气由增压风机经出口烟道至回转式 GGH，100% 负荷工况下，将 90℃ 低温烟气进行加热，升高到 250℃；再将此烟气通过高炉煤气热风炉进行补燃，加热至 280℃，然后进入脱硝 SCR 反应器，烟气中 NOₓ 和经喷氨格栅喷入的氨气进行混合，经过催化剂后发生脱硝反应，完成预定的脱硝过程。

该公司烧结机烟工况气量为 78×10⁴m³/h，烟气温度为 120~150℃，NOₓ 浓度（标准状态）为 280~330mg/m³，SO₂ 浓度（标准状态）最大为 1500mg/m³，粉尘浓度（标准状态）为 60mg/m³。通过该工艺净化后烟气排放浓度达到颗粒物 10mg/m³、NOₓ 不大于 50mg/m³，SO₂ 浓度为不大于 35mg/m³。满足《烧结球团工业大气污染物排放标准》（GB

28662—2012 修改单）中的特别排放限值要求。

SDA 半干法脱硫+中低温 SCR 工艺对负荷有良好的调节特性。脱硫系统及 SCR 脱硝催化剂留有足够的富余量，确保装置适应烧结机负荷变化。SDA 半干法脱硫+中低温 SCR 脱硝装置和所有辅助设备能保证投入运行而对烧结机负荷不会有任何干扰。而且脱硫脱硝装置能够在烟气 SO_2、NO_x 排放浓度为最小值和最大值之间任何点安全运行。保证脱硝系统在最低烟温 180℃ 及最高烟温 420℃ 的安全运行，污染物具体数值见表 5-31。

表 5-31　污染物、进口出口浓度一览表　　　　（标准状态，mg/m^3）

污染物	进口浓度	出口浓度（平均）
SO_2	1500	≤35
NO_x	280~330	≤50
颗粒物	60	≤10

5.3.3　余热回收技术

5.3.3.1　焦炉上升管余热回收技术

从焦炉炭化室逸出并进入上升管的荒煤气温度为 700~800℃，其携带热量占炼焦耗热总量的 35% 左右，焦化企业一般在桥管处采用氨水喷洒方式将其冷却到 80~85℃，大量的荒煤气余热资源被白白浪费，而且上升管外表温度高达 300~400℃，使周围的操作环境炽热难当。为了回收焦炉上升管荒煤气的余热，改善焦炉上升管周围的操作环境，国内外研究人员开展了大量的研究工作，已开发出用水或导热油作为换热介质的各种类型焦炉上升管余热回收装置。

20 世纪 90 年代初，已有焦化企业采用上升管汽化冷却装置来冷却荒煤气温度，它的应用经历了发展、停滞、再研发、再停滞的过程。此后，国内相关研究院所、焦化企业在总结水套上升管教训的基础上，做了大量探索研究。目前，进入工业化且运行较为成功的案例如下：

福建三钢焦化厂 2×65 孔 4.3m 捣固焦炉上升管换热器技术，于 2014 年 11 月投产，产生饱和蒸汽（平均产汽量 7.2t/h，压力 0.6MPa，温度 165℃；荒煤气温度由 770~550℃ 降到 560~450℃，降幅 200℃ 左右；上升管外壳表面温度由原来 170~230℃ 降低到 50~80℃）。

邯钢焦化厂 2×45 孔 6m 顶装焦炉上升管换热器技术，5 号焦炉于 2015 年 11 月投产，6 号焦炉于 2015 年底投产，产生饱和蒸汽（1 吨焦可回收 0.6MPa 蒸汽 100kg 左右，上升管表面温度在 65℃ 左右）。

马钢煤焦化公司 5 号焦炉 50 孔 6m 顶装焦炉荒煤气余热回收技术，于 2016 年 7 月投产，产生饱和蒸汽（设计参数：产汽量 3.6~5t/h，产汽压力 0.4~0.8MPa，产汽温度 150~175℃）。

截至 2016 年 7 月，焦炉荒煤气余热回收装置，国内只有 3 家企业 4 座焦炉投用，焦炉荒煤气余热回收技术，将成为近期我国炼焦企业研发的热门课题。其建设、开工、运行操作、环保及效益方面的技术，需要行业认真总结和研究，不断优化与提高。

A　汽化冷却余热回收技术

上升管汽化冷却技术：在于上升管外壁上焊接一环形夹套，在夹套下部通入软水，在夹套内水与热荒煤气换热，煤气温度降到450~500℃，水则吸热变成汽水混合物，在夹套上部排出并通过管道送至汽包，汽包内经过汽水分离后，低压饱和蒸汽（一般为0.4~0.7MPa）外供，而饱和水通过管道自流送入上升管夹套下部循环使用，并按实际情况向汽包内补充水和排污。

汽化上升管换热流程如图5-99所示，技术优点：投资少，运行费用低。

技术缺点：（1）回收的热量仅为荒煤气部分余热，且在上升管根部由于煤气聚冷易造成焦油析出，最终引起结石墨严重。（2）尽管国内对该技术进行了不断完善，可靠性已较高，但仍存在极大的管理风险，易发生如上升管夹套内压过大或漏水等突发情况，从而对焦炉造成很大的危害。（3）若不采用新的工艺技术匹配，回收热量产生的低压饱和蒸汽利用途径受到极大限制。

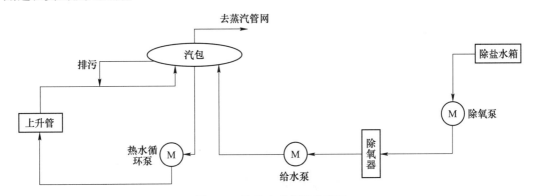

图5-99　汽化上升管换热流程

该技术常用换热器有热管式换热器、螺旋管式换热器和间壁式换热器。

（1）热管式换热器。技术流程：如图5-100所示，上联箱和下联箱分别将排列于上升管耐火层内壁上的一组分离式热管吸热端的上、下两端汇集，并分别通过耐压管路与分离式热管放热端相连，构成了一密闭的循环通道，热管中抽真空注入一定数量的水作为传热介质，液态水在热管吸热端吸收荒煤气热量后变成蒸汽，沿管路上升送入汽包内的分离式热管放热端，与汽包内的水进行间接换热，使汽包产生蒸汽，可根据需要设定排汽压力，产生的饱和蒸汽压力可调节高至1.6MPa以上，热管放热端内的蒸汽与汽包内的水换热后凝结成水，送回下联箱，分配给各根热管吸热端循环，根据实际情况向汽包内补充水。

技术优点：1）安全性高，即使热管破损，流出的水只有分离式热管内注的水，量很小，因而避免了汽化冷却工艺汽包内的水进入炭化室损坏焦炉的现象发生。2）汽包相当于锅炉，外供蒸汽压力可调，当为1.6MPa时，热管内压力不到2MPa，而普通材质的热管就可轻易实现耐压10MPa的要求，因此调整范围宽且安全。3）结石墨现象得到有效缓解，当外供蒸汽压力为1.6MPa时，回热管吸热端的水温超过200℃，因而可避免汽化冷却工艺中荒煤气的聚冷现象，南京圣诺在梅钢的工业小试表明，当吸收500℃以上荒煤气余热时，上升管内的结石墨现象轻微，结石墨周期长且石墨疏松易清除。

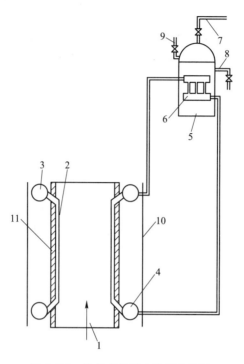

图 5-100　分离式热管余热回收装置

1—上升管；2—分离式热管吸热端；3—上联箱；4—下联箱；5—汽包；6—分离式热管放热端；

7—出汽管；8—补水管；9—安全阀；10—上长管外壳；11—耐火砖层

（2）螺旋管式换热器。螺旋管式换热器结构如图 5-101 所示。螺旋管式换热器具有单位容积传热面积大、传热效率高、占地面积小等优点，在换热领域近几年应用广泛。上升管换热器的热量来自上升管内流通的高温荒煤气，而螺旋管是缠绕在内壁圆筒上的，显然螺旋管的热量也是由与上升管内壁接触一侧的内壁向螺旋管靠外壁面传递。螺旋管的温度也是离内筒壁越近的地方温度越高。试验系统的设计压力为 0.4MPa，实际工业应用的上升管余热回收蒸汽压力也在 0.6~0.8MPa 之间，整个系统属于低压范围。

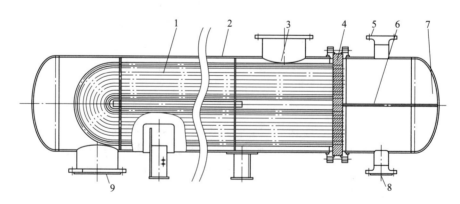

图 5-101　螺旋管式换热器

1—折流板；2—管壁；3—分程隔板；4—管板；5—法兰；6—壳体；7—管箱；8—流体；9—支座

螺旋管式换热器的沸腾换热机理已经有不少人研究，Banerjee 等人研究表明：在低压时，由于蒸汽实际速度比液体大得多，致使气相受到的离心力大于液相，因而液相会在螺旋管的靠内壁面流动，而蒸汽在靠外壁面流动，这样一来，换热恶化不会先在靠近弯曲中心一侧壁面发生，螺旋管与直管相比能使沸腾换热系数有所增大，但增大值与螺旋管的弯曲直径关系密切，弯曲直径减小则换热系数增大。螺旋管换热器的这一特征，刚好对上升管换热器弯曲中心一侧受热有很大的好处，使得螺旋管结构更适合在炼焦荒煤气上升管余热回收换热器上应用。

B　导热油夹套余热回收技术

导热油夹套余热回收过程如图 5-102 所示。利用新型结构的螺旋管换热器，以导热油为热介质，回收上升管中荒煤气的热量，取得了较好的效果，为我国导热油回收荒煤气热量的技术开发迈出了开创性的第一步。使用熔盐（40%KNO$_3$+60%NaNO$_3$，质量分数）作为螺旋盘管外的液体浴介质，盘管内流通 W340 型导热油作为循环热媒。

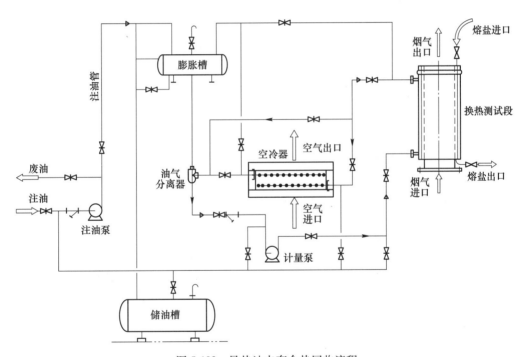

图 5-102　导热油夹套余热回收流程

技术优点：安全性高，回收热量可在一定范围内精确调整，上升管结石墨现象较汽化冷却方式为轻。

技术缺点：（1）导热油在使用过程中难免会发生热变质现象，从而影响系统的操作运行。（2）导热油的循环需要消耗一定电能，因此会使收益降低。（3）导热油泄漏会造成较严重的污染。（4）投资和运行费用较高。

C　惰性气体夹套换热余热回收技术

在上升管内套一同心夹套，其夹套厚度与原有耐火砖层厚度相同，而夹套内的流体通道为螺旋式结构。选用氮气作为换热介质，在螺旋通道内自上而下流动，与上升管内的荒煤气形成逆流换热。此装置在不改变荒煤气原有流通通道的情况下，使得荒煤气中的煤焦油的可冷凝附着面减少，从而避免了因增加换热面导致结焦反应加剧的情况。同时，换热介质氮气在夹套内螺旋下降，可使氮气流程加长，流动时间延长，从而与换热面接触增长，有利于得到较高温度的氮气。

惰性气体夹套换热装置如图 5-103 所示，其技术优点：（1）以氮气作为换热介质，将荒煤气的出口温度控制在 500℃ 左右，避免了荒煤气中的煤焦油出现结焦现象，从而不会阻碍热量的回收过程，并且不会出现上升管和桥管堵塞等问题。（2）通过冷却氮气进口流量和压力的改变，荒煤气换热后的氮气出口温度可以达到 400℃ 以上，且流量在 190m³/h，压力在 0.37MPa 以上，具有较好的经济利用价值。（3）采用氮气作为换热介质，利用螺旋夹套式荒煤气余热回收装置回收荒煤气中的余热具有较高的工艺灵活性和安全性。产生的高温氮气，不仅可利用余热锅炉产生蒸汽供生产工艺使用，也可用作煤调湿的部分热源；若设备在运行中发生泄漏导致氮气进入上升管，将会进入集气管排出，不会影响下部炭化室的正常工作。

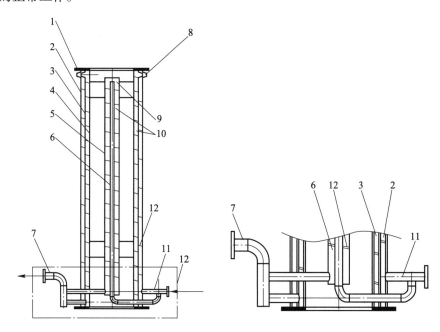

图 5-103　惰性气体换热器装置

1—法兰；2—外套筒；3—内套筒；4—内套筒的内壁；5—中心管的外壁；6—中心管；7—底部出口；
8—波纹管折流区；9—中心管折流区；10—螺旋回流通道；11—冷却气体的进口；12—肋片

D　采用余热锅炉的上升管余热回收技术

在上升管附近添加一台余热锅炉，流程如图 5-104 所示，并且在水封盖处设置三通导出管引出 750℃ 左右的荒煤气，由管道送入余热锅炉中。荒煤气加热余热锅炉给水，产生压力为 3.82MPa，温度 450℃ 过热蒸气，荒煤气温度降至 300~500℃。

E　半导体温差发电余热回收技术

去掉上升管外层内衬防火砖，在其外壁上增设半导体温差发电模块。首先，荒煤气流过上升管，其携带的高温热量由上升管筒体传递到半导体温差发电模块的受热面，形成

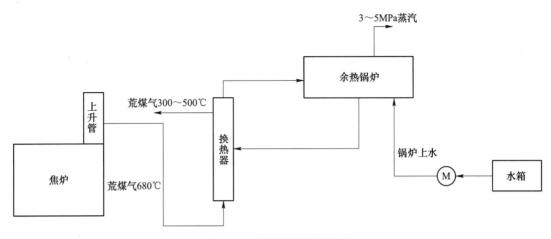

图 5-104 余热锅炉换热流程

320℃左右的热场。而半导体的冷面散热器则采用循环水冷却降温，可降温至 700℃左右。如此可在该冷热面之间形成 250℃左右的温度差。在温度差的推动下，半导体发电模块的两端将产生直流电压，输出电能，从而实现热能转变为电能。

F 利用荒煤气余热直接热裂解的余热回收技术

20 世纪 90 年代和 21 世纪初，德国和日本分别开展了利用高温荒煤气余热，将荒煤气中煤焦油、粗苯、氨、萘等热裂解成以 CO 和 H_2 为主要成分的合成气的研究工作，分别形成了催化热裂解和无催化氧化重整两种技术路线，并完成了实验研究工作，为荒煤气的热能利用开辟了一条直接而且彻底的利用途径。

技术优点：可充分回收荒煤气的余热，甚至潜热也得以利用。

技术缺点：荒煤气内所含宝贵的化工产品如苯和焦油被分解掉了，造成了资源的极大浪费，若要人工合成同样的物质，其消耗必定要远远大于回收热量的价值。

5.3.3.2 焦炉烟道气余热回收技术

焦炉加热系统燃烧产生的烟气温度高达 1000℃，经过蓄热室换热后，温度降至 270℃左右经烟囱排出。大型焦炉炼焦耗热量为 108kgce/t 焦，其中 250~300℃的烟道废气带走的热量是 18.4kg 标准煤，约占焦炉总热量输出的 17%。国内焦化同行企业的烟道气都是通过烟囱直接排放大气，没有回收这部分低品位余热。废气通过烟囱直接排入大气造成能量的巨大浪费，回收烟道废气余热将产生明显的经济效益，为焦化企业节能降耗做出重要贡献。例如，在不影响焦炉主工艺的前提下，采用成熟的专利余热回收技术回收焦炉烟道气余热，按一台 6t/h 的烟气余热锅炉，投资 700 万元，每年产生蒸汽 4.8 万吨，蒸汽价格按 120 元/t，减去运行成本、人工成本 107 万元，每年可实现效益 468 万元，实现了一举多得的收益。

国外报道有烟道气余热回收利用成功的例子，但其核心技术控制甚密。目前，国内焦化行业焦炉烟道气余热回收刚刚起步，烟道气余热回收利用的先例较少，主要有三个历史原因：（1）烟道气余热属于低品位热值，不易回收。（2）270℃的烟道气余热回收存在一定的技术难题，回收这部分余热可能会影响焦炉加热生产，得不偿失。（3）即使回收这部分余热也不知道如何应用。但近年来，随着低温余热回收技术的突飞猛进，钢铁、焦化行业的余热回收项目造价大幅度降低，余热回收效率大幅度提高，焦炉烟道气余热回收引起重视，相关设备应用逐渐增多。

虽然烟道气余热回收存在巨大潜能，然而也存在一定的风险，影响烟气余热回收的因素主要有以下几方面：

（1）由于烟气中或多或少地含有硫分，在烟气余热回收过程中，一旦传热管壁面温度低于酸露点以下，就有发生酸腐蚀的可能，并且这种腐蚀在特定的温度水平下会发生加剧，严重时会导致整个设备的瘫痪，停机。

（2）由于烟气中或多或少地含有飞灰，在烟气余热回收过程中，要考虑由于积灰而导致传热管的传热能力下降，严重时会导致整个设备的传热恶化，因而存在长期清洗的问题，同时要便于清洗。尤其这种由于积灰引起的酸腐蚀夹带的情况，更为严重。

（3）为了强化传热，需要采用交差排列、逆流流动、翅片化扩展传热面等多种措施，这些方法与上面提到的第（2）条相互牵制。在进行烟道气余热回收过程中，要充分考虑这些因素的影响和相互牵制。

（4）同时流经余热锅炉的介质有高温工艺气（如270℃的烟道气）以及水和水汽混合物两种。它们在经过余热锅炉时会产生阻力。流体阻力需要外来的机械功补偿，才能使流体继续流动。阻力越大，消耗的机械功也越多。因此为了节省动能的消耗，在设计时应尽量采用阻力较小的结构。流体经过炉内流道的全部阻力，需要进行计算，特别是对于常压或操作压力较低的工艺生产，流体阻力的大小对整个工艺设备的结构、管路配置以及能否正常生产是一个至关重要的问题。因而正确设计流体阻力具有重要的意义。

A　基于传统热管式余热锅炉的烟道气余热回收技术

现有焦炉烟道气的热能回收多选用高效热管式余热锅炉，将常温软化水加热为蒸汽用于生产，以达到降低能耗、节能减排的目的。高效热管式余热锅炉是用热管作为传热元件，吸收高温烟气的余热来产生蒸汽，所产生的蒸汽可用于发电或并入蒸汽管网，也可用作其他目的。对钢厂、石化厂、焦化厂及工业窑炉而言，这是一种最受欢迎的低成本余热利用形式。

主要优点是：（1）结构紧凑、体积小、安全可靠。与一般烟管式余热锅炉相比，其质量仅为烟管式余热锅炉的 1/5~1/3，外形尺寸只为烟管式余热锅炉的 1/3~1/2，换热两流体均走管外，使原本管外横掠，管内顺流的传热方式发生改变，变成冷、热流体均为横掠的传热方式，极大地提高了总体传热系数，而且可以翅片化，强化换热。（2）热管锅炉阻力小。烟气通过余热锅炉的压力损失一般为 20~60Pa，故风机的电耗也很小。热管元件的破损，不影响蒸汽系统的循环，无须为此停车检修。（3）便于老焦化厂的节能改造，也利于新焦化厂的融合。

应用过程中，出现的问题主要表现在：（1）对酸露点的认识不够；（2）对热管的寿命认识不够；（3）余热锅炉的布置方式不尽合理；（4）对操作压力设置不合理。考虑到烟气排烟温度为 270℃ 左右，而出口排烟考虑燃煤烟气中酸露点的影响，大致设置在 120℃ 以上。因而对产生蒸汽的压力选择上要进行权衡，即如果选择高于 10atm 压力的蒸汽，其对应的饱和蒸汽压力为 180℃，这样高温烟气侧的温度与蒸汽换热侧的传热温差仅为 90℃；而且当排烟烟气温度低于 200℃ 时，难以产生 10atm 高压蒸汽，而仅能产生低压蒸汽，这样换热效果将有所削落，造成设备的庞大。另外，如果选用 1~2atm● 的低压蒸汽，虽然传热温差较高，但蒸汽品位稍微有点低，在作为推动力时，压头不大也有些缺陷。因而在蒸汽压力的选择上，要兼顾余热回收热量，以及设备本身的安全性考虑。这迫切需要焦化行业烟气余热回收规范、条例的制定和出台。

例如，基于翅片管的热管式余热锅炉，装置包括预热器、蒸发器、过热器、汽水分离器、连接管。过热器、蒸发器内布置很多换热面，由于烟气先经过热器、蒸发器，烟气温度和蒸汽温度都大于露点温度，所以换热面采用一次性换热的翅片管，烟气直接加热蒸汽换热系数高。预热器内布置很多换热面，由于烟气经过热器、蒸发器后进入预热器温度降低，而且预热水温度较低（常温除氧20℃时），易发生露点腐蚀，所以换热面采用二次性换热的热管，低温烟气先加热热管内工质，工质受热后再加热水，也就是说被加热的冷介质不与烟气在一个换热面进行换热，可以有效控制管壁温度在露点温度以上。充分发挥翅片管和热管各自的优势，在焦炉烟气余热回收中，在露点温度以上设计一次换热的翅片管，在易发生露点温度处设计二次换热的热管，这样既提高了换热效率又避免了露点腐蚀。

焦炉烟气余热回收系统采用余热锅炉生产蒸汽，过热器和蒸发器处烟气温度和饱和水温度都在140℃以上，不存在露点腐蚀问题，所以设计中过热器和蒸发器采用翅片管效率高。预热器烟气温度在140~160℃，而水入口温度为0℃（常温除氧），若在同一换热面进行换热易发生露点腐蚀，所以设计中预热器采用热管。最终采用翅片管和热管相结合的翅片管-热管式余热锅炉，结构如图5-105所示。

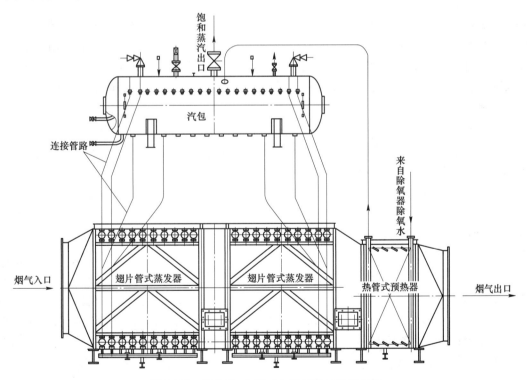

图 5-105　翅片管-热管式余热锅炉结构示意图

● 1atm=101325Pa。

B   基于新型套管式热管余热锅炉的烟道气余热回收技术

中国科学院工程热物理研究所以传统热管技术为基础，采用新型热管技术，进一步提高整个余热回收系统的安全性、效率、性价比。蒸汽发生器包括一级蒸汽发生器、二级蒸汽发生器。新型热管结构的耐腐蚀烟气余热回收装置，在一级蒸汽发生器中采用了套管式热管结构，如图 5-106 所示，改变现有换热器的冷水流通路径及形式。

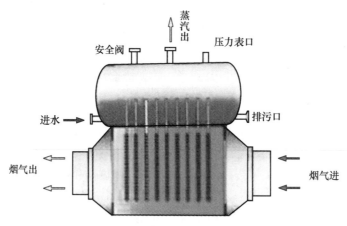

图 5-106   新型套管式热管烟道气余热回收装置

新型热管式烟气余热回收系统（图 5-107）除具备传统热管式余热回收的特点：传热系数高；防积灰、堵灰、抗腐蚀能力强；冷热流体完全隔开，有效防止水汽系统的泄漏；阻力损失小，可以适用于老机组的改造；单根或多根热管的损坏不影响设备整体使用。还具备以下几方面优势，具体表现在：（1）抗腐蚀能力增强。余热回收系统的一级蒸发器、二级蒸发器所处的烟气温度高于酸露点，同时热管壁面温度也高于酸露点，在进行合理耐腐蚀处理的情况下发生腐蚀的可能性降低。热管式省煤器由于管壁温度低于酸露点，本方案合理选材，并进行适当的耐腐蚀处理，可以有效降低腐蚀，提高使用寿命，确保整个余热回收系统能够工作 15 年以上。此外，热管装置的换热管采用镍基钎焊技术，根据烟气特点，设计采用镍基钎焊翅片，表面具有致密不锈钢合金层，以防止低温下酸露腐蚀。（2）热管使用寿命增强。在进行高效钝化、工质添加缓蚀剂等工艺处理的基础上，还进行了新型充装工艺，确保每根热管在持续运行 5 年以上后，还能保证蒸发段壁温与冷凝段壁温的温差低于 3℃。（3）更高效，结构紧凑。一级蒸发器热管外壁面发生传统意义上的取热过程，在其内壁将省煤器来的过冷水进行加热到饱和液态，因而烟气余热回收过程中，一级蒸发器的热负荷提高了 30% 以上，而几何尺寸未发生改变。同时，二级蒸发器的热负荷有所减少，也使几何结构有所降低。（4）换热系统设计独立、运行稳定。采用碳钢-水热管作为传热元件，将整个受热及循环的汽水系统，完全和热流体隔离，独立存在于热流体烟道以外。热流体与蒸汽发生区双重隔离互不影响，确保即使单根热管损坏，也不会影响到系统的正常运行。

C   基于旁路烟道+镍基钎焊热管+除垢装置的焦炉烟道气余热回收技术

在原烟道旁设置旁路烟道，安装余热回收系统设备——热管蒸发器，将 245~290℃ 的烟气余热进行回收利用。让焦炉烟道气通过热管蒸发器，利用"热管"将烟气余热吸收加

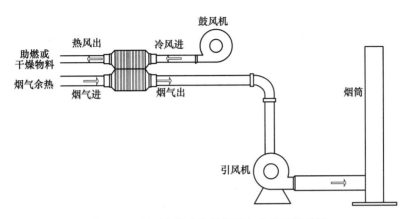

图 5-107 新型套管式热管烟道气余热回收系统

热冷介质（水），使之沸腾汽化。产出饱和蒸汽，焦炉烟道气降到 170℃ 左右进入下道工序或排空，余热回收系统设备——热管蒸发器可产出表压 0.8MPa 压力的饱和蒸汽，可用于生产、生活使用或者发电。如 100 万吨焦化烟道气项目，实施后可实现产 0.8MPa 压力的饱和蒸汽 10t/h 左右。

旁路烟道气余热回收工艺流程如图 5-108 所示，某处设置 1 号翻板式气动执行闸板。在主烟道设置旁路烟道，旁路烟道处安装余热回收设备热管蒸发器和引风机。在余热回收设备热管蒸发器前部（烟气入口）设置 2 号气动执行闸板阀，在引风机机壳出口（烟气出口）设置 3 号气动执行闸板阀。余热回收设备热管蒸发器和引风机开始运行时，先关闭 1 号翻板式气动执行闸板，打开 2 号气动执行闸板阀和 3 号气动执行闸板阀。废气经由旁路烟道开始进入余热回收设备热管蒸发器和引风机。

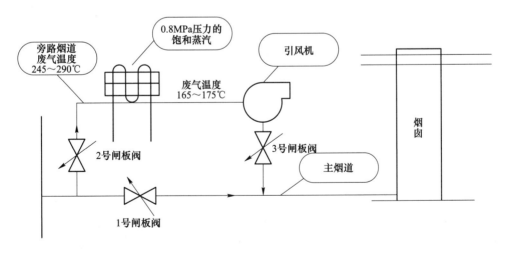

图 5-108 旁路烟道气余热回收工艺流程

在整个换热方案中，采用了镍基钎焊热管技术，镍基钎焊对热管基管和外翅片进行镍基钎焊后，基管和翅片的焊着率可达 100%；焊接部位平滑；焊接中无残渣；该翅片管的热阻小；接触热阻为 0，明显小于高频焊和铜合金焊翅片管的热阻；其传热能力比高频焊翅片管高 20% 左右，与整体轧钢的翅片管相当。镍基钎焊热管是用特种设备和工艺，将镍铬合金均匀喷涂于碳钢表面，在保护气体中使合金溶化，并渗入碳钢基体 0.0133 ~ 0.024mm，在基体表面沉积为 0.025mm 左右，总体形成厚度为 0.05mm 左右的镍铬合金层，其主要特点：（1）合金的渗入层均匀、光亮、致密。（2）与镀层、涂层有根本的区别，不存在起皮或脱落的可能。（3）表面硬度是普通钢管的 4 倍左右。（4）耐高温和低温露点腐蚀。（5）耐冲刷和磨损。（6）能在含酸碱、盐等腐蚀气氛环境中长期工作。（7）价格一般低于不锈钢管 1/4 左右。

由于烟道气是煤气燃烧后的产物，其中含有粉尘、硫和芳香族有机物等，需要除垢装置。采用激波发生器除尘法，激波发生器让燃料在一个特殊的装置中产生爆燃。剧烈爆燃气体在瞬时升至高压，在装置中产生一道冲击激波，并从装置的喷口辐射至吹灰表面，通过控制激波的强度，使积灰在合适和足够强度的激波冲击下碎裂，脱离换热表面。对换热器翅片上的积灰进行清扫，保证了较高的换热效果，也确保了系统能长期稳定有效地运行。

以四川省煤焦化集团有限公司焦炉烟道气余热回收利用——热管蒸发器工程技术改造项目为例。四川省煤焦化集团有限公司现有 1、2 号焦炉，均为 49 孔炭化室高 4.3 米捣鼓焦炉；年产焦炭 60 万吨。公司焦炉烟道气总量（工况）约为 105000m³/h，废气温度平均约 275℃，白白排放掉，既污染环境又造成能源的浪费。因此，充分回收利用焦炉烟道废气热能产出一定压力的蒸汽，供其他生产工序使用，既可降低综合能耗、节约了能源，又保护了环境。通过能耗计算，本工程完工后，焦炉烟道废气余热利用年节能经济效益，如表 5-32 所示。

表 5-32　焦炉烟道废气余热利用年节能经济效益

项　目		数　值	单　价	金额/万元
蒸汽量	年产蒸汽量（按 8640h 计算）	$7 \times 24 \times 330 = 5.544 \times 10^4$ t/a	115 元/t	554.4
生产成本	软化水	58212t	10 元/t	58
	工资福利	3 人	4.5 万元/(人·a)	13.5
	修理费			8
	电耗（按 80% 电耗计算）	装机总容量为 280kW	0.75 元/kW·h（电）	133
	合计			212.5

D　基于煤调湿的焦炉烟道气余热回收技术

第一代煤调湿技术：采用焦炉烟道气和上升管荒煤气显热为热源，在多管回转式干燥机内与湿煤进行间接热交换，完成煤调湿工艺过程。我国第一套煤调湿即重庆钢铁公司焦化煤调湿装置采用的就是第一代煤调湿技术，流程如图 5-109 所示，重钢煤调湿项目于 1994 年 1 月实施，经过 3 年的设计、施工于 1996 年 12 月投入生产试运行。

煤调湿装置的主要参数为：进干燥机湿煤最大水分为 11.0%，出干燥机调湿煤水分为 6.5%，干燥机处理能力为 140t/h（调湿煤），干燥机工作制度：24h/d，340d/a，每年检修 25d。干燥机为 3600mm×22000mm，安装坡度为 10/100，从圆周向圆心依次排布 DN125mm、DN100mm、DN90mm、DN80mm、DN65mm 导热油流通管道，交换热量为 8.20×106kcal[❶]/h。干燥机及附属装置（不包括干燥机用除尘地面站）电机功率为 302.5kW。

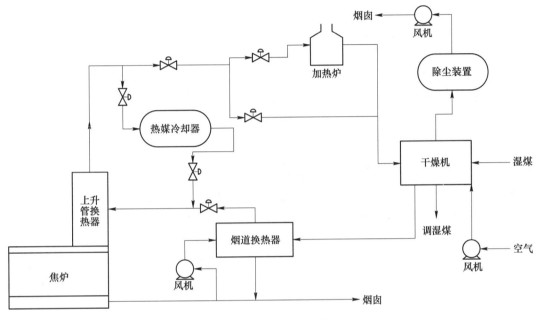

图 5-109　重钢煤调湿流程

导热油循环系统又分为废热回收系统和循环系统。主要由：4×42 台上升管换热器（3 号、4 号焦炉机侧上升管，5 号焦炉机焦侧上升管）、3 台烟道换热器、2 台循环泵（1 用 1 备）、导热油加热炉、导热油冷却器、导热油储槽、导热油高位槽、导热油放空槽等组成。导热油循环系统电机功率为 857kW，操作容量为 747kW。

第二代煤调湿技术：以干熄焦发电后的背压汽为热源，在多管回转干燥机内与湿煤进行间接换热，完成煤调湿的工艺过程。干燥机采用蒸汽走管内、煤走管外的形式。

上海宝钢蒸汽煤调湿流程如图 5-110 所示，焦化厂一期 1~4 号 6m 焦炉共 4×50 孔，年产干全焦 175 万吨/a，新建煤调湿装置处理能力（调湿煤）为 330t/h，就是为一期焦炉提供调湿煤，主要由煤料输送系统、热源供给及辅助系统等设施组成。

备煤系统制备合格的装炉湿煤料，经带式输送机运送到调湿装置的缓冲槽储存。由槽口定量给料装置、带式输送机及供给螺旋输送机将含水分 9.1%~12.2% 湿煤送入多管回转式干燥机进行调湿处理。进入干燥机内的湿煤与干燥机外壳一起旋转，待达到一定角度和高度后，自由落下并穿过固定设置的蒸汽加热管，与加热管内的蒸汽进行间接热交换。煤料被均匀加热，水分降至约 6.5%，经出料口螺旋输送机排出，再由带式输送机运至煤塔。

---

❶　1cal=4.1868J。

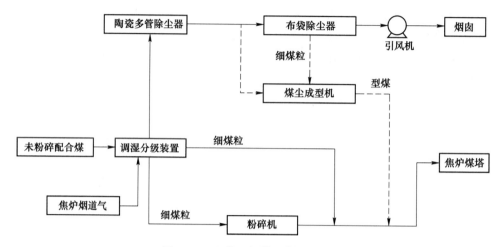

图 5-110　上海宝钢蒸汽煤调湿流程

热源供给及辅助系统，将干熄焦发电后的低压蒸汽（1.6MPa，260℃）通过旋转接口输送到干燥机内与湿煤进行热交换释放热量，完成煤调湿工艺过程。与湿煤间接换热后温度降至-90℃的汽水混合物，经旋转接口流出干燥机进入气液分离罐，再通过清水泵返回至 CDQ 锅炉系统。

第三代煤调湿技术：采用焦炉烟道气在流化床内与炼焦煤进行直接热交换，对炼焦煤进行调湿处理。世界上第一套采用焦炉烟道气为热源的煤调湿装置于 1996 年 10 月在日本北海制铁（株）室兰厂投产，工艺流程如图 5-111 所示。

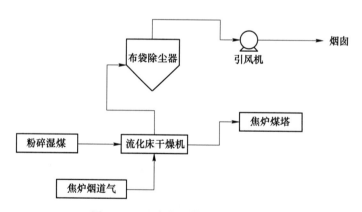

图 5-111　日本室兰煤调湿工艺流程

我国独立焦化厂的焦炉大多用焦炉煤气加热，而钢铁企业焦化厂大多用高炉煤气（掺入 2%~7%COG）加热。因 COG 中含氢高达 55%~60%，因此，COG 燃烧废气中水分含量高，将其作为流化床煤调湿热源时，不利于煤水分的蒸发。昆明制气厂的焦炉用 COG 加热；其焦炉烟道气含水高达 17.3%，将其作为热源加热入炉煤最多只能去除 2.5 个百分点水分。而宝钢焦炉用高炉煤气加热，其焦炉烟道气含水量低，只为 3.3%，有利于水分蒸发，可以去除 4.5 个百分点水分。

5.3.3.3　干熄焦回收焦炭显热技术

干熄焦是相对于用水熄灭炽热红焦的湿熄焦而言的，其基本原理如图 5-112 所示，是利用冷惰性气体在干熄炉中与红焦直接换热，从而冷却焦炭。冷惰性气体带出焦炭显热后，送入干熄焦锅炉，经除尘工序，送锅炉与水换热，产生蒸汽。换热后被冷却的惰性气体再由循环风机鼓入干熄槽循环使用，或先通过给水预热器再送回干熄槽。采用干熄焦技术可回收约 80% 的红焦显热，平均每熄 1t 红焦可回收 3.9MPa、450℃蒸汽 0.5~0.6t，可直接送入蒸汽管网，也可发电。采用中温中压锅炉，全凝发电 95~105kW·h/t；采用高温高压锅炉，全凝发电 110~120kW·h/t。同时，采用干熄焦技术可以改善焦炭质量、降低高炉焦比，或在配煤中多用 10%~15% 的弱黏结性煤；吨焦炭节水大于 0.44m³；可净降低炼焦能耗 30~40kgce/t 焦，效率高达 70%。

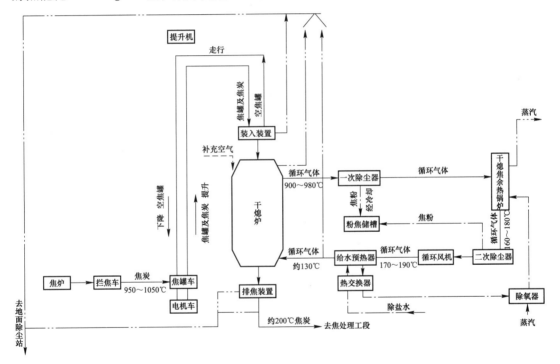

图 5-112　干熄焦装置工艺流程图

至 2012 年末，我国已投产和在建的干熄焦装置近 200 套，干熄焦炭能力近 2 亿吨，占我国 2012 年炼铁消费焦炭量的近 57%。我国钢铁企业已有 88% 以上的焦炉配置了干熄焦装置；独立焦化厂依据节能减排的理念，也开始采用干熄焦技术。按干熄焦套数和干熄能力计算，我国已位居世界第一。

惰性气体的显热回收得越充分，气体重入干熄槽前的温度越低，干熄焦的效率越高，能量回收也越充分。日本新日铁采取在循环风机后入炉前增设给水预热器，降低入炉气体温度。德国 TOSA 在干熄槽冷却室安装水冷壁、水冷栅，都是为了提高冷却效率的节能措施，并使吨焦循环气体量下降。采用水冷壁、水冷栅方式，气料比降至每吨焦 1000m³，吨焦能耗 13kW·h，仅为苏联干熄焦吨焦能耗的 60%。目前，常用方法是在干熄槽前安装热管换热器，如图 5-113 所示。循环风从干熄焦锅炉出来，通过热管换热器进一步降低温度，有助于冷却焦炭，提高了干熄焦效率。常温下的除盐水，经过热管换热器后，温度可提高 20~30℃，使除氧器除氧后的温度达到 104℃ 的锅炉给水，减少了蒸汽的使用量。目前存在的问题是露点腐蚀。

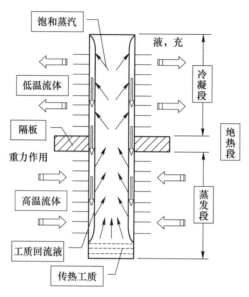

图 5-113　干熄焦锅炉热管换热器结构示意

5.3.4　技术集成与示范

由北京科技大学牵头，联合北京工业大学、中冶京诚工程技术有限公司、河钢集团有限公司共同承担国家重点研发计划课题"多污染物中低温协同催化净化技术及示范"，示范工程成功落地河钢邯钢焦化厂。

5.3.4.1　工程简介

河钢邯钢焦化厂现有焦炉 6 座，其中，1 号、2 号炉为 80 型 42 孔 4.3m 焦炉，3 号炉为 58 型 42 孔 4.3m 焦炉，4 号焦炉为 80 型 45 孔 4.3m 焦炉，5、6 号焦炉为 JN60-6 型 45 孔 6m 焦炉，年设计焦炭产量为 200 万吨，1 号、2 号、5 号、6 号焦炉采用了干法熄焦，3 号、4 号焦炉分别于 2017 年 5 月、10 月焖炉停产，煤场采用筒仓储煤，共建 20 个储煤筒仓，每个筒仓最大储煤量均为 1 万吨。

河钢邯钢焦化厂 1 号、2 号焦炉共用一个烟囱，处理烟气量（标准状态）为 $14 \times 10^4 m^3/h$。根据《炼焦化学工业污染物排放标准》（GB 16171—2012）焦炉烟囱 SO_2、NO_x 和粉尘等指标特别排放限值要求，焦化厂 1 号、2 号焦炉配置建设一套烟道气脱硫脱硝净化装置，满足国家环保指标的要求。

焦炉烟气脱硫脱硝除尘协同处理技术利用脱硫脱硝等各分系统的协同组合，实现焦炉烟气大气污染物的协同治理，具有良好的脱硫脱硝除尘效果和技术经济性，正在逐步被国内各大钢厂所采用。示范工程工艺流程如图 5-114 所示，焦炉烟气首先经过热风炉加热，将烟气温度提升至280~320℃，为脱硝提供温度条件。升温后的烟气与经由喷氨格栅喷入的氨气均匀混合，在准低温SCR脱硝反应器中进行脱硝，烟气中NO_x浓度（标准状态）不大于150mg/m³。脱硝后的烟气经余热锅炉进行余热回收。除盐水吸收热量最终形成饱和蒸汽，送至焦化厂蒸汽总管。降温后的烟气经过密相脱硫塔，脱除烟气中的SO_2，同时可以去除HCl、HF和NO_x等，烟气中SO_2浓度（标准状态）不大于30mg/m³。脱硫后的烟气经过布袋除尘器除尘后通过烟囱排放，滤袋上滤下的脱硫剂可进一步吸收SO_2，烟气中含尘浓度（标准状态）不大于15mg/m³。

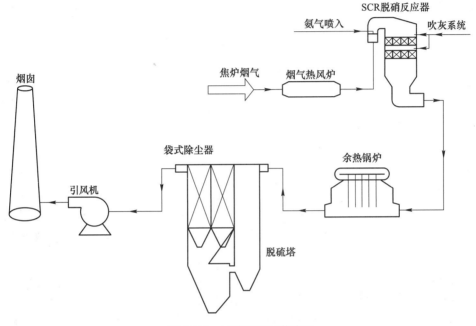

图5-114 示范工程工艺流程

5.3.4.2 多污染物中低温协同催化净化示范工程

由图5-115可知，多污染物中低温协同催化净化示范工程，运行稳定，主要有如下优点：

图5-115 多污染物中低温协同催化净化示范工程

（1）该脱硫脱硝除尘装置的效果非常稳定。SO_2 排放稳定在 $20mg/m^3$ 以下，甚至达到 $10mg/m^3$ 以下，NO_x 排放稳定在 $80mg/m^3$ 以下（280℃），颗粒物排放稳定在 $5mg/m^3$ 以下（表 5-33 为 2019 年 1~10 月运行数据）。

表 5-33　示范工程 2019 年 1~10 月脱硫脱硝数据　　（标准状态，mg/m^3）

月份	入口			出口		
	SO_2	NO_x	粉尘	SO_2	NO_x	粉尘
1	60	410	7	10	38	5
2	43	450	4	11	46	5
3	38	374	7	15	37	5
4	32	400	5	14	51	5
5	80	390	5	16	59	1
6	44	420	4	17	51	1
7	53	410	3	17	50	1
8	35	320	8	18	43	1
9	41	340	4	15	44	1
10	45	380	4	16	45	1
平均数	47.1	389.4	5.1	14.9	46.4	2.6

（2）对脱硫脱硝原料品质要求低，价格低廉。该脱硫脱硝使用的原料为 CaO 和自产氨水，CaO 的价格相对便宜，每月用量为 40t 左右，脱硝用的氨水是回收蒸氨塔过来的氨水，浓度在 4% 左右，流量 $0.21m^3/h$，完全满足脱硝使用，脱硝效果良好，效率在 80% 以上。

（3）节能效果良好。脱硝后的烟气经余热锅炉进行余热回收。产蒸汽 4.5t/h，把烟气温度从 280℃ 降低到 150℃ 左右，除盐水吸收热量最终形成饱和蒸汽，送至焦化厂蒸汽总管，降低能源消耗，余热锅炉采用全自动运行，岗位工只需要做好日常点检。

（4）自动化性能高，安全性能好。采用自动控制，工艺流程简单，设备少，容易操作。热风炉程序设有自动点火和自动吹扫操作，当高炉煤气压力较低时，可以适当补充焦炉煤气，提高炉膛温度，进而提高废气温度，满足脱硝要求。焦炉吸力、压力以及脱硫脱硝温度等指标均和风机设有连锁，一旦异常，风机可以做出停机等调整，确保系统安全。

5.4　高温烟气循环分级净化与余热利用技术及示范

5.4.1　烧结烟气及污染物排放特征

对示范工程落地烧结机烟气排放情况进行前期测试工作，为工艺设计以及模拟工作提供基础数据支持，为指标完成提供对比数据。

完成对双侧大烟道的排放混合烟气的测试，测试结果如图 5-116 所示。

由图 5-116 可以得知：东西侧烟道烟气波动基本一致，烟气成分存在略微差别。主烟道温度在 130℃ 左右波动，主要受上料量、风机风量和燃料配比影响。主烟道氧含量基本维持在 16%~17% 之间，与支管改造前基本持平，东侧略高，并不十分明显。CO 波动较大，反映烧结机燃烧状态并不十分稳定，其中 6 月 1 日事故状态下尤为明显，均值在 $5000mg/m^3$ 左右，西侧烟道浓度稍高。大烟道无 NO_2，NO 在 6 月 1 日事故状态也有较大波动，

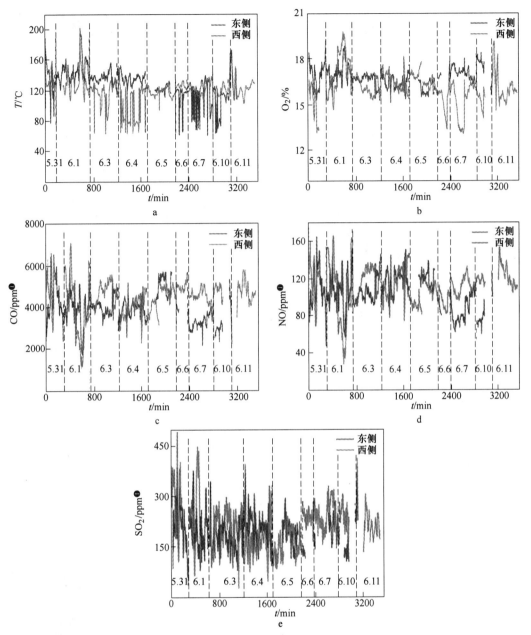

图 5-116　大烟道混合烟气排放特征

a—大烟道烟气温度分布；b—大烟道 O_2 含量分布；

c—大烟道 CO 分布；d—大烟道 NO 分布；e—大烟道 SO_2 分布

❶　ppm 与 mg/m³ 的换算关系为

$$C = \frac{C'M}{22.4} \times \frac{273}{273+t} \times \frac{p}{101325}$$

式中，C 为以 mg/m³ 表示的气体污染物质量浓度；C' 为以 ppm 表示的气体污染物体积浓度；M 为污染物的相对分子质量；22.4 为空气在标准状态下（0℃，101.325kPa）的平均摩尔体积；t 为大气环境温度，℃；p 为大气压力，Pa。

均值在 225.9mg/m³ 左右，东西两侧基本一致。SO₂ 在前两天也有剧烈波动，检修后较为稳定，均值在 571.4mg/m³ 左右。

风箱烟气成分测试结果如图 5-117 所示。

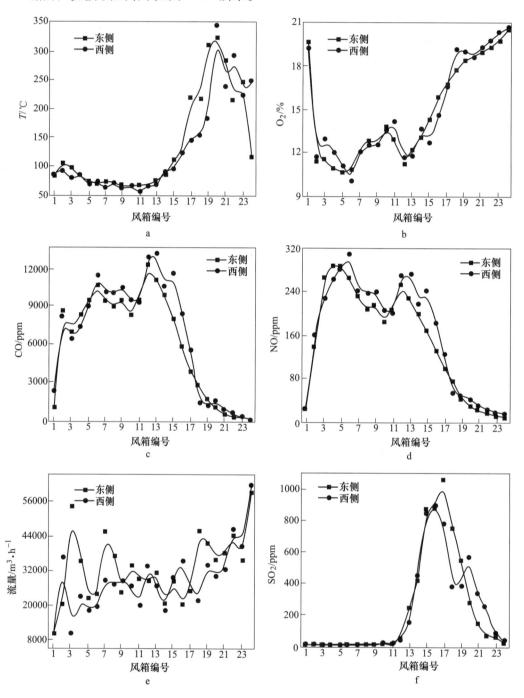

图 5-117　风箱烟气排放特征

a—风箱东西侧的烟气温度分布；b—风箱东西侧的氧含量分布；c—风箱东西侧的 CO 分布；
d—风箱东西侧的 NO 分布；e—风箱东西侧的 SO₂ 分布；f—风箱东西侧的流量分布

烧结主烟道东西侧烟气温度随着风箱变化趋势如图 5-117a 所示。从图中可知，整个烧结过程的烟气温度变化大致可分为 3 个阶段：（1）1~3 号风箱烧结料面处于点火过程，风箱温度为 80~110℃；（2）4~12 号风箱烟气温度相对平稳，此时进入了稳定的烧结阶段，烟气温度为 65℃左右；（3）从 12 号风箱处开始，烟气温度开始呈上升趋势，15 号风箱之后烟气温度明显上升，烟温在 20 号风箱左右到达顶峰，达 320℃以上。主要由于到烧结后期，燃烧带逐渐接近台车的底部，过湿带越来越薄并逐渐消失，料层的蓄热能力及气固换热随之削弱殆尽，烟气温度随之急剧上升，此时烧结过程结束。而到 21 号风箱位置，随着烧结终点的到来，燃烧过程逐渐减弱，风箱风温也随之下降。但在 21~22 号风箱烟气温度有一个低谷，这主要是此时风门开度较小造成的。同时，发现烧结台车东西两侧烟气温度随着风箱的变化趋势是相同的，但是略有差异。首先，东西两侧风箱烟气温度都呈现火山型，但是西侧烟气温度峰值比东侧烟气温度更高，西侧最高温度为 345℃，东侧最高温度为 325℃；其次，西侧烟气温度明显上升的风箱位置比东侧更加靠前，西侧在 13 号风箱，东侧在 16 号风箱；此外，西侧烟气温度呈陡峭型，东侧烟气温度则呈矮胖型。这主要是由两方面原因造成的，一是烧结台车东西两侧混合料布料有所差异；二是由于烧结机东西两侧主抽风机阀门开度不同造成抽力不同。

烧结机东西两侧烟气 O_2 含量变化趋势如图 5-117b 所示。由图可知，整个烧结过程中烟气 O_2 含量的变化也可以大致分为三个阶段：（1）1~3 号风箱位置对应烧结的点火保温区域，此时料层的抽风负压较低，气体流通情况一般，废气中的 O_2 含量随着点火的进行呈现逐渐下降的趋势；（2）从 4~11 号风箱，出了点火保温区域进入稳定烧结阶段，抽风负压提高，燃烧过程快速、稳定进行，O_2 含量逐渐下降至一定值，理论上风箱内 O_2 含量是稳定的，只是由于布料情况的不均匀性及料面、台车侧壁漏风等状况会出现小幅度的波动，但实际测试结果波动较大，体现了烧结过程有诸多不确定性因素的存在；（3）从 12 号风箱开始到卸矿处，随着烧结过程将要到达终点，燃烧过程逐渐消失，O_2 含量出现了上升的趋势，并最终达到接近空气中的 O_2 含量水平。

烧结机东西两侧烟气中 NO 含量变化趋势如图 5-117d 所示。烧结烟气中的 NO 主要是燃料型的 NO。焦炭中的氮以氮原子的状态与各种碳氢化合物结合成氮的环状化合物或链状化合物，这些氮的有机化合物 C—N 结合键能[（25.3-63）×107J/mol]比空气中氮分子 N≡N 的键能（94.5×107J/mol）小得多，在燃烧时很容易分解出来。因此，从 NO 生成的角度看，氧更容易首先破坏 C—N 键与氮原子生成 NO。此外，烧结烟气中 NO 的含量与氧浓度、燃烧温度等有关。在点火保温区域，随着烧结过程的开始，燃料中的氮与氧结合生成了 NO 使烟气中 NO 逐渐增多；在稳定烧结阶段，O_2 含量与燃烧温度均维持在一个相对稳定的水平，烟气中 NO 含量也在一个相对稳定的范围内波动；接近烧结终点时（20 号风箱），由于焦炭被燃烧耗尽，烟气中的 NO 含量随之快速降低。

烧结机东西两侧烟气中 SO_2 含量变化趋势如图 5-117f 所示。烧结过程 SO_2 气体的形成和排放按照生成—吸收—热解—解吸的迁移及富集排放模型循环进行，直至接近烧结终点前 SO_2 以火山型形式从烧结料层中释放。而且相对于 NO_x，烟气中 SO_2 浓度峰值更大，说明烧结过程中烟气中的硫主要以 SO_2 的形式存在。结合烟气温度变化曲线可知，由于混合料料层对烧结过程生成的 SO_2 有吸附作用，在烟气温度开始迅速上升之前，烧结烟气中 SO_2 排放浓度很低而且比较稳定；当烟气温度迅速上升时，即干燥带已经接近烧结料底层时，由于混合料料层对 SO_2 吸附作用迅速削弱，导致原本被混合料吸附后形成的硫酸钙及混合料中其他形式存在的含硫物质集中释放出 SO_2，这时烧结烟气中 SO_2 排放浓度迅速升高并形成烧结过程的 SO_2 浓度排放峰值。

综合以上分析，可以得出结论：从 1~24 号风箱污染物浓度特征分布来看，东西侧风箱烟气分布特征基本一致；温度与 SO_2 的整体变化趋势一致，温度、SO_2 均呈机尾火山型分布；温度峰值（烧结终点）为 20~21 号风箱；SO_2 峰值提前 4 个风箱左右为 16~17 号风箱；SO_2 出峰范围为 13~21 号风箱（9 个风箱）。CO 和 NO 变化趋势一致，NO、CO 高浓度风箱为 3~14 号风箱；而 O_2 含量变化正好呈现与 CO 和 NO 相反的变化规律，氧含量 12 号风箱后明显爬升，19 号风箱后大于 18%；符合烧结燃烧过程的污染物变化规律。

5.4.2　高温烟气循环对污染物反应的影响规律

5.4.2.1　烧结污染物生成机理研究

烧结燃料燃烧过程中 C、N 元素的转移路径如图 5-118 所示，C 完全燃烧生成 CO_2，在不完全燃烧情况下会生成 CO，烟气循环引入高温烟气降低床层固体燃料用量，提高燃料燃烧效率，减少了不完全燃烧生成的 CO 的量。燃料 N 在高温下转化，最终生成 NO 或 N_2，从路径图上可看出转化路径受气氛影响，在循环烟气低氧高氮气氛下燃料 N 更易向 N_2 路径转化，从而抑制 NO 的生成。

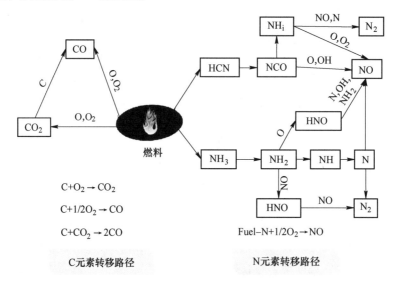

图 5-118　烧结污染物生成机理图

5.4.2.2　NO_x 催化还原机理研究

A　床层物料对 CO 与 NO 反应的影响

为探究烟气循环过程中 NO_x 减排机理，在实验室通过高温固相合成的方法合成出烧结主要产物铁酸钙，并与烧结床层其他物料对比，研究床层物料对 CO 与 NO 反应的影响，实验结果如图 5-119 所示。

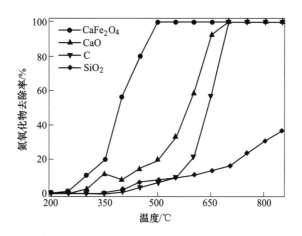

图 5-119 不同温度下床层物料对 NO_x 去除效果影响

通过实验可知：烧结床层中铁酸钙对 CO 还原 NO_x 有最好的催化效果，500℃可以将 NO_x 完全去除，床层中残留的 CaO 和残碳也有一定的催化效果，其中 NO_x 完全去除温度为 700℃。通过对比发现烧结产物铁酸钙对 NO_x 的消除反应最容易发生，在 NO_x 去除过程中发挥了重要作用。

B 温度、停留时间对铁酸钙催化 CO 还原 NO 反应的影响

烧结床层内温度、燃烧层厚度等条件随烧结生产进行实时变动，铁酸钙催化 CO 还原 NO 反应同时会受到床层条件变化而发生变化，因此对反应发生的温度和气体停留时间进行了研究，研究结果如图 5-120 和图 5-121 所示。

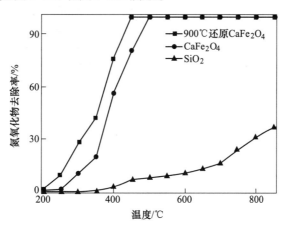

图 5-120 无氧条件下还原铁酸钙催化效果

由图 5-120 可知：在还原气氛处理后的还原铁酸钙在较低温度下展现出比铁酸钙更优的催化活性，尤其在 400~500℃下还原能力明显优于铁酸钙，在 450℃即可实现 NO_x 完全去除。

由图 5-121 可知，对气体停留时间的研究结果表明：随气体停留时间的增长，NO_x 去除率明显升高，其中还原铁酸钙表现出更优的催化效果。

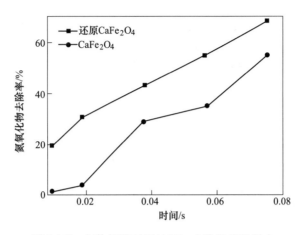

图 5-121　气体停留时间对 NO_x 去除效果的影响

　　综上所述，在烧结床层中创造有利于铁酸钙还原的气氛，并延长气体的停留时间均有利于 NO_x 的消除。

C　氧气含量、CO 和 NO 比例以及 SO_2 对 CO-NO 反应的影响规律

　　烟气循环后由于废气的引入，烧结床层内气体气氛发生变化，其中氧含量明显降低，并引入 NO、CO、SO_2 等污染性气体，烟气循环的复杂气氛对反应的影响规律研究结果如图 5-122 和图 5-123 所示。

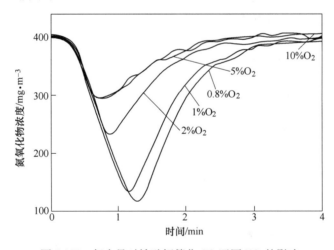

图 5-122　氧含量对铁酸钙催化 CO 还原 NO_x 的影响

　　由图 5-122 和图 5-123 可知：氧含量对铁酸钙催化 CO 还原 NO_x 存在明显的影响，说明 O_2 的存在抑制了铁酸钙表面 CO 还原 NO_x，结合文献分析可知，O_2 吸附在材料表面并优先氧化 CO，阻止活性位再生，NO_x 还原率低。但烟气循环后床层氧含量明显降低，随着氧含量的降低，铁酸钙的催化还原效果持续时间逐步增加，即烟气循环有利于铁酸钙催化 CO 还原 NO 反应的发生。

　　进一步对比铁酸钙和还原铁酸钙的实验结果发现，还原铁酸钙有更长的催化持续时间，在氧含量为 0.8% 时，还原铁酸钙可在 10min 时间内持续催化 CO 还原 NO_x，因此在烧

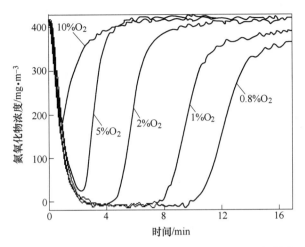

图 5-123 氧含量对还原铁酸钙催化 CO 还原 NO_x 的影响

结床层内创造局部的还原气氛有利于 NO_x 的消除。

进一步研究 CO 和 NO 比例的影响，如图 5-124 所示，发现固定 NO 浓度，逐步提高 CO 浓度，NO_x 的去除效果明显提升，同时 NO_x 的去除速率也不断加快，而固定 CO 浓度，逐步提高 NO 浓度，NO_x 的去除效果先增加后降低，去除速率也在增加后趋于平稳，由此证明 CO 的吸附为铁酸钙催化 CO 还原 NO_x 的决速步骤，即增加循环烟气中的 CO 浓度有利于反应的发生。

循环烟气中 SO_2 浓度对反应的影响实验结果如图 5-125 所示，SO_2 的加入使铁酸钙明显失活，即使 $200 \times 10^{-4}\% SO_2$ 也使得铁酸钙在 700℃ 以下无任何活性，直到 750℃ NO_x 去除率直接到达 100%。由此可见，SO_2 的存在导致在 700℃ 以下 NO_x 去除率为零，因此烟气循环过程中应尽量避免 SO_2 的引入。

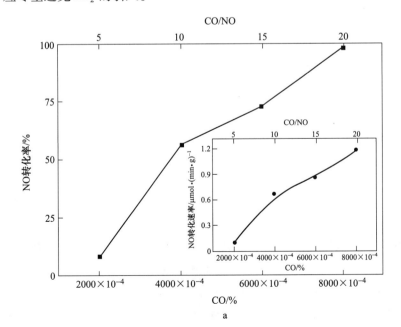

a

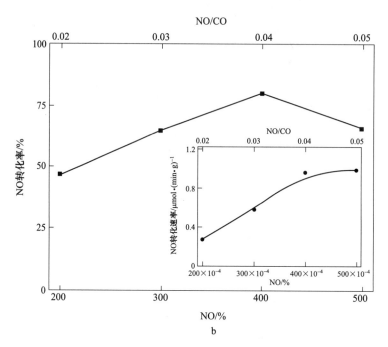

图 5-124   CO/NO 比例对 NO$_x$ 去除的影响

a—T = 450℃，NO = 400 ×10^{-4}%；b—T = 450℃，CO = 10000 ×10^{-4}%

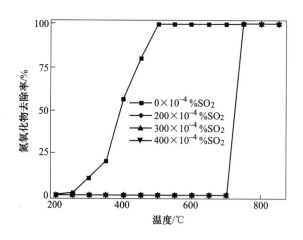

图 5-125   SO$_2$ 浓度对铁酸钙催化 CO 还原 NO$_x$ 反应的影响

5.4.2.3   CO 脱除机理研究

床层物料对 CO 氧化反应的影响：由图 5-126 可知，CO 直接氧化是烧结床层中 CO 去除的主要路径，实验研究发现，烧结床层中的铁氧化物和铁酸钙均对 CO 氧化反应的发生有催化作用，铁氧化物表面 300℃ 可以将 CO 完全去除，床层中的还原铁酸钙 450℃ 可实现 CO 的完全去除，CaO、铁酸钙和 SiO$_2$ 效果较差。

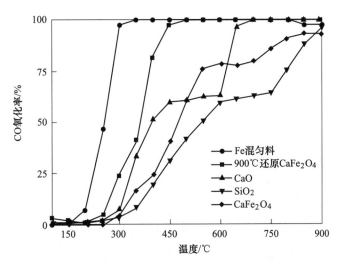

图 5-126 不同温度下床层物料对 CO 氧化效果的影响

由图 5-127 可知，还原气氛下处理的铁酸钙催化 CO 氧化效果优于铁酸钙，700℃下还原铁酸钙效果最优，可在 400℃下实现 CO 的完全氧化。

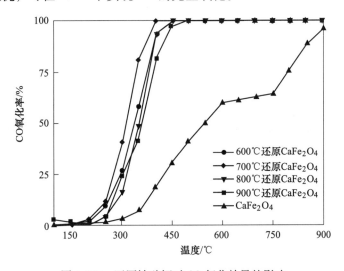

图 5-127 还原铁酸钙对 CO 氧化效果的影响

5.4.3 高温烟气循环技术与装备

在烧结烟气循环系统实际运行过程中，烟气密封罩流场分布的均匀性会直接影响气流在料面的分布，存在偏流、涡流的区域，烧结矿的生产质量会受到影响。本章利用 FLUENT 模拟软件对烟气密封罩流场分布进行数值模拟，主要分析烟气密封罩的结构参数对烟气密封罩流场的影响，研究了进气角度、进气方式、进气口相对间距、密封罩底座高度对烟气密封罩流场分布的影响，同时结合流场评价指标进行分析，确定各个参数的最佳取值，获得分布较为均匀的气流组织，得到相对最优烟气密封罩结构。

5.4.3.1　物理模型与网格划分

该烟气密封罩由四段相同大小的密封罩组成，为了节约计算资源，选取其中一段密封罩进行数值模拟计算。数值模拟模型根据烟气密封罩实际尺寸大小按 1：1 的比例进行建模，建模时忽略了一些对烟气密封罩内部流场影响较小的支撑结构。烟气密封罩由进气口、漏风口、台车以及风箱四部分组成，其物理模型如图 5-128 所示。

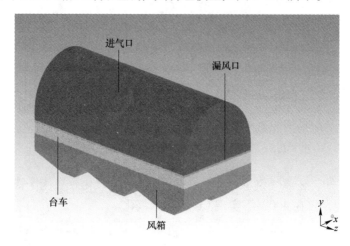

图 5-128　烟气密封罩物理模型

由于模型结构较为简单，因此本文采用 ANSYS ICEM CFD 前处理软件对烟气密封罩计算区域进行非结构化网格划分，共划分网格数约为 100 万个，将多孔介质区域和多孔介质上半部分区域以及多孔介质下半部分区域划分为 3 个计算域，网格质量大于 0.6 的占整体网格质量的 90%，满足计算要求。

5.4.3.2　模型选取与边界条件

A　模型选取

根据烟气密封罩内烟气流动及烧结生产过程的特点，本文确定采用以下的计算模型：

（1）湍流模型采用标准 $k\text{-}\varepsilon$ 模型；

（2）烟气组成采用组分输运模型；

（3）台车料层区域采用多孔介质模型；

（4）压力与速度的耦合采用 SIMPLE 算法。

B　边界条件

根据现场实测数据，进气口采用速度进口，设为 9m/s，气流介质选择多组分混合烟气，烟气组成如表 3-2 所示。漏风口采用压力进口，设为外界标准环境大气压 101.325kPa，流动介质为空气；风箱出口使用压力出口，设为工况压力−10kPa；多孔介质模型的计算需要设置两个阻力系数，主要为惯性阻力因素 C_2（Inertial Resistance）与黏性阻力系数 $1/\alpha$（Viscous Resistance）两个参数，将实测数据代入计算得出 $C_2 = 22685(1/\text{m}^2)$，$1/\alpha = 1.7\text{e}+9(1/\text{m})$。

5.4.3.3 评价指标

为了更好地对烟气密封罩内的流场速度值模拟结果进行分析、评价，需要选取合理的评价指标。烟气密封罩内流场分布是否合理，不仅影响燃烧过程，而且会影响烧结矿质量。烟气密封罩流场分布越均匀，气流介质与烧结料面接触就越充分，燃烧越充分，烧结矿质量越好。因此，在评价烟气密封罩流场分布状态时，选取以下三个方面进行评价。

（1）速度流线图。利用 FLUENT 软件得到的速度流线图是最直接的表示烟气密封罩内流场分布状态的方法，本文选用速度流线图反应烟气密封罩内流场分布。

（2）料面速度分布云图。速度分布云图是最直接的表示料面速度分布状态的方法，速度分布云图中颜色变化范围越小，说明烟气密封罩内气流分布越均匀。并指定沿 x 轴方向为料面宽度方向，沿 z 轴方向为料面长度方向。

（3）速度不均匀系数。引入速度不均匀系数 C_v 定量判断气流分布均匀程度。C_v 计算公式如下：

$$C_v = \frac{s}{\bar{v}} \tag{5-5}$$

$$s = \sqrt{\frac{\sum (v_i - \bar{v})^2}{n}} \tag{5-6}$$

式中，C_v 为速度不均匀系数；s 为速度的均方根偏差；$\bar{v}$ 为各个速度点的平均值，v_i 为各个点的速度值；n 为测量面的取点总数。

当速度不均匀系数 C_v 越小时，烟气密封罩内气流分布均匀性越好，气流与烧结料接触越充分；当烟气密封罩内流场分布不能均匀时，导致烧结料面部分区域气流速度大，部分区域速度小，气流与烧结料面接触差，影响烧结矿质量。

测量面上速度点的选取应均匀选取，既要考虑速度分布均匀的位置，也要考虑死角区域（选取料面上均匀分布的 12×100＝1200 个测点），取点分布如图 5-129 所示。

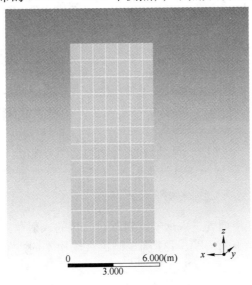

图 5-129　取点分布

5.4.3.4　进气角度及进气方式对烟气密封罩流场的影响

A　单侧进气

通过改变其进气角度探讨了 4 种不同的烟气密封罩结构，分别是：（1）单侧 0°进气结构；（2）单侧 30°进气结构；（3）单侧 45°进气结构；（4）单侧 60°进气结构。利用 ICEM CFD 前处理软件绘制其物理模型，物理模型正视图如图 5-130 所示。

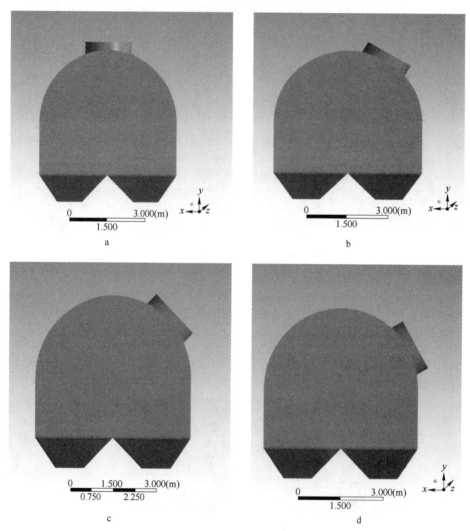

图 5-130　单侧不同进气角度结构物理模型

a—单侧 0°进气；b—单侧 30°进气；c—单侧 45°进气；d—单侧 60°进气

a　速度流线图

不同进气口进气角度使烟气进入烟气密封罩时气流的入射角度不同，从而对烟气密封罩内气流流动带来一定的影响。图 5-131 为单侧进气结构不同进气角度的烟气密封罩内速度流线图。

由图 5-131 可以看出，进气角度不同，烟气在烟气密封罩内流动也就不同。当进气角度为0°时，烟气从进气口直射入烟气密封罩，在通过料层时，受到料层的阻碍开始向料面长度和宽度方向扩散，由于气流分布较为分散，在烟气密封罩内有较小的涡流存在，但总体上烟气密封罩内气流流动较稳定，分布较均匀。随着进气角度的增大，在料面宽度方向，气流开始偏向进气口相对一侧，在进气口相对一侧形成涡流区，在进气口一侧形成死滞区；在料面长度方向，高速气到达烟气密封罩壁面后向料面长度方向扩散，气流分布较混乱，在进气口两侧也出现涡流区，并随着进气角度的增加而逐渐增大。由图5-131a、c可知，当进气角度为0°时，烟气密封罩内气流分布较均匀；当进气角度为45°时，烟气密

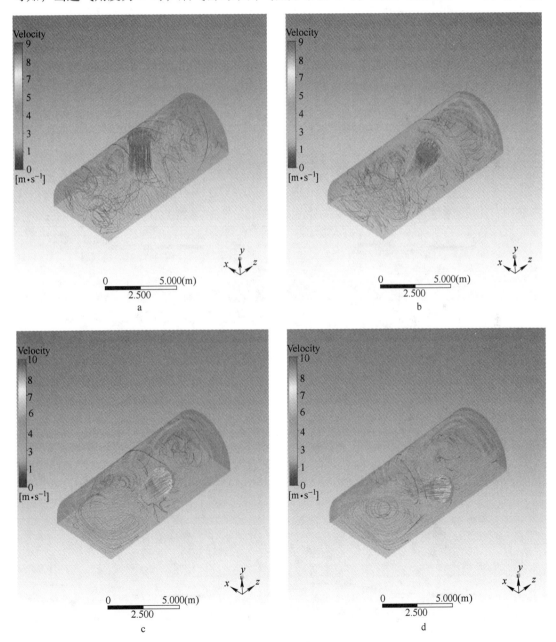

图5-131　烟气密封罩内速度流线图

a—单侧0°进气；b—单侧30°进气；c—单侧45°进气；d—单侧60°进气

封罩内涡流区较多、气流流动混乱，分布均匀性最差。

  b 料面速度分布云图

    图 5-132 为单侧进气结构烟气密封罩内料面速度分布云图。由图可知，气流通过料层

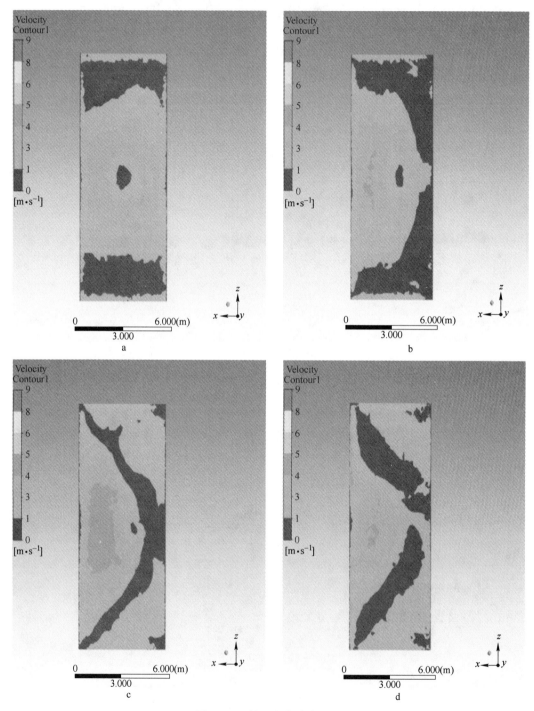

图 5-132　料面速度分布云图

a—单侧 0°进气；b—单侧 30°进气；c—单侧 45°进气；d—单侧 60°进气

时在料面发生偏流，料面速度分布不均匀，料面宽度方向及长度方向气流速度分布都存在差异。如图5-132b~d所示，在料面宽度方向，受进气口角度的影响，气流明显偏向进气口相对一侧，进气口相对一侧出现明显的高速区，而进气口一侧出现低速区，导致气流介质与料面不能充分接触，影响烧结燃烧过程，进而影响烧结矿质量。当进气角度为0°时，速度分布基本无差异，当进气角度为45°时，速度分布差异最大达3.8m/s；而在料面长度方向速度分布差异并无明显改变，高速区集中在沿z轴方向−3~9m之间，料面两端还存在低速区。

B　双侧进气

通过改变其进气角度探讨了3种不同的双侧进气烟气密封罩结构，分别是：（1）双侧30°进气结构；（2）双侧45°进气结构；（3）双侧60°进气结构。利用ICEM CFD前处理软件绘制其物理模型，物理模型正视图如图5-133所示。

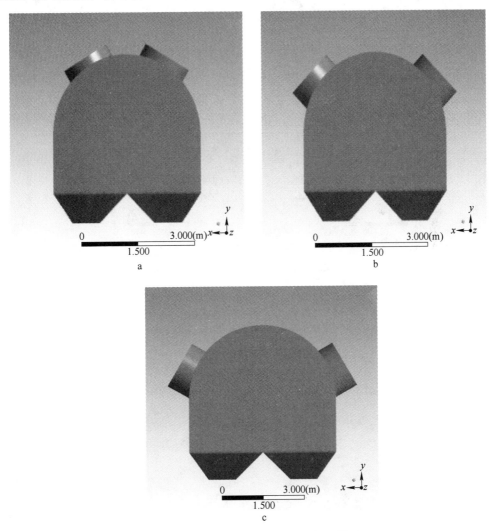

图5-133　双侧不同进气角度结构物理模型

a—双侧30°进气；b—双侧45°进气；c—双侧60°进气

a　速度流线图

图 5-134 为双侧进气结构烟气密封罩内速度流线图。从图中可以看出，由于双侧进气结构中两侧烟气进入密封罩内处于对流状态，烟气密封罩内的偏流现象得到明显改善，气流分布均匀性均有了很大的提高。随着进气角度的增加，在烟气密封罩内两股气流对流效应逐渐增大，两股气流经过对冲后向料面长度方向扩散，然后沿烟气密封罩长度方向两侧壁面回卷，在进气口两侧形成较大的涡流区，并且随着进气角度的增加涡流区在逐渐增大，导致烟气密封罩内气流分布均匀性逐渐变差。相比于双侧 45° 进气及双侧 60° 进气，双侧 30° 进气结构烟气密封罩内涡流现象较弱，涡流区最小，烟气密封罩内气流分布均匀性最好。

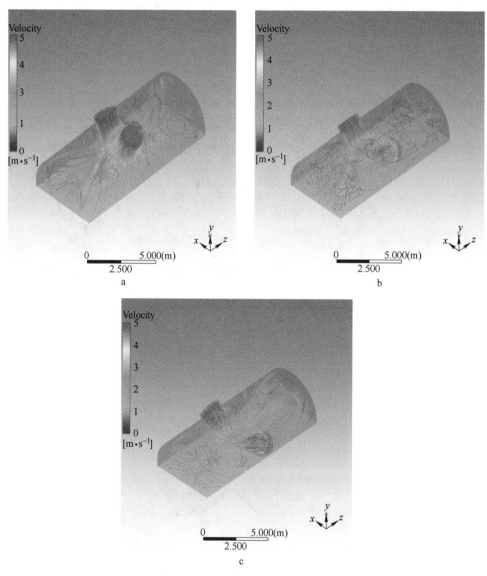

图 5-134　烟气密封罩内速度流线图
a—双侧 30° 进气；b—双侧 45° 进气；c—双侧 60° 进气

b　料面速度分布云图

图 5-135 为双侧进气结构料面速度分布云图。由图可知，当改变进气方式后，由于双侧进气结构的分流作用，各进气口流量减小为原流量的一半。相比于单侧进气结构，双侧进气结构料面平均速度降低了 35%，在料面宽度方向气流速度分布均匀性均有了很大的提高，基本无差异；在料面长度方向气流速度差异明显，高速区集中在料面中心区域。随着进气角度的增加，烟气密封罩内对流效应逐渐增大，气流向料面长度方向流动，料面速度分布均匀性逐渐变差。相比于双侧 45° 及双侧 60° 进气结构，双侧 30° 进气结构气流在料面长度、宽度方向分布均有改善，气流分布均匀性更好，低速区减小，高速区增加了约 67%。

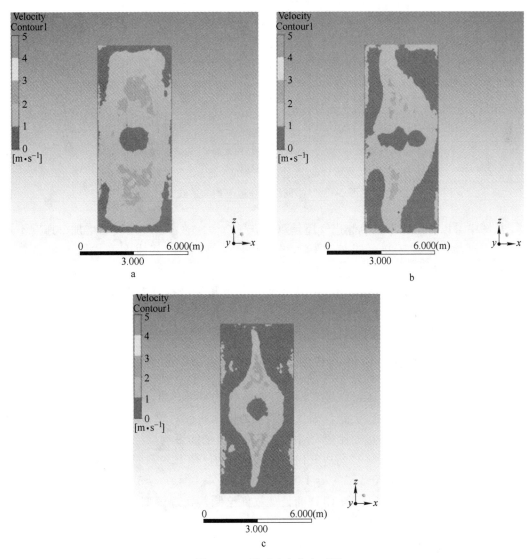

图 5-135　料面速度分布云图

a—双侧 30° 进气；b—双侧 45° 进气；c—双侧 60° 进气

C　速度不均匀系数

改变烟气密封罩进气方式以及进气角度，烟气密封罩内流场分布也随之改变，料面气流分布不均匀性也会改变，不均匀系数越小，则气流介质与料面接触越好，对烧结燃烧过程影响越小，保证烧结矿的质量。根据数值模拟结果，计算料面选取点的速度不均匀系数，得到如图 5-136 所示的不同结构的速度不均匀系数。

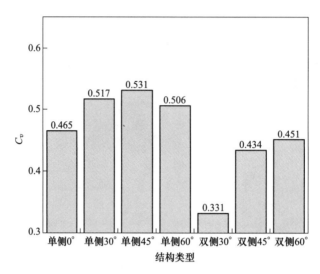

图 5-136　不同结构速度不均匀系数

从图中可以看出，不论单侧进气还是双侧进气结构，随着进气角度的增加，速度不均匀系数逐渐增大。对于单侧进气结构，进气角度为 45°时，其速度不均匀系数最高为0.531，料面分布均匀性最差；进气角度为 0°时，速度不均匀系数最低，料面分布均匀性较好。对于双侧进气结构，速度不均匀系数值都低于单侧结构，其中双侧 30°进气结构的速度不均匀系数值最低为 0.331，料面速度分布均匀性最好。因此，双侧 30°进气烟气密封罩结构对于改善烟气密封罩内料面烟气分布均匀性有良好的效果。

5.4.3.5　进气口间距对烟气密封罩流场的影响

由 5.4.3.4 节可知，双侧 30°进气烟气密封罩结构料面速度不均匀系数最低，烟气分布均匀性最好。本节以双侧 30°进气烟气密封罩结构为研究对象，进一步去研究进气口间距（L）与进气口直径（D）的比值 k 对烟气密封罩流场的影响。

通过改变进气口间距（L）与进气口直径（D）的比值 k，探讨了 7 种不同的烟气密封罩结构，分别是：（1）$k=0$；（2）$k=1/4$；（3）$k=2/4$；（4）$k=3/4$；（5）$k=4/4$；（6）$k=6/4$；（7）$k=8/4$。利用 ICEM CFD 前处理软件绘制其物理模型，物理模型俯视图如图 5-137 所示。

A　速度流线图

图 5-138 为不同进气口间距烟气密封罩内速度流线图。从图中可以看出，当比值 k 不超过 4/4 时，烟气密封罩内两股气流交错流动，经过对冲后向料面长度方向扩散，然后沿烟气密封罩长度方向两侧壁面回卷，在进气口两侧形成较大的涡流区，并随着比值 k 的增加而逐渐增大，导致烟气密封罩内气流分布均匀性逐渐变差；当比值 k 大于 4/4 时，随着

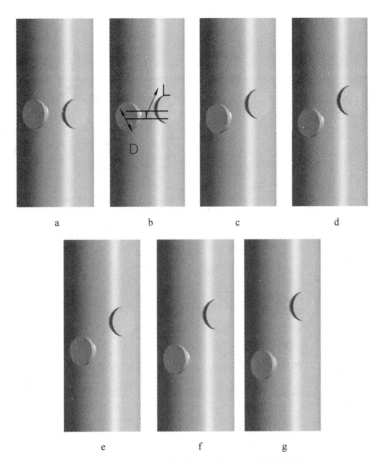

图 5-137　不同进气口间距烟气密封罩俯视图

a—$k=0$；b—$k=1/4$；c—$k=2/4$；d—$k=3/4$；e—$k=4/4$；f—$k=6/4$；g—$k=8/4$

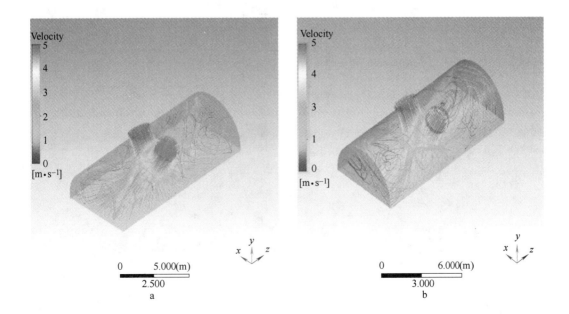

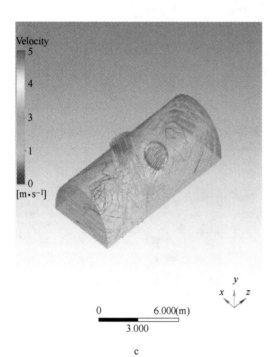

c

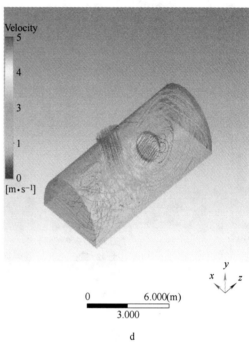

d

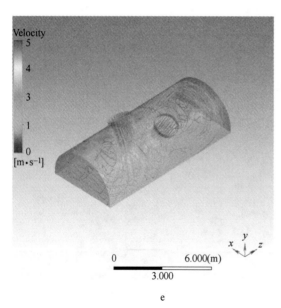

e

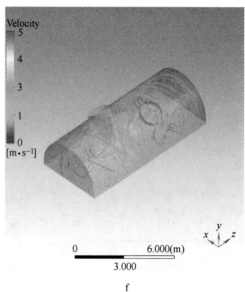

f

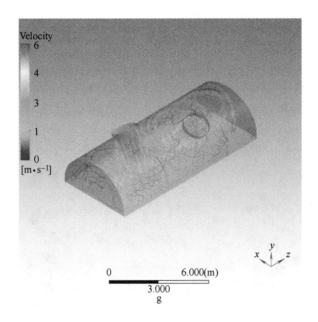

图 5-138　烟气密封罩内速度流线图

a—$k=0$；b—$k=1/4$；c—$k=2/4$；d—$k=3/4$；e—$k=4/4$；f—$k=6/4$；g—$k=8/4$

k 值的增大，在烟气密封罩内两股气流对流效应逐渐消失，两股气流分别偏向进气口相对一侧，气流在烟气密封罩内发生偏流，导致烟气密封罩内气流分布均匀性变差。如图 5-138a 所示，当比值 k 为 0 时，由于双侧进气结构中两侧烟气进入密封罩内处于完全对流状态，烟气密封罩内的偏流现象得到明显改善且涡流区较小，气流分布均匀性有了很大的提高。

B　料面速度分布云图

图 5-139 为不同进气口间距烟气密封罩料面速度分布云图。从图中可以看出，随着比值 k 的增大，两股气流的对流效应逐渐减弱，气流通过料层时在料面发生偏流现象且逐渐增强，料面低速区范围逐渐增大，在料面两端出现死角，速度分布均匀性逐渐降低；当比值 k 为 4/4 时，两股气流的对流效应消失并在料面发生偏流，速度分布均匀性变差；随着比值 k 的继续增大，料面速度分布趋势基本相同。当比值 k 为 0 时，两股烟气对流后通过料层时料面气流速度基本分布在 1.6～2.2m/s 范围内，气流速度分布均匀性较好。

C　速度不均匀系数

根据数值模拟结果，计算料面选取点的速度不均匀系数，得到如图 5-140 所示的不同进气口间距下烟气密封罩结构的料面速度不均匀系数。从图中可以看出，随着比值 k 的增大，两股气流对流效应逐渐减弱，料面速度分布均匀性逐渐变差，速度不均匀系数逐渐升高；当比值 k 超过 4/4 时，两股气流的对流效应消失并在料面发生偏流，速度分布均匀性变差但分布趋势基本相同，速度不均匀系数基本无差异。当比值 k 为 0 时，料面速度不均匀系数最低为 0.331，料面速度分布均匀性最好。

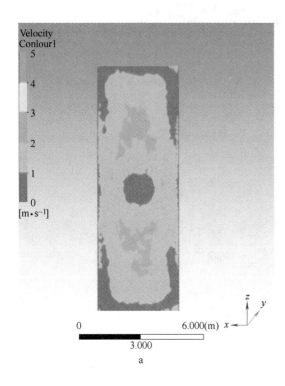

a

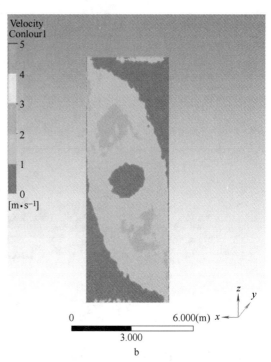

b

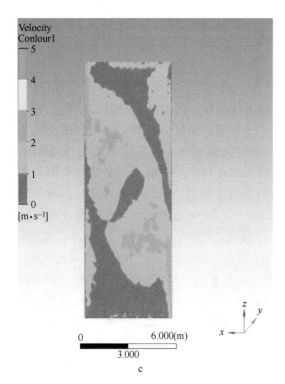

c

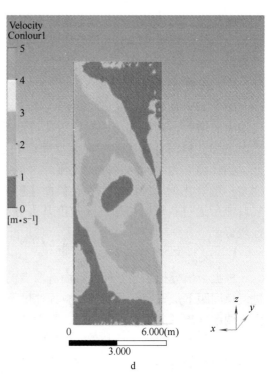

d

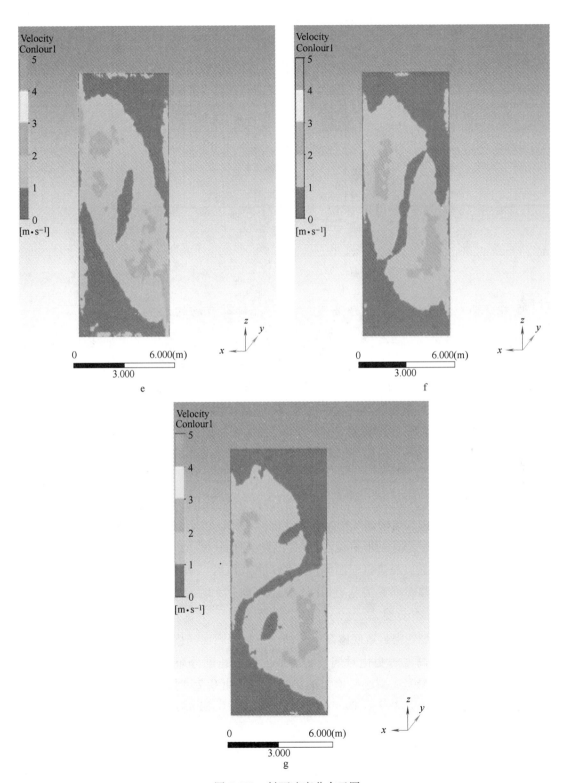

图 5-139　料面速度分布云图

a—k=0；b—k=1/4；c—k=2/4；d—k=3/4；e—k=4/4；f—k=6/4；g—k=8/4

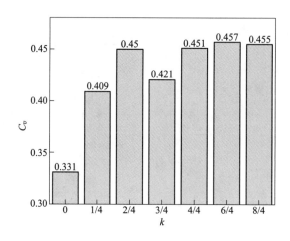

图 5-140　速度不均匀系数

5.4.3.6　烟气密封罩底座高度对烟气密封罩流场的影响

由 5.4.3.5 节可知，进气口水平相对间距（L）与进气口直径（D）的比值 k 为 0 时烟气密封罩的料面速度不均匀系数最低，料面气流分布均匀性最好。本节以双侧 30° 进气且进气口水平相对间距（L）与进气口直径（D）的比值 k 为 0 的烟气密封罩为研究对象，进一步去考察烟气密封罩底座高度对烟气密封罩流场的影响。

通过改变烟气密封罩底座高度（h）与烟气密封罩高度（H）的比值 d，本文探讨了 5 种不同的烟气密封罩结构，分别是：（1）$d=0.1$；（2）$d=0.15$；（3）$d=0.2$；（4）$d=0.25$；（5）$d=0.3$。

A　速度流线图

图 5-141 为双侧进气结构烟气密封罩内速度流线图。由于双侧进气结构中两侧烟气进入密封罩内处于对流状态，两股气流经过对冲后向料面长度方向扩散，然后沿烟气密封罩长度方向两侧壁面回卷，在进气口两侧形成较大的涡流区。从图中可以看出，随着 d 的增加，烟气密封罩内速度分布趋势基本相同，涡流现象并无明显的改善。

B　料面速度分布云图

图 5-142 为不同烟气密封罩底座高度下烟气密封罩料面速度分布云图。从图中可以看出，烟气密封罩底座高度的变化对烟气密封罩内料面速度分布的影响较小；随着 d 的增大，料面速度分布差异呈先减小后增大的趋势。当 d 为 0.25 时，料面速度分布均匀性较好，料面速度基本分布在 1.5~2.7m/s 之间；当 d 超过 0.25 时，料面低速区域增加，分布均匀性变差。

C　速度不均匀系数

图 5-143 为不同底座高度的烟气密封罩料面速度不均匀系数。从图中可以看出，随着 d 的增大，料面速度不均匀系数呈先减小后增大的趋势。当 d 为 0.25 时，料面速度不均

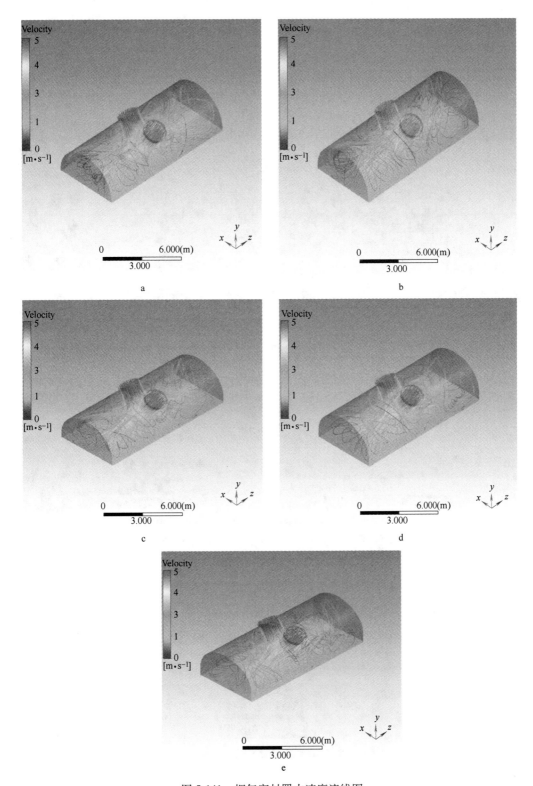

图 5-141 烟气密封罩内速度流线图

a—$d=0.1$；b—$d=0.15$；c—$d=0.2$；d—$d=0.25$；e—$d=0.3$

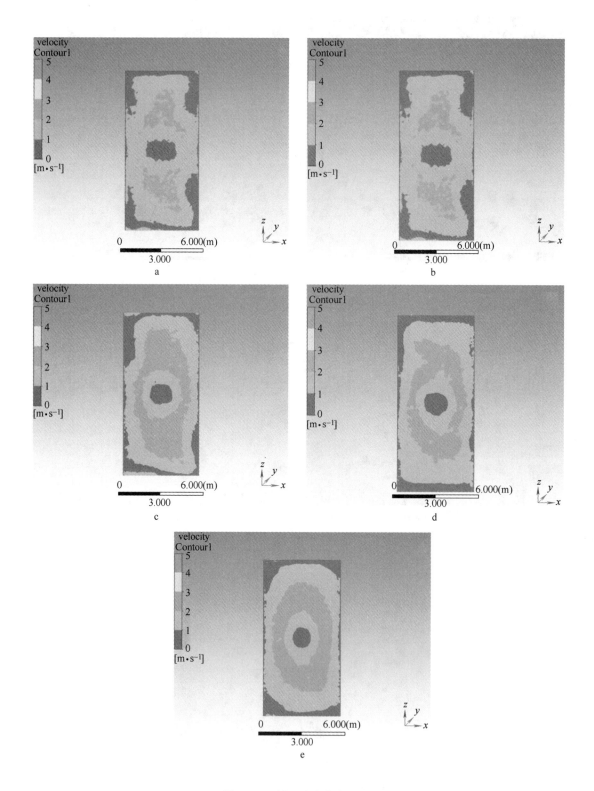

图 5-142　料面速度分布云图

a—$d = 0.1$；b—$d = 0.15$；c—$d = 0.2$；d—$d = 0.25$；e—$d = 0.3$

匀系数最小为 0.327，此时，料面速度分布均匀性最好。当 d 超过 0.25 时，料面速度分布差异逐渐增大，分布均匀性变差。

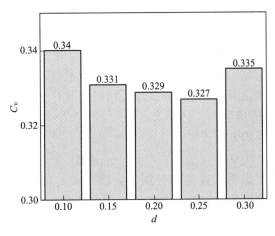

图 5-143　速度不均匀系数

5.4.3.7　本节小结

分别对进气角度、进气方式、进气口相对间距、密封罩底座高度对烟气密封罩流场分布的影响做了具体的分析，同时结合流场评价指标进行分析，得出以下结论：

（1）分析比较单侧进气角度从 0°增加到 60°以及双侧进气角度从 30°增加到 60°烟气密封罩料面气流分布的变化，得出双侧 30°进气时料面烟气密封罩料面速度不均匀系数最低，为 0.331，气流分布均匀性最好。

（2）通过研究对进气口间距对烟气密封罩流场的影响，当进气口（L）与进气口直径（D）的比值 k 为 0 时，烟气密封罩内涡流区最小，料面速度不均匀系数最低，气流分布均匀性最好。

（3）通过分析比较烟气密封罩底座高度（h）与烟气密封罩高度（H）的比值 d，$d=$ 0.1 增加至 $d=0.3$ 烟气密封罩料面气流分布的变化，得出烟气密封罩底座高度对密封罩内流场影响不明显，当烟气密封罩底座高度（h）与烟气密封罩高度（H）的比值 d 为 0.25 时，烟气密封罩料面气流分布均匀性较好。

（4）分别对 4 种不同循环系统结构参数对烟气密封罩流场的影响，得到最优烟气密封罩结构：双侧 30°进气、进气口间距（L）与进气口直径（D）的比值 k 为 0、烟气密封罩底座高度（h）与烟气密封罩高度（H）的比值 d 为 0.25。

5.4.4　高温烟气循环净化与余热耦合利用

5.4.4.1　热质耦合传输机理

A　反应子模型

烧结过程是由料层表面开始逐渐向下进行的，沿料层高度方向有明显的分层性。按照烧结料层中温度的变化和烧结过程中所发生的物理化学变化的不同，可以将正在烧结的料层从上而下分为五带，依次为烧结矿带、燃烧带、预热带、干燥带、过湿带。点火后五带相继出现，不断往下移动，最后全部变成烧结矿带。

模型考虑的物理化学反应包括水分的蒸发与冷凝、固体燃料的气化与燃烧、石灰石的热分解、白云石的热分解、消石灰的热解离、铁氧化物的还原与再氧化、矿物熔化与固结等非均相反应，以及 CO、O_2、CO_2、$H_2O(g)$、H_2、CH_4 等气组分之间的均相反应。

本课题考虑的上述反应，均受料层顶部吸入气体的参数，如温度、供风量、成分及浓度显著影响。下面对本课题模型采用的子反应模型机理展开分别介绍。

a　水分的蒸发与冷凝模型

水分蒸发与冷凝反应的方程式如式（5-7）所示：

$$H_2O(l) \rightleftharpoons H_2O(g)　\Delta H_{H_2O} = 3.1563 \times 106 - 2369.6 T_{s,w}(J/kg) \tag{5-7}$$

在烧结料层的预热干燥带和过湿带分别发生物理水的蒸发和冷凝过程。对于冷凝过程，多认为受气相中水蒸气的实际分压与该温度下的饱和水蒸气压控制；对于蒸发过程，采用最多的方法是二阶段蒸发模型，即蒸发过程先后经历恒速蒸发和降速蒸发，本课题拟采用二阶段蒸发模型。

（1）水分蒸发模型。假设水分蒸发主要受固相物料表面的水蒸气实际分压与该温度下的饱和水蒸气压控制，即由传质过程决定。其蒸发速率为

$$R_{H_2O} = \chi \times \frac{k_{m,H_2O} A_{ssa}}{R_g T_g}(P'_{H_2O} - P_{H_2O}) \tag{5-8}$$

$$\chi = \min(1, 1 - (1 - \gamma)(1 - 1.796\gamma + 1.0593\gamma^2))$$

式中，k_{m,H_2O} 为水分的对流传质系数，m/s；P_{H_2O} 和 P'_{H_2O} 分别为固相物料表面的水蒸气分压和饱和水蒸气压，Pa，$P'_{H_2O} = \exp(25.541 - 5211/T_s)$。

（2）水分冷凝模型。

当固相物料表面的水蒸气分压大于该温度下的饱和水蒸气压时，冷凝发生，其反应速率为

$$R_{H_2O} = \frac{k_{m,H_2O} A_{ssa}}{R_g T_g}(P_{H_2O} - P'_{H_2O}) \tag{5-9}$$

本课题采用式（5-8）和式（5-9）来分别计算水分的蒸发和冷凝速率，并假设在恒速蒸发阶段，固相物料的温度保持 $T_{s,w}$ 不变。

b　固体燃料的气化和燃烧模型

烧结工艺常用的固体燃料一般为无烟煤和焦炭，其中由于焦炭的固定碳含量高、杂质少，且有着良好的燃烧、力学和结构特性，焦炭是铁矿石烧结过程中使用的最主要固体燃料。近10年来，烧结模型中的燃烧和气化反应，如反应方程式（5-10）~式（5-15）所示：

$$C(s) + O_2(g) \longrightarrow CO_2(g)　　　\Delta H_{C-O_2,1} = -33.41 \times 10^6 J/kg \tag{5-10}$$

$$C(s) + 0.5O_2(g) \longrightarrow CO(g)　　　\Delta H_{C-O_2,2} = -9.8 \times 10^6 J/kg \tag{5-11}$$

$$C(s) + CO_2(g) \longrightarrow 2CO(g)　　　\Delta H_{C-CO_2} = 13.82 \times 10^6 J/kg \tag{5-12}$$

$$\kappa C(s) + O_2(g) \longrightarrow 2(\kappa - 1)CO(g) + (2 - \kappa)CO_2(g) \tag{5-13}$$

$$C(s) + H_2O(g) \rightleftharpoons CO(g) + H_2(g)　　\Delta H_{C-H_2O} = -10.96 \times 10^6 J/kg \tag{5-14}$$

$$C(s) + 2H_2(g) \rightleftharpoons CH_4(g)　　　\Delta H_{C-H_2} = -65.6 \times 10^6 J/kg \tag{5-15}$$

在众多学者们的研究中，缩核反应模型得到广泛应用，等密度模式和等粒度模式均得到深入应用。同时，学者们普遍认为焦炭燃烧以反应（5-10）为主，但 CO 不可忽略，无论是考虑固定碳的不完全燃烧（反应（5-11）），还是考虑 CO_2 的歧化反应（反应（5-12））。当然，有学者在不考虑燃烧中间产物的前提下，假设燃烧最终产物是 CO_2 和 CO，并以燃烧温度的高低来确定两者的相对生成量，即反应（5-13）。此外，固定碳还会与 $H_2O(g)$（反应（5-14））以及 H_2（反应（5-15））发生气化反应，这些反应在废气循环烧结的数值模拟中应考虑在内。

本模型在总结前人研究的基础上，采用等粒度模式缩核模型描述焦炭的燃烧和气化过程。首先，对于燃烧反应，引进 κ 来表征不完全燃烧率，$1 \leq \kappa \leq 2$，κ 越大，不完全燃烧程度越高，如反应（5-13）所示。CO_2 和 CO 的相对生成量由温度决定，具体数值见表 5-34，如式（5-16）所示：

$$\frac{\dot{n}_{CO}}{\dot{n}_{CO_2}} = \frac{2(\kappa-1)}{2-\kappa} = A_r \exp[-E_r/(R_g T_g)] \tag{5-16}$$

表 5-34 典型焦炭燃烧模型中对于 CO_2 和 CO 的相对生成量的判定

研究者	年份	取值		适用范围
		A_r	E_r/R_g	
Arthur	1951	2500	6200	$730K \leq T_g \leq 1170K$
Biggs	1997	70	3070	未提及
Hong	2000	4.0×10^4	15100	未提及
赵加佩	2012	1860	7200	$790K \leq T_g \leq 1690K$

典型研究中对于式（5-16）中的活化能 E_r（J/mol）和指前因子 A_r（-）取值如表 5-34 所示。由式（5-16）可计算反应（5-13）的化学反应热为

$$\Delta H_{C-O_2} = \frac{2-\kappa}{\kappa} \times \Delta H_{C-O_2,1} + \frac{2(\kappa-1)}{\kappa} \times \Delta H_{C-O_2,2} \tag{5-17}$$

烧结料层中焦炭颗粒燃烧的总反应速率可按式（5-18）表示：

$$R_{C,comb} = \kappa n_C \pi (\zeta d_{p,C})^2 k_{C-O_2}^* \cdot C_{O_2} \tag{5-18}$$

$$E_1/k_{C-O_2}^* = 1/k_{f,O_2} + \delta_C/D_{O_2,eff} + 1/k_{c,C-O_2}$$

式中，$R_{C,comb}$ 为焦炭燃烧反应速率，$mol/(m^3 \cdot s)$；n_C 为焦炭的单位体积颗粒数，$1/m^3$；ζ 为焦炭颗粒形状因子，-，$\zeta = 0.82$；$d_{p,C}$ 为燃烧过程中焦炭颗粒的当量粒度，m；$k_{C-O_2}^*$ 为焦炭燃烧综合反应速率常数，m/s；C_{O_2} 为料层中的 O_2 浓度，mol/m^3；E_1 为考虑燃料分布、其他物料包覆、高温液相包覆等的有效系数，-，液相形成前，$E_1 = 0.85$，液相形成后，$E_1 = 0.85-0.3M_f$；M_f 为液相熔化率，-；k_{f,O_2} 为 O_2 穿过气体边界层和其他物料包覆层的对流传质系数，m/s；$D_{O_2,eff}$ 为 O_2 在反应生成物层内的有效扩散系数，m^2/s；δ_C 为焦炭颗粒反应生成物层的厚度，m，取 $\delta_C = 0.5(d_{o,C}-d_{c,C})$；$d_{o,C}$ 和 $d_{c,C}$ 分别为焦炭颗粒的初始粒度和未反应核粒度，m；$k_{c,C-O_2}$ 为燃烧反应动力学常数，通过 Arrhenius 公式计算，m/s，如式（5-19）所示：

$$k_{c,C-O_2} = A_r T_s^n \exp[-E_r/(R_g T_s)] \tag{5-19}$$

式中，n 为反应级数，一般取 0，0.5 或 1。

其次，对于焦炭气化反应，本模型考虑固定碳与 $H_2O(g)$ 以及 H_2 发生反应，即反应（5-14）和反应（5-15）。焦炭气化的反应速率可按式（5-20）表示：

$$R_{C,gasif,i} = n_C \pi (\zeta d_{p,C})^2 k^*_{C\text{-}agent,i} C_{agent,i} \tag{5-20}$$

$$E_1/k^*_{C\text{-}agent,i} = 1/k_{f,agent,i} + \delta_C/D_{agent,i,eff} + 1/k_{c,C\text{-}agent,i}$$

式中，$R_{C,gasif,i}$ 为焦炭气化反应速率，$mol/(m^3 \cdot s)$；$i = 1$，2 分别代表两种不同的气化剂，即 $H_2O(g)$ 和 H_2；$k^*_{C\text{-}agent,i}$ 为焦炭气化综合反应速率常数，m/s；$C_{agent,i}$ 为料层中气化剂的浓度，mol/m^3；$k_{f,agent,i}$ 为气化剂穿过气体边界层和其他物料包覆层的对流传质系数，m/s；$D_{agent,i,eff}$ 为气化剂在反应生成物层内的有效扩散系数，m^2/s；$k_{c,C\text{-}agent,i}$ 为气化反应动力学常数，通过 Arrhenius 公式计算，m/s，根据文献知，$k_{c,C\text{-}H_2O} = 3.42 T_s \exp(-15600/T_s)$，$k_{c,C\text{-}H_2} = 3.42 \times 10\text{-}3 T_s \exp(-15600/T_s)$。

c　石灰石的热分解模型

石灰石热分解的反应方程式如式（5-21）所示：

$$CaCO_3(s) \longrightarrow CaO(s) + CO_2(g) \quad \Delta H_{CaCO_3} = 1.82 \times 10^6 J/kg \tag{5-21}$$

石灰石是烧结工艺主要的熔剂之一，其主要化学成分是 $CaCO_3$。在烧结过程中，当料层温度上升到起始分解温度 T_{ini} 时，石灰石开始受热分解，在达到化学沸腾温度 T_p 后发生剧烈分解。烧结过程结束时，一般石灰石能完全分解。

对于 T_{ini} 和 T_p，不同学者给出了不同值，且差异较大。如龙红明[94]认为两者分别为 530℃和 910℃，张小辉[95~97]认为两者分别为 720℃和 880℃，而 J. Mitterlehner 等[98]则认为前者约为 600℃。本课题则认为影响这两大特征温度的最重要因素是石灰石的来源和组成，同时反应气氛的改变也可能产生影响。

对于石灰石的热分解模型，龙红明等[99]、苏浩[100]和张小辉等[95~97]假设石灰石颗粒化学反应表面积大、传热快、CO_2 扩散好，分解反应不受内扩散限制，同时烧结料层内气流速度大，外扩散阻力也小，因此分解反应速率主要受温度影响，其分解速度可表示为

$$R_{Lim} = \frac{h_{conv} A_{ssa,Lim}(T_g - T_{s,L1})}{M_{CaCO_3} \Delta H_{CaCO_3}} \left[1 - \max\left(0, \ \min\left(1, \ \frac{T_s - T_{ini}}{T_{fin} - T_{ini}}\right)\right) \right] \tag{5-22}$$

式中，R_{Lim} 为石灰石分解反应速率，$mol/(m^3 \cdot s)$；$A_{ssa,Lim}$ 为石灰石颗粒的比表面积，m^2/m^3；M_{CaCO_3} 为 $CaCO_3$ 的摩尔质量，kg/mol，$M_{CaCO_3} = 0.1 kg/mol$。

该分解模型假设在分解温度范围内，石灰石的分解率与温度呈线性关系，然而对 T_{fin} 的假定是该模型最大的弊端。针对这个问题，J. Mitterlehner 等[98]和 P. Hou 等[101]认为石灰石的分解速率受温度和 CO_2 分压共同影响，表示为

$$R_{Lim} = 1.75 \times 10^6 \left[\exp\left(-\frac{1.711 \times 10^5}{R_g T_s}\right) \right] \left(m_{CaCO_3} - m_{CaO} \frac{M_{CaCO_3}}{M_{CaO}} \frac{P_{CO_2}}{K_{eq}} \right) \tag{5-23}$$

$$K_{eq} = 6.272 \times 1012 \exp[-1.745 \times 105/(R_g T_s)]$$

式中，M_{CaO} 为 CaO 的摩尔质量，kg/mol，$M_{CaO} = 0.064 kg/mol$；K_{eq} 为石灰石分解反应的平衡常数，-；m_{CaCO_3} 和 m_{CaO} 分别为固相物料中石灰石和 CaO 的单位体积质量，kg/m^3；P_{CO_2} 为料层中 CO_2 的分压，Pa。

除上述模型以外，更多的学者，如 N. K. Nath 等、W. Yang 等、M. Pahlevaninezhad 等、

刘斌等和赵加佩等均采用缩核模型描述石灰石分解过程，如式（5-24）所示：

$$R_{Lim} = n_{Lim}\pi(\zeta d_{p,Lim})^2 k_{Lim}^*(C'_{CO_2} - C_{CO_2}) \tag{5-24}$$

$$\frac{1}{k_{Lim}^*} = \frac{1}{k_{f,CO_2}} + \frac{d_{o,Lim}}{d_{c,Lim}}\frac{\delta_{Lim}}{D_{CO_2,eff}} + \left(\frac{d_{o,Lim}}{d_{c,Lim}}\right)^2 \frac{4.1868 K_{eq}}{k_{c,Lim}R_g T_s}$$

$$K_{eq} = 101325\exp(7.0099 - 8202.5/T_s)$$

$$C'_{CO_2} = K_{eq}/(1000 R_g T_s)$$

式中，n_{Lim} 为石灰石的单位体积颗粒数，$1/m^3$；$d_{p,Lim}$ 为分解过程中石灰石颗粒的当量粒度，m；k_{Lim}^* 为石灰石热分解的综合反应速率常数，m/s；C_{CO_2} 和 C'_{CO_2} 分别为料层中 CO_2 的浓度和平衡浓度，mol/m^3；k_{f,CO_2} 为 CO_2 穿过气体边界层的对流传质系数，m/s；$d_{o,Lim}$ 和 $d_{c,Lim}$ 分别为石灰石颗粒的初始粒度和未反应核粒度，m；$D_{CO_2,eff}$ 为 CO_2 在反应生成物层内的有效扩散系数，m^2/s；δ_{Lim} 为石灰石颗粒反应生成物层的厚度，m；$k_{c,Lim}$ 为石灰石分解反应动力学常数，m/s，一般表达为 $k_{c,Lim} = A_r\exp(-E_r/(R_g T_s))$。

d 白云石的热分解模型

白云石是除了石灰石外烧结工艺的另一种重要的碳酸盐类熔剂原料，其主要成分是 $CaMg(CO_3)_2$。白云石热分解的反应方程式如式（5-25）所示：

$$CaMg(CO_3)_2(s) \longrightarrow CaO(s) + MgO(s) + 2CO_2(g) \quad \Delta H_{CaMg(CO_3)_2} = 1.61\times10^6 J/kg \tag{5-25}$$

目前，对于白云石热分解过程的模型研究几乎空白，仅在赵加佩等人的研究中有介绍。他们引用 1996 年由 M. Hartman 等人利用热重技术研究了白云石的分解反应机理，并将白云石的分解反应速率表达成温度和转化率的函数，如式（5-26）所示：

$$dX/dt = 1.628\times10^7\exp(-190.67\times10^3/R_g T_s)(1-X)^{0.4} \tag{5-26}$$

式中，X 为石灰石在失重过程中的分解转化率，-，可按式（5-27）表示：

$$X = \frac{m_{Dolo,0} - m_{Dolo,c}}{m_{Dolo,0} - m_{Dolo,\infty}} \tag{5-27}$$

式中，$m_{Dolo,0}$、$m_{Dolo,c}$ 和 $m_{Dolo,\infty}$ 分别为白云石样品的初始质量、瞬时质量和失重完成时的残留物质量，kg。

然而，上述反应模型同样是基于如下假设：（1）白云石颗粒化学反应表面积大、传热快、CO_2 扩散好，分解反应不受内扩散限制；（2）烧结料层内气流速度大，外扩散阻力小。本课题认为颗粒结构和尺寸的变化应该有所考虑，因此，本课题同样建立了一个类似于式（5-22）所示的等粒度缩核反应模型来描述石灰石的分解速率，如式（5-28）所示：

$$R_{Dolo} = n_{Dolo}\pi(\zeta d_{p,Dolo})^2 k_{Dolo}^*(C'_{CO_2} - C_{CO_2}) \tag{5-28}$$

$$\frac{1}{k_{Dolo}^*} = \frac{1}{k_{f,CO_2}} + \frac{d_{o,Dolo}}{d_{c,Dolo}}\frac{\delta_{Dolo}}{D_{CO_2,eff}} + \left(\frac{d_{o,Dolo}}{d_{c,Dolo}}\right)^2 \frac{4.1868 K_{eq}}{k_{c,Dolo}R_g T_s}$$

式中，n_{Dolo} 为白云石的单位体积颗粒数，$1/m^3$；$d_{p,Dolo}$ 为分解过程中白云石颗粒的当量粒度，m；k_{Dolo}^* 为白云石热分解的综合反应速率常数，m/s；$d_{o,Dolo}$ 和 $d_{c,Dolo}$ 分别为白云石颗粒的初始粒度和未反应核粒度，m；δ_{Dolo} 为白云石颗粒反应生成物层的厚度，m；$k_{c,Dolo}$ 为白云石分解反应动力学常数，m/s，表达为 $k_{c,Dolo} = A_r\exp[-E_r/(R_g T_s)]$。

e　消石灰的热解离模型

烧结混合料中的消石灰来源于烧结原料在加水制粒过程中添加的生石灰（CaO）和物理水。消石灰在烧结过程中发生热解离，其反应方程式如式（5-29）所示：

$$Ca(OH)_2(s) \longrightarrow CaO(s) + H_2O(g) \quad \Delta H_{Ca(OH)_2} = 0.725 \times 10^6 J/kg \qquad (5-29)$$

目前，对于消石灰的热解离过程的模型研究也较少，从已发表的烧结模型文章中，仅 J. Mitterlehner 等将 A. Irabien 等的 TG 实验数据通过非线性回归拟合成温度和转化率的函数，如式（5-30）所示：

$$dX/dt = (2.932 + 3.151X) \times 10^5 \exp(-113.592 \times 10^3/R_g T_s)(1 - X)^{0.77} \qquad (5-30)$$

本文拟采用式（5-45）的方法进行计算，将其转化成消石灰分解反应速率，如式（5-31）所示：

$$R_{Ca(OH)_2} = \left(6.08 \times 10^5 - 3.15 \times 10^5 \times \frac{m_{Ca(OH)_2,c}}{m_{Ca(OH)_2,o}} \right) \exp\left(-\frac{113.59 \times 10^3}{R_g T_s} \right) \cdot$$
$$\left(\frac{m_{Ca(OH)_2,c}}{m_{Ca(OH)_2,o}} \right)^{0.77} \times \frac{m_{Ca(OH)_2,o}}{M_{Ca(OH)_2}} \qquad (5-31)$$

式中，$R_{Ca(OH)_2}$ 为消石灰分解反应速率，$mol/(m^3 \cdot s)$；$m_{Ca(OH)_2,o}$ 和 $m_{Ca(OH)_2,c}$ 分别为固相物料中消石灰的初始单位体积质量和分解反应中的剩余单位体积质量，kg/m^3；$M_{Ca(OH)_2}$ 为 $Ca(OH)_2$ 的摩尔质量，kg/mol，$M_{Ca(OH)_2} = 0.074kg/mol$。

f　铁氧化物的还原与再氧化模型

烧结过程中，根据元素的价位及氧化水平，铁元素常有 Fe_2O_3（赤铁矿，Hematite）、Fe_3O_4（磁铁矿，Magnetite）、FeO 和 Fe 等四种存在形式。在预热干燥带，由于还原性气氛的存在，铁氧化物容易被还原；而在烧结矿带，氧化性气氛又易使被还原的铁氧化物再次氧化。

N. K. Nath 等的烧结模型考虑了铁矿石的还原过程，并认为赤铁矿发生三阶段的还原，即 $3Fe_2O_3(s) \rightarrow 2Fe_3O_4(s) \rightarrow 6FeO(s) \rightarrow 6Fe(s)$。该模型采用晶粒尺寸模型（Grain Model）计算了赤铁矿的还原反应速率，考虑的还原性气体为 H_2 和 CO。张小辉则考虑了赤铁矿被 CO 的三阶段还原过程，并采用三界面反应模型计算了不同阶段的还原反应速率。苏浩则认为赤铁矿被 H_2 和 CO 直接还原成 Fe(s)，并采用缩核模型计算了其反应速率。目前，对于铁氧化物再氧化过程的模型研究较少。M. Pahlevaninezhad 等和赵加佩等采用了缩核模型考虑了 $Fe_3O_4 \rightarrow Fe_2O_3$ 的氧化过程，氧化剂为 O_2。

本模型为更合理地考虑铁氧化物的还原与再氧化过程，结合前人的研究基础，假设铁氧化物发生如式（5-32）~式（5-34）所示的反应过程：

$$3Fe_2O_3(s) + H_2(g) \longrightarrow 2Fe_3O_4(s) + H_2O(g) \qquad (5-32)$$
$$3Fe_2O_3(s) + CO(g) \longrightarrow 2Fe_3O_4(s) + CO_2(g) \qquad (5-33)$$
$$4Fe_3O_4(s) + O_2(g) \longrightarrow 6Fe_2O_3(s) \qquad (5-34)$$

同时，采用缩核模型计算上述过程的反应速率：

$$R_{Fe,i} = \frac{n_{Fe} \pi (\zeta d_{p,Fe})^2 (C_i - C_i')}{\left(\dfrac{1}{k_{f,i}} + \dfrac{1}{k_{c,Fe,i}} \dfrac{K_{eq,i}}{K_{eq,i} + 1} \right) \left(\dfrac{d_{o,Fe}}{d_{c,Fe}} \right)^2 + \dfrac{\delta_{Fe}}{D_{i,eff}} \dfrac{d_{o,Fe}}{d_{c,Fe}}} \qquad (5-35)$$

其中，
$$C_i' = K_{eq, i}/(1000R_gT_s)$$

式中，$R_{Fe,i}$ 为铁氧化物的还原或氧化反应速率，$mol/(m^3 \cdot s)$；$i=1$，2，3 分别为 H_2、CO 和 O_2；C_i 和 C_i' 分别为料层中反应气体 i 的浓度和反应平衡浓度，mol/m^3；n_{Fe} 为铁矿石的单位体积颗粒数，$1/m^3$；$d_{p,Fe}$ 为反应过程中铁矿石颗粒的当量粒度，m；$k_{f,i}$ 为反应气体 i 穿过气体边界层的对流传质系数，m/s；$D_{i,eff}$ 为反应气体 i 在反应生成物层内的有效扩散系数，m^2/s；$d_{o,Fe}$ 和 $d_{c,Fe}$ 分别为铁矿石颗粒的初始粒度和未反应核粒度，m；δ_{Fe} 为铁矿石颗粒反应生成物层的厚度，m；$k_{c,Fe,i}$ 为铁矿石颗粒与反应气体 i 的反应动力学常数，m/s，如表 5-35 所示；$K_{eq,i}$ 为反应平衡常数，如表 5-36 所示。

表 5-35　铁氧化物还原与再氧化反应动力学常数

反应气体 i	反应动力学常数 $k_{c,Fe,i}/m \cdot s^{-1}$
H_2	$160\exp[-92050/(R_gT_s)]$
CO	$2700\exp[-112970/(R_gT_s)]$
O_2	当 $T_s<657K$ 时，$3.52\times10^8 T_s\exp(-20073/T_s)$； 当 $T_s>657K$ 时，$1.19\times10^{-4} T_s\exp(-1197/T_s)$

表 5-36　铁氧化物还原与再氧化反应平衡常数

反应气体 i	反应平衡常数 $K_{eq,i}$
H_2	$\exp[-(14019-160.5T_s+19.56\ln T_s-9.31\times10^{-3}T_s^2)/(1.987T_s)]$
CO	$\exp[-(2975.6-129.27T_s+16.48\ln T_s-8.97\times10^{-3}T_s^2)/(1.987T_s)]$
O_2	$\exp[-(-249450+140.7T_s)/(8.314T_s)]$

g　矿物熔化与固结模型

矿物熔化与固结可以描述为"固相物料(s)→熔融液相(s,l)→凝固相(s)"的转化过程。N. K. Nath 等人、张小辉等人将该模型简化成一个仅与温度相关的函数。在该模型中，当料层温度升高至熔化/固结温度时，液相开始生成，继续吸热升温至峰值温度后，熔融液相被吸入气体冷却，当温度低于熔化/固结温度后，熔融液相逐渐固结成块并释放热量。该模型的熔化和固结速率为

$$R_{Melt} = k(T_s - T_{m,ini})\rho_s \tag{5-36}$$

$$R_{Sld} = k(T_{m,ini} - T_s)\rho_s \tag{5-37}$$

式中，R_{Melt} 和 R_{Sld} 分别为矿物熔化反应速率和熔融液相固结反应速率，$mol/(m^3 \cdot s)$；k 为反应系数，-；$T_{m,ini}$ 为熔化/固结起始温度，K，一般学者都假设 $T_{m,ini}=1373K$，而 N. K. Nath 等人和 S. Sato 等人认为

$$T_{m,ini} = 1380 + 21.22Al_2O_3 + 3.35SiO_2 - 1.8flux \tag{5-38}$$

式中，Al_2O_3、SiO_2 和 flux 分别为矿物中的 Al_2O_3、SiO_2 和 flux 含量（质量分数），%。

然而，对于系数 k，不同文献取值分别为 0.005、0.001 和 0.7，差异显著。而各文献

对于定值依据以及物理意义，均未做具体阐述。此外，认为熔化和固结的分界线是熔化/固结起始温度，这样的假设同样有待商榷。

更多的学者假设，矿物的熔化起于熔化温度，终止于熔化完成温度。其中熔化完成温度可根据矿物中的 CaO 含量由 CaO-Fe$_2$O$_3$ 相图查取，在 CaO-Fe$_2$O$_3$ 相图中，CF 代表 CaO · Fe$_2$O$_3$，C$_2$F 代表 2CaO · Fe$_2$O$_3$，CF$_2$ 代表 CaO · 2Fe$_2$O$_3$，Liq. 代表熔融液相，Hem. (SS) 代表固态赤铁矿，Mag. (SS) 代表固态磁铁矿。根据 CaO-Fe$_2$O$_3$ 相图，熔化完成温度一般取 1673K，具体见图 5-144。

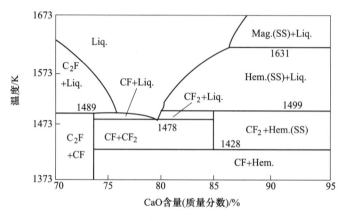

图 5-144   CaO-Fe$_2$O$_3$ 相图

根据上述假设，M. V. Ramos 等人认为熔化率可表示为

$$M_f = \min(1, \max(0, M_{melt})) \qquad M_{melt} = (T_s - T_{m,ini})/(T_{m,fin} - T_{m,ini}) \qquad (5-39)$$

式中，M_f 为熔化率，-；$T_{m,fin}$ 为熔化完成温度，K。

S. V. Komarov 等人和 M. Pahlevaninezhad 等人则表示为

$$M_f = 1 - \frac{1}{1 + \exp[\min(1, \max(0, M_{melt}))]} \qquad (5-40)$$

F. Patisson 等人则将熔化和固结速率表示为

$$R_{Melt} = R_{Sld} = (1 - \varepsilon)\rho_s \times \frac{dM_f}{dT_s}\frac{\partial T_s}{\partial t} \qquad (5-41)$$

该模型中，熔化阶段和固结阶段的熔化率分别如式（5-42）和式（5-43）所示：

$$M_f = (1 - Y_{hem})[a_0 + a_1(T_s - T_{m,ini}) + a_2(T_s - T_{m,ini})^2 + a_3(T_s - T_{m,ini})^3] \qquad (5-42)$$

$$M_f = M_{f,max}\max(0, (T_s - T_{m,ini})/(T_{s,max} - T_{m,ini})) \qquad (5-43)$$

式中，Y_{hem} 为 CaO-Fe$_2$O$_3$-SiO$_2$ 中赤铁矿的质量分数，-；$a_0 \sim a_3$ 分别为由碱度决定的拟合系数，-；$M_{f,max}$ 为最大熔化率，-；$T_{s,max}$ 为料层最高温度，K。

相对而言，F. Patisson 等人的模型物理意义更明确，但是该模型需要对不同矿物组成给出相应的熔化率，可能对模型的开放性提出挑战。赵加佩等人在总结以上模型方法的基础上提出了一个改进且简化的模型，表示为

$$M_f = \min(1, \max(0, M_{melt}^\omega)) \qquad (5-44)$$

式中，ω 为与铁矿石类型、固相物料颗粒度、孔隙率、化学成分相关的相变因子，-，根

据文献可知，$\omega = 3$。

本课题的矿物熔化与固结模型沿用了赵加佩等人的思路，并采用式（5-38）计算 $T_{m,ini}$，取 $T_{m,fin} = 1673K$，同时，熔化反应热取 $\Delta H_{melt} = 0.254 \times 10^6 J/kg$，固结反应热取 $\Delta H_{Sld} = -0.117 \times 10^6 J/kg$。

h　均相反应模型

本课题模型考虑的均相反应为 CO、O_2、CO_2、$H_2O(g)$、H_2、CH_4 等气相组分之间的相互反应，各反应名称及化学方程式如表 5-37 所示，对应的反应速率计算式列于表 5-38 中。

表 5-37　模型考虑的均相反应

反应名称	反应方程式	反应热 $\Delta H_i / J \cdot kg^{-1}$	公式编号
CO 燃烧	$CO + 0.5O_2 \rightarrow CO_2$	-120.9×10^6	（5-39）
CH_4 燃烧	$CH_4 + 2O_2 \rightarrow CO_2 + 2H_2O$	-5.58×10^6	（5-40）
H_2 燃烧	$H_2 + 0.5O_2 \rightarrow H_2O$	-10.96×10^6	（5-41）
CO_2 还原	$CO_2 \rightarrow CO + 0.5O_2$	120.9×10^6	（5-42）
水煤气反应	$CO + H_2O \rightarrow CO_2 + H_2$	-1.46×10^6	（5-43）

表 5-38　均相反应的反应速率

反应名称	化学反应速率 $R_{gas,i}/mol \cdot (m^3 \cdot s)^{-1}$	公式编号
CO 燃烧	$1.3 \times 10^8 \exp(-15100/T_g) C_{O_2}^{0.5} C_{CO} C_{H_2O}^{0.5}$	（5-44）
CH_4 燃烧	$9.2 \times 10^6 T_g \exp(-9622/T_g) C_{O_2} C_{CH_4}^{0.5}$	（5-45）
H_2 燃烧	$10^{11} \exp(-5050/T_g) C_{O_2} C_{H_2}$	（5-46）
CO_2 还原	$7.5 \times 10^{11} \exp(-46500/T_g) C_{CO_2}$	（5-47）
水煤气反应	$2.78 \exp(-1510/T_g) C_{CO} C_{H_2O}$	（5-48）

需要指出的是，在这些均相反应中，由于气体反应物含量极低，对于烧结过程的进行以及烧结工艺生产质量的影响甚至可以忽略，但对于对比烟气循环烧结和传统烧结过程是十分有必要的。因为烟气循环工艺中的循环气体中往往含有上述成分，因此当循环气体通过料层时，尤其是到达燃烧带以前，上述均相反应均极有可能发生。

B　传热传质机理

a　料层物性参数

气固相的热物性参数：

$$\frac{1}{\rho_g} = \sum_{i=1}^{7} \frac{\gamma_i}{100\rho_{g,i}} \quad \frac{1}{\rho_s} = \sum_{j=1}^{7} \frac{Y_j}{100\rho_{s,j}} \tag{5-45}$$

$$C_{pg} = \sum_{i=1}^{7} \gamma_i C_{pg,i} \quad C_{ps} = \sum_{j=1}^{7} Y_j C_{ps,j} \tag{5-46}$$

$$\frac{1}{\lambda_g} = \sum_{i=1}^{7} \frac{\gamma_i}{100\lambda_{g,i}} \quad \frac{1}{\lambda_s} = \sum_{j=1}^{7} \frac{Y_j}{100\lambda_{s,j}} \tag{5-47}$$

$$\mu_g = \sum_{i=1}^{7} \gamma_i \mu_{g,i} \tag{5-48}$$

b　料层传热参数

（1）气-固体积对流换热系数（$h_{conv}A_{ssa}$，W/(m³·K)）。

在烧结过程中，气-固对流换热是最主要的换热方式；在模型研究中，气-固对流换热系数的选择和确定，对于计算准确性的影响是决定性的。在以往的研究中，学者们提出了不同的计算方法。

金永龙和司俊龙采用通用实验公式：

$$h_{conv}A_{ssa} = \frac{4.18}{3600} \times \frac{w_g^{0.9}T_s^{0.3}}{d_p^{0.75}}A_F M_\varepsilon \tag{5-49}$$

式中，A_F 为与物料有关的参数，-，对于铁矿石，$A_F = 160$，对于石灰石，$A_F = 166$，对于焦炭，$A_F = 170$；w_g 为标准状态下的气体空塔速度，m/s；M_ε 为与孔隙度有关的系数，-，$M_\varepsilon = 10^{1.68\varepsilon - 3.56\varepsilon^2}$。

龙红明将烧结过程分解成 4 个带（湿料带、干燥预热带、燃烧带和烧结矿带）进行解析，分别提出了各带的气-固对流换热系数：1）对于燃烧带，认为气-固对流换热系数无限大，即 $T_g = T_s$；2）对于烧结矿带，按式（5-50）表达；3）对于干燥预热带和湿料带，按式（5-51）表达：

$$h_{conv} = 7.5 \times 10^4 u_g^{0.77} \tag{5-50}$$

$$h_{conv}A_{ssa} = 1/(1/h_{conv} + d_p/10\lambda_s) \tag{5-51}$$

式中，h_{conv} 仅与 Reynolds 数相关，当 $Re \leqslant 200$ 时，$h_{conv} = 0.106Red_p/\lambda_g$；当 $Re > 200$ 时，$h_{conv} = 0.61Re^{0.67}d_p/\lambda_g$；$Re = \rho_g u_g d_p/(\varepsilon\mu_g)$。

V. Strezov 等人采用自己实验获得的经验公式：

$$h_{conv} = \rho_g C_{pg} u_g/\varepsilon(2.87/Re + 0.32023/Re^{0.35})Pr^{-2/3} \tag{5-52}$$

赵加佩采用 D. Kunii 和 M. Suzuki 的关联式来计算：

$$h_{conv} = \zeta\rho_g C_{pg} u_g/[6(1 - \varepsilon)\eta] \tag{5-53}$$

式中，η 为与液相熔化率 M_f 相关的渠道因子，-。

除此以外，大部分学者常通过 Nusselt 数的经验公式及修正模式来计算气-固对流换热系数 h_{conv}，即

$$h_{conv} = \lambda_g Nu/d_p \tag{5-54}$$

式中，Nu 为 Nusselt 数，-。部分经典的 Nusselt 数经验公式如表 5-39 所示。

表 5-39　基于 Nu 数的烧结料层对流换热系数表达式

表 达 式	研 究 者	年 份
$\varepsilon Nu = 2 + 0.75Re^{0.5}Pr^{0.333}$	G. F. Hewitt，张玉柱，张小辉，Yan Liu	1983，1997，2013，2014
$Nu = 2 + 0.6Re^{0.5}Pr^{0.333}$	M. V. Ramos，张小辉	2000，2013
$Nu = 2 + 1.1Re^{0.6}Pr^{0.333}$	W. Yong	2003~2006
$\varepsilon Nu = 8.75 + 0.013Re^{0.896}$	Jiin-Yuh Jang	2009
$Nu = 0.78(2 + 0.7Re^{0.7}Pr^{0.333})$	刘斌	2010
$Nu = 2 + 0.39Re^{0.5}Pr^{0.333}$	J. A. de Castro	2012
$Nu = 7.48 + 0.25Re^{1.32}Pr^{-1.1}$	A. Aissa	2013

本文结合料层孔隙率的变化，对基于 Nusselt 数经验公式的气-固体积对流换热系数进行了修正，如式（5-55）所示，使计算结果与烧结杯实验吻合良好。

$$Nu = [1 + 1.5(1 - \varepsilon)](2 + 0.75 Re^{0.5} Pr^{0.333}) \tag{5-55}$$

式中，Pr 为 Prandlt 数，-，$Pr = C_{pg}\mu_g/\lambda_g$。

（2）物料的综合有效导热系数（$\lambda_{s,total}$，W/(m·K)）。

多孔介质内部的辐射和导热与固相骨架的温度、成分、孔隙气氛、结构等因素紧密相关。在烧结过程中，相比于气-固相的对流换热，多孔介质的辐射和导热换热量较小。这也是在绝大多数前人的模型研究中，这两项被忽略的原因。本文拟将这两部分换热纳入模型中，即采用综合有效导热系数将辐射换热折合到导热中，并考虑多孔介质内部孔隙气氛的影响，如式（5-56）所示：

$$\lambda_{s,total} = \lambda_{eff,cond} + \lambda_{eff,rad} \tag{5-56}$$

式中，$\lambda_{eff,cond}$ 和 $\lambda_{eff,rad}$ 分别为有效导热热导率和有效辐射热导率，W/(m·K)。

赵加佩认为 $\lambda_{eff,cond}$ 和 $\lambda_{eff,rad}$ 分别按式（5-57）和式（5-58）计算：

$$\lambda_{eff,cond} = (1 - \varepsilon)\lambda_s \tag{5-57}$$

$$\lambda_{eff,rad} = 4\sigma\varepsilon_m d_p T_s^3 \tag{5-58}$$

苏浩则认为，$\lambda_{eff,cond}$ 应考虑孔隙气氛的影响：

$$\lambda_{eff,cond} = (1 - \varepsilon)\lambda_s + \varepsilon\lambda_g \tag{5-59}$$

T. Akiyama 等人更深入考虑了多孔介质孔隙对 $\lambda_{eff,cond}$ 的影响：

$$\lambda_{eff,cond} = \frac{2}{3}\left(\frac{\varepsilon}{\lambda_g} + \frac{1 - \varepsilon}{\lambda_s}\right)^{-1} + \frac{1}{3}[(1 - \varepsilon)\lambda_s + \varepsilon\lambda_g] \tag{5-60}$$

S. Sun 等人提出了一种更复杂的计算方法来描述 $\lambda_{eff,rad}$：

$$\lambda_{eff,rad} = \frac{1 - \varepsilon}{1/\lambda_s + 1/\lambda_{rad}^0} + \varepsilon\lambda_{rad}^0 \quad \lambda_{rad}^0 = 0.690822 \times 10^{-8}\varepsilon_m d_p T_s^3 \tag{5-61}$$

本文的模型则综合式（5-60）和式（5-61）来计算固相物料的综合热导率：

$$\lambda_{s,total} = \left[\frac{2}{3}\left(\frac{\varepsilon}{\lambda_g} + \frac{1 - \varepsilon}{\lambda_s}\right)^{-1} + \frac{(1 - \varepsilon)\lambda_s + \varepsilon\lambda_g}{3}\right] + \left(\frac{1 - \varepsilon}{1/\lambda_s + 1/\lambda_{rad}^0} + \varepsilon\lambda_{rad}^0\right) \tag{5-62}$$

（3）料层传质参数。

1）有效扩散系数（$D_{i,eff}$，m²/s）。

缩核模型认为，随着反应的深入，气体在反应生成物层（即灰层）的扩散作用对反应速率的影响逐渐加强，且气体的扩散为有效扩散。

若不考虑灰层孔隙结构变化的影响，一般认为气体在灰层的有效扩散受分子扩散控制或者受分子扩散和努森（Knudsen）扩散双重控制。

H. H. Rafsanjani 等人认为有效扩散受分子扩散控制：

$$D_{i,eff} = (\varepsilon_{ash}/\tau)D_i \tag{5-63}$$

式中，ε_{ash} 为灰层孔隙率，-；D_i 为组分的分子扩散系数，m²/s。

M. L. Hobbs、J. Hong 和季俊杰等人认为有效扩散受分子扩散和努森扩散双重控制：

$$D_{i,eff} = \frac{\varepsilon_{ash}}{\tau}D_i D_k/(D_i + D_k) \tag{5-64}$$

式中，D_k 为努森扩散系数，m²/s，文献均采用式（5-65）计算：

$$D_k = \frac{d_o}{3}\left(\frac{8R_g T_g}{\pi M_i}\right)^{0.5} \tag{5-65}$$

若考虑灰层结构变化的影响，严建华等引进有效孔隙率，并认为气体在灰层的有效扩散系数是气体的分子扩散系数与有效孔隙率的乘积：

$$D_{i,\text{eff}} = \varepsilon_{\text{eff}} D_i \tag{5-66}$$

式中，ε_{eff} 为灰层的有效孔隙率，-，如式（5-67）所示：

$$\varepsilon_{\text{eff}} = \varepsilon_{\text{ash}} e^{-\alpha\delta} \tag{5-67}$$

式中，α 为与固相骨架表面结构相关的参数，-。

黄镇宇等人和王苑等人则认为有效扩散系数与灰层厚度的关系呈指数规律下降，符合：

$$D_{i,\text{eff}} = D_i e^{-\beta\delta} \tag{5-68}$$

式中，β 为有效扩散系数随着灰层厚度的增加而下降的速率常数，-。

本文的模型中，采用缩核模型的子反应较多，且焦炭、石灰石、铁矿石等固相颗粒的反应层结构差异显著，要确定式（5-67）和式（5-68）中的 α 和 β 等参数极困难。因此，本文在计算气相组分的有效扩散系数时，统一为不考虑反应生成物层结构变化影响的、受分子扩散和努森扩散双重控制的模式。

2）表面的对流传质系数（$k_{f,i}$，m/s）。

烧结过程中，固相物料颗粒表面的对流传质系数采用相应的经验公式来计算，如式（5-69）~式（5-71）所示：

$$k_{f,i} = (Sh_i \cdot D_i)/(\zeta \cdot d_p) \tag{5-69}$$

$$Sh_i = 2 + 0.69\, Re_i^{0.5} Sc_i^{0.333} \tag{5-70}$$

$$Sc_i = \mu_{g,i}/(\rho_{g,i} \cdot D_i) \tag{5-71}$$

式中，Sh_i 为气相组分 i 穿过固体颗粒表面气体边界层的 Sherwood 数，-；Sc_i 为气相组分 i 流动的 Schmidt 数，-。

5.4.4.2　模型建立

A　烧结过程物理模型的建立

a　物理模型

在本研究中将烧结床料层的混合料层视为多孔介质堆积床。在点火初期，混合料是相对均匀一致的，宏观而言整个料层具有相同的物理化学性质。烧结过程中，随着烧结五带的形成与迁移，各带的固相物料发生不同的物理化学变化，多孔介质几何特性显示显著差异。当烧结过程结束时，各带的固相物料完成各种物理化学变化达到结果形态，又具有了相对均匀一致的特性。因此，烧结过程可以视为多孔介质由均质到非均质最后又成为均质的变化过程。

此外，由于烧结机宽度方向上的温度比较均匀，且连续生成过程中运行速度较慢，即烧结过程可以简化为厚度方向上的多孔介质的层状传输过程，而不考虑烧结机宽度和运行方向上的传输。从实际烧结机生产过程到一维多孔介质层状传输过程的简化示意图如图5-145 所示。从物理上而言，吸入气体以一定的速度垂直沿厚度方向穿过厚度为 H 的烧结料层，气体与固相物料发生热交换的同时发生一系列物理化学反应。

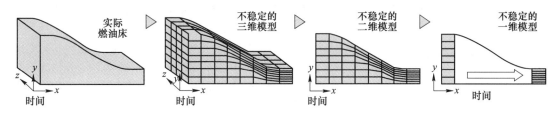

图 5-145 实际烧结床到一维多孔介质层状传输过程的简化示意图

b 简化假设

基于烧结过程中复杂的物理化学变化及气固质热耦合，为便于计算与分析，现对烧结料层数学模型做出如下简化与假设：

（1）将烧结过程视为厚度方向上的层状传输过程，忽略烧结机宽度和运行方向上的传输，即建立一维模型。

（2）烧结料层中的气相和固相均为连续相。

（3）根据文献中提出的固态混合多相理论（Multiple Solid Phases Theory），考虑 7 种固相组分及其反应产物，即铁矿石（Fe_2O_3、Fe_3O_4、FeO、Fe）、返矿、焦炭、石灰石（$CaCO_3$、CaO）、白云石（$MgCa(CO)_3$、CaO、MgO）、消石灰（$Ca(OH)_2$、CaO）和物理水。同时，根据物理化学反应，考虑 7 种气相组分，即 N_2、O_2、CO_2、CO、$H_2O(g)$、H_2、CH_4。

（4）每种固相组分均具有一定的粒度和化学组成，以及特定的热物性，且制粒获得的混合料"虚拟粒子（Pseudo-particles）"具有均一的粒度；烧结过程中的固相物料和气相混合物的热物性参数符合混合规则（Mixture Rule），按照各组分的质量（或体积）分数加权求得。

（5）模型考虑的物理化学反应为 7 种非均相反应（即气-固反应）和 5 种均相反应（即气态反应）。非均相反应包括水分的蒸发与冷凝、固体燃料的汽化与燃烧、石灰石和白云石的热分解、消石灰的热解离、铁氧化物的还原与再氧化、矿物熔化与固结；均相反应为气相组分之间的相互反应。大部分非均相反应采用缩核模型求解反应速率，并考虑颗粒初始粒度分布的影响；均相反应采用热动力学模型，考虑温度、气相组分浓度的影响。各反应之间相互耦合，考虑高温下液相的形成对颗粒的包覆现象及其对非均相反应速率的削弱作用。

（6）烧结过程中，考虑到固相物料的粒度较小且颗粒内部热传导足够强烈，可忽略单一颗粒内部的温度梯度。

（7）烧结过程中，气-固两相之间的对流换热占主导地位，但固相物料的导热和辐射不可忽略。

（8）点火阶段，考虑高温气流对料层顶部混合料的对流和辐射综合作用；抽风烧结阶段，忽略顶部物料与环境之间、料层底部物料与算条之间的热损失。

B 烧结过程数学模型的建立

a 控制方程

基于以上简化假设，可列出描述烧结过程包括传热、传质和流动在内的控制方程，即气固相质量及组分守恒方程、气固相能量守恒方程、气相动量守恒方程及气体状态方程。下面将分别对这些控制方程进行介绍。

（1）气相质量守恒方程：

$$\frac{\partial(\varepsilon\rho_{\mathrm{g}})}{\partial t}+\frac{\partial(\varepsilon\rho_{\mathrm{g}}u_{\mathrm{g}})}{\partial x}=\sum_k M_k R_k \tag{5-72}$$

式中，ε 为烧结料层孔隙率，—；ρ_{g} 为气体的混合密度，kg/m^3；t 为时间，s；u_{g} 为气体的空塔速度，m/s；x 为料层厚度方向上的坐标，m；k 为化学反应编号，—；R_k 为反应 k 的化学反应速率，$mol/(m^3 \cdot s)$；M_k 为反应 k 中参与反应的固相组分的摩尔质量，kg/mol；$\sum_k M_k R_k$ 表征所有化学反应产生的质量源项，$kg/(m^3 \cdot s)$。

（2）气相组分守恒方程：

$$\frac{\partial(\varepsilon C_{\mathrm{g}}\gamma_i)}{\partial t}+\frac{\partial(\varepsilon C_{\mathrm{g}}u_{\mathrm{g}}\gamma_i)}{\partial x}=\sum_k \sum_i R_{i,k} \tag{5-73}$$

式中，C_{g} 为气相混合物的摩尔浓度，mol/m^3；i 为气相组分编号（$i=N_2$、O_2、CO_2、CO、$H_2O(g)$、H_2、CH_4）；γ_i 为气相组分 i 的体积分数，%；$\sum_k \sum_i R_{i,k}$ 为所有化学反应中的气相组分 i 的生成速率，$mol/(m^3 \cdot s)$。

（3）固相质量守恒方程：

$$\frac{\partial((1-\varepsilon)\rho_{\mathrm{s}})}{\partial t}+\frac{\partial((1-\varepsilon)\rho_{\mathrm{s}}u_{\mathrm{s}})}{\partial x}=-\sum_k M_k R_k \tag{5-74}$$

式中，ρ_{s} 为固相混合物的密度，kg/m^3；$(1-\varepsilon)\rho_{\mathrm{s}}$ 为烧结料层的堆密度，kg/m^3；u_{s} 为固相的运动速度，即料层的收缩速度，m/s。

（4）固相组分守恒方程：

$$\frac{\partial((1-\varepsilon)\rho_{\mathrm{s}}Y_j)}{\partial t}+\frac{\partial((1-\varepsilon)\rho_{\mathrm{s}}u_{\mathrm{s}}Y_i)}{\partial x}=-\sum_k \sum_j M_{j,k} R_{j,k} \tag{5-75}$$

式中，j 为固相组分编号（$j=$铁矿石、返矿、焦炭、石灰石、白云石、消石灰、物理水）；Y_j 为固相组分 j 的质量分数，%；$\sum_k \sum_j M_{j,k} R_{j,k}$ 表征所有化学反应中的固相组分 j 的生成速率，$kg/(m^3 \cdot s)$。

（5）气相能量守恒方程：

$$\frac{\partial(\varepsilon\rho_{\mathrm{g}}C_{\mathrm{pg}}T_{\mathrm{g}})}{\partial t}+\frac{\partial(\varepsilon\rho_{\mathrm{g}}C_{\mathrm{pg}}u_{\mathrm{g}}T_{\mathrm{g}})}{\partial x}$$

$$=\frac{\partial}{\partial x}\left(\varepsilon\lambda_{\mathrm{g}}\frac{\partial T_{\mathrm{g}}}{\partial x}\right)+h_{\mathrm{conv}}A_{\mathrm{ssa}}(T_{\mathrm{s}}-T_{\mathrm{g}})+\sum_k M_k R_k C_{\mathrm{ps}}T_{\mathrm{s}} \tag{5-76}$$

式中，C_{pg} 和 C_{ps} 分别为气相和固相混合物的比热容，$J/(kg \cdot K)$；T_{g} 和 T_{s} 分别为气相和固相的温度，K；λ_{g} 为气相混合物的热导率，$W/(m \cdot K)$；h_{conv} 为气固相之间的对流换热系数，$W/(m^2 \cdot K)$；A_{ssa} 为固相颗粒的比表面积，m^2/m^3；$\sum_k M_k R_k C_{\mathrm{ps}}T_{\mathrm{s}}$ 为所有因化学反应从固相溢出的气相生成物带来的热量源项，W/m^3。在部分研究中，考虑到 λ_{g} 相对于 λ_{s} 很小，气体间的导热带来的热量变化可以忽略，即式（5-76）右边第一项可以忽略。

（6）固相能量守恒方程：

$$\frac{\partial((1-\varepsilon)\rho_s C_{ps} T_s)}{\partial t} + \frac{\partial((1-\varepsilon)u_s\rho_s C_{ps} T_s)}{\partial x}$$

$$= \frac{\partial}{\partial x}\left(\lambda_{s,total}\frac{\partial T_s}{\partial x}\right) + h_{conv}A_{ssa}(T_g - T_s) + \sum_k M_k R_k(\Delta H_k - C_{ps}T_s) \quad (5-77)$$

式中，$\lambda_{s,total}$ 为多孔介质的综合有效导热系数，W/(m·K)，综合考虑多孔介质之间的导热和辐射换热；$\sum_k M_k R_k(\Delta H_k - C_{ps}T_s)$ 为所有化学反应产生的热量，W/m³。在部分研究中，由于 u_s 相对于 u_g 极小，料层收缩带来的热量变化可以忽略，即式（5-77）左边第二项可以忽略。

（7）气相动量守恒方程：

$$\frac{\partial(\varepsilon\rho_g u_g)}{\partial t} + \frac{\partial(\varepsilon\rho_g u_g)}{\partial x} = -\frac{\partial(\varepsilon P)}{\partial x} + \frac{\partial F}{\partial x} + S \quad (5-78)$$

式中，P 为压力，Pa；F 为黏性应力张量，-；S 为料层阻力造成的动量损失，Pa/m，如式（5-79）所示。

S 由两部分构成，即黏性损失项（达西项）和惯性损失项，对于多孔介质，S 可表示为

$$S = \frac{\mu_g}{\alpha}u_g + \frac{C_2}{2}\rho_g u_g u_g \quad (5-79)$$

式中，μ_g 为气体动力黏度，Pa·s；$1/\alpha$ 为黏性阻力系数，-，如式（5-80）所示；C_2 为惯性阻力系数，-，如式（5-81）所示。

根据 Ergun 方程，黏性阻力系数和惯性阻力系数分别为

$$\frac{1}{\alpha} = k_1\frac{1}{\varepsilon^3}\left[(1-\varepsilon)/(\zeta d_p)\right]^2 \quad (5-80)$$

$$C_2 = k_2\frac{1}{\varepsilon^3}(1-\varepsilon)/(\zeta d_p) \quad (5-81)$$

式中，k_1 和 k_2 分别为与黏性阻力系数和惯性阻力系数相关的两个常数。模型采用 J. Hinkley 等人拟合冷态烧结杯实验数据获得的数据，即 $k_1 = 323\pm15$，$k_2 = 3.78\pm0.15$。

（8）气体状态方程

烧结料层内气体温度、压力和密度的关系可用理想气体状态方程表示：

$$P = \rho_g/M_{mean}R_g T_g \quad (5-82)$$

式中，M_{mean} 为气相混合物的平均摩尔质量，kg/mol，如式（5-83）所示；R_g 为通用气体常数，J/(mol·K)。

$$1/M_{mean} = \sum_i \gamma_i/M_i \quad (5-83)$$

b 初始和边界条件

（1）初始条件（初始时刻）。

温度：混合料温度与料层孔隙（含固相物料颗粒内部的孔隙）内填充的气体温度均与布料温度相等，即 $T_s = T_g = T_{布料}$。

成分：料层孔隙内填充的气体近似为空气，混合料成分则根据烧结原料的配比及其化

学成分加权计算获得。

（2）边界条件（料层顶部和底部）。

料层顶部：1）在点火阶段、抽风（冷风或循环气体）烧结阶段，料层顶部的入风温度、成分、供风量等取不同的值；2）在点火阶段，考虑高温气体对固相物料的对流和辐射换热，在其余阶段则忽略辐射换热，如式（5-84）所示；3）在各个阶段，料层顶部的压力均视为 1atm；4）入风与料层顶部之间存在气相的对流传质现象，如式（5-85）所示。

$$- \lambda_{s,total} \frac{\partial T_s}{\partial x} \bigg|_{x=0} = \begin{cases} h_{conv}(T_{g,in} - T_{s,0}) + \varepsilon_m \sigma(T_{g,in}^4 - T_{s,0}^4) & \text{点火中} \\ h_{conv}(T_{g,in} - T_{s,0}) & \text{点火后} \end{cases} \tag{5-84}$$

$$- D_{i,eff} \frac{\partial C_{g,i}}{\partial x} \bigg|_{x=0} = \beta_{m,i}(C_{g,i,in} - C_{g,i,0}) \tag{5-85}$$

式中，ε_m 为固相物料表面黑度（发散率），$-$；σ 为 Stefan-Bolzmann 常数，取 $\sigma = 5.67 \times 10^{-8} W/(m^2 \cdot K^4)$；$\beta_{m,i}$ 为气相组分 i 的传质系数，m/s；下标 in 表征入口边界参数，$x=0$ 表征气固相的顶部节点，$-$。

底部：考虑为绝热和绝缘边界，认为温度、密度、浓度等的梯度为 0，如式（5-86）所示：

$$- \frac{\partial \Gamma}{\partial x} \bigg|_{x=H} = 0 \tag{5-86}$$

式中，$x=H$ 表征底部节点，$-$；Γ 为温度、流量、密度、浓度等变量，$-$。

5.4.4.3　开发仿真软件

A　质-热耦合仿真软件

在烟气循环烧结过程物理数学模型以及物理化学反应子模型建立的基础上，利用 Visual C#平台，采用模块化方法开发了一套"烟气循环烧结工艺质-热耦合数值仿真系统软件"。利用该软件期望实现烧结料层固体和气体温度以及烧结烟气成分等计算，并以曲线的形式形象直观地反映了烧结料层从点火开始到烧结结束，整个烧结过程中温度的变化规律，对现场的实际生产和优化控制具有重要的指导意义，从而可以调整烧结系统的运行工况，达到最佳运行状态。

此外，预期还可以对烟气循环烧结工况的设备参数、废气排放参数和烧结料面入风参数的成分和温度进行调整，实现烟气循环烧结工艺的模拟，进而优化烟气循环烧结工艺的循环烟气取风位置以及循环罩位置，为现场烟气循环烧结工艺设计提供重要的指导意义。本软件预期可实现设备及生产参数、废气排放参数、料面入风参数、原料几何参数、原料物性参数和烧结矿几何及物性参数等参数的定义设置，并可根据用户实际需要进行更改和保存相应设置。

在完成"计算"后，可在"运行计算"界面左下侧的"计算结果"区域显示相关计算结果。在该区域，主要显示"料层固体温度""料层气体温度"和"典型废气成分"等结果。点击"显示温度曲线"按钮或"显示废气成分曲线"按钮，在各对应框里将自动显示 5 大典型点的料层固体温度和气体温度曲线以及典型废气成分（O_2、CO_2 和 CO）曲线。上述三大曲线图，可分别通过对应结果区域的"保存显示结果"按钮实现自动保存，并弹出计算结果（原数据和图片）保存目录。

最后，对于料层固体温度，本软件添加了"显示温度云图"功能，点击"计算结果"区域中的"料层固体温度"区域内的"显示温度云图"按钮，软件自动运行安装目录下，"\Results\Cloud_Temperature"文件夹中的"计算料层温度云图.exe"，随后显示料层固体温度云图。

B　质热—平衡计算软件

通过对烧结系统进行测试，在此基础上根据《烧结机热平衡测定与计算方法暂行规定》与《工业燃料炉热平衡测定与计算基本规则》等规定进行定量的计算，从而获得烧结系统质量和能量各项的收入与支出水平。在此基础上对烧结系统的余热利用水平、能源消耗、系统漏风率和烧结热效率等主要经济技术指标进行评价与分析，并估算系统节能减排效果。为进一步改造烧结系统的热风循环系统、改进烧结系统的热工操作、降低烧结系统的能源消耗和保障烧结系统在最佳操作条件下获得优质高产提供一定的理论依据。

然而，烧结系统的质-热平衡诊断，除了受现场条件和生产成本限制以及高重复性测试不便频繁开展之外，还突显了传统的人工测试计算耗时耗力与精度差的缺点。因此，基于 Visual C# 与 SQL Server 2012 数据库软件环境，采用模块化方法开发了一套可视化"烧结工艺热平衡质热诊断计算及分析计算软件"。该软件利用计算机辅助技术缩短了烧结过程质热平衡测试的计算周期，并提高了各项数据的计算精度，生成标准格式的 Word 或 Excel 报表，方便用户了解烧结系统的运行状况，从而可以更快地调整烧结系统的运行工况，达到最佳运行状态，提高热效率，降低单耗。

到目前为止，基本完成了烧结工艺热平衡质热诊断计算及分析计算软件的开发及仿真界面。

烧结过程质-能平衡计算输出结果包括物料平衡表、能量平衡表和经济指标表三个选项卡。

（1）物料平衡。物料平衡主要包括物料收入项和支出项两部分。物料收入项包括匀矿干重、高炉返矿干重、冷返矿干重、热返矿干重、生石灰干重、石灰石干重、白云石干重、焦粉干重、混合料的物理水重量、点火燃料重量、点火助燃空气重量、烧结用常温空气重量和烧结漏风重量等。物料支出项包括烧结矿重量、循环物料重量和总废气重量等。每项均由该项符号、项目、重量和百分比组成。

（2）能量平衡。能量平衡主要包括热收入项和热支出项两部分。热收入项包括点火燃料的化学热量、点火燃料带入的物理热量、点火助燃空气带入的物理热量、烧结固体燃料的化学热量、返矿残碳的化学热量、铺底料带入的物理热量、烧结用助燃气物理热量和系统漏风物理热量等。热支出项包括化学反应吸热量、混合料物理水蒸发热量、碳酸盐的分解热量、烧结饼的物理热量、烧结废气带出的物理热量、化学不完全燃烧损失、烧结矿残碳的损失的化学热量和散热量等。

（3）经济性指标。经济性指标主要包括成品矿、烧结饼和返矿的重量、烧结矿成品率、烧结矿焦粉和点火燃气的单耗、烧结矿耗氧量、漏风率、余热回收率、热量和废气的循环率、烧结热效率、转鼓系数和平均粒径等。

若当前计算工况为循环烧结工况，需对比分析该工况与对应冷风烧结工况（基准工况）下的相关指标，软件会将两个工况下的经济指标加以填充，并生成节能减排指标。

5.4.4.4 仿真模拟及预测

A 参数

通过调研，获取了邯钢某烧结机的一些基本设备、生产运行以及烧结原料的粒度分布和成分参数。烧结机的设备参数见表5-40，烧结机的运行参数见表5-41，烧结机烧结原料粒度分布参数见表5-42，烧结机烧结原料化学成分参数见表5-43。

表 5-40　烧结机的设备参数

项　目		单位	数值
有效烧结长度		m	91.5
烧结面积		m²	411.75
点火炉结构尺寸	点火炉点火段长度	m	5
	点火炉保温段长度	m	3.3
	点火炉高度	m	0.55
	点火炉宽度	m	4.5
冷风烧结段长度		m	80
机尾保温区域长度		m	3.2
烧结台车尺寸	台车长度	m	1.5
	台车高度	m	0.8
	台车宽度	m	4.5/4 上/下
风箱数量		对	24

表 5-41　烧结机的运行参数

项　目	单位	数值
烧结机布料量	t/h	720
烧结机产量	t/h	500
烧结机运行速度	m/min	2.15
点火炉点火段温度	℃	1100
点火炉保温段温度	℃	200
机尾保温区域温度	℃	250
料层厚度	mm	800
铺底料厚度	mm	40
布料时混合料温度	℃	60
总烟气流量（标准状态）	m³/h	162×10^4
烧结机漏风率	%	50

表 5-42 烧结机烧结原料粒度分布参数

类别	粒度分布/mm				
	>4.75	2.8~4.75	1.7~2.8	1.18~1.7	0.83~1.18
单位	%	%	%	%	%
焦粉	12.678	14.339	3.977	10.638	12.218
石灰石	0.368	19.256	14.355	1.404	10.781
白云石	0.138	17.149	6.902	20.483	14.056
生石灰	0	0	0	20	10

类别	粒度分布/mm				
	0.55~0.83	0.38~0.55	0.25~0.38	0.18~0.25	<0.18
单位	%	%	%	%	%
焦粉	13.084	9.899	10.283	4.174	8.71
石灰石	13.227	5.488	6.809	4.547	23.765
白云石	14.858	5.773	6.047	3.146	11.448
生石灰	10	10	10	20	20

类别	粒度分布/mm					
	>6	5~6	3~5	1~3	0.5~1	<0.5
混合料	8.7	26.98	45.49	17.6	0.78	0.45

类别	粒度分布/mm					
	>40	25~40	16~25	10~16	5~10	<5
成品矿	22.5	21.8	15.4	19.6	15.4	5.3
铺底料	0	0	0	48	42	10

表 5-43 烧结机烧结原料化学成分参数

原料成分	原料配比/%	化学成分/%					
		TFe	FeO	CaO	MgO	Al_2O_3	SiO_2
混匀矿	63	60.75	2.39	1.64	0.63	1.68	4.53
热返矿	7	43.62	6.71	16.45	3.25	2.75	7.62
冷返矿	19	52.72	6.71	9.98	2.38	1.52	5.11
生石灰	3.52	0	0	78.32	2.41	0	2.88
石灰石	0.71	0	0	51.73	1.61	0.03	2.42
白云石	3.32	0	0	46.13	27.06	0.19	3.3
焦粉	3.45	0	0	0	0	0	0
水	7.3	0	0	0	0	0	0

原料成分	原料配比/%	化学成分/%				
		C	S	MnO	H_2O	IG
混匀矿	63	0	0.044	0.23	8.51	0
热返矿	7	0.02	0.02	0.23	0	0

原料成分	原料配比/%	化学成分/%					
		C	S	MnO	H_2O	IG	
冷返矿	19	0.02	0.02	0.23	0	0	
生石灰	3.52	0	0	0	0	16.39	
石灰石	0.71	0	0.04	0	0.63	43.54	
白云石	3.32	0	0	0	1.53	21.79	
焦粉	3.45	80	0.7	0	0	19.3	
水	7.3	0	0	0	100	0	

类别	化学成分/%					
	TFe	FeO	CaO	MgO	Al_2O_3	SiO_2
烧结矿	57.34	8.31	9.68	2.03	1.89	4.91
类别	C	S	P	MnO	IG	
烧结矿	0	0.02	0.13	0.16	15.53	

B　烧结过程的模拟结果

根据调研获取的邯钢 2 号烧结工艺的基本参数，利用开发的烟气循环烧结工艺质-热耦合仿真软件进行模拟研究，获得了冷风传统烧结工况下不同厚度沿着烧结机长度的料层温度分布和气体温度分布以及气体成分，如图 5-146 所示。

从图 5-146a 和 b 可知，点火过程结束后，固体燃料的持续燃烧维持着整个烧结过程的进行，流通于烧结矿带的气体通过气固对流换热作用从热矿中吸收热量，随着火焰前沿的下移，达到燃烧带的气体温度逐渐升高，燃烧温度和不同厚度的峰值温度随之升高，燃烧带厚度拓宽。图 5-146d 中所示的 O_2、CO_2 和 CO，均为焦炭燃烧反应的主要反应物和生成物，其含量在点火后直至烧结终了点前基本保持稳定，并存在轻微波动。而在点火过程初期，O_2 含量（体积分数）快速降低并相对稳定在 9% 左右；在随后的保温阶段，由于气体流量降低，气固对流换热和燃烧反应减弱，O_2 含量略有升高。CO_2 和 CO 含量则基本显示与 O_2 含量相反的变化趋势。本课题采用的矿物熔化与固结模型是一个典型的热力学模型，当物料温度上升至某一水平时，矿物开始熔化，当矿物温度达到 1673K 时，矿物熔化完全。熔化率随着料层温度的升高而增大，且随着燃烧带的下移，熔化区间厚度增大。

C　助燃气体条件对高温烟气循环工况的初步优化

为了对邯钢 2 号烧结机的高温烟气循环烧结工艺的改造提供一定的参考意见，根据邯钢 2 号烧结机的基本现状和冷风传统烧结的模拟结果，利用开发的高温烟气循环烧结工艺的质-热耦合仿真软件，对邯钢 2 号烧结机高温烟气循环烧结工艺的布风位置进行一定的优化。目前，为了保证烧结烟气的减排率、烟气温度和氧含量，邯钢 2 号烧结机的高温烟气循环烧结工艺的取风位置为 4~6 号和 22~24 号风箱。根据查阅的相关文献和之前本课题研究的结果，认为当循环罩内助燃气体的平均温度在 200℃ 左右，氧含量在 18%~20% 时，才能维持烧结过程的正常进行，使得烧结产量和烧结矿质量相比传统烧结工况不会下降。因此，本课题基于此，对高温烟气循环烧结工艺的设计进行初步优化。

根据设计的高温烟气循环烧结工艺的取风位置，对循环罩位置进行了 4 种不同设计，

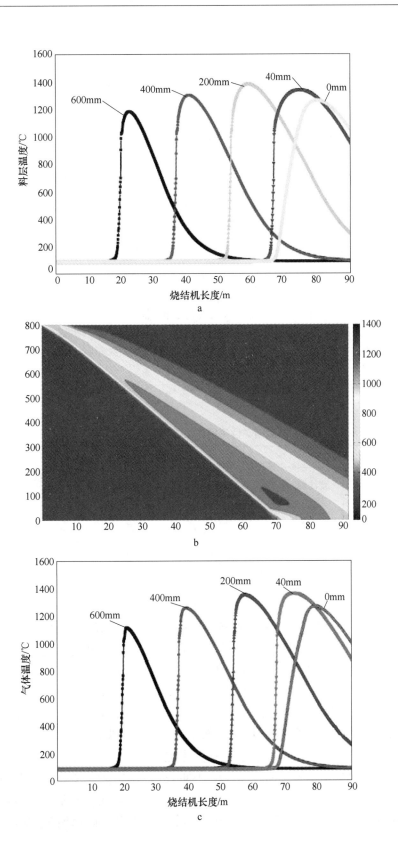

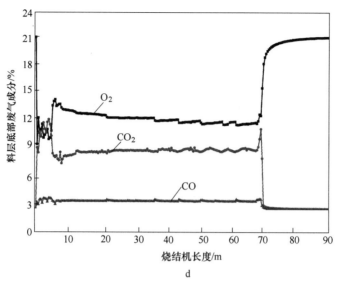

图 5-146　烟气分布特征

a—不同厚度沿着烧结机长度的料层温度分布；b—沿着烧结机长度的料层温度分布云图

c—不同厚度沿着烧结机长度的气体温度分布；d—料层底部沿着烧结机长度的烟气成分分布

并根据传统冷风烧结模拟结果对循环罩内气体流量、初始温度和气体成分进行了计算，如表 5-44 所示。

表 5-44　不同循环位置循环工况设计及初始条件计算

类别	循环罩位置		兑入冷风量（标准状态）/$m^3 \cdot h^{-1}$	循环罩内助燃气				
	风箱	烧结机长度/m		总流量（标准状态）/$m^3 \cdot h^{-1}$	温度/℃	气体成分含量/%		
						O_2	CO_2	CO
工况 1	7~20（14）	21.5~77.5	$11.07×10^4$	$49.58×10^4$	160.55	19.03	1.43	0.21
工况 2	8~20（13）	25.5~77.5	$7.53×10^4$	$46.04×10^4$	170.60	18.88	1.54	0.23
工况 3	8~19（12）	25.5~73.5	$3.99×10^4$	$42.50×10^4$	182.31	18.70	1.66	0.24
工况 4	9~19（11）	29.5~73.5	$0.45×10^4$	$38.95×10^4$	196.16	18.49	1.82	0.27

　　利用表 5-44 所示初步设计的不同循环位置的烟气循环工况以及循环罩内助燃气体的温度和气体成分的初始条件，利用高温烟气循环烧结工艺质-热耦合仿真软件进行模拟计算，经过多次循环计算获得了稳定条件与不同循环位置循环工况下循环罩内助燃气体的温度和成分，如表 5-45 所示。根据循环罩内助燃气体需满足的基本条件，即平均温度在 200℃ 左右，氧含量在 18%~20% 之间，可知只有工况 3 和工况 4 才能满足循环烧结过程的正常进行，即循环罩位置布置在 8~19 号风箱上或 9~19 号风箱上。

　　D　煤量对高温烟气循环工况的进一步优化

　　由于高温烟气循环烧结工艺回收部分高温烟气，替代常温空气作为助燃气体，可以实现以循环气体的物理热量替代固体燃料的化学热量，从而达到节能的效果。因此本课题为了研究烟气循环烧结工艺的节能效果，通过考虑节煤量来模拟研究不同节煤量下循环罩内

表 5-45 稳定条件与不同循环位置循环工况下循环罩内参数计算结果

类别	循环罩位置		兑入冷风量（标准状态）/m³·h⁻¹	循环罩内助燃气				
	风箱	烧结机长度/m		总流量（标准状态）/m³·h⁻¹	温度/℃	气体成分含量/%		
						O₂	CO₂	CO
工况 1	7~20（14）	21.5~77.5	11.07×10⁴	49.58×10⁴	173.90	19.02	1.43	0.21
工况 2	8~20（13）	25.5~77.5	7.53×10⁴	46.04×10⁴	184.46	18.87	1.54	0.22
工况 3	8~19（12）	25.5~73.5	3.99×10⁴	42.50×10⁴	199.10	18.70	1.66	0.24
工况 4	9~19（11）	29.5~73.5	0.45×10⁴	38.95×10⁴	214.31	18.49	1.82	0.27

助燃气体的温度和成分含量。因此根据节煤量的不同，设计了不同循环罩位置下不同节煤量的工况，并计算了循环罩内助燃气体的温度和成分的初始参数，如表 5-46 所示。

表 5-46 基于工况 3 和 4 不同节煤量下循环工况的设计和初始条件计算

类别	循环罩位置		兑入冷风量（标准状态）/m³·h⁻¹	循环罩内助燃气				
	节煤量/%	风箱		总流量（标准状态）/m³·h⁻¹	温度/℃	气体成分含量/%		
						O₂	CO₂	CO
工况 3.1	2.5	8~19（12）	3.99×10⁴	42.50×10⁴	199.10	18.70	1.66	0.24
工况 3.2	3.0	8~19（12）	3.99×10⁴	42.50×10⁴	199.10	18.70	1.66	0.24
工况 3.3	3.5	8~19（12）	3.99×10⁴	42.50×10⁴	199.10	18.70	1.66	0.24
工况 4.1	2.5	9~19（11）	0.45×10⁴	38.95×10⁴	214.31	18.48	1.82	0.27
工况 4.2	3.0	9~19（11）	0.45×10⁴	38.95×10⁴	214.31	18.48	1.82	0.27
工况 4.3	3.5	9~19（11）	0.45×10⁴	38.95×10⁴	214.31	18.48	1.82	0.27

利用表 5-46 所示初步设计的不同循环位置的烟气循环工况以及循环罩内助燃气体的温度和气体成分的初始条件，利用高温烟气循环烧结工艺质-热耦合仿真软件进行模拟计算，经过多次循环计算获得了稳定条件下不同循环位置、循环工况下循环罩内助燃气体的温度和成分，如表 5-46 所示。根据循环罩内助燃气体需满足的基本条件，即平均温度在 200℃左右，氧含量在 18%~20%之间，发现只有工况 4 才能满足循环烧结过程的正常进行，即循环罩位置布置在 9~19 号风箱上。

由于课题要求节能效果要达到 3%，因此进一步研究了节煤量对烧结终点位置和料层最高温度的影响，如表 5-47 所示。对比表中冷风传统烧结和工况 4.2 可知，当节煤量为 3%时烧结终点并没有滞后，最高点温度也大于冷风条件下最高温度，说明此时烧结矿的产量和质量相比于冷风烧结并没有下降。

因此基于循环罩内助燃气体温度和成分需满足的基本条件和节能效果的要求，建议采用工况 4.2 方案，即循环罩位置应布置在 9~19 号风箱，具体见表 5-47 和表 5-48。

表 5-47　稳定条件下不同节煤量、循环工况下循环罩内参数的计算结果

类别	循环罩位置		兑入冷风量（标准状态）/$m^3 \cdot h^{-1}$	循环罩内助燃气				
	节煤量/%	风箱		总流量（标准状态）/$m^3 \cdot h^{-1}$	温度/℃	气体成分含量/%		
						O_2	CO_2	CO
工况 3	0	8~19 (12)	3.99	42.50	199.10	18.70	1.66	0.24
工况 3.1	2.5	8~19 (12)	3.99	42.50	196.24	18.75	1.63	0.24
工况 3.2	3.0	8~19 (12)	3.99	42.50	195.80	18.76	1.63	0.24
工况 3.3	3.5	8~19 (12)	3.99	42.50	195.31	18.77	1.62	0.23
工况 4	0	9~19 (11)	0.45	38.95	214.31	18.49	1.82	0.26
工况 4.1	2.5	9~19 (11)	0.45	38.95	211.23	18.54	1.78	0.26
工况 4.2	3.0	9~19 (11)	0.45	38.95	210.74	18.55	1.77	0.26
工况 4.3	3.5	9~19 (11)	0.45	38.95	210.21	18.56	1.77	0.26

表 5-48　不同节煤量、循环工况下烧结终点位置及最高温度预测

类别	节煤量/%	$x = 40mm$ 料层温度最高点位置/m	$x = 40mm$ 料层温度最高点温度/℃
冷风烧结	—	75.54	1339.69
工况 3	0	74.51	1444.66
工况 3.1	2.5	75.39	1404.39
工况 3.2	3.0	75.57	1396.41
工况 3.3	3.5	75.78	1388.51
工况 4	0	74.46	1447.87
工况 4.1	2.5	75.37	1407.39
工况 4.2	3.0	75.54	1399.32
工况 4.3	3.5	75.75	1391.42

参 考 文 献

[1] 张春霞，王海风，张寿荣，等．中国钢铁工业绿色发展工程科技战略及对策 [J]．钢铁，2015，50 (10)：1-7.

[2] 王新东，侯长江，田京雷．钢铁行业烟气多污染物协同控制技术应用实践 [J]．过程工程学报，2020，20 (9)：1-11.

[3] 朱廷钰，王新东，郭旸旸．钢铁行业大气污染控制技术与策略 [M]．北京：科学出版社，2018.

[4] 王新东，田京雷，宋程远．大型钢铁企业绿色制造创新实践与展望 [J]．钢铁，2018，53 (2)：1-9.

[5] 郑春玲．氧化镁法烟气脱硫技术在钢铁行业的应用与发展 [J]．南方金属，2012 (1)：48-51.

[6] 宋宝华．湿式镁法烟气脱硫技术发展综述 [J]．中国环保产业，2009 (8)：28-30.

［7］ 郭如新．从国外镁法烟气脱硫的研发进程看国内发展前景［J］．硫磷设计与粉体工程，2009（2）：1-6.

［8］ 刘宝树．镁法脱硫技术综述［C］∥2015年中国无机盐工业协会镁化合物分会年会论文集．中国无机盐工业协会镁化合物分会，2015：74-84.

［9］ 张亚斌．镁法脱硫系统脱硫液中重金属的去除研究［J］．无机盐工业，2014，46（1）：49-51.

［10］ 朱彤．钢铁烧结烟气镁法脱硫脱硝及资源化技术研究［D］．北京：清华大学，2017.

［11］ 郭如新．镁法烟气脱硫技术国内应用与研发近况［J］．硫磷设计与粉体工程，2010（3）：16-20，54.

［12］ 李晓东，高建民，杜谦，等．氧化法烟气脱硝技术的研究进展［J］．环境科学与技术，2018，41（6）：127-137.

［13］ 陆方荣，薛永明，胡宏兴．臭氧脱硝的原理及技术优势［J］．节能与环保，2019（7）：69-70.

［14］ 严雪南，王春波，司桐，等．基于臭氧前置氧化的新型喷淋散射技术同时脱硫脱硝实验研究［J］．动力工程学报，2019，39（6）：461-467，485.

［15］ 韩加友，洪建国，张玉文．烧结烟气臭氧氧化-半干法吸收脱硫脱硝实践［J］．中国冶金，2019，29（11）：76-81.

［16］ 邹洋，刘霄龙，朱廷钰，等．臭氧氧化结合钙法同时脱硫脱硝的研究［J］．河北冶金，2019（S1）：22-26.

［17］ 郭少鹏．湿式氨法烟气脱硫及结合臭氧氧化实现同时脱硫脱硝的研究［D］．上海：华东理工大学，2015.

［18］ 王风佳，臧瑶，刘凤，等．臭氧/氧化镁同时脱硫脱硝的反应特性［J］．广东化工，2019，46（21）：5-8.

［19］ 冯雅丽，廖圣德，李浩然，等．镁法脱硫及脱硫产物多元化利用研究现状［J］．无机盐工业，2019，51（3）：1-6.

［20］ 宋宝华．湿式镁法烟气脱硫技术发展综述［J］．中国环保产业，2009（8）：28-30.

［21］ Qiang T，Zhigang Z，Wenpei Z，et al. SO$_2$ and NO selective adsorption properties of coal-based activated carbons［J］. Fuel，2005，84（4）：461-465.

［22］ Guo Y，Li Y，Zhu T，et al. Effects of Concentration and Adsorption Product on the Adsorption of SO$_2$ and NO on Activated Carbon［J］. Energy & fuels，2013，27（1）：360-366.

［23］ Guo Z，Xie Y，Hong I，et al. Catalytic oxidation of NO to NO$_2$ on activated carbon［J］. Energy conversion and management，2001，42（15-17）：2005-2018.

［24］ Klose W，Rincón S. Adsorption and reaction of NO on activated carbon in the presence of oxygen and water vapour［J］. Fuel，2007，86（1-2）：203-209.

［25］ Guo Y，Li Y，Zhu T，et al. Investigation of SO$_2$ and NO adsorption species on activated carbon and the mechanism of NO promotion effect on SO$_2$［J］. Fuel，2015，143：536-542.

［26］ Zhang W J，Rabiei S，Bagreev A，et al. Study of NO adsorption on activated carbons［J］. Applied Catalysis B Environmental，2008，83（1-2）：63-71.

［27］ Mochida I，Korai Y，Shirahama M，et al. Removal of SO$_x$ and NO$_x$ over activated carbon fibers［J］. Carbon，2000，38（2）：227-239.

［28］ Qi G，Yang R T. Ultra-active Fe/ZSM-5 catalyst for selective catalytic reduction of nitric oxide with ammonia［J］. Appl. Catal.，2005，B 60：13-22.

［29］ 邢娜，王新平，于青，等．分子筛对NO和NO$_2$的吸附性能［J］．催化学报，2007（3）：205-209.

［30］ Zhang W X，Yahiro H，Mizuno N，et al. Removal of nitrogen monoxide on copper ion-exchanged zeolites by pressure swing adsorption［J］. Langmuir，2002，9（9）：2337-2343.

[31] Huang H Y, Yang R T. Removal of NO by reversible adsorption on Fe-Mn based transition metal oxides [J]. Langmuir, 2001, 17 (16): 4997-5003.

[32] Yang, Ralph T. Adsorbents: Fundamentals and applications [J]. Journal of Hazardous Materials, 2004, 109 (6): 227-228.

[33] Henao J D, Luis Fernando Córdoba, Correa C M D. Theoretical and experimental study of NO/NO₂ adsorption over Co-exchanged type-A zeolite [J]. Journal of Molecular Catalysis A Chemical, 2004, 207 (2): 195-204.

[34] Olsson L, Sj vall H, Blint R J. Detailed kinetic modeling of NO_x adsorption and NO oxidation over Cu-ZSM-5 [J]. Applied Catalysis B Environmental, 2009, 87 (3-4): 200-210.

[35] Yang J, Zhuang T T, Wei F, et al. Adsorption of nitrogen oxides by the moisture-saturated zeolites in gas stream [J]. Journal of Hazardous Materials, 2009, 162 (2-3): 866-873.

[36] Smeekens S, Heylen S, Villani K, et al. Reversible NO_x storage over Ru/Na-Y zeolite [J]. Chemical ence, 2010, 1 (6): 763-771.

[37] Smeekens S, Heylen S, Nikki J, et al. NO_x Adsorption site engineering in Ru/Ba, Na-Y Zeolite [J]. Chemistry of Materials, 2011, 23 (20): 4606-4611.

[38] Deng H, Yi H, Tang X, et al. Interactive effect for simultaneous removal of SO₂, NO, and CO₂ in flue gas on ion exchanged zeolites [J]. Industrial & Engineering Chemistry Research, 2013, 52 (20): 6778-6784.

[39] Yi H, Deng H, Tang X, et al. Adsorption equilibrium and kinetics for SO₂, NO, CO₂ on zeolites FAU and LTA [J]. Journal of Hazardous Materials, 2012, 203: 111-117.

[40] 王卉, 于琴琴, 肖丽萍, 等. Superior storage performance for NO in modified natural mordenite [J]. Chinese Journal of Chemistry, 2012, 30 (007): 1511-1516.

[41] Matsuoka S, Kodama T, Kumagai M, et al. Development of adsorption process for NO_x recycling in a reprocessing plant [J]. Journal of Nuclear Science and Technology, 2003, 40 (6): 410-416.

[42] Saleman T L, Li G, Rufford T E, et al. Capture of low grade methane from nitrogen gas using dual-reflux pressure swing adsorption [J]. Chem. Eng. J., 2015, 281: 739-748.

[43] Han Z, Wang D, Jiang P, et al. Enhanced removal and recovery of binary mixture of n-butyl acetate and p-xylene by temperature swing-vacuum pressure swing hybrid adsorption process [J]. Process Saf Environ Prot, 2020, 135: 273-281.

[44] Zhang W, Yahiro H, Mizuno N, et al. Removal of nitrogen monoxide on copper ion-exchanged zeolites by pressure swing adsorption [J]. Langmuir, 1993, 9 (9): 2337-2343.

[45] Groen J C, Moulijn J A, Perezramirez J, et al. Desilication: on the controlled generation of mesoporosity in MFI zeolites [J]. J. Mater. Chem., 2006, 16 (22): 2121-2131.

[46] 季阿敏, 李杰等. 立式轴向流吸附器优化设计 [J]. 哈尔滨商业大学学报（自然科学版）, 2003, 19 (6): 714-715.

[47] 田津津, 张玉文. 变压吸附系统气流分布器结构对分配性能的影响 [J]. 制冷技术, 2008, 36 (2): 36-38.

[48] 陈旭, 刘向军, 刘应书. 轴向流反应器分流板的优化设计研究 [J]. 矿冶, 2008, 20 (3): 83-86.

[49] 宁平, 谷俊杰. 边流效应对固定床吸附器穿透曲线的影响 [J]. 化工学报, 1998, 49 (6): 678-682.

[50] Jeffert, John Nowobilski. Perforated plate fluid distributor and fixed bed container associated therwith: America, KR016887 [P]. 1999.

[51] 夏红丽, 林秀娜, 李剑锋. 大型径向流分子筛吸附器的研发与应用 [J]. 深冷技术, 2013 (2):

18-22.

[52] Poteau M, Eteve S. Adsorber comprising annular superposed beds of adsorbent materials：America，US5232479 ［P］，1993.

[53] Smolarek J, Leavitt F W, Nowobilski J J et al. Radial Bed Vaccum/Pressure Swing Adsorption Vessel：America, US5759242 ［P］，1998.

[54] 张辉，刘应书，章新波. 清洗工艺对变压吸附制氧的影响 ［J］. 低温与特气，2009，27（5）：16-20.

[55] 张成芳，朱子彬，徐懋生，等. 径向反应器流体均布设计的研究（Ⅰ）［J］. 化学工程，1980，18（1）：98-112.

[56] 朱子彬，张成芳，徐懋生. 动量交换型径向反应器流体均布设计参数 ［J］. 化学工程，1983，21（5）：46-56.

[57] 徐志刚，张成芳. 轴径向床中二维流动的研究：Ⅱ. 限定流道 ［J］. 华东理工大学学报，1994，20（6）：717-722.

[58] 黄发瑞，吴民权，杜贫，等. 具有变截面流道的圆柱容器内流经环形填充层流动的研究 ［J］. 水动力学研究与进展，1993，8（1）：107-114.

[59] Metschl M, Koch H, Rohde W. Adsorber for two-component recovery and method of operating same：America, US4544384 ［P］. 1985.

[60] Bosquain M, Grenier M, Hay L et al. Reactor and apparatus for purifying by adsorption：America，US4541851 ［P］. 1985.

[61] Poteau M, Eteve S. Adsorber comprising annular superposed beds of adsorbent materials：France，US5232479A ［P］. 1993.

[62] 吴民权，黄发瑞. 径向固定床反应器的低气阻气流均布器：中国，CN2131600 ［P］. 1993.

[63] Tentarelli S C. Radial flow adsorption vessel：America，US6086659 ［P］. 1998-7-11.

[64] Smolarek J, Leavitt F W. Radial bed vacuum/pressure swing adsorber vessel：America，US5759242A ［P］，1998.

[65] 李大仁. 圆锥床吸附器：中国，CN2547386 ［P］. 2003-04-30.

[66] Celik C E, Smolarek J. Radial bed flow distributor for radial pressure absorber vessel：America，US7128775B2 ［P］. 2006.

[67] Monereau C. Jeannot P, Construction method for large radial adsorbers：America，US20110197422A1 ［P］. 2011.

[68] 霍晶晶，李长全，吴迪，等. 烧结机烟气超低排放技术 ［J］. 河北冶金，2019（z1），122-124.

[69] Ali S, Chen L, Li Z, et al. Cu_x-$Nb_{1.1-x}$（x = 0. 45, 0. 35, 0. 25, 0. 15）bimetal oxides catalysts for the low temperature selective catalytic reduction of NO with NH_3 ［J］. Applied Catalysis B：Environmental，2018（236）：25-35.

[70] Cai S, Jie L, Zha K, et al. A general strategy for the in situ decoration of porous Mn-Co bi-metal oxides on metal mesh/foam for high performance de-NO_x monolith catalysts，Nanoscale，2017，（9）：5648-5657.

[71] Han L, Cai S, Gao M, et al. Selective catalytic reduction of NO_x with NH_3 by using novel catalysts：State of the art and future prospects ［J］. Chem. Rev.，2019（119）：10916-10976.

[72] Gu T, Gao F, Tang X, et al. Fe-modified Ce-MnO_x/ACFN catalysts for selective catalytic reduction of NO_x by NH_3 at low-middle temperature ［J］. Environmental ence and Pollution Research，2019（26）：5976-5985.

[73] 丝梦，沈伯雄. 臭氧联合金属氧化物催化剂氧化 NO 的研究 ［J］. 河北冶金，2019（z1）：27-32.

[74] Lee K J, Maqbool M S, Kumar P A, et al. Enhanced activity of ceria loaded Sb-V_2O_5/TiO_2 catalysts for

NO reduction with ammonia [J]. Catal. Lett., 2013 (143): 988-995.

[75] Han L, Gao M, Feng C, et al. Fe_2O_3-CeO_2@ Al_2O_3 Nano-arrays on Al-mesh as SO_2-tolerant Monolith Catalysts for NO_x Reduction by NH_3 [J]. Environ. Sci. Technol., 2019, 53 (10): 5946-5956.

[76] Kang M, Park E, Kim J, et al. Cu-Mn mixed oxides for low temperature NO reduction with NH_3 [J]. Catal. Today, 2006 (111): 236-241.

[77] Liu Z, Zhang S, Li J, et al. Novel V_2O_5-CeO_2/TiO_2 catalyst with low vanadium loading for the selective catalytic reduction of NO_x by NH_3 [J]. Applied Catalysis B Environmental, 2014 (158-159): 11-19.

[78] Zhao W, Dou S, Zhang K, et al. Promotion effect of S and N co-addition on the catalytic performance of V_2O_5/TiO_2 for NH_3-SCR of NO_x, Chem. Eng. J., 2019 (364): 401-409.

[79] Shi A, Wang X, Yu T, et al. The effect of zirconia additive on the activity and structure stability of V_2O_5/WO_3-TiO_2 ammonia SCR catalysts [J]. Applied Catalysis B Environmental, 2011 (106): 359-369.

[80] Ma Yingli, Tang Xiaolong, Gao Fengyu, et al. Selective catalytic reduction of NO_x with NH_3 over iron-cerium mixed oxide catalyst prepared by different methods [J]. Journal of Chemical Technology & Biotechnology, 2020 (95): 232-245.

[81] Yu W, Wu X, Si Z, Weng D. Influences of impregnation procedure on the SCR activity and alkali resistance of V_2O_5/WO_3-TiO_2 catalyst [J]. Appl. Surf. Sci., 2013 (283): 209-214.

[82] 张杰. 钒基脱硝催化剂的制备及其性能研究 [D]. 哈尔滨: 哈尔滨工程大学, 2008.

[83] Gao F, Tang X, Yi H, et al. Promotional mechanisms of activity and SO_2 tolerance of Co-or Ni-doped MnO_x-CeO_2 catalysts for SCR of NO_x with NH_3 at low temperature [J]. Chem. Eng. J., 2017 (317): 20-31.

[84] Gao F, Tang X, Yi H, et al. Novel Co- or Ni-Mn binary oxide catalysts with hydroxyl groups for NH_3-SCR of NO_x at low temperature [J]. Appl. Surf. Sci., 2018 (443): 103-113.

[85] Kryca J, Jodłowski P, Iwaniszyn M, et al. Cu SSZ-13 zeolite catalyst on metallic foam support for SCR of NO_x with ammonia: Catalyst layering and characterisation of active sites [J]. Catal. Today, 2016 (268): 142-149.

[86] Liu Z, Yang Y, Zhang S, et al. Selective catalytic reduction of NO_x with NH_3 over Mn-Ce mixed oxide catalyst at low temperatures [J]. Catal. Today, 2013 (216): 76-81.

[87] Sun P, Guo R T, Liu S M, et al. The enhanced performance of MnO_x catalyst for NH_3-SCR reaction by the modification with Eu [J]. Applied Catalysis A General, 2017 (531): 129-138.

[88] Meng D, Zhan W, Guo Y, et al. A aighly effective catalyst of Sm-MnO_x for the NH_3-SCR of NO_x at low temperature: Promotional role of Sm and its catalytic performance [J]. Acs Catalysis, 2015 (5): 5973-5983.

[89] Qiao J S, Wang N, Wang Z H. Porous bimetallic $Mn_2Co_1O_x$ catalysts prepared by a one-step combustion method for the low temperature selective catalytic reduction of NO_x with NH_3 [J]. Catal. Commun., 2015 (72): 111-115.

[90] Tang X, Li C, Yi H, et al. Facile and fast synthesis of novel Mn_2CoO_4@ rGO catalysts for the NH_3-SCR of NO_x at low temperature [J]. Chem. Eng. J., 2018 (333): 467-476.

[91] 苗社华. 半干法脱硫+低温SCR脱硝一体化工艺在焦炉烟气净化中的应用 [J]. 中国金属通报, 2018 (992): 164-165.

[92] 张雨桐. 焦炉烟气脱硫脱硝工艺探讨 [J]. 化工管理, 2016 (6): 273-274.

[93] 郭永强. 烧结烟气SCR脱硝技术浅析 [J]. 环境工程, 2014 (S1): 493-494.

[94] 龙红明. 铁矿粉烧结原理与工艺 [M]. 北京: 冶金工业出版社, 2010: 8.

[95] 张小辉, 张家元, 张建智, 等. 铁矿石烧结过程传热传质数值模拟 [J]. 中南大学学报 (自然科学

版），2012，44（2）：805-810.

［96］张小辉．基于燃料分层分布的烟气循环烧结工艺仿真与优化［D］.长沙：中南大学，2013.

［97］张小辉，张家元，田万一，等．烟气循环烧结的数值仿真［J］.中南大学学报（自然科学版），2014，45（4）：1312-1320.

［98］Mitterlehner J，Loeffler G，Winter F，et al. Modeling and simulation of heat front propagation in the iron ore sintering process［J］. ISIJ International，2004，44（1）：11-20.

［99］龙红明，范晓慧，毛晓明，等．基于传热的烧结料层温度分布模型［J］.中南大学学报（自然科学版），2008，39（3）：436-442.

［100］苏浩．烟气循环烧结热工过程数值模拟研究［D］.长沙：中南大学，2012.

［101］Ping Hou，Sangmin Choi，Won Yang，et al. Application of Intra-particle combustion model for iron ore sintering bed［J］. Materials Sciences and Applications，2011，2：370-380.

6 无组织排放管控及清洁运输

钢铁行业无组织排放主要包括原料颗粒物无组织排放、焦化企业 VOCs 的排放等。焦化企业经过近些年综合治理，污染物的治理已经从常规污染物逐渐过渡到非常规污染物，VOCs 作为无组织排放类非常规污染物的典型代表，具有排放节点多、差异大、组分复杂、异味重等特征。由于焦化行业各工段 VOCs 废气特性差异很大，采用单一技术难以成为最佳解决方案。因此，在焦化行业 VOCs 废气治理过程中，必须结合焦化行业治理有机废气的实践经验将各技术进行分级耦合，才能优化出理想的适用技术。此外，近年来重点地区钢铁企业基本淘汰了原料系统的防风抑尘网，改为更为先进的封闭料场，大幅减少了无组织的排放。但原料场仅是钢铁企业无组织排放的一部分，其他颗粒物无组织排放源存在点多、线长、面广、阵发性强的特点，治理难度大，无组织排放的有效治理一直以来是钢铁行业大气污染治理的共性难题。因此，需要根据钢铁行业无组织排放特征，构建智能化的管控治一体化系统，从而保证无组织超低排放长期科学管控。

6.1 焦化 VOCs

6.1.1 焦化 VOCs 来源

焦化 VOCs 废气主要来源于化产区域和污水处理区域。化产区域分为冷鼓工段、脱硫工段、硫铵工段、粗苯工段，在不同工段内其特征污染物有所不同、排口形式不同。焦化 VOCs 废气排放点位及产排特征见表 6-1[1,2]。

表 6-1 焦化 VOCs 废气排放点位及产排特征

工段	污染点位	污染产生原因	污染因子	污染物特性	排放特征
冷鼓工段	焦油储槽、焦油中间槽	蒸发排放，气体夹带（通入蒸汽保证焦油流动性）	焦油、萘、酚、苯系物、氨气、硫化氢、苯并芘等有机无机混合物	易燃易爆、毒性强、易结晶、易胶黏、腐蚀性强、异味重	排气浓度低、温度高（＜80℃），排气连续、稳定
	氨水槽、地下水封	液位波动，呼吸排气			
	焦油船	蒸发排放，气体夹带			
	焦油渣出口	焦油船排出的焦油渣的无组织扩散			
脱硫工段、硫铵工段	母液槽	热料挥发	氨气、硫化氢和少量 VOCs	有毒、腐蚀、异味	排气连续、稳定、常温，VOCs 浓度低、氨高、气量较大
	氨水槽、事故槽	液位波动，呼吸排气			
	熔硫釜	热料挥发、出料无组织扩散			
	再生槽	气体夹带、挥发排放			
	结晶槽	挥发排气			

工段	污染点位	污染产生原因	污染因子	污染物特性	排放特征
洗脱苯工段、苯储槽及装车	贫油槽	热料挥发	苯系物、萘、重苯等	易燃易爆、有毒、易结晶、胶黏、异味重	气量波动大、浓度高、常温排放等
	粗苯储槽、洗油槽、富油槽、地下槽等	冷料液面波动、罐区物料挥发			
	再生器放渣口	苯渣无组织挥发			
	装车点	蒸汽平衡			
水处理工段	曝气池	曝气过程加快了液相的均混，气体夹带及挥发排放	苯系物、硫化氢、氨	易燃易爆、腐蚀、异味重	常温、连续排放、浓度低、臭气浓度高、气量较大
	非曝气池	蒸发排放或挥发排放			

6.1.2 VOCs 控制技术分类及应用

VOCs 的控制技术分为预防性措施和控制性措施，以末端治理为主。总体来说，治理技术主要分为回收技术和销毁技术，以及两种技术的组合，如图 6-1 所示[3,4]。

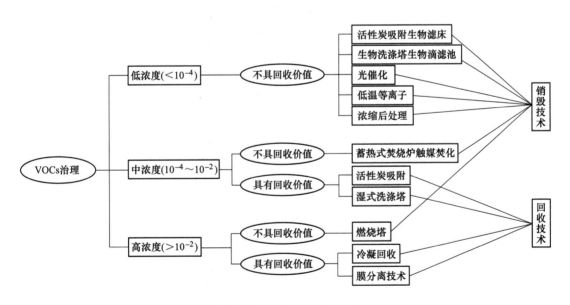

图 6-1 VOCs 控制技术分类

回收技术主要是吸附、吸收、冷凝和膜分离技术，基本思路是通过物理方法，对排放的 VOCs 进行吸收、过滤、分离或富集，然后进行提纯等处理，再资源化循环利用。销毁技术包括燃烧（直接燃烧和催化氧化）、光催化氧化、生物氧化、低温等离子体及其集成的技术，主要是由化学或生化等反应，用热、光、电、催化剂和微生物把排放的 VOCs 分解转化为其他无毒无害的物质。

对国内外的 VOCs 控制技术应用比例进行统计比较, 结果如图 6-2 所示。可知, 国内外催化燃烧、吸附和生物处理是目前应用较多的 VOCs 处理技术, 而国内主要选择低成本的吸附技术。

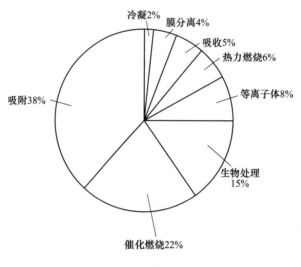

a

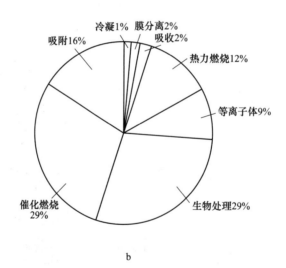

b

图 6-2　国内、国际 VOCs 控制技术市场比例[5]

a—国内 VOCs 控制技术市场比例; b—国际 VOCs 控制技术市场比例

6.1.3　VOCs 控制技术对比

由于焦化行业各工段 VOCs 废气特性差异很大, 而且近两年才提出了对于 VOCs 的治理。因此, 上述应用比例高的技术不一定适合焦化行业。目前, VOCs 治理方式在焦化行业的应用主要包括液体洗涤吸收法、洗涤燃烧法、直接燃烧法、活性炭吸附法、引入负压系统、等离子法、光解净化法等, 各处理方式的利弊和适用范围见表 6-2[6]。

表 6-2 焦化 VOCs 处理工艺对比

工艺类型特点	适宜净化的气体	净化效率/%	使用寿命	投资费用	运行费用	安全指数	环保形势要求	其他
引入负压系统	中小风量粗苯等密闭储槽所产废气。不适合开放式排放部位的收集,造成煤气系统含氧量升高,无法控制含氧量	收集率低,开口式设备无法收集	收集管道为碳钢,寿命为5a	中等	不高	含氧量无法控制,会造成负压系统氧量升高发生危险同时影响下游甲醇,LNG		(1)较为成熟的工艺;(2)不能处理开放式尾气,只适合收集少量苯储槽气体,收集率低
各工段分散洗涤吸收法	超大风量常温有机废气适用干焦化化产有机废气	70~80	设备管道材质为PP材质,寿命为2~3a	中低	相对较高	工艺成熟无安全风险	排放点位多,在线上传费用高,每个在线上传数据的在线监测7台以上在线监测仪市场价格为80万~120万元,工艺指标难控制	(1)较为成熟的工艺,但工艺已落后,无法满足环保要求,尤其是酸洗、碱洗或水洗无法满足环保要求;(2)吸收液饱和后需人工及时更换;(3)有的活性炭工艺
多级洗涤吸收+活性炭吸附集中净化法	超大风量常温有机废气适用干焦化化产有机废气	>90	设备为全不锈钢材质,寿命为15a以上	中低	较低	工艺成熟无安全风险	整个化产只有一个排放点,引入在线上传只需上一台在线监测,投资费用低,指标易控制	(1)较为成熟工艺;(2)无任何二次污染,吸收液全部回化产原系统;(3)活性炭更换频次低
多级洗涤吸收+燃烧	超大风量常温有机废气适用:焦化化产、污水、油库有机废气	>98	设备为不锈钢材质,寿命为15a以上	中低	较低	有机废气经过预处理后,含量均在远低于爆炸范围,无安全风险	整个化产无VOCs排放点,无须安装在线监测装置,投资费用低	(1)较为成熟工艺;(2)无任何二次污染,吸收液全部回化产原系统;(3)特别适应焦化生产工艺

续表 6-2

工艺类型特点	适宜净化的气体	净化效率/%	使用寿命	投资费用	运行费用	安全指数	环保形势要求	其他
直接燃烧法（或RTO）	大风量高浓度的废气 催化剂中毒物质的废气 适用：光电、制药等产生废气	>90	设备正常工作达10a以上	较高	需不间断地提供燃料维持燃烧，运行费用最高	危险系数高，不适合在化产区域使用	燃烧后SO₂、颗粒物超标，难控制	(1) 较为成熟工艺；(2) 废气浓度不高于4000mg/m³；(3) 废气浓度较低时运行能耗很高
等离子法	小风量低浓度的常温气，只适用于干燥接焊接烟气，污水池臭气等	40左右	只能在废气浓度及湿度极低情况下使用	中高等	系统用电量大，且需要清灰，运行维护成本高	焦化有机废气易燃易爆，会发生爆炸		目前还处在研究开发阶段，对易燃有机物处理性能的可靠性和稳定性不适合焦化行业
UV高效光解净化法	小风量低浓度废气，只适用于干燥，焦化不含废气，用于实验室、油烟等	50左右	高能紫外灯管寿命短。容易爆管、触电	中高等	系统用电量大，且需要清灰，运行维护成本高	工艺不成熟，存在安全风险		目前还处在研究开发阶段，对易燃有机物处理性能的可靠性和稳定性不适合焦化行业
生物法	大风量低浓度废气，适用于焦化水处理系统废气	>90	填料需更换，寿命一般为5a	中低	较低	无安全风险		(1) 很少会形成二次污染；(2) 由于微生物对于其生长的环境要求非常严格，对环境中的湿度和温度的轻微变化都非常敏感，如果处理不当，容易造成微生物的死亡，运营难度较大

6.1.4　焦化 VOCs 适用控制技术

根据焦化行业 VOCs 废气排放特征，综合各技术的环境性能、技术性能和经济性能，对焦化各工段的适用控制技术进行整理归纳，具体结果见表 6-3[6]。

表 6-3　焦化 VOCs 适用控制技术

工　段		特　点	可用处理工艺
化产回收	冷鼓工段	氧含量高、浓度低，回收价值较低	吸收法、燃烧法
	硫铵工段		吸收法、生物法、燃烧法
	脱硫工段		吸收法、生物法、燃烧法
	脱苯工段	污染源密闭性好、污染物回收价值高	引入煤气负压系统、吸附回收法、冷凝回收法、燃烧法
污水处理	调节池和生化池	大风量、低浓度、高含水等	吸收法、吸附法、等离子催化法、光催化法、生物法

6.1.5　焦化 VOCs 综合治理工艺

根据焦化厂各工段 VOCs 排放特征，采用单一技术难以成为最佳解决方案。因此，在焦化行业 VOCs 废气治理过程中，必须结合焦化行业治理有机废气的实践经验及现场位置，根据处理要求将各技术进行分级耦合，才能优化出理想的适用技术。焦化 VOCs 的主流控制技术路线如表 6-4 所示。

表 6-4　焦化 VOCs 主流控制技术路线

工　段		主流技术路线	
化产回收	冷鼓工段	多级洗涤+吸附脱附	多级洗涤+送至焦炉进行焚烧
	硫铵工段		
	脱硫工段		
	脱苯工段	引入负压煤气系统	
污水处理	调节池和生化池	吸收法、吸附法、等离子催化法、光催化法	生物法

对于化产回收系统产生的 VOCs，负压煤气净化系统是焦炉化产回收必不可少的环节。因此，将具备回收条件的 VOCs 放散气引入负压煤气系统应是焦化企业优先考虑的工艺流程。同时，不具备回收条件的 VOCs 放散气经过多级洗涤后进行活性炭吸附或送入焦炉燃烧通常也是经济有效的措施。

对于污水处理系统产生的 VOCs，采用吸收法、吸附法、等离子催化法、光催化法是目前的主流技术，但污水处理区域废气组分大多具有极低的臭味阈值，对污染物去除率要求较高，选择生物法进行治理更加合适，但由于运行难度较大目前应用并不广泛。

6.2　封闭料场技术

2008 年宝钢湛江开始建设的我国钢铁企业首座大型封闭原料场，开启了我国钢铁企业原料环保储存技术的应用之路。"十二五"规划期间,原料环保储存技术已在宝钢股份、宝钢湛江钢铁、宝钢八钢、宝钢宁钢、邯钢、包钢、唐钢、攀钢西昌、湖北新冶钢、江阴兴澄特钢、营口京华钢铁、邢台德龙钢铁等国内多个原料场工程中得到应用,"十三五"规划期间,随着环保政策的加严,尤其是"超低排放"技术的要求,重点地区钢铁企业料场已基本实现封闭。此外,全国还有多家钢铁企业正在制定或开始实施原料场封闭改造,以实现钢铁企业原料封闭储存。

"储料场的储料装置及封闭式储料场"是中冶赛迪二代环保原料场科技成果的核心专利。该专利创造性地将原来一代环保原料场 B/C/D/E 型封闭料场技术进行融合,并在诸多工程项目中得到推广或应用。本章按照中冶赛迪对封闭料场形式的分类进行说明。

6.2.1　国内外现有封闭料场类型

目前,料场形式除露天原料场(A 型)外,还有 B 型、C 型、D 型、E 型四种环保型封闭式料场,以及在这四种料场基础上设计的新型料场[7]。

6.2.1.1　长型网壳结构封闭式料场(B 型)

B 型料场是在普通露天方形料场的基础上增加网壳结构封闭厂房,常用于一次料场和混匀料场。B 型料场屋面为钢结构,外铺彩色压型钢板,为改善厂房内部通风环境,屋面彩板铺至离地面 7~9m 处,下面设置挡风板。为了满足料场内的采光需要,在屋面上均匀布置 2mm 厚玻璃纤维增强聚酯板采光带[7]。在有效解决扬尘及雨水等因素影响的情况下,B 型料场是改造工程量最小、施工周期最短、工程投资最少的一种最佳可行的解决方案,如图 6-3 所示。

图 6-3　B 型料场效果图

6.2.1.2　长形隔断型封闭式料场(C 型)

C 型料场为长型隔断式封闭型料场,常用于一次料场。C 型料场为大型坡屋顶结构,屋面及墙体为全钢结构,外铺设彩色压型钢板。C 型料场内设有 2 个料条,由中间纵向挡墙,按一定间距设置横向隔墙将料条分隔成若干个小料堆。该类型料场通过设置在顶部的卸矿车进行卸料和堆料，并采用刮板取料机取出供料。C 型料场占地小、堆取流程简单、贮量大、输出稳定，料场工艺的改变对现有输入系统和输出系统的影响较小，是料场产能提升封闭改造的理想之选，如图 6-4 所示。

图 6-4　C 型料场效果图

6.2.1.3　圆形封闭式料场（D 型）

D 型料场为封闭式半球体的储料场，如图 6-5 所示。该类型料场在料场周围设置挡墙以提高堆料能力，圆形料场底部料堆外径一般为 60~120m，内部设置顶堆侧取式的圆形堆取料机，堆料机可实现以中间立柱为中心的 360°回转堆料作业，刮板取料机根据结构形式的不同，通常可采用悬臂刮板取料机或半门式刮板取料机。圆形封闭式料场具有技术先进、程控水平高、环保性能突出等特点，是新建料场的理想之选。

图 6-5　D 型料场

6.2.1.4　筒仓（E 型）

除了上述三种封闭类型料场外，对于煤，还可以采用 E 型料场（筒仓）进行贮存，如图 6-6 所示。筒仓通常以筒仓群的形式设计和布置。筒仓上部采用胶带机输入，并在筒仓群上部设置移动卸料设备，向筒仓内卸料。仓内物料经筒仓底部给料机放出，通过筒仓底部的胶带输送机输出。比较常用的给料机有旋转给料机和圆盘给料机。

图 6-6　E 型料场

6.2.2　国内外现有封闭料场特点

　　4 种环保型封闭料场各有特点，从国内外建成实例来看，都能满足环保方面的要求。但 4 种新型料场的储存能力各异，投资概算各异，运用范围也不尽相同，选择哪一类型的封闭料场，需结合企业实际，从经济性、能力需求、建设特点等多方面充分考虑，从而选出适合自己的最优组合。环保新料场参数比较见表 6-5。

表 6-5　环保新料场参数比较[7]

比较项目	B 型料场	C 型料场	D 型料场	E 型料场
运用范围	矿石料场和煤场	矿石料场和煤场	煤场和混匀料场	煤场
投资概算（单位成本）	约 1200 万元/3 万吨	约 1900 万元/3 万吨	约 15000 万元/3 万吨	约 5100 万元/3 万吨
单位储量 /$m^3 \cdot m^{-2}$	5.5~7	11~16	6~13	30~35
缺点	单位面积储量低，占地面积大，储量受分堆影响较大，料条成对布置，灵活性差，堆取合一设备，作业受限	固定式分堆，适应性较差，卸料点落差大，刮板取料机磨损严重，工程直接成本增加	储量受分堆影响特别大，不适应多品种，卸料点落差大，刮板取料机磨损严重，工程直接成本增加	主要储存煤，适应范围窄，存在煤自燃问题，大规模筒仓建设综合投资高
优点	节能环保，工艺布置灵活，自由分堆，适应性强，工艺及设备成熟可靠，工程投资适中	节能环保，单位面积储量高，占地面积小，适合多品种，堆料设备简单，堆取作业分开	节能环保，单位面积储量高，占地面积小，堆取作业分开	节能环保，单位面积储量高，占地面积小，堆取作业分开，工艺流程及设施简单，物料遵循先进先出原则

6.2.3　封闭料场效果

　　环保效益——料场封闭从源头治理扬尘污染，使无组织排放得到全面控制，环境效益明显。

经济效益——原料场实现储存、装卸过程全封闭，可减少因物料扬尘、雨水冲刷带来的损失，减少因物料水分造成的能耗损失，带来可观的经济效益。

社会效益——料场总占地面积减少，可用于建设厂界林带和景观绿地公园，既美化环境，又形成钢厂和居民区的有效缓冲，实现花园式原料场的愿景。

6.3 无组织排放管控治一体化系统技术

冶金工业规划院、柏美迪康环境科技（上海）股份有限公司根据钢铁行业无组织排放特征，针对及管控难点，将图像智能识别技术首次应用于钢铁生产颗粒物无组织排放控制，并高效应用了生物纳膜、超细雾炮、双流体干雾等抑尘技术装备。同时，运用大数据、模型优化算法、机器学习自适应算法等信息技术建设了钢铁生产无组织管控一体化平台建设，在首钢迁钢开展了工程应用，从而保证了无组织超低排放长期科学管控。本章将以首钢迁钢为例，介绍该无组织排放管控治一体化系统技术。

针对钢铁企业无组织排放的特征及类别，将全厂无组织排放管控治一体化系统分为物料存储管控治系统、物料输送管控治系统以及厂区环境管控治系统，同时结合一体化系统中的大数据分析及污染预测模型技术，实现全厂无组织排放治理综合管控。

无组织排放管控治一体化系统架构如图6-7所示。

6.3.1 技术思路

6.3.1.1 物料存储管控治一体化系统技术

通过物料存储区域无组织排放源及时精准的系统化治理，有效减少物料存储无组织源头排放。

（1）视觉识别技术：通过车辆污染行为识别和粉尘烟羽特征图像识别技术，精准定位无组织排放源时空特征，配合超细雾降尘技术精准源头治理。

（2）超细雾降尘技术：采用先进超细雾装置，搭载定位技术，高效精准降尘。

6.3.1.2 物料输运管控治一体化系统技术

通过物料运输环节无组织排放源及时精准的系统化治理，有效减少物料输运无组织源头排放。

（1）生物纳膜源头抑尘技术：采用先进专利生物纳膜技术，从源头减少物料输运系统的无组织污染排放强度，实现源头减排。

（2）密闭导料技术：采用加强版皮带输运封闭技术，有效减少物料转运过程中的无组织污染物排放。

（3）负压收尘控制系统技术：采用物料输运除尘管路智能化控制系统，高效分配管路风量，对无组织污染排放进行针对性治理，有效节约除尘设备工作能耗。

6.3.1.3 厂区环境管控治一体化系统技术

通过厂区道路环境无组织扬尘源及时精准的系统化治理，有效减少道路扬尘无组织源头排放。

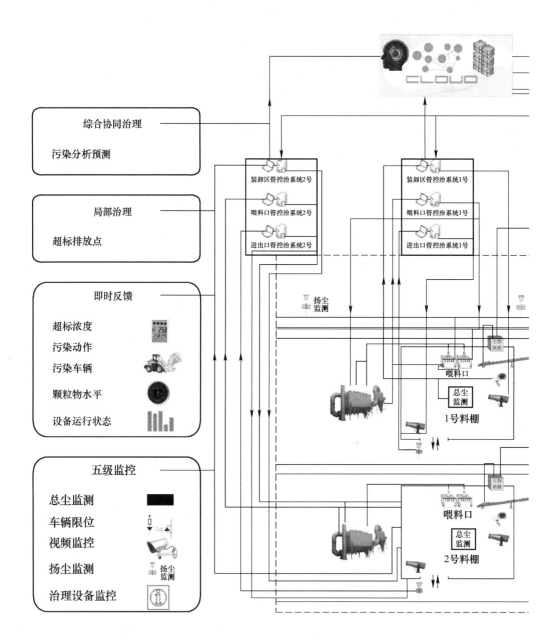

图 6-7 无组织排放管

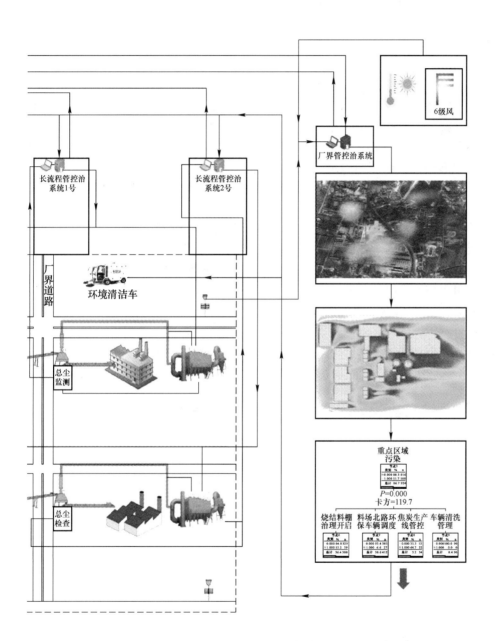

控治一体化系统架构

（1）厂区道路扬尘特征识别技术：通过融合气象数据、省控站数据、厂区内监测微站数据及厂区生产活动数据，采用因子分析技术判断厂区内道路扬尘特征，为道路扬尘治理提供依据。

（2）厂区环境清洁车辆精准调度技术：通过识别判断的厂区道路扬尘特征，结合空间热力分析结果，锁定道路扬尘污染坐标区域，采用优化调度算法，调度环保清洁车辆快速前往精准治理。

6.3.1.4　系统化建设应用技术

（1）AI人工智能技术：实现智能化工厂，无人作业减少人工的干预，使设备的使用和工艺深度结合，减少人工成本的投入。

（2）物联网技术：实现对物料存储、物料运输、厂区环境管控的虚拟数字化，通过AI人工智能技术实现全厂无组织污染超低排放系统管控。

（3）4G/5G通信技术：使采集数据传播速度更快，能极大提高治理效率，处理更及时、更精准、更高效。

（4）大数据分析技术：将前端采集以及各子系统报送的大量数据，在一体化系统中进行数据挖掘，提炼重要影响因子并让数据可视化，以提供系统智能决策参考依据。

（5）污染预测模型：通过建立污染扩散中小尺度数学模型，预测未来污染扩散情况，动态调整全厂无组织污染排放管控全局策略。

（6）系统软件及功能建设：通过优化系统建设及软件架构，使系统能够应对兆级数据，对数据读取、调用、统计、分析、再生等工作流畅稳定开展。

无组织排放管控治一体化系统由多项先进技术支撑，如图6-8所示。

图6-8　无组织排放管控治一体化系统技术支撑

6.3.2　关键技术开发

6.3.2.1　排放源清单编制技术

排放源清单是研究复合污染问题的重要基础数据，所有的控制措施最终需要作用在排放源上。因此，编制详细的污染物排放源清单，建立系统化的标准，开展全厂无组织尘源点的清单化管理，实现治理设施工作状态和运行效果的实时跟踪和适时核查，是钢铁颗粒物无组织排放管控的重要内容，如图6-9所示。

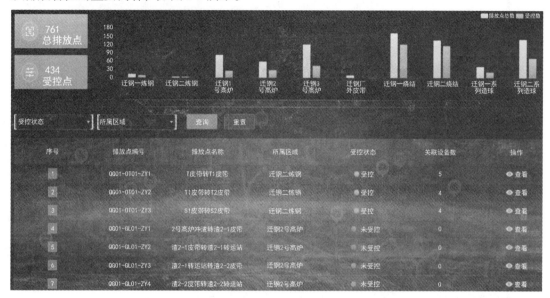

图 6-9　BME 污染源排放清单示意图（首钢迁钢）

6.3.2.2　大数据分析

通过前端采集数据，在后台进行数据治理、数据融合，让数据可视化，使管理者、决策者可以直观地了解关键性数据，如图6-10所示。

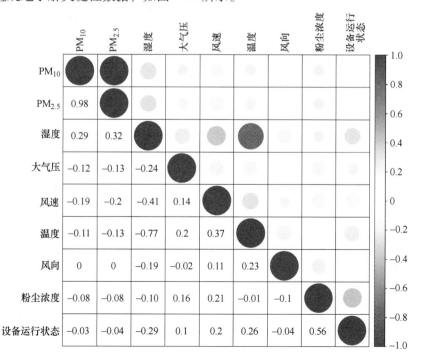

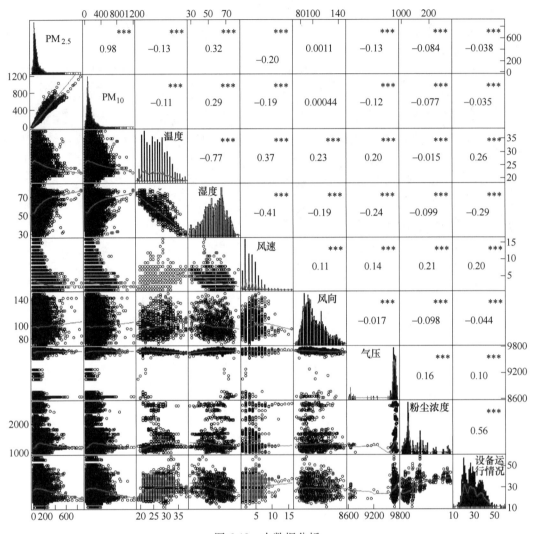

图 6-10　大数据分析

6.3.2.3　污染预测模型

管控治系统通过建立污染扩散中小尺度数学模型，可以准确预测未来污染扩散情况。如图 6-11 所示。

以大数据、模型优化算法、机器学习自适应算法等信息技术为手段，建立钢铁生产无组织管控一体化平台，实现了数据互联互通，集中智能管控，节能降耗，优化管理，提高效率，保证了无组织超低排放长期科学管控。

6.3.2.4　平台架构开发

A　整体架构

管控治平台整体架构主要由基础依据层、物联网系统、智慧云平台、应用层以及用户层五个部分组成，如图 6-12 所示。基础依据层的主要标准是工厂的排放源清单以及政府颁

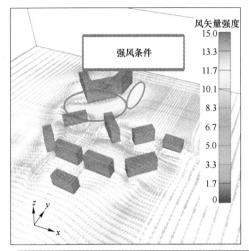
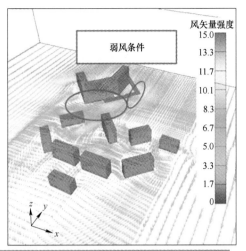

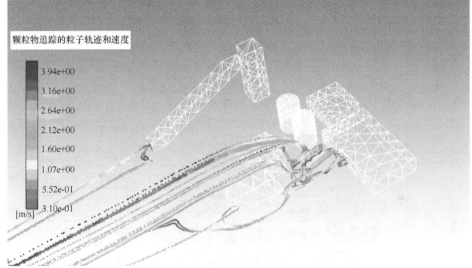

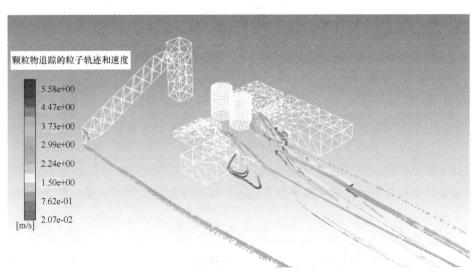

图 6-11 污染扩散预测

布的政策、条令等相关文件；物联网系统主要由两部分组成：一是设备层，包括感知设备和治理设备，负责收集数据，并对采集到的信息进行预处理，包括信息过滤、信息分类等；二是传输层，由4G/5G/光纤网络构成，负责把感知设备以及治理设备采集到的各项数据导入系统中枢。同时在云计算中心发出指令后，将信号传输至治理设备，使治理设备针对污染点自动治理；智慧云平台负责在云端服务器进行大数据分析，建立模型，将数据可视化，能更好地呈现和展示业务；应用层是与用户交互的平台，在多种终端上提供应用程序；用户层是本平台的服务对象，本平台使工厂内部的管理人员、运维人员日常对工厂各部分的管理更为方便快捷，也能让管理人员对工厂的治理效果有更直观的了解。

图6-12 平台架构示意图

B 软件架构

代理访问层主备确保内部处理核心业务的服务器不对外暴露任何端口。主备：考虑如果有一台宕机能保证继续正常服务；通过业务处理网关、服务集群提供多维度数据服务，包括数据采集、数据处理、数据报表、数据再生等业务；数据库存储层提升查询数据性能，提供基础数据管理，提供指标数据存储等，在超大数据量情况下保证性能，如图6-13所示。

C 联网结构

治理设备及部分联网的设施对接逻辑结构图如图6-14所示，考虑钢铁企业现有的通信网络水平及监控监测条件，在企业内容部署私有云服务器。

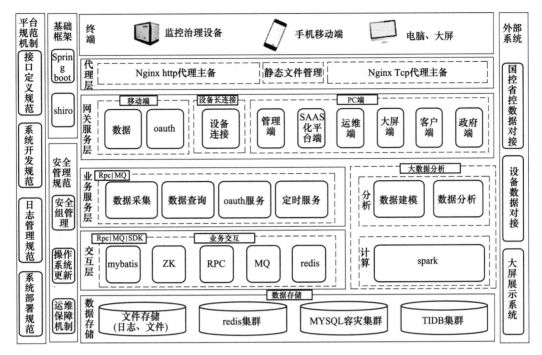

图 6-13 软件架构示意图

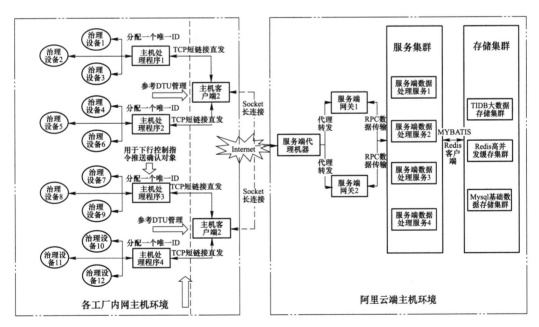

图 6-14 联网结构示意图

6.3.3 系统应用

6.3.3.1 系统功能

系统功能分别见表 6-6 及图 6-15～图 6-27。

表6-6　系统功能汇总

需求类别	序号	平台功能	功　能　描　述
集控系统	1	数据详情与对比	用户可以查询全厂任意点位的详细实时监测数据，同时系统连接国控点/省控点，与工厂环境数据进行对比
	2	污染热力图分析	系统在采集到监测数据后，自动生成整个厂区范围内各监测因子的实时分布图和动态变化图，并且通过扩散模型，实现由"点"到"面"的污染分布展示
	3	污染物扩散预测预警	系统结合气象模型与排放源清单，以大气动力学理论为基础，以气象监测数据和污染监测数据为输入，通过建立厂区污染物扩散模型，模拟大气中的扩散变化，预测污染物潜在影响区域，同时提供相应的快速解决方案
	4	污染物溯源	平台能够利用界的监测以及厂区内各种监测设备所取得的数据，通过污染传输扩散模块、多维度快速解析技术、污染源排放清单技术、双方复合精准定位技术，快速精准确定目标区域的污染成因，分清本地源与输入源以及各种污染源的贡献，真正达成源头治理
	5	记录库	系统保存治理设备状态、治理过程、治理前后的污染数据等，确保所有过程有迹可循，方便未来可能有的治理优化、方案整改等
	6	视频库	依照环大气〔2019〕35号要求，系统提供视频库，可保存自动监控、DCS监控等数据一年，视频监控数据3个月，库内视频可随时回放
	7	智能报告	在污染点数值超标的情况下，系统会及时警报，通知相关责任人。同时系统还通过日报、周报、月报等方式，在大屏、电脑端、手机app等终端按时向管理人员汇报整厂治理情况，对超标的产尘点提出整改意见
排放源清单	1	无组织排放源清单	系统内置全厂所有工艺线的工艺流程图以及相应的无组织排放源清单，可以清晰反映整场的排放源数量。受控点的数据是动态变化的，结合生产工艺工作状态、监测设备工作状态等其他信息综合计算的结果，客观反映整体排放源被管控的程度。同时排放源清单中内置环大气〔2019〕35号中对每个产尘点的规定，实时与政策要求进行对比
监测监控系统	1	全厂三维网格化监测与管理	系统采用GIS地图技术与3D数字引擎，对整个企业的厂界、道路、工艺生产线、厂区环境等在内全部监测点的站点信息和精测数据进行可视化展示。通过建立网格，实现7d×24h厂区全方位覆盖监测
	2	设备状态监测	系统实时监控治理设备的运行状态、能耗数据，同时集中记录及保存
车辆管理	1	车辆违章管理	通过视觉识别技术，系统实时抓拍违规车辆，对车牌号，车标特征进行识别记录，对车辆未清洗、车辆未合盖等行为抓拍取证，实现源头点对运输车辆进行管理
	2	厂内调度	平台中设计有环保车辆优化调度，通过大密度监测网络、污染溯源、污染排放清单等技术，实时调度环保车辆运行，针对性地解决问题。避免全厂地毯式部署环保车辆，节约成本
治理系统	1	自动治理	系统连接厂内监测设备，通过粉尘烟羽特征识别以及鹰眼系统，能实时对产尘点处的治理设备开关、调节，精准打击污染点，实现对无组织排放的全自动智能治理

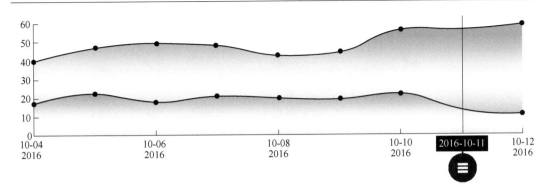

图 6-15　数据详情与对比

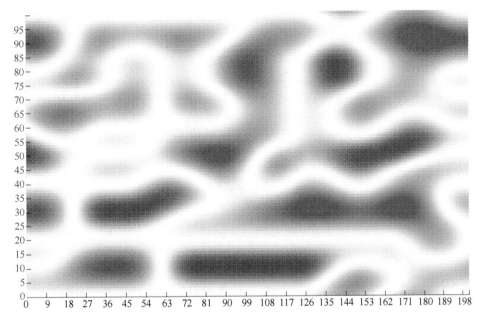

图 6-16　污染热力图分析

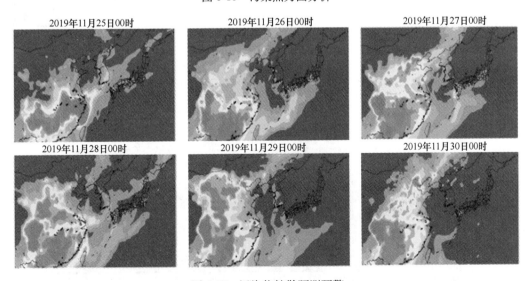

图 6-17　污染物扩散预测预警

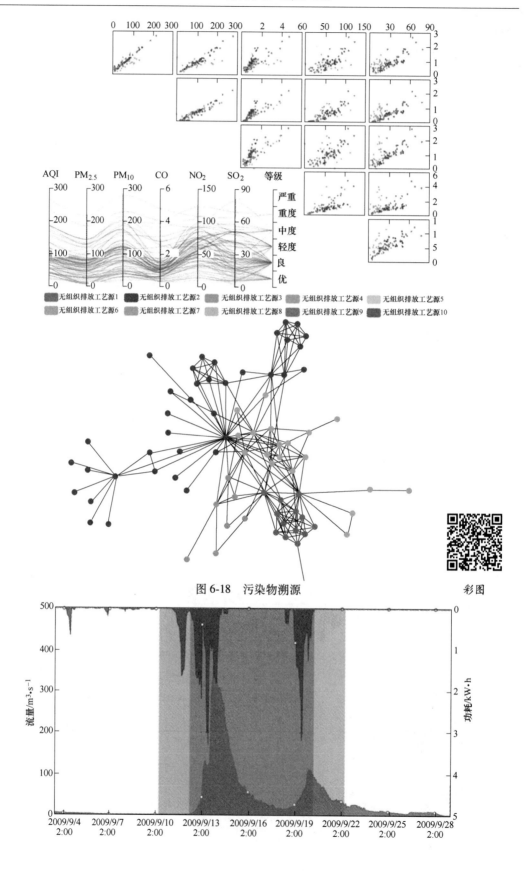

图 6-18　污染物溯源　　　　　彩图

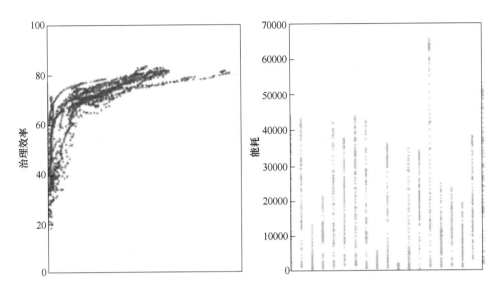

图 6-19 记录库

图 6-20 视频库

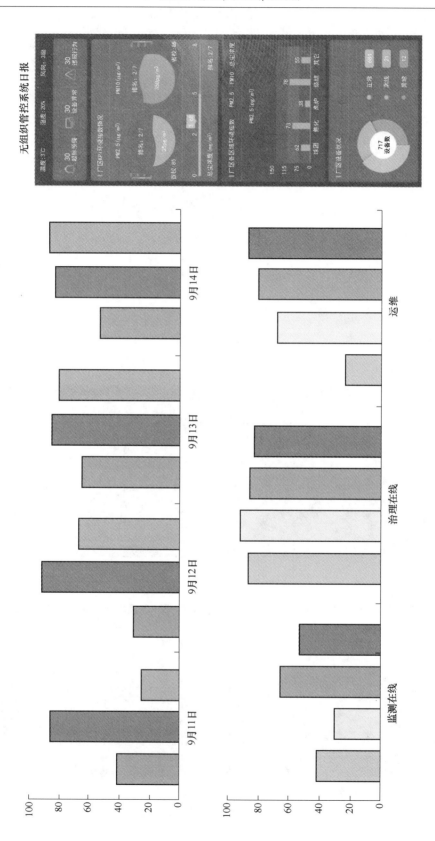

图 6-21　智能报告

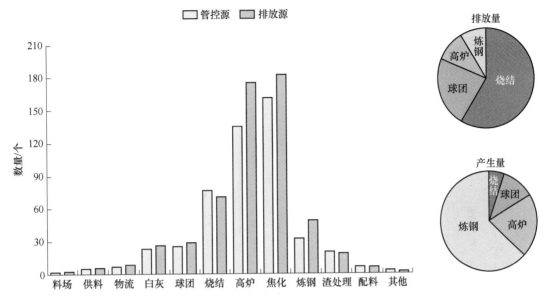

图 6-22 无组织排放源清单

图 6-23 全厂三维网格化监测与管理

6.3.3.2 系统界面

系统构建后整体界面，以首钢迁钢为例，建立全厂区无组织排放源清单（共计 2551 个），实现对 350 余处重点污染源的实时在线监测和重点管控。打通从尘源点数据、扬尘行为、治理设备状态到污染治理效果的整条数据链，打破传统单点治理模式，无组织排放源"有组织化"实现环保系统自动化运行。

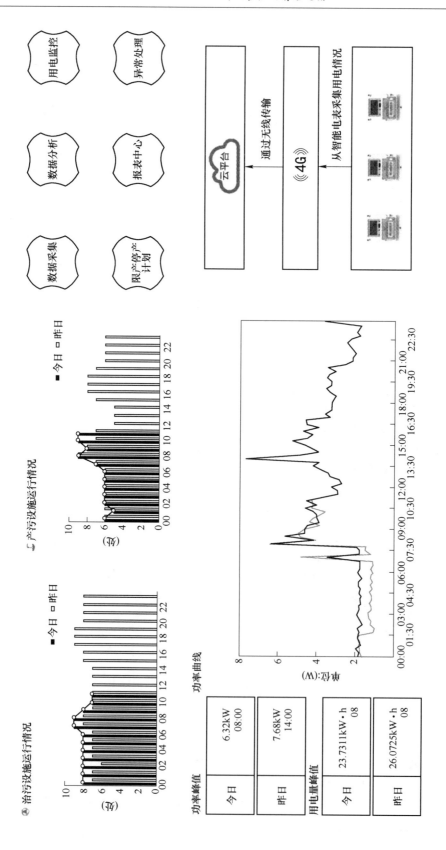

图 6-24　设备状态监测

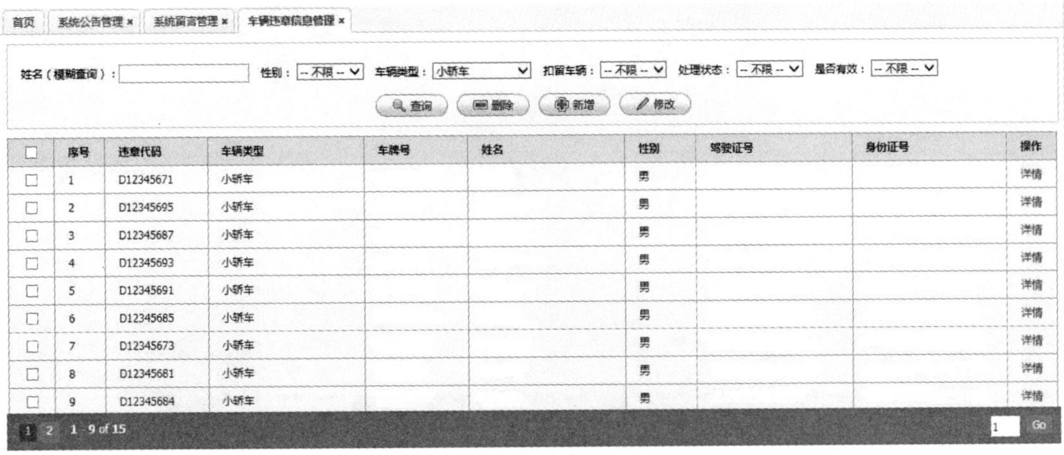

首页
系统公告管理
系统留言管理
车辆违章信息管理
姓名（模糊查询）：
性别：-- 不限 --
车辆类型：小轿车
扣留车辆：-- 不限 --
处理状态：-- 不限 --
是否有效：-- 不限 --
查询
删除
新增
修改
序号 违章代码 车辆类型 车牌号 姓名 性别 驾驶证号 身份证号 操作
1 D12345671 小轿车 男 详情
2 D12345695 小轿车 男 详情
3 D12345687 小轿车 男 详情
4 D12345693 小轿车 男 详情
5 D12345691 小轿车 男 详情
6 D12345685 小轿车 男 详情
7 D12345673 小轿车 男 详情
8 D12345681 小轿车 男 详情
9 D12345684 小轿车 男 详情
1 2 1-9 of 15
1 Go

图 6-25 车辆违章管理

基站
肩夹型标签
车载型标签
同步控制器
胸牌型标签
定位平台

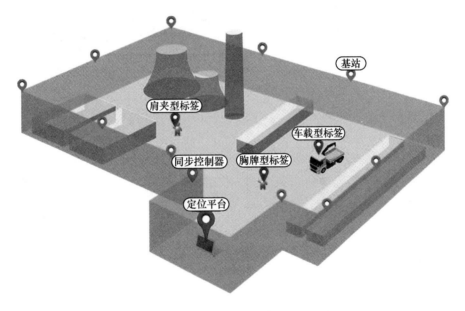

图 6-26 厂内调度

6.3.4 技术组成

6.3.4.1 物料储存管控治一体化技术

根据料棚粉尘排放特征，开发了以物料装卸行为鹰眼图像识别技术、超细雾炮装置和干雾抑尘机为核心技术的一体化管控治集成系统，如图 6-27 所示。

A 料棚无组织排放特征研究

对封闭料棚内粉尘进行粒度分析，发现料棚内颗粒物粒径以 PM_{10} 为主，如图 6-28 所示。

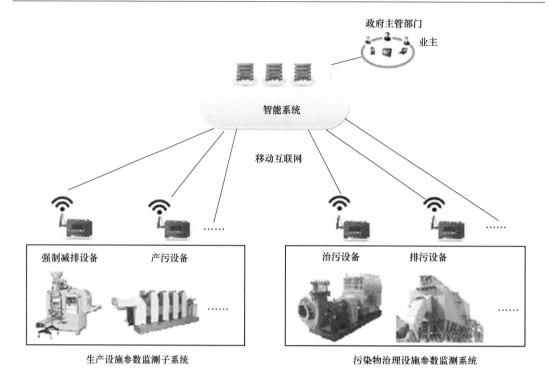

图 6-27　自动治理

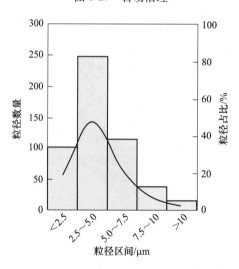

图 6-28　料棚内颗粒物粒径分布（首钢迁钢）

　　图 6-29a 为迁钢某料场的平面布置图。该料场共有 5 个车辆出入口，3 处料堆。1 号料堆存放烧结矿，2 号和 3 号料堆存放铁精粉。经实地勘察，料棚内部共有 1 号料堆与 2 号料堆处各有 1 处铲车作业点，3 号料堆有 2 处铲车作业点。对料场内部署 4 个点位进行颗粒物采样分析，表明在卸料车附件 PM_{10} 的浓度最高；随着污染物向料棚外部扩散，2 号和 3 号点位 PM_{10} 浓度逐渐降低。在料棚出口外部 4 号点位，PM_{10} 受到外部大气稀释作用降到最低。料场点位 PM_{10} 浓度如图 6-29b 所示。可见，物料装卸行为是料棚内 PM_{10} 浓度过高的主要原因。

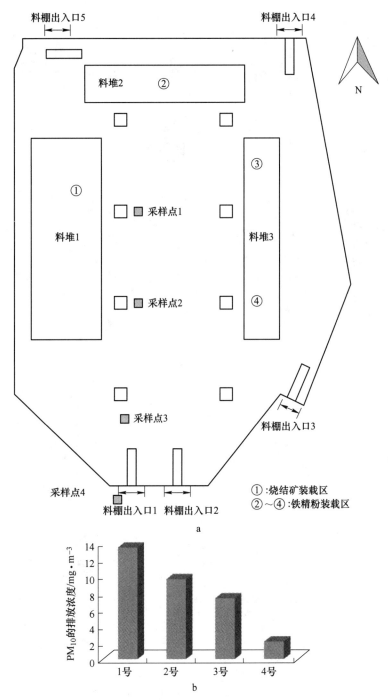

图 6-29 迁钢某料场平面布置图和点位 PM$_{10}$浓度情况

a—平面布置图；b—点位 PM$_{10}$浓度

　　在不同风向和风速条件下，对料棚内颗粒物中 PM$_{10}$分布进行模拟，发现 PM$_{10}$的高浓度区域对应于低风速区，同时 PM$_{10}$的高浓度区域的分布也会受到风向条件和料堆布置的影响，如图 6-30 所示。

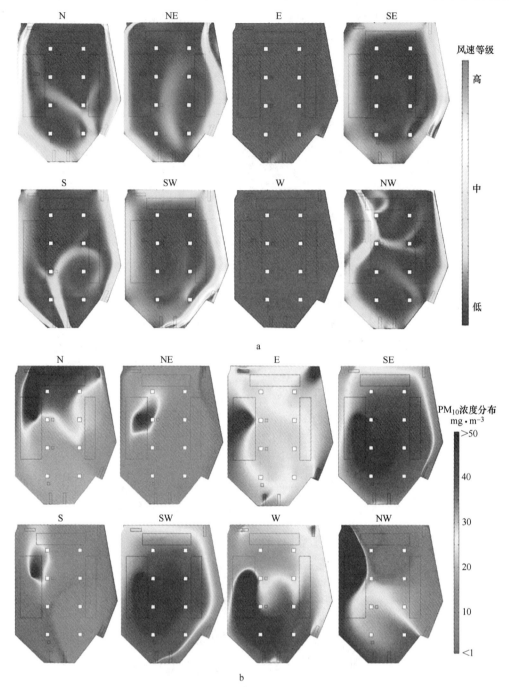

图 6-30　风向和风速对 PM_{10} 浓度分布的影响

a—不同风向及风速等级；b—不同风向及风速等级下料棚内颗粒物中 PM_{10} 分布

B　物料装卸行为的鹰眼图像识别技术

a　技术思路

前述研究表明，物料装卸行为是料棚内 PM_{10} 浓度过高的主要原因。因此需在物料装卸行为的起始阶段，快速、灵敏地识别产尘行为，是实现高效抑制粉尘的重要手段。传统的图像识别技术，反应时间长、识别准确率低，不能对物料装卸的动态行为进行快速、精确识别。因此，在传统图像识别算法的基础上，增加了坐标定位算法、烟羽识别算法和污染源时空分布特征识别算法，同时在传统车辆照片数据库中，进一步增加了产尘行为及烟羽数据库。实际应用后发现，识别反应时间 1s 以内，识别准确率达 99%。其技术路线如图 6-31 所示。

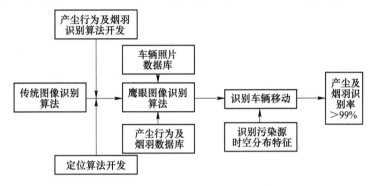

图 6-31　鹰眼图像识别技术开发路线

b　难点攻关

视觉识别技术：传统图像识别技术多应用于人脸及车辆识别，准确判断无组织污染排放又是一个技术难题，如图 6-32 所示。

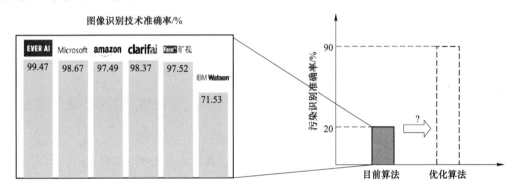

图 6-32　视觉识别技术准确率对比

在管控治一体化系统中，若要成功运用于识别污染行为及粉尘烟羽，必须要进行算法改进。

鹰眼视觉识别技术采用陷阱的时域热气方差分析算法来检测潜在目标点和空间域方差分析来压制由于摄像头抖动造成的误检，如图 6-33 所示。不同口径下时域方差变化提供了自适应的检测阈值和低噪声的目标分割。该目标检测方法无需复杂的背景建模，对存储要求小，计算优，尤其适用于对噪声环境下细小目标的检测。其算法原理如下：

$$Los = P'_{co}L'_{po} + P''_{co}L''_{po} + L_{cls.obj} \tag{6-1}$$

式中　Los——识别模型的损失函数；

　　　L'_{po}——预测框与目标框中与中心点有关的损失（P'_{co} 为该损失所占的权重）；

　　　L''_{po}——预测框和目标框中与长宽维度有关的损失（P''_{co} 为该损失所占的权重）；

　　$L_{cls.obj}$——预测框中是否包含物体的损失和包含物体的类别与真实类别之间的损失。

图 6-33　视觉识别技术现场应用设想

图像 k 在点 (i, j) 的时域方差为

$$\sigma_{2(i,j,k)} = S_{2(i,j,k)} - \mu_{i,j,k}^2 \qquad (6\text{-}2)$$

式中，$\sigma_{2(i,j,k)}$ 为时域方差；i, j 为图像像素坐标；坐标轴原点在图像左上角；k 为 k 帧图像。

其中：

$$S_{2(i,j,k)} = \frac{1}{L} f_{(i,j,k)}^2 + \frac{L-1}{L} S_{2(i,j,k-1)}$$

$$\mu_{(i,j,k)} = \frac{1}{L} f_{(i,j,k)} + \frac{L-1}{L} \mu_{(i,j,k-1)}$$

$$S_{2(i,j,1)} = f_{(i,j,1)}^2$$

$$\mu_{(i,j,1)} = f_{(i,j,1)}$$

$f_{(i,j,k)}$ 为图像 k 在 (i, j) 点的灰度值，L 为时域参数，当一点满足以下条件时就识别为目标点：

$$\sigma_{2(i,j,k)} \geq \text{Max}(T, \sigma_{2(i,j,k-1)})$$

式中，T 为阈值参数，取决于图像质量、相机运动和背景噪声水平。

鹰眼视觉识别技术采用的高清摄像机来实现目标实时检测，其过程中的主要控制参数为图像坐标与物理空间坐标，涉及的关键因子为上述算法中的时域参数 L 和阈值参数 T。例如，当运料卡车进入料棚作业时，目标检测效果如图 6-34 所示。图 6-34a 为原始图像，图 6-34b 为前面 4 帧图像的时域方差在阈值 T 下的二值图。

C　物料储存区治理系统集成研发

前述研究表明，料棚粉尘以 PM_{10} 为主，且 PM_{10} 的高浓度区域的分布也会受到风向条件和料堆布置的影响。因此，物料储存区治理系统研发重点考虑对 PM_{10} 颗粒物的抑制，并确定超细雾炮、双流体干雾及其与鹰眼图像识别技术的智能化集成及联动的开发思路。

水雾抑尘基本原理如图 6-35 所示。主要是依靠水/纳膜对粉尘进行包裹或浸润，来实现粉尘的沉降。超细雾炮喷嘴高效抑尘试验表明，供水压力在 3.5~5bar❶ 时，雾滴平均粒

---

❶　1bar = 0.1MPa。

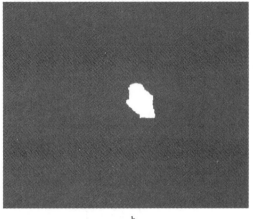

a　　　　　　　　　　　　　　　　b

图 6-34　前面 4 帧图像的时域方差在阈值 *T* 下的二值图

a—原始图像；b—二值图

径为 $25 \sim 33\mu m$，PM_{10} 去除率可达 85%。雾炮射程可达到 $40 \sim 80m$ 之间。具体如图 6-36 所示。

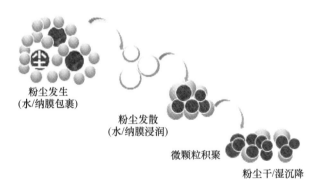

粉尘发生
(水/纳膜包裹)

粉尘发散
(水/纳膜浸润)

微颗粒积聚

粉尘干/湿沉降

图 6-35　水雾抑尘原理

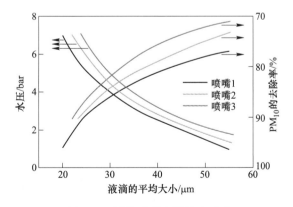

图 6-36　雾炮喷嘴高效抑尘试验

筒体转动电机以直流电机代替传统交流电机，转速快、平稳，易于控制，无卡顿感；定位控制采用编码器的控制方式，可精准、快速定位指定角度，角度定位值偏差<±5°。

双流体干雾抑尘机由空压机、储气罐和干雾机组成，如图 6-37 所示。其中关键设备干雾机主要采用高压云雾技术、超声波超细雾技术和电离子水技术。干雾抑尘机采用水和空气双流体驱动，随着水压与气压逐渐增大，其雾滴粒径逐渐减少，平均粒径可达 10μm 以下。试验结果表明，当水压大于 2bar 且气压大于 3bar 时，干雾抑尘机喷雾对 PM_{10} 去除效率达到 95% 以上。单个喷嘴覆盖范围：2~4m²，单台含 200~300 个喷嘴。具体如图 6-38 和图 6-39 所示。

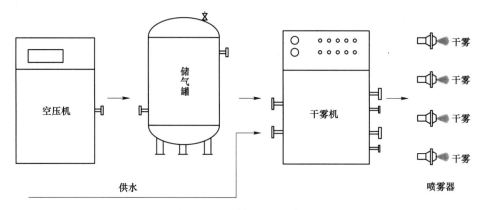

图 6-37　干雾抑尘机组成图

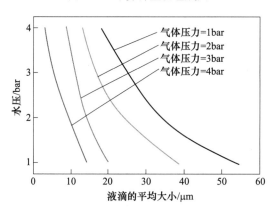

图 6-38　干雾机运行参数调控试验

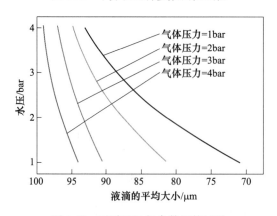

图 6-39　干雾机运行参数调控试验

通过控制中心和云计算，实现鹰眼图像识别模块、智能超细雾炮和智能干雾抑尘机的一体化闭环联动，精准抑尘，从发现污染到进行治理，时间周期大幅提升至 5s 以内，PM_{10} 降尘率可达 90%~98%；无组织污染物排放大幅削减，80% 以上，耗水量大幅降低 30%~50%。物料储存一体化管控治系统构架如图 6-40 所示。

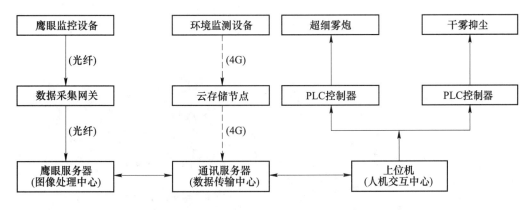

图 6-40 物料储存一体化管控治系统构架

6.3.4.2 物料输运管控治一体化技术

A 输运过程无组织排放特征研究

对一条 3m×3m×50m 皮带通廊输运过程进行仿真研究，发现皮带周边的空气流速由皮带中心向两侧逐渐减小，说明通廊内的气流主要受皮带的粗糙壁面在水平运动时产生的边界层影响。皮带顶部的高速流动区，粉尘泄露风险点。图 6-41 为皮带通廊横截面气流速度及矢量图。

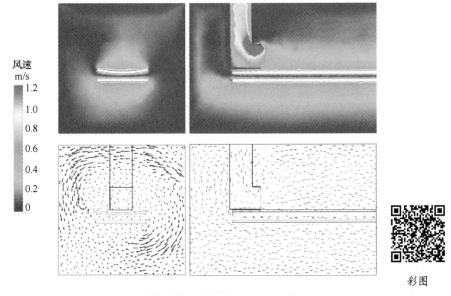

彩图

图 6-41 皮带通廊横截面气流速度及矢量图

　　图 6-42 为迁钢某皮带输送线采集的颗粒物样品的扫描电镜图，皮带输送过程的粉尘形态主要为不规则型颗粒物。针对迁钢皮带输运过程中的粉尘进行粒度分析，发现料棚内颗粒物粒径以 PM$_{2.5}$ 和 PM$_{10}$ 为主，如图 6-43 所示。通过对物料输运过程粉尘排放的模拟分析，发现输运过程粉尘扩散具有以下特征：（1）物料在落料点处粉尘排放浓度最大；（2）从落料点开始，粉尘以点源与线源扩散方式分别沿皮带行进方向和宽度方向扩散；（3）皮带输运前端收尘点负压越大，皮带区域粉尘浓度越低，治理效果越好。具体如图 6-44 所示。

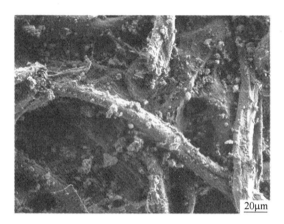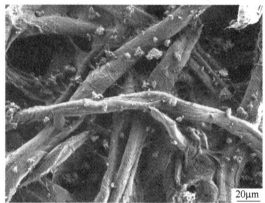

图 6-42　物料输送区无组织颗粒物的 SEM 图

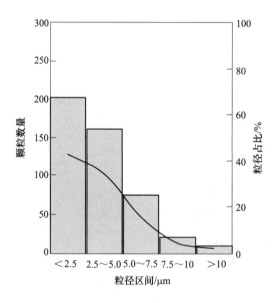

图 6-43　输运过程中颗粒物粒径分布

B　物料输运管控治系统集成开发

　　根据皮带输送过程粉尘排放特征，物料输运管控治系统集成开发以生物纳膜抑尘装置、皮带密闭导料装置、负压收尘装置及其智能联动控制为主。

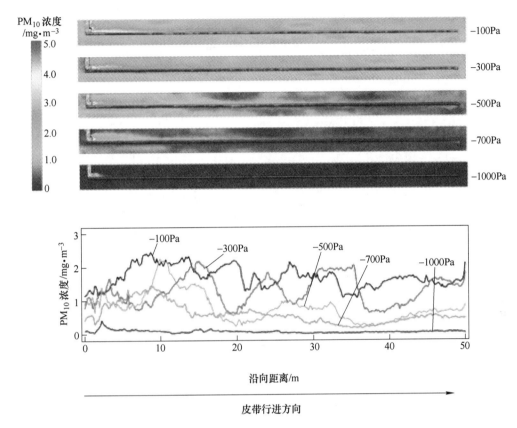

图 6-44　物料输运过程粉尘浓度分布

生物纳膜抑尘装置是一种应用于固体物料加工或运移过程中的粉尘抑制的新型抑尘设备，其结构如图 6-45 所示。该抑尘机主要由水箱 1、抑尘原液存储箱 2 和精确比例混合装置 5 构成抑尘溶液制备部，水从水箱 1 经由泵 3 和阀门 4 供应到精确比例混合装置 5，抑尘原液从抑尘原液存储箱 2 经由另一支路中的泵 3 和阀门 4 供应到精确比例混合装置 5，水和抑尘原液经精确比例混合装置 5 混合后供应到液膜发生器 7。同时空气压缩机 6 将压缩空气供应至液膜发生器 7，抑尘原液和压缩空气在液膜发生器 7 中经过充分搅动和多级过滤而形成薄壁密集细胞状的抑尘液膜。所形成的液膜经液膜喷施部 8 在抑尘工作区中进行喷施。

图 6-46 为图 6-45 中液膜发生器的结构图。压缩空气输入端 1 和抑尘溶液输入端 2 设置在液膜发生器壳体 4 的下端，液膜输出端 3 设置在壳体 4 的上端。壳体 4 内的下部安装有下叶轮 5 和上叶轮 6，叶片方向相反，之间由隔套 7 隔开，上部安装有多孔粒状滤层 8，与上叶轮 6 之间利用细网状隔膜 9 隔开。下叶轮 5 和上叶轮 6 转动时，对进入液膜发生器内的抑尘溶液和压缩气体进行搅动，产生液膜，此液膜接着经由多孔粒状滤层 8。经过充分搅动和多级过滤从而形成薄壁密集细胞状的抑尘液膜，使液膜的壁厚更薄，同时使液膜的延展面最大化，其总体积膨胀 25~50 倍，液膜与空气接触面积增加 180~600 倍。产生的抑尘液膜的液泡半径不大于 2mm，抑尘液膜壁厚不大于 0.2mm，并且在无干扰环境中的滞留时间不小于 30min。

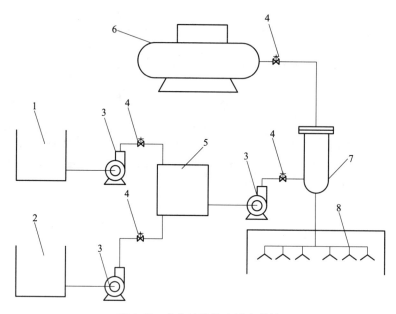

图 6-45　生物纳膜抑尘设备结构

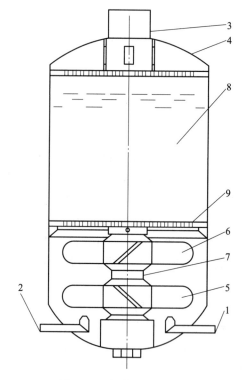

图 6-46　液膜发生器结构

生物纳膜抑尘原液是一种无毒无害、可生物降解的新型环保抑尘剂，基本组成如表6-7所示。利用纳膜电离性吸附，充分团聚小颗粒粉尘，从而凝并形成大颗粒，达到源头抑尘的目的。

表 6-7 生物纳膜抑尘原液组成

序号	成 分	占比（质量分数）/%
1	日用品级生物蛋白	7~15
2	食用级生物多糖	5~10
3	去离子水	65~83
4	氟碳复合表面活性剂	2~5.5
5	偏磷酸铵	1.5~3
6	防冻剂	1
7	缓蚀剂	0.5

在实际使用过程中，生物纳膜抑尘剂原液与水容积比例范围为 0.5：100~10：100。针对物料原有粉状细粒级含量和破碎后可产生的粉状细粒级比例，该范围内选择合适的抑尘原液添加比例，抑尘原液的比例越高，最终形成的液膜体积和接触面积越大，固尘、抑尘效果也越好。

图 6-47 是生物纳膜抑尘机对皮带行进方向 PM_{10} 浓度分布的影响。由图可知，（1）在物料输送过程中，不使用生物纳膜抑尘剂时，细颗粒物会扩散蔓延至整条皮带通廊，空间内 PM_{10} 长时间处于高浓度水平；（2）在皮带转运点处喷洒生物纳膜抑尘剂后，PM_{10} 在皮带通廊内浓度水平有所下降。离落料点越远 PM_{10} 浓度越低；（3）随着生物纳膜抑尘剂浓度的增大，抑尘效果也更加明显。图 6-48 为生物纳膜实际喷头工作状况。

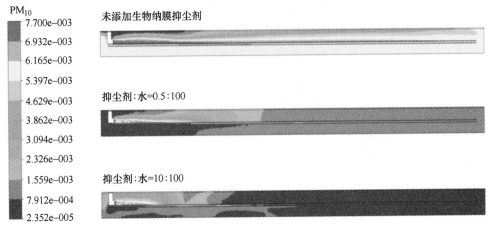

图 6-47 生物纳膜抑尘机对皮带行进方向 PM_{10} 浓度分布的影响

同时，针对物料在输运过程中，粉尘在皮带宽度方向上的扩散行为，对物料输运过程进行了仿真分析。结果表明，只有当皮带完全密封的情况下，才能实现物料输运过程粉尘逸散浓度最低，如图 6-49 所示。因此开发了皮带密封导料装置，采用了以下设计：（1）顶部采用 Y 型双层扩容式和弓形顶设计；（2）内层采用混炼型聚氨酯橡胶，防止漏料；（3）外层采用复合聚氨酯耐磨层，寿命长且不伤皮带。具体如图 6-50 所示。

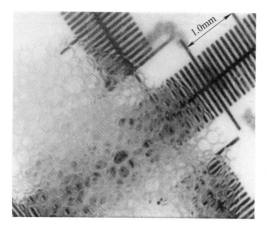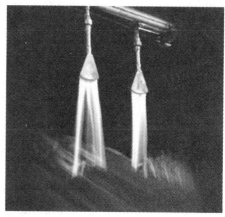

图 6-48　生物纳膜喷头实际工况

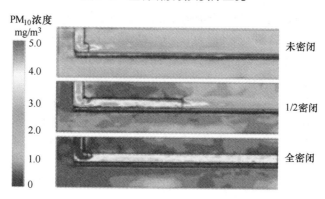

图 6-49　物料输运过程中粉尘扩散模拟结果

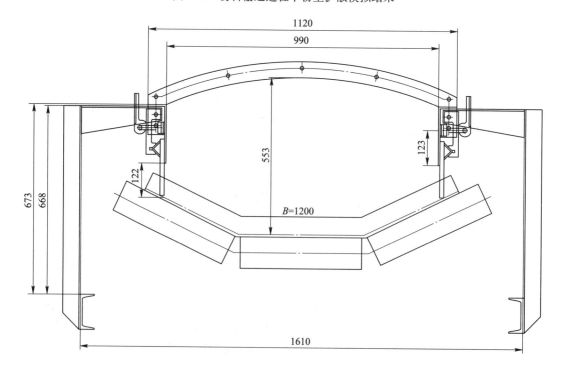

图 6-50　皮带密封装置结构

　　由于皮带输运末端收尘点负压越大，皮带区域粉尘浓度越低，治理效果越好。因此，在皮带末端安装负压收尘装置，如图 6-51 所示。负压收尘试验表明，负压达到 800Pa 以上时，除尘效率可达到 80%以上，如图 6-52 所示。

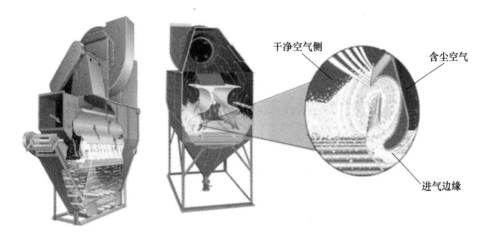

图 6-51　负压收尘装置

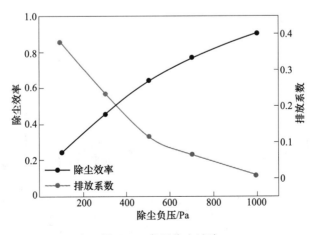

图 6-52　负压收尘试验

通过尘源点监测仪实时监测，实现了落料点的生物纳膜源头抑尘技术、输运过程的皮带密封装置和皮带末端的负压收尘装置的一体化结合，实现了对物料输运过程粉尘的有效抑制，如图6-53所示。

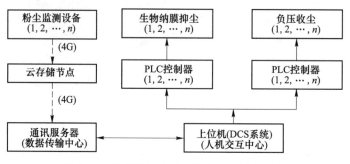

图6-53　物料输运过程一体化治理技术系统

6.3.4.3　厂区环境管控治一体化技术

A　厂区重点污染点位分析

a　分析原理

（1）调度阈值逻辑原理：结合不同道路监测点位，通过比对各点位的污染数据并进行挖掘分析，找到污染扬尘事件特征规律，分析智能调度阈值逻辑。

（2）数据图谱筛选：通过收集到的各道路环境监测点位的污染值数据，对比各污染值数据趋势变化，观察非道路区域和道路区域的污染的数据趋势变化图的趋势折线图，选取变化趋势类似的区间图谱，截取该段时间的数据集，进行细节对比分析。

b　数据分析

以首钢迁钢厂区环境2019年8月1日至15日部分监测点位数据为分析依据，例如厂区交叉路口1号监测点、相邻道路2号监测点（最近1号监测点的道路点位）以及3号非道路监测点（最接近1号监测点的非道路点位）和4号非道路监测点（最接近2号监测点的非道路点位）的PM_{10}浓度趋势变化如图6-54所示。图中为2019年8月1日至15日数据。对数据进行整理，分析后得出图6-55的结果。

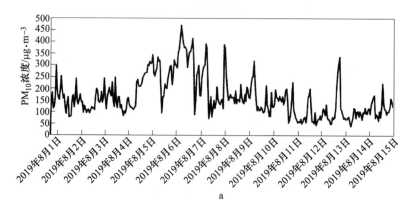

a

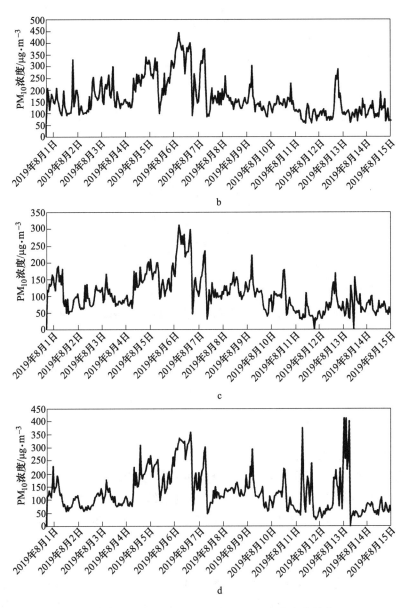

图 6-54　首钢迁钢道路监测点的 PM_{10} 浓度变化趋势

a—1 号道路；b—2 号道路；c—3 号道路；d—4 号道路

以首钢迁钢南料场 2 号棚为例，清洁车智能调度逻辑为：

扬尘污染函数：$g(x) = 1.04x + 19.218$

污染事件函数：$f(x) = 0.5918x + 20.643$

全厂适用性：由于首钢迁钢南料场 2 号棚附近点位数据聚合分类属性较为明显，其区域总污染值和道路扬尘污染的区分较为明显，便于分析。全厂不同主干道的扬尘污染会有不同的变化趋势线，但上文所述的判定关系原理可以普遍适用。

影响条件：针对函数斜率，不同道路附近的工作性质决定函数斜率的大小。不同季

道路扬尘指数区域

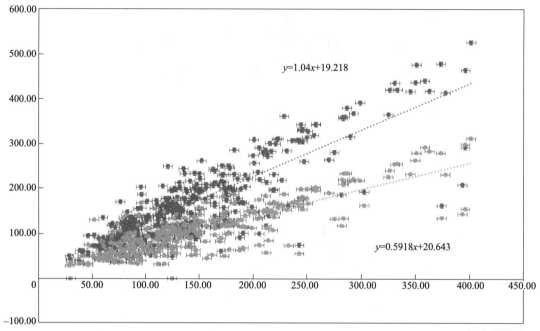

图 6-55　首钢迁钢污染扬尘事件特征

彩图

节，工厂产量也决定斜率的大小。

B　清洁车辆智能调度技术应用

厂区环境无组织粉尘主要来源于车身粉尘和卡车对道路粉尘的二次碾压的道路扬尘。现有清理方式存在有效清洁效率低和清洁车调度冗杂的问题。因此，急需开发出以颗粒物浓度监测数据为依据，通过数据分析，数据挖掘，路径优化算法等为手段，清洁设施智能调度系统。

a　逻辑分析

（1）阈值逻辑。从历史数据中选取污染数值超标次数阈值选取方法：按照《中华人民共和国国家标准环境空气质量标准》中并结合当地去年实际污染平均值，设定在 150s 之内 PM_{10} 污染平均值不小于 $300\mu g/m^3$ 为调度清洁车阈值。

（2）调度逻辑。历史实时数据中，筛选出所有超过 $300\mu g/m^3$ 的数据，包括设备编码、记录时间、PM_{10} 和 $PM_{2.5}$ 的数值和工厂信息。综合总计所有的超标数据和超标次数，筛选出重点超标点位。

b　实现路线

以首钢迁钢为例，结合厂区环境管理特点，厂区道路污染数据通过环境道路监测探头收集至数据库，采集的数据主要包括实时污染数据。小时污染平均数据、日污染平均数据、设备编码、地点信息、车辆类型和道路信息等。然后对取得的数据进行分析，通过重点污染点位统计分析，并结合各厂不同类型的多因子数据进行清洁车调度，实现路线如下：

（1）确定污染值超标阈值。现阶段根据现场管理情况采用 $300\mu g/m^3$ 为污染值超标阈值。

（2）重点污染点位的分析。通过往前历史数据，筛选出污染超标次数阈值。

（3）污染点与车辆的距离计算。污染点位 GPS 信息的和车辆 GPS 信息的比对，判断情节车辆的距离信息。

（4）多因子耦合。判断道路类型、车辆类型、污染信息，并发送调度指令至调度设备。

6.3.5 无组织排放治理效果

2019 年 8~9 月国家监测总站对迁钢无组织排放控制措施进行评估。具体核查工作主要采用现场实地检查及数据分析相结合的方式开展具体核查工作。监测点分为厂内车间监控点和厂界监控点两类。监测时间：2019 年 8 月 26 日至 30 日，9 月 1 日至 6 日，共 11天。具体废气无组织监测内容见表 6-8。

表 6-8 具体废气无组织监测内容

项 目	监测点位	点位编号	布设位置说明	监测项目	监测频次
$6\times99m^2$ 烧结	厂房门窗边	O1~O2	原料筛分处，烧结不具备条件	颗粒物	监测 11 天一天 4 次
$360m^2$ 烧结	厂房门窗边	O3~O5	配料车间设 2 个，烧结设 1 个		
球团	厂房门窗边	O6~O7	造球车间两个系列各设 1 个		
高炉	出铁场门窗边	O8~O10	3 个控制室门前各设 1 个		
转炉	厂房门窗边	—	车间负压，不具备条件	—	—
热轧	厂房门窗边	—	车间负压，不具备条件		
硅钢	厂房门窗边	—	车间负压，不具备条件		
厂界	厂界外 1m	O11~O14	上风向布置 1 个，下风向布置 3 个	颗粒物	监测 11 天一天 4 次

监测结果表明，10 个车间监控点颗粒物无组织最大排放值为 $1.44mg/m^3$，厂界监控点的颗粒物无组织最大排放值为 $0.96mg/m^3$，未超过河北省地方标准《钢铁工业大气污染物超低排放标准》（DB13/2169—2018）中规定的 $5.0mg/m^3$ 和 $1.0mg/m^3$ 的标准限值。

6.4 无组织排放监测监控

钢铁生产过程中无组织排放的污染物近地面排放、不易吸湿扩散且排放源数量多、分布广，直接影响近地面大气环境质量和周围人身体健康。对于有组织排放只要正确合理地选择处理的技术和方法，一般比较容易实现达标排放，而无组织排放由于其阵发性和源分散的特殊性，控制难度较大，其对环境造成的影响也越来越突出[8]，为减少钢铁工业污染物的排放量，应该采用合理的监测监控技术对钢铁工业污染物的无组织排放量进行监测，保证其在标准范围内，将无组织排放发展为合理排放。

6.4.1 颗粒物监测与核算

无组织排放废气中含有大量的粉尘、烟、飞灰等颗粒污染物，其主要来源有包括运、储、输等过程的矿料物流系统；还有高炉、转炉、焦炉等冶金炉在生产过程中烟气的大量外溢[9]。这些颗粒物表面富集了很多重金属元素，形貌复杂[10]、颗粒细、温度高，组成成分多，粒径变化范围大。据研究[11,12]表明，无组织排放颗粒物的粒径主要在 0.01～100μm 之间，粒径的峰值大部分集中在 10～20μm 之间。所以，对于无组织排放颗粒污染物的监测意义较大，可为实际无组织排放的治理提供依据，将监测与核算结合，能进一步验证监测数据的准确性和可行性。

6.4.1.1　监测方法与原则

A　监测方法

通过提出监测颗粒物无组织排放量的具体方法，增强颗粒物无组织排放的监测效果，减少无组织排放污染源，改善大气环境。目前常用的监测方法主要有断面监测法、原材料分析监测法、反推监测法、降尘监测法。

a　断面监测法

在无组织排放污染物的断面处设置监测点，以监测一定时间内的风向及该时段内无组织颗粒物的排放量。在选择检测点时要保证选择的监测点能够有效地监测风速及颗粒物的排放量，监测点与无组织排放源的距离一般保持在 40m 左右，以保证数据的准确性，还要保证监测点的数据不受有组织排放的影响，且风速在 2～3m/s 为最佳[13]。使用断面监测法对颗粒物无组织排放进行监测，计算结果较为准确。但需要大量的监测点以及要保证监测点的监测高度很大程度地制约了断面监测法的使用。

b　原材料分析监测法

利用物质间的平衡原理，监测人员根据工厂的原材料的投放、生产过程及辅助材料的使用情况，通过输入量与输出量相等计算颗粒污染物的无组织排放量。原材料分析法是理论上最科学的监测方法，但在实际工艺过程中，往往不能准确掌握原材料的使用情况，造成计算结果的偏差。要保证原材料分析法的准确性，不仅要充分掌握原材料数据，还要准确掌握钢铁生产过程中的废气排放及产后废物堆积产生的废气物等[14]，合理使用该方法难度较大。

c　反推监测法

根据反推方式不同，将颗粒污染物无组织排放分为直接反推法、单弧反推法和多弧反推法三种[15]。

（1）直接反推。直接反推法是直接在颗粒物无组织排放源建立采样点，检测地面颗粒物浓度，反推颗粒物无组织排放的排放量。这种方法能够实现无组织排放量的估算，容易操作，但误差较大，误差产生的原因是地面本身存在阻风点，影响流通风速大气本身的物理或化学性质，从而影响数据采集的准确性，且此方法属于非轴心浓度检测法，与颗粒污染物的扩散性质不同，影响监测结果。

（2）单弧反推法。单弧反推法是将所有浓度采样点组成采样弧线，其中颗粒物浓度最大的采样点作为轴心点，采样点浓度设为轴心浓度，利用这种轴心法对无组织排放量监测，更接近实际情况，提高颗粒物无组织排放量的监测效果。利用此方法虽然克服了轴心问题，但仍存在地面粗糙、大气自身因素等的问题，也会影响对无组织排放量的监测。

（3）多弧反推法。多弧反推法是单弧反推法的深化，在单弧反推法的基础上，通过增加弧线及轴心点，实现对颗粒物的准确测量。采用多弧反推法可以充分弥补直接反推法和单弧反推法的不足，但需要的采样点更多，监测工作量大，操作难度大。

d 降尘监测法[16]

降尘监测法是把颗粒物的无组织排放程度进行量化，进而控制厂区颗粒物的无组织排放，将集尘缸作为降尘的收集容器，将其放置在距地面高度 5~12m，距取样平台 1~1.5m 的建筑物上，以水为介质，用重量法测定空气中可沉降颗粒物的量，沉降于集尘缸中的颗粒物，设定相同间隔时间进行收集，将样品蒸发、干燥、称量后，得到颗粒物的沉降量。

B 监测原则

在进行监测前应拟定监测方案，确定监测项目如 TSP、$PM_{2.5}$、PM_{10} 等监测项目，监测点位、监测时长，气象参数等需要监测的内容，以《大气污染物无组织排放监测技术导则》中的规定为依据，对无组织排放颗粒物进行监测。

a 监测点布设原则

将钢铁企业厂房作为一个整体进行监测，根据企业厂界外实际情况，在厂界四周预设 4 个点位，保证在各种风向条件下均能够有 1 个背景点位（在主要污染源上风向 2~50m 处），下风向厂界外 2~50m 范围内，将采口高度控制在 1.5~15m，按扇形分布特点共布设 3 个监测点，保证企业在正常生产工况下监测，避免企业停产或者处在设备维护保养期[17]，监测点位布设示意图如图 6-56 所示。

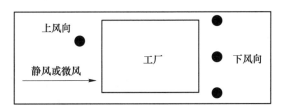

图 6-56 监测点位布设示意图

当排放源达到一定高度以及采样口周围具有较多障碍物、树木、围墙时，要将采样口抬高，将高度设置在高处障碍物 20~30cm 的范围内，保证顺利采样。如果有条件限制不能将采样口抬高则需要将监控点设在距阻碍物高度 1.5~2.0m 处[18]。

当无组织排放源与监测点的数量一对多时，要依据具体情况考虑在浓度叠加区增设监测点。在监测过程中遇到大风、扬尘时，要将监测点设置在可能的范围最高处，防止监测点不慎落入气流混合交杂的地方。

在受到较多的现场条件的限制下，需要坚持科学合理的原则，采取有效的解决方法。如在建筑位于沿河地带的情况下，将监测点设置在周界内，依据需要调整采样口高度。

通常在一种设置方法中，监控点的数量以 4 个为上限。采取两种设置方法时，监测点的数量同样需要控制在每种方式 4 个以内[18]。在实际监测过程中需要在实际情况允许的情况下，尽量减少监测点的数量。

b 背景点的设置

设定背景点的目的即了解本底值的大小。因此，要在代表污染物本底浓度时的点位设置背景点。背景点的设置应防止受到排放源的影响。通常以设置一个为最佳，主要方位于排放源的上风向，距离在 2~50m 内，而且污染物的本底值要在显著设置的背景点才有意义。

为了保证颗粒污染物能够科学排放，需要利用有效的监测技术对包含颗粒物的污染物进行全面监测，最大限度避免无组织排放颗粒污染物对环境的污染，在钢铁工业中不同工艺过程产生的颗粒物不完全相同，也应该采取不同的监测方式进行监测，在制定监测方案时要按照无组织排放监测原则，综合考虑监测技术的可行性及厂房和排放的实际情况。

6.4.1.2　核算方法

无组织排放的核算作为监测的补充手段，目前普遍采用的方法有：经验估算法、类比实验法、地面浓度反推法、通量法等[19~25]。

A　经验估算法

将原料一年的用量及产量和物料在装置内的总循环量按照一定的比例，根据经验大概估算出气体污染物无组织排放量，不同工艺流程区域的无组织排放估算不同，采用该方法得到结果相对粗略。

B　类比实验法

利用现有实测数据运用到具有相同类型的项目上进行分析并获取排放量。两个项目之间要具有相似性和可比性，设计生产规模、工艺流程、地理位置、气候等是需要类比的数据，在某些物料守恒无法计算的车间可运用类比法进行无组织排放核算。

C　地面浓度反推法[24~26]

应用无组织排放源（点源、线源、面源）的浓度预测模式，以大气扩散理论作为理论基础，根据测得的无组织排放源污染物的实际排放浓度以及气象条件等各项因素反推出无组织排放量，具体计算公式见式（6-3）。

$$Q_c = 11.3C(a, b, 0)u_{10}\sigma_z(\sigma_y^2 + \sigma_{初始}^2)^{0.5}\exp\left(\frac{H^2}{2\sigma_z^2}\right) \times 10^3 \qquad (6-3)$$

式中　　　Q_c——无组织排放源强，kg/h；

$C(a, b, 0)$——无组织排放源强的地面浓度，mg/m³；

u_{10}——10min 时间离地面 10m 高度处的平均风速，m/s；

σ_y——铅直方向、水平方向以及初始的扩散参数，m；

σ_z——水平方向的扩散参数，m；

$\sigma_{初始}$——初始的扩散参数，m；

H——平均排放高度，m。

D　通量法

根据连续性原理，在无组织排放源的上风向设定参考点，在距离无组织排放源下风向 10~100m 处设定一个垂直断面，通过测量断面上的风速、污染物的浓度等因素来确定气体污染物的排放量，通量法认为通过下风向任意截面处的污染物通量是相等的，其计算公式见式（6-4）。

$$Q = \sum_{i=1}^{N} 3.6u(C_i - C_0)S_i\sin\varphi \times 10^{-3} \qquad (6-4)$$

式中　　Q——无组织排放源强，kg/h；

　　　　u——第 i 个测点处平均风速，m/s；

　　　　C_i——第 i 个测点气体污染物的浓度，mg/m³；

　　　　C_0——污染物参照点处浓度，mg/m³；

　　　　S_i——垂直断面的面积，m²；

　　　　φ——平均风向与断面之间的角度，(°)。

为达到有效控制钢铁工业颗粒物无组织排放，需要根据厂房实际情况在排放源头、过程和末端采用最实用的控制技术，并通过排放源及过程监测、厂界排放监测、厂区空气检测和周边社区空气质量监测等监控和保障企业运行平稳、排放达标。结合离线、实时在线和移动监测等设计[27]，全方位构建颗粒物无组织排放监测管控体系。

6.4.2　工艺参数监控

钢铁车间无组织排放随时间、空间和生产工况波动大，且与气象条件变化形成复杂的大型面源或体积源污染特征，对其进行排放控制、监测与核算极其困难和复杂[27]。烧结球团、炼焦、炼铁等工序是无组织排放污染物的主要来源[28,29]，通过对各工序的不同工艺参数进行即时监控并进行记录，对工艺参数进行优化，可尽量避免生产过程中的无组织排放，从源头进行治理。同时在污染物的捕集与净化过程中，通过与生产工艺紧密结合，确保高捕集率，才能真正实现对无组织排放污染物的治理。所以对钢铁厂生产过程中工艺参数的监控十分必要的。为了使无组织排放达到要求，保证产品的质量，必要对其工艺过程监控，达到确定和优化工艺参数。建立成分质量保证的计算机网络系统，对钢铁厂房内各工艺参数进行监测监控。

6.4.2.1　炼钢工艺流程

钢铁企业工序多、工艺流程复杂，其中炼钢工艺为主要的工艺过程。转炉炼钢以铁水及少量废钢等为原料，以活性石灰、萤石等为熔剂，熔剂等辅料由炉顶料仓加入炉内，在铁水和废钢加入炉内后，摇直炉体进行吹氧，为了强化冶炼，通常向炉内熔池中吹入纯氧。转炉吹炼时由于氧气和铁水中的碳发生化学反应，产生大量转炉煤气，同时铁水中杂质与熔剂相结合生成钢渣。当吹炼结束时，倾倒炉体排渣出钢。出钢过程中向钢包中加入少量铁合金料使钢水脱氧和合金化。为冶炼优质钢种，将转炉钢水再送钢包精炼炉进行精炼，对钢水进行升温、化学成分调节、真空脱气和去除杂质。

在生产工艺过程中，炼钢的主要废气污染源包括一次烟气、二次烟气、铁水脱硫烟气、脱硫扒渣烟气、精炼炉烟气及散状料上料系统废气等。主要来自吹氧冶炼期产生的烟气称为转炉一次烟气。由于在高温下鼓入大量氧气，铁水中的碳迅速被氧化成 CO，故炉气中的主要成分是 CO，但也有少量碳与碳与氧直接作用成 CO_2 或 CO 从液面逸出后再与氧作用生成 CO_2。同时在高温熔融状态下，还有少量的化合物蒸发汽化，与 CO、CO_2 等形成大量烟气。该烟气从熔化状态的铁水中冒出时，因物理夹带，也要带出少量的物质微粒。在高温下蒸发的物质，离开熔池后不久便冷凝成固体微粒。

6.4.2.2　各工序主要工艺参数

在钢铁车间不同工艺流程对于需要监控的工艺参数各不相同，比如焦化工序的焦化炉出口温度、压力,烧结球团工序的燃料内配量、燃料粒度、燃料用量、生球粒度、料层温度、烧结负压等,炼铁工序的冷风压力、热风压力、冷风流量、炉顶煤气压力、进出冷却水的压力、富氧流量、喷煤管道压力、鼓风动能、炉身温度等。

6.4.2.3　工艺参数的监测

具有代表性的工艺参数就主要是操作压力、操作温度,以轧钢环节为例对其中工艺参数监控进行说明。采用计算机网络对锁模力、轧制压力、温度,以及电机的电流、电压、功率、轴扭矩等进行监控。监控系统组成如图6-57所示[30]。

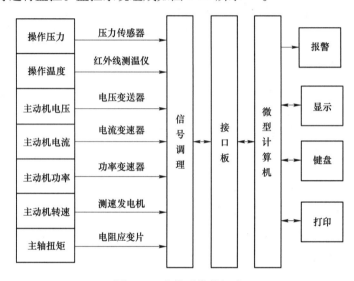

图 6-57　监控系统的组成

(1)锁模力监控。不管是全液压锁模机构或者曲肘锁模机构,锁模力均可以调整。特别是曲肘锁模机构,每更换一次压铸摸都需要进行新的调整,以便适应不同的模具厚度和所需锁模力。在无测力仪表指示的情况下往复调整十分麻烦;是否达到了规定的锁模力就更无把握。如图6-58所示,锁模力测量仪有4个表头分别测量并监视4个拉力柱所受的拉力,并能直读其吨位。安装这种仪表简化了调整程序,并能精确地调定锁模力;在压铸生产过程中周期地监视着锁模力因温度变化等因素引起的锁模力的变化。

(2)压力监控。在型钢轧机压下螺丝下安装了压磁式压力传感器,其工作原理是将压力传感器因受轧制压力作用而产生的磁导率变化转换成电压变化,通过电压变化反映轧制压力的变化。

(3)主电机电流、电压、功率监控。其由安装在主电室内的主动机电流、电压、功率变送器检测,输出电压信号。

(4)主轴转速监控。由主电机上的测速发电机输出电压信号进行检测。

(5)主电机轴扭矩监控。将电阻应变片直接粘贴在主轴的表面上,通过应变片将主轴因扭矩作用而产生的应变转换成电压变化,由固定在主轴上的专用发射机发射出去,再由接收端接收机接收,从而避免了直接连接电缆时因主轴的旋转而发生缠绕事故。

（6）温度监控。温度监测和控制包括对合金温度
与模具温度的监控两个方面。目前合金温度的监控多使
用热电偶控温装置。而模具温度的监控问题较复杂。测
量模温也使用普通热电偶温度计，调整模温主要靠调整
冷却水的温度和流量。用非接触式红外线测温仪测量各
道次轧件的温度，输出电流信号。所有电压信号都经
V/I 模块转换成电流信号，输入到信号调理模板上。避
免电压信号远距离传输时衰减和外界干扰，提高系统可
靠性。

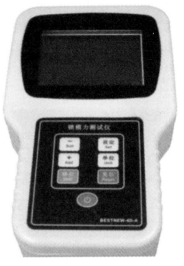

6.4.3　视频监控

数据监测仅能对环境参数进行监测，无法提供实时
图像，不能对污染源有清晰且直观的认识[31]，所以布
置一套视频监控系统可对钢铁厂区监测系统进行完善和

图 6-58　锁模力测量仪

补充，将监测数据处理服务器中的数据信息和污染源监控系统中的视频信息相关联，在实
现数据监测的同时进行更为直观地实时视频浏览和随时监控录像调用。通过该系统，更为
直观地监控无组织排放并提供高清视频，能够更好地提升环保部门的监督能力和监管
效率。

6.4.3.1　视频监控主要内容

有效的监控体系是无组织排放治理的关键，钢铁厂房无组织排放治理需要对产生无组
织排放的工艺和行为，治理设备的运行参数，各排放源、扩散路径和厂区的治理效果等进
行全方位监控。

A　易产尘点等无组织排放源监控

对于生产过程中物料转运、混合、破碎、筛分及烧结机尾、球团焙烧设备、烧结环冷
区域、高炉出铁场、混铁炉、铁水预处理、精炼炉、石灰窑、高炉矿槽和炉顶区域、炼钢
车间顶部等主要产尘点，可在收尘罩或抑尘措施上方等安装高清视频监控设施，并具备可
见烟尘自动抓拍功能。

B　无组织排放过程监控

监控记录无组织排放源相关生产设备的启停数据，比如配料的开启和关闭、上料皮带
的开停机等，无法监控设备启停数据的，也需安装具备自动抓拍扬尘功能的视频监控装
置，对作业和扬尘过程进行监控记录。

C　治理设施运行状态监控

记录风机、干雾抑尘、车辆清洗装置等无组织排放治理设施的启停状态和运行参数，
比如电流、风量、风压、阀门开闭、水量、水压等。

6.4.3.2　监控系统的组成

目前钢铁企业采用的传统模拟监控模式[32]主要是由网络高清摄像机、防护罩、监视

器、视频处理设备、网络传输设备、存储设备、维护终端以及电源设备等组成的网络监控架构，分为前端监控点、传输网络、监控中心、系统平台几部分。

前端监控点的一体化昼夜监控高清摄像机和视频编码器主要负责系统的视频信号采集和控制命令的执行，完成图像的采集、编码和传输以及摄像机的控制和辅助报警的输入及输出工作。

在监控中心完成视频音频信号的解码及输出显示，由电视墙服务器、客户端、网络交换机设备等共同完成图像浏览、切换、存储、检索、回放、控制、告警处理及语音对讲等[33]。

视频图像通过专用网络传输至主机房服务器，再通过主流媒体服务器转发至各个操作室解码上墙[34]，显示在调度室的液晶拼接大屏上并实时存储，作为集中监控也方便录像调用。

由于钢铁厂房内污染源处经常处于烟尘多、腐蚀物多、水汽多的环境，需重点考虑监控设备的防尘、防水以及防腐蚀的保护。所以防护罩必不可少，同时需要监控设备自带雨刷等自清理功能，可以定时或远程控制其进行自清理，以保证画面的有效性。

6.4.3.3　监控系统的业务功能

钢铁厂房无组织排放视频监控系统应基本具备以下功能：

（1）实时视频昼夜透雾监控。突破传统的短距离、白天监控的障碍，实现远距离、24小时实时视频监控，实时监控钢铁企业无组织排放的污染物以及周围环境状况。摄像机应该安装在无组织排放源附近，尽可能做到视野宽、无障碍，能清晰地看到污染物的排放状态，每个监控点尽可能监控覆盖更多的排放源。

此视频监控系统涉及对气体、颗粒、悬浮物等细小对象的监控，对图像有高清的需求。且雾霾或较大程度扬尘会对光线产生较强的散射和遮挡，使图像模糊，细节丢失。可采取视频监控透雾技术中的电子视频透雾技术针对由烟尘、雾气、灰霾等成像特征建模，采用图像处理技术有效恢复细节和色彩，获得准确、自然的透雾效果，处理前后对比如图6-59和图6-60所示[35]。

图 6-59　视频监控原始图像　　　　　　图 6-60　透雾处理后图像

（2）污染物参数叠加显示。视频监控软件平台将数据获取后，利用 DVR、IPC 等视频设备本身的 OSD 功能[35]，在前端进行图像与数据的叠加编码，可在监控图像上显示监控点采集到的污染物数据信息，直观便捷地进行参照对比。数据直接叠加入码流中进行存储，在后期录像回放时依然是视频和数据的匹配呈现，如图 6-61[35] 所示。叠加的字幕信息一般会显示烟尘、SO_2、NO_x 等 9 项无组织排放污染物的排放指标，字幕在显示时支持英文字母和数字。且在查询历史录像及数据的时候，图像和数据间可相互关联引用，图像和相关数据可以相互索引。

CH₄浓度：14.29mg/m³
CO₂浓度：58.93mg/m³
CO浓度：12.50mg/m³
O₂浓度：57.14mg/m³

图 6-61　视频 OSD 叠加界面

（3）录像存储与回放。对监控点处视频进行录像存储，并对存储的录像文件进行集中管理，用户可以对存储的监控录像进行多种条件下的检索、点播及回放等操作，可自行设置视频监控的存储时长。

（4）告警联动。当被监测污染物浓度超标时，监测设备将告警信号通过采集数据一起上报给管理平台或平台对数据进行设置告警指标，通过对前端上报的监测数据进行分析比较后，确认是否进行告警的触发，监控平台接收到告警信号即产生相应的告警联动操作，包括切换该监控点图像到电视墙、发出声光电警报启动该监控点录像，对监测系统关联的设备进行自动控制等，同时在系统中留下告警历史记录，方便查询管理。

（5）远程巡查、指挥调度

通过会议监控互通网关，可实现监测系统与视频会议系统对接，使监控更加直观化、图像化。实现在办公室、会议室等场合通过视频会议系统即可任意调看各污染源监控点图像，满足远程巡查和指挥调度的需求。

视频监控之前由于高带宽占用、与数据直接关联性低等本身特性的限制以及面临模拟摄像机清晰度低、传输线路铺设困难等问题，使得视频监控系统与整个污染源数据监测系统脱离，一直在传统的污染源监控项目中处于辅助或安保地位，实施完成后也仅作为现场情况全景查看的辅助手段，有效利用率不高。但现在视频技术高速发展，清晰度大幅提升，码流压缩率升高，4G/5G 无线视频和图片传输技术的应用也逐渐加强，使得视频监控在污染物监控领域有了新的起点。

6.5　清洁运输

随着钢铁行业的大气污染治理的深入推进，以生产工序排放为代表的有组织烟气排放得到有效控制，但以清洁运输排放为代表的移动源污染及管控问题逐渐凸显。2019 年，生态环境部等先后印发的《关于推进实施钢铁行业超低排放的意见》《关于做好钢铁企业超低排放评估监测工作的通知》等文件精神，也对钢铁行业清洁运输提出了要求。《关于推进实施钢铁行业超低排放的意见》首次对钢铁行业的物流运输环节提出非常明确的要求：进出钢企的铁精矿、煤炭、焦炭等大宗物料和产品采用铁路、水路、管道或管状带式输送机等清洁方式运输的比例不低于 80%；达不到的，汽车运输部分应全部采用新能源汽车或达到国六排放标准的汽车。清洁运输是当前钢铁行业实现超低排放的主要难题之一。

6.5.1　钢铁行业运输过程污染现状

据统计，2018 年全国钢铁行业粗钢产量为 9.28 亿吨，钢铁行业外部（进出厂）物流量约 46 亿吨，占全国货运总量 1/10 左右，其中公路运输承担 50% 的物流量，且 80% 左右为国三、国四排放标准的柴油货车，污染物排放量大。一个全流程的钢铁企业，生产 1t 粗钢需要 5 倍左右的厂外运输量（生产物料进厂量和产品出厂量）。以粗钢年产量 800 万吨的钢铁企业为例，进出厂区大宗物料和产品运输量约为 3300 万吨，全部采用重型柴油货车运输，日运输量可达 2230 辆次。据测算，钢铁成品及原材料运输排放 NO_x 30.3 万吨，颗粒物 3.7 万吨，NO_x 排放约为钢铁行业排放总量的 16%，加上厂内短途倒运汽车及工程机械的污染物排放量，移动源污染物排放量约为钢铁企业排放总量的 20%。另外如果考虑超标排放、低劣油品和不及时添加尿素等情况，运输带来的实际污染物排放量将占钢铁行业污染物排放总量的 30% 以上。

以唐山市为例，调研的 6 家典型钢铁企业中，4 家全部为汽运，其他汽运占比为 20%~50%；调研的邯郸市 3 家典型钢铁企业中，汽运占比为 10%~30% 不等，详见表 6-9。根据初步测算，唐山市重点统计钢铁企业因汽车运输导致的颗粒物、SO_2、NO_x、挥发性有机物与 CO 排放量分别约为 58.39t/a、32.78t/a、4836.66t/a、65.88t/a 与 2253.9t/a；邯郸市重点统计钢铁企业因汽车运输导致的颗粒物、SO_2、NO_x、挥发性有机物与 CO 排放量分别约为 93.43t/a、52.45t/a、7738.66t/a、105.4t/a 与 3606.24t/a；唐山、邯郸两市钢铁行业因汽车运输导致的颗粒物无组织排放量约为 18 万吨/a，如表 6-9 所示。

表 6-9　典型钢铁企业交通运输结构

城市	企业名称	火运比例 /%	汽运比例 /%	货运辆次	PM 排放量 /t	SO_2 排放量 /t	NO_x 排放量 /t	CO 排放量 /t	VOCs 排放量/t
唐山市	A	0	100	528000	3.01	6.76	249.27	116.16	3.40
	B	0	100	315000	1.80	4.03	148.71	69.30	2.03
	C	50	50	220000	1.25	2.82	103.86	48.40	1.41
	D	0	100	213333	1.22	2.73	100.71	46.90	1.37
	E	0	100	186666	1.07	2.39	88.12	41.03	1.20
	F	80	20	105600	0.60	1.35	49.78	23.18	0.68

续表6-9

城市	企业名称	火运比例/%	汽运比例/%	货运辆次	PM排放量/t	SO₂排放量/t	NOₓ排放量/t	CO排放量/t	VOCs排放量/t
邯郸市	G	70	30	80000	1.80	1.03	151.90	70.80	2.07
	H	80	20	96000	2.20	1.23	182.30	84.96	2.48
	I	90	10	112000	2.55	1.43	211.50	98.56	2.88

由于钢铁物料运输的特性,目前绝大多数钢企的厂外运输和厂内运输中,公路运输用车基本都是柴油车,当前柴油运输车辆替代是行业推动清洁运输的重点。钢铁行业清洁运输的症结在公路运输,而公路运输实现清洁运输的核心在解决柴油车的运输替代。

6.5.2 钢铁行业运输主要问题

国家钢铁物流存在的问题与行业的总体特征是分不开的,钢铁行业的供应链长、运输方式多样、物料种类多、物流大进大出。钢铁行业物流运输过程的污染物排放量不容忽视,实现清洁运输对钢铁行业超低排放有着十分重要的意义。

我国钢铁工业布局总体上呈现北重南轻、东多西少的特点,导致原料和产品长距离运输。尤其是像东北环渤海和长三角地区钢铁产能过度集中,大量生产的钢材产品需要北材南运,南北区域供需错配。由于行业对国外铁矿石依存度高达80%以上,大量铁矿石要经过长距离运输才能到达,运输量大而且成本高,产业布局不合理导致外部物流量巨大。厂区总图布置不合理也导致企业内部物流负荷增加。当前大多数钢铁企业都是滚动发展而来的,造成厂区见缝插针式的布局不太合理,各系统布局过于分散,上下工序间衔接不紧密,物料迂回运输,运输方式既不合理也不经济,此外,由于前期缺少整体规划,多数企业缺少铁路专用线以及配套的机械设施,大量进出厂的原料还有成品的外发,都依赖汽车来进行承担运输,机械效率低而且运输方式不清洁。在物流运输组织的过程中存在许多不合理的物流作业,造成了物料遗撒,形成二次污染,影响了厂区环境。从物料进场一开始到装卸线卸料口、堆场料棚、装载工具,还有汽车短途倒运的这些沿途路线,各类不合理的物流作业环节都有可能成为厂区环境的污染源,严重影响了厂容厂貌,其中铁前的烧结、球团、焦化还有仓储环节是受影响最大的区域。

钢铁企业物流管理职能相对分散,大多分散在采购、生产、销售等各个部门,缺少单独的物流管理部门对物流活动进行系统规划和统一运作管理。各种物流管理职能不集中导致了物流管理活动的人为分割,不利于物流作业和物流信息的传递,物流作业协调难度大,决策与运作脱节,致使企业物流运作效率低。同时,钢铁物流同其他行业的物流相比较,运输作业相对粗放,加上钢铁物流本身体量大,不易进行货物匹配,导致物料运输重运轻回,大量物流作业等待。钢铁物流的技术设施比较落后,运输效率普遍较低,运输设备以及装卸过程中存在过多的人为干预,并且运输设施超期服役。钢铁物流信息化起步相对较晚,与钢铁企业整体信息化程度相比之后,虽然建设了相关的物流信息化的模块,但是还不系统、不到位,这成为钢铁物流信息化的短板,而部分模块又流于形式,操作复杂仍需要大量人为参与,整个行业物流信息化水平低。钢铁物流产业发展还处于初级阶段,标准化工作滞后,钢铁物流相关的标准相对缺失。

6.5.3　运输结构调整

钢铁行业每年超过 40 亿吨货物运输量，其中约 50% 采用公路运输，运输结构调整是实现行业清洁运输的主要方向。国务院办公厅印发了《推进运输结构调整三年行动计划（2018~2020 年)》，要求重点突破、系统推进，以深化交通运输供给侧结构性改革为主线，以京津冀及周边地区、长三角地区、汾渭平原等区域为主战场，以推进大宗货物运输"公转铁、公转水"为主攻方向，不断完善综合运输网络，切实提高运输组织水平，减少公路运输量，增加铁路运输量，加快建设现代综合交通运输体系。

通过提升主要物流通道干线铁路运输能力、加快大型工矿企业和物流园区铁路专用线建设、优化铁路运输组织模式、提升铁路货运服务水平等方式，提升铁路运能。主要包括加快重点干线铁路项目建设进度，实施铁路干线主要编组站设备设施改造扩能，缓解部分区段货运能力紧张的情况，提升路网运输能力。支持大型工矿企业以及大型物流园区新建或改扩建铁路专用线。简化铁路专用线接轨审核程序，压缩接轨协议办理时间，完善铁路专用线共建共用机制，创新投融资模式，吸引社会资本投入。合理确定新建及改扩建铁路专用线建设等级和技术标准，鼓励新建货运干线铁路同步规划、设计、建设、开通配套铁路专用线。

通过完善内河水运网络、推进集疏港铁路建设、推动大宗货物集疏港运输向铁路和水路转移、大力发展江海直达和江海联运方式，升级水运系统。主要包括统筹优化沿海和内河专业运输系统布局，提升水运设施专业化水平，完善内河水运网络。推进集疏港铁路建设，加强港区集疏港铁路与干线铁路和码头堆场的衔接，优化铁路港前站布局，鼓励集疏港铁路向堆场、码头前沿延伸，加快港区铁路装卸场站及配套设施建设，打通铁路进港最后一公里。推动大宗货物集疏港运输向铁路和水路转移。

《钢铁企业超低排放改造实施指南》中也明确要求，钢铁企业外部运输铁精矿、煤炭、焦炭、废钢，以及外购烧结矿、外购球团矿、石灰等原料，钢材产品（含外卖中间产品）和钢渣、水渣等大宗固体废物采用水运、铁路、管道等清洁运输方式进出厂区的比例达到80% 以上，其余部分采用新能源或国六以上车辆运输。综上，突破运输结构调整的瓶颈，需多措并举提升绿色运输水平：一是重点地区简化企业铁路专用线的审批手续，加快审批进度，推进专用线建设，优化交通运输结构，促进运输距离在铁路经济运输范围内的钢铁企业实施"公转铁"。二是完善短距离大宗货物运价浮动机制，鼓励探索对废钢、生石灰等散货实现集装箱运输，降低运输费用。三是创新多式联运，鼓励产品运输采用"铁路货场运输+新能源配送车"模式解决"最后一公里"问题，并将其纳入清洁运输认定范围，推动钢铁企业建立"外集内配、绿色联运"的物流体系。

6.5.4　公路治理

钢铁企业应首先按照《柴油车污染治理攻坚战行动计划》要求，优化运输车队结构，加快治理和淘汰更新，同时杜绝非法改装货运车辆出厂上路、禁止超限超载车辆出场（站）上路行驶。促进标准化车型更新替代。开展中置轴汽车列车示范运行，加快轻量化挂车推广应用。推动道路货运行业集约高效发展。促进"互联网+货运物流"新业态、新模式发展。同时按照《关于加快推进非道路移动机械摸底调查和编码登记工作的通知》，重视非道路移动机械管理。配合当地生态环境部门尽快完成非道路移动机械摸底调查和编码登记。定期对非道路移动机械进行排放检测，确保达标排放。厂内确需汽车运输的其他物料，全部采用新能源汽车或达到国六排放标准的汽车（2021年底前可采用国五排放标准的汽车）。非道路移动机械采用新能源或国三排放标准以上的车辆。

重点推进铁路、水运、管道和管状带式输送机等清洁方式运输，减少厂内物料倒运，严格管理进出厂区运输车辆。企业应通过新建或利用已有铁路专用线、打通与主干线连接等方式，有效增加铁路运力。大宗原燃料储运采用机械化原料场和机械化作业；厂区内生产设施布局合理，铁精矿、煤和焦炭、烧结矿、球团矿、返矿、返焦等物料全部采用封闭皮带通廊或管式皮带运输，无物料二次倒运现象。同时钢铁企业应与承担物料运输的公司签订符合要求的运输协议，要求运输公司提供运输车辆详细清单，建立门禁和视频监控系统，记录进出厂运输车辆的完整车牌号、车辆排放阶段，督促承运车辆达标排放。

高度重视企业运输管理。目前钢铁企业普遍存在铁路运输比例低、高排放车辆占比高、厂内运输车辆和非道路移动机械污染物排放未纳入企业环保管理范围等问题。运输排放因企业货物运输而产生，从企业端管理运输车辆是最高效的管理手段，钢铁行业属于大宗物料运输行业，应像管理有组织排放口一样管理运输过程污染排放。大多数企业全厂物料和产品运输管理权分散在不同部门，企业应将物料和产品运输集中到一个部门统一管理，建立完整的运输台账和运输管理制度。建立运输车辆监管系统平台。针对自有车队的企业，建立油品使用台账、尿素使用台账、维修保养台账。

6.5.5 水路治理

《推进运输结构调整三年行动计划（2018~2020年）》，也明确指出"公转水"也是今后大宗货物运输主攻方向。水路运输对条件适合的企业而言，也是既经济又能满足超低排放的运输方式，如长三角地区由于其紧邻长江，不少钢企的原燃料进出厂和成品材发运是靠水路运输。

水路运输的污染防治主要包括船舶与港口的污染防治，其也一直是行业绿色发展的重要抓手和生态文明建设的重要内容。船舶与港口污染防治又分为船舶大气污染控制、港口污染防治与生态维护、码头油气回收、船舶污染物接收处置以及LNG、岸电等清洁能源应用等内容。

（1）船舶大气污染控制措施主要包括，换用更清洁的船用燃油、靠港使用岸电技术、清洁能源动力船舶技术、船舶发动机技术改进与后处理技术、污染物一体化处理技术等。其中，换用更清洁的船用燃油、靠港使用岸电技术、清洁能源动力船舶技术是从船用燃料入手，减少污染物的产生；船舶发动机技术改进与后处理技术、污染物一体化处理技术是从污染排放控制的角度减少污染物排放。目前，换用更清洁的船用燃油技术已十分成熟；靠港使用岸电技术、船舶发动机技术改进与后处理技术已具有一定的基础，但仍需进一步完善；清洁能源动力船舶技术、污染物一体化处理技术目前尚不成熟，是需要进一步研发的前沿技术。

（2）钢铁生产所需的煤炭、矿石等大宗散货在装卸、运输过程中的尘源扩散往往构成港口粉尘污染的主要原因。粉尘对港区周围的居民生活环境、港口工作环境及周围生态环境将构成严重的污染威胁。

　　粉尘防治技术可分为抑尘技术和除尘技术两大类。国内外对于粉尘的控制倾向于"以防为主，以除为辅"，力求从根本上抑制其尘源的产生和扩散。港口散货粉尘污染防治措施基本可归纳为湿法、干法、干湿结合和其他机械物理方法等 4 种形式。从具体形式上分析，主要是设置各类风障，降低作业区的风速；洒水增湿，增加粉尘颗粒间的黏滞性和颗粒质量；起尘部位密封、半密封或者降低装卸作业落差高度来消除或缓解外界起尘因素。

　　A　湿式除尘

　　湿式除尘主要是对尘源喷雾洒水或喷洒化学药剂以增加粉尘颗粒的黏滞性和质量，来消除或防止起尘，见图 6-62。湿法除尘主要有喷水、喷试剂两种方法。湿式除尘在煤、矿石粉尘控制方面是国内外普遍采用的技术方法。其中喷水法最为常用，主要设施包括固定式喷淋器（喷嘴）、移动式喷枪、洒水车等。除了在堆场设置喷淋装置之外，在装卸、传送、运输过程中也要适当对货物进行加湿处理，在煤车上加装注水机，可以使运输过程中煤炭的含水率保持在 6%～8%。近年来国内、外还开发出了磁化水除尘、泡沫除尘等方法，日本还开发出煤的浆化转运，将煤或矿物稀释成浆状，利用泵和管道进行无尘输运。

洒水喷淋　　　　　　　　　　　　　　　　干雾抑尘

图 6-62　湿式除尘技术防治粉尘的方法

　　湿式除尘从形式上可以分为定点自动喷洒和机械或人工流动喷洒两种方式，前者自动化程度很高，可根据堆场面积、堆垛高度、堆取料机轨道高度等确定喷洒设施的安装位置、高度间距及仰角，根据最大射程的要求选择供水压力，在一些自动化程度很高的大型堆场使用，具备很好的防尘效果和使用效率，但其初始建造费用较高，冬季寒冷时可能管路使用受到限制。机械或人工流动喷洒使用灵活，不受自然条件的限制，局部防尘效率优于定点喷洒，投资较少，适用于一些中小型港口堆场的防尘，但其整体防尘效率远低于定点自动喷洒，操作人员劳动强度大，自动化程度低，对大面积堆场的喷洒防尘显得力不从心。

　　湿式除尘的效率在很大程度上取决于洒水量和喷洒装置，经验表明，较好的喷洒装置，可减少呼吸性粉尘约 30%。湿式除尘是行之有效的防尘措施之一，但对于我国淡水资源枯竭和冬季寒冷结冰的北方沿海港口，其使用受到限制。针对湿法除尘冬季防冻问题，秦皇岛港开展研究，采用加温装置解决了这个问题。此外，湿式除尘还存在二次污染问题，其煤污水需经处理才能排放或循环使用。水作为防尘黏结剂只有暂时的效力，间隔一定的时间必须重复洒水。自然气象条件如大风等，往往影响洒水效果。尽管如此，由于其成本低，简单经济，防尘效果显著，成为我国港口煤炭中转作业防尘处理的主要技术手段。

针对湿式除尘浪费水资源的问题，湿法除尘技术又有进一步的发展。一种技术是人工造雪技术，一种是在水中添加抑尘剂。湿式除尘高压喷枪喷出的水往往呈柱状分布，很不均匀，水会顺着煤垛下渗，每到冬季，水便会与底层煤块凝结在一起。装卸取料时，这些结了冰的煤块经常把传送带的进料口堵塞，造成货料溢出。只有把冰凿开才能继续作业，不但大大增加了劳动强度，而且对设备的损害极大，采用人工造雪覆盖技术可以有效地解决此类问题。

抑尘剂是一种外硬壳形成剂，属于非离子洗涤剂。它可以降低水的表面张力，减少粉尘粒子聚合所需的水量，从而改善水对粉尘的湿润作用。使用抑尘剂时，用淡水稀释抑尘剂至需要浓度，然后立即喷洒于货堆表面。在水分蒸发后，抑尘剂可形成一层防水不溶解的薄膜，粘合货物灰尘于其外皮。干燥外皮不受雾气影响并可长时间抵御雨淋，从而起到良好的防尘降尘效果，这样即可省水，也不会产生煤污水二次污染，且降低了堆场洒水抑尘的成本。抑尘剂覆盖法一般用于煤垛比较高、堆存时间相对稳定的散货堆垛。

B 干式除尘

干法除尘是将重点产尘部位尽可能封闭起来，同时辅助以一些集尘机械装置，该方法在我国港口煤炭的中转作业防尘措施中占据了一定的位置。我国煤炭港口装卸作业常见的干法除尘措施有封闭构造、集尘装置、覆盖与压实几种。相对于湿法除尘方式，干法除尘一般对设备的要求比较高，初期的成本也很高，一般适用于小范围的、结构特殊的场所中。

干法除尘设施主要有布袋式除尘器、静电除尘器、防风网（图6-63）、苫盖（图6-64）、筒仓（图6-65）、绿化林隔离带等。

图 6-63 防风网

目前散货码头常用的除尘器为布袋除尘器，神华天津煤炭码头等采用了高压静电除尘器。与布袋除尘器相比，两种除尘器的除尘效率相当，对于 $1\mu m$ 以上粉尘，除尘效率大于98%，均属于高效除尘器。其优点是电除尘器本体阻力低，所以能耗低，其缺点是一次投资高。

目前防风网抑尘技术在我国港口尤其是北方大型港口的堆场应用比较广泛。该技术主要是在煤堆场的上风向设立防风网减小风速及气流特性从而减少起尘。防风网属于风障的

图 6-64　堆场料堆苫盖

图 6-65　储煤筒仓工艺

一种，大的建筑、防风林、绿化带及人工特定设置的防风网等都是风障。风障是风速流场中的障碍物，它能在其背风面形成一个低风速区，流场的紊流结构也发生了改变。

　　防风网的总体设计主要是确定防风网的位置、高度及与堆垛的相对距离。防风网的位置及高度对达到理想的防尘效果非常关键，采用何种方式主要取决于堆场范围的大小、堆场形状、堆场地区的风频分布等因素。一般情况下，防风网处于上风向，防风网应比尘源最高点要高。如果要求防风网保护堆场免受各个方向来风的影响，防风网需要将尘源包围起来。为了加大防风网下风向的防尘效果，可以用多排防风网代替单排防风网，同时，由于单排防风网基础费用会随着单排防风网高度的增长急剧增长，因此，多层防风网设网方式可以减低费用。防风网的支撑系统主要考虑风速、地震状况及土壤稳定性的状况，计算并确定支柱的使用强度。考虑港口堆场防风网工程处在海边，所选防风网的材质应对潮湿的盐雾气的腐蚀作用有较强的抵抗能力。

　　目前，一些北方港口如唐山港曹妃甸港区、京唐港区、青岛港前湾港区、日照港石臼港区等一些煤炭和矿石码头工程在堆场建设了防风网工程，防尘效果很好，唐山港京唐港区煤炭码头防风网情况详见图 6-66。

　　筒仓是一种密闭抑尘方法，即把煤密闭存放，从而使煤粉尘无法散逸，杜绝煤尘污

外侧防尘效果

内侧煤堆场

图 6-66　唐山港京唐港区煤炭码头防风网内外对比图

染。具有使用方便、保护环境和减少占地等优点。

筒仓防尘技术存在如下安全隐患：（1）自燃危险性。自燃现象在室内堆场同样经常发生，并对堆场的混凝土构件造成一定程度的影响。自燃的持续高温将使混凝土构件产生一系列缓慢的物理化学变化，造成这些构件的持续损伤，寿命缩短，抗灾害能力减弱。（2）爆炸危险性。储存在室内的煤炭通风条件比室外堆场弱，因而热量更容易积聚，煤尘中含有在碳化过程中产生的甲烷、微量的乙烷及丙烷等可燃性气体，由于装卸、运输、受热、煤被粉碎等原因而被散发到储煤仓中，当煤尘之中有这些可燃气体时，其爆炸的下限浓度会显著下降。同时，煤炭入仓时会使煤尘飞扬，严重时会达到或超过煤尘爆炸的浓度下限。运煤设备因摩擦、电气等原因产生火花且火花的能量超过最小点火能量时就可能导致爆炸的发生。煤尘一旦发生爆炸就可能造成二次扬尘和二次爆炸，对建筑物和人员生命的危害性极大。

与可燃气体燃烧爆炸的三要素相同，粉尘燃烧也需要具备三要素：具有燃烧性的粉尘、点火能和氧气。对于粉尘爆炸，除这三要素之外，还需要具备另外两个条件，即粉尘处于悬浮状态和相对封闭空间，即粉尘爆炸需要具备五要素。而煤粉尘燃烧爆炸特性的因素又包括煤的挥发分、粉尘粒度、粉尘浓度等。（1）挥发分：研究确定挥发分超过 0.12 的煤粉尘具有爆炸危险性，所有的烟煤都属于此类；而无烟煤，因其挥发分不大于 0.12，不具有爆炸危险性。但是无论烟煤还是无烟煤都具有燃烧性，都会发生火灾。煤的挥发分含量越高，所产生的煤尘爆炸性就越强。（2）煤尘粒度：煤尘爆炸危险性的另一个重要因素是煤尘粒度。实验表明，能够参与煤尘爆炸的烟煤煤尘的最大粒度为 $841\mu m$。随着煤尘粒度降低，煤尘爆炸的风险增大。（3）煤尘最小爆炸浓度：可用的煤尘量，这是灰尘悬浮的最小数量，将传播煤尘爆炸并产生足够的压力造成损害。烟煤的煤尘最小爆炸浓度大约为 $100g/m^3$。（4）点火能：促成煤尘燃烧或爆炸的点火能表现为温度或能量。煤挥发分含量增大时，粉尘云的燃烧或爆炸的点火能降低；此外点火能还与粉尘粒度、粉尘水分含量及环境中的氧含量相关。（5）氧气：氧气是煤尘燃烧爆炸的必备要素之一。随着氧浓度降低，最小点火能增大，而粉尘的最大爆炸压力和压力升高的最大速度通常会降低，而在富氧系统中的情况则反之。煤粉尘也有火灾爆炸限制氧浓度，煤尘环境氧含量低于此浓度时，煤尘不会发生燃烧和爆炸。实验表明，烟煤粉尘的限制氧浓度为 14%，褐煤粉尘的限制氧浓度为12%。悬浮状态和相对封闭空间也是煤尘爆炸的要素。筒仓技术在使用时必须严格监测上述技术指标，做到安全生产。

C　粉尘综合处理技术

目前，我国散货码头通常采用干湿结合的综合粉尘防治技术。我国港口一般根据不同区域、不同作业环节来采取干法湿法相结合的方式进行抑尘治理。我国常见的综合防尘形式有：装卸场地以喷洒水降尘为主，沿堆场周围设置防风网或绿化防风林带，特殊装卸起尘部位采用机械除尘或密封/半密封结合喷雾洒水等。

参 考 文 献

[1] 李兵，何硕，朱文祥，等．焦化行业 VOCs 深度综合治理方案研究 [J]．洁净煤技术，2019，25（6）：32-38.

[2] 周朋燕．焦化厂 VOCs 治理措施分析 [J]．化工设计，2019，29（3）：48-50.

[3] 王志伟，裴多斐，于丽平．VOCs 控制与处理技术综述 [J]．内蒙古环境科学，2017，29（1）：1-4.

[4] 李鑫．焦化厂 VOCs 的治理与浅谈 [J]．天津冶金，2018（5）：49-52.

[5] 席劲英，王灿，武俊良．工业源挥发性有机物（VOCs）排放特征与控制技术 [M]．北京：中国环境出版社，2014：13.

[6] 胡江亮，等．焦化行业 VOCs 排放特征与控制技术研究进展 [J]．洁净煤技术，2019，25（6）：24-31.

[7] 陶伟平．宝钢环保封闭料场选型及特点分析 [J]．环境与发展，2018（4）：242-243.

[8] 郭健，刘善军，黄宪江．某钢铁企业颗粒物无组织排放核算与监测对比分析 [J]．环境保护科学，2017，43（3）：14-18.

[9] 任江涛，王姜维，仇金辉．标准对钢铁行业超低排放技术支撑的研究 [N]．世界金属导报，2019-11-26A12.

[10] 汪文涛，周骛，蔡小舒，等．基于后向光散射的无组织排放颗粒物质量浓度远程测量方法 [J]．光学学报，2019，39（12）：9-17.

[11] 王铮，华蕾，胡月琪，等．北京市无组织排放源颗粒物的粒度分布 [J]．中国环境监测，2007（2）：75-78.

[12] 黄嫣旻，束炯，顾莹．上海道路扬尘粒径两种分析方法的比较 [J]．华东师范大学学报（自然科学版），2007（6）：37-43.

[13] 陈志威，胡必超．工业废气无组织排放污染和监测技术探讨 [J]．节能，2019，38（6）：127-128.

[14] 许月英，沈丽丽．工业企业无组织排放臭气浓度监测技术探讨 [C]//全国恶臭污染测试与控制技术暨恶臭污染物排放标准修订研讨会论文集.杭州：2009：4.

[15] 谢飞．工业废气中重金属含量监测方法研究 [J]．环境与生活，2014（12）：148-150.

[16] 沈伟亮．钢铁企业开展降尘达标攻关工作综合防治粉尘无组织排放 [J]．环境与发展，2017，29（4）：70-71.

[17] 国家环境保护总局．HJ/T 55—2000，大气污染物无组织排放监测技术导则 [S]．北京：中国环境科学出版社，2001.

[18] 王建国．无组织排放监测的点位设置与采样 [J]．环境监测管理与技术，2004（5）：45-47.

[19] 李克勤，王栋成，林国栋，等．化工项目无组织排放环境影响评价技术研究与应用 [J]．山东化

工，2010，39（8）：25-29.

［20］薛诚，毕俊．某电解铝厂氟化物无组织排放量的估算［J］．中国卫生工程学，2009，8（5）：257-258.

［21］周国英，赵东风，张庆冬，等．超稠油加工过程无组织排放特征的研究［J］．环境科技，2014，27（5）：22-25.

［22］辛玉婷，杨静，鲍春晖．江苏省铅蓄电池工业大气污染物排放浓度限值研究［J］．环境科技，2017，30（2）：62-66.

［23］吴丽芳，张英剑，游志华．无组织大气污染源强核算探讨［J］．江西科学，2015，33（4）：619-622.

［24］赵东风，张鹏，戚丽霞，等．地面浓度反推法计算石化企业无组织排放源强［J］．化工环保，2013，33（1）：71-75.

［25］崔积山，张鹏，欧阳振宇．地面浓度反推法计算无组织排放废气的应用研究［J］．广东化工，2013，40（5）：3-5.

［26］郭健，庄涛，刘善军，等．工业区颗粒物无组织排放对空气质量影响的数值模拟研究［J］．环境科技，2018，31（1）：56-61.

［27］李凌波，李龙，程梦婷，等．石化企业挥发性有机物无组织排放监测技术进展［J］．化工进展，2020，39（3）：1196-1208.

［28］Jiun-Horng Tsai，Lin Kuo-Hsiung，Chen Chih-Yu，et al. Volatile organic compound constituents from an integrated iron and steel facility［J］. Journal of Hazardous Materials，2008，157（2）：569-578.

［29］Zhao Lingjie，Zhang Yongxin，Wu Xuecheng，et al. Primary air pollutant emissions and future prediction of iron and steel industry in China［J］. Aerosol and Air Quality Research，2015，4（15）：1422-1432.

［30］吕新春，安阁英．压铸工艺参数监控系统［J］．中国铸机，1995（5）：44-46.

［31］余自军．关于基于云计算的大规模污染源高清视频监控系统［J］．数字通信世界，2020（1）：176.

［32］蒋学明，尹剑，田振松．全厂数字化网络视频监控系统的规划和实施［J］．数字技术与应用，2011（5）：40-43.

［33］邝永捷．环保视频监控系统应用案例浅析［J］．中国安防，2015（12）：103-106.

［34］张拓．网络视频监控系统在冶金企业的应用［J］．工业安全与环保，2016，42（4）：101-102.

［35］王英杰．智慧环保之污染源视频监控［J］．中国公共安全，2014（21）：172-175.

7 典型超低钢铁企业大气环境影响模拟评估

7.1 典型超低钢铁企业重点工序污染物排放 CFD 模拟仿真

7.1.1 研究背景

中国是钢铁生产和消费大国，自 1996 年以后，粗钢产量稳居世界第一。与发达国家相比（短流程电炉炼钢为主），中国主要以长流程炼钢为主（主要工序包括原料场、烧结、球团、焦化、高炉、转炉、电炉和轧钢等）。高产量、高耗能和多工序等特征使中国钢铁行业成为重要的工业污染源之一。其中，由于无组织排放源分布特征多样，影响因素复杂，中国钢铁企业无组织排放呈现出高污染和难控制等特点。特别地，原料场作为重要的无组织排放源之一，其排放对环境造成严重影响。因此，为准确摸清中国钢铁行业大气污染物排放底数，厘清钢铁企业重点排污环节，开展钢铁企业无组织源强（原料场等）排放研究至关重要。

为改善污染现状，中国逐步加强对钢铁行业无组织排放源（原料场等）控制水平。钢铁行业现行排放标准中明确规定钢铁企业无组织排放浓度限值，推动钢铁企业无组织排放源头治理。2018 年 6 月，国务院进一步发布《打赢蓝天保卫战三年行动计划》，明确提出强化钢铁等重点行业无组织排放管控力度，深度治理企业重点无组织排放节点（物料存储等）。2019 年 4 月，中国颁布《关于推进实施钢铁行业超低排放的意见》，要求全面加强企业无组织排放控制水平，全方位减少烟粉尘等外溢排放。特别地，作为钢铁生产大省，河北省（2018 年占全国粗钢产量 25.56%）在率先实施超低改造的情况下，在《河北省钢铁、焦化、燃煤电厂深度减排攻坚方案（验收标准）》（冀气领办〔2018〕156 号）中详细规范了钢铁企业无组织排放源超低改造治理标准，严格控制钢铁行业无组织排放总量。然而，在钢铁行业无组织排放核算方面，仍存在研究方法参差不齐、排放核算不确定性大等问题。目前钢铁行业无组织排放核算主要有采取系数法和类比法。2017 年 4 月《排污许可证申请与核发技术规范-钢铁工业》中提出对钢铁行业无组织排放采用产污系数法，并给出钢铁原料系统排污系数；次年 3 月，中国颁布《污染源源强核算技术指南钢铁》，推荐采用类比法核算无组织排放。上述方法均未考虑不同企业由于空间尺度、流动风速和风向等因素不同带来扬尘排放差异。在 2014 年底发布的《扬尘源颗粒物排放清单编制技术指南（试行）》中，虽然规定了根据不同风速、含水量核算排污系数的方法，但并未考虑不同风向对无组织排放的影响。另外，国内外研究学者针对钢铁行业无组织排放核算开展了部分研究，已有研究中多采用系数法核算企业无组织排放，例如 Wu[1]、朱明奕[2]、郭健[3] 和孙威等[4]，伯鑫等[5] 采用 SCREEN3 估算模式分析钢铁企业原料场扬尘在不同风速下的扩散规律。上述研究均未考虑不同风向对钢铁原料场起尘量的影响，结果存在一定不确定性，无法准确核算钢铁企业原料场无组织排放总量。

为解决上述问题，以典型钢铁企业原料系统为例，采用 CFD 仿真模拟等技术，研究钢铁企业原料场在不同风向下的无组织排放特征，核算不同风向、不同工况下钢铁企业原料场总起尘量，为钢铁行业源强核算、源解析和污染预报预警等工作提供技术支持。

7.1.2 研究方法

7.1.2.1 技术方案

选取上海某铁矿石料场为研究对象，具体研究技术方案如图 7-1 所示。

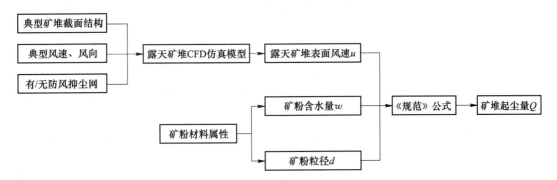

图 7-1 某铁矿石料场无组织排放研究仿真方案

首先，综合考虑某铁矿石料厂典型矿堆截面结构、典型风向风速、有无防尘网等因素，建立露天矿堆 CFD 仿真模型并进行计算，后根据计算结果求解铁矿石料堆表面风速 u（不同位置风速及整个表面平均风速）。

其次，结合铁矿石料堆表面风速 u、矿粉材料物理参数（矿粉含水量 w 和矿粉粒径 d），根据《港口建设项目环境影响评价规范》（JTS 105-1—2011)（以下简称《规范》）推荐的起尘量计算公式核算露天铁矿石料场的起尘量 Q。

7.1.2.2 仿真模型

采用 CFD（Computational Fluid Dynamics）仿真模型模拟铁矿石料场内空气流动。铁矿石料场内的大气流动是一个复杂的三维湍流流动过程，其流动控制微分方程见公式 (7-1) 和公式 (7-2)。

（1）连续性方程：

$$\frac{\partial u_i}{\partial x_i} = 0 \tag{7-1}$$

（2）动量方程：

$$\frac{\partial}{\partial x_j}(\rho u_i u_j) = \frac{\partial}{\partial x_j}\left[\mu_{\mathrm{eff}}\left(\frac{\partial u_i}{\partial x_j} + \frac{\partial u_j}{\partial x_i}\right) - \frac{2}{3}\mu_{\mathrm{eff}}\frac{\partial u_k}{\partial x_k}\right] - \frac{\partial p}{\partial x_i} \tag{7-2}$$

其中，由于铁矿石料场存在防尘网，需要对其进行简化处理。在 Fluent 中，主要采用多孔介质模型对防尘网进行处理。该模型采用经验公式定义多孔介质上的流动阻力，即在动量方程中添加一个代表动量消耗的源项。该源项由两部分组成：黏性损失项和惯性损失项。对于简单、均匀的多孔介质，其源项方程见公式（7-3）。

$$S_i = -\left(\frac{\mu}{\alpha} v_i + C_2 \frac{1}{2} \rho |v| v_i \right) \tag{7-3}$$

式中，S_i 为源项；α 为多孔介质的渗透性；μ 为流体的动力黏度；C_2 为惯性阻力系数；$\frac{\mu}{\alpha} v_i$ 为黏性损失项；$C_2 \frac{1}{2} \rho |v| v_i$ 为惯性损失项。

7.1.2.3　起尘量计算

根据《规范》要求，铁矿石料场起尘量计算公式见公式（7-4）和公式（7-5）。

$$Q = 0.5\alpha (U - U_0)^3 S \tag{7-4}$$

$$U_0 = 0.03 e^{0.5w} + 3.2 \tag{7-5}$$

式中，Q 代表散货堆场风蚀起尘量，kg/a；α 代表货物类型起尘调节系数；U 代表堆场表面风速，m/s；U_0 代表混合粒径颗粒的起动风速，m/s；S 代表堆垛的表面积，m^2；w 代表含水率，%。

首先，根据《规范》要求，此次研究中矿粉起尘调节系数 α 取值为 1.6。根据现场调研，该铁矿石料场含水率 w 为 9%，S 为 5.018km²。根据公式（7-5）即可求得铁矿石料场混合粒径颗粒的起动风速 U_0 为 5.9m/s。其次，通过铁矿石料场 CFD 仿真模拟，求解铁矿石料堆表面不同位置处的风速 U。最后，根据公式（7-4），计算料堆表面不同位置处的起尘量，将所有位置的起尘量累加即为整个铁矿石料场混合粒径颗粒的总起尘量。

7.1.2.4　几何模型

针对某铁矿石料场，为考虑不同风向对起尘量的影响，选取三个典型风向进行仿真，即来流风向为 0°、45° 和 90°，如图 7-2 所示。

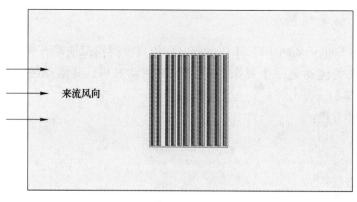

来流风向

a

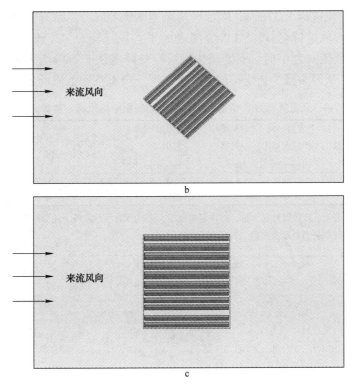

图 7-2 某铁矿石料场来流风向为 0°（a）、45°（b）和 90°（c）仿真模型俯视图

7.1.2.5 仿真工况

仿真模型来流风向设置值分别为 0°、45°和 90°，来流风速设置值为 10m/s（10m 标准高度处）；综合无防尘网、有防尘网等条件，共计研究 6 个模拟工况，所有工况说明如表 7-1 所示。

表 7-1 某矿石料场仿真工况及说明

工况			说 明
来流风向	防尘网	综合情景	
0°	无网	0°_NoNet_V10	来流风向为 0°，无防尘网，来流速度为 10m/s
	有网	0°_Net_V10	来流风向为 0°，有防尘网，来流速度为 10m/s
45°	无网	45°_NoNet_V10	来流风向为 45°，无防尘网，来流速度为 10m/s
	有网	45°_Net_V10	来流风向为 45°，有防尘网，来流速度为 10m/s
90°	无网	90°_NoNet_V10	来流风向为 90°，无防尘网，来流速度为 10m/s
	有网	90°_Net_V10	来流风向为 90°，有防尘网，来流速度为 10m/s

注：表中所述来流速度均是指标准高度为 10m 处的来流速度（后文若无特别说明，来流风速均按此标准定义）。

7.1.3 结果与讨论

7.1.3.1 来流风向 0°源强分析

来流风向为 0°，来流风速为 10m/s 情景计算结果见表 7-2。结果表明，无防尘网工况下铁矿石料堆表面平均风速为 1.86m/s，端部平均风速为 6.73m/s；有防尘网工况下铁矿石料堆上表面平均风速为 1.57m/s，端部平均风速为 3.80m/s。相对于无网工况，有网工况料堆上表面平均风速降低 15.5%，端部表面平均风速降低 43.5%，总起尘量下降了 89.18%。说明来流风向为 0°时，安装防尘网可有效降低铁矿石料堆表面平均风速，大幅减少料场起尘量，从源头减少扬尘排放。两个工况下典型截面上流场分布如图 7-3 所示。

表 7-2   来流风向为 0°情景下铁矿石料堆表面平均风速、料场起尘量

工况（0°）		上表面平均风速	端部平均风速	上表面起尘量	端部起尘量	总起尘量	单位面积起尘量
防尘网	来流风速 /m·s⁻¹	/m·s⁻¹	/m·s⁻¹	/kg·a⁻¹	/kg·a⁻¹	/t·a⁻¹	/kg·(m²·a)⁻¹
无网	10	1.86	6.73	20370.1	17526.1	37.9	0.11
有网	10	1.57	3.8	4048.7	4.7	4.1	0.01

注：上述总起尘量为混合粒径颗粒起尘量，对特定粒径如 TSP、PM_{10} 等，需将上述总起尘量乘以相应粒径颗粒所占百分比（此处铁矿石料堆为矿粉，粒径小于 100μm）。

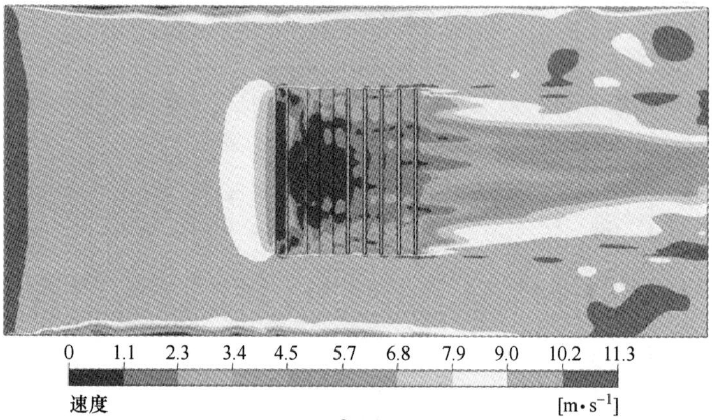

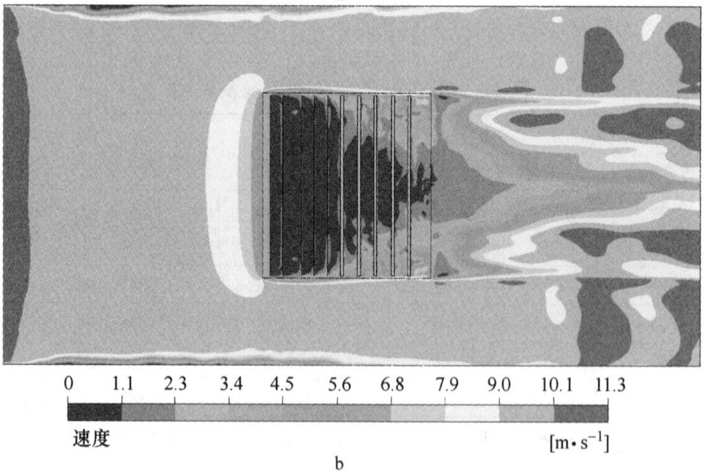

图 7-3   有/无防尘网时平面 3 速度云图（0°风向，风速 10m/s）

a—无防尘网；b—有防尘网

7.1.3.2   来流风向 45°源强分析

来流风向为 45°，来流风速为 10m/s 情景计算结果见表 7-3。结果表明，无防尘网工况下铁矿石料堆表面平均风速为 5.28m/s，端部平均风速为 4.35m/s；有防尘网工况下铁矿石料堆上表面平均风速为 4.23m/s，端部平均风速为 3.19m/s。相对于无网工况，有网工况料堆上表面平均风速降低 19.8%，端部表面平均风速降低 26.5%，但是总起尘量反而上升 132.31%。说明来流风向为 45°时，安装防尘网铁矿石料堆表面平均风速减小，可以有效降低料堆表面平均风速；但是安装防尘网工况料场起尘量存在一定程度的增大，说明此情景下防尘网并未对铁矿石料场起到抑尘效果。两个工况下典型截面上流场分布如图 7-4 所示。

表 7-3 来流风向为 45°时铁矿石料堆表面平均风速、料场起尘量

工况（45°）		上表面平均风速	端部平均风速	上表面起尘量	端部起尘量	总起尘量	单位面积起尘量
防尘网	来流风速	/m·s⁻¹	/m·s⁻¹	/kg·a⁻¹	/kg·a⁻¹	/t·a⁻¹	/kg·(m²·a)⁻¹
无网	10	5.28	4.35	302887.9	16190.9	319.1	0.93
有网	10	4.23	3.19	741267.4	36.6	741.3	2.15

注：上述总起尘量为混合粒径颗粒的起尘量，对特定粒径如 TSP、PM_{10} 等，需将上述总起尘量乘以相应粒径颗粒所占百分比（此处铁矿石料堆为矿粉，粒径普遍小于 100μm）。

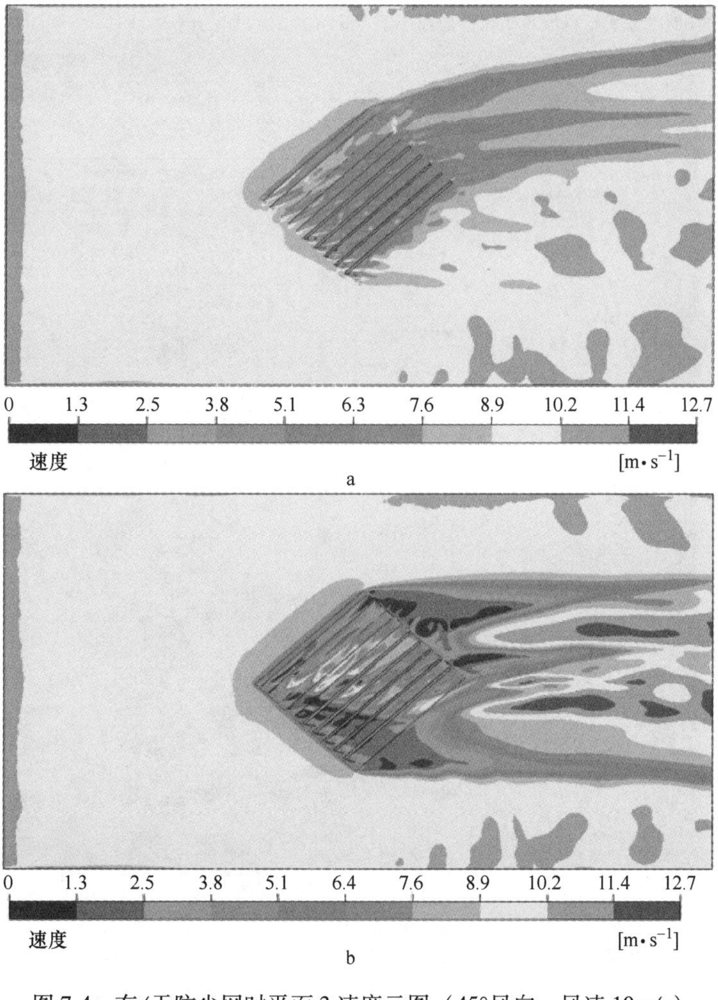

图 7-4 有/无防尘网时平面 3 速度云图（45°风向，风速 10m/s）

a—无防尘网；b—有防尘网

7.1.3.3 来流风向90°源强分析

来流风向为90°，来流风速为10m/s情景计算结果见表7-4。结果表明，无防尘网工况下铁矿石料堆表面平均风速达4.49m/s，端部平均风速为2.54m/s；有防尘网工况下铁矿石料堆上表面平均风速为1.52m/s，端部平均风速为2.09m/s。相对于无网工况，有网工况料堆上表面平均风速降低66.1%，端部表面平均风速降低17.8%，总起尘量下降100%。说明来流风向为90°时，安装防尘网可明显降低铁矿石料堆表面平均风速，抑制料场起尘量，全面减少扬尘排放。两个工况下典型截面上流场分布如图7-5所示。

表7-4 来流风向为90°时铁矿石料堆表面平均风速、料场起尘量

工况（90°）		上表面平均风速/m·s⁻¹	端部平均风速/m·s⁻¹	上表面起尘量/kg·a⁻¹	端部起尘量/kg·a⁻¹	总起尘量/t·a⁻¹	单位面积起尘量/kg·(m²·a)⁻¹
防尘网	来流风速/m·s⁻¹						
无网	10	4.49	2.54	6892.3	1860.9	8.8	0.03
有网	10	1.52	2.09	0	0	0	0

注：上述总起尘量为混合粒径颗粒的起尘量，对特定粒径如TSP、PM_{10}等，需将上述总起尘量乘以相应粒径颗粒所占百分比（此处铁矿石料堆为矿粉，粒径小于100μm）。

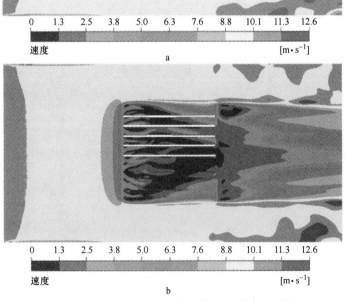

图7-5 有/无防尘网时平面3速度云图（90°风向，风速10m/s）

a—无防尘网；b—有防尘网

7.1.3.4 结果讨论

根据上述模拟结果，在相同来流风速，不同来流风向（0°、45°和90°）情况下，安装防尘网均可有效降低铁矿石料堆表面平均风速。另外，当来流风向为0°和90°，安装防尘网对起尘量有显著抑制效果，但来流风向为45°时，有防尘网工况料场起尘量反而增大，表明此时防尘网对起尘量并无抑制效果。

为了分析造成这种现象的原因，对来流风向为0°、90°和45°时不同工况下铁矿石料堆表面速度云图进行分析，如图7-6~图7-8所示。从图可得，相同来流风速，来流风向分别为0°和90°时，无防尘网工况下铁矿石料堆表面局部高速区明显更多；而来流风向为45°时，有防尘网工况料堆表面局部高速区更多。根据《规范》推荐的起尘量计算公式，起尘量与速度的三次方成正比，即速度越大，其起尘量增长越快。因此来流风向为45°时，其起尘量变化规律相反主要由于其料堆表面风速局部高速区分布不同产生。

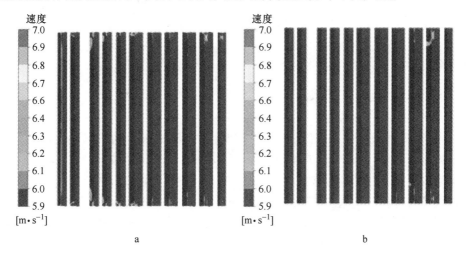

图 7-6 来流风向为 0°时铁矿石料堆表面风速云图

a—10m/s，无网；b—10m/s，有网

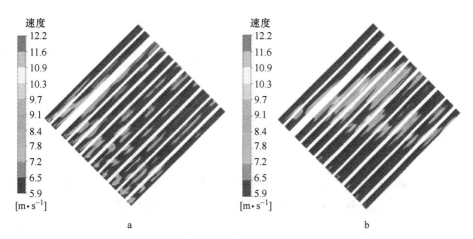

图 7-7 来流风向为 45°时铁矿石料堆表面风速云图

a—10m/s，无网；b—10m/s，有网

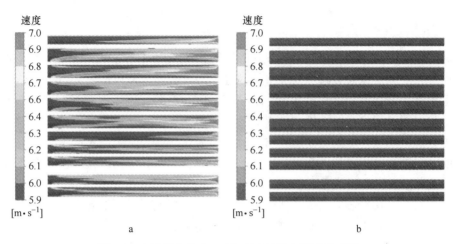

图 7-8　来流风向为 90°时铁矿石料堆表面风速云图

a—10m/s，无网；b—10m/s，有网

7.1.4　结论

（1）相同来流风速，不同来流风向（0°、45°和90°）情况下，安装防尘网可以有效降低铁矿石料堆表面平均风速。

（2）相同来流风速下，来流风向为 0°和 90°时，添加防尘网可以有效降低料场起尘量，且来流风向为 90°时起尘量减排幅度最大；相反，来流风向为 45°时，添加防尘网铁矿石料场起尘量并未出现抑制作用，主要由于有防尘网时料堆表面局部高速区更多。

结合铁矿石料场常年风向、风速以及相关工况条件，对料场无组织排放进行 CFD 仿真模拟，可准确掌握企业不同工况条件下无组织排放水平，为企业未来无组织排放源控制减排提供依据。

7.2　京津冀地区典型钢铁企业超低排放对空气质量的影响

7.2.1　研究背景

2018 年，中国粗钢产量为 9.3 亿吨，占全球粗钢产量的 51.3%，钢铁工业企业排放大量的 SO_2、NO_x、颗粒物和 VOCs 等污染物。京津冀地区是钢铁企业重点分布区域，2018 年京津冀地区粗钢产量占全国产量的 27.7%。京津冀钢铁企业具有较大的减排潜力。为了继续降低京津冀地区排放水平，提高空气质量，打赢蓝天保卫战，生态环境部在钢铁行业推行超低排放改造，要求到 2020 年 10 月底前，京津冀及周边地区具备改造条件的钢铁企业基本完成超低排放改造。

目前，钢铁企业超低排放研究主要集中在超低排放技术，鲜有关于钢铁企业超低排放对空气质量影响的研究。相关研究多集中在钢铁企业的源解析和数值模拟等方面。段文娇等[6]、伯鑫等[7]分别利用 CAMx 模型模拟了京津冀地区钢铁行业对大气污染的影响。

为了评估典型城市钢铁企业超低排放对空气质量的影响，基于京津冀地区某典型钢铁企业排放清单，设置了 2018 年现状排放、超低排放两种情景，利用 AERMOD 模型模拟了两种情景下该企业排放 SO_2、NO_x 和一次 PM_{10} 对周边大气环境的影响,以期为钢铁行业超低排放改造效果评估提供科学支撑。

7.2.2 研究方法

7.2.2.1 研究对象

近年来,由于资源和环境的限制,钢铁企业逐渐向沿海发展。本节所研究的钢铁企业位于京津冀东南部,渤海湾西岸,生产工序齐全,带钢年产能为 500 万吨。该区域地势低平,主要为平原和海岸,属于温带大陆性半干旱偏旱季风气候,受海陆风影响,具有典型代表意义。钢铁企业排放源与周边 5 个空气质量监测站的分布见图 7-9。离钢铁厂最近的空气质量监测站为 4 号监测站,距离为 32km。

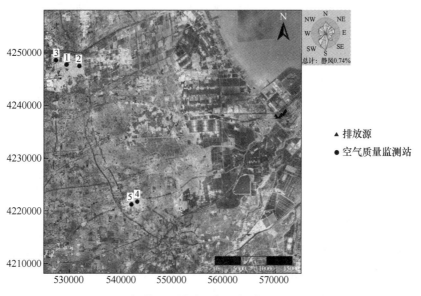

图 7-9 钢铁企业排放源与空气质量监测站分布

7.2.2.2 模拟模型

AERMOD 模型是广泛应用的一种空气质量模型,是《环境影响评价技术导则 大气环境》(HJ2.2—2018)推荐的预测模型之一。AERMOD 模型在小尺度的模拟中优于其他模型,并且被应用于钢铁企业的模拟研究中。采用 AERMOD 模型模拟典型钢铁企业 SO_2、NO_x 和一次 PM_{10} 三种污染物的排放对周边地区空气质量的影响。模拟区域总范围为 50km×50km,水平网格分辨率为 500m×500m,网格点数设置为 100×100,不考虑化学反应机制。

模拟所用的地形数据为美国地质勘探局 90m 分辨率数据,地表参数数据为 AERSUR-FACE 在线服务系统生成数据,地面气象数据为沧州市气象站 2018 年逐时数据,高空气象数据为 WRF v3.9 模拟数据。

7.2.2.3 排放源数据

钢铁排放清单数据来自研究团队的 2018 年全国高分率排放清单(HSEC,2018),该清单是基于中国钢铁行业在线监测数据（CEMS）和环境统计数据，自下而上建立了 2018 年中国高分辨率钢铁行业大气污染物排放清单。

选取了钢铁厂烧结、高炉、转炉、轧钢四道工序中 13 个生产节点作为 AERMOD 模型中的点源输入。每个生产节点中排气筒的高度、直径、温度和流速的数据见表 7-5。

表 7-5　钢铁厂排气筒高度、直径、温度和流速

生产节点	高度/m	直径/m	温度/℃	流速/m·s^{-1}
烧结机头	120	5.0	81	14.38
烧结机尾	40	4.0	80	9.89
烧结燃料破碎	30	1.4	40	16.07
烧结配料	30	3.0	40	13.01
烧结整粒及成品筛分	30	3.0	40	10.30
高炉出铁场	40	3.0	30	14.94
高炉热风炉	80	5.0	10	5.38
高炉矿槽	30	4.5	10	13.77
转炉二次	35	4.0	20	15.04
转炉铁水预处理	35	2.5	120	11.89
转炉一次	80	2.2	120	11.55
转炉地下料仓	35	2.0	20	14.86
轧钢热处理炉	30	2.5	120	8.15

7.2.2.4　排放情景设置

设置现状情景、超低情景两种污染物排放情景，现状情景为 2018 年典型钢铁企业超低排放改造前年产 670 万吨轧钢的大气污染物排放情景，超低情景为典型钢铁企业超低排放改造后年产 670 万吨轧钢的大气污染物排放情景。

7.2.3　结果与讨论

7.2.3.1　典型钢铁企业排放量分析

2018 年该长流程钢铁企业现状情景下 SO_2、NO_x 和 PM_{10} 的排放量分别为 2502.54t/a、9575.73t/a 和 1931.28t/a；预测超低情景下 SO_2、NO_x 和 PM_{10} 的排放量分别为 1596.60t/a、4171.16t/a 和 1219.16t/a。其中：超低情景较现状情景 NO_x 减排比例最高，为 56.44%；SO_2 和 PM_{10} 减排比例分别为 36.20% 和 36.87%。主要原因是超低标准对 NO_x 的控制较对 SO_2 和 PM_{10} 的控制更严格，超低标准与现状情景执行的新建企业标准相比较：NO_x 的排放浓度最高下降了 83.33%，高于 SO_2 和 PM_{10} 的下降比例（最高下降分别为 82.50% 和 80.00%）；预测结果表明：该钢铁企业的超低排放改造对 NO_x 减排效果更为明显。该钢铁企业现状情景和超低情景下各生产节点大气污染物排放情况见图 7-10。

对于主要排放污染物，SO_2 和 NO_x 主要排放来源于烧结机头、高炉热风炉和轧钢热处理炉节点。结合现状情景和超低排放情景下企业排放水平发现，该企业超低排放改造完成

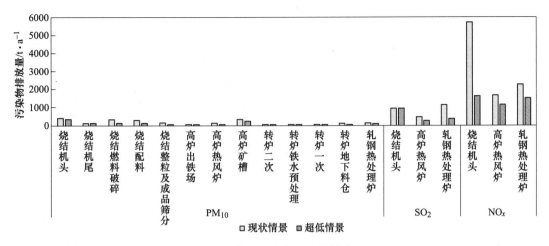

图 7-10 各生产节点污染物排放量

后 SO$_2$ 减排潜力最大的排放节点是轧钢热处理炉，削减比例达到 66.67%，占 SO$_2$ 减排总量的比例达 81.81%。说明未来要加强对轧钢热处理炉的脱硫控制水平，从源头减少企业 SO$_2$ 排放总量。

对于 NO$_x$ 排放，其削减比例和减排占比最大的排放节点是烧结机头（分别为 72.12% 和 76.12%），一方面，由于超低排放标准对于烧结机头控制力度最大（浓度限值下降达 83.33%，远高于其他节点）；另一方面，由于该企业烧结机头排放 NO$_x$ 最多（占比达 38.12%，高于其他节点），减排潜力最大。

对于 PM$_{10}$ 排放，该企业 PM$_{10}$ 排放主要来源于烧结机头、烧结燃料破碎和烧结配料等节点，且烧结工序成为该企业主要排放源（排放占比达 58.83%），超低改造完成后烧结工序减排占比最大（达 58.21%），平均削减比例为 34.36%。说明未来烧结工序仍然是该钢铁企业除尘控制的重中之重。

7.2.3.2 典型钢铁企业周边环境空气质量影响分析

分析该钢铁企业 2018 年现状情景和超低情景下排放 SO$_2$、NO$_x$ 和一次 PM$_{10}$ 对周边大气环境的影响和对空气质量监测站的浓度贡献。

图 7-11 显示了在现状情景和超低情境下典型钢铁企业周边的 SO$_2$、NO$_x$ 和一次 PM$_{10}$ 年均浓度，以及两种情况之间的差异。空气质量模型的结果表明，现状情景下 SO$_2$、NO$_x$ 和一次 PM$_{10}$ 高浓度区域均主要分布在该企业厂区周边和北偏东和西偏南方向，超低情景下污染物分布与现状情景基本一致，但高值区浓度出现明显的下降。在模拟范围内，现状情景下 SO$_2$ 年均最大网格浓度为 7.69μg/m^3，NO$_x$ 年均最大网格浓度为 18.89μg/m^3，一次 PM$_{10}$ 年均最大网格浓度为 9.32μg/m^3。超低情景下 SO$_2$ 年均最大网格浓度为 3.15μg/m^3，较现状情景下降了 47.23%；NO$_x$ 年均最大网格浓度为 11.35μg/m^3，较现状情景下降了 47.77%；一次 PM$_{10}$ 年均最大网格浓度为 5.42μg/m^3，较现状情景下降了 37.85%。

现状情景下，典型钢铁企业对 5 个空气质量监测站 SO$_2$、NO$_x$ 和 PM$_{10}$ 的年均贡献浓度分别为 0.08～0.16μg/m^3、0.24～0.48μg/m^3 和 0.14～0.28μg/m^3，分别占监测值的

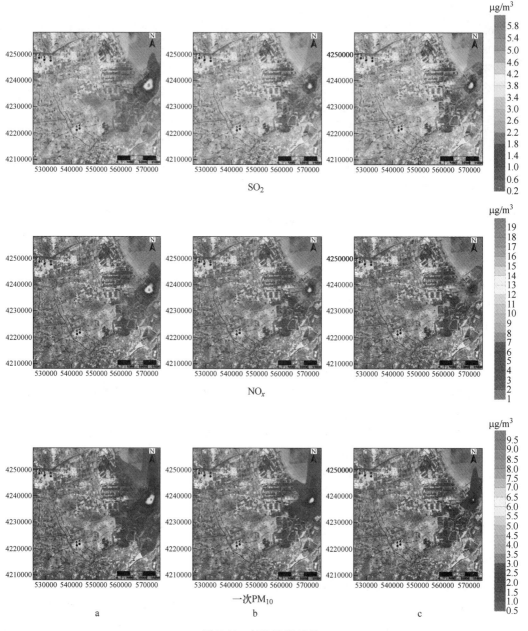

图 7-11　年均浓度贡献

a—现状情景；b—超低情景；c—差值

0.40%~0.72%、0.60%~1.32% 和 0.16%~0.28%。其中 NO_x 贡献浓度的占比最高，平均占比为 0.87%。超低情景下，典型钢铁企业对 5 个空气质量监测站 SO_2、NO_x 和 PM_{10} 的年均贡献浓度分别为 0.04~0.08μg/m³、0.13~0.26μg/m³ 和 0.09~0.18μg/m³，分别占监测值的 0.21%~0.37%、0.32%~0.71% 和 0.10%~0.18%。其中 NO_x 贡献浓度的占比由 0.87% 下降到 0.47%，平均下降了 0.4 个百分点，下降最为明显；PM_{10} 的一次贡献浓度占比下降相对较少，平均下降了 0.08 个百分点，如表 7-6 所示。

表 7-6 空气质量监测站浓度年均贡献值

污染物	空气质量监测站	年均值	现状情景		超低情景	
			预测年均值/$\mu g \cdot m^{-3}$	占比/%	预测年均值/$\mu g \cdot m^{-3}$	占比/%
SO_2	1	14.5	0.08	0.56	0.04	0.28
	2	20.9	0.08	0.40	0.04	0.21
	3	17.7	0.08	0.44	0.04	0.22
	4	21.9	0.16	0.72	0.08	0.37
	5	28.5	0.15	0.53	0.08	0.27
	平均	20.7	0.11	0.53	0.06	0.27
NO_x	1	41.3	0.25	0.60	0.13	0.32
	2	40.4	0.26	0.64	0.14	0.35
	3	37.0	0.24	0.64	0.13	0.34
	4	40.2	0.48	1.20	0.26	0.64
	5	35.3	0.47	1.32	0.25	0.71
	平均	38.8	0.34	0.87	0.18	0.47
PM_{10}	1	94.5	0.15	0.16	0.09	0.10
	2	87.6	0.15	0.18	0.10	0.11
	3	85.5	0.14	0.16	0.09	0.10
	4	99.8	0.28	0.28	0.18	0.18
	5	102.6	0.27	0.27	0.17	0.17
	平均	94.0	0.20	0.21	0.12	0.13

7.2.3.3 不确定性分析

（1）钢铁排放清单的不确定性。本次研究对钢铁排放清单中有组织污染源进行模拟分析，未分析无组织排放影响，模拟结果存在一定的不确定性。

（2）模拟中，未考虑 SO_2、NO_x、VOCs 等化学反应机制，使 NO_x、PM_{10} 等模拟结果存在不确定性。

（3）选取的气象场数据年份为 2018 年，气象场选取的年份不同，会导致模拟结果存在差异。

7.2.4 结论

（1）钢铁企业超低排放改造后，从排放量来看，NO_x 减排比例最高为 56.44%，SO_2 和 PM_{10} 减排比例分别为 36.20% 和 36.87%。典型钢铁企业的超低排放改造对 NO_x 减排效果更为明显。

（2）典型钢铁企业超低排放改造后，对 5 个空气质量监测站 SO_2、NO_x 和 PM_{10} 的年均贡献浓度分别下降 0.05$\mu g/m^3$、0.16$\mu g/m^3$ 和 0.07$\mu g/m^3$，在京津冀地区城市空气质量目标值持续降低的背景下，典型钢铁企业的超低排放改造具有一定的意义。

7.3　典型钢铁企业大气污染预报

7.3.1　研究背景

目前，针对城市空气污染预报，我国常用的污染预报模型为第三代空气质量模型（CMAQ、CAMx 等），这些模型可反映中等尺度范围空气污染物的排放、扩散、传输、沉降、化学反应等。

我国经济快速发展，城市化加快，工业园区、重点排污企业排放的大气污染物逐渐成为关注热点，CMAQ、CAMx 等区域网格模型，需要大量清单数据、气象数据、计算资源等支持，计算周期长，难以用来开展单个园区、单个企业的小尺度污染物精细预报（100~500m 分辨率）。例如，预测未来几天，某医药企业排放恶臭污染物对周围居民的影响等；预测某钢铁厂排放大气污染物对所在城市的空气质量影响等。

针对上述问题，作者建立了城市涉气企业空气质量小尺度预报系统，基于国家气象局预报资源以及 WRF 结果，采用 AERMOD 模型，开展未来 8 天重点企业对国控点和周围环境的污染预测，分析不同方案对城市空气质量改善程度，为大气污染应急、预警等提供预报服务（PC 端、手机 APP 端等）。

目前，作者开发的城市涉气企业空气质量小尺度预报系统，已投入应用，在城市钢铁厂、火电厂、化工等重点企业应急管控等获得较好的效果，可快速部署到我国任何一个城市，预报城市单个或多个钢铁工厂、电厂、化工厂、道路或者工业园区排放大气污染物对国控点、居民区的污染贡献影响。

7.3.2　研究方法

7.3.2.1　需求分析

（1）用户仅提供涉气企业的排放源数据，不提供任何资源、硬件等（开发后台环境采用云服务器）；

（2）用户需要预测未来 8 天，涉气重点企业的污染物排放对国控点、省控点、小型微站等污染物浓度贡献影响，并通过 PC 端、手机 APP 端来进行呈现；

（3）用户采用手机、PC 访问系统；

（4）要求每日定时推送；

（5）要求自动形成分析报告，供用户会商。

7.3.2.2　数值模型

预报资源采用了国家气象局预报资源、WRF 模式等。国家气象局预报资源融合了多种全球数值模式产品 GRAPES（中国气象局）/GFS、T639（中国气象局）/GMF 等预报产品；WRF 模式是由美国国家大气研究中心（NCAR）、美国环境预测中心（NCEP）等部门联合开发研究的新一代中尺度数值天气预报系统，WRF 模型目前主要应用于业务预报等，WRF 模型系统具有方便高效、可移植、可扩充、易维护等优点。

污染扩散模型主要采用 AERMOD，AERMOD 是稳定状态烟羽模型，常用于我国大气环评、大气评估等模拟，是目前《环境影响评价技术导则 大气环境》的推荐模型之一，可以模拟点源、面源、体源等。AERMOD 的地形数据资料来自美国地质勘探局（USGS，90m），地表参数采用作者开发的 AERSURFACE 在线服务系统。

7.3.2.3 模块设计

设计企业污染预报系统业务化运行方案，包含完整用户及系统权限管理、内部计算后台、数据库系统设计等，实现企业污染预报系统的业务化运行。

模块设计如图 7-12 所示，主要分为所有企业总况（研究区域内所有涉气污染企业）、单企业污染扩散（单个污染企业分析）等。其中，所有企业总况功能包括了每个企业对国控点贡献的具体排名、企业分布图、气象分析、污染物扩散预报图（动画形式）。单企业污染扩散功能包括了单个企业对国控点日浓度趋势等。

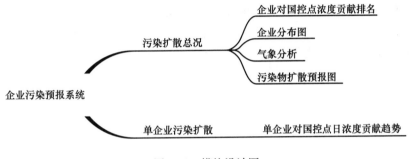

图 7-12 模块设计图

7.3.3 预报系统开发

7.3.3.1 数据库设计

采用了 MySQL 数据库。数据库设计原则：（1）方便业务功能实现、业务功能扩展；（2）方便设计开发、增强系统的稳定性和可维护性；（3）保证数据完整性和准确性；（4）提高数据存储效率，在满足业务需求的前提下，使时间开销和空间开销达到优化平衡；（5）正常运行前提下，数据库中的业务数据表每日的数据增长量为固定数字，可便于维护、预测；（6）数据库中的业务数据表之间无交叉字段，建立表格时，可以针对不同的系统模块分别建立数据表，本系统中需要建立的表格为 8 张表。

7.3.3.2 污染预报分析

定时把基于国家气象局预报资源、WRF 模式等结果存入指定的 MySQL 数据库，生成 AERMOD 识别的气象文件，运行 AERMOD 模型，输出 PM、NO_x、SO_2 等未来日均最大浓度、小时最大浓度、长期最大浓度等，上传至平台服务器，展现污染物浓度扩散情况，更新成果展示。

企业污染贡献排名分析是基于预报结果，分析研究区域内所有企业贡献值排名，并通过日期切换排名信息，为用户精准治霾提供决策依据。

7.3.3.3　气象分析

通过展示未来研究区域内的风速、风向、温度等气象要素，为用户分析具体每个企业的污染贡献，提供气象数据支持。

7.3.3.4　气象分析

基于 AERMOD 模型的网格点输出结果，用 Python 给出插值，并画出 GIS 污染物浓度扩散图，并载入系统页面中进行展示。

7.3.4　案例分析

7.3.4.1　城市钢铁企业小尺度预报实例（网页端）

基于国家气象局气象预报数据、WRF 等，以某城市的钢铁等重点企业为例，开展了未来 8 天小尺度预报，预测城市钢铁等重点企业排放的大气污染物扩散对该县的 PM、NO_x、SO_2 浓度贡献，形成贡献排名，进行动态管控，如图 7-13 所示。

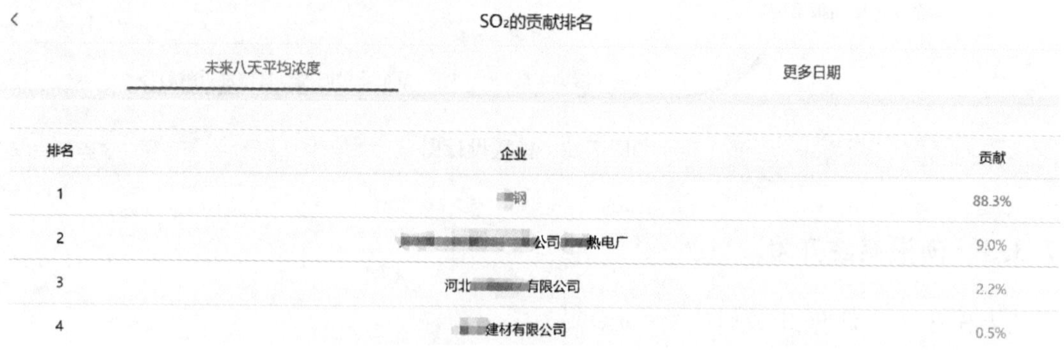

排名	企业	贡献
1	▨钢	88.3%
2	▨▨▨▨公司▨热电厂	9.0%
3	河北▨▨▨▨有限公司	2.2%
4	▨▨建材有限公司	0.5%

图 7-13　多个企业贡献排名-空气质量小尺度预报系统（网页端）

对某钢铁厂的预报数据、空气质量实测数据做了统计分析，如图 7-14 所示，结果显示，某钢铁厂的预报数据与空气质量实测数据变化规律有较为显著的相关性，相关系数最高为 0.93，此外某钢铁厂对国控点的贡献程度最高。

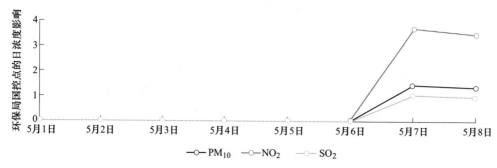

图 7-14　某钢厂未来 8 天对某国控点的具体贡献日均浓度情况-空气质量小尺度预报系统（网页端）

7.3.4.2　区县重点企业小尺度预报实例（手机 APP 端）

基于国家气象局气象预报数据、WRF 等，以某区县的重点企业为例，开展了未来 8 天小尺度预报，预测区县的重点企业排放的大气污染物扩散对该县的 PM、NO$_x$、SO$_2$ 浓度贡献（可预测企业对国控点等未来每天的日均贡献浓度、每小时贡献浓度），并推送到县政府、县环保局管理人员的手机 APP。

7.3.5　结论

基于国家气象局预报资源、WRF 等结果，结合 AERMOD 模型，完成企业污染预报业务系统构建，建立了预报系统业务流程设计，具有快速开发、快速部署的特点，可快速部署到我国任何一个城市。

参 考 文 献

[1] Wu X, Zhao L, Zhang Y, et al. Primary air pollutant emissions and future prediction of iron and steel industry in China [J]. Aerosol Air Qual. Res, 2015, 15 (4)：1422-1432.

[2] 朱明奕，张余. 钢铁企业原料场粉尘无组织排放控制 [J]. 资源节约与环保，2017 (5)：74-75.

[3] 郭健，刘善军，黄宪江. 某钢铁企业颗粒物无组织排放核算与监测对比分析 [J]. 环境保护科学，2017, 43 (3)：14-18.

[4] 孙威，黄学敏，李培. 钢铁企业原料场扬尘污染估算 [J]. 环境科学与管理，2009, 34 (9)：178-179.

[5] 伯鑫，韩松，刘梦. 钢铁企业原料场扬尘在不同风速下扩散规律研究 [C]//2011 中国环境科学学会学术年会论文集（第三卷），2011.

[6] 段文娇，郎建垒，程水源，等. 京津冀地区钢铁行业污染物排放清单及对 PM$_{2.5}$ 影响 [J]. 环境科学，2018 (4)：1445-1454.

[7] 伯鑫，周北海，徐峻，等. 京津冀地区钢铁企业大气污染影响评估 [J]. 中国环境科学，2017, 37 (5)：1684-1692.

索　引